“十二五”普通高等教育本科国家级规划教材
科学出版社“十四五”普通高等教育本科规划教材

大学物理(上册)

（第五版）

主　编　康　颖
副主编　陈　聪　周战荣　李远谋

科学出版社
北　京

内 容 简 介

本书是“十二五”普通高等教育本科国家级规划教材，也是国家精品课程配套教材，是由首届国家级教学名师和诸多具有丰富教学经验的老师，在军队级教学成果一等奖教材的基础上，依据教育部高等学校大学物理课程教学指导委员会编制的《理工科类大学物理课程教学基本要求》(2023 年版)，考虑国内外物理教材改革动向，结合我国当前大学物理教学实际，多次修订和改编而成.

全书分上下两册，上册包括力学、热学和电磁学，下册包括振动与波动、光学、近代物理，以及供选讲的现代技术的物理基础专题. 全书包含大量军事工程应用及科技前沿进展案例，另有熵与信息、磁流体发电、粒子束武器、电磁炮、次声武器、光学陀螺、冷原子干涉与重力测量等阅读材料供学生选读，有利于开阔视野，激发学习积极性，提高科学素质，培养创新精神. 书后还附有物理学名词中英文对照表，便于师生查阅. 全书配制了电子教案、学习指导与题解、题库、微课、专题模拟测试卷等资源，以备选用.

本书可作为高等学校工科各专业、理科非物理类专业、军队院校本科学历教育各专业的教材，也可作为教师和工程技术人员的参考书，或供自学者使用.

图书在版编目(CIP)数据

大学物理. 上册 / 康颖主编. --5 版. --北京：科学出版社，2025. 1.
(“十二五”普通高等教育本科国家级规划教材)(科学出版社“十四五”普通高等教育本科规划教材). --ISBN 978-7-03-080235-4

Ⅰ. O4

中国国家版本馆 CIP 数据核字第 2024TF3486 号

责任编辑：罗　吉　龙嫚嫚/责任校对：杨聪敏
责任印制：师艳茹/封面设计：有道文化

科学出版社出版
北京东黄城根北街16号
邮政编码：100717
http://www.sciencep.com
三河市骏杰印刷有限公司印刷
科学出版社发行　各地新华书店经销
*
2005 年 10 月第 一 版　开本：787×1092　1/16
2010 年 1 月第 二 版　印张：25
2015 年 12 月第 三 版　字数：593 000
2019 年 1 月第 四 版　2025 年 12 月第三十九次印刷
2025 年 1 月第 五 版

定价：59.00 元

(如有印装质量问题，我社负责调换)

第一版序

20 世纪后半叶，物理学在此前建立起来的狭义相对论、量子力学、量子电动力学、统计物理和许多重要物理实验的基础上，以前所未有的速度发展着. 物理学的许多分支学科，如原子分子物理、核物理、粒子物理、固体物理以及等离子体物理等都得到了极大的发展.

20 世纪后半叶，科学发展的一个重要特征是学科间相互渗透和交叉综合. 物理学和其他学科相互渗透、交叉和综合，结果产生了一系列交叉学科和边缘学科，如化学物理、生物物理、大气物理、海洋物理以及地球物理等. 物理学的新概念、新理论和新的实验方法向其他学科转移促成该学科的发展.

20 世纪后半叶，新技术特别是高新技术发展之快也是前所未有的. 高新技术包含的科学知识密集、综合性极高，如航天技术、信息技术、生物技术、激光技术等都涉及数学、物理学、化学、材料科学、电子学、计算机等. 但可以说，高新技术无一例外地与物理学的基本概念、基本理论和基本实验方法密切相关，其发展在很大程度上依赖于物理学的发展与进步.

现代军事科学技术处于科学技术发展的最前沿. 可以说，现代化战争在相当大程度上是高新技术的较量！现代军事科学技术离不开物理学的新成就，如核技术、红外技术、激光技术、超声技术等都与物理学原理和物理实验技术密切相关.

可以说，物理学和它的主要分支学科的发展和成就决定了 20 世纪后半个世纪科学技术的整个发展进程.

这一切都表明，物理学是自然科学的基础，是产生新技术的源泉. 物理学不但在过去曾处于主导地位，而且可以预言，在 21 世纪，物理学仍将处于主导地位，并且它的作用将会更加突出.

物理学和科学技术关系如此密切，以致一个高级科学工作者、一个高级工程技术工作者、一个高级军事科技人才，其物理基础的厚薄、掌握的好坏，将是衡量其科学素质高低的重要标准之一.

大学物理课是一门重要的基础课. 高等学校理工科专业开设大学物理课，其作用一方面在于较系统地为学生打好必要的物理基础，另一方面使学生初步学习科学的思想方法和研究问题的方法，这些都起着增强适应能力、开阔思路、激发探索和创新精神，提高人才科学素质的重要作用. 学好大学物理，不仅对学生在校学习十分重要，而且对学生毕业后的工作和在工作中进一步学习新理论、新知识、新技术，不断更新知识，都将产生深远的影响.

大学物理课是在低年级开设的课程，它在使学生树立正确的学习态度，掌握科学的学习方法，培养独立获取知识的能力，以尽快适应大学学习规律等方面的作用也是十分重要的.

大学物理课在培养学生辩证唯物世界观、科学的时空观等方面也起着一定的作用.

在学习大学物理课时，不仅要掌握基本物理定理、定律等的内容和它们的适用条件，而且要注意学习如何运用定理、定律分析解决问题的思路和方法；不仅要孤立地掌握好一个一个定理、定律,而且要熟悉各章各节和各定理定律之间的关系,从整体上理解和掌握物理学.

康颖教授主编的这部《大学物理》教材,总结了教师们多年来从事大学物理课教学的经验,并汲取了国内外一些物理教材的优点,其主要特点有:

1. 参照教育部非物理类专业物理基础课程教学指导分委员会2004年重新制订的《非物理类理工学科大学物理课程教学基本要求》精选了内容;编写中注意了和中学物理的衔接,适当地提高了起点,全书从系统设置、内容安排到教学要求切合我国当前大学物理教学实际.

2. 这套教材编写中注重物理概念的阐述,定理、定律等表述准确、清楚、简洁,注重理论联系实际,文字流畅,易读、易学.

3. 这套教材加强了现代技术的物理基础内容,特别是联系军事科学技术的物理基础. 教材第21章中介绍了涉及红外、激光、纳米、新能源、空间技术等广泛领域的现代科技知识,每一部分除简要介绍相应的物理基础理论外,对实际应用都有较详尽的介绍. 另外,新编了陀螺与惯性导航、混沌、熵与信息、核磁共振、液晶、电磁炮、次声武器等阅读材料. 这些内容的引入对激发学生学习物理的兴趣,开拓学生视野,提高学生科学素质来说显然是很有益的.

4. 精选了例题、习题. 例题求解过程注意引导、培养学生科学思维方法和分析问题解决问题的能力;习题与理论配合较好,有难有易,数量适中.

综上所述,我认为这套教材是一部注重改革、富有新意、利于教学使用的好教材.

吴百诗

西安交通大学

2005年3月10日

前言

本书是在康颖教授主编、2019 年 1 月由科学出版社出版的《大学物理(上、下册)》(第四版)的基础上修订而成的.

本书 2005 年在科学出版社首次出版，至 2019 年，历经 4 次修订和改编，逐渐形成了体系完整科学、表述精炼准确、注重联系实际、配套资源丰富的突出特点.本书曾相继入选普通高等教育"十一五"国家级规划教材、"十二五"普通高等教育本科国家级规划教材.20 年来，本书作为几十所军队院校及地方高校大学物理课程教学的主教材，在人才培养中发挥了重要作用.吴百诗教授曾评价本书是一本"注重改革、富有新意、利于教学使用的好教材".

立德树人是新时代高等教育的根本任务.2023 年，《理工科类大学物理课程教学基本要求》(2023 年版)编制完成(以下简称"2023 年版基本要求").为适应大学物理课程教学的不断发展，受康颖教授委托，海军工程大学陈聪教授牵头，联合十余所院校，对本教材进行了全面修订.在不改变原有教材体系结构、保持原有特色的前提下，本次修订主要包括以下几个方面.

1.增加近代和现代物理内容

根据 2023 年版基本要求，"优化经典，强化现代"是本次修订的主要方向.在对上一版教材中和高中课程多有重复的章节进行适度压缩和弱化的基础上，首先通过"开窗口"的方式，在部分经典物理内容中加入相应的现代物理学进展.另外，为帮助学生建立科学的自然观和宇宙观，新增广义相对论基础和宇宙学简介；为加强学生对微观物质结构、运动规律和相互作用基本图像的认识，新增原子物理与粒子物理简介.特别是在量子物理基础部分，为帮助学生更进一步理解量子力学的基本原理和方法，新增一节介绍表象、算符、量子力学中的力学量等内容，尝试在大学物理课程中推进量子力学基本理论主要内容的教学.

2.补充军事工程应用及科技前沿进展案例

按照"针对性、实效性和时代性"原则，在对上一版教材中已有案例进行更新的基础上，新增近百项军事工程应用及科技前沿进展教学案例，并新增冷原子干涉与重力测量阅读材料，使物理基础理论向科技创新发展及工程实践应用适当延伸，既开阔学生视野，激发学习兴趣，又理论联系实际，锻炼其知识运用能力；同时通过我国近年来科技发展实例，如电磁弹射、中国天眼、奋斗者号潜航器、长征系列运载火箭、东方超环等，激发学生的爱国热情，增强其科技强国信心，培养开拓创新精神，力求实现知识传授、能力培养和价值引领的有机统一.

3.修改个别内容的表述方式

在确保物理图像清晰、物理概念准确的前提下，对上一版教材中个别内容的表述方式进行了修改，如热机效率的计算、电势梯度的推导、波动方程和斜入射光栅方程的写法、薛定谔方程的引入等，或保持前后内容的连贯和内在逻辑，或利于阅读和理解.本书也对部分例题的解答过程进行了修改，以方便教学使用；给出了国际单位制中基本单位的量子化定义，保持与发展同步.

4.丰富和完善教学资源

在提供课件、教案、习题解答和学习指导的基础上，本次修订还通过二维码链接了一些典型物理现象的演示视频、微课，更新了数字化课程资源，并在教材上增设笔记栏，提升教材的可读性、交互性，满足个性化学习需求.本次修订也对课后习题进行了丰富和完善，或新增了实际应用背景，或调整习题的难度，并略微增加了习题数量.本书还提供了5套专题模拟测试卷，读者可扫描二维码进行自测.

本次修订工作得到了相关院校广大一线物理教师的大力支持，充分融合了各院校的教改成果，以期最大限度地满足各院校的共性和个性需求.本书新增的19.5节及19.6节由陈聪、郑春华(武警警官学院)、刘凤凤(武警警官学院)编写，20.9节由陈聪、李远谋(武警工程大学)、江克侠(武警工程大学)、李喜(陆军边海防学院)、梁裕民(陆军军事交通学院)、司宇(陆军装甲兵学院)、谭德宏(陆军勤务学院)编写，20.12节由周战荣(火箭军工程大学)、陈聪、鲁海鹏(陆军步兵学院)、王钰茹(陆军步兵学院)、刘影(陆军装甲兵学院)、王宏民(陆军装甲兵学院)、马超(武警工程大学)编写.冷原子干涉与重力测量阅读材料由孙嘉庆(海军工程大学)、陈聪编写.

在充分收集各院校使用意见和建议的基础上，由陈聪完成全书主体部分的修订，海军工程大学杨海彬、姚琨、姚陆锋、蒋治国、孙嘉庆完成阅读材料及第21章的修订.海军工程大学张景卓和侯云甫完成了大量的文字编辑、图形绘制及校对工作，王哲、程华杰、王文龙也参与了部分文字编辑及校对.杨海彬、侯云甫、王文龙、何明睿(海军工程大学)、刘海楠(海军工程大学)、周战荣、李昊明(陆军步兵学院)及武警警官学院部分学员提供了演示实验视频及微课.全书配套电子课件由海军工程大学侯云甫、张景卓、王哲、何明睿、王文龙、程华杰提供.

全书由陈聪统稿、定稿，由华中科技大学黄黎蓉教授、海军工程大学陈浩教授审稿.为保证新增内容的科学性，特邀中国科学院紫金山天文台卢克宇博士审查和指导19.5节及19.6节，海军工程大学李定国教授、李恺博士、何明睿博士审查和指导20.9节，海军工程大学程华杰博士审查和指导20.12节.在教材修订和出版过程中，还得到了海军工程大学教务处和基础部的大力支持，科学出版社罗吉编辑也为本书的出版付出了大量辛勤劳动，同时北京师范大学物理与天文学院、海军工程大学多个专业院系的教授们也提出了许多宝贵意见和建议.编写过程中我们还参考了国内多本经典教材.在此一并表示衷心感谢!

尽管本书有非常好的编写基础，但由于本次修订涉及范围大，新增内容专业性强，再加上编者学识有限，书中疏漏或不当之处难免，恳请读者和同行们不吝赐教!

编　者
2024年12月9日
2025年12月重印修改

第四版前言

本书的初版是康颖教授主编的军队院校工科本科通用教材《大学物理》，自 1997 年出版以来，已被全军院校和部分地方高校用作工科本科教材，并且荣获了 2001 年军队级教学成果一等奖. 为了适应 21 世纪大学物理教学形势的发展和满足广大师生的需求，考虑当前国内外物理教材改革的动向以及我国当前物理课程教学实际，根据教育部物理基础课程教学指导分委员会颁布的《理工科类大学物理课程教学基本要求》，从 2005 年到 2018 年，对初版做了四次修订和改编，在保证基本理论体系的系统性、完整性、科学性的基础上，注意了和中学物理的衔接，适当地提高了起点；重视基础理论的同时，加强了物理规律的实际应用，以及对学生探索精神和创新意识的培养. 本书语言流畅、层次分明、易教易学、深受欢迎，先后被评选为教育部普通高等教育"十一五"国家级规划教材、教育部"十二五"普通高等教育本科国家级规划教材.

本书是第四次修订后的版本，总体思路是保留原有的风格和特色，立足于稳中求新.

1. 体系未作大的调整，仍然沿用国内外经过长期教学实践形成的体系，分上下两册出版. 上册主要内容包括力学、热学和电磁学；下册主要内容包括振动与波动、光学、近代物理和现代技术的物理基础专题. 阐述中突出基本物理概念、思想、原理和方法，并且始终注意由浅入深，利于教学和自学.

2. 修改调整了部分章节的内容和小篇幅阅读材料，调整更新了现代技术的物理基础部分专题. 小篇幅阅读材料或在所学知识的基础上作适当拓展，或介绍物理学前沿的有关内容和某些新技术的原理，或联系工程实际和军事应用等. 上册有熵与信息、磁流体发电、粒子束武器、电磁炮、超导电性等 8 篇阅读材料. 下册有次声武器、全息照相、液晶、核磁共振等 6 篇阅读材料. 原有的现代技术的物理基础专题调整和更新为激光技术、红外技术、传感器技术、纳米技术、新能源技术和空间技术. 这些内容均留有思维空间，有利于激发学习兴趣，培养探索精神和创新意识.

3. 更新了部分例题和习题. 例题求解过程注重启发和引导，培养学生科学思维能力和解决问题的能力.

4. 增设了二维码，学生可以自主扫描，观察一些与物理知识有关的自然现象、演示实验和视频等内容，或自己分析，或与同学讨论，有利于提高学生的自学能力和学习效率.

5. 全书采用全国自然科学名词审定委员会公布并更新的物理学名词，书后附有物理学词汇的中英文对照表，便于师生查阅.

本书仍由首届国家级教学名师康颖教授主编，诸多有丰富教学经验和丰硕科研成果的老师参加了修订. 修订上册各章内容的有康颖、李定国、陈聪、周战荣、李远谋、刘协权、刘进；修订下册各章内容的有康颖、朱霞、梁裕民、刘家福、刘影、马轩文；修订阅读材料和现代技术的物理基础专题的有康颖、武文远、张胜海、郑春华、李宏昌、徐军、杨华、薄鸟. 刘进、康颖在绘制和修改插图方面做了大量细致的工作，康颖对全书进行了修改和统稿，最后定稿.

本书的审稿专家为:原国家教委工科物理课程教学指导委员会副主任委员、西安交通大学吴百诗教授,原教育部物理基础课程教学指导分委员会主任委员、清华大学李师群教授,原教育部高等学校大学物理课程教学指导委员会主任委员、国家级教学名师、同济大学顾牡教授,海军工程大学陈浩教授,国防科技大学杨丽佳教授,他们提出了许多宝贵的意见和建议,在此表示衷心的感谢!

在本书的编写过程中,得到许多老师的支持和帮助,在此一并表示感谢!

由于编者水平有限,书中不当之处在所难免,恳请读者不吝指正.

编　者

2018 年 9 月 27 日

目录

第 1 章　质点运动的描述

在物质多种多样的运动形式中，最简单而又最基本的运动是物体之间或物体各部分之间相对位置的变化，称为机械运动. 行星的运动、机器的运转、水的流动等都是机械运动. 力学就是研究物体机械运动规律的学科. 在物质运动的所有形式中几乎都包含机械运动，因此，力学成为物理学和许多工程技术学科的基础.

研究力学，我们采取由表及里、从现象到本质的步骤. 先描述物体的位置如何随时间变化，这部分内容称为运动学. 然后进一步研究物体间的相互作用及其对运动状态的影响，这部分内容称为动力学. 本章研究质点运动学.

1.1　参考系　坐标系　质点

1.1.1　参考系与坐标系

一棵树对地面来说是静止的，对前进着的车辆来说它在向后运动. 在匀速前进的车厢中，自由下落的小球对车厢来说是沿直线运动的，对地面来说它的运动轨道却是曲线. 因此要描述物体的运动，首先必须指明是相对哪一个物体才有意义. 被事先选定的标准物体称为**参考系**. 以参考系为标准，就是将参考系当作是“静止”的，来研究物体相对于参考系的运动. 例如我们可以将飞行中的飞机当作是“静止”的，研究乘客相对于飞机的运动. 这里，飞机就是研究乘客运动的参考系. 参考系的选择可以是任意的，主要看问题的性质和研究起来是否方便. 讨论地面上物体的运动时，通常选地球为参考系. 若要研究宇宙飞船的运动，当运载火箭刚发射时，一般选地球为参考系；当飞船绕太阳运行时，则可选太阳为参考系. 事实上，地球以大约 $3.0\times10^4\ \mathrm{m\cdot s^{-1}}$ 的速度绕太阳运动，而太阳在银河系中也以约 $3.0\times10^5\ \mathrm{m\cdot s^{-1}}$ 的速度运动着. 因此，运动本身是绝对的，而对运动的描述是相对的.

要定量描述物体的运动，还要在参考系上建立**坐标系**. 坐标系是固连在参考系上的，实际上它就是参考系抽象而成的数学框架. 直角坐标系是常用的坐标系，根据问题的不同特点，也可选用其他坐标系，如柱坐标系、球坐标系等，选取适当的坐标系可以给问题的处理带来方便.

任何物体的运动都是在时间和空间中进行的，运动不能脱离空间，也不能脱离时间，因此要定量描述物体的运动还应当建立时间的“坐标轴”. 时间轴上的坐标表示时刻，它与物体的某一运动状态相对应；两个时刻之间的间隔表示时间，它与物体运动的某一过程相对应.

1.1.2 质点

有了时空坐标,就可以定量描述物体的运动了.但是,任何物体都有形状、大小和内部结构,它的运动可能是平动、转动、形变或更复杂的运动.例如从枪口射出的子弹,似乎在空中只向前飞行,实际上子弹还在绕自身的轴线旋转,而且,其轴线的取向也在不断变化.如果不分主次地考虑重力、空气阻力、风速等所有因素的影响,那就连弹道曲线也难以得到.倘若忽略次要因素,把子弹的运动简化为只在重力作用下的一个点的运动,就容易得到其主要的运动规律.尽管结果是近似的,但可以在此基础上进行修正,逐步逼近实际结果.突出主要因素,选取适当的模型代替实际物体,这不仅对于学习物理学,而且在许多科学研究中,都是极为重要的方法.

质点就是一个理想化的模型,这个模型是把物体看成一个具有质量的几何点.一个物体能否被视为质点是有条件的、相对的.当物体上各点运动状态的差异在所研究的问题中可以忽略时,就能把它视为质点.如研究地球绕太阳公转时,由于地球至太阳的平均距离约为地球直径的 10^4 倍,地球上各点相对太阳的运动可以认为是相同的,因此可以把地球视为质点.但在研究地球自转时,就不能把它当作质点了.当物体不能视为质点时,可以把整个物体看成是由许多质点组成的,在解决质点运动问题的基础上来研究复杂物体的运动.

1.2 位置 位移 速度 加速度

描述质点的运动,就是描述其空间位置随时间变化的各种情况.通常用位置、位移、速度和加速度等物理量来描述.

1.2.1 位置矢量

要描述一个质点的运动,首要问题是如何确定质点相对于参考系的位置.如示意图 1.1 所示,要确定舰载飞机在某一时刻相对航空母舰的位置,最简单的做法是选舰身(参考系)上的一点作为坐标原点 O,从 O 点指向飞机(质点)所在位置的有向线段 $\overrightarrow{OP}$ 就能唯一确定飞机的位置.将 $\overrightarrow{OP}$ 记为 $\boldsymbol{r}$,其大小表明飞机到原点的距离,其指向表明飞机相对原点的方位.称 $\boldsymbol{r}$ 为**位置矢量**,简称**位矢**,也称**径矢**.

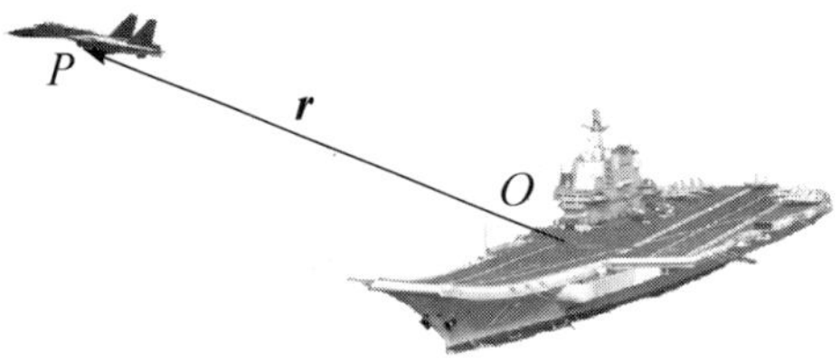

图 1.1

质点运动时,其位置随时间变化,即

$$\boldsymbol{r} = \boldsymbol{r}(t) \tag{1.1}$$

式(1.1)称为该质点的**运动方程**.

事实上,运动方程就是质点在任意时刻位置的表达式.进一步的研究将表明,它包含有质点运动的全部信息.知道运动方程,即可确定质点在任意时刻的位置、速度和加速度等. 因此,正确确定运动方程是研究质点运动十分重要的一步.

1.2.2 位移矢量

质点运动时,其位置要发生变化. 设质点在时刻 t 和 $t+\Delta t$ 分别通过 P 点和 Q 点,其位置矢量由 $\boldsymbol{r}_1$ 变为 $\boldsymbol{r}_2$,如图 1.2 所示. 我们用初位置 P 指向末位置 Q 的有向线段 $\Delta\boldsymbol{r}$ 表示在该段时间内质点位置的变化,称为**位移矢量**,简称**位移**. 显然,位移与原点的选取无关. 由矢量加法规则,有

$$\Delta\boldsymbol{r}=\boldsymbol{r}_2-\boldsymbol{r}_1=\boldsymbol{r}(t+\Delta t)-\boldsymbol{r}(t) \tag{1.2}$$

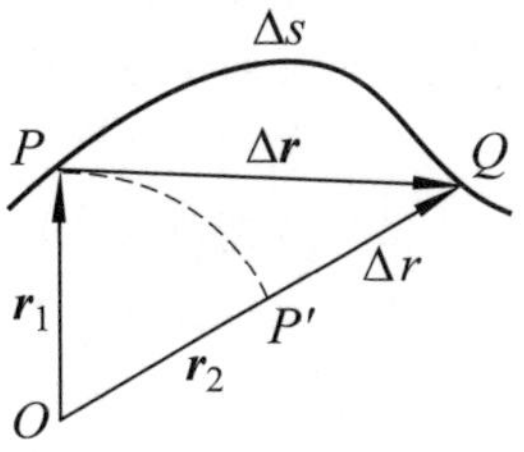

图 1.2

式(1.2)表明,质点在某一时间内的位移等于该时间内位矢的增量.

位移和**路程**是两个不同的概念. 在一般情况下,需要注意以下两点:

(1) $|\Delta\boldsymbol{r}|\neq\Delta s$. 位移 $\Delta\boldsymbol{r}$ 是矢量,其大小 $|\Delta\boldsymbol{r}|$ 仅由该时间内质点始末位置间的直线距离确定,而路程 Δs 是标量,等于实际路径的总长度. 当 $\Delta t\to 0$ 时,两者大小相等.

例如,一个绕圆周运动一周的质点,其位移等于零. 这表明:尽管其运动路程等于圆周长,但这段时间内位置变动的实际效果却为零.

(2) $|\Delta\boldsymbol{r}|\neq\Delta r$. 因为 $|\Delta\boldsymbol{r}|=|\boldsymbol{r}_2-\boldsymbol{r}_1|$,是位矢增量的大小,而 $\Delta r=|\boldsymbol{r}_2|-|\boldsymbol{r}_1|$,是位矢大小的增量,如图 1.2 中的 $|P'Q|$.

1.2.3 速度矢量

质点运动时,其位置随时间变化的快慢和方向与两个因素有关,一个是位移 $\Delta\boldsymbol{r}$,另一个是完成该位移所用的时间 Δt. 比值 $\Delta\boldsymbol{r}/\Delta t$ 表示位矢对时间的平均变化率,定义为质点在该段时间内的**平均速度**,用 $\bar{\boldsymbol{v}}$ 表示,即

$$\bar{\boldsymbol{v}}=\frac{\Delta\boldsymbol{r}}{\Delta t} \tag{1.3}$$

平均速度 $\bar{\boldsymbol{v}}$ 的方向与位移 $\Delta\boldsymbol{r}$ 的方向相同,它只能粗略地描述 Δt 时间内质点位置随时间变化的情况.

为了精确描述质点运动的快慢和方向,可取 $\Delta t\to 0$ 时式(1.3)的极限,即

$$\boldsymbol{v}=\lim_{\Delta t\to 0}\frac{\Delta\boldsymbol{r}}{\Delta t}=\frac{\mathrm{d}\boldsymbol{r}}{\mathrm{d}t} \tag{1.4}$$

$\boldsymbol{v}$ 称为**瞬时速度**,简称**速度**. 式(1.4)表明,**速度等于位矢对时间的一阶导数**.

速度 $\boldsymbol{v}$ 的方向就是当 $\Delta t\to 0$ 时位移 $\Delta\boldsymbol{r}$ 的极限方向. 如图 1.3 所示,当 $\Delta t\to 0$ 时,Q 点向 P 点无限趋近,因此质点在时刻 t 的速度方向沿轨道上质点所在位置的切线方向,并指向质点前进的一方.

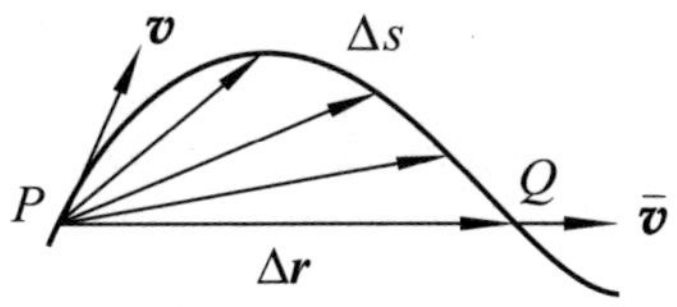

图 1.3

速度 $\boldsymbol{v}$ 的大小称为**速率**. 用 v 表示,即

$$v=|\boldsymbol{v}|=\left|\frac{\mathrm{d}\boldsymbol{r}}{\mathrm{d}t}\right| \tag{1.5a}$$

显然,速率是标量.由于 $\Delta t\to 0$ 时,位移的量值 $|\mathrm{d}\boldsymbol{r}|$ 与路程 $\mathrm{d}s$ 趋于相等,因此有

$$v=\lim_{\Delta t\to 0}\frac{\Delta s}{\Delta t}=\frac{\mathrm{d}s}{\mathrm{d}t} \tag{1.5b}$$

这就是说,速率也等于质点所经过的路程对时间的变化率. 表 1.1 列出了某些运动的速度量级.

表 1.1 某些运动的速度量级($\mathrm{m\cdot s^{-1}}$)

大陆漂移	$\sim 10^{-9}$
头发生长	$\sim 3\times 10^{-9}$
步枪子弹离开枪口时	$\sim 7\times 10^{2}$
喷气式飞机	$\sim 2.5\times 10^{2}$
人造地球卫星	$\sim 7.9\times 10^{3}$
地球公转	3×10^{4}
太阳在银河系中运动	3×10^{5}
电子绕核运动	$\sim 2.2\times 10^{8}$
北京正负电子对撞机中的电子	99.999998%光速
光在真空中	3.0×10^{8}

1.2.4 加速度矢量

质点运动时,其速度随时间变化的快慢和方向用加速度矢量描述.设质点在时刻 t 和 $t+\Delta t$ 通过 P 点和 Q 点的速度分别为 $\boldsymbol{v}_1$ 和 $\boldsymbol{v}_2$,如图 1.4 所示. 在 Δt 时间内,质点速度的增量为

$$\Delta\boldsymbol{v}=\boldsymbol{v}(t+\Delta t)-\boldsymbol{v}(t)=\boldsymbol{v}_2-\boldsymbol{v}_1$$

比值 $\Delta\boldsymbol{v}/\Delta t$ 表示速度对时间的平均变化率,定义为质点在该段时间内的**平均加速度**,用 $\bar{\boldsymbol{a}}$ 表示. 即

$$\bar{\boldsymbol{a}}=\frac{\Delta\boldsymbol{v}}{\Delta t} \tag{1.6}$$

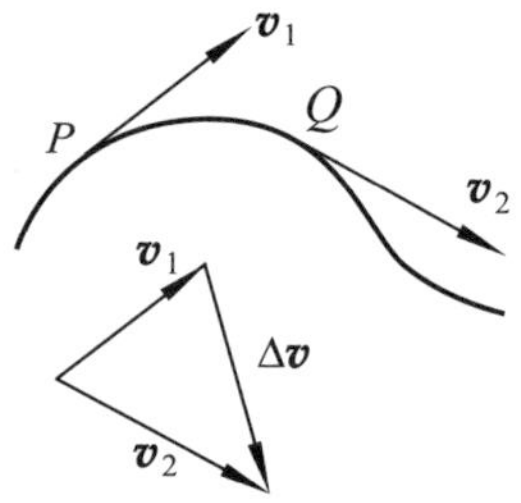

图 1.4

平均加速度与速度增量 $\Delta\boldsymbol{v}$ 方向相同,它只能粗略地描述 Δt 时间内质点的速度随时间变化的情况.

为了精确描述质点速度的变化,可取 $\Delta t\to 0$ 时式(1.6)的极限,即

$$\boldsymbol{a}=\lim_{\Delta t\to 0}\frac{\Delta\boldsymbol{v}}{\Delta t}=\frac{\mathrm{d}\boldsymbol{v}}{\mathrm{d}t}=\frac{\mathrm{d}^2\boldsymbol{r}}{\mathrm{d}t^2} \tag{1.7}$$

$\boldsymbol{a}$ 称为**瞬时加速度**,简称**加速度**. 式(1.7)表明,**加速度等于速度对时间的一阶导数,也等于位矢对时间的二阶导数.**

需要指出:

(1) 加速度是速度矢量对时间的变化率. 因此,不论是速度的大小发生变化还是速度的方向发生变化,都有加速度.

(2) 加速度是矢量,其方向是当 $\Delta t\to 0$ 时 $\Delta\boldsymbol{v}$ 的极限方向,不一定是 $\boldsymbol{v}$ 的方向.

在曲线运动中，$\boldsymbol{a}$ 的方向一般不是 $\boldsymbol{v}$ 的方向. 由图 1.5 不难看出，$\boldsymbol{a}$ 的方向总是指向曲线凹的一侧. 当 $\boldsymbol{a}$ 与 $\boldsymbol{v}$ 成锐角时，速率增大；当 $\boldsymbol{a}$ 与 $\boldsymbol{v}$ 成钝角时，速率减小；当 $\boldsymbol{a}$ 与 $\boldsymbol{v}$ 垂直时，速率不变. 在直线运动中，$\boldsymbol{a}$ 与 $\boldsymbol{v}$ 都只有两种可能的方向，当 $\boldsymbol{a}$ 与 $\boldsymbol{v}$ 方向相同时，速率增大；当 $\boldsymbol{a}$ 与 $\boldsymbol{v}$ 方向相反时，速率减小.

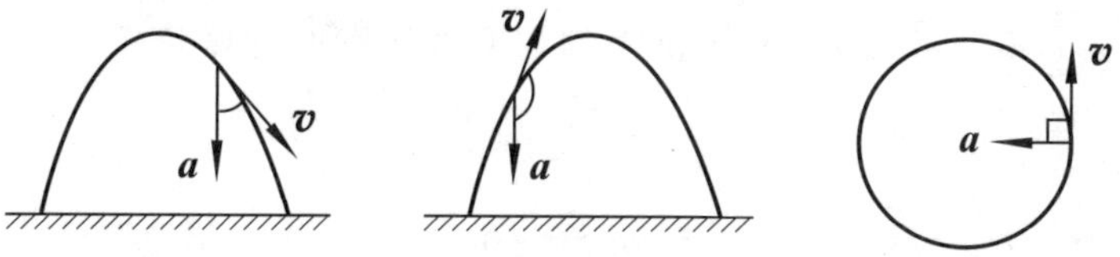

斜抛　　斜抛　　匀速率圆周运动

图 1.5

$\boldsymbol{a}$ 等于常矢量的运动称为**匀变速运动**. 例如在仅考虑重力作用的抛体运动中，质点的加速度就是重力加速度，其大小和方向始终不变，因此是匀变速运动.

由于质点在某时刻的运动状态取决于该时刻质点运动快慢及方向，因此在质点运动学中，速度是描述质点运动状态的物理量，而加速度则是反映质点运动状态变化的物理量. 表 1.2 列出了某些运动的加速度量级.

表 1.2　某些运动的加速度量级 ($\mathrm{m \cdot s^{-2}}$)

太阳绕银河系中心转动的加速度	$\sim 3\times10^{-10}$
地球公转的加速度	6×10^{-3}
月球表面的落体加速度	1.7
地球表面的重力加速度	9.8
使人昏晕的加速度	$\sim 7\times10$
火箭升空的加速度	$\sim 50 \sim 100$
步枪子弹在枪膛中的加速度	$\sim 5\times10^{5}$
质子在加速器中的加速度	$\sim 10^{13} \sim 10^{14}$

1.2.5　运动学的两类问题

把运动方程、速度和加速度的定义式写在一起，即

$$\begin{cases} \boldsymbol{r} = \boldsymbol{r}(t) \\ \boldsymbol{v} = \dfrac{\mathrm{d}\boldsymbol{r}}{\mathrm{d}t} \\ \boldsymbol{a} = \dfrac{\mathrm{d}\boldsymbol{v}}{\mathrm{d}t} = \dfrac{\mathrm{d}^2\boldsymbol{r}}{\mathrm{d}t^2} \end{cases} \tag{1.8}$$

容易看出，运动学的问题大体上可分为两类. 第一类问题是已知质点的运动方程，求质点在任意时刻的速度和加速度，从而得知质点运动的全部情况，这类问题用微分法解决. 第二类问题是已知质点运动的加速度(或速度)以及初始状态，求质点的运动方程. 这类问题是第一类问题的逆运算，用积分法求解.

加速度 $\boldsymbol{a}$ 为常矢量的匀变速运动是第二类问题的特例. 设 $t=0$ 时质点的位矢和速度分别为 $\boldsymbol{r}_0$ 和 $\boldsymbol{v}_0$，在任意时刻 t，其位矢和速度分别为 $\boldsymbol{r}$ 和 $\boldsymbol{v}$. 根据

式(1.8),有

$$\mathrm{d}\boldsymbol{v} = \boldsymbol{a}\mathrm{d}t$$

将等式两边对同一过程积分，即

$$\int_{v_0}^{v} \mathrm{d}\boldsymbol{v} = \int_0^t \boldsymbol{a}\mathrm{d}t$$

$\boldsymbol{a}$ 为常矢量,可提到积分号外,于是得到**匀变速运动的速度公式**

$$\boldsymbol{v} = \boldsymbol{v}_0 + \boldsymbol{a}t \tag{1.9a}$$

类似地，根据式(1.8),有

$$\mathrm{d}\boldsymbol{r} = \boldsymbol{v}\mathrm{d}t$$

对等式两边积分，并代入式(1.9a),即

$$\int_{r_0}^{r} \mathrm{d}\boldsymbol{r} = \int_0^t \boldsymbol{v}\mathrm{d}t = \int_0^t (\boldsymbol{v}_0 + \boldsymbol{a}t)\mathrm{d}t$$

从而得到**匀变速运动的位移公式**

$$\boldsymbol{r} - \boldsymbol{r}_0 = \boldsymbol{v}_0 t + \frac{1}{2}\boldsymbol{a}t^2 \tag{1.9b}$$

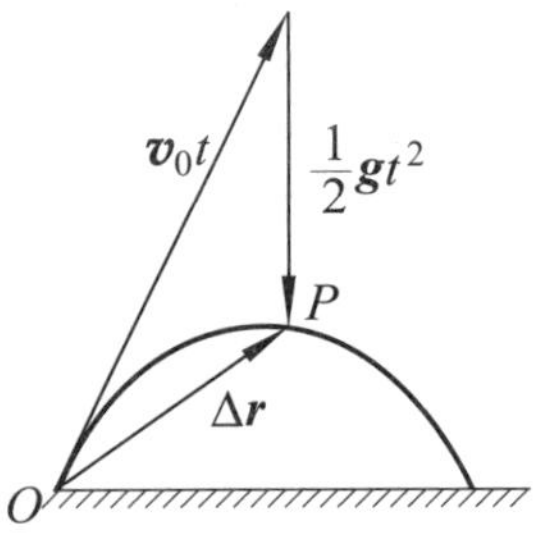

图 1.6

在我们熟悉的理想的抛体运动中,质点的加速度恒等于重力加速度 $\boldsymbol{g}$，因此只要将式(1.9)中的 $\boldsymbol{a}$ 换成 $\boldsymbol{g}$，即得抛体运动的速度公式和位移公式. 无论是竖直上抛、平抛,还是斜抛,上述公式都适用.

图 1.6 描述了一个斜抛运动,其物理意义可以这样理解:在 $0\sim t$ 时间内,质点从 O 点到 P 点的位移 $\Delta\boldsymbol{r}$ 等于 $\boldsymbol{v}_0 t$ 与 $\boldsymbol{g}t^2/2$ 两个位移之和,这正是式(1.9b). 这里把斜抛运动看成是沿着初始速度 $\boldsymbol{v}_0$ 方向的匀速直线运动和自由落体运动叠加而成.

1.3 直角坐标描述

上一节介绍了如何用矢量描述质点的运动. 在讨论位置、位移、速度、加速度的相互关系时给出的都是矢量式. 矢量式的优点是形式简洁,并且与坐标系的选取无关,用于理论探讨较为方便,但不便给出具体的结果. 在实际运动学问题的处理中,常可以根据运动特点,选择合适的坐标系,先将矢量在坐标轴方向投影,得到矢量的分量,再用分量运算代替矢量运算,从而给问题的研究带来一定的方便.

1.3.1 位置、速度和加速度的直角坐标表示

1. 位置和位移

我们知道，在直角坐标系中空间位置可以由三个坐标(x,y,z)确定,事实上 x、y、z 正是质点在某时刻的位矢 $\boldsymbol{r}$ 在三个坐标轴的投影,也就是 $\boldsymbol{r}$ 在坐标轴上的分量,如图 1.7 所示. 即

$$\boldsymbol{r}=x\boldsymbol{i}+y\boldsymbol{j}+z\boldsymbol{k} \tag{1.10}$$

式中 $\boldsymbol{i}$、$\boldsymbol{j}$、$\boldsymbol{k}$ 是沿三个坐标轴的单位矢量，它们都是恒矢量，大小和方向都不随时间变化.

$\boldsymbol{r}$ 的大小就是质点到原点的距离，即

$$r=|\boldsymbol{r}|=\sqrt{x^2+y^2+z^2} \tag{1.11}$$

$\boldsymbol{r}$ 的方向由其方向余弦确定，即

$$\cos\alpha=\frac{x}{r},\quad \cos\beta=\frac{y}{r},\quad \cos\gamma=\frac{z}{r} \tag{1.12}$$

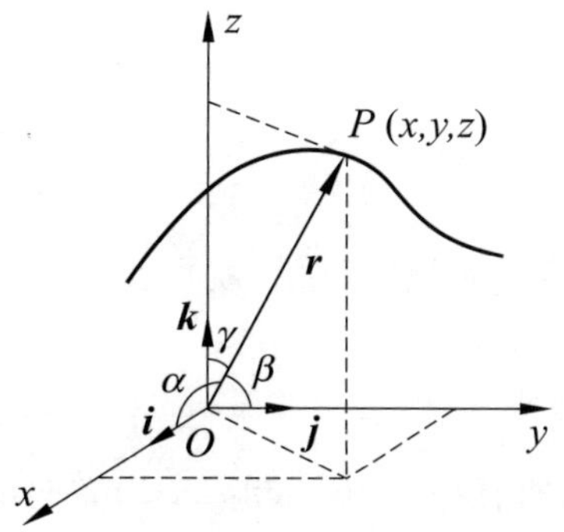

图 1.7

式中 α、β、γ 分别为 $\boldsymbol{r}$ 与 Ox、Oy、Oz 轴正方向的夹角，并且满足关系式

$$\cos^2\alpha+\cos^2\beta+\cos^2\gamma=1 \tag{1.13}$$

如果质点被限制在 Oxy 平面内运动，通常 $z=0$ 可略去不写. $\boldsymbol{r}$ 与 Ox 轴正方向的夹角 α 也可由 $\tan\alpha=y/x$ 确定.

设质点在时刻 t 和 $t+\Delta t$ 的位置矢量分别为 $\boldsymbol{r}_1$ 和 $\boldsymbol{r}_2$，并且

$$\boldsymbol{r}_1=x_1\boldsymbol{i}+y_1\boldsymbol{j}+z_1\boldsymbol{k}$$
$$\boldsymbol{r}_2=x_2\boldsymbol{i}+y_2\boldsymbol{j}+z_2\boldsymbol{k}$$

根据矢量运算规则，在 Δt 这段时间内质点的位移矢量为

$$\Delta\boldsymbol{r}=\boldsymbol{r}_2-\boldsymbol{r}_1=(x_2-x_1)\boldsymbol{i}+(y_2-y_1)\boldsymbol{j}+(z_2-z_1)\boldsymbol{k} \tag{1.14a}$$

其分量式为

$$\Delta x=(x_2-x_1),\quad \Delta y=(y_2-y_1),\quad \Delta z=(z_2-z_1) \tag{1.14b}$$

需要注意的是，根据 $\boldsymbol{r}$ 的取向，x、y、z 可以为正、负或零，但 r 是 $\boldsymbol{r}$ 的模，不取负值. 例如已知 $x<0$，$y=z=0$，则 $\boldsymbol{r}=x\boldsymbol{i}$. 由于 x 为负，所以 $\boldsymbol{r}$ 的取向为 $-\boldsymbol{i}$ 方向，而 $\boldsymbol{r}$ 的大小 $r=-x$ 才是正确的.

2. 运动方程和轨道方程

质点运动时，位置坐标随时间变化，其运动方程为

$$\boldsymbol{r}=x(t)\boldsymbol{i}+y(t)\boldsymbol{j}+z(t)\boldsymbol{k} \tag{1.15a}$$

或表示为分量式

$$x=x(t),\quad y=y(t),\quad z=z(t) \tag{1.15b}$$

这也是质点在三个坐标轴上投影点的运动方程.

不难看出，$\boldsymbol{r}$ 的端点描绘出质点运动的轨迹. 由式(1.15b)消去 t 可以得到 x、y、z 之间的关系式，即为质点运动的**轨道方程**. 式(1.15b)亦称轨道的参数方程.

3. 速度和加速度

由式(1.8)，从质点的运动方程入手，根据速度和加速度的定义，可以得到

$$\boldsymbol{v}=\frac{\mathrm{d}\boldsymbol{r}}{\mathrm{d}t}=\frac{\mathrm{d}x}{\mathrm{d}t}\boldsymbol{i}+\frac{\mathrm{d}y}{\mathrm{d}t}\boldsymbol{j}+\frac{\mathrm{d}z}{\mathrm{d}t}\boldsymbol{k}$$

$$\boldsymbol{a}=\frac{\mathrm{d}\boldsymbol{v}}{\mathrm{d}t}=\frac{\mathrm{d}^2\boldsymbol{r}}{\mathrm{d}t^2}=\frac{\mathrm{d}^2x}{\mathrm{d}t^2}\boldsymbol{i}+\frac{\mathrm{d}^2y}{\mathrm{d}t^2}\boldsymbol{j}+\frac{\mathrm{d}^2z}{\mathrm{d}t^2}\boldsymbol{k}$$

显然,速度、加速度的分量式为

$$v_x = \frac{\mathrm{d}x}{\mathrm{d}t}, \quad v_y = \frac{\mathrm{d}y}{\mathrm{d}t}, \quad v_z = \frac{\mathrm{d}z}{\mathrm{d}t} \tag{1.16}$$

$$a_x = \frac{\mathrm{d}v_x}{\mathrm{d}t} = \frac{\mathrm{d}^2 x}{\mathrm{d}t^2}, \quad a_y = \frac{\mathrm{d}v_y}{\mathrm{d}t} = \frac{\mathrm{d}^2 y}{\mathrm{d}t^2}, \quad a_z = \frac{\mathrm{d}v_z}{\mathrm{d}t} = \frac{\mathrm{d}^2 z}{\mathrm{d}t^2} \tag{1.17}$$

有了矢量的分量,就可类比式(1.11)和式(1.12),用各自的分量分别算出大小和方向.

例 1.1 无人潜航器在海水中某深度水平面上按预定路径执行潜航侦查任务,先向东走 30m,后向南走 10m,再向西北走 18m,一共用了 29s. 求这段时间内无人潜航器运动的平均速度和平均速率.

解 本题关键在于算出总位移和总路程. 以出发点为原点建立平面直角坐标系,依次画出位移 $\Delta \boldsymbol{r}_1$、$\Delta \boldsymbol{r}_2$、$\Delta \boldsymbol{r}_3$ 及总位移 $\Delta \boldsymbol{r}$,如图 1.8 所示. 根据矢量加法规则,有

$$\Delta \boldsymbol{r} = \Delta \boldsymbol{r}_1 + \Delta \boldsymbol{r}_2 + \Delta \boldsymbol{r}_3 = \Delta x \boldsymbol{i} + \Delta y \boldsymbol{j}$$

其中

$$\Delta \boldsymbol{r}_1 = 30\boldsymbol{i}, \quad \Delta \boldsymbol{r}_2 = -10\boldsymbol{j}, \quad \Delta \boldsymbol{r}_3 = 18\cos 135^\circ \boldsymbol{i} + 18\sin 135^\circ \boldsymbol{j}$$

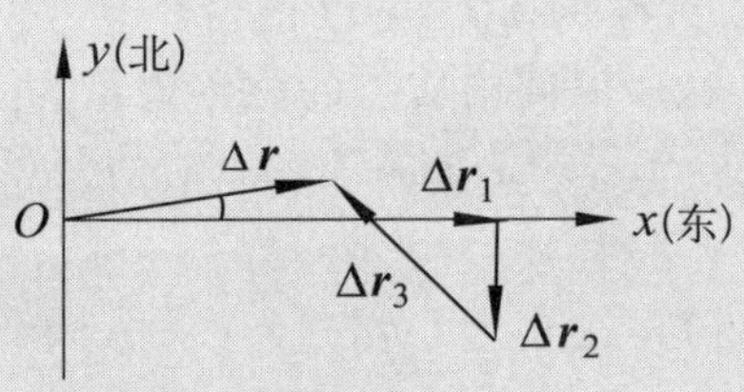

图 1.8

可得

$$\Delta x = \Delta x_1 + \Delta x_2 + \Delta x_3 = (30 + 0 + 18\cos 135^\circ)\ \mathrm{m} = 17.3\ \mathrm{m}$$

$$\Delta y = \Delta y_1 + \Delta y_2 + \Delta y_3 = (0 - 10 + 18\sin 135^\circ)\ \mathrm{m} = 2.7\ \mathrm{m}$$

$\Delta \boldsymbol{r}$ 的大小为

$$|\Delta \boldsymbol{r}| = \sqrt{(\Delta x)^2 + (\Delta y)^2} = \sqrt{(17.3\ \mathrm{m})^2 + (2.7\ \mathrm{m})^2} = 17.5\ \mathrm{m}$$

$\Delta \boldsymbol{r}$ 与 Ox 轴正方向的夹角为

$$\alpha = \arctan \frac{\Delta y}{\Delta x} = \arctan \frac{2.7\ \mathrm{m}}{17.3\ \mathrm{m}} = 8^\circ 52'$$

所以在这段时间内,无人潜航器运动的平均速度大小为

$$|\bar{\boldsymbol{v}}| = \left|\frac{\Delta \boldsymbol{r}}{\Delta t}\right| = \frac{17.5\ \mathrm{m}}{29\ \mathrm{s}} = 0.6\ \mathrm{m \cdot s^{-1}}$$

平均速度 $\bar{\boldsymbol{v}}$ 的方向就是总位移 $\Delta \boldsymbol{r}$ 的方向,即东偏北 $8^\circ 52'$.

总路程是 30 m、10 m、18 m 的总和,所以在这段时间内的平均速率为

$$\bar{v} = \frac{\Delta s}{\Delta t} = \frac{(30 + 10 + 18)\ \mathrm{m}}{29\ \mathrm{s}} = 2\ \mathrm{m \cdot s^{-1}}$$

例 1.2　已知一质点的运动方程为 $x=2t$，$y=19-2t^2$，式中 x、y 的单位为 m，t 的单位为 s. 试求：(1) 质点运动的轨道方程；(2) $t=1$ s 时的速度和加速度；(3) 何时质点的位置矢量与速度矢量垂直？(4)质点离原点最近的距离有多远？

解　(1) 质点运动方程的分量式为

$$x=2t\,,\quad y=19-2t^2$$

两式联立消去 t，得轨道方程

$$y=19-\frac{1}{2}x^2$$

可见该质点的运动轨迹为抛物线，如图 1.9 所示.

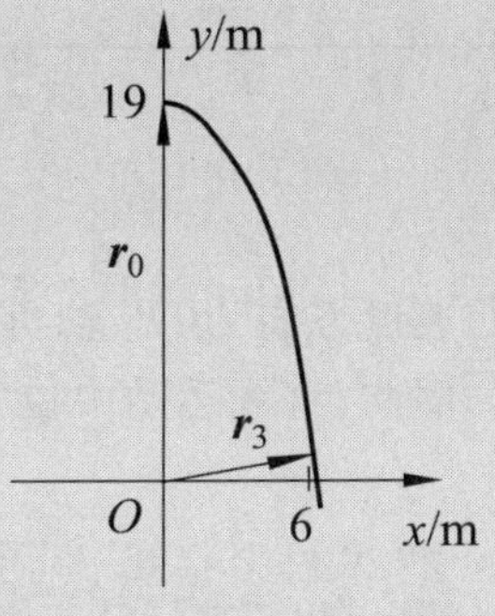

图 1.9

(2) 质点在任意时刻的速度分量为

$$v_x=\frac{\mathrm{d}x}{\mathrm{d}t}=2\ \mathrm{m\cdot s^{-1}}\,,\quad v_y=\frac{\mathrm{d}y}{\mathrm{d}t}=-4t\ \mathrm{m\cdot s^{-1}}$$

$t=1$s 时，有

$$v_{1x}=2\ \mathrm{m\cdot s^{-1}}\,,\quad v_{1y}=-4\ \mathrm{m\cdot s^{-1}}$$

因此 $\boldsymbol{v}_1$ 的大小为

$$\begin{aligned}v_1&=\sqrt{{v_{1x}}^2+{v_{1y}}^2}=\left[\sqrt{2^2+(-4)^2}\right]\mathrm{m\cdot s^{-1}}\\&=4.47\ \mathrm{m\cdot s^{-1}}\end{aligned}$$

$\boldsymbol{v}_1$ 与 Ox 轴正方向的夹角为

$$\alpha=\arctan\frac{v_{1y}}{v_{1x}}=\arctan\left(\frac{-4}{2}\right)=-63°26'$$

质点在任意时刻的加速度分量为

$$a_x=\frac{\mathrm{d}v_x}{\mathrm{d}t}=0\,,\quad a_y=\frac{\mathrm{d}v_y}{\mathrm{d}t}=-4\ \mathrm{m\cdot s^{-2}}$$

显然 $\boldsymbol{a}$ 与 t 无关，它是常矢量. $\boldsymbol{a}$ 的大小为

$$a=4\ \mathrm{m\cdot s^{-2}}$$

$\boldsymbol{a}$ 的方向为 $-\boldsymbol{j}$ 方向，即沿 Oy 轴负方向.

(3) 当 $\boldsymbol{r}\cdot\boldsymbol{v}=0$ 时，有 $\boldsymbol{r}\perp\boldsymbol{v}$，即

$$xv_x+yv_y=2t\times2+(19-2t^2)\times(-4t)=0$$

得

$$t=0,\pm3\ \text{s(负值舍去)}$$

即当 $t=0$ 和 $t=3$ s 时，位置矢量恰与速度矢量垂直.

(4) 在时刻 t 质点到原点的距离为

$$r=\sqrt{x^2+y^2}=\sqrt{(2t)^2+(19-2t^2)^2}$$

令 $\mathrm{d}r/\mathrm{d}t=0$，得

$$8t(1-19+2t^2)=0$$

解得

$$t=0,\pm3\ \text{s(负值舍去)}$$

$t = 0$ 和 $t = 3$ s 时,分别有

$$r_0 = \sqrt{(19\ \mathrm{m})^2} = 19\ \mathrm{m}$$

$$r_3 = [\sqrt{(2\times 3)^2 + (19 - 2\times 3^2)^2}]\ \mathrm{m} = 6.08\ \mathrm{m} < r_0$$

所以,当 $t = 3$ s 时,质点的位置离原点最近,等于 6.08 m.

1.3.2 直线运动

当质点做直线运动时,若选运动轨迹为坐标轴(如 x 轴),则其位矢、速度、加速度等矢量都只有两种可能的方向,如图 1.10 所示. 显然,再用单位矢量 $\boldsymbol{i}$ 标记方向已无必要,用带 +、− 号的代数量表示即可. 若为正,则表明该矢量指向 Ox 轴正方向;若为负,则表明指向 Ox 轴负方向;绝对值即为该矢量的大小. 例如 $v = -3\ \mathrm{m\cdot s^{-1}}$,表明速度方向为 Ox 轴负方向,大小等于 $3\ \mathrm{m\cdot s^{-1}}$.

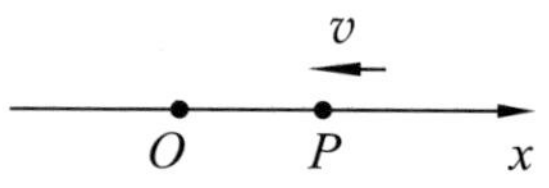

图 1.10

因此,直线运动中位矢、速度、加速度等矢量间的关系可表示为

$$\begin{cases} x = x(t) \\ v = \dfrac{\mathrm{d}x}{\mathrm{d}t} \\ a = \dfrac{\mathrm{d}v}{\mathrm{d}t} = \dfrac{\mathrm{d}^2 x}{\mathrm{d}t^2} \end{cases} \tag{1.18}$$

需要注意的是,$a>0$ 时速率不一定增大,$a<0$ 时,速率不一定减小. 只有当 a 与 v 同号时,速率才会增大;当 a 与 v 异号时,速率就会减小.

a 为常量的匀变速直线运动是直线运动的一个特例. 设初始位置为 x_0,初始速度为 v_0. 由式(1.18),有 $\mathrm{d}v = a\mathrm{d}t$ 和 $\mathrm{d}x = v\mathrm{d}t$,依次积分,并代入初始条件,可以得到其速度公式和位移公式

$$v = v_0 + at \tag{1.19a}$$

$$x - x_0 = v_0 t + \frac{1}{2}at^2 \tag{1.19b}$$

事实上,式(1.19a、b)就是式(1.9a、b)在 Ox 轴的分量式.

把 $a = \dfrac{\mathrm{d}v}{\mathrm{d}t}$ 改写成 $a = \dfrac{\mathrm{d}v}{\mathrm{d}x}\cdot\dfrac{\mathrm{d}x}{\mathrm{d}t} = v\dfrac{\mathrm{d}v}{\mathrm{d}x}$,得到 $v\mathrm{d}v = a\mathrm{d}x$. 对等式两边积分,有

$$\int_{v_0}^{v} v\mathrm{d}v = \int_{x_0}^{x} a\mathrm{d}x$$

可得

$$v^2 = v_0^2 + 2a(x - x_0) \tag{1.19c}$$

式(1.19a、b、c)正是在中学就已熟知的匀变速直线运动的三个公式.

为了直观地描述质点的运动,常绘制出 x-t、v-t、a-t 以及 v-x 等曲线. 由式(1.18)可知,x-t 曲线上某点切线的斜率 $\mathrm{d}x/\mathrm{d}t$ 等于该时刻质点运动的速度;某段时间内 v-t 曲线与 t 轴所围面积,则等于该段时间内质点的位移. 特别是 v-x 平面(相平面)内绘制出的物体运动曲线(称为相轨线)更是研究非线性力学问题的重要方法.

必须指出，质点运动学的问题不都是那么简单，x、v、a 不一定只是 t 的函数，例如加速度 a 可以是 t、x、v 的函数. 在大多数情况下，解析求解非常复杂，有时甚至无法进行，这时可以运用现代计算工具，协助求出近似结果.

例 1.3　路灯距地面的高度为 h，身高为 l 的人以速度 v_0 在路上匀速行走，如图 1.11 所示. 求人影头顶的移动速度和影长增长的速度.

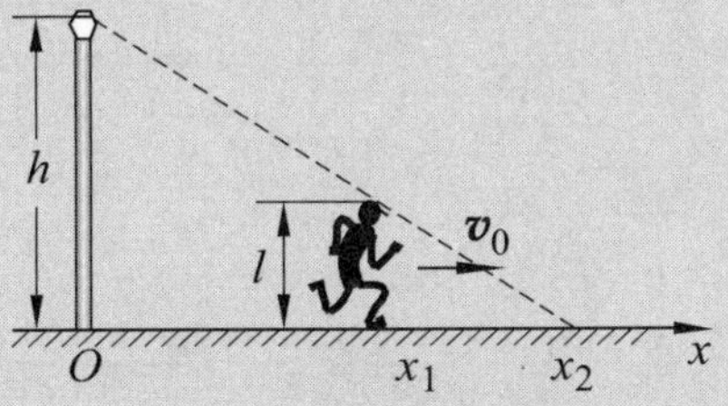

图 1.11

解　坐标系如图所示. 欲求人影头顶的移动速度，关键是写出其在任意时刻位置的坐标. 设 t 时刻人走到如图所示位置，以 x_1 和 x_2 分别表示人和人影头顶的位置坐标，据相似三角形关系，有

$$\frac{l}{h}=\frac{x_2-x_1}{x_2}$$

得

$$x_2=\frac{h}{h-l}x_1$$

两边对 t 求导，并代入 $\mathrm{d}x_1/\mathrm{d}t=v_0$，即得人影头顶的移动速度

$$v=\frac{\mathrm{d}x_2}{\mathrm{d}t}=\frac{h}{h-l}v_0$$

影长为 x_2-x_1，其增长速度为

$$V=\frac{\mathrm{d}(x_2-x_1)}{\mathrm{d}t}=\frac{\mathrm{d}x_2}{\mathrm{d}t}-\frac{\mathrm{d}x_1}{\mathrm{d}t}=v-v_0=\frac{l}{h-l}v_0$$

例 1.4　设质点沿 Ox 轴运动，$t=0$ 时速度为 v_0，其加速度与速度大小成正比而方向相反，比例系数为 k ($k>0$). 试求速度随时间变化的关系式.

解　由题意及加速度的定义，有

$$a=-kv=\frac{\mathrm{d}v}{\mathrm{d}t}$$

可得

$$\frac{\mathrm{d}v}{v}=-k\mathrm{d}t$$

将等式两边对同一过程积分，有

$$\int_{v_0}^{v}\frac{\mathrm{d}v}{v}=-k\int_0^t\mathrm{d}t$$

可得

$$\ln\frac{v}{v_0}=-kt$$

或

$$v = v_0 e^{-kt}$$

上式表明,速度的方向将保持不变,但其大小随时间增大而减小,直至趋于零.

例 1.5 在离水面高为 h 的岸边,有人用绳拉船靠岸,如图 1.12 所示.若拉绳速率 v_0 保持恒定,试求船到岸边的距离与船速的关系,并说明船的运动.

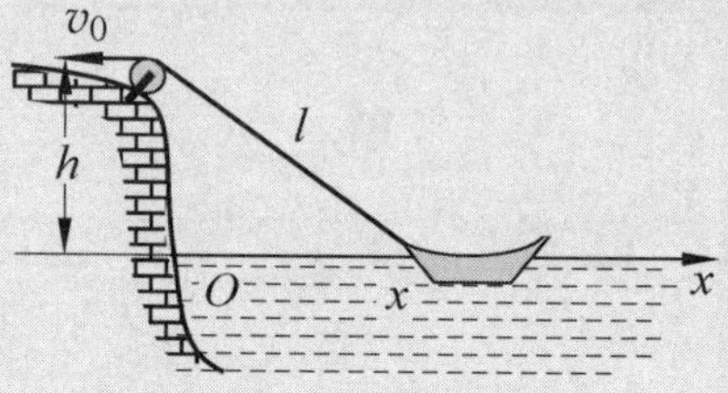

图 1.12

解 建立如图所示的坐标系.设在时刻 t 船的坐标为 x.显然 $x>0$,x 的量值等于船到岸边的距离,并且有 $x=\sqrt{l^2-h^2}$,其中 l 为船到滑轮的绳长.船的速度为

$$v = \frac{dx}{dt} = \frac{dx}{dl}\cdot\frac{dl}{dt} = \frac{l}{\sqrt{l^2-h^2}}\frac{dl}{dt}$$

由于 l 随时间减小,因此有 $dl/dt=-v_0$,可得船速与 x 的关系为

$$v = -\frac{lv_0}{\sqrt{l^2-h^2}} = -\frac{\sqrt{h^2+x^2}}{x}v_0$$

船的加速度与 x 的关系为

$$a=\frac{dv}{dt}=\frac{dv}{dl}\cdot\frac{dl}{dt}=-\frac{h^2v_0^2}{(l^2-h^2)^{3/2}}=-\frac{h^2v_0^2}{x^3}$$

可见 $v<0, a<0$.表明速度和加速度的方向相同,但都与 Ox 轴正向相反,因此船向岸边做加速运动.由于 $a\neq$常量,所以船的运动是变加速运动.

1.3.3 曲线运动

无数事实表明:**一个运动可以看成由几个各自独立进行的运动叠加而成.** 这个结论称为运动叠加原理.例如常见的抛体运动一般可看成水平方向的匀速运动和竖直方向的匀变速运动两个直线运动的叠加,螺旋运动可以看成圆周运动和直线运动的叠加等.

一般说来,在处理曲线运动问题时,我们总是根据运动叠加原理先将已知运动进行分解,然后对各个分运动进行计算,根据需要再将所得结果进行叠加.在直角坐标系中,分解到各个坐标轴上的运动都是直线运动,因此,我们可以运用直线运动的规律来求解曲线运动.

例 1.6 在倾角为 α 的斜坡下端 A 点处，以初速 $\boldsymbol{v}_0$ 与斜坡成 θ 角的方向射出一发炮弹，炮弹下落时恰好垂直击中斜面上的 B 点. 如果不计空气阻力，试证明 θ 角应满足下列条件：

$$\tan\theta = \frac{1}{2\tan\alpha}$$

证 依题意作图 1.13，并在竖直平面内建立如图所示的坐标系，原点 O 与 A 点重合. 这样建立坐标系的好处是：炮弹在击中点 B 的速度和坐标都有一个分量为零.

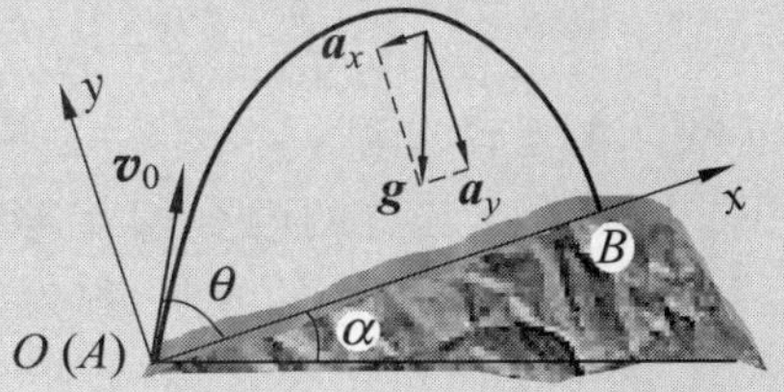

图 1.13

根据叠加原理，炮弹的运动可看作 x 方向和 y 方向运动的叠加.

$$x\text{ 方向：}\begin{cases} v_{0x} = v_0\cos\theta \\ a_x = -g\sin\alpha \end{cases}$$

$$y\text{ 方向：}\begin{cases} v_{0y} = v_0\sin\theta \\ a_y = -g\cos\alpha \end{cases}$$

因为 a_x 和 a_y 均为常量，所以炮弹在 x 方向和 y 方向均做匀变速运动.

在击中点 B，炮弹速度的 x 分量为零，位矢的 y 分量为零. 根据匀变速运动的速度和位移公式，可写出

$$v_{Bx} = v_{0x} + a_x t_B = v_0\cos\theta - g\sin\alpha\, t_B = 0 \quad ①$$

$$y_B = v_{0y}t_B + \frac{1}{2}a_y t_B^2 = v_0\sin\theta\, t_B - \frac{1}{2}g\cos\alpha\, t_B^2 = 0 \quad ②$$

因为 $t_B \neq 0$，所以式②可改写为

$$v_0\sin\theta = \frac{1}{2}g\cos\alpha\, t_B \quad ③$$

由式①得

$$v_0\cos\theta = g\sin\alpha\, t_B \quad ④$$

式③和式④两边分别相除，即得

$$\tan\theta = \frac{1}{2\tan\alpha}$$

1.4 自然坐标描述

对于一般曲线运动的描述，除了采用直角坐标系外，若已知质点运动的轨道，还可采用自然坐标系. 本节仅限于讨论平面运动的情况.

1.4.1 位置和速度的自然坐标表示

自然坐标系就是沿质点运动的轨道建立一条曲线坐标轴，在轴上选定一点作为坐标原点 O，质点的位置用 s 表示，如图 1.14 所示. 规定在原点某一边的 s 为正，在另一边的 s 为负，s 的绝对值等于原点至质点间轨道的长度. 显然，s 能唯一确定质点的位置，称之为**自然坐标**.

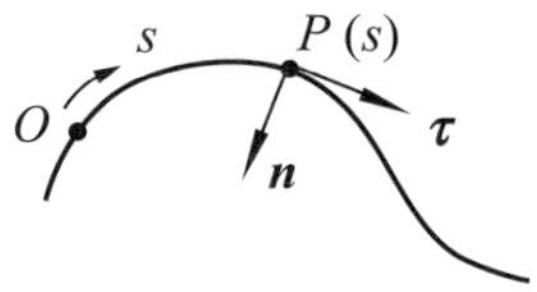

图 1.14

当质点运动时，有

$$s = s(t) \tag{1.20}$$

式(1.20)就是用自然坐标表示的运动方程.

为了描述方便，选择依赖于质点位置的两个相互垂直的单位矢量 $\boldsymbol{\tau}$ 和 $\boldsymbol{n}$，其中 $\boldsymbol{\tau}$ 沿轨道切线方向，指向自然坐标增大的方向，称为切向单位矢量；$\boldsymbol{n}$ 沿轨道法线方向，指向轨道凹侧，称为法向单位矢量. 需要指出的是，虽然 $\boldsymbol{\tau}$ 和 $\boldsymbol{n}$ 的大小保持不变，但它们的方向随质点在轨道上的位置而改变.

质点运动的方向必沿轨道的切线方向，只要质点不静止，不是朝前就是向后. 因此，速度只有切向分量，表示为

$$v = v_\tau = \frac{\mathrm{d}s}{\mathrm{d}t} \tag{1.21}$$

当 $\mathrm{d}s/\mathrm{d}t>0$ 时，质点沿自然坐标增大的方向运动，即速度方向为 $\boldsymbol{\tau}$ 方向；当 $\mathrm{d}s/\mathrm{d}t<0$ 时，质点沿自然坐标减小的方向运动，即速度方向为 $-\boldsymbol{\tau}$ 方向.

1.4.2 切向加速度和法向加速度

将加速度 $\boldsymbol{a}$ 投影在轨道的切向和法向，得到它的切向分量 $\boldsymbol{a}_\tau$ 和法向分量 $\boldsymbol{a}_n$，如图 1.15 所示，有

$$\boldsymbol{a} = \boldsymbol{a}_\tau + \boldsymbol{a}_n = a_\tau\boldsymbol{\tau} + a_n\boldsymbol{n} \tag{1.22}$$

$\boldsymbol{a}$ 的大小为

$$a = \sqrt{a_\tau^2 + a_n^2} \tag{1.23a}$$

$\boldsymbol{a}$ 与 $\boldsymbol{\tau}$ 方向的夹角 θ 可由下式确定：

$$\tan\theta = \frac{a_n}{a_\tau} \tag{1.23b}$$

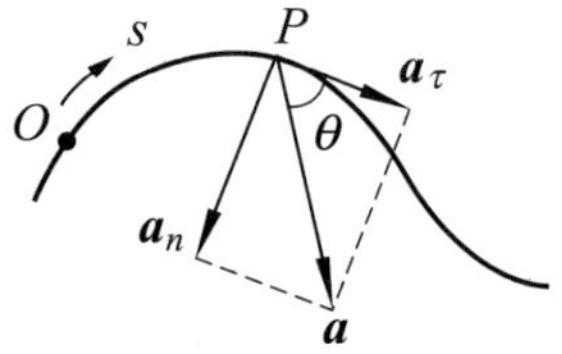

图 1.15

如何计算 a_τ 和 a_n？我们从常见的圆周运动入手进行讨论.

1. 圆周运动的加速度

设做圆周运动的质点在时刻 t 和 $t+\Delta t$ 分别以速度 $\boldsymbol{v}$ 和 $\boldsymbol{v}_1$ 通过 P 点和 P_1 点，如图 1.16(a)所示. 为了方便，不妨设 O' 为自然坐标系原点，质点从 P 点沿轨道到 P_1 点的方向为自然坐标增大的方向.

在 Δt 时间内，速度的增量为

$$\Delta\boldsymbol{v} = \boldsymbol{v}_1 - \boldsymbol{v}$$

在图 1.16(b)所示的速度矢量三角形中，取 $\overline{PB}=\overline{PA}=v$，显然有

$$\overline{BC} = v_1 - v = \Delta v \tag{1.24}$$

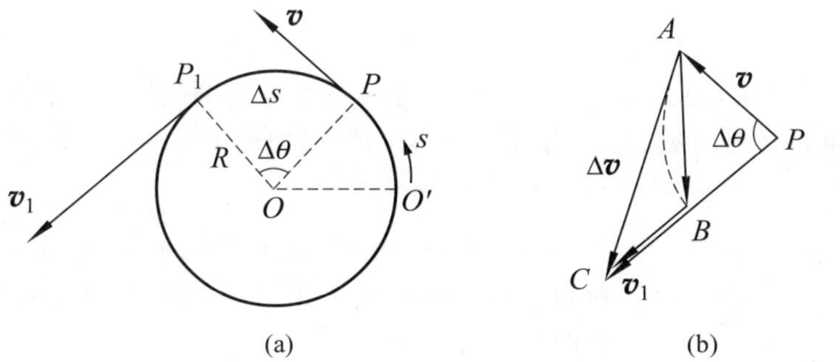

图 1.16

根据矢量加法规则，$\Delta \boldsymbol{v}$ 可改写为

$$\Delta \boldsymbol{v} = \overrightarrow{AB} + \overrightarrow{BC}$$

不难看出，$\overrightarrow{AB}$只反映速度方向的变化，$\overrightarrow{BC}$只反映速度大小的变化. 于是加速度可写成两项之和，即

$$\boldsymbol{a} = \lim_{\Delta t \to 0} \frac{\Delta \boldsymbol{v}}{\Delta t} = \lim_{\Delta t \to 0} \frac{\overrightarrow{AB}}{\Delta t} + \lim_{\Delta t \to 0} \frac{\overrightarrow{BC}}{\Delta t} \tag{1.25}$$

当 $\Delta t \to 0$ 时，P_1 点→P 点，从而 $\Delta\theta \to 0$. 显然$\overrightarrow{AB}$的极限方向与 P 点速度 $\boldsymbol{v}$ 的方向垂直，而$\overrightarrow{BC}$的极限方向则沿着 $\boldsymbol{v}$ 的方向. 因此可以确定，式(1.25)等号右边第一项的极限方向沿 P 点轨道的法向，第二项的极限方向沿 P 点轨道的切向. 与式(1.22)比较可见，加速度的切向分量和法向分量分别为

$$a_n = \lim_{\Delta t \to 0} \frac{\overline{AB}}{\Delta t}, \qquad a_\tau = \lim_{\Delta t \to 0} \frac{\overline{BC}}{\Delta t} \tag{1.26}$$

将式(1.24)代入可得

$$a_\tau = \lim_{\Delta t \to 0} \frac{\Delta v}{\Delta t} = \frac{\mathrm{d}v}{\mathrm{d}t} \tag{1.27a}$$

式(1.27a)表明，加速度的切向分量等于 v 对时间的变化率. 若 $\mathrm{d}v/\mathrm{d}t > 0$，则 $\boldsymbol{a}_\tau$ 指向 $\boldsymbol{\tau}$ 方向；若 $\mathrm{d}v/\mathrm{d}t < 0$，则 $\boldsymbol{a}_\tau$ 指向 $-\boldsymbol{\tau}$ 方向. 当 a_τ 与 v 同号时，速率增大；当 a_τ 与 v 异号时，速率减小.

需要注意的是，$\frac{\mathrm{d}v}{\mathrm{d}t}$不同于$\frac{\mathrm{d}\boldsymbol{v}}{\mathrm{d}t}$. 前者是加速度 $\boldsymbol{a}$ 在轨道切线方向的投影，是代数量，而后者就等于加速度 $\boldsymbol{a}$，是矢量.

下面计算法向加速度. 由图 1.16 可见，当 $\Delta t \to 0$ 时，A、B 间的弦长与弧长趋于相等，代入式(1.26)得

$$a_n = \lim_{\Delta t \to 0} \frac{\overline{AB}}{\Delta t} = \lim_{\Delta t \to 0} \frac{v\Delta\theta}{\Delta t}$$

又有

$$\Delta\theta = \frac{\Delta s}{R}$$

$$a_n = \lim_{\Delta t \to 0}\left(\frac{v}{R} \cdot \frac{\Delta s}{\Delta t}\right) = \frac{v}{R} \cdot \frac{\mathrm{d}s}{\mathrm{d}t}$$

代入式(1.21),可得

$$a_n = \frac{v^2}{R} \tag{1.27b}$$

上式表明,加速度的法向分量恒为正,等于速度的平方与圆周轨道半径之比,可见,$\boldsymbol{a}_n$ 的方向始终指向圆心,因此,圆周运动的法向加速度又称向心加速度.

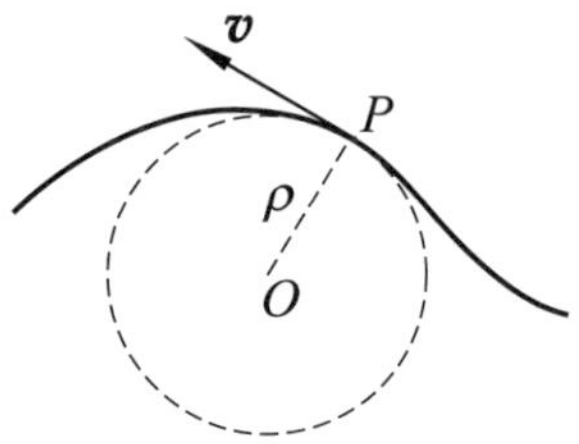

图 1.17

2. 一般曲线运动的加速度

若质点沿一般平面曲线轨道运动,如图 1.17 所示.可以证明,质点在 P 点加速度的切向分量和法向分量分别为

$$\begin{cases} a_\tau = \dfrac{\mathrm{d}v}{\mathrm{d}t} \\ a_n = \dfrac{v^2}{\rho} \end{cases} \tag{1.28}$$

其中 ρ 是 P 点轨道的曲率半径.容易看出,只要质点运动的快慢有变化,就有切向加速度;只要运动的轨道发生弯曲,就有法向加速度.

力学中常利用加速度与曲率半径的关系来计算质点运动轨道上各点的曲率半径.如已知 $x=x(t)$,$y=y(t)$,则

$$v = \sqrt{\left(\frac{\mathrm{d}x}{\mathrm{d}t}\right)^2 + \left(\frac{\mathrm{d}y}{\mathrm{d}t}\right)^2}$$

$$a = \sqrt{\left(\frac{\mathrm{d}^2x}{\mathrm{d}t^2}\right)^2 + \left(\frac{\mathrm{d}^2y}{\mathrm{d}t^2}\right)^2} = \sqrt{a_n^2 + a_\tau^2}$$

结合式(1.28),即可求出(x,y)点轨道的曲率半径 ρ.

1.4.3 对质点运动的讨论

既然切向加速度 $\boldsymbol{a}_\tau$ 反映速度大小的变化,法向加速度 $\boldsymbol{a}_n$ 反映速度方向的变化,那么在一般平面运动中,若恒有 $a_\tau=a_n=0$,表明速度的大小和方向都不变化,因而质点做匀速直线运动;若 $a_\tau\neq0$,而恒有 $a_n=0$,表明速度的大小有变化,但方向不变,因而为变速直线运动;若 $a_n\neq0$,而恒有 $a_\tau=0$,表明速度的大小不变,但方向有变化,因而为匀速率曲线运动;若 $a_\tau\neq0$,且 $a_n\neq0$,表明速度的大小和方向都在变化,则为一般曲线运动.

圆周运动是常见的平面曲线运动.质点做圆周运动时,其加速度的方向是否一定指向圆心?分析 a_τ 和 a_n 即能得到答案.当质点做匀速率圆周运动时,速度的大小不变,即 $a_\tau=0$,则有 $\boldsymbol{a}=a_n\boldsymbol{n}$,表明 $\boldsymbol{a}$ 的方向恒指向圆心.当质点做变速率圆周运动时,由于 $\boldsymbol{a}=a_\tau\boldsymbol{\tau}+a_n\boldsymbol{n}$,一般说来,$\boldsymbol{a}$ 的方向不再指向圆心.

a_τ 为常量的运动是曲线运动的一个特例.在这种情况下,质点的速率均匀增大或均匀减小.设 $t=0$ 时质点的自然坐标为 s_0,速度为 v_0,由式(1.27a)和式(1.21),有 $\mathrm{d}v=a_\tau\mathrm{d}t$,$\mathrm{d}s=v\mathrm{d}t$,依次积分,并代入初始条件,可得

$$\begin{cases} v = v_0 + a_\tau t \\ s - s_0 = v_0 t + \dfrac{1}{2}a_\tau t^2 \\ v^2 = v_0^2 + 2a_\tau(s - s_0) \end{cases} \tag{1.29}$$

显然,式(1.29)与式(1.19)的形式完全相同,表明曲线运动的切向加速度 a_τ 与直线运动的加速度 a 相当.可见,选择自然坐标系描述质点运动,似乎把曲线轨道拉“直”了.

例1.7 列车出站时由静止开始速率均匀增大,其轨道为半径 $R=720$ m 的圆弧,如图1.18所示.已知列车离开车站后3.0 min时的速率为 $v_1=18\ \mathrm{m\cdot s^{-1}}$.求列车离开车站后2.0 min时的切向加速度、法向加速度和总加速度.

解 在这个问题中,由于一般车厢的宽度远小于轨道半径,因此可用车厢上任一点的运动代表车厢的运动.因列车出站时速率均匀增大,故切向加速度 a_τ 为常量.考虑到初速 $v_0=0$,有 $v=a_\tau t$,可得

$$a_\tau=\frac{v_1}{t_1}=\frac{18\ \mathrm{m\cdot s^{-1}}}{3.0\times 60\ \mathrm{s}}=0.10\ \mathrm{m\cdot s^{-2}}$$

当 $t=2.0\ \mathrm{min}=120\ \mathrm{s}$ 时,切向加速度仍为 $0.10\ \mathrm{m\cdot s^{-2}}$,法向加速度为

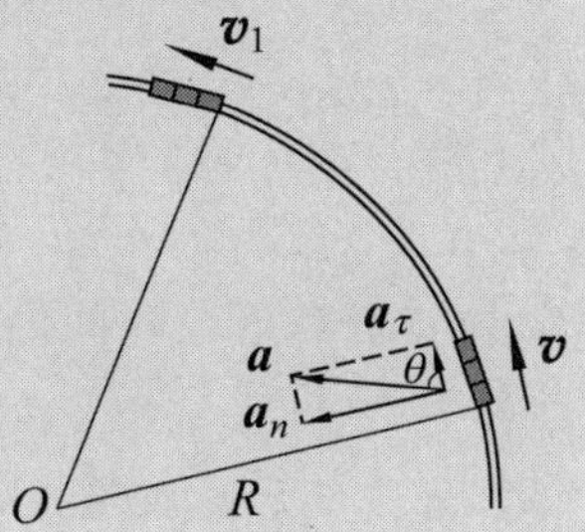

图1.18

$$a_n=\frac{v^2}{R}=\frac{(a_\tau t)^2}{R}=\frac{(0.10\ \mathrm{m\cdot s^{-2}}\times 120\ \mathrm{s})^2}{720\ \mathrm{m}}=0.20\ \mathrm{m\cdot s^{-2}}$$

总加速度 $\boldsymbol{a}$ 的大小为

$$a=\sqrt{a_\tau^2+a_n^2}=(\sqrt{0.10^2+0.20^2})\ \mathrm{m\cdot s^{-2}}=0.22\ \mathrm{m\cdot s^{-2}}$$

$\boldsymbol{a}$ 与 $\boldsymbol{v}$ 的夹角为

$$\theta=\arctan\frac{a_n}{a_\tau}=\arctan\frac{0.20}{0.10}=63°26'$$

1.5 角量描述

质点做平面运动时,有时还采用平面极坐标系.特别是当质点做圆周运动时,采用极坐标描述极为方便,本节将对此进行讨论.

1.5.1 平面极坐标

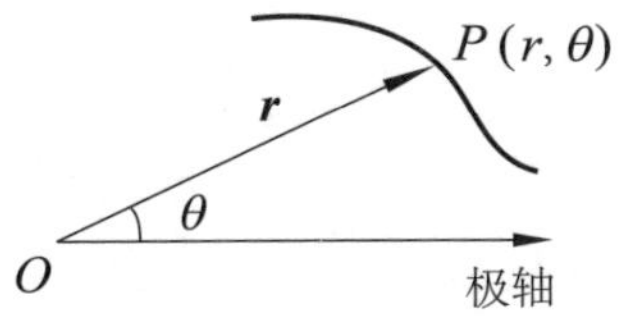

图1.19

如图1.19所示,在参考系上选一点 O 作为坐标原点,在质点运动的平面内作一条通过 O 点的极轴.质点运动到 P 点时,位置矢量为 $\boldsymbol{r}$,其长度为 r.位置矢量与极轴的夹角 θ 称为**角坐标**.通常规定极轴逆时针方向量得的 θ 为正,反之为负.于是 P 点的位置可以由 (r,θ) 唯一确定,并称之为平面极坐标.

1.5.2 圆周运动的角量描述

1. 角位置和角位移

如图1.20所示,当质点做圆周运动时,由于轨道上各点相对原点 O 的距

离 R 是恒定的，因此质点在任一时刻的位置由角坐标 θ 唯一确定，并称之为**角位置**. 质点运动时，角坐标是时间的函数，即

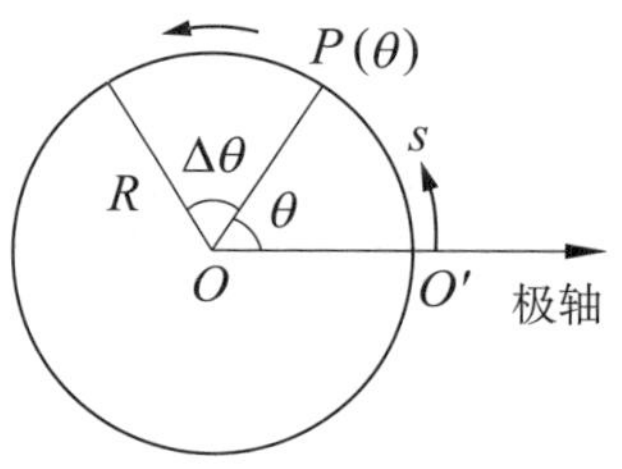

图 1.20

$$\theta = \theta(t) \tag{1.30a}$$

这就是做圆周运动质点的运动方程.

实际上，从转动的角度看圆周运动，质点只有两种可能的转动方向，与 1.3.2 中的直线运动类似，可以断言，采用角量描述圆周运动，比起位矢、速度、加速度等矢量的方向在轨道上逐点不同来，必定使计算大为简化.

设在时刻 t 到 $t+\Delta t$ 时间内，质点从角坐标 θ_1 运动到 θ_2，转过了 $\Delta\theta$ 角度，称 $\Delta\theta$ 为质点在这段时间内对 O 点的**角位移**，显然

$$\Delta\theta = \theta_2 - \theta_1 \tag{1.30b}$$

2. *角速度和角加速度*

用 ω 表示角速度，β 表示角加速度，类比速度和加速度的定义，可得

$$\omega = \lim_{\Delta t\to 0}\frac{\Delta\theta}{\Delta t} = \frac{\mathrm{d}\theta}{\mathrm{d}t} \tag{1.30c}$$

$$\beta = \lim_{\Delta t\to 0}\frac{\Delta\omega}{\Delta t} = \frac{\mathrm{d}\omega}{\mathrm{d}t} = \frac{\mathrm{d}^2\theta}{\mathrm{d}t^2} \tag{1.30d}$$

式(1.30c、d)分别表明，**角速度等于角坐标对时间的一阶导数；角加速度等于角速度对时间的一阶导数，也等于角坐标对时间的二阶导数.**

角速度 ω、角加速度 β 都是代数量，绝对值确定其大小，正负判断其方向. 若选逆时针方向为正方向，则正值表示其方向与选定的方向相同，负值则相反.

需要注意的是，$\beta>0$ 时，不一定加速，$\beta<0$ 时，不一定减速. 只有当 β 和 ω 同号时，质点的速率才会增大，当 β 和 ω 异号时，质点的速率就会减小. $\beta=0$ 对应于匀速率圆周运动，$\beta=$ 常量对应于匀变速率圆周运动.

1.5.3 角量描述与自然坐标描述的关系

既然用线量和角量都能描述圆周运动，那么两者之间必然存在一定的联系. 由图 1.20，以 O' 点为自然坐标系原点，得到自然坐标 s 与角坐标 θ 的关系

$$s(t) = R\,\theta(t) \tag{1.31}$$

等式两边对 t 求导数，得到速度 v 与角速度 ω 的关系

$$v = R\omega \tag{1.32}$$

再次对 t 求导数，得到切向加速度 a_τ 与角加速度 β 的关系

$$a_\tau = R\beta \tag{1.33a}$$

将式(1.32)代入式(1.27b)，得到法向加速度 a_n 与角速度 ω 的关系

$$a_n = \frac{v^2}{R} = R\omega^2 \tag{1.33b}$$

式(1.31)～式(1.33)给出了圆周运动的自然坐标描述与角量描述的关系.

1.5.4　角量描述与直角坐标描述的比较

我们把圆周运动的角量描述与直线运动的相关定义写在一起，即

$$\begin{cases}\theta=\theta(t)\\ \omega=\dfrac{\mathrm{d}\theta}{\mathrm{d}t}\\ \beta=\dfrac{\mathrm{d}\omega}{\mathrm{d}t}=\dfrac{\mathrm{d}^2\theta}{\mathrm{d}t^2}\end{cases}\qquad\begin{cases}x=x(t)\\ v=\dfrac{\mathrm{d}x}{\mathrm{d}t}\\ a=\dfrac{\mathrm{d}v}{\mathrm{d}t}=\dfrac{\mathrm{d}^2x}{\mathrm{d}t^2}\end{cases}$$

显然，两组方程的数学形式完全相同. 当 a 为常量时，质点做匀变速直线运动，用积分法得到式(1.19)；当 β 为常量时，质点做匀变速率圆周运动，用积分法必定也可得到与之形式相同的结论. 不过，前者为线量，后者为角量罢了. 即有

$$\begin{cases}\omega=\omega_0+\beta t\\ \theta-\theta_0=\omega_0 t+\dfrac{1}{2}\beta t^2\\ \omega^2=\omega_0^2+2\beta(\theta-\theta_0)\end{cases}\tag{1.34}$$

式中 θ_0 和 ω_0 是质点在 $t=0$ 时刻的角坐标和角速度. 可见，用角量描述圆周运动把一个二维问题“一维”化了.

顺便指出，角速度 ω 可用一个矢量来表示，其方向由右手螺旋定则确定：当右手四指沿质点运动方向弯曲时，拇指指向就是 $\boldsymbol{\omega}$ 的方向. 如图1.21 所示，质点绕 OO' 转动，O' 点为其圆周运动的圆心，O 为转轴上的任意点. 经 P 点时质点角速度为 $\boldsymbol{\omega}$，速度为 $\boldsymbol{v}$，相对 O 点的位矢为 $\boldsymbol{r}$，各矢量方向如图. 由于 $R=r\sin\alpha$，所以速度 $\boldsymbol{v}$ 的大小可写成

$$v=R\,\omega=r\,\omega\sin\alpha$$

根据矢积定义，速度、角速度和位置矢量间的一般关系可表示为

$$\boldsymbol{v}=\boldsymbol{\omega}\times\boldsymbol{r}\tag{1.35}$$

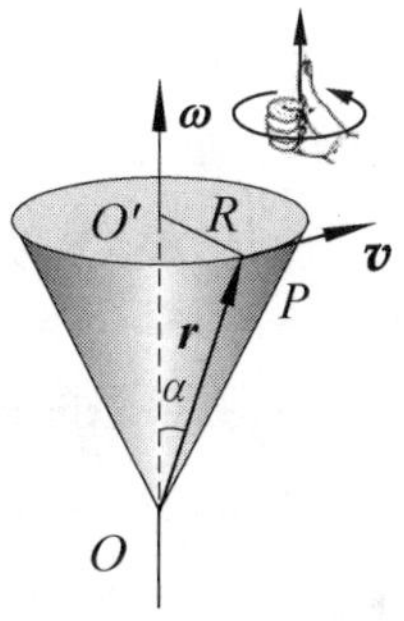

图 1.21

例 1.8　一质点沿半径 $R=0.10$ m 的圆周运动，相对圆心转过的角度 θ 随时间 t 变化的关系为 $\theta=4t^3$，式中 θ 和 t 的单位分别为 rad 和 s. 试求：当切向加速度的大小恰为总加速度大小的一半时，质点相对圆心转过的角度.

解　在时刻 t，质点的速度、切向加速度和法向加速度分别为

$$v=R\frac{\mathrm{d}\theta}{\mathrm{d}t}=R\frac{\mathrm{d}}{\mathrm{d}t}(4t^3)=12Rt^2$$

$$a_\tau=\frac{\mathrm{d}v}{\mathrm{d}t}=\frac{\mathrm{d}}{\mathrm{d}t}(12Rt^2)=24Rt$$

$$a_n=\frac{v^2}{R}=\frac{1}{R}(12Rt^2)^2=12^2Rt^4$$

依题意，有

$$a=\sqrt{a_\tau^2+a_n^2}=2a_\tau$$

$$a_n=\sqrt{3}\,a_\tau$$

即

$$12^2 Rt^4 = \sqrt{3} \times 24Rt$$

解出

$$t = (12)^{-1/6}\ \text{s}(\text{不合题意的解已舍去})$$

此时,质点相对圆心转过的角度为

$$\theta = 4 \times (12)^{-1/2} = 1.15\ \text{rad} = 65°55'$$

1.6 相对运动 参考系的变换

当我们选择不同的参考系描述同一质点的运动时,结果往往不尽相同,这反映了运动描述的相对性.本节仅讨论在相对做平动的两个参考系中,同一质点的速度之间以及加速度之间的关系,通常这被称为速度变换、加速度变换.至于参考系之间有相对转动的情况,在理论力学等课程的相关内容中有详细的介绍.

1.6.1 速度变换

假设一辆客车沿一条笔直的公路平稳地行驶着,车厢内一名顽童一脚把足球踢到行李架上.考察足球的运动,涉及车厢和地两个不同的参考系.设从 t 到 $t+\Delta t$ 时间内,球从车厢内的 P_1' 点运动到 P_2' 点,与此同时车厢从地面上的 P_1 位置运动到 P_2 位置,我们把球对车厢的位移记为 $\Delta \boldsymbol{r}_{球对车}$,球对地的位移记为 $\Delta \boldsymbol{r}_{球对地}$,车厢对地的位移记为 $\Delta \boldsymbol{r}_{车对地}$.这些相对位移一一画在图 1.22 中.

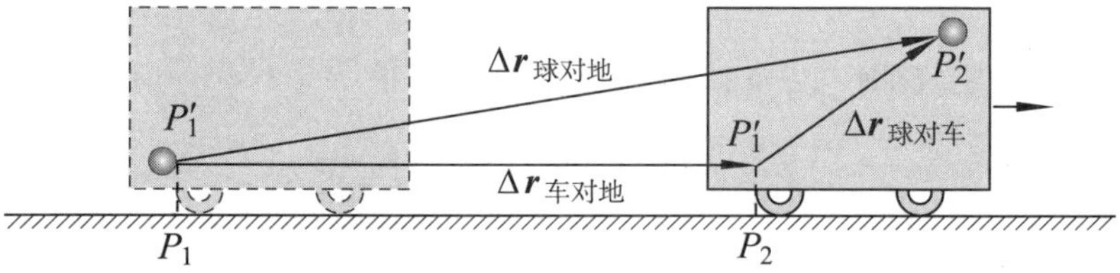

图 1.22

根据矢量加法规则,可得

$$\Delta \boldsymbol{r}_{球对地} = \Delta \boldsymbol{r}_{球对车} + \Delta \boldsymbol{r}_{车对地} \tag{1.36a}$$

或

$$\Delta \boldsymbol{r}_{球对车} = \Delta \boldsymbol{r}_{球对地} - \Delta \boldsymbol{r}_{车对地}$$

而

$$\Delta \boldsymbol{r}_{车对地} = -\Delta \boldsymbol{r}_{地对车}$$

因此球对车的位移也可像式(1.36a)那样写成下标首尾相接的加法形式,即

$$\Delta \boldsymbol{r}_{球对车} = \Delta \boldsymbol{r}_{球对地} + \Delta \boldsymbol{r}_{地对车} \tag{1.36b}$$

综上所述,若以 A 表示所研究的质点,S 和 S' 分别表示两个相对做平动的参考系,则位移间的关系可写成

$$\Delta \boldsymbol{r}_{AS} = \Delta \boldsymbol{r}_{AS'} + \Delta \boldsymbol{r}_{S'S} \tag{1.37}$$

式(1.37)表明,质点 A 相对 S 系的位移,等于 A 相对 S'系的位移与 S'系相对 S

系的位移的矢量和.这一关系式称为位移变换公式,表明了位移的相对性.

由位移的相对性可以得到速度的相对性.用时间 Δt 除式(1.37)两边,有

$$\frac{\Delta \boldsymbol{r}_{AS}}{\Delta t}=\frac{\Delta \boldsymbol{r}_{AS'}}{\Delta t}+\frac{\Delta \boldsymbol{r}_{S'S}}{\Delta t} \tag{1.38a}$$

取 $\Delta t\to 0$ 的极限值,得

$$\boldsymbol{v}_{AS}=\boldsymbol{v}_{AS'}+\boldsymbol{v}_{S'S} \tag{1.38b}$$

式(1.38b)表明,质点 A 相对 S 系的速度,等于 A 相对 S'系的速度与 S'系相对 S 系的平动速度的矢量和.

习惯上,常把视为静止的参考系作为基本参考系,把相对基本参考系运动的参考系作为运动参考系,质点相对基本参考系的速度称为**绝对速度**,记为 $\boldsymbol{v}$,相对运动参考系的速度称为**相对速度**,记为 $\boldsymbol{v}'$,而运动参考系相对基本参考系的速度称为**牵连速度**,记为 $\boldsymbol{v}_e$.于是有

$$\boldsymbol{v}=\boldsymbol{v}'+\boldsymbol{v}_e \tag{1.38c}$$

即质点的绝对速度等于其相对速度与牵连速度的矢量和.这一关系式称为**伽利略速度变换式**.

注意"速度变换"与"速度叠加"两个概念的区别.前者是两个参考系中观察同一质点的运动速度,所得结果之间的关系;而后者表示一个参考系中质点的速度等于其分速度的合成.在相对论中速度叠加还用于在某一参考系中观测一物体相对另一物体的速度,速度变换出来的结果不可能超过光速 c,但速度叠加结果可以大于 c.

1.6.2　加速度变换

将式(1.38b)两边对 t 求一阶导数,得到加速度之间的关系

$$\boldsymbol{a}_{AS}=\boldsymbol{a}_{AS'}+\boldsymbol{a}_{S'S} \tag{1.39}$$

即质点 A 相对 S 系的加速度等于 A 相对 S'系的加速度与 S'系相对 S 系的平动加速度的矢量和.这就是两个相对平动的参考系之间的加速度变换式,表明了加速度的相对性.

若 S'系相对 S 系的速度是恒定的,则 $\boldsymbol{a}_{S'S}=0$,于是有

$$\boldsymbol{a}_{AS}=\boldsymbol{a}_{AS'}$$

由此可知,在相对做匀速直线运动的两个参考系中观察同一质点的运动时,所测得的加速度是相同的.也就是说,在两个惯性参考系中,同一质点运动的加速度是一个绝对量.

1.6.3　经典力学的绝对时空观

以上讨论了在相对做平动的两个参考系中,同一质点的速度之间以及加速度之间的变换关系.仔细分析可以发现,这些变换式的成立是有条件的.在位移变换式(1.37)中,$\Delta \boldsymbol{r}_{AS}$ 和 $\Delta \boldsymbol{r}_{S'S}$ 是 S 系的观察者测量的,而 $\Delta \boldsymbol{r}_{AS'}$ 是 S'系的观察者测量的,它们相对不同的参考系.因此要使位移变换式成立,要求对同一段长度,无论由 S 系的观察者测量,还是由 S'系的观察者测量,其结果必

须是一样的. **同一段长度的测量结果与参考系的相对运动无关，这一结论称为空间测量的绝对性.** 由位移变换式得到的速度变换式，还要涉及时间的测量，式(1.38a)中的 $\Delta \boldsymbol{r}_{AS'}/\Delta t$，位移是 S' 系观测的，时间却是 S 系观测的. 因此要使速度变换式成立，还要求对同一时间间隔，无论由 S 系的观察者测量，还是由 S' 系的观察者测量，其结果都是相同的. **同一时间间隔的测量结果与参考系的相对运动无关，这一结论称为时间测量的绝对性.** 可见位移变换是基于空间测量的绝对性，而速度变换还要基于时间测量的绝对性. 关于时间和空间的这两个条件构成了经典力学的绝对时空观，这种观点是同大量的日常经验相符合的，只适用于低速情况. 当质点的速度大到可与光速相比时，如电子被百万电子伏特的电压加速后，速率高达 $0.9988c$，此时伽利略速度变换式不再适用，取而代之的是狭义相对论的速度变换式，这些内容将在第 19 章详细讨论.

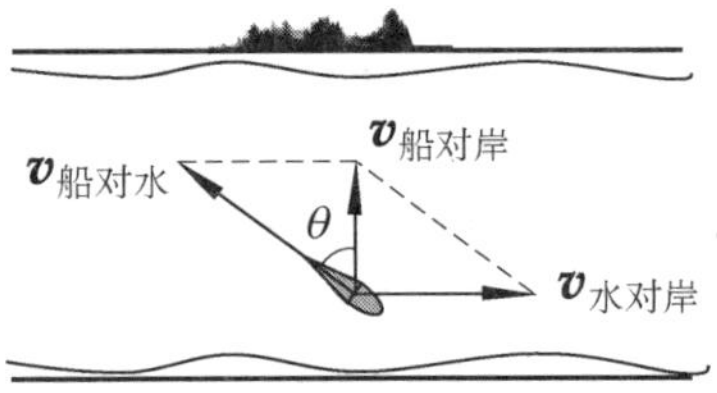

图 1.23

相对运动的例子很多. 如船在流动的水中航行时，以岸和水为船运动的两个参考系，有

$$\boldsymbol{v}_{船对岸} = \boldsymbol{v}_{船对水} + \boldsymbol{v}_{水对岸}$$

因此，要使船沿垂直河岸的方向驶向对岸，船头必须向水的上游方向偏过 θ 角航行才能实现，如图 1.23 所示.

例 1.9 一辆带篷的卡车雨天在平直的公路上行驶，雨滴相对路面的速率为 u，其方向与竖直方向成 θ 角，如图 1.24 所示. 若车速过小，则雨滴从后面斜向落入车内；若车速过大，则雨滴从前面斜向落入车内. 试问车速多大时，雨滴恰好相对车垂直下落在雨篷上？此时，雨滴相对车的速度有多大？

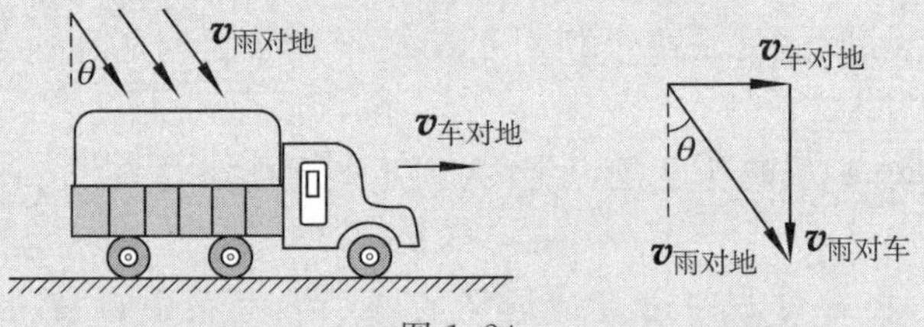

图 1.24

解 以雨滴为研究对象，车和地面作为两个参考系. 根据速度变换式，有

$$\boldsymbol{v}_{雨对车} = \boldsymbol{v}_{雨对地} + \boldsymbol{v}_{地对车} = \boldsymbol{v}_{雨对地} - \boldsymbol{v}_{车对地}$$

依题意，$\boldsymbol{v}_{雨对车}$ 的方向竖直向下，因此，图 1.24 中的矢量三角形为直角三角形. 此时的车速和雨滴相对车的速度大小为

$$v_{车对地} = v_{雨对地}\sin\theta = u\sin\theta$$

$$v_{雨对车} = v_{雨对地}\cos\theta = u\cos\theta$$

内容提要

1. 质点运动的矢量描述

位置矢量： $\boldsymbol{r}=\boldsymbol{r}(t)$.

位移矢量： $\Delta\boldsymbol{r}=\boldsymbol{r}(t+\Delta t)-\boldsymbol{r}(t)$.

速度矢量： $\boldsymbol{v}=\dfrac{\mathrm{d}\boldsymbol{r}}{\mathrm{d}t}$.

加速度矢量： $\boldsymbol{a}=\dfrac{\mathrm{d}\boldsymbol{v}}{\mathrm{d}t}=\dfrac{\mathrm{d}^2\boldsymbol{r}}{\mathrm{d}t^2}$，$\boldsymbol{a}$ 为常矢量的运动称为匀变速运动.

2. 质点运动的坐标描述

1) 直角坐标描述

$$\boldsymbol{r}=x\boldsymbol{i}+y\boldsymbol{j}+z\boldsymbol{k}$$

分量式： $x=x(t)$，$y=y(t)$，$z=z(t)$. 消去 t 可得轨道方程.

$$v_x=\frac{\mathrm{d}x}{\mathrm{d}t},\quad v_y=\frac{\mathrm{d}y}{\mathrm{d}t},\quad v_z=\frac{\mathrm{d}z}{\mathrm{d}t}$$

$$a_x=\frac{\mathrm{d}v_x}{\mathrm{d}t}=\frac{\mathrm{d}^2x}{\mathrm{d}t^2},\quad a_y=\frac{\mathrm{d}v_y}{\mathrm{d}t}=\frac{\mathrm{d}^2y}{\mathrm{d}t^2},\quad a_z=\frac{\mathrm{d}v_z}{\mathrm{d}t}=\frac{\mathrm{d}^2z}{\mathrm{d}t^2}$$

2) 自然坐标描述

$$s=s(t),\quad v=\frac{\mathrm{d}s}{\mathrm{d}t},\quad a_\tau=\frac{\mathrm{d}v}{\mathrm{d}t},\quad a_n=\frac{v^2}{\rho}$$

a_τ 反映速度大小的变化，a_n 反映速度方向的变化.

3) 角量描述(圆周运动)

$$\theta=\theta(t),\quad \omega=\frac{\mathrm{d}\theta}{\mathrm{d}t},\quad \beta=\frac{\mathrm{d}\omega}{\mathrm{d}t}=\frac{\mathrm{d}^2\theta}{\mathrm{d}t^2}$$

$$s(t)=R\theta(t),\quad v=R\omega,\quad a_\tau=R\beta,\quad a_n=\frac{v^2}{R}=R\omega^2$$

3. 相对运动

伽利略速度变换： $\boldsymbol{v}_{AS}=\boldsymbol{v}_{AS'}+\boldsymbol{v}_{S'S}$.

4. 两类问题及基本方法

已知质点的运动方程，求质点在任意时刻的速度和加速度，用微分法.

已知质点运动的加速度(或速度)及初始状态，求运动方程，用积分法.

习　题

(一) 选择题和填空题

1.1 以下说法哪些是正确的？[　　]

(A) 质点沿直线前进时，若减小向前的加速度，则前进的速度也随之减小.

(B) 质点的加速度值很大，而速度的值可以不变，这是不可能的.

(C) 质点的速度方向恒定，其加速度的方向可能不断变化.

(D) 质点运动的速率恒定，其速度可能变化.

1.2 一质点在平面上的运动方程为 $\boldsymbol{r}=at^2\boldsymbol{i}+bt^2\boldsymbol{j}$($a$、$b$ 为常量)，则该质点做[　]

(A) 匀速直线运动.　　(B) 变速直线运动.

(C) 抛物线运动.　　(D) 一般曲线运动.

1.3 一质点沿 x 轴运动，其 v-t 曲线如图所示. 若 $t=0$ 时，质点位于坐标原点，则 $t=4.5$ s 时，质点的位置坐标为[　]

(A) 5 m.　　(B) 2 m.　　(C) -5 m.　　(D) -2 m.

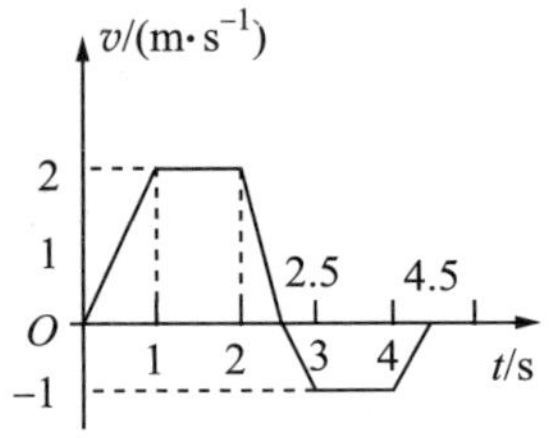

题 1.3 图

1.4 某人骑自行车以速率 v 向西行驶，今有风以相同速率从北偏东 30°方向吹来，试问：人感到风从哪个方向吹来？[　]

(A) 北偏东 30°.　　(B) 南偏东 30°.

(C) 北偏西 30°.　　(D) 西偏南 30°.

1.5 一质点沿直线运动，其运动方程为 $x=(6t-t^2)$SI，在 t 由 0 至 4s 的时间间隔内，质点的位移大小为______，该时间间隔内质点走过的路程为______.

1.6 一质点沿 x 方向运动，其加速度随时间变化关系为 $a=(3+2t)$SI. 如果初始时质点的速度 $v_0=5\ \mathrm{m\cdot s^{-1}}$，则当 $t=3$ s 时，质点的速度 $v=$________.

1.7 一物体做如图所示的斜抛运动，测得在轨道 A 点处速度大小为 v，其方向与水平方向夹角为 30°，则物体在 A 点的切向加速度 $a_\tau=$________，轨道的曲率半径 $\rho=$________.

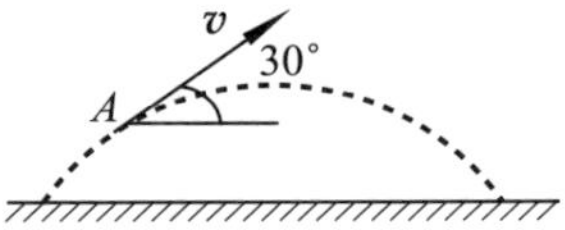

题 1.7 图

1.8 一质点沿半径为 R 的圆周运动，在 $t=0$ 时经过 P 点，此后其速率按 $v=A+Bt$ 变化(A、B 为正的已知常量)，则质点沿圆周运动一周再经过 P 点时的切向加速度 $a_\tau=$________，法向加速度 $a_n=$________.

(二) 问答题和计算题

1.9 下列各量有何区别？(1)$\Delta\boldsymbol{r}$ 和 Δr，$\dfrac{\mathrm{d}\boldsymbol{v}}{\mathrm{d}t}$和$\dfrac{\mathrm{d}v}{\mathrm{d}t}$；(2)路程和位移，速度和速率.

1.10 斜上抛物体在轨道上哪一点法向加速度最大？轨道上哪一点曲率半径最小？

1.11 一质点在 Oxy 平面内，依照 $x=t^2$ 的规律沿曲线 $y=\dfrac{1}{4}x^2$ 运动. 式中 x、y 以米计，t 以秒计. 试求：(1)该质点的运动方程；(2)从第 2s 末到第 4s 末，质点的平均速度和平均加速度的大小和方向.

1.12 质点在 Oxy 平面内运动，其运动方程为

$$\boldsymbol{r}=a\cos\omega t\boldsymbol{i}+b\sin\omega t\boldsymbol{j}$$

其中 a、b、ω 均为大于零的常量. (1)试求质点在任意时刻的速度；(2)证明质点运动的轨道为椭圆；(3)证明质点的加速度恒指向椭圆中心.

1.13 质点的运动方程为 $x=-10t+30t^2$ 和 $y=15t-20t^2$，式中 x、y 以米计，t 以秒计. 试求：(1)初速度的大小和方向；(2)加速度的大小和方向.

1.14 由静止从原点出发的质点的加速度在 Ox 轴和 Oy 轴上的分量分别为 $a_x=10t$ 和 $a_y=5t^2$，式中各量均采用 SI 单位. 求 $t=5$ s 时质点的速度矢量和位置矢量.

1.15 一质点沿 Ox 轴运动，其加速度与速度成正比，比例系数为 k，加速度的方向与运动方向相反. 设初

始坐标为 x_0，初始速度为 v_0，试求质点的速度表达式和运动方程.

1.16　有一开始静止于 x_0 处的质点，以加速度 $a=-k/x^2$ 沿 Ox 轴负方向运动，k 为正值常量. 求质点的速度与其位置坐标间的关系.

1.17　由长为 l 的刚性细杆相连的两个物体 A、B 可以在光滑轨道上滑行，如图所示. 如物体 A 以恒定的速率 v 向左滑行，当 $\alpha=60°$时，求物体 B 的速度.

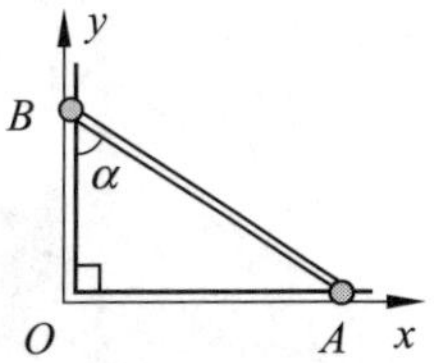

题 1.17 图

1.18　一小球沿斜面向上运动，其运动方程为 $s=5+4t-t^2$，式中 s 以米计，t 以秒计. 试求：(1) 小球运动到最高点的时刻；(2) 从 $t=0$ 到小球运动到最高点这段时间内的位移大小.

1.19　在竖直平面内以初速 $\boldsymbol{v}_0$ 抛出一个小球，抛射角为 θ. 忽略空气阻力，试求：(1) 小球运动的轨道方程；(2)小球所能达到的最大高度(射高)；(3)小球落地点与抛出点之间的距离(射程)；θ 为何值时射程最大？

1.20　从离地 $h=8.0$ m 的高地，以抛射角 $\theta=30°$、初速 $v_0=10\ \mathrm{m\cdot s^{-1}}$ 抛出一个小球，(1) 问小球在何时何处落地？(2) 求小球落地时速度的大小和方向(取 $g=10\ \mathrm{m\cdot s^{-2}}$).

1.21　升降机以加速度 a 上升时，一螺钉从它的天花板上脱落. 如升降机的天花板与其底面的距离为 H，求：(1)螺钉从天花板落到底面所需的时间；(2)螺钉相对升降机外固定柱子的下落距离(设螺钉离开天花板时的速率为 v_0).

1.22　一半径 $R=1.0$ m 的圆盘，可绕水平轴 O 自由转动. 一根轻绳绕在盘子的边缘，其自由端栓一物体 A，如图所示. 在重力作用下，物体 A 从静止开始匀加速地下降，在 $\Delta t=2.0$ s 内下降的距离 $h=0.4$ m. 求物体开始下降后 3.0 s，边缘上任一点的切向加速度与法向加速度.

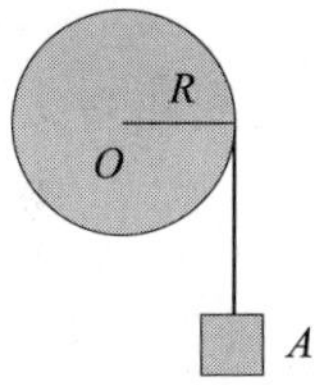

题 1.22 图

1.23　一质点沿半径为 R 的圆周按规律 $s=v_0t-bt^2/2$ 运动，v_0、b 是正值常量. 求：(1)在时刻 t 质点的总加速度；(2)t 为何值时，总加速度的大小等于 b；(3)当总加速度的大小为 b 时，质点沿圆周运行的圈数.

1.24　距河岸(看成直线)500 m 处有一艘静止的船，船上的探照灯以每分钟 1 转的转速转动. 当光束与岸边成 60°角时，求光束沿岸边移动的速率.

1.25　一人能在静水中以 $1.1\ \mathrm{m\cdot s^{-1}}$ 的速度划船前进，今欲横渡一宽为 4000 m、水流速度为 $0.55\ \mathrm{m\cdot s^{-1}}$ 的大河. (1)若要到达河正对岸的一点，应如何确定划行方向？需要多少时间？(2)如希望用最短时间过河，应如何确定划行方向？船到达对岸的位置在何处？

1.26　飞机 A 以 $v_A=1000\ \mathrm{km\cdot h^{-1}}$ 的速率(相对地面)向南飞行，同时另一架飞机 B 以 $v_B=800\ \mathrm{km\cdot h^{-1}}$ 的速率(相对地面)向东偏南 30°角方向飞行. 求 A 机相对于 B 机的速度.

第 2 章 牛顿运动定律

上一章我们讨论了用位置和速度描述质点的运动状态,用加速度描述运动状态的变化,但并未涉及状态变化的原因.本章研究物体间的相互作用及其对物体运动状态的影响,介绍牛顿运动定律及其应用.以牛顿运动定律为基础建立起来的关于宏观物体运动规律的动力学理论称为牛顿力学或经典力学.

2.1 牛顿三大运动定律

牛顿在伽利略等人研究成果的基础上,对机械运动的客观规律进行了全面的总结, 1687 年,牛顿在他的名著《自然哲学的数学原理》一书中,系统地提出了三条运动定律,从而奠定了经典力学的基础.

2.1.1 牛顿第一定律

牛顿第一定律可表述为:**任何物体都保持静止或匀速直线运动的状态,直到其他物体对它作用的力迫使它改变这种状态为止.**

牛顿第一定律明确了**惯性**的概念.任何物体都有保持原有运动状态不变的性质,物体的这种固有属性称为惯性.因此牛顿第一定律又称为惯性定律.

牛顿第一定律定义了力.要使物体的运动状态发生变化,一定要有其他物体的作用.这种作用称为力.力不是维持物体运动的原因,而是使物体运动状态发生变化的原因.实际上,在自然界完全不受其他物体作用的物体是不存在的,因此,牛顿第一定律不能简单地直接用实验验证.

牛顿第一定律也定义了一种特殊的参考系.牛顿第一定律不可能对一切参考系都成立,因而可把参考系分成两类,一类是物体相对于参考系的运动遵从牛顿第一定律,这种参考系称为惯性参考系,简称**惯性系**;另一类是物体相对于参考系的运动不遵从牛顿第一定律,这种参考系称为非惯性参考系,简称**非惯性系**.在惯性系中,一个不受力作用的物体将保持静止或匀速直线运动状态不变.由运动的相对性可知,相对于惯性系静止或做匀速直线运动的任一参考系都是惯性系,而相对惯性系做变速运动的参考系就一定不是惯性系.事实上,由于自然界中不存在完全不受其他物体作用的物体,因而严格的惯性系并不存在,所以惯性系只是参考系的一种理想模型.一个实际的参考系能不能看作惯性系,只能依靠实验来判断.如果所研究的问题,在要求的精度范围内,结果与实验相符,那么所选择的参考系就可看成惯性系.在研究恒星等天体的运动时,可选择原点固定在太阳中心而坐标轴指向恒星的日心参考系，这是一个很好的惯性系．讨论人造地球卫星的运动时，可选择原点固定在地球中心而坐标轴指向恒星的地心参考系，因为地球绕太阳公转的法向加速度甚小（约 $5.9\times10^{-3}\ \mathrm{m\cdot s^{-2}}$），所以可以近似地看成惯性系．对于一般的力学问题来说，把坐标轴固定在地面上的地面参考系作为惯性系就已足够精确．

2.1.2　牛顿第二定律

物体在运动时具有速度，我们把物体的质量 m 与其速度 $\boldsymbol{v}$ 的乘积称为物体的**动量**，用 $\boldsymbol{p}$ 表示．即

$$\boldsymbol{p} = m\boldsymbol{v} \tag{2.1}$$

动量也是描述运动状态的量，但比速度的含义更为广泛、意义更为重要．实验事实表明，当物体受到外力作用时，其动量要发生改变．牛顿第二定律阐明了作用于物体的外力与动量变化的关系．

牛顿第二定律可表述为：**某时刻物体的动量 $m\boldsymbol{v}$ 对时间的变化率等于该时刻物体所受的合外力 $\boldsymbol{F}$**．即

$$\boldsymbol{F} = \frac{\mathrm{d}(m\boldsymbol{v})}{\mathrm{d}t} \tag{2.2a}$$

这是牛顿第二定律的普遍形式，常称为牛顿力学的质点动力学方程．

当物体的质量可视为常量时，得到大家熟悉的形式，即

$$\boldsymbol{F} = m\frac{\mathrm{d}\boldsymbol{v}}{\mathrm{d}t} = m\boldsymbol{a} \tag{2.2b}$$

在这种情况下，牛顿第二定律可表述为：物体受到外力作用时，所获得加速度的大小与合外力的大小成正比，与物体的质量成反比；加速度的方向与合外力的方向相同．

实验表明，当 m 随时间变化时，式(2.2b)将不再适用，但式(2.2a)依然成立．

牛顿第二定律表明，在相同外力作用下，质量越大的物体获得的加速度越小．这就是说，质量大的物体较难改变其原来的运动状态，即惯性较大．可见，质量是物体惯性大小的量度．因此，式(2.2)中定义的质量称为**惯性质量**．

牛顿第二定律是牛顿力学的核心．应用它求解力学问题时应当注意：

(1) 牛顿第二定律只适用质点的运动．

(2) 牛顿第二定律表示的关系是瞬时关系．

对 $\boldsymbol{F}=m\boldsymbol{a}$ 而言，在时刻 t，物体所受合外力决定物体在该时刻的加速度，合外力为零的时刻，物体的加速度等于零．

(3) 当几个外力同时作用于物体时，其合外力产生的加速度等于每个外力产生的加速度的矢量和．这就是**力的叠加原理**．

式(2.2)是矢量式，应用时常用分量式．在直角坐标系中，牛顿第二定律式(2.2b)的分量式为

$$\begin{cases} F_x = ma_x = m\dfrac{\mathrm{d}v_x}{\mathrm{d}t} \\ F_y = ma_y = m\dfrac{\mathrm{d}v_y}{\mathrm{d}t} \\ F_z = ma_z = m\dfrac{\mathrm{d}v_z}{\mathrm{d}t} \end{cases} \tag{2.3}$$

式中 F_x、F_y、F_z 分别表示作用于物体上的所有外力在 x、y、z 轴的分量之和，也就是合外力 $\boldsymbol{F}$ 在各坐标轴的分量.

质点在平面上运动时，也常用自然坐标系，这时式(2.2b)的分量式为

$$\begin{cases} F_\tau = ma_\tau = m\dfrac{\mathrm{d}v}{\mathrm{d}t} \\ F_n = ma_n = m\dfrac{v^2}{\rho} \end{cases} \tag{2.4}$$

式中 F_τ 和 F_n 分别表示切向合力和法向合力. 切向合力的效果是产生切向加速度，使物体的速率发生变化；法向合力的方向永远指向曲率中心，其效果是产生法向加速度，使物体的运动轨道发生弯曲. 在圆周运动中，ρ 就是圆的半径.

2.1.3 牛顿第三定律

人们在日常生活中认识到，甲物体对乙物体施加作用力的同时，乙物体对甲物体一定也施加作用力. 牛顿第三定律就是说明力具有相互作用的性质. 通常把相互作用的一个力称为作用力，另一个力称为反作用力，反之亦可.

牛顿第三定律可表述为：**两个物体之间的作用力 $\boldsymbol{F}$ 和反作用力 $\boldsymbol{F}'$ 沿同一直线，大小相等，方向相反，分别作用在两个物体上**. 其数学表达式为

$$\boldsymbol{F} = -\boldsymbol{F}' \tag{2.5}$$

正确理解牛顿第三定律，有利于分析物体受力. 需要指出：

(1) 作用力和反作用力总是同时产生，同时消失，任何一方都不能独立存在.

(2) 作用力和反作用力分别作用在两个物体上，因此它们不能相互抵消.

(3) 作用力和反作用力属于同一性质的力. 如果作用力是万有引力，那么反作用力一定也是万有引力；如果作用力是摩擦力，那么反作用力一定也是摩擦力.

通常把几个相互作用的物体组成的总体称为系统. 若组成系统的各物体都可视为质点，则称为质点系. 一个系统内各物体间的相互作用称为**内力**. 系统外物体对系统内物体的作用称为外力. 由牛顿第三定律可知，所有内力的矢量和恒为零.

2.1.4 牛顿运动定律的适用范围

牛顿运动定律像其他物理定律一样，也有一定的适用范围. 从 19 世纪末到 20 世纪初，物理学的研究开始从宏观领域深入到微观领域，从低速运动扩展到高速运动，实验发现了许多新现象，这些现象用经典力学的概念无法解释，显示

出经典力学的局限性.随着物理学的不断发展,人们逐渐认识到,物体的高速运动遵循相对论力学规律,微观粒子的运动遵循量子力学规律,而经典力学中的一些概念和定律只对宏观物体且速度远小于光速时才适用,一般不适用于高速运动和微观领域.

不过,在一般工程技术问题中,物体运动的速度都比光速小得多,因此在物理学和其他自然科学以及工程技术中,经典力学的应用仍然极为广泛,并且取得了很大的成就.

2.2　力学中常见的几种力

在应用牛顿运动定律求解动力学问题时,总要分析物体间的相互作用,因此,掌握力的特征十分重要.在日常生活和工程技术中,遇到的力有很多种,例如物体对桌面的压力、空气对运动车辆的阻力、水对物体的浮力、胶水固连木板的黏结力、带电小球之间以及磁铁之间的吸力或斥力等.其中有些是通过宏观物体的接触产生的,统称为接触力;还有不需要接触就存在的力,称为非接触力.在力学中常见的力有万有引力、弹性力和摩擦力等.其中除了万有引力是非接触力以外,其余的都是接触力.

2.2.1　万有引力

在自然界中,大到天体,小到微观粒子,任何两个物体之间都存在着相互吸引的力,这种力称为万有引力.其规律遵从牛顿提出的万有引力定律:**任何两个质点之间的万有引力的大小 F 与这两个质点质量的乘积 m_1m_2 成正比,与它们之间的距离 r 的平方成反比,方向沿两质点的连线**.即

$$F = G\frac{m_1m_2}{r^2} \tag{2.6a}$$

式中 G 为比例系数,称为**引力常量**,最早由英国物理学家卡文迪什(H. Cavendish)于 1798 年由实验测定.在一般计算时取 $G=6.67\times10^{-11}\,\mathrm{m^3\cdot kg^{-1}\cdot s^{-2}}$.

万有引力定律可用矢量形式表示为

$$\boldsymbol{F} = -G\frac{m_1m_2}{r^3}\boldsymbol{r} \tag{2.6b}$$

其中 $\boldsymbol{r}$ 表示受力质点相对另一质点的位矢,如图 2.1 所示,负号表示其所受万有引力 $\boldsymbol{F}$ 的方向与 $\boldsymbol{r}$ 的方向相反.

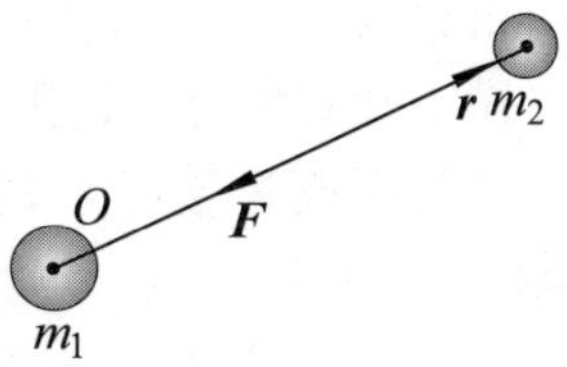

图 2.1

在万有引力定律中涉及的质量称为**引力质量**,反映了物体的引力性质,它和牛顿第二运动定律中反映物体惯性的惯性质量意义不同.但实验表明,物体的引力质量和惯性质量总是相等的,它们是同一质量的两种表现.这个结论是爱因斯坦创建广义相对论的重要依据之一.

通常把地球对其表面附近尺寸不大的物体的万有引力称为**重力**,用 $\boldsymbol{P}$ 表

示,其大小就是物体的重量.设地球为匀质球体,质量为M,半径为R,则质量为m的物体受到的重力大小为

$$P = G\frac{mM}{R^2} = mg$$

于是,地球表面附近的重力加速度g可近似表示为

$$g = G\frac{M}{R^2}$$

已知$G=6.67\times10^{-11}\ \mathrm{m^3\cdot kg^{-1}\cdot s^{-2}}$,$M=5.98\times10^{24}\ \mathrm{kg}$, $R=6.37\times10^{6}\ \mathrm{m}$,一并代入上式,算出$g=9.82\ \mathrm{m\cdot s^{-2}}$.一般应用取$g=9.80\ \mathrm{m\cdot s^{-2}}$.若代入月球的相关数据,可以算出月球表面的重力加速度约为$1.62\ \mathrm{m\cdot s^{-2}}$,近似等于地球表面重力加速度的1/6.

万有引力定律是人类认识自然、了解天体运行规律的重要工具.利用它,人类首次把地球上物体之间的相互作用与天体之间的相互作用统一起来,用统一的观点研究宇宙万物之间的引力作用.

需要说明的是,万有引力定律适用于两个质点之间的相互作用,当物体不能简化近似为质点时,需通过微积分来计算二者之间的万有引力.

2.2.2 弹性力

两个相互接触并产生形变的物体企图恢复原状而彼此互施作用力,这种力称为弹性力.如弹簧被拉伸或压缩时产生的弹性力、绳子被拉紧时产生的张力、重物放在支承面上产生的正压力和支持力等都是常见的弹性力.

弹性力的方向始终与导致物体发生形变的外力方向相反.弹性力的大小与形变的关系,一般说来比较复杂,其中弹簧弹性力和形变的关系较为简单,遵从胡克定律:**在弹性限度内,弹性力的大小F与弹簧的形变量Δl成正比**,即

$$F = k\Delta l$$

式中k为弹簧的**刚度系数**(又称劲度系数),其值取决于弹簧本身的性质.

当绳子受到拉伸时,在某截面上的张力就是该截面两侧绳子间的拉力,这是作用和反作用的一对力.一般情况下绳中各处的张力是不相等的,若绳子的质量可以忽略不计(称为轻绳),则绳中张力处处相等.

压力和支持力也是作用和反作用的一对力,它们的作用线垂直于两个物体的接触面或过接触点的公切面,大小由物体的受力情况和运动情况共同确定.

2.2.3 摩擦力

两个相互接触且保持相对静止的物体,有相对滑动的趋势时,在它们的接触面上会产生一对阻碍相对运动趋势的力,称之为**静摩擦力**.静摩擦力的方向与物体相对运动趋势的方向相反,其大小随物体的受力情况而变化.实验表明,作用在物体上的最大静摩擦力的大小$f_{\max}$与物体间的正压力N成正比,即

$$f_{\max} = \mu_s N \tag{2.7a}$$

式中 μ_s 为**静摩擦系数**，它与接触面材料的性质以及接触面的情况有关，而与接触面的大小无关. 一般情况下，静摩擦力在 0 到 f_{max} 之间变化.

两个相互接触的物体有相对滑动时，在它们的接触面间产生的摩擦力称为**滑动摩擦力**. 滑动摩擦力的方向总是与物体相对运动的方向相反，其大小 f 也与物体间的正压力 N 成正比，即

$$f = \mu_k N \tag{2.7b}$$

式中 μ_k 为**滑动摩擦系数**，它不仅与接触面材料的性质、粗糙程度、干湿程度、温度等因素有关，还随相对速度的大小而变化. 在大多数情况下，μ_k 随速度的增大稍有减小. 当相对速度不太大时，μ_k 可视为常量.

一般情况下，μ_k 和 μ_s 都是小于 1 的纯数，对于给定的一对接触面来说，滑动摩擦系数稍小于静摩擦系数. 在计算时，除非特别说明，可以认为两者相等.

在力学中，除了上述常见的几种力外，物体在流体（包括气体和液体）中运动时，还常常受到流体阻力的作用. 这种阻力的方向与物体速度的方向相反，大小随速度变化，一般说来，规律是很复杂的. 当速度不太大时，流体阻力主要表现为黏滞阻力，其大小与速度的一次方成正比. 随着物体在流体中运动速度的增大，流体阻力与物体速度的关系不再为线性，处理这类问题十分复杂，已超出本课程范围.

在日常生活和工程技术中遇到的力还有很多种，如库仑力、安培力、分子力、原子力、核力等. 近代科学已经证明，自然界中有四种最基本的相互作用力：存在于任何两个物质质点间的引力，存在于带电的粒子或带电的宏观物体间的电磁力，存在于微观基本粒子间的强力和弱力. 其他力都是这四种力的不同表现. 如摩擦力和弹性力就是原子、分子间电磁相互作用的宏观表现. 这四种相互作用的力程和强度有着天壤之别，然而，物理学家总是企图发现它们之间的联系，为此进行了不懈的努力. 20 世纪 60 年代提出“电弱统一理论”（电磁力和弱力的统一），并在 70 年代至 80 年代初逐步被实验证实. 现在正进行电磁力、弱力和强力统一的研究，并期盼把万有引力也包括在内，以实现相互作用理论的“大统一”.

2.3　牛顿运动定律的应用

与质点运动学类似，动力学问题大体上也可分为两类：一类是已知力求运动，另一类是已知运动求力. 在实际问题中，往往是两者兼而有之. 不难看出，加速度把动力学问题和运动学问题联系起来，因此要重视对物体加速度的分析和判断. 需要指出，牛顿定律仅对惯性系成立，而运动学问题并没有惯性系的限制.

应用牛顿运动定律求解动力学问题时，一般按如下步骤进行：

(1) 确定研究对象，分析其受力情况，画出受力图.

研究对象可以是一个物体，也可以是几个物体组成的系统，将其隔离出来，称之为**隔离体**. 分析隔离体受力时，一般首先考虑重力，然后考察该物体与哪些物体

接触,从接触处依次分析弹性力、摩擦力等作用力,一个不漏地画在受力图上.

(2) 建立坐标系,根据牛顿运动定律列方程.

分析物体的运动情况,选择合适的坐标系可使运算简化.通常用正交分解法把力和加速度一一分解在各个坐标轴上,列出分量式方程.有几个未知数就应列几个方程.若方程的个数少于未知数的数目,可由运动学和几何学等知识列出补充方程.

(3) 求解,必要时进行讨论.

求解时一般先进行字母运算得到待求量的表达式,然后代入已知数据算出最后结果.这样既简单明了,又可避免重复数字运算.必要时讨论结果的物理意义,判断其结果是否合理和正确.

例 2.1 光滑桌面上有一质量为 M 的物体,被系在质量为 m、长为 l 的柔软细绳的一端,绳的另一端受水平拉力 $\boldsymbol{F}$ 的作用,如图 2.2(a)所示.设细绳长度不变,质量分布均匀,并忽略细绳竖直方向受力及其形变.试求:(1)细绳作用于物体的力;(2)绳中张力分布.

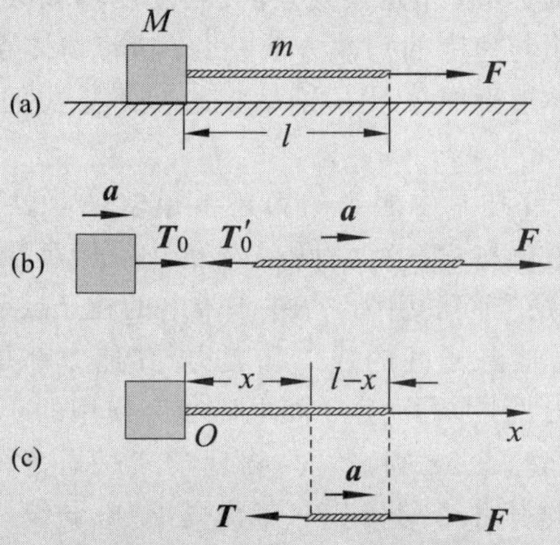

图 2.2

解 依题意,物体和细绳做直线运动.因细绳长度不变,所以绳和物体的加速度相等.

(1) 隔离物体和细绳,分析它们在运动方向上的受力情况,如图 2.2(b)所示,其中 $\boldsymbol{T}_0$ 是绳对物体的拉力,$\boldsymbol{T}_0'$ 是物体对绳的反作用力.根据牛顿运动定律,有

$$T_0 = Ma$$
$$F - T_0' = ma$$
$$T_0 = T_0'$$

联立求解,可得物体和细绳的加速度为

$$a = \frac{F}{M+m} \qquad ①$$

细绳对物体的拉力为

$$T_0 = \frac{M}{M+m}F$$

(2) 建立如图 2.2(c)所示的坐标系，并在距物体 x 处把细绳分为两段。因质量分布均匀，单位长度细绳的质量为 m/l，所以右段细绳的质量为

$$\Delta m=\frac{m}{l}(l-x)$$

并且有

$$F-T=\Delta ma=\frac{m}{l}(l-x)a \qquad ②$$

将式①代入式②，化简后得到绳中任意点的张力为

$$T=\frac{F}{M+m}\left(M+\frac{m}{l}x\right)$$

可见绳中各点的张力随位置而改变. 距外力 $\boldsymbol{F}$ 的作用点越近，张力就越大. 当 $m\ll M$ 时，即绳子的质量可以忽略时，绳中各点的张力相等，均等于 F.

例 2.2　桌上有一块质量 $M=1$ kg 的木板，板上放着一个质量 $m=2$ kg 的物体，如图 2.3(a)所示. 物体和板之间、板和桌面之间的滑动摩擦系数均为 $\mu_k=0.25$，静摩擦系数均为 $\mu_s=0.30$. (1)现以水平力 $\boldsymbol{F}$ 拉板，物体和板一起以加速度 $a=1\ \text{m}\cdot\text{s}^{-2}$ 运动. 试计算物体和板之间的相互作用力以及桌面对板的作用力；(2)要使板从物体下方抽出，拉力 $\boldsymbol{F}$ 要加到多大?

解　设物体和板之间的一对压力为 $\boldsymbol{N}_1$ 和 $\boldsymbol{N}_1'$，一对摩擦力为 $\boldsymbol{f}_1$ 和 $\boldsymbol{f}_1'$；桌面对板的支持力为 $\boldsymbol{N}_2$，摩擦力为 $\boldsymbol{f}_2$. 隔离物体和板，它们的受力情况如图 2.3(b)所示.

(1) 在力 $\boldsymbol{F}$ 作用下，M 和 m 一起以 $\boldsymbol{a}$ 运动. 建立如图所示的直角坐标系. 根据牛顿第二定律，在 x、y 方向，对 m 有

$$f_1=ma=2\ \text{kg}\times 1\ \text{m}\cdot\text{s}^{-2}=2\ \text{N}$$

$$N_1=mg=2\ \text{kg}\times 9.8\ \text{m}\cdot\text{s}^{-2}=19.6\ \text{N}$$

由牛顿第三定律得

$$f_1'=f_1=2\ \text{N}$$

$$N_1'=N_1=19.6\ \text{N}$$

在 y 方向，对 M 有

$$N_2-N_1'-Mg=0$$

可得

$$N_2=N_1'+Mg$$

$$=19.6\ \text{N}+1\ \text{kg}\times 9.8\ \text{m}\cdot\text{s}^{-2}=29.4\ \text{N}$$

于是有

$$f_2=\mu_k N_2=0.25\times 29.4\ \text{N}=7.35\ \text{N}$$

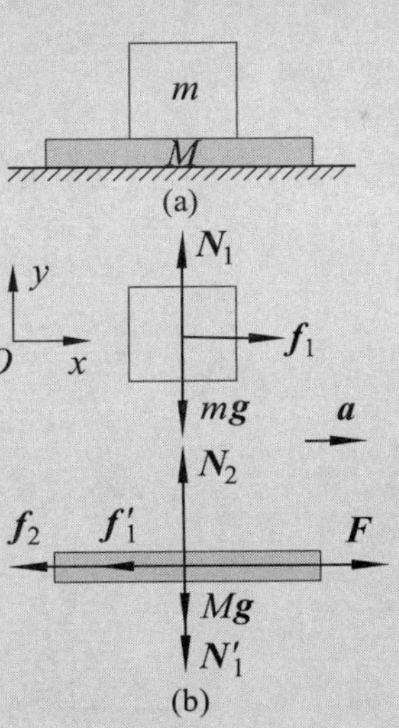

图 2.3

(2) 板从物体下方抽出. 设 m 和 M 的加速度分别为 a_1 和 a_2. m 受到的最大静摩擦力为

$$f_{1m}=\mu_s N_1$$

m 能获得的最大加速度为

$$a_{1m}=\frac{f_{1m}}{m}=\frac{\mu_s mg}{m}=\mu_s g$$

要使板从物体下方抽出，必须有 $a_2 \geqslant a_{1m}$. 此时，在 x 轴方向，对 M 有

$$F-f'_{1m}-f_2=Ma_2 \geqslant Ma_{1m}$$

$$F \geqslant f'_{1m}+f_2+Ma_{1m}=\mu_s N_1+\mu_k N_2+\mu_s Mg=(\mu_s+\mu_k)(M+m)g$$

代入数据得

$$F \geqslant (0.30+0.25)\times(1+2)\ \text{kg}\times 9.8\ \text{m}\cdot\text{s}^{-2}=16.2\ \text{N}$$

结果表明，对板所用的力 F 至少要加大到 16.2 N，才能使板从物体下方抽出.

求解此例(1)需要注意的是，因为物体间没有相对滑动，所以当静摩擦力 f_1 还没有达到最大时，不能用 $f_1=\mu_s N_1$ 计算.

例 2.3 一潜水艇质量为 m，在水中下潜时所受浮力恒为 $\boldsymbol{F}_0$，水的阻力 $\boldsymbol{f}$ 与下潜速度 $\boldsymbol{v}$ 大小成正比，比例系数为 k. 开始时潜水艇刚好隐蔽在水面下. 设它从静止开始下潜，试求下潜速度随时间变化的规律.

解 以潜水艇为研究对象. 潜水艇受重力 $m\boldsymbol{g}$，方向向下，浮力 $\boldsymbol{F}_0$ 方向向上，阻力 $\boldsymbol{f}$ 方向也向上，如图 2.4(a)所示. 选向下为坐标轴的正方向. 根据牛顿第二定律，有

$$mg-F_0-f=m\frac{\mathrm{d}v}{\mathrm{d}t} \quad ①$$

依题意 $f=kv$，代入上式并整理，得

$$\frac{\mathrm{d}v}{mg-F_0-kv}=\frac{\mathrm{d}t}{m}$$

对上式积分，并考虑 $t=0$ 时，潜艇静止，故有

$$\int_0^v \frac{-\mathrm{d}(kv)}{mg-F_0-kv}=-\int_0^t \frac{k}{m}\mathrm{d}t$$

可得

$$\ln\frac{mg-F_0-kv}{mg-F_0}=-\frac{k}{m}t$$

所以

$$v=\frac{mg-F_0}{k}\left(1-\mathrm{e}^{-\frac{k}{m}t}\right)$$

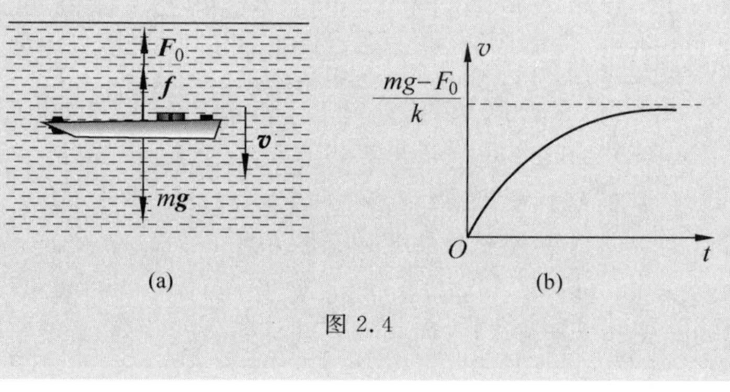

图 2.4

可见下潜速度随时间增大而增大，如图 2.4(b)所示. 随着速度增大，阻力也随之增大，当潜水艇受力达到平衡时，下潜速度不再增大，其收尾速度为 $(mg-F_0)/k$. 实际上该速度可由本题中①式等于 0 直接得到.

例 2.4 如图 2.5 所示，长为 l 的轻绳一端系着质量为 m 的小球，另一端系于定点 O，小球在铅直平面内做圆周运动. 开始时小球处于最低位置，速率为 v_0，试求小球在任意位置的速率及绳的张力.

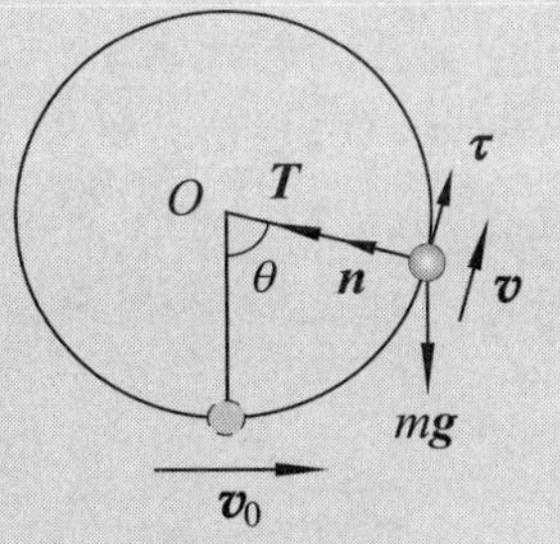

图 2.5

解 以小球为研究对象. 设在任意时刻 t，小球的速率为 v，绳与铅直线成 θ 角. 小球受重力 $\boldsymbol{mg}$ 和绳的拉力 $\boldsymbol{T}$. 根据牛顿第二定律，有

$$\boldsymbol{mg}+\boldsymbol{T}=m\boldsymbol{a}$$

切向和法向分量式分别为

$$-mg\sin\theta=ma_\tau=m\frac{\mathrm{d}v}{\mathrm{d}t} \quad ①$$

$$-mg\cos\theta+T=ma_n=m\frac{v^2}{l} \quad ②$$

将式①中的 $\mathrm{d}v/\mathrm{d}t$ 改写为

$$\frac{\mathrm{d}v}{\mathrm{d}t}=\frac{\mathrm{d}v}{\mathrm{d}\theta}\cdot\frac{\mathrm{d}\theta}{\mathrm{d}t}=\omega\frac{\mathrm{d}v}{\mathrm{d}\theta}=\frac{v}{l}\cdot\frac{\mathrm{d}v}{\mathrm{d}\theta}$$

于是式①可写成

$$v\mathrm{d}v=-gl\sin\theta\mathrm{d}\theta$$

将上式积分，并代入初始条件，有

$$\int_{v_0}^{v}v\mathrm{d}v=\int_0^{\theta}-gl\sin\theta\mathrm{d}\theta$$

得到小球在任意位置的速率

$$v=\sqrt{v_0^2+2gl(\cos\theta-1)} \quad ③$$

将上式代入式②，即得绳的拉力

$$T=m\left(\frac{v_0^2}{l}-2g+3g\cos\theta\right) \quad ④$$

因为不计绳的质量，所以绳中张力与绳对小球的拉力大小相等.

由式③可见，小球的速率 v 与其位置有关. 当 $0<\theta<\pi$ 时，v 随 θ 增大而减小；当 $\pi<\theta<2\pi$ 时，v 随 θ 增大而增大. 显然小球做变速率圆周运动.

由式④可见，小球从最低点向上升的过程中，拉力 T 随 θ 增大而逐渐减小，到达最高点时 T 最小；随后在小球下降过程中，T 又逐渐增大，到达最低点时 T 最大.

例 2.5 光滑的水平面上放一质量为 M 的三棱柱，其上又放一质量为 m 的小三棱柱，它们的横截面都是直角三角形，倾角为 θ，水平直角边边长分别为 b 和 c，柱面间的接触面光滑，如图 2.6(a)所示. 若小三棱柱由静止开始下滑，试求：(1) m 与 M 间的正压力；(2) 当 m 的下边缘滑到水平面时，M 在水平面上移动的距离.

解 (1) 分别以 m 和 M 为研究对象. m 受重力 $m\boldsymbol{g}$ 和支持力 $\boldsymbol{N}_1$；M 受重力 $M\boldsymbol{g}$、正压力 $\boldsymbol{N}_1'$ 和支持力 $\boldsymbol{N}$，如图 2.6(b)所示，其中 $\boldsymbol{N}_1$ 和 $\boldsymbol{N}_1'$ 是 m 与 M 间的一对正压力，因此大小相等.

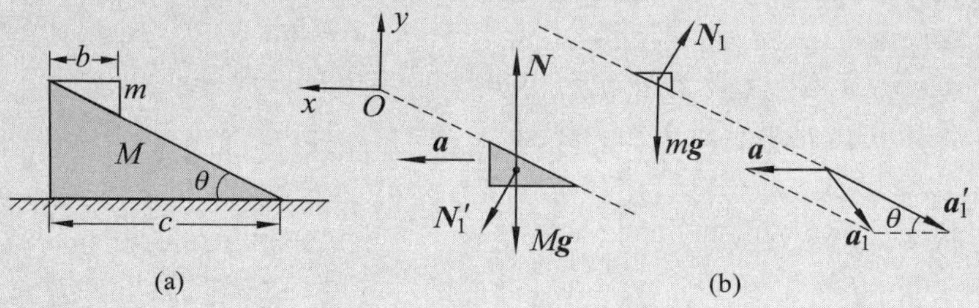

图 2.6

设 M 相对水平面的加速度为 $\boldsymbol{a}$，m 相对 M 的加速度为 $\boldsymbol{a}_1'$，则 m 相对水平面的加速度为 $\boldsymbol{a}_1=\boldsymbol{a}_1'+\boldsymbol{a}$. 以水平面为参考系，建立如图所示的直角坐标系，根据牛顿第二定律，对 M 和 m 分别有

$$M\boldsymbol{g}+\boldsymbol{N}+\boldsymbol{N}_1'=M\boldsymbol{a}$$

$$m\boldsymbol{g}+\boldsymbol{N}_1=m\boldsymbol{a}_1=m(\boldsymbol{a}_1'+\boldsymbol{a})$$

将方程两边各项矢量一一在坐标轴上投影，注意到 $N_1=N_1'$，得到分量式

$$N_1\sin\theta=Ma$$

$$-Mg+N-N_1\cos\theta=0$$

$$-N_1\sin\theta=m(-a_1'\cos\theta+a)$$

$$-mg+N_1\cos\theta=m(-a_1'\sin\theta)$$

对以上方程联立求解，可得

$$a=\frac{m\sin\theta\cos\theta}{M+m\sin^2\theta}g \qquad ①$$

$$a_1'=\frac{(M+m)\sin\theta}{M+m\sin^2\theta}g \qquad ②$$

$$N_1=\frac{Mm\cos\theta}{M+m\sin^2\theta}g$$

N_1 即为所求.

(2) 选 M 为参考系，并取沿斜面向下为正方向. m 相对 M 以加速度 $\boldsymbol{a}_1'$ 做匀加速直线运动. 当 m 的下边缘滑到水平面时，由几何关系，可得 m 相对 M 的位移

$$\Delta s=\frac{c-b}{\cos\theta}$$

由运动学公式，又有

$$\Delta s = \frac{1}{2}a'_1 t^2$$

在这段时间内，M 相对水平面的位移为

$$\Delta x = \frac{1}{2}at^2$$

将以上三式联立，消去 t，并将式①和式②代入，可得

$$\Delta x = \frac{m(c-b)}{M+m}$$

求解此例需要注意的是，对 m 应用牛顿定律时，不能选 M 作参考系，因为它不是惯性系，但求 m 的位移是运动学问题，参考系的选择不限于惯性系，故可选 M.

例 2.6　试证明圆柱形容器内以角速度 ω 绕中心轴做匀速旋转的流体表面为旋转抛物面.

证　在流体表面任取一质量为 Δm 的质元作为研究对象. Δm 受重力和流体其他部分对它作用力的合力 $\boldsymbol{N}$. 由于 Δm 并未沿切面流动，所以 $\boldsymbol{N}$ 的方向应垂直于该处切面，如图 2.7 所示. 流体绕轴旋转时，Δm 将以 O' 为圆心，以 x 为半径做匀速圆周运动. 根据牛顿第二定律，有

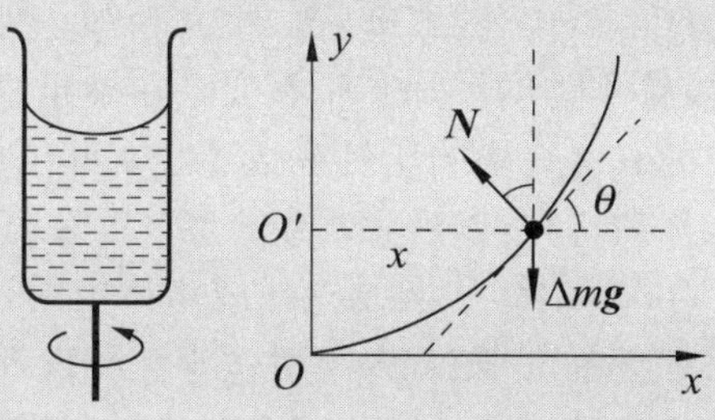

图 2.7

$$\Delta m\boldsymbol{g} + \boldsymbol{N} = \Delta m\boldsymbol{a}$$

分量式为

$$N\sin\theta = \Delta m x\omega^2$$

$$N\cos\theta - \Delta mg = 0$$

可得

$$\frac{\mathrm{d}y}{\mathrm{d}x} = \tan\theta = \frac{\omega^2}{g}x$$

将上式积分，得

$$\int_0^y \mathrm{d}y = \frac{\omega^2}{g}\int_0^x x\mathrm{d}x$$

$$y = \frac{\omega^2}{2g}x^2$$

结果为抛物线方程，该曲线绕 Oy 轴旋转即为旋转抛物面.

2.4　物理量的单位和量纲

历史上物理量的单位制有很多种，这不仅给工农业生产和人民生活带来许多不便，而且也不规范. 1984 年 2 月 27 日，我国国务院颁布实行以国际单位制(SI)为基础的法定单位制. 如无特别说明，本书一律采用这种法定单位制.

2.4.1 基本单位和导出单位

物理量虽然很多,但只要选定一组数目最少的物理量作为基本量,把它们的单位规定为**基本单位**,其他物理量的单位就可以通过定义或定律导出.从基本量导出的量称为导出量,相应的单位称为**导出单位**.

SI 以长度、质量、时间、电流、热力学温度、物质的量和发光强度 7 个量作为基本量,因此这些量的单位就是 SI 基本单位.另外,SI 还有两个辅助量,一个是平面角,另一个是立体角,相应的单位称为**辅助单位**.

在 7 个基本量中,长度、质量和时间是力学的基本量.SI 规定:长度的单位为"米",符号为 m;质量的单位为"千克",符号为 kg;时间的单位为"秒",符号为 s.其他力学量都是导出量.

据此规定,速度的单位为"米每秒",符号为 $\mathrm{m\cdot s^{-1}}$;角速度的单位为"弧度每秒",符号为 $\mathrm{rad\cdot s^{-1}}$;加速度的单位为"米每二次方秒",符号为 $\mathrm{m\cdot s^{-2}}$;角加速度的单位为"弧度每二次方秒",符号为 $\mathrm{rad\cdot s^{-2}}$;力的单位为"牛顿",简称"牛",符号为 N;力的 SI 单位是在确定质量和加速度的单位之后,令牛顿第二定律的表达式中的比例系数等于 1 导出的.即 $1\ \mathrm{N}=1\ \mathrm{kg\cdot m\cdot s^{-2}}$.其他物理量的名称和符号,以后将陆续介绍.

3000 年前,人类用人体或物体定义计量单位,19 世纪利用人工实物基准统一了计量单位.随着人类对微观量子世界研究的不断深入,国际单位制中基本单位的定义逐渐从实物基准向量子基准转变.1967 年,引入铯原子基态的两个超精细能级之间的辐射跃迁重新定义了秒,开启了计量单位量子化大门;1983 年第 17 届国际计量大会引入光速 c 重新定义了米,计量单位与常量的结合,引领单位制的演进迈入量子化时代;2018 年是国际单位制量子化变革的重要一年,千克、安培、开尔文、摩尔四个单位基于常量重新定义,从此人类可以在任何时间、任何地点根据定义准确复现计量单位.

2018 年第 26 届国际计量大会上获得通过并于 2019 年 5 月 20 日起正式生效的七个基本单位的最新定义如下.

1 秒被定义为"对应铯-133 原子基态的超精细能级跃迁频率 $\Delta\nu_{\mathrm{Cs}}$ 为 9192631770Hz 的时间",即 $1\mathrm{s}=\dfrac{9192631770}{\Delta\nu_{\mathrm{Cs}}}$.它由常量 $\Delta\nu_{\mathrm{Cs}}=9192631770\mathrm{Hz}$ 来定义.

1 米被定义为"光在真空中行进 1/299792458 秒时间所对应的路径长度",即 $1\mathrm{m}=c\cdot\dfrac{1}{299792458}\mathrm{s}$.它由常量 $c=299792458\mathrm{m\cdot s^{-1}}$ 来定义,其中 s 用 $\Delta\nu_{\mathrm{Cs}}$ 定义.

1 千克被定义为"对应普朗克常量为 $6.62607015\times10^{-34}\ \mathrm{J\cdot s}$(即 $6.62607015\times10^{-34}\mathrm{kg\cdot m^2\cdot s^{-1}}$)时的质量",它由常量 $h=6.62607015\times10^{-34}\mathrm{J\cdot s}$ 来定义,其中 m 和 s 用 c 和 $\Delta\nu_{\mathrm{Cs}}$ 定义.

1 安培被定义为“1s 内通过$(1.602176634)^{-1}\times10^{19}$个电子电荷所对应的电流”，它由常量$e=1.602176634\times10^{-19}\,C=1.602176634\times10^{-19}\,A\cdot s$定义，其中 s 用$\Delta\nu_{Cs}$定义.

1 开尔文被定义为“对应玻尔兹曼常量为$1.380649\times10^{-34}\,J\cdot K^{-1}$(即$1.380649\times10^{-23}\,kg\cdot m^2\cdot s^{-2}\cdot K^{-1}$)时的热力学温度”，它由玻尔兹曼常量$k=1.380649\times10^{-23}\,J\cdot K^{-1}$定义，其中 kg、m、s 分别用$h$、$c$和$\Delta\nu_{Cs}$定义.

1 摩尔被定义为“精确包含6.02214076×10^{23}个原子或分子等基本单元的系统的物质的量”，它由阿伏伽德罗常量$N_A=6.02214076\times10^{23}\,mol^{-1}$定义.

1 坎德拉被定义为“频率为$540\times10^{12}\,Hz$的单色辐射光在指定方向上的辐射强度为$1/683\,W\cdot sr^{-1}$时所对应的发光强度”. 它由频率为$540\times10^{12}\,Hz$的单色辐射光光视效率的固定数值$K_{cd}=683\,lm\cdot W^{-1}=683cd\cdot sr\cdot W^{-1}=683\,cd\cdot sr\cdot kg^{-1}\cdot m^{-2}\cdot s^3$定义. 其中 kg、m、s 分别用$h$、$c$和$\Delta\nu_{Cs}$定义.

至此，国际单位制的 7 个基本单位全部实现由常量定义. 国际单位制的量子化，从根本上保证 SI 的长期稳定性和全球适用性，这是人类科学发展进步中的一座里程碑.

2.4.2　量纲

若忽略所有的数字因素以及矢量等特性，则任一物理量可表示为基本量的幂次之积，称为该物理量对选定的一组基本量的**量纲**. 幂次指数称为**量纲指数**. 我们常用 L、M、T、I、Θ、N 和 J 分别表示长度、质量、时间等 7 个基本量的量纲，则任一物理量Q的量纲可表示为

$$[Q]=L^{\alpha}M^{\beta}T^{\gamma}I^{\delta}\Theta^{\varepsilon}N^{\zeta}J^{\eta}$$

其量纲指数为α、β、γ、δ、ε、ζ、η. 所有量纲指数都等于零的量，称为**无量纲量**. 辅助量平面角和立体角都是无量纲量，显然，其量纲等于 1.

例如，速度的量纲是$[v]=\dfrac{[r]}{[t]}=LT^{-1}$；加速度的量纲是$[a]=\dfrac{[v]}{[t]}=LT^{-2}$；力的量纲是$[F]=[m][a]=LMT^{-2}$等.

量纲可以用来确定同一物理量不同单位之间的换算因数，量纲也可用来检核等式. 因为只有量纲相同的物理量才能相加减或用等号连接，而指数函数应是无量纲量，所以只要考察等式两边各项量纲是否相同，就可初步检核等式的正确性. 例如匀变速直线运动的运动方程为

$$x=x_0+v_0t+\frac{1}{2}at^2$$

容易看出，式中每一项量纲均为 L，可知这个方程有可能是正确的(式中数字系数正确与否，不能用量纲检验出来). 如果式中有一项量纲与其他项的量纲不同，则可以断言，该式一定有误. 这种方法称为量纲检查法. 应当学会在求证、解题过程和科学实验中使用量纲来检查所得结果.

2.5 非惯性系 惯性力

我们知道,应用牛顿运动定律求解力学问题时,只能选择惯性系,因为在非惯性系中牛顿运动定律不成立.然而,在实际问题中常常遇到非惯性系,即相对惯性系做变速运动的参考系.如相对地面做变速运动的火车和升降机、旋转的圆盘等都是非惯性系.本节讨论在非惯性系中如何处理力学问题.

2.5.1 平动加速系中的惯性力

平动加速系是这样一类非惯性系,参考系的坐标原点相对惯性系做变速运动,但坐标轴没有转动.用 S 表示惯性系,S'表示非惯性系,$\boldsymbol{a}_0$ 表示 S'系相对 S 系的加速度.设想一质量为 m 的质点,在合外力 $\boldsymbol{F}$ 的作用下,相对 S 系的加速度为 $\boldsymbol{a}$,相对 S'系的加速度为 $\boldsymbol{a}'$.在 S 系中牛顿运动定律成立,有

$$\boldsymbol{F} = m\boldsymbol{a}$$

由运动的相对性可知

$$\boldsymbol{a} = \boldsymbol{a}' + \boldsymbol{a}_0$$

因此有 $\boldsymbol{F}=m\boldsymbol{a}=m\boldsymbol{a}'+m\boldsymbol{a}_0$,或改写成

$$\boldsymbol{F} + (-m\boldsymbol{a}_0) = m\boldsymbol{a}' \tag{2.8}$$

可见,在 S'系中观测时,质点虽然获得了加速度 $\boldsymbol{a}'$,但是它所受的合外力 $\boldsymbol{F}$ 并不等于 $m\boldsymbol{a}'$.这就是说,牛顿定律在 S'系中不成立.

仔细分析式(2.8),不难发现,在 S'系中观测时,如果认为质点除了受实际外力 $\boldsymbol{F}$ 外,还受到一个大小和方向由$(-m\boldsymbol{a}_0)$确定的力,并将此力也计入合力之内,那么就可以在形式上应用牛顿第二定律了.

为了在非惯性系中能用牛顿第二定律解决实际问题,而必须引入的力称为**惯性力**,以 $\boldsymbol{F}_i$ 表示.在平动加速系中,惯性力为

$$\boldsymbol{F}_i = -m\boldsymbol{a}_0 \tag{2.9}$$

式(2.9)表明,**在平动加速系中,惯性力的大小等于质点的质量和这个加速系相对惯性系的加速度大小的乘积,而方向与此加速度的方向相反.**

引入惯性力之后,在非惯性系中牛顿第二定律仍具有原来的形式,只不过合外力中应包括惯性力罢了,即

$$\boldsymbol{F} + \boldsymbol{F}_i = m\boldsymbol{a}' \tag{2.10}$$

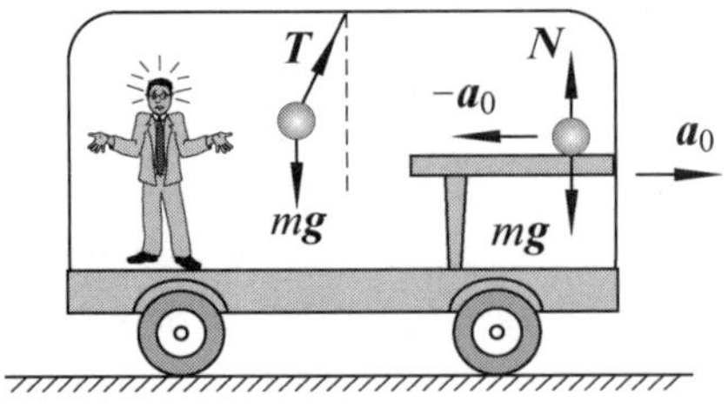

图 2.8

例如,在一车厢内有两个小球,质量均为 m,一个放在光滑的桌面上,另一个用轻绳悬挂在车顶,如图 2.8 所示.当车厢以加速度 $\boldsymbol{a}_0$ 相对地面做直线运动时,车(非惯性系)内观察者看到,桌面上的小球所受合外力为零,加速度却不为零;悬挂着的小球偏离竖直线位置,所受合外力显然不为零,却能静止.事实表明,以车厢为参考系,两小

球的运动不遵守牛顿运动定律. 如果设想小球还受到一个惯性力$(-m\boldsymbol{a}_0)$，那么，在这个非惯性系中就可应用牛顿第二定律的形式. 桌面上的小球所受合外力为$(-m\boldsymbol{a}_0)$，因此相对车厢以$(-\boldsymbol{a}_0)$的加速度运动；而悬挂着的小球则因重力 $m\boldsymbol{g}$、绳的拉力 $\boldsymbol{T}$ 和惯性力$(-m\boldsymbol{a}_0)$三力平衡而相对车厢静止. 后者为我们提供了一种测定加速度的方法：由车内摆线偏离竖直线的角度可以得出车厢的加速度，读者可自行思考.

必须指出，式(2.10)中 $\boldsymbol{F}$ 是实际存在的各种力，是物体间的相互作用，无论在惯性系还是在非惯性系中都是存在的. 而 $\boldsymbol{F}_i$ 是惯性力，只在非惯性系中才有意义，它不是物体间的相互作用，没有施力物体，也不存在反作用力. 从这个意义上说，惯性力是“假想力”或“虚拟力”. 但在非惯性系中，这种力可以用测力器测量出来，人们也能感受到或观察到它的作用效果. 从这个意义上说，惯性力又像是真实力.

惯性力是由于非惯性系相对惯性系运动的加速度引起的，或者说是物体的惯性在非惯性系中的表现. 如在汽车急刹车时车中乘客向前倾倒的问题中，以汽车为参考系，可以用惯性力来解释乘客向前倾倒的现象. 从地面参考系看来，这一现象则完全是乘客具有惯性的表现. 惯性力的命名正是基于这一原因.

例 2.7　设电梯相对地面以加速度 $\boldsymbol{a}$ 上升，电梯中有一质量可忽略不计的滑轮，在滑轮的两侧用轻绳挂着质量为 m_1 和 m_2 的重物，已知 $m_1>m_2$，如图 2.9(a)所示. 试求：(1) m_1 和 m_2 相对电梯的加速度；(2)绳中张力.

解　设 m_1 和 m_2 相对电梯的加速度大小为 a'，绳中张力大小为 T. 以电梯为参考系，这是一个非惯性系. 在此参考系中，m_1 和 m_2 受重力、绳的拉力和惯性力，惯性力的方向与电梯相对地面加速度 $\boldsymbol{a}$ 的方向相反，如图 2.9(b)所示. 为了方便，图中字母仅表示各矢量的大小，方向为箭头指向.

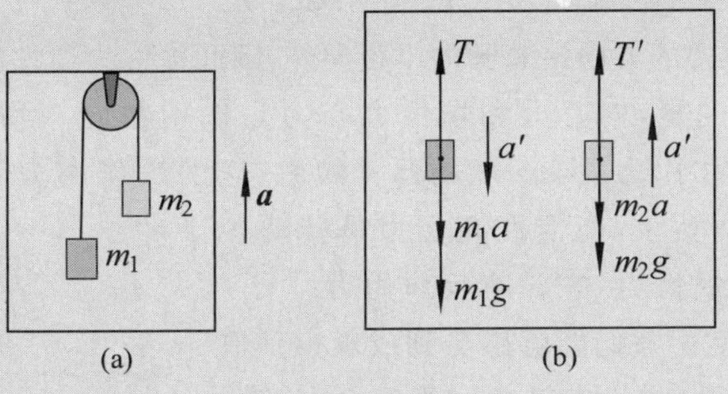

图 2.9

对 m_1 和 m_2 分别以各自相对电梯的加速度方向为正方向，于是有

$$m_1 g + m_1 a - T = m_1 a'$$

$$T' - m_2 g - m_2 a = m_2 a'$$

因绳子和滑轮的质量均忽略不计，所以有

$$T = T'$$

三式联立求解，可得

$$a' = \frac{m_1 - m_2}{m_1 + m_2}(g + a)$$

$$T = \frac{2m_1 m_2}{m_1 + m_2}(g + a)$$

如以地面为参考系，也可得出相同的结果，读者可自行验证.

2.5.2 转动参考系中的惯性离心力

相对惯性系转动的系统也是非惯性系，称为转动参考系. 最简单的情况是相对惯性系做匀速转动. 如图 2.10 所示，水平面光滑的转台绕竖直轴以恒定的角速度 ω 转动，相对转台静止的一个质量为 m 的物体与转台中心用一弹簧相连. 地面(惯性系)上的观察者看到弹簧被拉长，物体与转台一起转动. 这符合牛顿第二定律，因为物体受到弹簧的拉力 $\boldsymbol{F}$，这个力就是使物体做匀速圆周运动的向心力，即

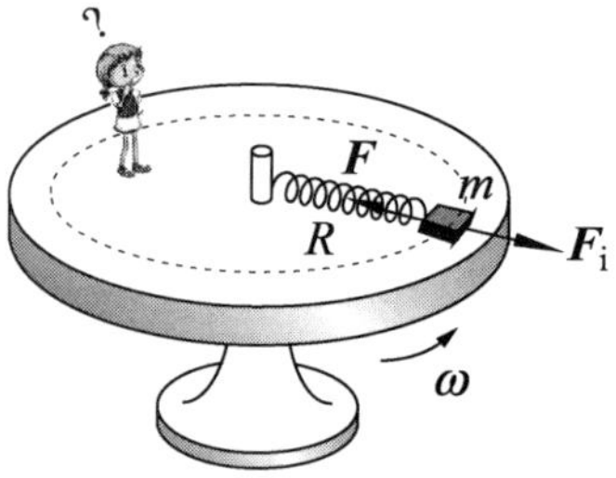

图 2.10

$$\boldsymbol{F} = mR\omega^2\boldsymbol{n}$$

式中 R 为物体随转台一起转动的圆周半径，$\boldsymbol{n}$ 为指向圆心的法向单位矢量. 然而，转台(非惯性系)上的观察者虽然也看到弹簧被拉长，物体却相对转台静止. 为了使物体保持平衡的事实仍然遵从牛顿第二定律，必须想象还有一个与向心力等值而反向的惯性力 $\boldsymbol{F}_\mathrm{i}$ 作用在物体上，即

$$\boldsymbol{F}_\mathrm{i} = -mR\omega^2\boldsymbol{n} \tag{2.11}$$

显然，这个惯性力的方向沿着圆的半径向外，因此被称为**惯性离心力**.

应当注意的是，向心力和惯性离心力是作用在同一物体上的，它们不是作用力和反作用力. 向心力是真实的力，它的反作用力是物体对弹簧的拉力，作用在弹簧上，而惯性离心力是转动参考系中的一种惯性力，它没有反作用力.

在日常生活中我们能够感受到或观察到惯性力的作用效果. 如汽车转弯时乘客会向道路的外侧倾倒，这是因为此时乘客受到了惯性离心力的作用；洗衣机的甩干功能也是利用了惯性离心力的作用.

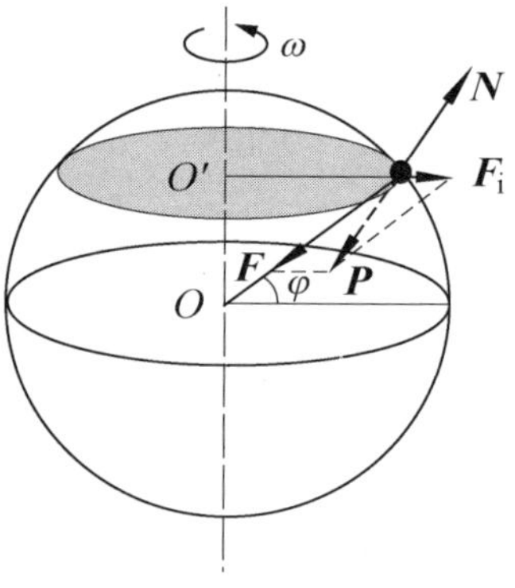

图 2.11

考虑地球的自转，地球就是一个转动参考系. 静止在地面上的物体受地球引力 $\boldsymbol{F}$、地面支持力 $\boldsymbol{N}$ 以及惯性离心力 $\boldsymbol{F}_\mathrm{i}$ 的作用，如图 2.11 所示. 因三力平衡，所以引力 $\boldsymbol{F}$ 和惯性力 $\boldsymbol{F}_\mathrm{i}$ 的

合力 $\boldsymbol{P}$ 必定与支持力 $\boldsymbol{N}$ 等值而反向，$\boldsymbol{P}$ 就是通常所指的重力．显然，重力并不严格指向地心．随着纬度 φ 的增大，$\boldsymbol{F}_\mathrm{i}$ 逐渐减小，故物体在两极所受的重力最大．事实上，重力和引力相差甚微，除非精度要求，一般不加区分．

环绕地球飞行的宇宙飞船也是转动参考系．飞船上物体所受的惯性离心力与地球引力相互抵消，使得物体的视重为零而处于**失重**状态．在失重环境中，一些熟悉的物理现象不复存在．没有压力，没有摩擦；气泡不会升到液体的表面，油水却可以均匀地混合；打开普通水龙头，水滴不下落；人无法区分上与下、竖直与倾斜……太空就是一个失重（或微重力）环境，而且高真空、超洁净，还有太阳能这一取之不尽、用之不竭的宝贵能源，大有开发利用的价值．

必须指出，在转动惯性系中的惯性力实际上是比较复杂的．如果转台相对惯性系的角速度不是恒定不变的，物体相对转台也并非静止，那么除了有惯性离心力外，还有切向惯性力以及与物体运动速度有关的科里奥利力．诸如自由落体偏东、远程火箭轨道的偏离、大气环流的形成、河床单侧的冲刷等现象都是惯性力作用的结果．这些内容在理论力学等相关课程中有详细介绍．

2.5.3　惯性力的应用举例

惯性力在技术上有着广泛的应用．如飞机上安装的加速度表就是利用飞机在加速运动时作用于物体的惯性力来确定飞机的加速度的．图 2.12 是加速度表的示意图．m 为物体 A 的惯性质量，B 为指针，O 为指针上的支点，C 为表盘，k 为平衡弹簧．当飞机加速上升时，m 受到向下的惯性力，指针会向上偏转；飞机加速下降时，m 受到向上的惯性力，指针会向下偏转．飞行员是飞机上的观测者，他根据指针偏转情况就可直接读出飞机相对地面在竖直方向上的加速度．导弹和舰艇的惯性导航系统中安装的加速度计也是这个道理．

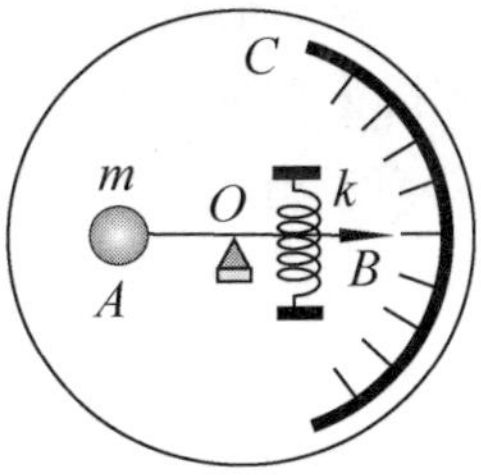

图 2.12

炮弹上安装的惯性引信同样是利用惯性力的作用来引爆炮弹的．图 2.13 是炮弹引信的示意图，当炮弹静止时，击针座 Z 被弹簧 k_1 顶住，因此击针不会撞击雷管 G 而引爆．为了安全起见，在击针座上还安装了离心保险装置，平时由于离心子 L 受弹簧 k_2 的推力将击针座 Z 卡住，即使炮弹在搬运过程中不慎落地，击针座也不致移动而引起自爆．炮弹发射后，由于炮弹的旋转，离心子 L 受惯性离心力作用而压缩弹簧 k_2，于是离心子 L 与击针座 Z 脱离接触，解除保险，这时击针座可以沿炮弹的前进方向前后移动．当炮弹撞击目标时，弹体获得向后的加速度，于是击针座受到一向前的惯性力，急剧压缩弹簧 k_1，使击针与雷管相撞，引起炮弹爆炸．

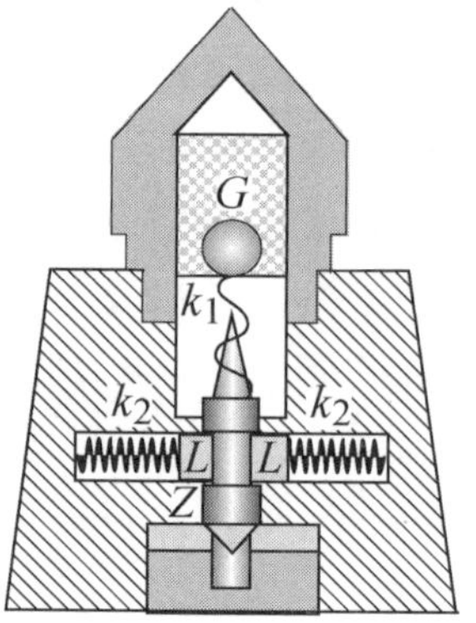

图 2.13

在高层建筑、桥梁等土木结构设计中被广泛应用的减振阻尼器也利用了惯性力原理,通常被称为调谐质量阻尼器(tuned mass damper, TMD),或主动质量阻尼器、调谐质量减振器. 这些阻尼器通常包含一个或多个大质量的物体(如钢球或水箱等),当建筑主体结构受到外部激励作用产生振动时,阻尼器中的物体会因惯性力而产生反方向的运动,从而抵消部分振动能量. 这样就可以减弱地震或台风引起的结构振动,提高建筑物的安全性和稳定性. 如高达 632m 的上海中心大厦中,便安装了重达 1000t 的电涡流调谐质量阻尼器,被称为"上海慧眼",是世界上单个最重的摆式风阻尼器,如图 2.14 所示. 上海青浦电视塔高 168m,在离地面 137.5m 的一段悬挂了 11 个质量摆以控制电视塔天线端的位移. 被誉为桥梁界"珠穆朗玛峰"的港珠澳大桥是连接香港、珠海和澳门的超大型跨海通道,全长 55km,其中主体工程"海中桥隧"长 35.578km,也采用了 TMD 技术来应对台风等极端天气对桥梁的影响.

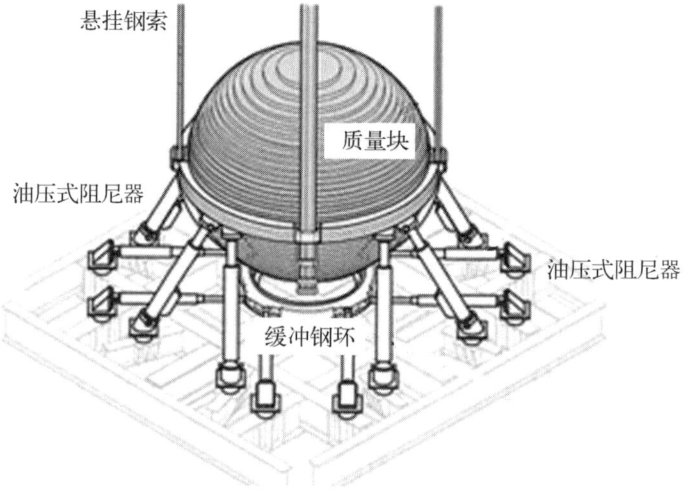

图 2.14

*2.6　动力学方程的数值求解

一般情况下，做直线运动的质点所受的作用力是位置 x、速度 v 和时间 t 的函数，即 $F=F(x,v,t)$，因此质点的动力学方程的一般形式可写成

$$\frac{\mathrm{d}^2x}{\mathrm{d}t^2}=\frac{F(x,v,t)}{m} \tag{2.12}$$

这是一个二阶常微分方程，在有些情况下可以得到解析解，但在大多数情况下，没有解析解，这时可用数值方法求解. 本节以直线运动为例，介绍**欧拉迭代法**，这是一种最简单的常微分方程的数值解法.

设质点沿 Ox 轴运动. 在 t 到 $t+\Delta t$ 时间内，位移为 Δx，则该时间内平均速度为

$$\bar{v}=\frac{\Delta x}{\Delta t}=\frac{x(t+\Delta t)-x(t)}{\Delta t}$$

若 Δt 取得很小，则 $\bar{v}$ 可视为质点在该时间间隔中点时刻 $t+\Delta t/2$ 的瞬时速度，即

$$v\left(t+\frac{\Delta t}{2}\right)=\frac{x(t+\Delta t)-x(t)}{\Delta t} \tag{2.13}$$

类似地，在时刻 $t-\Delta t/2$ 和 $t+\Delta t/2$ 之间，质点的平均加速度为

$$\bar{a}=\frac{\Delta v}{\Delta t}=\frac{v\left(t+\frac{\Delta t}{2}\right)-v\left(t-\frac{\Delta t}{2}\right)}{\Delta t}$$

若 Δt 取得很小，则 $\bar{a}$ 可视为质点在该时间间隔中点时刻 t 的瞬时加速度，即

$$a(t)=\frac{v\left(t+\frac{\Delta t}{2}\right)-v\left(t-\frac{\Delta t}{2}\right)}{\Delta t}$$

将式(2.12)表示的加速度代入上式，并改写成有利于迭代的形式，即

$$v\left(t+\frac{\Delta t}{2}\right)=v\left(t-\frac{\Delta t}{2}\right)+\frac{F[x(t),\ v(t-\Delta t/2),t]}{m}\Delta t \tag{2.14}$$

由式(2.13)，可得

$$x(t+\Delta t)=x(t)+v\left(t+\frac{\Delta t}{2}\right)\Delta t \tag{2.15}$$

式(2.14)和式(2.15)就是动力学方程式(2.12)数值求解的递推公式. 不难看出，通过递推公式，可以由某一时刻的运动状态 x 和 v 求得与此时刻相邻的下一时刻的运动状态. 以此类推，从初始条件，即从某一已知时刻 t_0 的速度 $v(t_0)$ 和位移 $x(t_0)$ 开始，利用递推公式就可以求得 t_0 时刻以后任意时刻的速度和位移.

需要注意的是，在做第 1 次迭代时，式(2.14)右边的速度不是初值 $v(t_0)$，而是 $v(t_0-\Delta t/2)$，解决的办法是在 $t_0\rightarrow t_0+\Delta t/2$ 的范围内，对速度取线性近似. 如图 2.15所示. 即

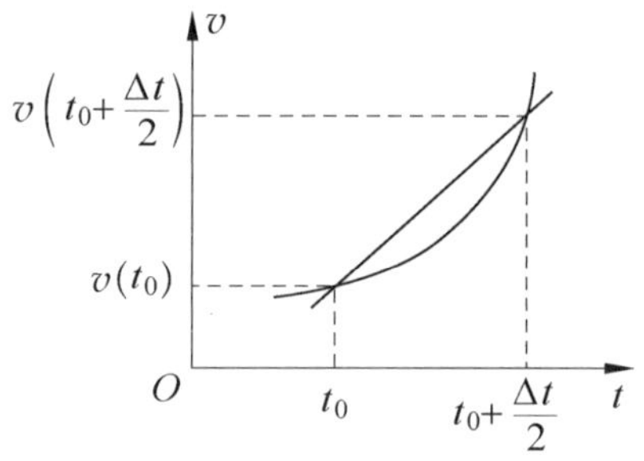

图 2.15

$$v\left(t_0+\frac{\Delta t}{2}\right)=v(t_0)+\frac{F[x(t_0),v(t_0),t_0]}{m}\cdot\frac{\Delta t}{2} \tag{2.16}$$

以后再反复运用式(2.15)和式(2.14)进行迭代.图 2.16 展示了用式(2.16)做第 1 次迭代后的反复迭代过程，②、③……标记参与第几次迭代. 例如第 2 次迭代是将$x(t_0)$和 $v(t_0+\Delta t/2)$ 代入式(2.15),得到

$$x(t_0+\Delta t)=x(t_0)+v\left(t_0+\frac{\Delta t}{2}\right)\Delta t$$

第 3 次迭代是将 $x(t_0+\Delta t)$ 和 $v(t_0+\Delta t/2)$代入式(2.14),得到

$$v\left(t_0+\frac{3\Delta t}{2}\right)=v\left(t_0+\frac{\Delta t}{2}\right)+\frac{F[x(t_0+\Delta t),v(t_0+\Delta t/2),t]}{m}\Delta t$$

如此反复迭代,可以求出 t_0 时刻后以 Δt 为步长的各时刻的位移和速度.实际上,当 Δt 很小时,$v(t_0-\Delta t/2)$ 和 $v(t_0)$相差很小,第 1 次迭代时直接用 $v(t_0)$代替 $v(t_0-\Delta t/2)$,也不会引起多大的误差.

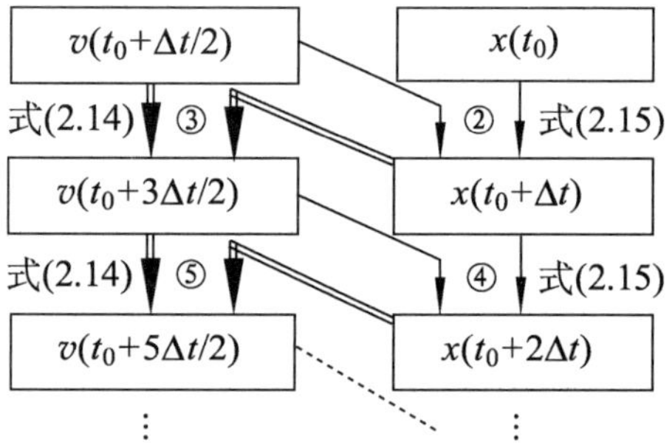

图 2.16

不难看出,式(2.14)和(2.15)分别是匀变速直线运动的速度公式和匀速直线运动的位移公式,这表明,在很小的时间间隔内,一个任意的变速直线运动被处理为匀变速直线运动,一个匀变速直线运动又被处理为匀速直线运动,在 v-t 图上则表现为速度曲线用折线来近似.因此,欧拉迭代法也称为欧拉折线法.这是一种比较粗糙的近似方法,计算中有一定误差.缩小步长 Δt 可使折线尽可能地逼近曲线,但使计算量增加.不过这种迭代的规律性很强,很适合用计算机语言中的循环过程来处理.

例 2.8　有阻力时抛体运动的求解.

解　设抛体在空气中所受阻力与速度成正比,表示为 $\boldsymbol{f}=-cmg\boldsymbol{v}$,其中 m 为抛体质量,g 为重力加速度,c 为正值常量. 设 θ 为抛体速度与水平方向的夹角. 分别取水平方向和竖直向上方向为 Ox 轴和 Oy 轴,则动力学方程为

$$\begin{cases} m\dfrac{\mathrm{d}^2x}{\mathrm{d}t^2}=-f\cos\theta=-cmgv\dfrac{v_x}{v} \\ m\dfrac{\mathrm{d}^2y}{\mathrm{d}t^2}=-mg-f\sin\theta=-mg-cmgv\dfrac{v_y}{v} \end{cases}$$

化简得

$$\begin{cases} \dfrac{\mathrm{d}^2x}{\mathrm{d}t^2}=-cgv_x \\ \dfrac{\mathrm{d}^2y}{\mathrm{d}t^2}=-cgv_y-g \end{cases}$$

在 x 方向和 y 方向分别应用式(2.16)、式(2.14)和式(2.15),得到第 1 次迭代式为

$$\begin{cases} v_x=v_{0x}+(-cgv_{0x})\dfrac{\Delta t}{2} \\ x=x_0+v_x\Delta t \end{cases}\qquad \begin{cases} v_y=v_{0y}+(-cgv_{0y}-g)\dfrac{\Delta t}{2} \\ y=y_0+v_y\Delta t \end{cases}$$

以后每次的迭代式为

$$\begin{cases} v_x=v_x+(-cgv_x)\Delta t \\ x=x+v_x\Delta t \end{cases}\qquad \begin{cases} v_y=v_y+(-cgv_y-g)\Delta t \\ y=y+v_y\Delta t \end{cases}$$

取 $v_0=27.7\ \mathrm{m\cdot s^{-1}}$,$\theta_0=45°$,$c$ 分别取为 0、0.02、0.05,进行迭代,可画出如图 2.17所示的曲线.

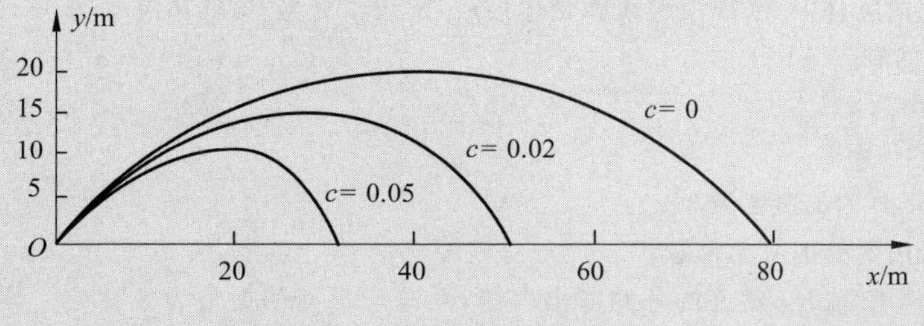

图 2.17

本题也可用解析方法求解,读者可自行练习. 其解为

$$\begin{cases} x=\dfrac{v_{0x}}{gc}(1-\mathrm{e}^{-gct}) \\ y=\left(\dfrac{v_{0y}}{gc}+\dfrac{1}{gc^2}\right)(1-\mathrm{e}^{-gct})-\dfrac{t}{c} \end{cases}$$

需要指出的是,抛体所受阻力与速度的关系往往不能用简单的函数关系描述,确定轨道方程非常困难,而数值求解却是一种非常有效的方法.

内容提要

1. 牛顿第二定律

牛顿第二定律是力的瞬时作用规律,其数学表达式为

$$\boldsymbol{F}=\frac{\mathrm{d}(m\boldsymbol{v})}{\mathrm{d}t},\quad \boldsymbol{F}=m\frac{\mathrm{d}\boldsymbol{v}}{\mathrm{d}t}=m\boldsymbol{a}\ (m\text{ 不变})$$

分量式(m 不变):

$$\begin{cases}F_x=ma_x=m\dfrac{\mathrm{d}v_x}{\mathrm{d}t}\\ F_y=ma_y=m\dfrac{\mathrm{d}v_y}{\mathrm{d}t}\\ F_z=ma_z=m\dfrac{\mathrm{d}v_z}{\mathrm{d}t}\end{cases}\qquad \begin{cases}F_\tau=ma_\tau=m\dfrac{\mathrm{d}v}{\mathrm{d}t}\\ F_n=ma_n=m\dfrac{v^2}{\rho}\end{cases}$$

牛顿运动定律的适用范围:宏观低速物体,惯性系.

2. 非惯性系 惯性力

平动加速系中的惯性力: $\boldsymbol{F}_\mathrm{i}=-m\boldsymbol{a}_0$.

转动参考系中的惯性离心力: $\boldsymbol{F}_\mathrm{i}=-mR\omega^2\boldsymbol{n}$.

非惯性系中牛顿运动定律的形式: $\boldsymbol{F}+\boldsymbol{F}_\mathrm{i}=m\boldsymbol{a}'$.

习 题

(一) 选择题和填空题

2.1 如图所示,质量相同的物体 A 和 B 用轻质弹簧连接后,再用细绳悬挂.当系统平衡后,突然将细绳剪断,在剪断瞬间有[ ]

(A) A、B 的加速度均为 g.

(B) A、B 的加速度均为零.

(C) A 的加速度为零,B 的加速度为 $2g$.

(D) A 的加速度为 $2g$,B 的加速度为零.

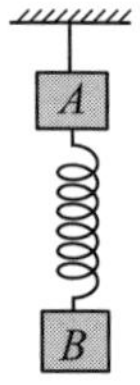

题 2.1 图

2.2 一公路的水平弯道半径为 R,路面的外侧高出内侧,并与水平面的夹角为 θ.要使汽车通过该段路面时不引起侧向摩擦力,则汽车的速率为[ ]

(A) $\sqrt{Rg}$. (B) $\sqrt{Rg\tan\theta}$. (C) $\sqrt{Rg\cos\theta/\sin^2\theta}$. (D) $Rg\tan\theta$.

2.3 如图所示,一只质量为 m 的猴子原来抓住悬挂在天花板上质量为 M 的直杆,悬线突然断开,小猴则沿杆竖直向上爬,以保持它离地面的高度不变,此时直杆下落的加速度为[ ]

(A) g. (B) $\dfrac{m}{M}g$. (C) $\dfrac{M+m}{M}g$.

(D) $\dfrac{M+m}{M-m}g$. (E) $\dfrac{M-m}{M}g$.

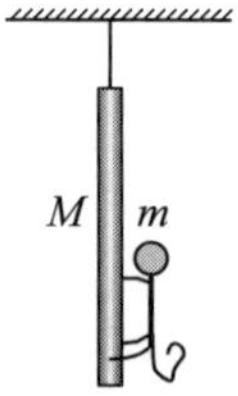

题 2.3 图

2.4 质量分别为 m 和 M 的滑块 A 和 B,叠放在光滑水平桌面上,如图所示.A、B 间静摩

擦系数为 μ_s，滑动摩擦系数为 μ_k，系统原处于静止. 今有一水平力 $\boldsymbol{F}$ 作用于 A 上，要使 A、B 不发生相对滑动，则应有[　]

(A) $F \leqslant \mu_s mg$.　(B) $F \leqslant \mu_s (1+m/M) mg$.

(C) $F \leqslant \mu_s (m+M) mg$.　(D) $F \leqslant \mu_k mg \dfrac{M+m}{M}$.

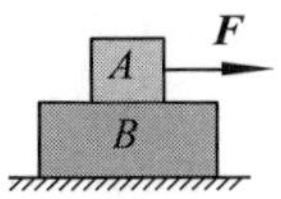

题 2.4 图

2.5　如图所示，一质量为 M 的物体置于光滑的水平地板上. 今用一大小为 F 的水平力通过一根质量为 m 的柔软细绳拉动物体前进，则物体的加速度 a=________，绳作用于物体上的力 T=________.

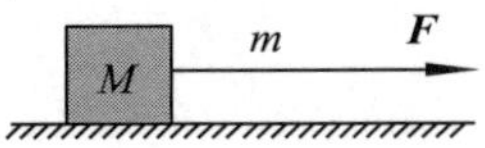

题 2.5 图

2.6　质量为 0.25 kg 的质点受力 $\boldsymbol{F}=t\boldsymbol{i}$(SI)作用，式中 t 为时间. $t=0$ 时质点以速度 $\boldsymbol{v}=2\boldsymbol{j}\ \mathrm{m \cdot s^{-1}}$ 通过坐标原点，则该质点任意时刻的位置矢量为________(SI).

2.7　质量为 m 的物体静止在水平面上，当它受力 $F_0 e^{-kt}$ 作用后，能够达到的最大速度为________；当它受力 $F_0 e^{-kx}$ 作用后，能达到的最大速度为________(t 为时刻，x 为位置坐标).

(二) 问答题和计算题

2.8　质量为 m 的小球用轻绳 AB、BC 连接，如图所示. 试求剪断绳子前后的瞬间，绳 BC 中张力之比.

2.9　如图所示，斜面与水平面的夹角 $\theta=30°$，A 和 B 两物体的质量均为 $m=0.2$ kg，并以轻绳相连. 物体 A 与斜面的滑动摩擦系数 $\mu=0.4$，滑轮的质量及轴的摩擦均忽略不计. 试求物体运动的加速度及绳对物体的拉力.

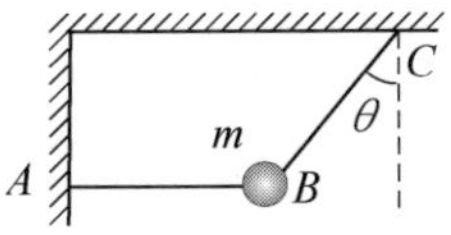

题 2.8 图

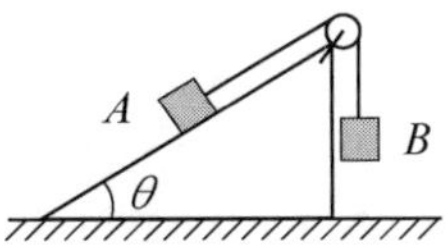

题 2.9 图

2.10　一物体置于水平面上，物体与平面之间的滑动摩擦系数为 μ. 试问作用于物体上的拉力 $\boldsymbol{F}$ 与水平面之间的夹角 θ 为多大时，该物体能获得最大加速度？

2.11　如图所示，将质量为 10 kg 的小球挂在倾角为 $\alpha=30°$ 的光滑斜面上. 问：(1) 当斜面以加速度 $a=g/3$ 沿水平方向向右运动时，绳中的张力及小球对斜面的正压力为多大？(2) 当斜面的加速度至少多大时，小球对斜面的正压力为零(g 为重力加速度)？

2.12　一质量 $m=4$ kg 的物体，用两根长度各为 $l=1.25$ m 的轻绳系在竖直杆上相距为 $b=2.0$ m的两点. 当此系统绕杆的轴线转动时，绳子被拉开，如图所示. 问：(1) 要使上方绳子有 $T_1=60$ N 的张力，转速 ω 应为多大？(2) 这时下方绳子的张力 T_2 又有多大？

2.13　如图所示，物体 A 和 B 的质量分别为 10 kg 和 5 kg，A 与桌面间的摩擦系数为 0.20，绳子、滑轮的质量及摩擦均不计. 为防止 A 移动，问：(1)C 的最小质量是多少？(2)如果撤去 C，此时系统的加速度是多少？

2.14　如图所示，在顶角 $\theta=60°$ 的圆锥形漏斗内有一质量为 m 的小物体，小物体离尖底的高度 $h=0.2$ m. 如果它与锥面间的静摩擦系数 $\mu_s=0.3$，要使它稳定在此高度随锥面一起做匀角速转动，它的速率应为多大？

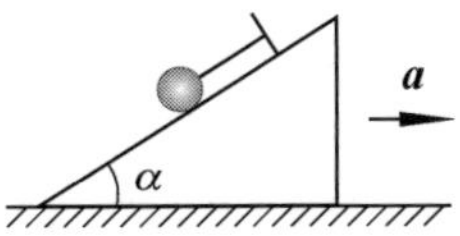

题 2.11 图

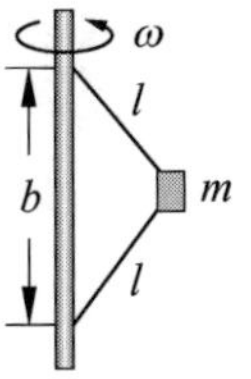

题 2.12 图

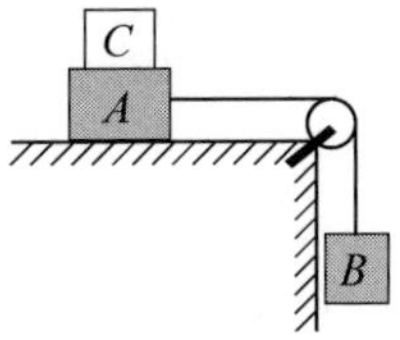

题 2.13 图

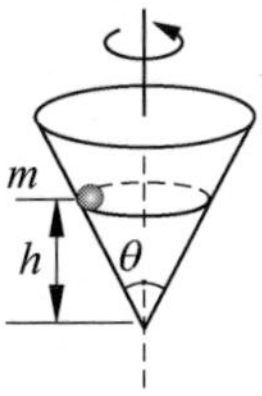

题 2.14 图

2.15 质量为 m 的质点沿 Ox 轴正方向运动.设质点通过坐标为 x 的位置时其速度等于 kx(k 为比例系数).求:(1)作用于质点的力 F;(2)质点从 x_1 位置出发运动到 x_2 位置所需要的时间.

2.16 一根不可伸长的轻绳跨过定滑轮,绳子一端挂一质量 $m=1.0$ kg 的重物,绳的另一端施一力 F,当 $F=9.8$ N 时,此系统处于静止状态.从某时刻开始,拉力按 $F=9.8-4t+2t^2$ 的规律作用(t 以 s 计,F 以 N 计),问当拉力重新变为 9.8 N 时,重物的最大速度是多少?

2.17 如图所示,一辆小车在平直轨道上加速行驶,车内固定一倾角为 θ 的斜面,斜面上放一物块.已知物块与斜面间的静摩擦系数为 μ_s.如果小车的加速度小于 a_1,物块就会下滑,大于 a_2 就会上滑.试求 a_1 和 a_2.

2.18 如图所示,升降机内有两个物体,质量分别为 $m_1=0.1$ kg,$m_2=0.2$ kg,用细线连接后跨过定滑轮.设线的长度不变,线与滑轮的质量、桌面和滑轮轴上的摩擦均不计.当升降机以加速度 $a=g/2=4.9\ \mathrm{m\cdot s^{-2}}$ 上升时,求:(1) m_1 和 m_2 相对升降机的加速度;(2) 绳中张力.

2.19 一长为 l、密度均匀的柔软链条,其单位长度的质量为 λ,将其卷成一堆放在地面上,如图所示.若用手握住链条的一端,以速度 v 匀速将其上提,当链条端点提离地面的高度为 x 时,求手提力的大小.

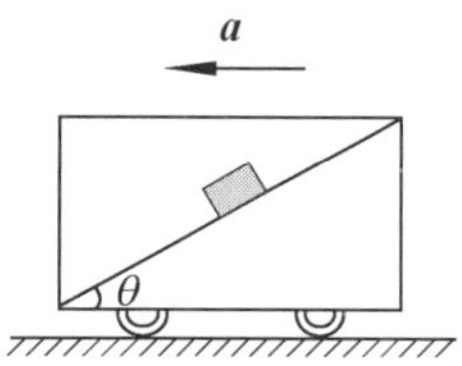

题 2.17 图

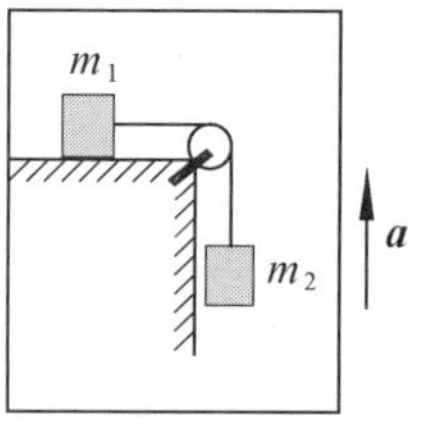

题 2.18 图

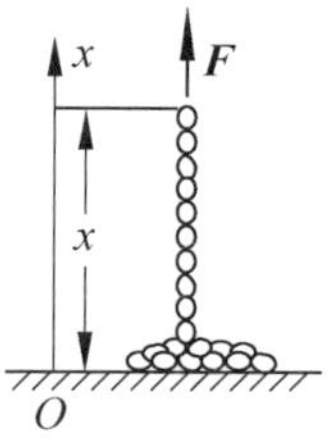

题 2.19 图

2.20 一物体做斜抛运动,初速为 v_0,抛射角为 α.若空气阻力与抛体的速度成正比,即 $\boldsymbol{F}=-k\boldsymbol{v}$, k 为正值常量,试求该物体运动的轨道方程.

2.21 如图所示,舰船停靠码头系缆绳时,士兵用缆绳在固定的桩柱上绕上几圈就可把船拴住.如缆绳与桩柱间的静摩擦系数为 μ_s,缆绳的质量忽略不计,试求缆绳两端张力的关系.

题 2.21 图

第3章 功 和 能

力是物体运动状态改变的原因,牛顿运动定律给出了力和物体运动之间的瞬时关系.实际上,力对物体的作用,总要持续一段时间或经历一段路程,本章研究力的持续作用所产生的效果,介绍功和能的概念,讨论动能定理和机械能守恒定律.

3.1 功 动能定理

3.1.1 功和功率

1. 恒力的功

恒力是指大小和方向都不随时间改变的力.如图 3.1 所示,质点在恒力 $\boldsymbol{F}$ 作用下沿直线运动.在 Δt 时间内,质点从 a 点到 b 点,位移为 $\Delta\boldsymbol{r}$.若 $\boldsymbol{F}$ 与 $\Delta\boldsymbol{r}$ 之间的夹角为 θ,则力 $\boldsymbol{F}$ 对质点所做的功定义为

$$A=|\boldsymbol{F}|\cdot|\Delta\boldsymbol{r}|\cos\theta \qquad (3.1a)$$

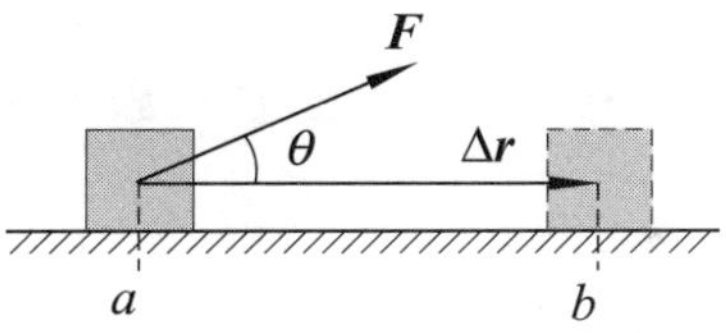

图 3.1

即恒力对质点所做的功等于力的大小、位移的大小以及它们夹角余弦的乘积.显然,功表示力对空间的累积作用.

按矢量标积定义,式(3.1a)可改写成

$$A=\boldsymbol{F}\cdot\Delta\boldsymbol{r} \qquad (3.1b)$$

上式表明,恒力对做直线运动的质点所做的功等于力和位移的标积.

可以看出,虽然力和位移都是矢量,功却是标量,其量值可以为正、负和零.若力与位移间的夹角为锐角,则 $\boldsymbol{F}$ 对物体做正功,为钝角则做负功,力与位移垂直时不做功.力 $\boldsymbol{F}$ 做负功往往也说成是物体克服力 $\boldsymbol{F}$ 做功.

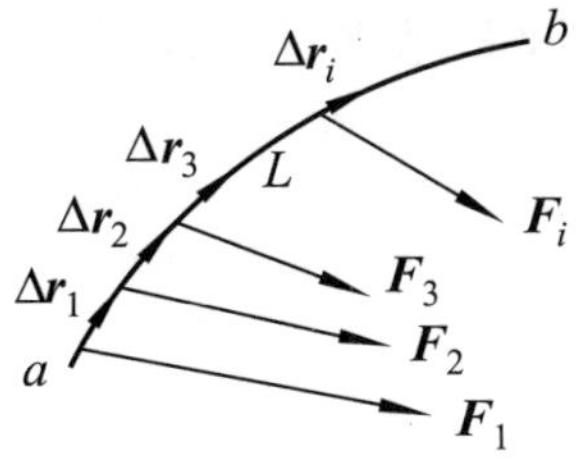

图 3.2

2. 变力的功

变力是指大小和方向至少有一个是随时间改变的力.在许多问题中,质点受变力作用沿曲线运动,这时不能直接由式(3.1)计算功.我们可以把全部路径分成许多小段,将每小段近似地看成直线.每小段上质点所受的力可视为恒力 $\boldsymbol{F}_i$,相应的微小位移为 $\Delta\boldsymbol{r}_i$,如图 3.2 所示.由式(3.1b),在第 i 段,力 $\boldsymbol{F}_i$ 所做的功为

$$\Delta A_i=\boldsymbol{F}_i\cdot\Delta\boldsymbol{r}_i$$

当质点沿路径 L 从 a 点运动到 b 点时，力对质点做的总功近似为

$$A=\sum_i \Delta A_i=\sum_i \boldsymbol{F}_i\cdot\Delta\boldsymbol{r}_i$$

当划分段数足够多,使得$|\Delta\boldsymbol{r}_i|\to 0$时,求和变成积分,即

$$A=\int_a^b \mathrm{d}A=\int_a^b \boldsymbol{F}\cdot\mathrm{d}\boldsymbol{r} \tag{3.2}$$

上式是功的普遍定义式.式中 $\mathrm{d}\boldsymbol{r}$ 称为元位移,$\mathrm{d}A$ 称为元功.这一积分在数学上叫作力 $\boldsymbol{F}$ 沿路径 L 从 a 到 b 的线积分.一般说来,线积分的值与路径有关.

以上我们讨论了一个力对质点所做的功.如果有几个力 $\boldsymbol{F}_1,\boldsymbol{F}_2,\boldsymbol{F}_3,\cdots,\boldsymbol{F}_N$ 同时作用在质点上,在质点沿路径 L 由 a 点运动到 b 点的过程中,合力 $\boldsymbol{F}$ 对质点做的功为

$$A=\int_a^b \boldsymbol{F}\cdot\mathrm{d}\boldsymbol{r}=\int_a^b\sum_{i=1}^N \boldsymbol{F}_i\cdot\mathrm{d}\boldsymbol{r}=\sum_{i=1}^N\int_a^b \boldsymbol{F}_i\cdot\mathrm{d}\boldsymbol{r}=\sum_{i=1}^N A_i \tag{3.3}$$

式(3.3)表明,**合力的对质点所做的功等于各分力沿同一路径做功的代数和.**

功的单位为焦耳,简称焦,符号为 J,$1\ \mathrm{J}=1\ \mathrm{N\cdot m}$.

3. *功率*

在生产实践中,不仅需要知道力做功的多少,还要知道力做功的快慢,为此引入功率的概念.设在 Δt 时间内力 $\boldsymbol{F}$ 所做的功为 ΔA,比值 $\Delta A/\Delta t$ 反映了力在这段时间内做功的平均快慢程度,称为**平均功率**,记为 $\overline{P}$,即

$$\overline{P}=\frac{\Delta A}{\Delta t} \tag{3.4}$$

当 $\Delta t\to 0$ 时, $\Delta A/\Delta t$ 的极限称为**瞬时功率**,简称**功率**,即

$$P=\lim_{\Delta t\to 0}\frac{\Delta A}{\Delta t}=\frac{\mathrm{d}A}{\mathrm{d}t}$$

上式表明,功率等于功对时间的一阶导数.由于 $\mathrm{d}A=\boldsymbol{F}\cdot\mathrm{d}\boldsymbol{r}$,因此上式又可写成

$$P=\frac{\mathrm{d}A}{\mathrm{d}t}=\frac{\boldsymbol{F}\cdot\mathrm{d}\boldsymbol{r}}{\mathrm{d}t}=\boldsymbol{F}\cdot\boldsymbol{v} \tag{3.5}$$

这就是说,**功率等于力和速度的标积.**

在 SI 中,功率的单位为瓦特,简称瓦,符号为 W. $1\ \mathrm{W}=1\ \mathrm{J\cdot s^{-1}}$.

3.1.2 功的计算

恒力的功可由式(3.1b)计算,变力的功常借助于坐标系进行计算.在直角坐标系中,力和元位移表示为

$$\boldsymbol{F}=F_x\boldsymbol{i}+F_y\boldsymbol{j}+F_z\boldsymbol{k},\quad \mathrm{d}\boldsymbol{r}=\mathrm{d}x\boldsymbol{i}+\mathrm{d}y\boldsymbol{j}+\mathrm{d}z\boldsymbol{k}$$

则从 $a(x_a,y_a,z_a)$ 到 $b(x_b,y_b,z_b)$,力 $\boldsymbol{F}$ 对质点所做的功

$$A=\int_a^b \boldsymbol{F}\cdot\mathrm{d}\boldsymbol{r}=\int_{x_a}^{x_b}F_x\mathrm{d}x+\int_{y_a}^{y_b}F_y\mathrm{d}y+\int_{z_a}^{z_b}F_z\mathrm{d}z \tag{3.6a}$$

在自然坐标系中,力和元位移表示为

$$\boldsymbol{F}=F_\tau\boldsymbol{\tau}+F_n\boldsymbol{n},\quad \mathrm{d}\boldsymbol{r}=\mathrm{d}s\boldsymbol{\tau}$$

可得

$$A=\int_a^b \boldsymbol{F}\cdot \mathrm{d}\boldsymbol{r}=\int_a^b F_\tau \mathrm{d}s=\int_a^b F\cos\theta \mathrm{d}s \tag{3.6b}$$

式中 θ 为 $\boldsymbol{F}$ 和 $\mathrm{d}\boldsymbol{r}$ 的夹角. 由此可见,力对质点做的功等于力的切向分量对路径的线积分. 由于法向力与路径垂直,因此它始终不做功.

做曲线运动的质点受恒力作用是一个特例. 由功的定义式(3.2)可以计算这个过程中恒力对质点做的功为

$$A=\int_a^b \boldsymbol{F}\cdot \mathrm{d}\boldsymbol{r}=\boldsymbol{F}\cdot\int_a^b \mathrm{d}\boldsymbol{r}=\boldsymbol{F}\cdot\Delta\boldsymbol{r}$$

可见恒力做功的定义式(3.1)对曲线运动也适用.

在工程上常用**图示法**计算功. 如图 3.3 所示,图中曲线表示切向力 F_τ 随 s 变化的函数关系,由式(3.6b)可知,窄条面积等于元功,曲线下的面积等于质点从位置 a 到 b 该力所做的功.

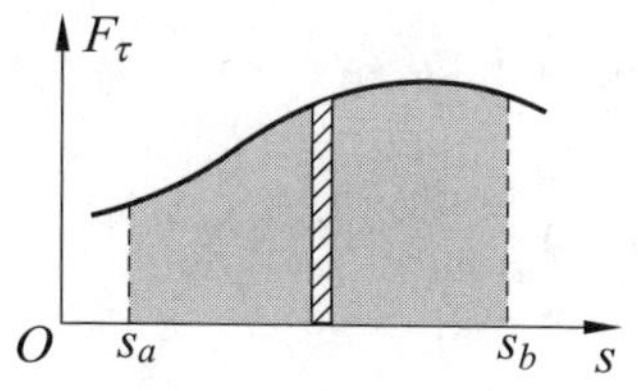

图 3.3

在一般问题中,若要计算某个变力做功,首先要正确分析质点的受力情况,确定该力随位置变化的关系,然后写出元功表达式,并选定积分变量、确定积分限,最后进行积分运算.

我们以几种常见力的功为例进行具体计算.

1. 重力的功

设在地面附近,质量为 m 的质点沿曲线路径 L 运动,如图 3.4 所示. 重力 $\boldsymbol{P}$ 是恒力,质点从 a 点运动到 b 点的过程中,重力做功为

$$A_{ab}=\boldsymbol{P}\cdot\Delta\boldsymbol{r}=mg\,\overline{ab}\cos\theta=mg(h_a-h_b) \tag{3.7}$$

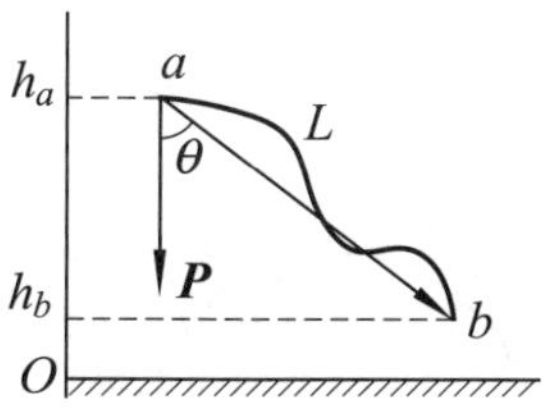

图 3.4

式中 h_a 和 h_b 是 a 点和 b 点相对参考水平面的高度. 可见**重力所做的功只与质点的始末位置有关,而与所经过的路径无关**,其量值等于重力的大小与质点始末位置高度差的乘积. 显然,选取不同的参考水平面不影响功的量值.

当然,如果运动过程中物体质量不断变化,则应按变力做功来计算.

2. 弹性力的功

将刚度系数为 k 的弹簧一端固定,另一端与一质量为 m 的质点相连,置于光滑水平面上,如图 3.5 所示. 以弹簧无形变时质点的位置为坐标原点,建立 Ox 轴. 在弹性限度内,质点于任意位置 x 处所受的弹性力可表示为 $\boldsymbol{F}=-kx\boldsymbol{i}$. 质点从位置 x_a 运动到 x_b 的过程中,弹性力所做的功为

$$\begin{aligned}A_{ab}&=\int_a^b \boldsymbol{F}\cdot\mathrm{d}\boldsymbol{r}=\int_{x_a}^{x_b}F\mathrm{d}x\\&=\int_{x_a}^{x_b}(-kx)\mathrm{d}x\\&=\frac{1}{2}kx_a^2-\frac{1}{2}kx_b^2\end{aligned} \tag{3.8}$$

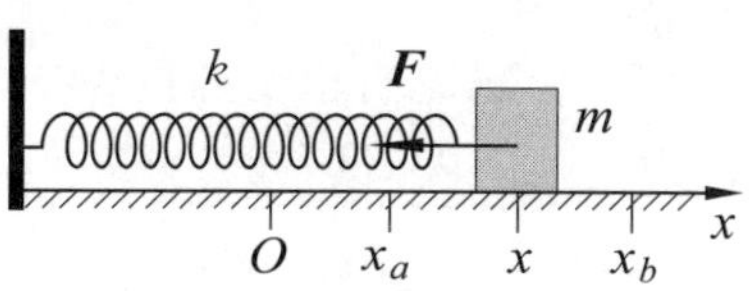

图 3.5

可见**弹性力所做的功只与质点的始末位置有关,而与所经过的路径无关**.

3. 万有引力的功

一质量为 M 的质点可视为静止,另一质量为 m 的质点在 M 的引力 $\boldsymbol{F}$ 作用下沿路径 L 运动,从 a 到 b,如图 3.6 所示.因为不论 m 运动到何处,$\boldsymbol{F}$ 的方向总是指向 M,所以,若取 M 作为原点建立坐标系,则 M 对 m 的引力可表示为

$$\boldsymbol{F}=-G\frac{Mm}{r^3}\boldsymbol{r}$$

式中 $\boldsymbol{r}$ 为 m 相对 M 的位矢.在 m 沿路径 L 从位置 a 运动到位置 b 的过程中,引力所做的功为

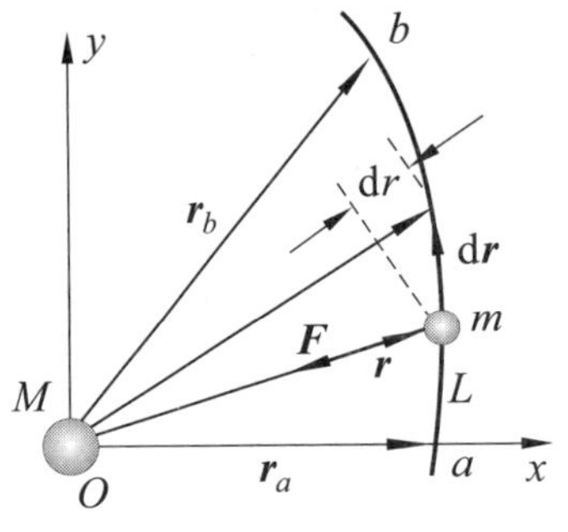

图 3.6

$$A_{ab}=\int_a^b \boldsymbol{F}\cdot \mathrm{d}\boldsymbol{r}=\int_{r_a}^{r_b}\left(-G\frac{Mm}{r^3}\boldsymbol{r}\right)\cdot \mathrm{d}\boldsymbol{r}$$

其中

$$\boldsymbol{r}\cdot \mathrm{d}\boldsymbol{r}=x\mathrm{d}x+y\mathrm{d}y+z\mathrm{d}z$$

$$=\frac{1}{2}\mathrm{d}(x^2+y^2+z^2)=\frac{1}{2}\mathrm{d}r^2=r\mathrm{d}r$$

故可得

$$A_{ab}=\int_{r_a}^{r_b}\left(-G\frac{Mm}{r^2}\right)\mathrm{d}r$$

$$=\left(-G\frac{Mm}{r_a}\right)-\left(-G\frac{Mm}{r_b}\right) \qquad (3.9)$$

可见**万有引力所做的功只与质点的始末位置有关,而与所经过的路径无关**.

4. 摩擦力的功

一质点在粗糙的平面上沿一曲线路径运动,为了简单起见,不妨设质点所受摩擦力的大小 f 保持不变.采用自然坐标系,如图 3.7 所示.摩擦力可表示为 $\boldsymbol{f}=-f\boldsymbol{\tau}$,质点从 a 点运动到 b 点的过程中,摩擦力所做的功为

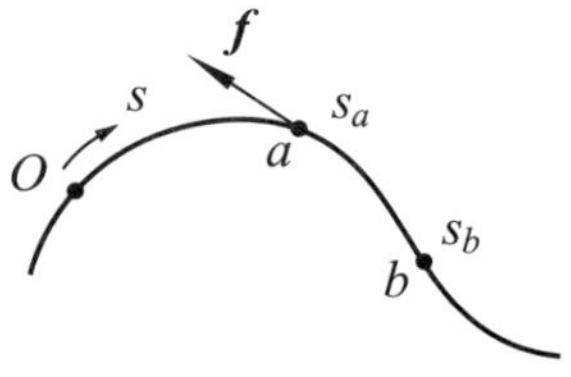

图 3.7

$$A_{ab}=\int_a^b \boldsymbol{f}\cdot \mathrm{d}\boldsymbol{r}=\int_{s_a}^{s_b} f_\tau \mathrm{d}s$$

$$=-f\int_{s_a}^{s_b}\mathrm{d}s=-f(s_b-s_a) \qquad (3.10)$$

式中 s_b-s_a 是始末位置间路径的量值.显然,**摩擦力的功与质点所经过的具体路径有关**.

例 3.1 图 3.8 中的半圆面是一个固定的半圆柱体截面,柱面光滑,半径为 R.一根刚度系数为 k 的轻弹簧一端固定,另一端与一个质量为 m 的小物体相连.开始时物体位于 a 处,弹簧无形变.物体在一个位于竖直平面内并且始终和圆柱面相切的拉力 $\boldsymbol{F}$ 作用下,极缓慢地从 a 处移到 b 处(弹簧形变在弹性限度内),已知 $\angle aOb=\alpha$,求力 $\boldsymbol{F}$ 对物体所做的功.

解 物体在 a、b 之间任一位置 c 的受力情况如图所示，其中 $\boldsymbol{F}_k$ 为弹簧对物体的拉力．因物体极缓慢地移动，故可认为物体所受合外力为零．采用自然坐标系，切向合外力为零，即

$$F - mg\cos\theta - F_k = 0$$

根据胡克定律有 $F_k = kR\theta$，代入上式，得

$$F = mg\cos\theta + kR\theta$$

质点从 a 处移动到 b 处，相应地角坐标 θ 从 0 增大到 α，力 $\boldsymbol{F}$ 对物体所做的功为

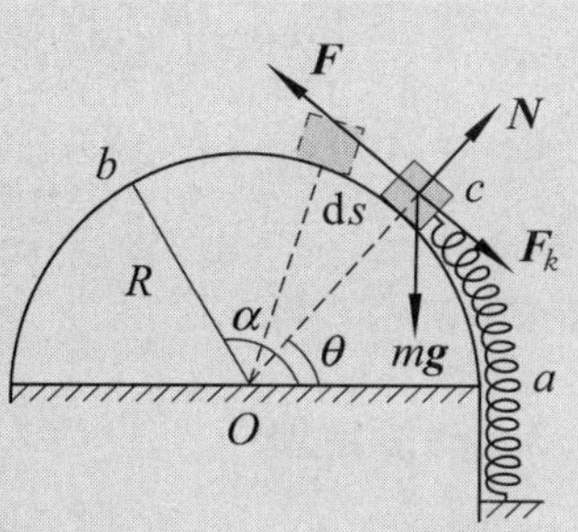

图 3.8

$$A = \int_a^b \boldsymbol{F}\cdot \mathrm{d}\boldsymbol{r} = \int_a^b F\,\mathrm{d}s = \int_0^\alpha (mg\cos\theta + kR\theta)R\,\mathrm{d}\theta = mgR\sin\alpha + \frac{1}{2}kR^2\alpha^2$$

不难看出，因合力为零，而有合力的功为零．因支持力 $\boldsymbol{N}$ 不做功，所以 $\boldsymbol{F}$、$m\boldsymbol{g}$、$\boldsymbol{F}_k$ 三力做功的代数和必为零．显然，重力做功为 $-mgR\sin\alpha$，而弹簧拉力做功为 $-kR^2\alpha^2/2$．

例 3.2 一质点沿如图 3.9 所示的路径运动，求力 $\boldsymbol{F}=(4-2y)\boldsymbol{i}$ (SI) 对该质点所做的功．(1)沿 ODC；(2)沿 OBC．

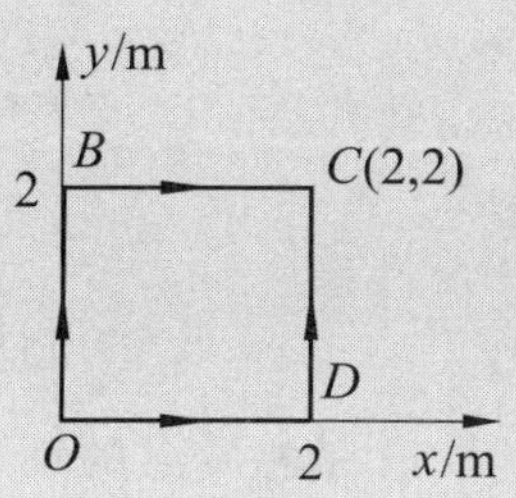

图 3.9

解 (1)质点沿 ODC 从 O 运动到 C．

由题意知 $F_x=4-2y$，$F_y=F_z=0$．在 O 到 D 的路径上，$y=0$，x 从 0 变到 2 m；在 D 到 C 的路径上，力 $\boldsymbol{F}$ 与路径垂直而不做功．因此，$\boldsymbol{F}$ 所做的功为

$$A_1 = \int_{ODC} \boldsymbol{F}\cdot \mathrm{d}\boldsymbol{r} = \int_O^D F_x \mathrm{d}x = \int_0^2 (4-2\times 0)\mathrm{d}x = 8\ \mathrm{J}$$

(2) 质点沿 OBC 从 O 运动到 C．

同理，在 O 到 B 的路径上力 $\boldsymbol{F}$ 与路径垂直而不做功；在 B 到 C 的路径上 $y=2$ m，x 从 0 变到 2 m．因此，$\boldsymbol{F}$ 所做的功为

$$A_2 = \int_{OBC} \boldsymbol{F}\cdot \mathrm{d}\boldsymbol{r} = \int_B^C (4-2y)\mathrm{d}x = \int_0^2 (4-2\times 2)\mathrm{d}x = 0$$

可见，沿不同路径从 O 到 C，力 $\boldsymbol{F}$ 对质点所做的功不相等．

例 3.3 质量 $m=2$ kg 的物体，在力 $F=6t$(SI)的作用下从原点由静止出发，沿 Ox 轴做直线运动．求在头 2 s 时间内力 F 所做的功以及 $t=2$ s 时的功率．

解 由于已知力 F 是 t 的函数，因此需要把对 x 积分转换成对 t 积分才能算出力所做的功．应用运动学关系式及牛顿运动定律，可得

$$A = \int F\mathrm{d}x = \int Fv\mathrm{d}t$$

$$v = \int_0^t a\mathrm{d}t = \int_0^t \frac{F}{m}\mathrm{d}t = \int_0^t 3t\mathrm{d}t = \frac{3}{2}t^2$$

所以有

$$A=\int_0^2 Fv\mathrm{d}t=\int_0^2\left(6t\cdot\frac{3}{2}t^2\right)\mathrm{d}t=\int_0^2 9t^3\,\mathrm{d}t=36\ \mathrm{J}$$

$t=2$ s 时的功率为

$$P=Fv=6t\cdot\frac{3}{2}t^2=9t^3=72\ \mathrm{W}$$

3.1.3 动能定理

我们知道,力对质点的瞬时作用使物体产生加速度,那么力的持续作用会产生什么效果呢?设质量为 m 的质点在合力 $\boldsymbol{F}$ 作用下沿曲线运动,通过 a 点和 b 点时的速率分别 v_a 为 v_b. 由于合力的法向分量不做功,而切向分量为

$$F_\tau=ma_\tau=m\frac{\mathrm{d}v}{\mathrm{d}t}$$

所以,质点从 a 点到 b 点的运动过程中,合力 $\boldsymbol{F}$ 所做的功为

$$A=\int_a^b F_\tau\mathrm{d}s=\int_a^b m\frac{\mathrm{d}v}{\mathrm{d}t}\mathrm{d}s=\int_a^b m\frac{\mathrm{d}s}{\mathrm{d}t}\mathrm{d}v=\int_{v_a}^{v_b}mv\mathrm{d}v$$

积分得

$$A=\frac{1}{2}mv_b^2-\frac{1}{2}mv_a^2 \tag{3.11a}$$

以 E_{k0} 和 E_{k} 分别表示质点的初动能和末动能,即

$$E_{\mathrm{k0}}=\frac{1}{2}mv_a^2,\quad E_{\mathrm{k}}=\frac{1}{2}mv_b^2$$

则有

$$A=E_{\mathrm{k}}-E_{\mathrm{k0}}=\Delta E_{\mathrm{k}} \tag{3.11b}$$

可见,**合力对质点所做的功等于质点动能的增量**. 这一结论称为质点的动能定理.

不难看出,应用动能定理时,只需关注质点在运动过程中的始末状态,而不必考虑过程中质点状态变化的细节,这将使某些力学问题的求解大为简化.

由质点的动能定理可知,合力做正功时,质点的动能增大;合力做负功时,质点的动能减小;合力做功为零时,质点的动能保持不变. 动能改变的量值是由功来量度的. 当合力做负功时,质点的动能减小,就是消耗了动能反抗外力做功,因此动能这一概念表示质点因运动而具有的做功本领,动能是一种与速度有关的能量. 静止的重锤不能将钉子压入木块,挥舞轻锤就能将钉子敲入木块,正是这个道理.

需要注意的是,动能定理是从牛顿运动定律导出的,因此它只适用于惯性系. 因为位移和速度具有相对性,所以功和动能的量值还与参考系有关,但动能定理的形式与惯性参考系的选择无关. 动能定理的这种不变性,为其应用提供了方便.

动能的单位和量纲与功的单位和量纲相同. 但是,必须指出,功和动能是有区别的,动能取决于质点的运动状态,是一个状态量,而功是能量变化的量度,与质点运动状态变化的过程相联系,是一个过程量.

例 3.4　一小球系在长 $l=1.0\ \mathrm{m}$ 的细绳下端，绳的上端固定在天花板上，如图 3.10 所示. 在初始位置 a，绳子与竖直线的夹角 $\theta_0=30°$. 若由静止释放，试求到绳子与竖直线的夹角为 15°的 b 处时小球的速率.

解　设小球质量为 m，在 b 处速率为 v. 小球受重力 $m\boldsymbol{g}$ 和绳的拉力 $\boldsymbol{T}$ 的作用. 根据动能定理，有

$$A = A_T + A_g = \frac{1}{2}mv^2 - \frac{1}{2}mv_0^2$$

由于 $\boldsymbol{T}$ 的方向始终和小球的运动方向垂直，所以 $A_T=0$. 重力对小球做的功为

$$A_g = mg(l\cos\theta - l\cos\theta_0)$$

依题意 $v_0=0$，可得

$$mgl(\cos\theta - \cos\theta_0) = \frac{1}{2}mv^2$$

$$v = \sqrt{2gl(\cos\theta - \cos\theta_0)}$$

代入 $l=1.0\ \mathrm{m}$，$g=9.8\ \mathrm{m\cdot s^{-2}}$，$\theta=15°$，$\theta_0=30°$，得

$$v = 1.4\ \mathrm{m\cdot s^{-1}}$$

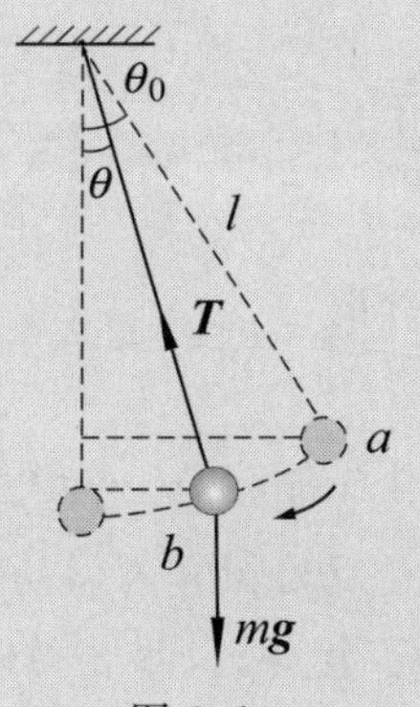

图 3.10

3.2　保守力　势能

上一节我们引入了功的概念，讨论了力做功与质点动能变化的关系. 本节将从力做功的特点出发，引入保守力的概念，讨论保守力做功与势能变化的关系.

3.2.1　保守力

通过计算可知，重力、万有引力和弹性力的功都只与质点的始末位置有关，而与所经过的路径无关. 我们把具有这种特点的力称为**保守力**，用 $\boldsymbol{F}_{保}$ 表示. 不具有这种特点的力称为非保守力. 重力、万有引力和弹性力都是保守力，摩擦力是非保守力，以后要讨论到的静电力也是保守力，而非静电力和磁力则是非保守力.

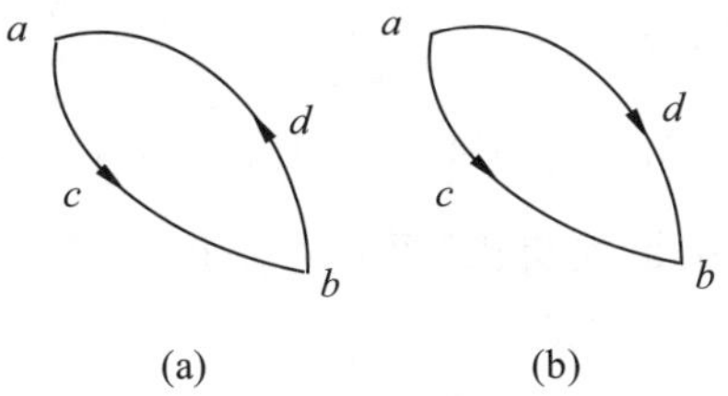

图 3.11

如何用一个统一的数学式子，把各种保守力做功与路径无关这一特点表达出来呢？如图 3.11(a)所示，设一物体在保守力作用下自 a 点沿任意闭合路径 $acbda$ 一周回到 a 点. 我们把这段路径分成 acb 和 adb 两段，如图 3.11(b)所示. 由于保守力做功只与质点的始末位置有关，而与路径无关，因此从 a 点到 b 点，无论沿 acb 还是沿 adb，保守力所做的功都是相等的，即

$$\int_{acb} \boldsymbol{F}_{保} \cdot \mathrm{d}\boldsymbol{r} = \int_{adb} \boldsymbol{F}_{保} \cdot \mathrm{d}\boldsymbol{r}$$

物体沿闭合路径 $acbda$ 一周,保守力做功为

$$\oint \boldsymbol{F}_{保} \cdot \mathrm{d}\boldsymbol{r} = \int_{acb} \boldsymbol{F}_{保} \cdot \mathrm{d}\boldsymbol{r} + \int_{bda} \boldsymbol{F}_{保} \cdot \mathrm{d}\boldsymbol{r}$$

由于

$$\int_{bda} \boldsymbol{F}_{保} \cdot \mathrm{d}\boldsymbol{r} = -\int_{adb} \boldsymbol{F}_{保} \cdot \mathrm{d}\boldsymbol{r}$$

因此有

$$\oint_L \boldsymbol{F}_{保} \cdot \mathrm{d}\boldsymbol{r} = 0 \tag{3.12}$$

上式表明,**物体沿任意闭合路径运动一周时,保守力对它所做的功为零**. 式(3.12)就是反映保守力做功特点的数学表达式.

事实上,保守力做功与路径无关的特点和保守力沿任意闭合路径一周做功为零的特点是等价的,都可作为判断一个力是否是保守力的依据.

如果质点在某一部分空间内的任何位置,都受到一个大小、方向完全确定的保守力的作用,则称这部分空间中存在着**保守力场**. 如地球表面附近的空间存在重力场. 类似地还有万有引力场和弹性力场等保守力场.

3.2.2 势能

我们把几种保守力做功($a \to b$)的结论写在一起进行分析:

重力的功 $$A_{ab} = mgh_a - mgh_b \tag{3.13a}$$

弹性力的功 $$A_{ab} = \frac{1}{2}kx_a^2 - \frac{1}{2}kx_b^2 \tag{3.13b}$$

万有引力的功 $$A_{ab} = \left(-G\frac{Mm}{r_a}\right) - \left(-G\frac{Mm}{r_b}\right) \tag{3.13c}$$

可以看出,当质点在保守力场中从一点移到另一点时,只要两点位置确定,不论其移动的路径如何,保守力的功总是确定的,都等于某个状态函数(由空间相对位置决定)在始、末位置处的取值的差. 因为功是能量变化的量度,所以这个状态函数也表示了一种能量. 这种与质点在保守力场中的位置相关的能量称为**势能**,用 E_p 表示. 势能不同于动能,它是一种潜在的能量. 高处的水落下可以用来发电,卷紧的发条逐渐放松可以使钟表运转,都表明了这种能量的存在.

根据以上阐述,我们把保守力的功统一写成

$$A_{ab} = \int_a^b \boldsymbol{F}_{保} \cdot \mathrm{d}\boldsymbol{r} = E_{\mathrm{p}a} - E_{\mathrm{p}b} = -\Delta E_\mathrm{p} \tag{3.14}$$

由此定义的势能表明,**保守力的功等于势能增量的负值**. 保守力做正功时势能减少,这与日常生活中消耗势能来对外做功是相符的.

可以看出,保守力的功只给出了势能之差. 要确定势能的量值还必须选择一个参考位置,并规定质点在该位置的势能为零,通常称这一位置为**势能零点**. 势能零点的选取可以是任意的,因为零点不同并不影响保守力做功的量值. 若取 b 位置为势能零点,即令 $E_{\mathrm{p}b}=0$,则质点在任意位置 a 的势能为

$$E_{pa}=\int_{a}^{\text{势能零点}}\boldsymbol{F}_{\text{保}}\cdot \mathrm{d}\boldsymbol{r} \tag{3.15}$$

这就是说，**质点在某一位置所具有的势能，等于把质点从该位置沿任意路径移至势能零点的过程中保守力所做的功**.

根据势能定义式(3.15)，在选取了势能零点之后，可以得到如下**势能函数**表达式.

重力势能 $E_{p}=mgh$ （势能零点：某一水平面上的点）(3.16a)

式中 h 为质点所在位置相对势能零点的竖直高度. 质点位于势能零点以上时重力势能为正，位于势能零点以下时重力势能为负.

弹性势能 $E_{p}=\frac{1}{2}kx^{2}$ （势能零点：$x=0$ 处） (3.16b)

式中 x 为弹簧的形变量. 无论弹簧被拉伸还是被压缩，弹簧的弹性势能均为正值.

万有引力势能 $E_{p}=-G\frac{Mm}{r}$ （势能零点：$r=\infty$ 处） (3.16c)

式中 r 为质点到引力中心的距离. 由于选无穷远处为势能零点，使得质点在任意位置的引力势能均为负值. 事实上，重力势能是万有引力势能的一个特例，式(3.16a)和式(3.16c)不一样的原因在于选择了不同的势能零点.

势能相等的点连成的曲面叫作**等势能面**. 例如重力场中的等势能面为一系列水平面；万有引力场中的等势能面是以引力中心为球心的一系列同心球面.

需要指出：

(1) 势能具有相对性，而势能差是绝对的. 势能的量值是相对于势能零点而言的，式(3.16)中三式只有按上述规定选取了势能零点后才是正确的. 但是，势能差与零点的选取无关，这是因为保守力的功只与质点的始末位置有关.

(2) 势能属于系统. 势能是由于系统内各物体间有保守内力作用而产生的，因此它属于系统，单独说哪个物体的势能是没有意义的. 例如重力势能属于地球和物体组成的系统. 如果没有地球对物体的作用，也就没有重力做功和重力势能的问题. 平常说某物体的重力势能，只是为了叙述上的简便. 在实际系统中，如果同时存在几种保守内力，那么系统的总势能就等于几种相关势能的代数和.

例 3.5 已知地球的质量为 M，半径为 R，一质量为 m 的质点与地心的距离为 r. 选地面为零势能面，试求：(1) 势能函数；(2) 质点位于地面附近上空时，势能函数的近似式.

解 (1) 以地心为参考点，$\boldsymbol{r}$ 为质点的位矢，地球对质点的引力为

$$\boldsymbol{F}=-G\frac{Mm}{r^{3}}\boldsymbol{r}$$

根据势能定义式(3.15)，可得势能函数为

$$E_{p}=\int_{r}^{R}\left(-G\frac{Mm}{r^{3}}\boldsymbol{r}\right)\cdot \mathrm{d}\boldsymbol{r}=\int_{r}^{R}\left(-G\frac{Mm}{r^{2}}\right)\mathrm{d}r=GMm\left(\frac{1}{R}-\frac{1}{r}\right)$$

(2) 设质点距地面高度为 h，则 $r=R+h$，地面附近上空的势能为

$$E_{p}=GMm\left(\frac{1}{R}-\frac{1}{R+h}\right)=\frac{GMmh}{R(R+h)}$$

由于 $R\gg h$，所以 $R(R+h)\approx R^{2}$，因而有

$$E_p \approx \frac{GMmh}{R^2}$$

在地面附近，引力与重力相等，即 $GMm/R^2=mg$，可得势能函数的近似式为

$$E_p \approx mgh$$

结果表明，选取地面为零势能面时，质点在地面附近上空的引力势能可以用重力势能来代替.

3.2.3 势能曲线

在选定了坐标系并确定了势能零点后，保守力场中的势能函数形式就被确定下来，它是位置坐标的函数. 据此可以画出质点的势能与位置坐标的关系曲线，称之为势能曲线. 图 3.12(a)、(b)、(c)分别给出了重力势能、弹性势能和万有引力势能的势能曲线.

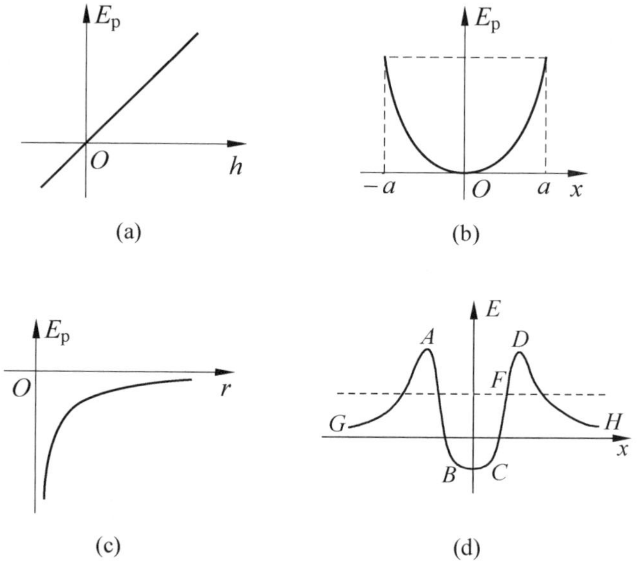

图 3.12

利用势能曲线可以求出质点在保守力场中各点所受保守力的大小和方向，还可以定性讨论质点在保守力场中的运动情况及平衡的稳定性等问题.

例 3.6 设弹性势能函数为 $E_p=\frac{1}{2}kx^2$，求图 3.5 中水平弹簧的弹性力.

解 根据式(3.14)，弹性力的元功与势能增量的关系为 $dA=\boldsymbol{F}_{保}\cdot d\boldsymbol{r}=-dE_p$，在本题中，即

$$F_x dx = - dE_p$$

因此有

$$F_x = -\frac{dE_p}{dx}$$

代入 E_p 即得

$$F_x=-\frac{\mathrm{d}}{\mathrm{d}x}\left(\frac{1}{2}kx^2\right)=-kx$$

这一结果正是关于弹性力的胡克定律.

$\mathrm{d}E_p/\mathrm{d}x$ 就是图 3.12(b)弹性势能曲线的斜率. 由此可见,如果知道了势能曲线上各点的斜率,就可求出质点在各相应点所受弹性力的大小和方向. 当质点相对 O 点的位移在 $-a<x<0$ 范围内时,$\mathrm{d}E_p/\mathrm{d}x<0$,则 $F_x>0$,表明弹性力指向 Ox 轴正方向;当质点相对 O 点的位移在 $0<x<a$ 范围内时, $\mathrm{d}E_p/\mathrm{d}x>0$,则 $F_x<0$,表明弹性力指向 Ox 轴负方向; 在 $x=0$ 处,$\mathrm{d}E_p/\mathrm{d}x=0$,则 $F_x=0$,该点称为平衡位置. 当质点相对该位置稍有偏离时,弹性力总是力图使它回来,因此质点将在平衡位置附近做往复运动——振动,该位置通常被称为稳定平衡位置.

推广到一般情况,保守力 $\boldsymbol{F}_{保}$ 与势能函数 $E_p(x,y,z)$ 的微分关系为

$$\boldsymbol{F}_{保}=F_x\boldsymbol{i}+F_y\boldsymbol{j}+F_z\boldsymbol{k}=-\left(\frac{\partial E_p}{\partial x}\boldsymbol{i}+\frac{\partial E_p}{\partial y}\boldsymbol{j}+\frac{\partial E_p}{\partial z}\boldsymbol{k}\right) \tag{3.17}$$

据此关系,可以通过已知势能分布求出质点所受的保守力.

势能曲线在原子物理、核物理、分子物理、固体物理等领域有非常重要的应用. 微观粒子之间的相互作用力通常可用势能曲线来表示. 如图 3.12(d)为 α 粒子(氦原子核)在镭原子核附近的势能曲线. r 表示 α 粒子与原子核中心的距离. 当 α 粒子能量低于势能曲线顶点 A 和 D 时,它将被束缚在核内,即 $ABCD$ 中,不能脱离核,这是经典力学的结论. 但是量子理论表明,α 粒子即使不具有足以达到势能曲线顶点 A 和 D 的能量, 也有穿过势垒离开核的概率,由此形成 α 放射性. 这种现象称为隧道效应. 比如 α 粒子具有能量 E_F,也有可能穿过"势垒"离开核. 隧道效应是经典力学所绝对禁止的,因此微观粒子的运动,一般不能用经典力学理论描述. 对此,本书第 20 章将做更细致的讨论.

3.3 功能原理 机械能守恒定律

前面我们讨论的对象都是一个质点,在许多实际问题中,常常需要研究由多个质点构成的质点系. 在这种情况下,系统内的质点既受到来自系统内其他质点的作用力(内力),又可能受到来自系统外物体的作用力(外力). 本节利用功、动能和势能的概念,从能量转化和守恒的角度来研究质点系所遵从的运动规律.

3.3.1 质点系的动能定理

设一系统内有 N 个质点,作用于第 i 个质点的合力所做的功为 $A_i(i=1,2,\cdots,N)$,该质点的动能由 E_{k0i} 改变为 E_{ki},根据质点的动能定理,有

$$A_i=E_{ki}-E_{k0i}\quad(i=1,2,\cdots,N)$$

将上式对 N 个质点求和,得

$$\sum_{i=1}^{N} A_i = \sum_{i=1}^{N} E_{ki} - \sum_{i=1}^{N} E_{k0i} \tag{3.18a}$$

等式左边是作用在系统内 N 个质点上的所有力做功的代数和,这些力包括来自系统外的所有外力,还包括来自系统内所有质点的相互作用内力.用 $A_{外}$ 和 $A_{内}$ 分别表示外力和内力所做的总功,E_{k0} 和 E_k 分别表示系统内各质点在始末状态的动能之和,即

$$E_{k0} = \sum_{i=1}^{N} E_{k0i}, \quad E_k = \sum_{i=1}^{N} E_{ki}$$

则式(3.18a)可写成

$$A_{外} + A_{内} = E_k - E_{k0} = \Delta E_k \tag{3.18b}$$

上式表明,**作用于质点系的所有外力与所有内力做功之和等于该质点系总动能的增量**.这一结论称为质点系的动能定理.

需要注意的是,内力总是成对出现,并且大小相等,方向相反,使得系统内所有内力的矢量和为零,但内力做功的总和 $A_{内}$ 不一定为零.我们以一对作用力和反作用力做功为例进行讨论.如图 3.13 所示,$\boldsymbol{f}_{21}$ 为 m_1 对 m_2 的作用力,$\boldsymbol{f}_{12}$ 为其反作用力(未画出).设 m_1 和 m_2 相对某一参考系的位矢分别为 $\boldsymbol{r}_1$ 和 $\boldsymbol{r}_2$,元位移分别为 $\mathrm{d}\boldsymbol{r}_1$ 和 $\mathrm{d}\boldsymbol{r}_2$,这一对力所做的元功为

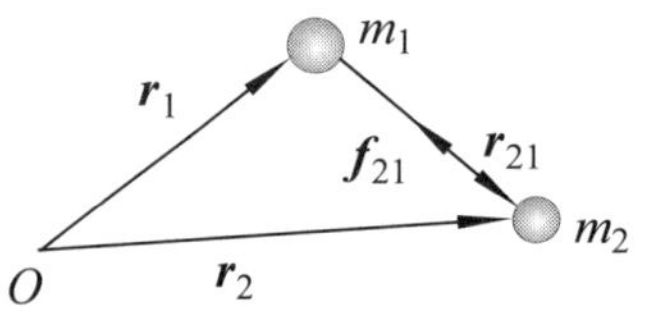

图 3.13

$$\begin{aligned} \mathrm{d}A &= \boldsymbol{f}_{12}\cdot\mathrm{d}\boldsymbol{r}_1 + \boldsymbol{f}_{21}\cdot\mathrm{d}\boldsymbol{r}_2 = \boldsymbol{f}_{21}\cdot(\mathrm{d}\boldsymbol{r}_2 - \mathrm{d}\boldsymbol{r}_1) \\ &= \boldsymbol{f}_{21}\cdot\mathrm{d}(\boldsymbol{r}_2 - \boldsymbol{r}_1) = \boldsymbol{f}_{21}\cdot\mathrm{d}\boldsymbol{r}_{21} \end{aligned} \tag{3.19}$$

式中 $\boldsymbol{r}_{21} = \boldsymbol{r}_2 - \boldsymbol{r}_1$.由图可见,这是 m_2 相对 m_1 的位矢,而 $\mathrm{d}\boldsymbol{r}_{21}$ 则是 m_2 相对 m_1 的元位移.上式表明,一对力所做的元功等于其中一质点受的力和此质点相对于另一质点的元位移的标积.显然,当两质点间无相对位移时,这一对力做功之和等于零.容易看出,相对元位移 $\mathrm{d}\boldsymbol{r}_{21}$ 与参考系无关,因此一对作用力与反作用力做功之和与参考系无关.据此,可以把参考系固定在一个质点上,即把这个质点当作是静止的,再分析另一个质点相对参考系质点的位移.这样用一个力算出的功,就等于一对力所做的功.例如物体相对斜面滑动时,物体所受摩擦力与相对斜面位移的标积,等于它们之间一对摩擦力所做的功之和.

3.3.2 功能原理

由于质点系的内力有保守内力和非保守内力之分,而保守力和非保守力做功的特点又截然不同,为作进一步的研究,将式(3.18b)改写成

$$A_{外} + A_{保守内力} + A_{非保守内力} = \Delta E_k$$

式中 $A_{外}$、$A_{保守内力}$ 和 $A_{非保守内力}$ 分别表示外力、保守内力和非保守内力的功.因为

$$A_{保守内力} = E_{p0} - E_p = -\Delta E_p$$

所以,质点系的动能定理可改写成

$$A_{外} + A_{非保守内力} = \Delta(E_k + E_p) = (E_k + E_p) - (E_{k0} + E_{p0}) \tag{3.20a}$$

式中 $E_k + E_p$ 是系统的动能与势能之和,称为机械能,以 E 表示.于是有

$$A_{外} + A_{非保守内力} = E - E_0 = \Delta E \tag{3.20b}$$

上式表明,**在质点系的运动过程中,外力与非保守内力对系统做功的总和等于该系统机械能的增量**.这一结论全面体现了力学中的功能关系,称为质点系的功能原理.

需要注意的是,外力和内力的划分是相对的,选取的系统不同,其外力和内力就不尽相同.因此在应用功能原理时,首先要选好系统,并且要将保守内力的功除外.

3.3.3 机械能守恒定律

由功能原理式(3.20b)可以看出,**如果在系统运动的过程中,外力和非保守内力都不做功,或者说,只有保守内力做功,那么系统的机械能保持不变**.即

$$\Delta E = \Delta E_k + \Delta E_p = 0 \tag{3.21a}$$

或

$$E_k + E_p = 常量 \tag{3.21b}$$

这一结论称为机械能守恒定律.

为了看清守恒的实质,将式(3.21a)改写为

$$\Delta E_k = - \Delta E_p \tag{3.21c}$$

可见,在满足机械能守恒的条件下,系统内动能的增加量等于势能的减少量.这就是说,系统内的动能和势能可以相互转换,但它们的总和保持不变.而系统内动能和势能之间的转换正是通过保守内力做功来实现的.

需要说明的是,机械能守恒定律只适用于惯性系,且物体的位移、速度必须相对同一参考系而言.另外,机械能守恒定律虽然是以牛顿运动定律为基础得出的,但它揭示了力学规律的时间平移对称性,是独立于牛顿运动定律的自然界中的普适规律.

阿基米德螺旋

3.3.4 能量守恒定律

按功能原理,要改变一个系统的机械能,可以通过外力对系统做功,也可以利用系统内非保守内力做功.前者是外界与系统之间的能量交换,后者则是系统内部机械能与非机械能之间的转换.

锥体向上

与外界没有能量交换的系统称为**孤立系统**.对于孤立系统,没有外力做功,非保守内力做功使系统的机械能与其他形式的能量发生转换.例如地雷爆炸增加了系统的机械能,汽车制动减少了系统的机械能,但是,与此同时,必定有等量的其他形式的能量减少或增加.在长期的生产实践和科学实验中,人们总结出一条重要的结论:**能量既不能消灭,也不能创造,只能从一种形式转变为另一种形式.一个孤立系统经历任何变化时,该系统内各种形式的能量可以相互转换,但能量的总和保持不变**.这一结论称为能量守恒定律.它是自然界最基本最普遍的规律之一,适用于任何变化过程,不论是机械的、热的、电磁的、原子和原子核的,还是化学的、生物的等过程.能量守恒定律的意义远远超出机械能守恒定律的范围,后者只是前者的一个特例.

能量守恒定律使我们能够更深刻地理解功的意义. 当我们用做功的方法使一个系统的能量变化时,本质上是这个系统与另一个系统之间发生了能量交换,而这个能量交换在量值上是用功来描述的. 因此**功是能量交换或变化的一种量度.**

必须指出,功和能不能等同视之. 功总是与能量交换或变化的过程相联系,而能量代表系统在一定状态所具有的特征,它的量值只取决于系统的状态. 因此,功是过程量,而能量是状态量.

例 3.7 在水平面上放一块木板,板上放一个质量 $m=1.0$ kg 的物体,物体又与竖直悬挂的轻弹簧相连,如图 3.14(a)所示. 弹簧原长 $l_0=40$ cm,物体与板间的静摩擦系数 $\mu=0.20$,现向右缓慢地抽动木板,直到弹簧与竖直方向的夹角 $\theta=30°$ 时,物体才开始在木板上滑动. 试计算在此过程中摩擦力对物体所做的功.

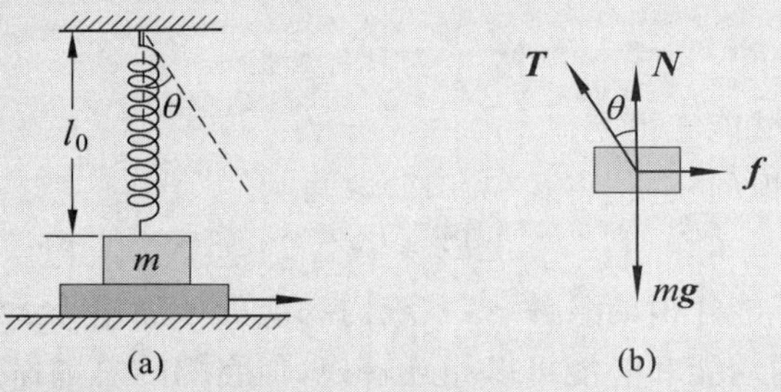

图 3.14

解 弹簧与竖直方向夹角为 θ 时,物体 m 的受力情况如图 3.14(b)所示,其中 $\boldsymbol{f}$ 为木板对物体的静摩擦力. 以物体 m 和弹簧组成的系统为研究对象,考察从 $\theta=0°\to\theta=30°$ 的运动过程. 系统所受外力为重力 $m\boldsymbol{g}$、支持力 $\boldsymbol{N}$、静摩擦力 $\boldsymbol{f}$、弹簧固定端所受拉力,其中只有 $\boldsymbol{f}$ 对系统做功;没有非保守内力. 始末态系统的机械能只有弹性势能增加,其他不变. 根据功能原理,有

$$A_{\mathrm{f}}=\frac{1}{2}k(\Delta l)^2 \qquad ①$$

可见,只要求出弹簧的刚度系数 k 以及 $\theta=30°$ 时弹簧的伸长量 Δl,就可算出摩擦力的功. 在 $\theta=30°$ 的位置,以 m 为研究对象,根据牛顿第二定律,有

$$T\cos\theta+N-mg=0$$

$$T\sin\theta-f_{\mathrm{m}}=0$$

代入最大静摩擦力 $f_{\mathrm{m}}=\mu N$,联立求解,得到弹簧的拉力为

$$T=\frac{\mu mg}{\mu\cos\theta+\sin\theta} \qquad ②$$

由几何关系,弹簧的伸长量为

$$\Delta l=\frac{l_0}{\cos\theta}-l_0=\frac{l_0(1-\cos\theta)}{\cos\theta} \qquad ③$$

刚度系数 $k=T/\Delta l$,和式①、式②、式③联立,解得

$$A_f = \frac{1}{2}k(\Delta l)^2 = \frac{1}{2}T\cdot\Delta l = \frac{\mu mgl_0(1-\cos\theta)}{2(\mu\cos\theta+\sin\theta)\cos\theta}$$

代入 $\mu=0.20$，$m=1.0\ \text{kg}$，$l_0=0.40\ \text{m}$，$\theta=30°$，g 取 $9.8\ \text{m}\cdot\text{s}^{-2}$，算出摩擦力所做的功为

$$A_f = 0.09\ \text{J}$$

例 3.8 长为 l 的匀质柔软细绳部分置于水平桌面上，另一部分自然下垂，如图3.15所示. 若下垂部分长度为 a，细绳由静止开始下滑. 求当细绳末端刚滑离桌面时的速率. (1) 桌面光滑；(2) 细绳与桌面间的滑动摩擦系数为 μ.

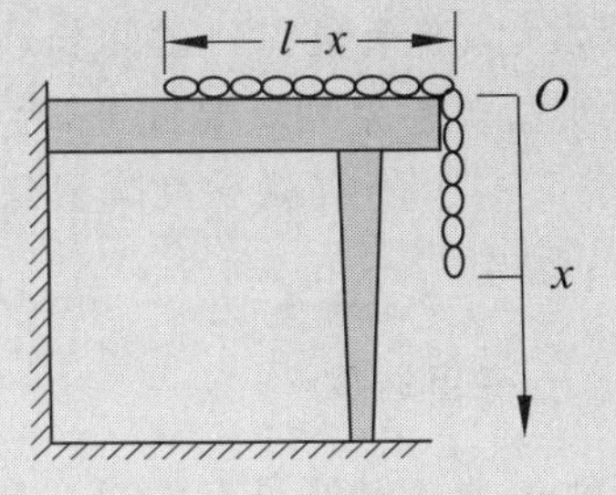

图 3.15

解 (1) 把细绳和地球作为一个系统，在细绳下滑过程中，只有重力做功，所以系统机械能守恒. 设单位长度细绳的质量为 λ，末端滑离桌面时刻的速率为 v. 以桌面为零势能面，系统在始末状态的机械能分别为

$$E_0 = \lambda ag\left(\frac{-a}{2}\right)$$

$$E = \lambda lg\left(\frac{-l}{2}\right) + \frac{1}{2}\lambda lv^2$$

由 $E_0=E$，解得细绳末端刚滑离桌面时的速率为

$$v = \sqrt{\frac{g}{l}(l^2-a^2)}$$

(2) 以链条和地球为系统，在细绳滑动过程中，系统所受外力中只有摩擦力做功，其值为

$$A_f = -\int_a^l \mu\lambda g(l-x)\mathrm{d}x = -\frac{1}{2}\mu\lambda g(l-a)^2$$

另外，此过程中没有非保守内力做功，根据功能原理，有

$$A_f = E - E_0$$

即

$$-\frac{1}{2}\mu\lambda g(l-a)^2 = \lambda lg\left(\frac{-l}{2}\right) + \frac{1}{2}\lambda lv^2 - \lambda ag\left(\frac{-a}{2}\right)$$

解得

$$v = \sqrt{\frac{g}{l}(l^2-a^2) - \frac{\mu g}{l}(l-a)^2}$$

因为有摩擦力做功，故系统机械能不守恒. 显然，$\mu=0$ 的结论与(1)的结论相同.

3.4 宇宙速度

1957 年 10 月 4 日，苏联发射了第一颗人造地球卫星，宣告了航天时代的开始. 1969 年 7 月 16 日，美国成功发射了阿波罗 11 号登月飞船，人类在宇宙中飞行的幻想变成了现实……2003 年 10 月 15 日，中国将神舟五号载人飞船送入太空，浩渺神秘的天宫从此留下了中国人的足迹. 随着中国空间站“天宫”建设的加速推进，以神舟七号至神舟十八号为代表，不仅空间运载技术更加成熟可靠，还承担了空间站对接、驻留维护等复杂任务. 特别是神舟十二号至神舟十八号，自 2021 年起连续发射，航天员在轨时间长达数月，完成了空间站关键技术验证、长期驻留、科学实验等一系列重要任务，为中国空间站的在轨建造和运营提供了有力支持. 一个又一个的成就举世瞩目！但是，怎样才能把物体抛向天空，并使之在太空飞行呢？

3.4.1 人造地球卫星　第一宇宙速度

卫星在半径为 r 的圆轨道上运转所具有的速度称为环绕速度. 在地面上发射物体使其环绕地球运转所需的最小发射速度称为**第一宇宙速度**. 这时物体成为人造地球卫星.

设 M_E 和 m 分别为地球和卫星的质量，R_E 为地球半径，如图 3.16 所示. 要把卫星送入半径为 r 的圆形轨道，必须使它具有较大的初动能，以克服地球的引力做功. 我们先计算从地球表面发射卫星，使其进入圆形轨道所需要的发射速度 v_0.

把卫星和地球作为一个系统，忽略大气阻力，则系统不受外力作用，并且只有保守内力做功，因此，系统的机械能守恒. 取无穷远处为引力势能零点，发射时卫星的机械能与卫星在圆轨道上运行时的机械能相等，即

$$\frac{1}{2}mv_0^2 - G\frac{M_E m}{R_E} = \frac{1}{2}mv^2 - G\frac{M_E m}{r}$$

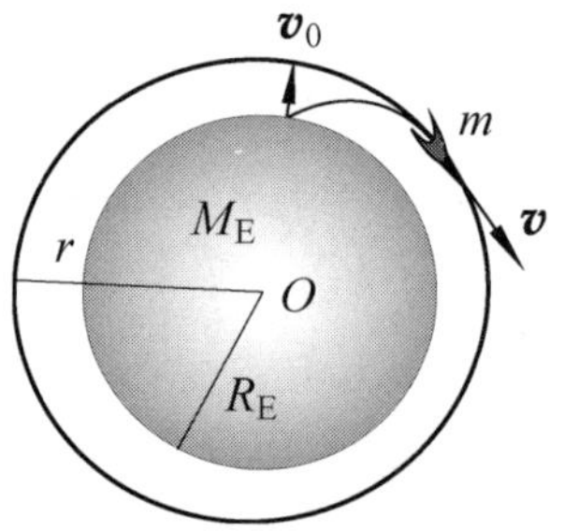

图 3.16

其中 v 为环绕速度，可得

$$v_0^2 = v^2 + 2GM_E\left(\frac{1}{R_E} - \frac{1}{r}\right) \qquad (3.22)$$

地球的引力是卫星做圆周运动所需的向心力，即

$$G\frac{M_E m}{r^2} = m\frac{v^2}{r} \qquad (3.23)$$

卫星在地面所受的万有引力等于重力，即

$$G\frac{M_E m}{R_E^2} = mg \qquad (3.24)$$

联立式(3.23)和式(3.24)，解得卫星的环绕速度为

$$v = \sqrt{\frac{gR_E^2}{r}} \qquad (3.25)$$

将式(3.24)和式(3.25)代入式(3.22)，可得发射速度为

$$v_0 = \sqrt{2R_E g\left(1 - \frac{R_E}{2r}\right)} \tag{3.26}$$

上式表明，轨道半径 r 越小，发射速度 v_0 越小. 显然，$r \approx R_E$ 时的发射速度最小，这就是第一宇宙速度，记为 v_1，即

$$v_1 = \sqrt{gR_E} \tag{3.27a}$$

代入 $R_E = 6.37 \times 10^6$ m，$g = 9.80\ \text{m}\cdot\text{s}^{-2}$，得

$$v_1 = 7.9 \times 10^3\ \text{m}\cdot\text{s}^{-1} \tag{3.27b}$$

由式(3.25)可见，这也是卫星环绕地球的速度. 可以算出卫星的机械能为

$$E = \frac{1}{2}mv^2 - G\frac{M_E m}{r} = -G\frac{M_E m}{2r} < 0 \tag{3.28}$$

3.4.2 人造行星 第二宇宙速度

在地面上发射物体使其脱离地球引力所需的最小发射速度称为**第二宇宙速度**. 这时物体将沿抛物线轨道逃离地球，成为太阳系的人造行星.

以物体和地球为系统，忽略大气阻力，系统的机械能守恒. 在 $r = \infty$ 处，物体脱离地球的引力范围，引力势能为零，动能至少也为零. 此时系统的机械能 $E = 0$. 将第二宇宙速度记为 v_2，则在地面发射物体时系统的机械能为

$$\frac{1}{2}mv_2^2 - G\frac{M_E m}{R_E} = 0$$

将式(3.24)代入上式，解得

$$v_2 = \sqrt{2gR_E} \tag{3.29a}$$

代入 R_E 和 g 的值，算出第二宇宙速度为

$$v_2 = 11.2 \times 10^3\ \text{m}\cdot\text{s}^{-1} \tag{3.29b}$$

显然，只要物体具有不小于 $11.2 \times 10^3\ \text{m}\cdot\text{s}^{-1}$ 的发射速度，就能脱离地球的引力作用，因此 v_2 也称为地球的逃逸速度.

以地球为参考系，理论计算表明，当系统的机械能 $E < 0$ 时，轨道为椭圆(包括圆)；当 $E = 0$ 时，轨道为抛物线；若发射速度大于第二宇宙速度，则 $E > 0$，轨道为双曲线，如图 3.17 所示. 物体逃离地球后，将在太阳引力的作用下，相对太阳沿椭圆轨道运动，成为人造行星.

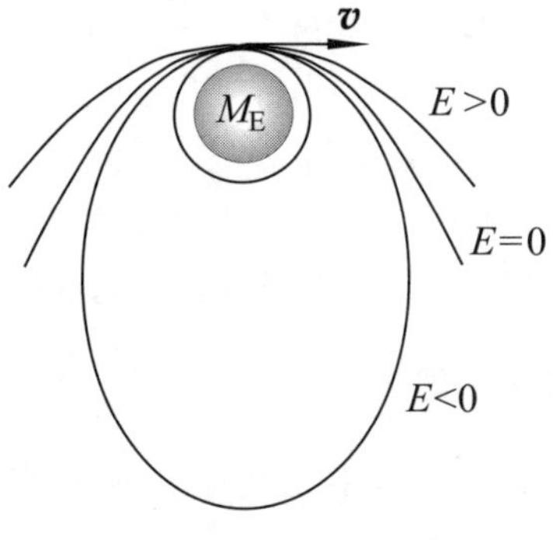

图 3.17

3.4.3 飞出太阳系 第三宇宙速度

使物体脱离太阳引力的束缚而飞出太阳系所需的最小发射速度称为**第三宇宙速度**.

要使物体脱离太阳系的束缚，显然先要脱离地球引力的束缚，然后再脱离太阳引力的束缚. 这就需要物体在脱离地球引力束缚后，还要具有足够大的动能飞出太阳系. 事实上，物体在整个飞行过程中，同时受到地球、太阳和其他星

体的引力作用,使计算变得非常复杂. 我们在计算时作如下近似处理:①不考虑其他星体的引力;②假设从地面发射到脱离地球引力的过程中,物体只受地球引力作用,脱离地球引力范围后,只受太阳引力作用.

先以地球为参考系. 将第三宇宙速度记为 v_3,即从地球发射一个速度为 $\boldsymbol{v}_3$ 的物体,脱离地球引力时,设物体相对地球的速度为 $\boldsymbol{v}'_{\mathrm{E}}$. 根据机械能守恒定律,有

$$\frac{1}{2}mv_3^2 - G\frac{M_{\mathrm{E}}m}{R_{\mathrm{E}}} = \frac{1}{2}mv'^2_{\mathrm{E}} \tag{3.30}$$

再以太阳为参考系. 物体在太阳引力作用下飞行. 设太阳的质量为 M_{S},物体脱离地球引力时,相对太阳的速度为 $\boldsymbol{v}'_{\mathrm{S}}$,与太阳之间的距离可近似为地球与太阳之间的距离 R_{S}. 要想脱离太阳引力作用,物体的机械能至少应为

$$\frac{1}{2}mv'^2_{\mathrm{S}} - G\frac{M_{\mathrm{S}}m}{R_{\mathrm{S}}} = 0 \tag{3.31}$$

最后考虑地球绕太阳的公转. 设地球公转速度为 $\boldsymbol{v}_{\mathrm{ES}}$,据牛顿第二定律,有

$$G\frac{M_{\mathrm{S}}M_{\mathrm{E}}}{R_{\mathrm{S}}^2} = M_{\mathrm{E}}\frac{v_{\mathrm{ES}}^2}{R_{\mathrm{S}}} \tag{3.32}$$

根据速度变换公式,物体相对太阳的速度 $\boldsymbol{v}'_{\mathrm{S}}$ 等于物体相对地球的速度 $\boldsymbol{v}'_{\mathrm{E}}$ 与地球相对太阳的速度 $\boldsymbol{v}_{\mathrm{ES}}$ 之矢量和,即 $\boldsymbol{v}'_{\mathrm{S}} = \boldsymbol{v}'_{\mathrm{E}} + \boldsymbol{v}_{\mathrm{ES}}$. 如果 $\boldsymbol{v}'_{\mathrm{E}}$ 与 $\boldsymbol{v}_{\mathrm{ES}}$ 同方向,则 $\boldsymbol{v}'_{\mathrm{S}}$ 最大,此时 $v'_{\mathrm{S}} = v'_{\mathrm{E}} + v_{\mathrm{ES}}$,再联立式(3.31)和式(3.32),可得

$$v'_{\mathrm{E}} = v'_{\mathrm{S}} - v_{\mathrm{ES}} = (\sqrt{2}-1)\sqrt{G\frac{M_{\mathrm{S}}}{R_{\mathrm{S}}}}$$

代入 $M_{\mathrm{S}} = 1.99\times10^{30}$ kg,$R_{\mathrm{S}} = 1.50\times10^{11}$ m,$G = 6.67\times10^{-11}\ \mathrm{m^3\cdot kg^{-1}\cdot s^{-2}}$,得 $v'_{\mathrm{E}} = 12.3\times10^3\ \mathrm{m\cdot s^{-1}}$. 由式(3.30),有

$$v_3 = \sqrt{v'^2_{\mathrm{E}} + 2G\frac{M_{\mathrm{E}}}{R_{\mathrm{E}}}}$$

将 v'_{E}、G、R_{E} 以及 $M_{\mathrm{E}} = 5.98\times10^{24}$ kg,代入上式,算出第三宇宙速度为

$$v_3 = 16.6\times10^3\ \mathrm{m\cdot s^{-1}}$$

令人振奋的是,自 1957 年以来,人类在探索宇宙的进程中从未止步. 载人登月、探测火星、建造太空实验室、飞出太阳系……总有一天,人们能够往返于美妙的太空城之间进行学习、工作和生活.

3.4.4 黑洞

事实上,不仅地球有逃逸速度,每个星体都有自己的逃逸速度. 对于质量为 M,半径为 R 的星体来说,其逃逸速度 v_{escape} 为

$$v_{\mathrm{escape}} = \sqrt{\frac{2GM}{R}}$$

可以据此计算出太阳的逃逸速度为 $6.18\times10^5\ \mathrm{m\cdot s^{-1}}$,月球的为 $2.35\times10^3\ \mathrm{m\cdot s^{-1}}$,金星的为 $1.04\times10^4\ \mathrm{m\cdot s^{-1}}$,火星的为 $5.02\times10^3\ \mathrm{m\cdot s^{-1}}$,等等.

上述逃逸速度公式为黑洞概念的形成提供了重要思路.

显然，星体的 M 越大、R 越小，也就是质量密度越大，逃逸速度越大. 当 M/R 大到一定程度，使得逃逸速度大于或等于光速 c 时，星体就成为一个黑洞. 因为按照狭义相对论，任何物体的速度都不能超过光速，因此任何物体，包括质量为 $\frac{h\nu}{c^2}$ 的光子(h 为普朗克常量，ν 为其频率)，都不能脱离这样的星体. 不仅如此，任何靠近这样星体的物体，包括光子，都将被吸收. 这样的星体被称为黑洞. 通常把 R_B 称为引力半径或史瓦西半径.

黑洞具有极大的质量密度. 可以计算，如要把太阳压缩成为黑洞，在保持其质量不变的情况下，必须将其半径压缩至 3 km，这时太阳的密度达到现在的 10^7 倍；又如要把地球压缩成为黑洞，必须将其半径压缩至 9 mm，这时地球的密度将为现在的 10^{12} 倍.

对黑洞的研究，始于上世纪初. 通过广义相对论，爱因斯坦第一次预言了黑洞的存在. 紧接着，德国天文学家卡尔 · 史瓦西(Karl Schwarzschild)通过计算爱因斯坦方程得到有黑洞的解，即一个特殊的时空区域包围着一个密度极大的奇点，附近一切物质都只能向奇点下落而不能向外运动. 史瓦西的解表明，在理论上存在一种天体，其引力强大到连光都无法逃逸，这就是现代意义上的黑洞.

近年来，通过引力波探测器等先进设备，科学家们首次探测到了黑洞合并产生的引力波信号，为黑洞的存在提供了证据. 2016 年激光干涉引力波天文台(laser interferometer gravitational-wave observatory，LIGO)合作组宣布，他们于 2015 年 9 月 14 日探测到了引力波，它来自于两个黑洞的碰撞. 2017 年诺贝尔物理学奖被授予 3 位美国科学家，以表彰他们在引力波观测方面的决定性贡献. 2019 年 4 月 10 日，人类历史上第一张黑洞照片(图 3.18)问世. 照片的主角是室女座超巨椭圆星系 M87 中心的超大质量黑洞，它距离地球约 5500 万光年，质量约为太阳的 65 亿倍. 这一由 200 多名科研人员历时 10 余年、从四大洲 8 个观测点“捕获”的视觉证据，证明爱因斯坦广义相对论在极端条件下仍然成立，也说明黑洞这种极端天体确实存在于宇宙中.

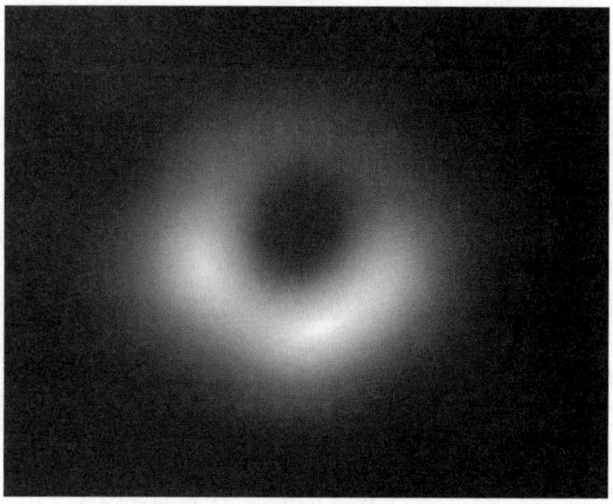

图 3.18

内容提要

1. 基本概念

1）功——力对空间的累积作用

恒力的功：$A_{ab}=\boldsymbol{F}\cdot\overrightarrow{ab}=|\boldsymbol{F}|\cdot|\overrightarrow{ab}|\cos\theta$.

变力的功：$A_{ab}=\int_a^b \boldsymbol{F}\cdot d\boldsymbol{r}$.

$$A_{ab}=\int_a^b(F_x dx+F_y dy+F_z dz),\quad A_{ab}=\int_{s_a}^{s_b}F_\tau ds.$$

保守力做功与路径无关：$\oint_L \boldsymbol{F}_{保}\cdot d\boldsymbol{r}=0$.

2）势能

势能定义：$E_{pa}=\int_a^{势能零点}\boldsymbol{F}_{保}\cdot d\boldsymbol{r}$ （任意路径）.

重力势能：$E_p=mgh$ （势能零点：某一水平面上的点）.

弹性势能：$E_p=\frac{1}{2}kx^2$ （势能零点：弹簧形变量 $x=0$）.

万有引力势能：$E_p=-G\frac{Mm}{r}$ （势能零点：$r=\infty$）.

3）机械能

动能与势能之和.

2. 基本规律

1）质点的动能定理

$$A=E_k-E_{k0}=\Delta E_k$$

2）功能原理

$$A_{外}+A_{非保守内力}=\Delta E=E-E_0$$

3）机械能守恒定律

在系统运动过程中，如果只有保守内力做功，那么系统的机械能保持不变.

习　题

(一) 选择题和填空题

3.1 如图所示，一质点在 Oxy 平面内做圆周运动，有一力 $\boldsymbol{F}=F_0(x\boldsymbol{i}+y\boldsymbol{j})$ 作用在质点上. 在该质点从坐标原点运动到$(0,2R)$位置过程中，力对它所做的功为[　]

(A) F_0R^2.　(B) $2F_0R^2$.　(C) $3F_0R^2$.　(D) $4F_0R^2$.

3.2 如图所示，木块 m 沿着固定的光滑斜面下滑，当下降 h 高度时，重力做功的瞬时功率是[　]

(A) $mg\sqrt{2gh}$.　(B) $mg\cos\theta\sqrt{2gh}$.　(C) $mg\sin\theta\sqrt{gh/2}$.　(D) $mg\sin\theta\sqrt{2gh}$.

3.3 假设一小球沿着光滑的圆弧形轨道下滑，如图所示. 在下滑过程中，下面哪种说法是正确的？[　]

(A) 它的加速度方向永远指向圆心.

(B) 它的合外力大小变化,方向永远指向圆心.

(C) 它的合外力大小不变.

(D) 它的速率均匀增加.

(E) 轨道弹力的大小不断增加.

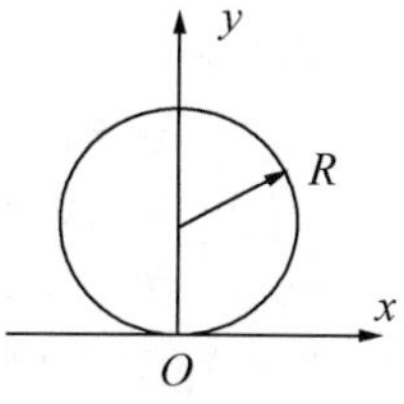

题 3.1 图

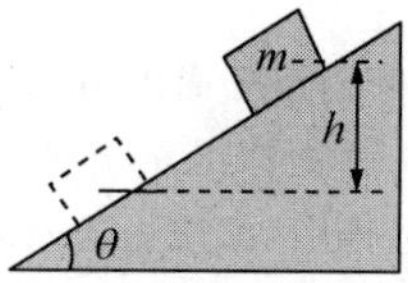

题 3.2 图

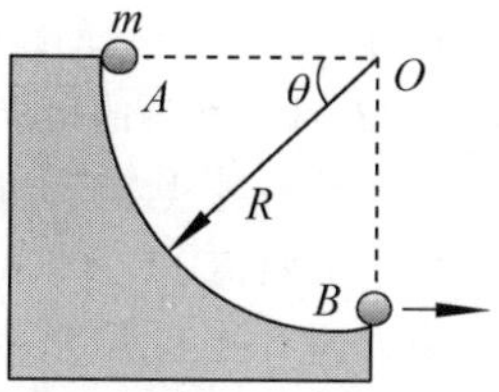

题 3.3 图

3.4 一根质量为 m、长为 l 的柔软链条,其 4/5 放在光滑桌面上,1/5 从桌子边缘向下自由悬挂.将此链条悬挂部分拉回桌面需做功________.

3.5 如图所示,刚度系数为 k 的轻弹簧一端固定在 O 点,另一端系一质量为 m 的小球.开始时弹簧在水平位置 A,处于自然状态,原长为 l_0.小球由位置 A 释放,在竖直面内下落到 O 点正下方位置 B 时弹簧长度为 l,则小球到达 B 点时的速率 $v_B=$__________.

3.6 一个沿 x 轴正向以 $5\ \mathrm{m\cdot s^{-1}}$ 的速率匀速运动的物体,在 $x=0$ 到 $x=10$ m 间受到一个如图所示沿 y 方向的力的作用.物体的质量为 1 kg,它到达 $x=10$ m 处的速率为________ $\mathrm{m\cdot s^{-1}}$.

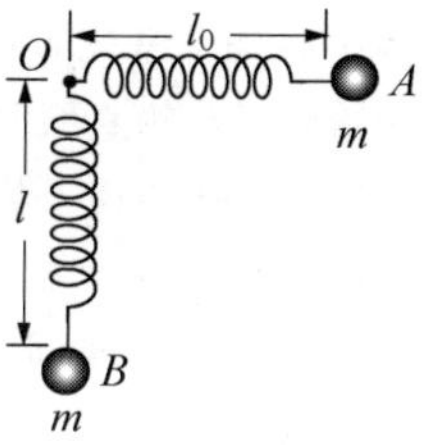

题 3.5 图

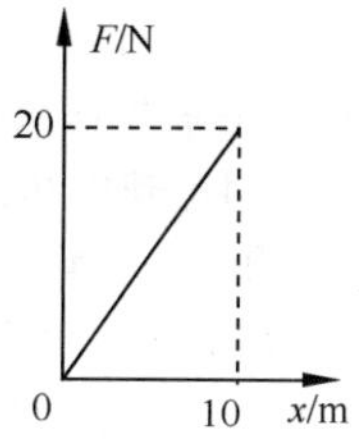

题 3.6 图

3.7 质量为 m 的人造地球卫星,在地球表面上空 2 倍于地球半径 R 的高度沿圆轨道运行,若用 m、R、引力常量 G 和地球的质量 M 表示,则卫星的动能为________,引力势能为________.

(二) 问答题和计算题

3.8 质量为 2.0 kg 的物体置于倾角为 30°的斜面上,受到大小为 200 N、方向平行于斜面向上的力作用,由静止开始沿斜面向上运动了 20 m.设物体与斜面间的摩擦系数为 0.5,求:(1)作用在物体上的各力所做的功;(2)运动开始后 1.0 s 末各力的功率;(3)合力的功.

3.9 一根刚度系数为 k 的轻弹簧竖直放置,下端悬一质量为 m 的小球.当弹簧为原长时,小球恰好与地接触.今将弹簧上端缓慢地提起,直到小球刚好离开地面,求此过程中外力所做的功.

3.10 一根质量为 m、长为 l 的竖直均匀电线杆被风吹倒在地.试用功的定义计算电线杆倒地过程中重力所做的功.

3.11 有人从 10 m 深的井中提水,开始时桶中装有 10 kg 的水.由于水桶漏水,每升高 1 m 漏水 0.2 kg,求水桶匀速地从井中提到井口时人所做的功.

3.12 已知方向不变、大小按 $F=4t^2$ (SI)变化的合力,作用在原先静止、质量为 4 kg 的物体上,求:(1) 前

3 s 内力 F 所做的功;(2) $t=3$ s 时物体的动能;(3) $t=3$ s 时力 F 的功率.

3.13 质量 $m=2$ kg 的物体受到力 $\boldsymbol{F}=(5t\boldsymbol{i}+3t^2\boldsymbol{j})$(SI)的作用而运动,$t=0$ 时物体位于原点并静止.求前 10 s 内力做的功和 $t=10$ s 时物体的动能.

3.14 如图所示,一条位于竖直平面内光滑的 1/4 圆形细弯管,半径为 R,用作与之等长的细铁链的导管.初始时刻铁链 AB 全部静止在管内,由此状态释放铁链,求 OA 与 Oy 轴夹角为 $\alpha(\alpha<\pi/2)$ 时,铁链滑动的速率.

3.15 如图所示,在一倾角为 θ 的光滑斜面下端安置一个未被压缩的轻弹簧,其刚度系数为 k.斜面上有一质量为 m 的木块,它与弹簧上端的距离为 l.将木块由静止开始释放,求:(1)木块刚接触弹簧时的速率;(2)弹簧的最大压缩量;(3)木块获得的最大速度.

3.16 如图所示,一质量为 2.0 kg 的物体,在竖直平面内由 A 点沿一半径为 1.0 m 的 1/4 圆弧轨道滑到 B 点,又经过一段水平距离 $BC=3.0$ m 后停止.设物体滑至 B 点时速率为 4.0 $\text{m}\cdot\text{s}^{-1}$,摩擦系数处处相同.(1)问物体从$A$ 点滑到 B 点和从 B 点滑到 C 点过程中,摩擦力各做功多少?(2)求摩擦系数;(3)如圆弧轨道光滑,求物体在 D 点的速度、加速度和物体对轨道的压力(已知 $\theta=30°$).

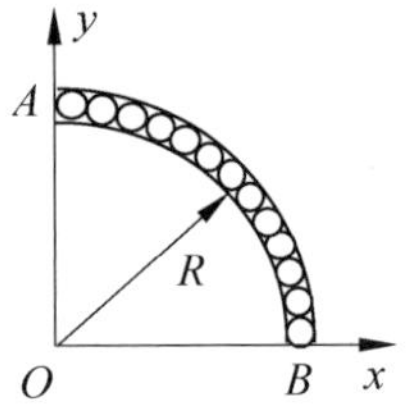

题 3.14 图

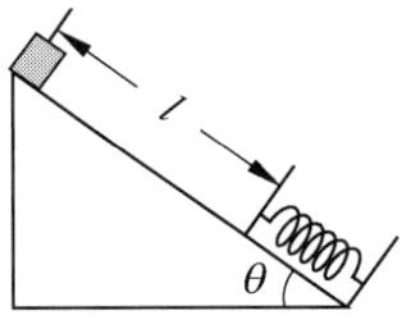

题 3.15 图

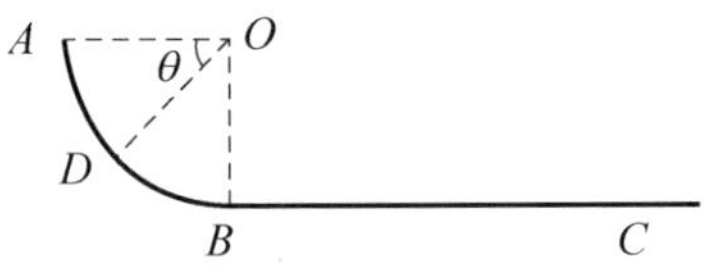

题 3.16 图

3.17 如图所示,摆长为 l,摆锤质量为 m,开始时摆与铅直线间夹角为 θ,在铅直线上距悬点 x 处有一小钉,摆可以绕此小钉运动.问 x 至少为何值时才能使摆以钉子为中心绕一完整的圆周?

3.18 如图所示,摆长 $l=0.5$ m,摆锤质量 $m=0.10$ kg,开始时摆与铅直线间夹角$\angle AOB=60°$,然后由静止释放.(1)求摆锤通过铅直位置时的速度和摆线的张力;(2)求在 $\theta<60°$的任一位置 C 处摆锤速度 v 和 θ 的关系式、摆锤的加速度和摆线的张力;(3)开始时,摆锤的加速度和摆线的张力各为多大?

3.19 如图所示,用一轻弹簧把两块质量分别为 m_1 和 m_2 的板连接起来,放在地面上.问在板 m_1 上需加多大的正压力,才能在该力突然撤去而使 m_1 跳起来时,m_2 恰被提起?

3.20 长 $l=50$ cm 的轻绳,一端固定在 O 点,另一端系一质量 $m=1$ kg的小球.开始时,小球与铅垂线的夹角为 60°,如图所示.在铅垂面内垂直于轻绳给小球初速度 $v_0=350$ $\text{cm}\cdot\text{s}^{-1}$.试求:(1)在随后的运动中,绳中张力为零时,小球的位置和速度;(2)在轻绳再次张紧前,小球的轨道方程.

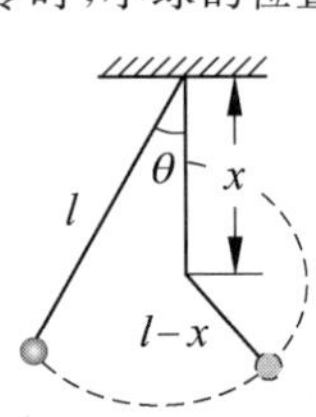

题 3.17 图

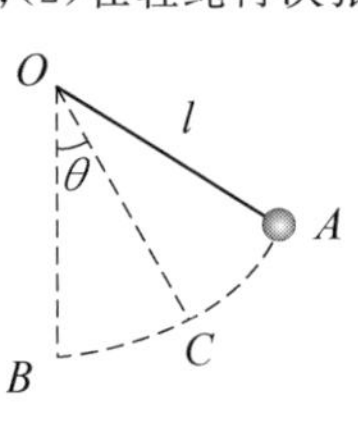

题 3.18 图

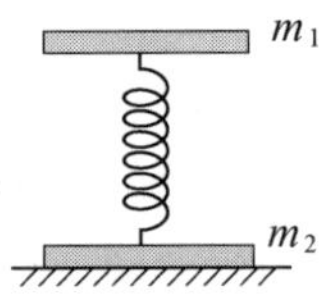

题 3.19 图

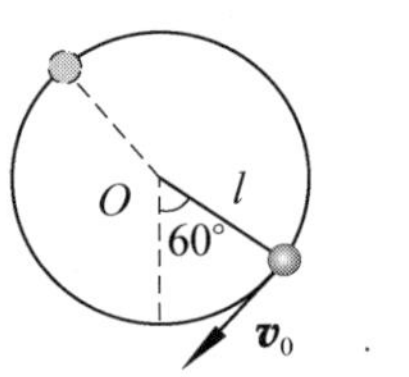

题 3.20 图

3.21 在地球的万有引力场中,质量为 m 的质点的万有引力势能$E_p=-\dfrac{mgR^2}{\sqrt{x^2+y^2+z^2}}$,其中 R 为地球半径,x、y、z 是以地心为坐标原点的直角坐标系中质点的坐标.试问质点所受的万有引力有多大?

3.22 把一个物体从地球表面沿铅直方向以第二宇宙速度 $v_0=\sqrt{2GM/R}$ 发射出去,式中 M、R 分别为地球的质量和半径.不计阻力,试求物体从地面飞行到与地心相距 nR 处(n 为正整数)所经历的时间.

第 4 章　冲量和动量

上一章我们研究了当质点或质点系的位置发生变化时，力对空间的累积效应，讨论了功与能的关系. 本章研究力对时间的累积效应，讨论冲量与动量的关系，介绍动量定理和动量守恒定律.

4.1　冲量　动量定理

4.1.1　冲量

1. 恒力的冲量

设在 t_0 到 t 的时间内，恒力 $\boldsymbol{F}$ 持续作用于质点，则力 $\boldsymbol{F}$ 与其作用时间的乘积定义为该恒力的冲量，用 $\boldsymbol{I}$ 表示，即

$$\boldsymbol{I}=\boldsymbol{F}(t-t_0)=\boldsymbol{F}\Delta t \tag{4.1}$$

2. 变力的冲量

若在 t_0 到 t 时间内，作用在质点上的力 $\boldsymbol{F}$ 随时间变化，则不能用式(4.1) 直接计算冲量. 若把力持续作用的时间分成许多微小间隔 Δt_i，则在每一间隔内，力 $\boldsymbol{F}_i$ 可视为恒力，先用式(4.1) 计算每个 Δt_i 内的冲量 $\Delta\boldsymbol{I}_i$，再求和得到总冲量. 即

$$\boldsymbol{I}=\sum_i\Delta\boldsymbol{I}_i=\sum_i\boldsymbol{F}_i\Delta t_i \tag{4.2}$$

令 $\Delta t_i\rightarrow 0$，求和变成积分，即得总冲量为

$$\boldsymbol{I}=\int_{t_0}^{t}\mathrm{d}\boldsymbol{I}=\int_{t_0}^{t}\boldsymbol{F}\mathrm{d}t \tag{4.3a}$$

上式是冲量的普遍定义式，式中 $\mathrm{d}\boldsymbol{I}$ 称为元冲量．如果有

$$\int_{t_0}^{t}\boldsymbol{F}\mathrm{d}t=\overline{\boldsymbol{F}}(t-t_0)$$

则称 $\overline{\boldsymbol{F}}$ 为变力 $\boldsymbol{F}$ 在 t_0 到 t 时间内的平均力. 于是式(4.3a) 可以写成

$$\boldsymbol{I}=\int_{t_0}^{t}\boldsymbol{F}\mathrm{d}t=\overline{\boldsymbol{F}}(t-t_0) \tag{4.3b}$$

为了说明平均力的意义，不妨设在 t_0 到 t 的作用时间内，力 $\boldsymbol{F}$ 的方向始终沿 x 轴，大小随时间变化，如图 4.1 所示. 由式(4.3b)，该力的冲量为

$$I_x=\int_{t_0}^{t}F_x\mathrm{d}t=\overline{F}_x(t-t_0)$$

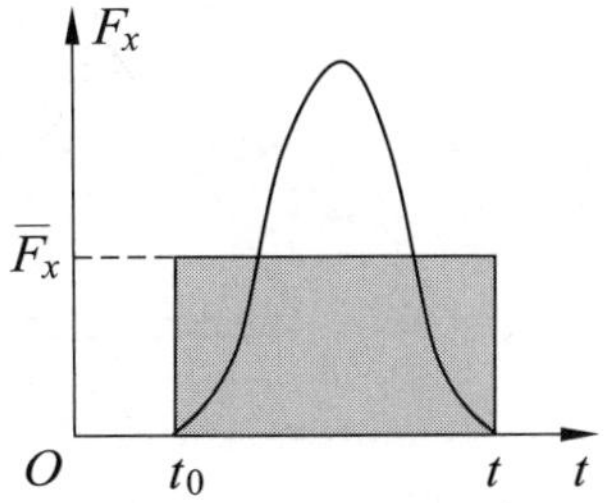

图 4.1

显然，式中积分等于 F_x-t 曲线下面积，即为力在这段时间内的冲量. 如果使图中矩形面积与上述面

积相等，那么与矩形高度对应的力就是平均力$\overline{F}_x$.

在碰撞、打击等问题中，相互作用时间极短而力的峰值很大，并且变化很快，通常把这种力称为**冲力**. 冲力的变化很难测定，研究其作用的细节十分困难. 引入平均力则方便对这类问题中力的作用效果进行估计.

应当指出，冲量$\boldsymbol{I}$是矢量，它表示力对时间的累积作用. 冲量的方向一般不是某一瞬时质点受力的方向，只有恒力冲量的方向才与力的方向相同，而变力冲量的方向与平均力的方向相同.

以上我们仅讨论了一个力的冲量. 若有几个力 $\boldsymbol{F}_1,\boldsymbol{F}_2,\boldsymbol{F}_3,\cdots,\boldsymbol{F}_N$ 同时作用在质点上，则合力的冲量为

$$\boldsymbol{I}=\int_{t_0}^{t}\left(\sum_{i=1}^{N}\boldsymbol{F}_i\right)\mathrm{d}t=\sum_{i=1}^{N}\int_{t_0}^{t}\boldsymbol{F}_i\mathrm{d}t=\sum_{i=1}^{N}\boldsymbol{I}_i \tag{4.4}$$

式(4.4)表明，**合力的冲量等于各个分力在同一时间段内冲量的矢量和.**

在 SI 中，冲量的单位是牛顿秒，符号为 N·s.

4.1.2 质点的动量定理

力对质点在一段时间内的持续作用会产生什么效果呢?由牛顿第二定律

$$\boldsymbol{F}=\frac{\mathrm{d}(m\boldsymbol{v})}{\mathrm{d}t}=\frac{\mathrm{d}\boldsymbol{p}}{\mathrm{d}t}$$

可得

$$\mathrm{d}\boldsymbol{I}=\boldsymbol{F}\mathrm{d}t=\mathrm{d}\boldsymbol{p} \tag{4.5a}$$

若在 t_0 到 t 时间内，质点的动量由 $\boldsymbol{p}_0$ 变为 $\boldsymbol{p}$. 考虑力 $\boldsymbol{F}$ 在这段时间内的累积效应，将式(4.5a)等号两边对同一过程积分，即得

$$\boldsymbol{I}=\int_{t_0}^{t}\boldsymbol{F}\mathrm{d}t=\int_{\boldsymbol{p}_0}^{\boldsymbol{p}}\mathrm{d}\boldsymbol{p}=\boldsymbol{p}-\boldsymbol{p}_0 \tag{4.5b}$$

结果表明，**某段时间内作用在质点上合力的冲量，等于在该时间内质点动量的增量**. 这一结论称为质点的动量定理. 式(4.5a)是动量定理的微分形式，式(4.5b)则是动量定理的积分形式.

由质点的动量定理可见，冲量的方向一般与质点动量的方向不同，而与动量增量的方向相同，如图 4.2 所示. 例如，在忽略空气阻力影响的抛体运动中，质点仅受重力作用，因此，质点动量的改变由重力的冲量决定，从而在任一时间内，质点动量增量的方向始终竖直向下，如图 4.3 所示.

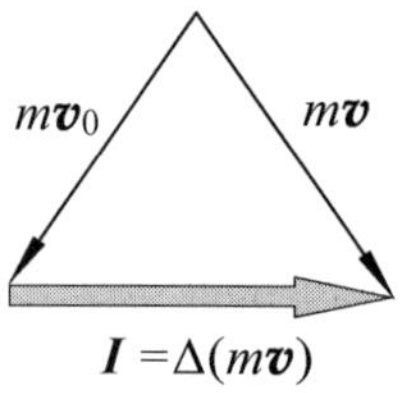

图 4.2

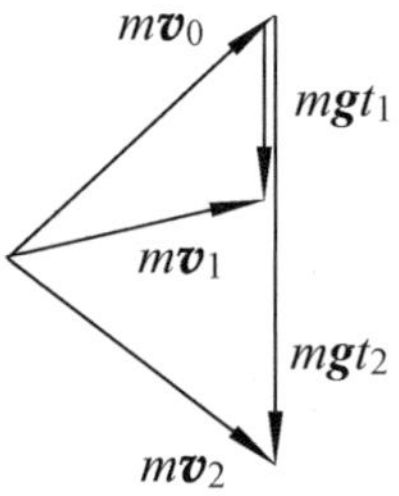

图 4.3

与牛顿运动定律相比较，应用质点动量定理的方便之处在于它只注重过程始末状态的动量变化，而与该时间内动量变化的细节无关. 在碰撞、打击等这类问题中，尽管冲力的变化难以测定，但是容易测出动量的增量. 如果知道过程所经历的时间，即可求出平均冲力. 具体应用动量定理时，可以利用矢量三角形关系画图求解，也常用分量式求解. 在直角坐标系中，式(4.5b) 的分量式为

$$\begin{cases} I_x = \int_{t_0}^{t} F_x \mathrm{d}t = p_x - p_{0x} \\ I_y = \int_{t_0}^{t} F_y \mathrm{d}t = p_y - p_{0y} \\ I_z = \int_{t_0}^{t} F_z \mathrm{d}t = p_z - p_{0z} \end{cases} \tag{4.6}$$

显然，质点在某一方向上的动量增量，仅与它在此方向上所受外力的冲量有关.

由动量定理可知，引起质点动量改变的原因是力对时间的累积作用. 我们可以用较大的力作用较短的时间，也可以用较小的力作用较长的时间，使质点的动量发生同样的变化. 玻璃杯掉在草地上比掉在水泥地上不易破碎，就是因为前一种情况作用时间长而冲力小. 军港码头上放置的橡胶碰垫也正是为了增加缓冲时间而减小舰与岸的冲力. 相反，工厂中的冲床则是利用极短的作用时间以产生巨大的冲力来冲压钢板.

4.1.3　质点系的动量定理

对于 N 个质点($m_1, m_2, \cdots, m_N$) 组成的系统，有来自系统外的作用，还有系统内质点间的相互作用. 为简便起见，我们先讨论由 m_1 和 m_2 两个质点组成的系统. 如图 4.4 所示，作用于系统的外力为 $\boldsymbol{F}_1$ 和 $\boldsymbol{F}_2$，内力为 $\boldsymbol{f}_{12}$ 和 $\boldsymbol{f}_{21}$. 以 $\boldsymbol{p}_1$ 和 $\boldsymbol{p}_2$ 表示两个质点的动量，对每一个质点分别应用动量定理，有

$$(\boldsymbol{F}_1 + \boldsymbol{f}_{12})\mathrm{d}t = \mathrm{d}\boldsymbol{p}_1$$

$$(\boldsymbol{F}_2 + \boldsymbol{f}_{21})\mathrm{d}t = \mathrm{d}\boldsymbol{p}_2$$

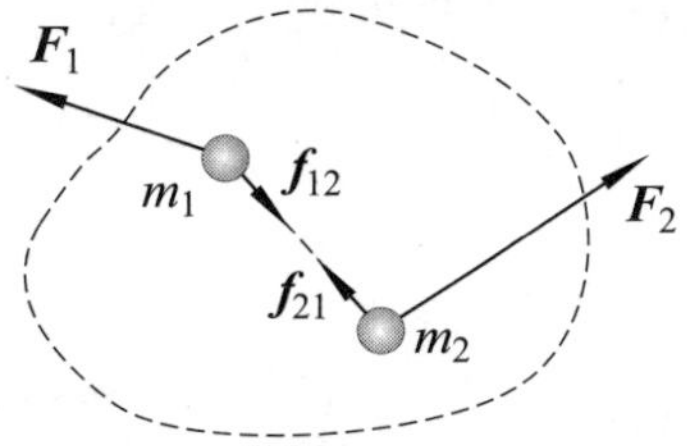

图 4.4

由于一对内力大小相等，方向相反，即 $\boldsymbol{f}_{12} = -\boldsymbol{f}_{21}$，因此，将以上两式相加可得

$$\boldsymbol{F}_1 \mathrm{d}t + \boldsymbol{F}_2 \mathrm{d}t = \mathrm{d}(\boldsymbol{p}_1 + \boldsymbol{p}_2)$$

对于 N 个质点组成的系统，由于系统的内力总是以作用力和反作用力的形式成对出现，因此，所有内力的矢量和等于零. 于是上式可推广为

$$\sum_i \boldsymbol{F}_i \mathrm{d}t = \mathrm{d}\sum_i \boldsymbol{p}_i \tag{4.7a}$$

式中 $\sum_i \boldsymbol{F}_i \mathrm{d}t$ 是作用于系统的所有外力元冲量的矢量和，$\sum_i \boldsymbol{p}_i$ 是系统内每个质点的动量的矢量和，称为系统的总动量. 考虑到力对系统的持续作用，将式(4.7a) 的两边对同一过程积分，得

$$\sum_i \int_{t_0}^{t} \boldsymbol{F}_i \mathrm{d}t = \sum_i \boldsymbol{p}_i - \sum_i \boldsymbol{p}_{i0}$$

或写成

$$\boldsymbol{I} = \sum_i \boldsymbol{I}_i = \boldsymbol{p} - \boldsymbol{p}_0 \tag{4.7b}$$

式中 $\boldsymbol{p}_0$ 和 $\boldsymbol{p}$ 分别为系统在 t_0 和 t 时刻的总动量. 结果表明,**在某段时间内作用于质点系的所有外力冲量的矢量和,等于在该时间内质点系总动量的增量**. 这一结论称为质点系的动量定理.

需要指出:

(1) 在质点系的动量定理中不出现内力. 由于内力和外力的区分完全取决于系统的选取,因此在应用动量定理时,先要根据问题选好系统,再分析作用于系统的外力.

(2) 动量定理由牛顿定律导出,因此只适用于惯性系,且系统的始末动量应相对于同一惯性系而言.

(3) 力对系统在一段时间内的持续作用,常常伴随着力在一定空间距离上的持续作用,所以,力对时空的累积作用往往一起发生,不能分割.

例 4.1 力 $\boldsymbol{F}$ 作用在质量 $m = 1.0$ kg 的质点上,使之沿 Ox 轴运动. 已知在此力作用下质点的运动方程为 $x = 3t - 4t^2 + t^3$,式中 t 以秒计,x 以米计. 求在 0 到4 s 的时间间隔内,力 $\boldsymbol{F}$ 的冲量.

解 由冲量定义和牛顿第二定律,有

$$I = \int F \mathrm{d}t = \int ma\, \mathrm{d}t \tag{①}$$

式 ① 中加速度为

$$a = \frac{\mathrm{d}^2 x}{\mathrm{d}t^2} = \frac{\mathrm{d}^2}{\mathrm{d}t^2}(3t - 4t^2 + t^3) = -8 + 6t \tag{②}$$

将式 ② 代入式 ①,积分并代入 $m = 1.0$ kg,得 $\boldsymbol{F}$ 的冲量为

$$I = \int_0^4 m(-8 + 6t)\mathrm{d}t = 16 \text{ N·s}$$

所以在 0 ~ 4 s 内,冲量大小为 16 N·s,方向为 Ox 轴正方向.

本题也可根据动量定理 $\boldsymbol{I} = \Delta(m\boldsymbol{v})$ 求解,读者可自行练习.

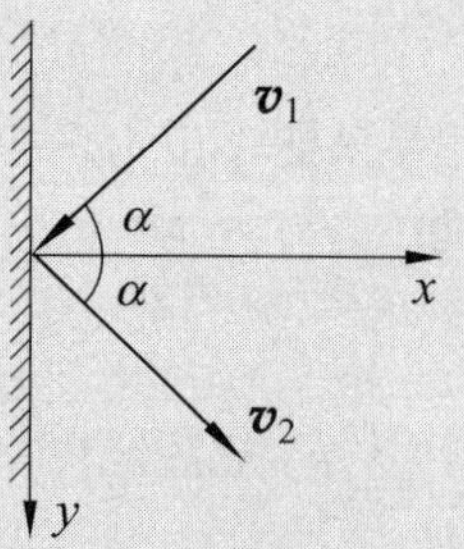

图 4.5

例 4.2 已知氢分子质量 $m = 3.3 \times 10^{-27}$ kg,与器壁碰撞前后的速度大小不变,均为 $v = 1.6 \times 10^3$ m·s^{-1},且碰撞前后的速度方向与器壁法线方向夹角均为 $\alpha = 60°$,如图 4.5 所示. 设碰撞时间 $\Delta t = 10^{-13}$ s,试求此过程中氢分子对器壁的平均冲力.

解 氢分子与器壁碰撞前后速度大小虽然不变,但方向改变,因此动量有所改变. 设氢分子在碰撞前后的速度为 $\boldsymbol{v}_1$ 和 $\boldsymbol{v}_2$,器壁对氢分子的平均冲力为 $\overline{\boldsymbol{F}}$,根据动量定理,氢分子所受器壁的冲量等于氢分子动量的增量,即

$$\overline{\boldsymbol{F}}\Delta t = m\boldsymbol{v}_2 - m\boldsymbol{v}_1 \quad ①$$

选取如图 4.5 所示的坐标系，把冲量和动量进行分解，得到式①的分量式

$$\begin{cases} \overline{F}_x\Delta t = mv_{2x} - mv_{1x} \\ \overline{F}_y\Delta t = mv_{2y} - mv_{1y} \end{cases} \quad ②$$

其中 $v_{1x} = -v\cos\alpha$，$v_{2x} = v\cos\alpha$，$v_{1y} = v\sin\alpha$，$v_{2y} = v\sin\alpha$，代入式 ②，得

$$\overline{F}_x\Delta t = 2mv\cos\alpha, \quad \overline{F}_y\Delta t = 0$$

解得

$$\overline{F}_x = \frac{2mv\cos\alpha}{\Delta t}, \quad \overline{F}_y = 0$$

可见器壁对氢分子的平均冲力沿 Ox 轴正方向. 将 $m = 3.3\times10^{-27}$ kg，$v = 1.6\times10^3$ m·s^{-1}，$\alpha = 60°$，$\Delta t = 10^{-13}$ s 代入上式，得到平均冲力的大小为

$$\overline{F} = \overline{F}_x = 5.28\times10^{-11}\ \text{N}$$

根据牛顿第三定律，氢分子对器壁的平均冲力与 $\overline{\boldsymbol{F}}$ 等值反向，即垂直指向器壁，大小为 5.28×10^{-11} N.

例 4.3　质量 $m = 1$ kg 的小球，自 $h = 20$ m 高处以速率 $v_0 = 10$ m·s^{-1} 沿水平方向抛出，下落与水平地面碰撞后跳起的最大高度为抛出时高度的一半，水平速度为 $v_0/2$，如图 4.6 所示. 设球与地面的碰撞时间为 $\Delta t = 0.01$ s，求小球与地面碰撞过程中受到的平均冲力（取 $g = 10$ m·s^{-2} 计算）.

解　建立如图所示的坐标系，并以抛出时刻为计时零点. 设小球与地面碰撞过程中受到的平均冲力为 $\overline{\boldsymbol{F}}$，球与地面碰撞前、后的速度分别为 $\boldsymbol{v}_1$ 和 $\boldsymbol{v}_2$. 以小球为研究对象，碰撞过程中除受到力 $\overline{\boldsymbol{F}}$ 外，还受到重力 $m\boldsymbol{g}$ 的作用. 根据动量定理，有

$$(\overline{\boldsymbol{F}} + m\boldsymbol{g})\Delta t = m\boldsymbol{v}_2 - m\boldsymbol{v}_1 \quad ①$$

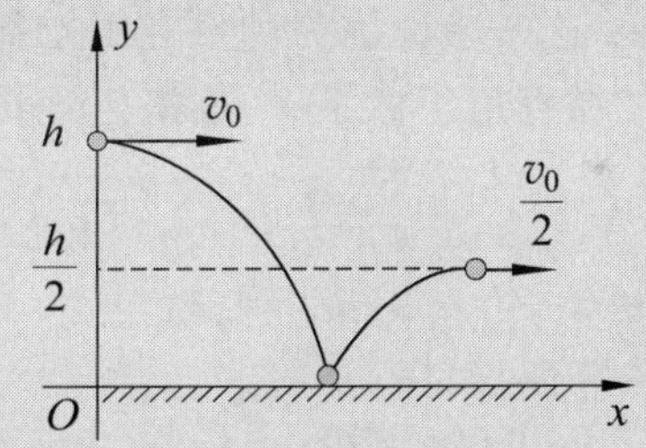

图 4.6

在物体做抛体运动的过程中，加速度 $\boldsymbol{g}$ 恒定不变. 利用运动学公式，可以算出从抛出到落地所需的时间为 $t_1 = \sqrt{2h/g}$，从碰撞后跳起到最高点所需时间为 $t_2 = \sqrt{h/g}$. 小球下落与地面碰撞前的速度为

$$\boldsymbol{v}_1 = \boldsymbol{v}_0 + \boldsymbol{g}t_1 = v_0\boldsymbol{i} - gt_1\boldsymbol{j} = v_0\boldsymbol{i} - g\sqrt{\frac{2h}{g}}\boldsymbol{j}$$

设碰撞后小球跳起时的速度为 $\boldsymbol{v}_2$，则有 $\boldsymbol{v}_0/2 = \boldsymbol{v}_2 + \boldsymbol{g}t_2$，可得

$$\boldsymbol{v}_2 = \frac{\boldsymbol{v}_0}{2} - \boldsymbol{g}t_2 = \frac{v_0}{2}\boldsymbol{i} + gt_2\boldsymbol{j} = \frac{v_0}{2}\boldsymbol{i} + g\sqrt{\frac{h}{g}}\boldsymbol{j}$$

将 $v_0 = 10$ m·s^{-1}，$g = 10$ m·s^{-2}，$h = 20$ m 代入以上两式，得

$$\boldsymbol{v}_1 = (10\boldsymbol{i} - 20\boldsymbol{j})\ \text{m·s}^{-1}, \quad \boldsymbol{v}_2 = (5\boldsymbol{i} + 14.1\boldsymbol{j})\ \text{m·s}^{-1}$$

由式 ①，小球与地面碰撞过程中受到的平均冲力为

$$\overline{\boldsymbol{F}} = -m\boldsymbol{g} + \frac{m\boldsymbol{v}_2 - m\boldsymbol{v}_1}{\Delta t}$$

代入 $m = 1\ \text{kg}$, $g = 10\ \text{m·s}^{-2}$ 和 $\boldsymbol{v}_1$、$\boldsymbol{v}_2$,算出

$$\overline{\boldsymbol{F}} = (-5\times10^2\boldsymbol{i} + 3.42\times10^3\boldsymbol{j})\ \text{N}$$

$\overline{\boldsymbol{F}}$ 的大小为

$$\overline{F} = \sqrt{(-5\times10^2\ \text{N})^2 + (3.42\times10^3\ \text{N})^2} = 3.46\times10^3\ \text{N}$$

由平均冲力分量的正负可知,$\overline{\boldsymbol{F}}$ 与 Ox 轴正方向的夹角是第二象限的角,其值为

$$\theta = \pi - \arctan\frac{3.42\times10^3\ \text{N}}{5\times10^2\ \text{N}} = 98°19'$$

可见冲力与地面并不垂直.

从计算结果可以看出,由于作用时间极短,平均冲力远大于小球的重力,因此在碰撞问题中常常忽略物体的重力.

4.2 动量守恒定律

由质点系的动量定理式(4.7)可知,若系统所受外力矢量和为零,即 $\sum\limits_i \boldsymbol{F}_i = 0$,则有

$$\sum_i \boldsymbol{p}_i = \sum_i m_i\boldsymbol{v}_i = 常矢量 \tag{4.8a}$$

这就是说,**如果作用于质点系的合外力为零,那么该质点系的总动量保持不变**.这一结论称为动量守恒定律.

在直角坐标系中,当满足守恒条件时,系统动量守恒可用分量式表示为

$$\sum_i m_i v_{ix} = C_1, \quad \sum_i m_i v_{iy} = C_2, \quad \sum_i m_i v_{iz} = C_3 \tag{4.8b}$$

式中 C_1、C_2、C_3 均为恒量.

需要指出:

(1) 系统总动量不变是指系统内各质点动量的矢量和不变,而不是指其中某一个质点的动量不变.此外,各质点的动量必须相对于同一惯性系.

(2) 系统内力不能改变系统的总动量,但可以改变系统内质点的动量.例如,静止放置的定时炸弹突然爆炸后,向各方向飞出的弹片和火药气体都有各自的动量,但各动量的矢量和为零.

(3) 动量守恒的条件是系统所受合外力为零.在有些实际问题中,如果内力远大于外力,则可近似认为系统的动量是守恒的.像碰撞、打击和爆炸等问题,一般都可以这样处理.如果系统所受外力的矢量和不等于零,而合外力在某一方向上的分量为零,在这种情况下,系统的总动量虽不守恒,但动量在该方向上的分量却是守恒的.

动量守恒定律虽然是以牛顿运动定律为基础得出的,但它体现了物理规律的空间平移对称性,是独立于牛顿运动定律的自然界中最基本、最普遍的规律之一.近代科学实验和理论分析都表明,在自然界中,大到天体间的相互作用,

小到质子、中子、电子等微观粒子间的相互作用，都遵守动量守恒定律. 甚至对于那些内部相互作用不能用力的概念描述的系统所发生的过程，例如光子和电子的碰撞过程，只要系统不受外界影响，也符合动量守恒定律.

值得一提的是，动量与动能虽然都是描述机械运动状态的物理量，但它们的意义有所不同. 动量是矢量，物体间可以通过相互作用实现机械运动的传递，可以说，动量是物体机械运动的一种量度. 动能是标量，动能可以转化为势能或其他形式(如热运动等)的能量，可以说动能是机械运动转化为其他运动形式能力的一种量度.

例 4.4　如图 4.7 所示，一辆停在水平地面上的炮车以仰角 θ 发射一颗炮弹，炮弹的出膛速度相对于炮车为 $\boldsymbol{u}$，炮车和炮弹的质量分别为 M 和 m. 忽略地面的摩擦. (1) 试求炮车的反冲速度；(2) 若炮筒长为 l，则在发射炮弹的过程中炮车移动的距离为多少？

图 4.7

解　(1) 以炮弹和炮车为系统，选地面为参考系. 由于系统在水平方向无外力作用，因此，系统在该方向上动量守恒. 设炮弹出膛时对地的速度为 $\boldsymbol{v}$，此时炮车相对于地面的速度为 $\boldsymbol{V}$，根据相对运动速度变换关系，可得

$$\boldsymbol{v} = \boldsymbol{u} + \boldsymbol{V} \qquad ①$$

在水平方向建立 Ox 轴，并以炮弹前进的一方为正方向. 由于系统动量在水平方向的分量守恒，因此

$$MV + mv_x = 0 \qquad ②$$

式 ① 在 x 方向的分量式为

$$v_x = u\cos\theta + V \qquad ③$$

将式 ③ 代入式 ②，可得炮车的反冲速度为

$$V = -\frac{m}{m+M}u\cos\theta \qquad ④$$

式中负号表示炮车后退.

(2) 以 $u(t)$ 表示炮弹在炮筒内运动过程中任意时刻相对炮车的速率，由式 ④ 可得炮车的速度 V 随时间变化的关系为

$$V(t) = -\frac{m}{m+M}u(t)\cos\theta$$

因此，在发射炮弹的过程中，炮车的位移为

$$\Delta x = \int_0^t V(t)\,\mathrm{d}t = -\frac{m\cos\theta}{m+M}\int_0^t u(t)\,\mathrm{d}t$$

将上式中的 t 取为炮弹出膛的时刻,则有 $\int_0^t u(t)\mathrm{d}t = l$,可得炮车的位移为

$$\Delta x = -\frac{m}{m+M} l\cos\theta$$

表明炮车后退的距离为 $\frac{m}{m+M} l\cos\theta$.

从以上例题可以看出,应用动量守恒定律求解时,与应用动能定理、动量定理、机械能守恒定律一样,不必考虑过程中状态变化的细节,只需考虑过程的始末状态.这给我们解决质点动力学相关问题带来方便.

不难看出,应用动量守恒定律解题的一般步骤是:

(1) 按问题的要求和计算方便,选定系统,确定要研究的过程.

(2) 对系统进行受力分析,并根据动量守恒条件,判断系统是否动量守恒,或系统在哪个方向上动量守恒.

(3) 确定系统在研究过程中的初动量和末动量.应注意各动量中的速度是相对同一惯性系而言的.

(4) 建立坐标系,列出动量守恒方程.求解,必要时进行讨论.

4.3 碰　　撞

碰撞在宏观世界和微观世界中均普遍存在.一般来说,当两个或两个以上物体相遇时,如果相互作用持续的时间很短,这种过程就是碰撞.在各种碰撞中,有些是接触碰撞.如炮弹与坦克的碰撞、乒乓球与台面的碰撞、打击锻造等.还有些是非接触碰撞,即物体间并不相互接触,但是互相以力作用于对方而改变对方的运动状态.如微观带电粒子间通过库仑力相互作用的碰撞、天体之间通过万有引力相互作用的碰撞等都属于这类碰撞.本节以两个球体的碰撞为例,讨论碰撞问题.

4.3.1 碰撞过程分析

我们首先讨论两个小球的碰撞过程.通常把碰撞过程分为两个阶段.开始碰撞时,两球相互挤压,发生形变,由形变产生的弹性恢复力使两球的速度发生变化,直到两球速度变得相等为止,这时形变达到最大.这是碰撞的第一阶段,称为压缩阶段.此后,由于形变仍然存在,弹性恢复力继续作用,使两球速度继续改变而有相互脱离接触的趋势,两球压缩的程度逐渐减小,直到两球脱离接触时为止.这是碰撞过程的第二阶段,称为恢复阶段,整个碰撞过程到此结束.

在碰撞过程中,由于相互作用时间很短,相互作用的力很大,其他作用力相对来说可以忽略不计,因此一般认为碰撞物体组成的系统动量守恒.但是,由于碰撞物体材料的性质不同,使得碰撞后物体形变的恢复程度有所不同.据此可将碰撞分成三种:碰撞后物体的形变能完全消失,系统的机械能没有任何损失,称之为完全弹性碰撞或弹性碰撞;形变部分保留的称为非完全弹性碰撞;形变

完全保留的称为完全非弹性碰撞. 这两种情况系统都有机械能损失,统称非弹性碰撞. 如果根据碰撞前后物体速度的方向来分,则可将碰撞分为正碰和斜碰. 在正碰和斜碰问题中,同样有弹性和非弹性之分.

弹性碰撞

超弹性碰撞

4.3.2　正碰

为简单起见,我们仍然以小球的直接接触为例来研究碰撞. 若两小球在碰撞前后的速度都在两球的连心线上,则称这种碰撞为对心碰撞,也称正碰.

1. 完全弹性碰撞

在碰撞压缩阶段,两球的部分动能转变为弹性势能,在恢复阶段,弹性势能又完全转变为动能,两球恢复原状. 因此,在完全弹性碰撞中,除了碰撞系统的动量守恒外,在碰撞过程的始末,系统的动能保持不变.

如图 4.8 所示,设质量分别为 m_1、m_2 的两球做弹性碰撞,碰前的速度分别为 $\boldsymbol{v}_{10}$、$\boldsymbol{v}_{20}$,碰后分离时各自的速度为 $\boldsymbol{v}_1$、$\boldsymbol{v}_2$,由于速度都沿同一直线,因此有

$$m_1 v_{10} + m_2 v_{20} = m_1 v_1 + m_2 v_2 \tag{4.9}$$

$$\frac{1}{2}m_1 v_{10}^2 + \frac{1}{2}m_2 v_{20}^2 = \frac{1}{2}m_1 v_1^2 + \frac{1}{2}m_2 v_2^2 \tag{4.10}$$

两式联立,解得

$$v_2 - v_1 = v_{10} - v_{20} \tag{4.11}$$

上式表明,在弹性正碰中,碰后两球的分离速度与碰前两球的接近速度量值相等. 由式(4.9) 和式(4.11) 可解得

$$v_1 = \frac{(m_1 - m_2)v_{10} + 2m_2 v_{20}}{m_1 + m_2} \tag{4.12a}$$

$$v_2 = \frac{(m_2 - m_1)v_{20} + 2m_1 v_{10}}{m_1 + m_2} \tag{4.12b}$$

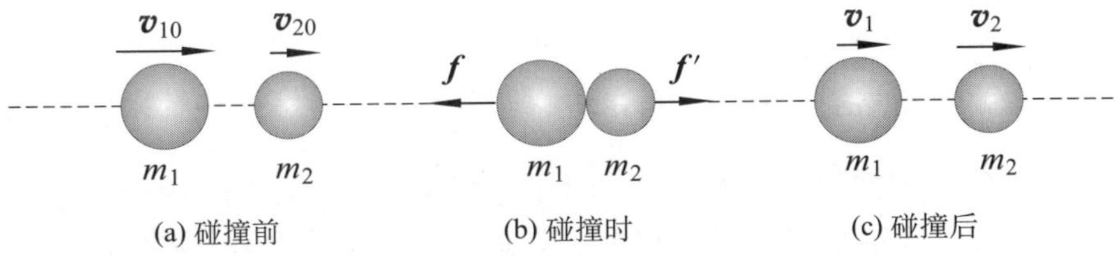

图 4.8

有如下几种弹性碰撞的特例:

(1) 若两球质量相等,即 $m_1 = m_2$,则有 $v_1 = v_{20}$, $v_2 = v_{10}$,表明两球碰后彼此交换速度. 若 m_2 原来静止,则碰后 m_1 静止,m_2 以 m_1 碰前的速度前进.

(2) 若质量为 m_2 的球在碰前静止,即 $v_{20} = 0$,且 $m_2 \gg m_1$,则有 $v_1 \approx -v_{10}$, $v_2 \approx 0$. 结果表明,一个原来静止且质量很大的球在碰后仍然静止,质量很小的球以原速率被弹回.

(3) 若 $m_1 \gg m_2$,且 $v_{20} = 0$,则有 $v_1 \approx v_{10}$,$v_2 \approx 2v_{10}$. 结果表明,质量很大的球与质量很小的静止球碰撞后,大质量球的速度几乎不变,而小质量球的速度约为大质量球速度的 2 倍.

基于上述道理，在原子反应堆中，为了使快中子慢下来，就要选择与中子质量相近的物质粒子组成减速剂，使中子碰撞后几乎停下来. 从力学的角度看，氢是最有效的减速剂，但由于其他原因，实际常选氘、石墨、水等轻材料作为中子的慢化剂. 另一方面，选择重金属如铅、钍等作为反射层，以防止中子漏出堆外.

2. 完全非弹性碰撞

完全非弹性碰撞的特点是，碰撞后两物体不再分开，而以相同的速度运动. 黏土、油灰等物体的碰撞，子弹射入砂箱后陷入其中，都属于这种碰撞. 在这种碰撞过程中，系统的动量仍守恒，但系统的动能要损失，所损失的动能一般转变为热能和其他形式的能.

由动量守恒可解出碰撞后的速度为

$$v=\frac{m_1v_{10}+m_2v_{20}}{m_1+m_2} \tag{4.13}$$

3. 非完全弹性碰撞

在这种碰撞过程中，虽然碰撞后两物体彼此分开，但由于压缩后的物体不能完全恢复原状而有部分形变被保留下来，因此，系统也只是动量守恒，而动能有损失.

实验表明，压缩后的恢复程度取决于碰撞物体的材料. 牛顿总结实验结果，提出碰撞定律：碰撞后两球的分离速度 v_2-v_1 与碰撞前两球的接近速度 $v_{10}-v_{20}$ 之比为一定值，比值由两球材料的性质决定. 该比值称为**恢复系数**，用 e 表示，即

$$e=\frac{v_2-v_1}{v_{10}-v_{20}} \tag{4.14}$$

由上式可见：若 $e=0$，则 $v_1=v_2$，该碰撞为完全非弹性碰撞；若 $e=1$，则 $v_2-v_1=v_{10}-v_{20}$，该碰撞为完全弹性碰撞，这时式(4.14)与式(4.10)等效；若 $0<e<1$，则该碰撞为一般碰撞. e 值可以由实验测定. 因此，动量守恒定律和碰撞定律是研究正碰的两个基本方程.

容易计算一般碰撞过程中损失的动能为

$$E_{k0}-E_k=\frac{1}{2}(1-e^2)\frac{m_1m_2}{m_1+m_2}(v_{10}-v_{20})^2 \tag{4.15}$$

例 4.5 一质量 $M=10$ kg 的物体放在光滑的水平面上，并与一水平轻弹簧相连，如图 4.9 所示，弹簧的刚度系数 $k=1000\ \text{N}\cdot\text{m}^{-1}$. 今有一质量 $m=1$ kg 的小球，以水平速率 $v_0=4\ \text{m}\cdot\text{s}^{-1}$ 滑过来，与物体 M 相碰后以 $v_1=2\ \text{m}\cdot\text{s}^{-1}$ 的速率弹回. (1) 求物体起动后，弹簧的最大压缩量. (2) 小球与物体的碰撞是否是弹性碰撞？恢复系数多大？(3) 如果物体上涂有黏性物质，相碰后与小球粘在一起，则(1)、(2) 的结果如何？

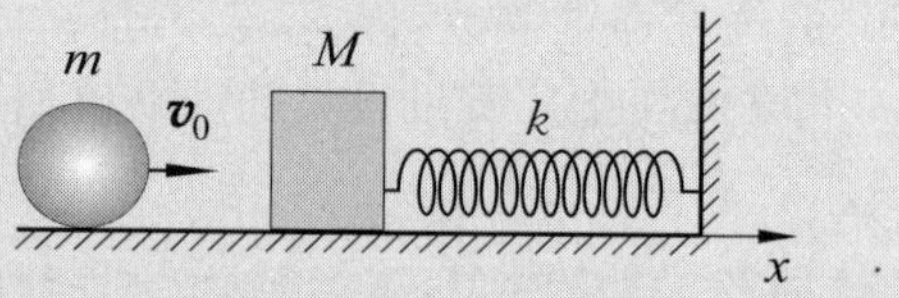

图 4.9

解　(1) 本题要分两个阶段考虑，第一阶段是小球与物体相碰，第二阶段是物体压缩弹簧.

当 m 与 M 相碰时，由于碰撞时间极短，弹簧还来不及变形，水平面又光滑，因此这两个物体组成的系统在水平方向不受外力作用而动量守恒. 以向右方向为正，并设 M 在碰撞后的速度为 v_M，则有

$$mv_0 = Mv_M - mv_1 \qquad ①$$

在 M 压缩弹簧的过程中，只有弹性力做功，故机械能守恒. 设弹簧的最大压缩量为 Δx，则有

$$\frac{1}{2}Mv_M^2 = \frac{1}{2}k(\Delta x)^2 \qquad ②$$

联立式 ① 和式 ②，解得

$$\Delta x = \sqrt{\frac{M}{k}} \cdot \frac{m}{M}(v_0 + v_1)$$

代入 $M = 10\ \text{kg}$，$m = 1\ \text{kg}$，$k = 1000\ \text{N}\cdot\text{m}^{-1}$，$v_0 = 4\ \text{m}\cdot\text{s}^{-1}$，$v_1 = 2\ \text{m}\cdot\text{s}^{-1}$，得

$$\Delta x = 6 \times 10^{-2}\ \text{m}$$

(2) 计算碰撞前后系统的总动能，比较后有

$$\frac{1}{2}mv_0^2 > \frac{1}{2}mv_1^2 + \frac{1}{2}Mv_M^2$$

可见 m 和 M 的碰撞为非完全弹性碰撞. 根据碰撞定律，恢复系数为

$$e = \frac{v_M - (-v_1)}{v_0} = \frac{\frac{m}{M}(v_0 + v_1) + v_1}{v_0} = \frac{\frac{1}{10} \times (4 + 2) + 2}{4} = 0.65$$

从 $e < 1$ 也可看出该碰撞为非完全弹性碰撞.

(3) 如果小球 m 与物体 M 碰撞后粘在一起，则为完全非弹性碰撞，恢复系数 $e = 0$. 由系统动量守恒得

$$mv_0 = (M + m)v \qquad ③$$

在碰撞后压缩弹簧的过程中，系统机械能守恒，即

$$\frac{1}{2}(m + M)v^2 = \frac{1}{2}k(\Delta x)^2 \qquad ④$$

联立式 ③ 和式 ④，解得

$$\Delta x = \sqrt{\frac{m + M}{k}} \cdot \frac{mv_0}{m + M} = \frac{mv_0}{\sqrt{k(m + M)}}$$

代入各量的值，得

$$\Delta x = 3.8 \times 10^{-2}\ \text{m}$$

4.3.3　斜碰

两球碰撞前后的速度不在其连心线上的碰撞称为非对心碰撞，也称斜碰. 斜碰是二维或三维碰撞. 斜碰问题虽然比较复杂，但如果系统不受外力或所受外力的矢量和为零，仍然遵守动量守恒定律，同样有弹性碰撞与非弹性碰撞之分，可根据具体情况列出动量守恒方程和其他相应的方程. 下面仅对二维碰撞问题进行

讨论.

假设有两个表面光滑的球在水平面上发生斜碰.我们可以将碰撞时两球的连心线选为 Ox 轴,其垂直方向选为 Oy 轴,以碰撞点 O 为原点,建立坐标系,如图 4.10 所示.这样,碰撞时在 Oy 轴方向两球虽然各有分速度,但没有相互压缩且表面光滑,因此,在 Oy 轴方向的分速度将各自保持不变.在 Ox 轴方向两球相互压缩,可以按正碰处理.设碰撞前两球的速度分别为 $\boldsymbol{v}_{10}$ 和 $\boldsymbol{v}_{20}$,碰撞后速度分别为 $\boldsymbol{v}_1$ 和 $\boldsymbol{v}_2$,则有

$$v_{1y}=v_{10y}=v_{10}\sin\theta_1$$
$$v_{2y}=v_{20y}=v_{20}\sin\theta_2$$
$$m_1v_{1x}+m_2v_{2x}=m_1v_{10x}+m_2v_{20x}$$
$$v_{2x}-v_{1x}=e(v_{10x}-v_{20x})$$

若第二个球作为静止的靶,由第一个球撞击.这时可取第一个球的速度方向为 Ox 轴,如图 4.11 所示.应用动量守恒分量式,有

$$m_1v_1\cos\theta_1+m_2v_2\cos\theta_2=m_1v_{10}$$
$$-m_1v_1\sin\theta_1+m_2v_2\sin\theta_2=0$$

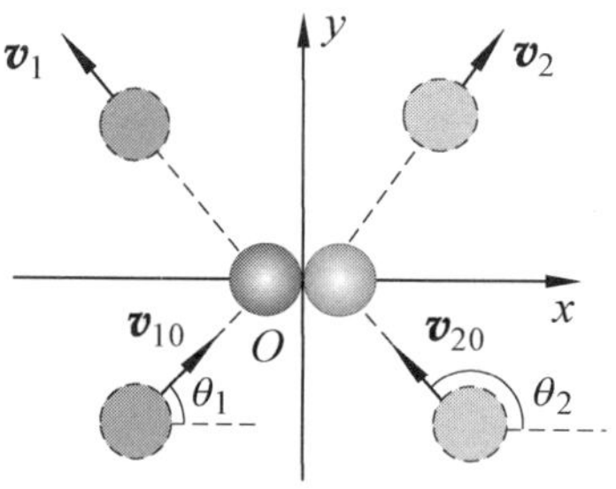

图 4.10

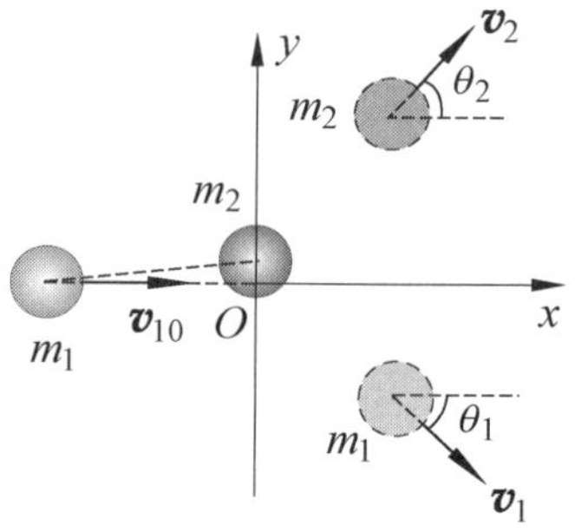

图 4.11

若为完全弹性碰撞,则有第三个方程

$$\frac{1}{2}m_1v_{10}^2=\frac{1}{2}m_1v_1^2+\frac{1}{2}m_2v_2^2$$

若两球质量相等,则有 $v_{10}^2=v_1^2+v_2^2$.显然,三个速度矢量组成的三角形符合勾股定理,所以 $\boldsymbol{v}_1$ 与 $\boldsymbol{v}_2$ 相互垂直.

以上结果表明,当用一个球去撞击质量相等的静止球时,若为完全弹性的非对心碰撞,则碰撞后两球的速度方向互相垂直,这是一个规律性的结论.

微观世界中粒子的碰撞十分频繁,人们可以利用碰撞来研究微观粒子的内部结构.这时粒子间的相互作用是非接触作用,例如分子、原子相互接近时,相互之间会产生很强的斥力,从而导致它们在接触前就偏离原来的运动方向,进而分开.这种碰撞通常又被称为散射.

*4.4 质心 质心运动定理

对于多个质点组成的系统,每个质点的运动情况可能各不相同.为了深入

理解质点系的运动，通常引入质心的概念．通过质心的运动可以了解质点系运动的总体趋势及某些特征．

4.4.1　质心

质心运动

一位战士向敌人投掷一枚手榴弹，如图 4.12 所示．仔细观察，手榴弹上只有一点的运动轨迹为抛物线，其他各点既随该点做抛物线运动，又绕该点转动．如果用这一点的运动来描述手榴弹整体的运动，将使问题的研究大为简化．这个特殊的点就是手榴弹的质量分布中心，简称**质心**．不难看出，质心的运动描绘出物体整体运动的趋势．

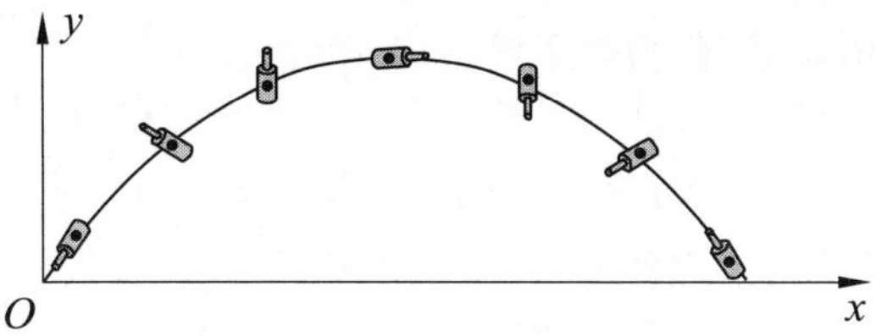

图 4.12

一个系统的质心在哪里？也就是说，哪一点的运动能够描绘出系统整体运动的趋势？为此，我们研究由 N 个质点组成的系统．设各质点的质量分别为 m_1，m_2，…，m_N，在时刻 t，位置矢量分别为 $\boldsymbol{r}_1$，$\boldsymbol{r}_2$，…，$\boldsymbol{r}_N$，速度分别为 $\boldsymbol{v}_1$，$\boldsymbol{v}_2$，…，$\boldsymbol{v}_N$，所受外力分别为 $\boldsymbol{F}_1$，$\boldsymbol{F}_2$，…，$\boldsymbol{F}_N$，根据质点系的动量定理，有

$$\sum_i \boldsymbol{F}_i \mathrm{d}t = \mathrm{d}\sum_i m_i \boldsymbol{v}_i$$

可得

$$\sum_i \boldsymbol{F}_i = \frac{\mathrm{d}}{\mathrm{d}t}\sum_i m_i \boldsymbol{v}_i = \frac{\mathrm{d}^2}{\mathrm{d}t^2}\sum_i m_i \boldsymbol{r}_i$$

以 m 表示系统的总质量，即 $m = \sum_i m_i$，则上式可改写成

$$\sum_i \boldsymbol{F}_i = m\frac{\mathrm{d}^2}{\mathrm{d}t^2}\left(\frac{\sum_i m_i \boldsymbol{r}_i}{m}\right) \tag{4.16}$$

上式括号内的 $\sum_i m_i \boldsymbol{r}_i / m$ 具有长度的量纲，它描述与质点系有关的某一点的空间位置，将之记为 $\boldsymbol{r}_\mathrm{c}$，即

$$\boldsymbol{r}_\mathrm{c} = \frac{\sum_i m_i \boldsymbol{r}_i}{m} = \frac{m_1 \boldsymbol{r}_1 + m_2 \boldsymbol{r}_2 + \cdots + m_N \boldsymbol{r}_N}{m_1 + m_2 + \cdots + m_N} \tag{4.17a}$$

由位置矢量 $\boldsymbol{r}_\mathrm{c}$ 确定的这个点就是质点系的质心．

在直角坐标系中，$\boldsymbol{r}_\mathrm{c}$ 的分量即为质心坐标，即

$$x_\mathrm{c} = \frac{\sum_i m_i x_i}{m},\qquad y_\mathrm{c} = \frac{\sum_i m_i y_i}{m},\qquad z_\mathrm{c} = \frac{\sum_i m_i z_i}{m} \tag{4.17b}$$

对于质量连续分布的物体，可以把物体看成由许多质量为 $\mathrm{d}m$ 的质元组成．

这时，质心的位置可用积分计算，即

$$\boldsymbol{r}_c = \frac{\int \boldsymbol{r}\mathrm{d}m}{m} \tag{4.18a}$$

分量式为

$$x_c = \frac{\int x\mathrm{d}m}{m},\quad y_c = \frac{\int y\mathrm{d}m}{m},\quad z_c = \frac{\int z\mathrm{d}m}{m} \tag{4.18b}$$

当质量为线分布时，取 $\mathrm{d}m = \lambda\mathrm{d}l$，式中 λ 为单位长度物体的质量，称为**线质量密度**，$\mathrm{d}l$ 为线元；当质量为面分布时，取 $\mathrm{d}m = \sigma\mathrm{d}s$，式中 σ 为一定厚度时单位面积物体的质量，称为**面质量密度**，$\mathrm{d}s$ 为面元；当质量为体分布时，取 $\mathrm{d}m = \rho\mathrm{d}V$，式中 ρ 为单位体积物体的质量，称为**体质量密度**，$\mathrm{d}V$ 为体元.

需要指出：

(1) 质心的位矢与参考系的选取有关. 但可以证明，对于不变形的物体，其质心相对物体自身的位置是确定不变的，与参考系的选取无关. 另外，质心也不一定在物体内部. 一般说来，对于密度均匀、形状对称的物体，其质心在它们的几何中心. 例如匀质球体的质心在球心，匀质圆环的质心在圆环中心，匀质矩形平板的质心在两条对角线的交点等.

(2) 质心与重心是两个不同的概念. 质心的位置只与物体的质量和质量分布有关，而与作用在物体上的外力无关. 重心是一个物体各部分所受重力的合力的作用点. 不过，在地球表面附近的局部范围内，当物体的尺寸不太大时，可以认为其质心与重心的位置重合.

例 4.6 试确定半径为 R 的匀质半圆形薄板的质心位置.

解 建立如图 4.13 所示的坐标系. 因薄板的质量分布关于 Oy 轴对称，显然有 $x_c=0$，因此只需要计算 y_c. 设面质量密度为 σ，则薄板质量为 $m=\sigma\pi R^2/2$. 取如图所示的细窄条，其面积为 $\mathrm{d}s=2R\cos\theta\mathrm{d}y$，质量为 $\mathrm{d}m=\sigma\mathrm{d}s$. 由于 $y=R\sin\theta$，所以 $\mathrm{d}y=R\cos\theta\mathrm{d}\theta$. 根据质心分量式(4.18b)，可得

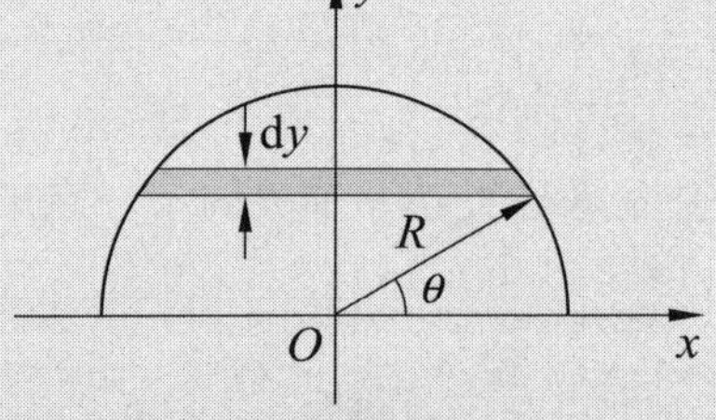

图 4.13

$$y_c = \int \frac{y\mathrm{d}m}{m} = \int \frac{y\sigma\mathrm{d}s}{m}$$

$$= \int_0^{\frac{\pi}{2}} \frac{R\sin\theta\cdot\sigma\cdot 2R\cos\theta\cdot R\cos\theta}{\sigma\cdot\pi R^2/2}\mathrm{d}\theta$$

$$= \int_0^{\frac{\pi}{2}} \frac{4R}{\pi}\sin\theta\cos^2\theta\mathrm{d}\theta = \frac{4R}{3\pi}$$

即薄板质心位于 $\left(0, \frac{4R}{3\pi}\right)$ 处.

4.4.2 质心运动定理

将式(4.17a)代入式(4.16)，并令 $\boldsymbol{F}$ 表示作用于系统的合外力，即 $\boldsymbol{F} = \sum_i \boldsymbol{F}_i$，则有

$$\boldsymbol{F} = m\frac{\mathrm{d}^2\boldsymbol{r}_c}{\mathrm{d}t^2} = m\boldsymbol{a}_c \tag{4.19}$$

式中 $\boldsymbol{a}_c$ 为质心的加速度. 上式表明，**质点系质心的运动等同于一个质点的运动，这个质点具有质点系的总质量，它所受的外力是质点系所受的所有外力的矢量和，并且等于总质量与质心加速度的乘积**. 这一结论称为质心运动定理.

质心运动定理告诉我们，无论系统内各质点的运动如何复杂，但质心的运动可能相当简单，只由作用在系统上所有外力的矢量和决定，因此内力不能改变质心的运动状态，大力士不能自举其身就是一例. 质心在系统中处于重要的地位，它的运动描绘了系统整体的运动趋势. 例如抛向空中的一团绳索、做各种优美动作的跳水运动员，其质心不过在做抛体运动而已. 另外，从质心运动定理与牛顿第二定律具有相同形式来看，可以说，质心是质点系平动特征的代表点，就好像质点系全部的质量都集中在该点，并且所有的外力都作用在其上. 质心概念的引入为解决某些复杂的机械运动问题带来方便. 不过，质心运动定理不能给出各质点围绕质心的运动或质点系内部的相对运动规律. 一般来说，系统的运动是其质心的运动和系统内各质点相对质心运动的叠加，这些问题要另行研究.

可以计算质心的速度为

$$\boldsymbol{v}_c = \frac{\mathrm{d}\boldsymbol{r}_c}{\mathrm{d}t} = \frac{\mathrm{d}}{\mathrm{d}t}\left(\frac{\sum\limits_i m_i\boldsymbol{r}_i}{m}\right) = \frac{1}{m}\left(\sum_i m_i\frac{\mathrm{d}\boldsymbol{r}_i}{\mathrm{d}t}\right) = \frac{\sum\limits_i m_i\boldsymbol{v}_i}{m}$$

于是，系统的总动量为

$$\boldsymbol{p} = \sum_i \boldsymbol{p}_i = \sum_i m_i\boldsymbol{v}_i = m\boldsymbol{v}_c = \boldsymbol{p}_c \tag{4.20}$$

可见系统的总动量等于其质心的动量. 如绕中心轴转动的匀质圆盘，由于其质心不动，因此圆盘的总动量为零.

由动量守恒定律可知，若质点系不受外力或所受外力的矢量和为零，系统的总动量守恒，即 $\boldsymbol{p} = m\boldsymbol{v}_c =$ 常矢量. 由此得到动量守恒定律的另一种表述：**当系统不受外力或所受外力的矢量和为零时，系统的质心保持静止或做匀速直线运动.**

例 4.7　一炮弹在轨道最高点炸成质量比 $m_1 : m_2 = 3 : 1$ 的两块碎片. 其中 m_1 自由下落，落地点与发射点的水平距离为 R_0，m_2 继续向前飞行，与 m_1 同时落地. 如图所示. 不计空气阻力，求 m_2 的落地点.

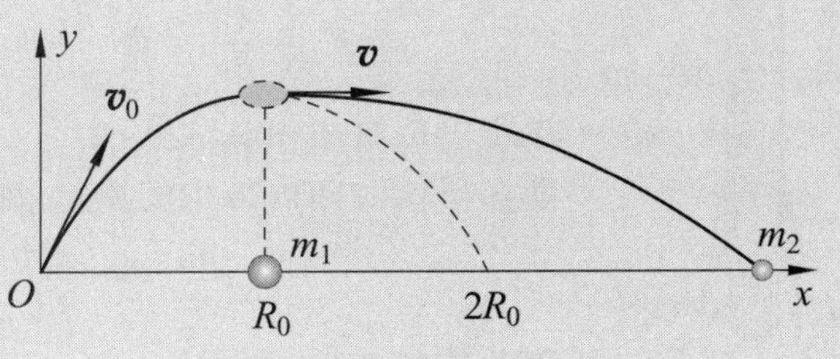

图 4.14

解 建立如图 4.14 所示的坐标系. 炮弹炸裂前仅受重力作用,炸裂时内力使炮弹分成两片,但系统的外力仍为重力,且始终保持不变. 因此,炮弹炸裂对质心的运动没有影响,质心仍按抛体规律飞行. 这就是说,m_1 和 m_2 落地时,炮弹的质心坐标应为 $x_c = 2R_0$,即

$$x_c = \frac{m_1 x_1 + m_2 x_2}{m_1 + m_2} = 2R_0$$

依题意,$m_1 = 3m_2$,$x_1 = R_0$,得

$$x_2 = 5R_0$$

即 m_2 落地点距发射点的水平距离为 $5R_0$.

4.5 质量流动与火箭飞行原理

当系统内质量发生流动时,系统内各部分的质量、速度及动量要发生变化. 如砂粒流入车厢,柔软绳索落向桌面,水滴在水蒸气中下落,火箭在飞行中由于燃料燃烧而排出气体等都属于这类问题. 我们以火箭飞行为例进行讨论.

北斗卫星怎样“飞天”——火箭飞行原理

火箭飞行是质点系动量定理和动量守恒定律的应用实例. 发射前火箭的总动量为零,点火后其内部燃料燃烧产生的大量气体,连续地从尾部喷管高速向后喷出,从而使火箭主体获得向前的巨大推力,不断加速,冲向太空. 由于喷出气体而使火箭的质量不断减少,因此,这是变质量动力学问题.

4.5.1 火箭运动微分方程

我们把箭体和燃气组成的系统作为研究对象,选地面为参考系,以火箭前进的方向为正方向,如图 4.15 所示. 设在 t 时刻火箭的总质量为 M,速度为 $\boldsymbol{v}$,在 t 到 $t + \mathrm{d}t$ 时间内,有质量为 $\mathrm{d}m$ 的燃料变为气体,并以恒定的速率 u 相对箭体向后喷出,而火箭质量减为 $M - \mathrm{d}m$,速度增为 $\boldsymbol{v} + \mathrm{d}\boldsymbol{v}$. 注意到此时喷出的气体相对地面的速度为 $\boldsymbol{v} + \mathrm{d}\boldsymbol{v} + \boldsymbol{u}$,因此,在 t 和 $t + \mathrm{d}t$ 时刻系统的总动量分别为

$$\boldsymbol{p}(t) = M\boldsymbol{v}$$

$$\boldsymbol{p}(t + \mathrm{d}t) = (M - \mathrm{d}m)(\boldsymbol{v} + \mathrm{d}\boldsymbol{v}) + \mathrm{d}m(\boldsymbol{v} + \mathrm{d}\boldsymbol{v} + \boldsymbol{u})$$

通过计算化简,得动量增量为

$$\mathrm{d}\boldsymbol{p} = \boldsymbol{p}(t + \mathrm{d}t) - \boldsymbol{p}(t) = M\mathrm{d}\boldsymbol{v} + \boldsymbol{u}\mathrm{d}m$$

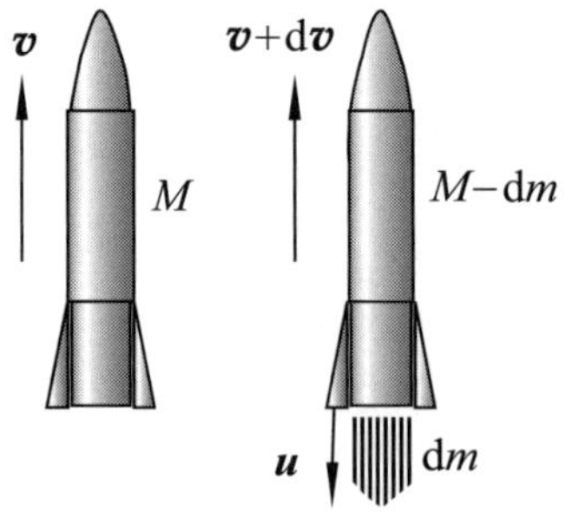

图 4.15

设 t 时刻系统所受的合外力为 $\boldsymbol{F}$,有

$$\boldsymbol{F} = \frac{\mathrm{d}\boldsymbol{p}}{\mathrm{d}t} = M\frac{\mathrm{d}\boldsymbol{v}}{\mathrm{d}t} + \boldsymbol{u}\frac{\mathrm{d}m}{\mathrm{d}t} \tag{4.21}$$

由于单位时间内从火箭喷出气体的质量等于火箭在单位时间内减少的质量,即

$$\frac{\mathrm{d}m}{\mathrm{d}t} = -\frac{\mathrm{d}M}{\mathrm{d}t}$$

因此式(4.21)可写成

$$M\frac{\mathrm{d}\boldsymbol{v}}{\mathrm{d}t}=\boldsymbol{F}+\boldsymbol{u}\frac{\mathrm{d}M}{\mathrm{d}t} \tag{4.22}$$

这就是火箭的运动微分方程. $\boldsymbol{u}\mathrm{d}M/\mathrm{d}t$ 称为火箭发动机的推力. 可见在一定的外力 $\boldsymbol{F}$ 作用下，推力越大，火箭获得的加速度 $\mathrm{d}\boldsymbol{v}/\mathrm{d}t$ 也越大. 要获得大的推力，必须有较大的喷气速率和喷气流量. 例如有一种火箭，$u=2.94\times10^3\ \mathrm{m\cdot s^{-1}}$，$\mathrm{d}m/\mathrm{d}t=1.38\times10^4\ \mathrm{kg\cdot s^{-1}}$，它所产生的推力的理论值为 4.06×10^7 N. 这相当于 4000 吨海轮所受的浮力.

4.5.2　火箭运动的速度

在重力场中，火箭要受到重力的作用. 当火箭竖直发射时，若不计空气阻力，则所受合外力 $F=-Mg$，代入式(4.22)，有

$$M\mathrm{d}v=-Mg\,\mathrm{d}t-u\mathrm{d}M$$

设火箭由静止发射，点火时其质量为 M_0，在 t 时刻，质量为 M，速度为 v，将上式两边除以 M 后积分，即

$$\int_0^v \mathrm{d}v=-\int_0^t g\,\mathrm{d}t-\int_{M_0}^M u\frac{\mathrm{d}M}{M}$$

若 g 为常量，则得

$$v=u\ln\frac{M_0}{M}-gt \tag{4.23}$$

当火箭在星际空间飞行时，可以认为系统不受外力作用，即 $F=0$. 若设 $t=0$ 时火箭运动的速率为 v_0，同上可计算得

$$v=u\ln\frac{M_0}{M}+v_0 \tag{4.24}$$

式中 M_0/M 称为火箭的**质量比**.

可见，要使火箭获得较大的速度，一是要增大喷气速率，二是要增大火箭的质量比. 现代高性能推进剂如液氧加液氢的喷气速率最高可达 4.1 $\mathrm{km\cdot s^{-1}}$，但其燃烧室的温度高达 4000℃ 以上，这给材料选取带来困难. 考虑到箭体结构和必须载荷，增大火箭质量比也有一定限度. 目前单级火箭的质量比最好可做到 15，在这种条件下，从静止发射的单级火箭可获得的末速度约为 11 $\mathrm{km\cdot s^{-1}}$. 实际上由于重力以及空气阻力的影响，真正能达到的末速度约为7 $\mathrm{km\cdot s^{-1}}$，小于第一宇宙速度. 因此，单级火箭不能把人造地球卫星或其他航天器送入轨道.

为了达到所需要的发射速度，现代一般采用串联而成的多级火箭技术. 发射时，第一级火箭先点火，火箭即开始加速上升，当第一级火箭的燃料用完后，这一级就自行脱落，然后第二级火箭点火，使火箭继续加速. 依次类推就可使火箭获得很大的飞行速度. 若为 n 级火箭，每级火箭的质量比分别为 $N_1, N_2, \cdots, N_n$，相对喷气速率分别为 $u_1, u_2, \cdots, u_n$，则各级火箭达到的速度为

$$v_1=u_1\ln N_1$$
$$v_2-v_1=u_2\ln N_2$$
$$\cdots\cdots$$
$$v_n-v_{n-1}=u_n\ln N_n$$

最终达到的速度即为

$$v_n = \sum_{i=1}^{n} u_i \ln N_i \tag{4.25}$$

若 $u_1 = u_2 = \cdots = u_n = u, N_1 = N_2 = \cdots = N_n = N$,则有 $v_n = nu\ln N$. 因为质量比大于 1,所以增加火箭的级数可获得较大的速度. 但是,由于技术上的原因,现在的多级火箭一般为三级. 发射时,为了尽快摆脱阻力很大的稠密大气层,通常采用垂直向上发射,在几分钟内使火箭加速到足够大的速度. 这一阶段,一般由第一级和第二级火箭完成. 第二级火箭脱落后,火箭已经飞出了稠密大气层,并靠已经获得的动能继续升高而做惯性飞行. 同时在地面控制中心的控制下,火箭轨道偏离竖直方向逐渐转变为水平方向. 当火箭到达与卫星轨道相切的位置时,开动第三级火箭,使火箭连同它所装载的卫星加速到预定的速度而进入轨道. 卫星在进入轨道后,通常就脱离火箭独立运行.

美国发射“阿波罗”登月飞船的“土星五号”火箭即为三级火箭. 第一级 $u_1 = 2.9\ \mathrm{km\cdot s^{-1}}$, $N_1 = 16$;第二级 $u_2 = 4\ \mathrm{km\cdot s^{-1}}$, $N_2 = 14$;第三级 $u_3 = 4\ \mathrm{km\cdot s^{-1}}$, $N_3 = 12$. 按式(4.25)计算,火箭末速度的理论值约为 $28\ \mathrm{km\cdot s^{-1}}$. 由于空气阻力和重力的影响,末速度要比这个值小得多. 此火箭起飞时质量约为 2.8×10^6 kg,高约 85 m,起飞时推力约为 3.4×10^7 N.

当今火箭技术有很大发展,所有航天器都是靠火箭发射并控制其航向的,各种导弹及火箭炮也都是以火箭发动机作为动力,空间技术的发展更是以火箭技术为基础.

应当指出,火箭最早是我国发明的. 南宋时就出现了作烟火玩物的“起火”,其后又出现了利用起火推动的翎箭. 我国现在的火箭技术也已达到世界先进水平. 例如长征三号火箭,是三级大型运载火箭,全长 43.35 m,起飞时质量约为 2.02×10^5 kg,起飞时推力约为 2.74×10^7 N,并从 1986 年起开始为国际提供航天发射服务. 长征二号 F 型运载火箭是一种大型两级捆绑助推器运载火箭,专门用于发射神舟载人飞船和大型目标飞行器到近地轨道,是国内现役火箭中可靠性、安全性第一的火箭. 自 1999 年首飞迄今,已成功将 19 艘神舟飞船、2 个空间实验室和 3 艘可重复使用的试验航天器送入太空,成功率达 100%. 长征五号 B 型运载火箭是专门为中国载人航天工程空间站建设而研制的一型新型运载火箭,是中国近地轨道运载能力最大的新一代运载火箭. 全箭总长 53.7 m,起飞重量 837.5 t,近地轨道运载能力大于 22 t. 2022 年 10 月 31 日,长征五号 B 遥四运载火箭搭载中国空间站梦天实验舱,在海南文昌航天发射场发射升空. 截至 2024 年 8 月,长征系列运载火箭已累计完成超过 530 次的发射任务,这一数字标志着中国航天事业的稳步发展和持续进步.

例 4.8 如图 4.16 所示,一根柔软链条长为 l,单位长度质量为 λ,链条放在一个有小孔的桌面上,一端由小孔稍伸下来,其余部分堆在小孔周围. 由于某种扰动,链条因自身重量开始落下,求链条下落速度与落下距离的关系. 设链条与各处的摩擦均可忽略不计,且认为链条软得可以自由伸开.

解　如图所示，选桌面上一点为坐标原点 O，竖直向下为 Oy 轴正向. 在某时刻 t，链条下垂部分的长度为 y，此时，桌面上链条的长度为 $l-y$. 如选链条为系统，那么此系统含有竖直悬挂的链条和在桌面上的链条两部分，它们之间的作用力为内力. 由于链条与各处的摩擦略去不计，故下垂部分链条受

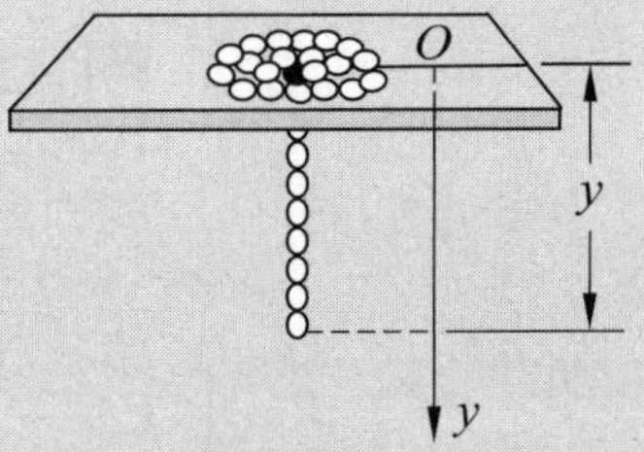

图 4.16

重力 $\boldsymbol{P}_1=m_1\boldsymbol{g}$，桌面上链条受重力 $\boldsymbol{P}_2=m_2\boldsymbol{g}$ 和支持力 $\boldsymbol{N}=-m_2\boldsymbol{g}$，所以作用于系统的合外力 $\boldsymbol{F}=\boldsymbol{P}_1+\boldsymbol{P}_2+\boldsymbol{N}=m_1\boldsymbol{g}$. 在无限小时间间隔 $\mathrm{d}t$ 内，由质点系的动量定理可得

$$F\mathrm{d}t=m_1g\mathrm{d}t=\mathrm{d}p \qquad ①$$

$\mathrm{d}p$ 为系统（即整个链条）的动量增量. 考虑到桌面上链条处于静止状态，其速度为零，因此整个链条中只有下垂部分的动量在改变.

设 t 时刻，链条下落速度为 v，下垂部分链条的质量 $m_1=\lambda y$，动量为

$$p=m_1v=\lambda yv$$

随着链条下落，下垂部分链条的质量及速度均在增加. 在 $\mathrm{d}t$ 时间内，下垂部分链条动量的增量为

$$\mathrm{d}p=\mathrm{d}(m_1v)=\lambda\mathrm{d}(yv)$$

把它代入式 ①，得

$$\lambda yg\,\mathrm{d}t=\lambda\mathrm{d}(yv)$$

即

$$yg=\frac{\mathrm{d}(yv)}{\mathrm{d}t}$$

等式两边分别乘以 $y\mathrm{d}y$，则有

$$gy^2\mathrm{d}y=y\frac{\mathrm{d}y}{\mathrm{d}t}\mathrm{d}(yv)=yv\mathrm{d}(yv) \qquad ②$$

将 ② 式等号两边对链条下落过程积分. 已知在开始时，链条尚未下落，其下落速度当然为零，即 $(yv)_{y=0}=0$，下落长度为 y 时，速度为 v，于是有

$$g\int_0^y y^2\mathrm{d}y=\int_0^{yv}yv\mathrm{d}(yv)$$

可得

$$\frac{1}{3}gy^3=\frac{1}{2}(yv)^2$$

解出

$$v=\left(\frac{2}{3}gy\right)^{1/2}$$

这就是链条的下落速度与落下距离之间的关系.

内容提要

1. 基本概念

1）力的冲量

$$\boldsymbol{I}=\int_{t_0}^{t}\boldsymbol{F}\mathrm{d}t=\overline{\boldsymbol{F}}(t-t_0)=\overline{\boldsymbol{F}}\Delta t$$

$$\boldsymbol{I}=I_x\boldsymbol{i}+I_y\boldsymbol{j}+I_z\boldsymbol{k}$$

2）质心位矢

$$\boldsymbol{r}_c=\frac{\sum\limits_{i=1}^{N}m_i\boldsymbol{r}_i}{m},\quad \boldsymbol{r}_c=\frac{\int\boldsymbol{r}\mathrm{d}m}{m}$$

分量式：$x_c=\dfrac{\sum\limits_{i=1}^{N}m_ix_i}{m}$，$y_c=\dfrac{\sum\limits_{i=1}^{N}m_iy_i}{m}$，$z_c=\dfrac{\sum\limits_{i=1}^{N}m_iz_i}{m}$

$$x_c=\frac{\int x\mathrm{d}m}{m},\quad y_c=\frac{\int y\mathrm{d}m}{m},\quad z_c=\frac{\int z\mathrm{d}m}{m}$$

2. 基本规律

1）质心运动定理

$$\boldsymbol{F}=m\frac{\mathrm{d}^2\boldsymbol{r}_c}{\mathrm{d}t^2}=m\frac{\mathrm{d}\boldsymbol{v}_c}{\mathrm{d}t}=m\boldsymbol{a}_c$$

2）动量定理

$$\mathrm{d}\boldsymbol{I}=\boldsymbol{F}\mathrm{d}t=\mathrm{d}\boldsymbol{p}$$

$$\boldsymbol{I}=\int_{t_0}^{t}\boldsymbol{F}\mathrm{d}t=\int_{\boldsymbol{p}_0}^{\boldsymbol{p}}\mathrm{d}\boldsymbol{p}=\boldsymbol{p}-\boldsymbol{p}_0$$

3）动量守恒定律

若$\sum\boldsymbol{F}_{外}=0$，则$\sum\limits_i\boldsymbol{p}_i=\sum\limits_i m_i\boldsymbol{v}_i=$常矢量.

若$\sum\limits_i F_{ix}=0$，则$\sum\limits_i p_{ix}=\sum\limits_i m_iv_{ix}=$常量.

习　题

(一) 选择题和填空题

4.1 关于动量守恒条件和机械能守恒条件有以下几种说法，其中正确的是[　]

(A) 不受外力作用的系统，其动量和机械能必然同时守恒.

(B) 所受合外力为零，内力都是保守力的系统，其机械能必然守恒.

(C) 不受外力，而内力都是保守力的系统，其动量和机械能必然同时守恒.

(D) 外力对系统做功为零，则该系统动量和机械能必然同时守恒.

4.2　静止在光滑水平面上的质量为 M 的车上，悬挂一长度为 L、质量为 m 的单摆. 开始时摆线处于水平位置，然后突然释放. 那么，当摆线处于铅直位置的瞬时，摆球相对地面的速度大小为[　]

(A) 0.　(B) $\sqrt{2gL/(1+m/M)}$.　(C) $\sqrt{2gL}$.

(D) $\sqrt{2gL/(1+M/m)}$.　(E) $\sqrt{2gL/M}$.

4.3　如图所示，沙子从 $h=0.8$ m 高处下落到以 $v=3\ \mathrm{m\cdot s^{-1}}$ 的速率水平向右运动的传送带上. 取重力加速度 $g=10\ \mathrm{m\cdot s^{-2}}$. 传送带给予刚落到传送带上的沙子的作用力的方向为[　]

(A) 与水平夹角 53°向下.

(B) 与水平夹角 53°向上.

(C) 与水平夹角 37°向上.

(D) 与水平夹角 37°向下.

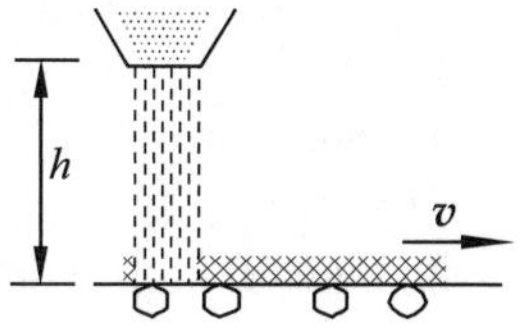

题 4.3 图

4.4　质量为 m 的小球自高出地面 y_0 处沿水平方向以速率 v_0 抛出，与地面碰撞后跳起的最大高度为 $y_0/2$，水平速率为 $v_0/2$，则碰撞过程中，地面对小球的垂直冲量的大小为________，水平冲量的大小为________.

4.5　一个读数为零的台秤. 从距离秤盘面上方高 h 处将石子以每秒 n 个的速率注入秤盘内，每个石子的质量为 m. 假设石子与盘的碰撞是完全非弹性的，则石子开始装入盘后 t 秒时台秤的读数为________.

4.6　如图所示，一圆锥摆摆长为 l，摆锤质量为 m，在水平面上做匀速圆周运动，摆线与铅直线夹角 θ，则摆线张力 $T=$________，摆锤的速率 $v=$________. 摆锤转动一周，其动量增量的大小为________；所受重力的冲量大小为________，方向________；摆线对摆锤拉力的冲量大小为________，方向________.

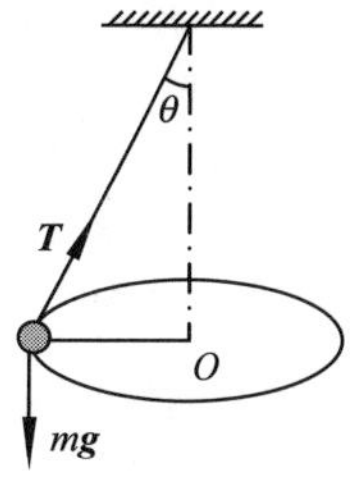

题 4.6 图

(二) 问答题和计算题

4.7　质量为 m 的小球在水平面内以速率 v 做匀速圆周运动. 试求下列运动过程中的动量变化：(1) 1/4圆周；(2)1/2 圆周；(3)3/4 圆周；(4)整个圆周.

4.8　一质量为 2.5 g 的乒乓球以 $v_1=10\ \mathrm{m\cdot s^{-1}}$ 的速率飞来，用板推挡后又以 $v_2=20\ \mathrm{m\cdot s^{-1}}$ 的速率飞出. 设推挡前后球的运动方向与板的夹角为 45°和 60°，如图所示. (1)求球受到外力的冲量；(2)如碰撞时间为 0.01 s，求球受到的平均冲力.

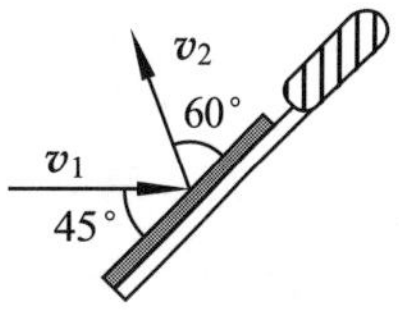

题 4.8 图

4.9　某物体受到一变力作用，它随时间变化的情况如下：从 0～0.1 s，力均匀地从 0 增加到 20 N；从 0.1～0.3 s，力保持不变；再经0.1 s，力从 20 N 均匀地减到 0. (1)画出 F-t 曲线；(2)这段时间内力的冲量及力的平均值；(3)若物体的质量为 3 kg，$t=0$时，$v_0=1\ \mathrm{m\cdot s^{-1}}$，方向与力的方向一致. 问力刚变到零时，物体的速度为多大？

4.10　力 $F=(30+4t)$(SI)作用于质量 $m=10$ kg 的物体上. (1)在开始 2 s 内，求此力的冲量；(2)要使冲量等于 300 N·s，问此力的作用时间是多少？(3)若物体的初速为 $10\ \mathrm{m\cdot s^{-1}}$，运动方向与 $\boldsymbol{F}$ 的方向相同，求在第(2)问的末时刻，物体的速度是多大.

4.11　力 $\boldsymbol{F}$ 作用在质量 $m=1$ kg 的质点上，使之沿 Ox 轴运动. 已知在此力作用下质点的运动方程为 $x=(3t-4t^2+t^3)$SI. 在 0～4 s 的时间间隔内，求：(1)力 $\boldsymbol{F}$ 的冲量 I；(2)力 $\boldsymbol{F}$ 对质点所做的功 A.

4.12　刚度系数为 k 的轻弹簧下端挂一质量为 M 的圆盘. 有一质量为 m 的物体从离圆盘 h 高处自由下落，并与圆盘做完全非弹性碰撞，此后盘与物体一起下降. 试求下降的最大距离 l.

4.13　向北发射一枚质量 $m=50$ kg 的炮弹，达最高点时速率为 $200\ \mathrm{m\cdot s^{-1}}$，爆炸成三块弹片. 第一块质量 $m_1=25$ kg，以 $400\ \mathrm{m\cdot s^{-1}}$ 的水平速度向北飞行；第二块质量 $m_2=15$ kg，以$200\ \mathrm{m\cdot s^{-1}}$ 的水平速率向东飞行. 求第三块的速度.

4.14　质量为 m 的炮弹水平飞行时其动能为 E_k，突然炸裂为质量相等的两块，其中一块向后飞去，动能为

$E_k/2$,另一块的动能是否也是 $E_k/2$? 飞向何方?

4.15 光滑路面上前后停有质量均为 M 的小车,质量为 m 的小孩原静止在前车上. 试证明:当小孩从前车跳到后车又从后车跳回前车时,前后车的速率之比为 $M/(M+m)$.

4.16 质量为 m 的子弹水平飞来,射穿用长为 l 的轻绳悬挂着的质量为 M 的摆锤,其速率变为原来的一半. 如果要使摆锤恰好能在竖直面内做圆周运动,子弹入射时的速率应为多大?

4.17 如图所示,一单摆摆锤的质量为 m,用不可伸长的轻绳挂在质量为 M 的物体之下,物体 M 可沿光滑的水平轨道滑动. 如果 m 突然受到力的打击,获得一个在水平方向运动的初始速度 v_0,试求它上升到最大高度时的速度 V.

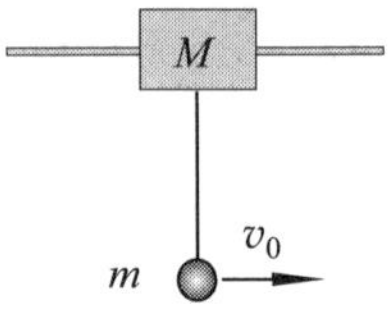

题 4.17 图

4.18 一质量为 M,倾角为 θ 的劈形斜面 A,放在粗糙的水平面上,斜面面上有一质量为 m 的物体 B,沿斜面下滑,如图所示. 若 A、B 之间的滑动摩擦系数为 μ,且 B 下滑时 A 保持不动,求斜面对地面的压力和摩擦力.

4.19 质量为 m、速率为 v_0 的粒子,与质量为 $M=km$ 的静止粒子发生弹性正碰. 当 k 为何值时,M 粒子获得的动能最大?

4.20 质量 $m_1=200$ kg 的小车上有一装砂的箱子,其质量 $m_2=100$ kg. 小车以 $v_0=1\ \text{m}\cdot\text{s}^{-1}$ 的速率在光滑水平轨道上前进时,一质量为 $m_3=50$ kg 的物体自由落入砂箱中. 求:(1)m_3 落入砂箱后小车的速率;(2)m_3 落入砂箱后,砂箱相对于小车滑动经 0.2 s 停在车面上,求车面与箱底的平均摩擦力.

4.21 两个质量分别为 m_1 和 m_2 的木块 A 和 B,用一根刚度系数为 k 的轻弹簧连接起来,放在光滑的水平面上,使 A 紧靠墙壁,如图所示. 用力推 B 使弹簧压缩 x_0,然后释放. 已知 $m_1=m$, $m_2=3m$,试求:(1)释放后,A、B 两木块速度相等时的速度大小;(2)释放后弹簧的最大伸长量.

4.22 如图所示,两个长方形的物体 A 和 B 紧靠着放在光滑水平桌面上. 已知 $m_A=2$ kg, $m_B=3$ kg. 有一质量 $m=100$ g 的子弹以 $v_0=800\ \text{m}\cdot\text{s}^{-1}$ 的速率水平射入长方体 A,经 0.01 s 后又射入长方体 B,最后停在 B 内. 设子弹射入 A 时所受摩擦力为 3×10^3 N,求:(1)子弹在射入 A 的过程中,B 受到 A 的作用力的大小;(2)当子弹留在 B 中时,A 和 B 的速度大小.

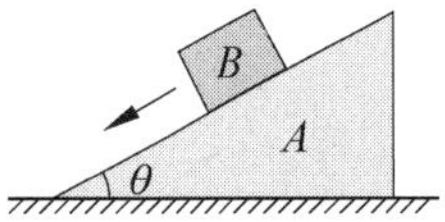

题 4.18 图

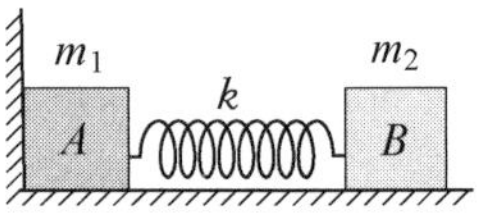

题 4.21 图

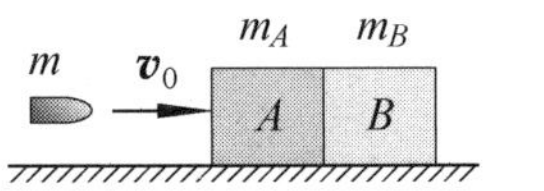

题 4.22 图

4.23 质量为 m 的匀质柔软链条,长为 L,上端悬挂,下端刚和地面接触. 现因悬挂点松脱使链条自由下落,试求链条落到地面上长度为 l 时对地面的作用力.

4.24 长 $l=4$ m、质量 $M=150$ kg 的船静止在湖面上. 今有一质量 $m=50$ kg 的人从船头走到船尾. 若不计水对船的阻力,试分别用动量守恒定律和质心运动定理求人和船相对于湖岸移动的距离.

阅读材料 1

对称性与守恒定律

1. 对称性

人类是在观察自然、进行艺术追求和科学探索的过程中逐渐深化理解对称性概念的.

大自然中对称随处可见,如花瓣、树叶、虫翅、蜂巢、龟甲、宝石等无一不表现出对称的形态,还有球对称的天体,六角对称的雪花等,就连人类自身也长得左右对称. 人们也利用对称设计建造了许多举世闻名的宏伟建筑，如天坛、故宫、埃菲尔铁塔、巴黎圣母院等. 自古以来，人们习惯以对称为美，对称在人的心目中显示出端庄、稳固和平衡.

究竟什么是“对称性”? 1951 年，德国数学家外尔(H. Weyl)给出了普遍而严格的定义：如果一个操作使系统从一种状态变化到另一个与之等价的状态，或者说状态在此操作下不变，我们就说该系统对于这一操作是对称的，而这个操作就叫作该系统的一个对称操作(symmetry operation)或对称性变换. 由于系统在变换后完全复原，因此，变换前后是不能区分的，也无法做出辨别性的测量.

常用的对称操作是时空操作. 如平移、旋转、镜像反射、标度变换(放大或缩小)等属于空间操作，时间平移、时间反演($t\rightarrow -t$)等属于时间操作. 除了时空操作之外，物理学中还用到许多其他的对称操作，如置换、电荷共轭变化、规范变换等. 对称性有高低之分，如果系统的对称性操作越多，则称该系统对称程度越高. 所有对称操作的集合在数学上称为对称群.

一个形体平移后和原来一模一样即平移对称性；形体绕一个点或一个轴转动一定的角度后保持形状不变即转动对称；左右对称即镜像反射对称性；如此等等. 一条无限长的直线对沿自身方向任意大小的平移都能保持不变，表明它具有空间平移对称性. 一个五角星图形绕通过其中心的垂直轴每转过 72°即能在位置上复原，则表明它具有转动对称性. 右手在镜子的像变成左手，这就是镜像对称性.

以上列举的都是几何对称性. 物理规律的对称性是指经过一定的变换(操作)后，物理规律的形式保持不变的性质. 因此物理规律的对称性也称为不变性(invariance). 这种不变性意味着某种基本物理量的不可观测性，李政道称之为不可观测量.

我们知道质点的加速度在伽利略变换下保持不变，可以说加速度对伽利略变换具有对称性，从而牛顿定律对伽利略变换也有对称性；从不同方向看物体的运动都遵从牛顿定律，牛顿定律具有空间转动对称性，镜子里和镜子外物体的运动都遵从牛顿定律，牛顿定律具有镜像对称性(或空间反射对称)；在不同的时间，昨天、今天或明天，物体的运动也都遵从牛顿定律，牛顿定律具有时间平移对称性.

在人们理解了麦克斯韦方程(Maxwell's equation)深刻的对称性后，爱因斯坦就提出：“为什么我们不能从对称性出发建立符合对称原则的基本方程，并由此得到和方程符合的实验结果?”他在 1905 年建立的狭义相对论中，用相对性原理和光速不变原理两个基本假设导出洛伦兹变换，得到了一系列不同于牛顿力学的狭义相对论的时空观，揭示出在不同惯性系物理定律具有洛伦兹变换下的不变性，从而认识到对称性对物理定律的紧密制约关系. 此后，基于非惯性系与引力等价的等效原理和广义协变原理，爱因斯坦成功地揭示了物理定律具有广义的时空坐标变换的不变性，开辟了用对称性构建物理学理论的基本研究方法. 在现代物理学如粒子物理、固体物理、原子物理的许多领域里，对称性的概念发挥了重要作用. 研究自然现象的各种对称性及其演化规律，已经成为我们认识自然规律的一种重要方法，而对称性原理与数学群论方法相结合也已成为一种强有力的研究工具.

2. 对称性与守恒定律

20 世纪以来，人们意识到物理定律的对称性一定蕴藏着深刻的道理. 1918 年，德国数学家诺特(A. Noether)提出了著名的**诺特定理：若物理定律在某一个连续变换下具有不变性，则必定存在一个相应的守恒定律**. 从而把对称性和守恒两个重要的概念紧密地联系起来. 这个定理最初是对经典物理给出的，后来经推广发现对量子力学也适用.

我们从大学物理的角度，以一个包含两个粒子且相互作用是保守力的孤立系统为对象，从空间平移对称性出发推证动量守恒定律，更严格的证明可参考理论力学、量子力学. 为简单计，只考虑一维情况. 设系统由粒子 1 和粒子 2 组成，其势能函数 $E_p=E_p(x_1,x_2)$，其中 x_1 和 x_2 分别是粒子 1 和粒子 2 的坐标. 设系统对空间平移是对称的，所以它的势能函数在空间平移变换下保持不变. 当系统整体在空间平移一个无穷小量 dx 时，有

$$dE_p=\frac{\partial E_p}{\partial x_1}dx+\frac{\partial E_p}{\partial x_2}dx=\left(\frac{\partial E_p}{\partial x_1}+\frac{\partial E_p}{\partial x_2}\right)dx=0$$

由于 dx 不为零，可得

$$\frac{\partial E_p}{\partial x_1}+\frac{\partial E_p}{\partial x_2}=0 \qquad ①$$

根据势能与保守力的关系，有

$$\frac{\partial E_p}{\partial x_1}=-F_{21}, \qquad \frac{\partial E_p}{\partial x_2}=-F_{12}$$

代入式①得

$$F_{21}+F_{12}=0 \tag{②}$$

其中 F_{12}、F_{21} 分别为粒子 1 对粒子 2 和粒子 2 对粒子 1 的作用力. 由于为孤立系统，无外力作用，因此据牛顿第二定律，有

$$F_{21}=\frac{\mathrm{d}(m_1 v_1)}{\mathrm{d}t}, \qquad F_{12}=\frac{\mathrm{d}(m_2 v_2)}{\mathrm{d}t}$$

代入式②得

$$\frac{\mathrm{d}}{\mathrm{d}t}(m_1 v_1+m_2 v_2)=0$$

则有

$$m_1 v_1+m_2 v_2=\text{常量}$$

可见，空间平移不变性必然导致动量守恒.

我们还可以从时间平移对称性导出能量守恒定律，从空间转动对称性导出角动量守恒定律，这里不作赘述.

对称性与守恒定律的内在联系深刻而广泛. 按照诺特定理，一种对称性必然对应着一种守恒定律. 严格的对称性对应严格的守恒定律，近似的对称性对应近似的守恒定律. 对称性已成为物质世界的基本属性之一. 表 4.1列出目前物理学已经证明的对称性与守恒定律的对应关系.

表 4.1　物理学中对称性与守恒定律对应表

不可观测量	物理定律变换不变性	守恒定律	精确程度
时间绝对值 (时间均匀性)	时间平移	能量	精确
空间绝对位置 (空间均匀性)	空间平移	动量	精确
空间绝对方向 (空间各向同性)	空间转动	角动量	精确
空间左和右 (左右对称性)	空间反演	宇称	强相互作用和电磁作用中成立， 在弱相互作用中破缺
惯性系等价	伽利略变换	时空绝对性	$v \ll c$ 近似成立
	洛伦兹变换	四维时空间隔 四维动量	精确 精确
带电粒子与中性 粒子的相对相位	电荷规范变换	电荷	精确
重子与其他粒子 的相对相位	重子规范变换	重子数	精确
轻子与其他粒子 的相对相位	轻子规范变换	轻子数	精确
时间流动方向	时间反演		破缺(原因不明)
粒子与反粒子	电荷共轭	电荷，宇称	在弱相互作用中部分破缺

依据诺特定理，我们一方面可以通过实验去寻找新领域中的守恒量和守恒定律，由此确定其中的对称性，进而揭示那些未知规律的性质；另一方面，如果知道了使某一系统保持不变的对称变换，找到所具有的对称性，就可以从理论上预言可能存在的守恒量和守恒定律，指导实验研究的方向，并通过实验去伪存真，推动物理理论的进步. 在粒子物理领域，物理学家们通过分析实验结果，找出了许多守恒量和守恒定律，为认识粒子世界的

对称性和探索其中的基本定律创造了条件.

需要指出,对称性有时也会遭到破坏,称为对称性破缺.在弱相互作用中,“宇称”不守恒.这是1956年华裔科学家杨振宁和李政道(获得了1957年的诺贝尔物理学奖),在研究粒子物理中θ-τ疑难时提出的设想,得到了华裔女科学家吴健雄的实验证实.目前在生物界也发现一些不对称的事物,有许多值得研究的问题.时空、不同种类的粒子、不同种类的相互作用、整个复杂纷纭的自然界,包括人类自身,都存在着许多关于对称性和对称性破缺的课题,有待人们去研究.

事实上自然界的各种事物都是对称与非对称的辩证统一.对称中包含着非对称,非对称就是对称的破缺.对称与破缺可以转化.李政道在1996年的一次演讲中曾经指出,“艺术和科学,都是对称与不对称的巧妙组合.”自然界就是这种基本上对称而又不完全对称的和谐统一.

第 5 章　刚体的定轴转动

前几章分别介绍了质点运动学以及质点和质点系的动力学规律，这一章则以质点力学为基础，研究刚体的运动规律.

刚体最基本的运动是平动和绕轴的转动，其他较复杂的运动可看成是基本运动的叠加. 本章主要介绍刚体绕固定轴的转动，为进一步研究较复杂的机械运动奠定基础.

5.1　刚体的运动

5.1.1　刚体

我们已经知道，质点这个理想模型突出了物体具有质量和占有空间位置，忽略了物体的形状和大小，因而也就无需考虑其自身形变和是否发生转动的问题. 然而，当人们讨论诸如炮弹的自旋、自行车的稳定性、起重机的平衡等问题时，物体的形状和大小起着重要作用，这时就不能把物体视为质点，而必须考虑物体自身的形状和大小以及随之而来的受力时发生的形变. 但是，如果在研究物体运动时同时兼顾形状大小和形变，会使问题变得很复杂. 在日常生活中，人们见到的多数物体在受力时发生的形变很小，因此为简化问题可以忽略形变而把物体理想化，这种模型称为**刚体**. 所以，刚体是指受力时形状和大小保持不变的理想物体.

一个刚体可以分成许多微小部分，每个微小部分可看成一个质点（也可以称为质元）. 刚体的理想化特点决定了各质点之间不能发生相对位移，所以刚体可以看成一个包含有大量质点，而各质点间距离都保持不变的质点系.

需要指出的是，形变很小并不意味着因形变而产生的弹性力一定很小. 如机车停在铁轨上，尽管车轮的形变很小，但形变产生的弹力即对铁轨的压力却很大. 所以，在刚体力学中，物体的形变虽然忽略不计，但形变产生的弹性力在受力分析时必须考虑.

5.1.2　刚体的平动

刚体运动时，若连接刚体中任意两点的线段在运动中始终保持平行，则这种运动称为刚体的平动. 机床上刨刀的运动，沿直线路径骑车时平踩的自行车脚蹬的运动等都是平动. 刚体平动时，各质点在同一时间内的位移都相同，同一时刻的速度和加速度也都相等，因而刚体的平动可以用一个点（通常选质心）的运动来代表，即**平动刚体可视为质点**，这个质点的质量等于刚体的质量. 前几章研究的就是质点的运动，因此，求解刚体的平动问题实际上已经解决.

5.1.3 刚体的定轴转动

转动的最简单情况是绕固定转轴的转动，称为定轴转动. 在这种运动中，刚体上所有质点都以某一固定直线上的点为圆心，在垂直于该直线的平面内做圆周运动. 这条直线即为转轴. 如门、窗、吊扇、机器上的飞轮等，它们的运动都是定轴转动.

刚体绕定轴转动时，任一垂直于转轴的平面称为**转动平面**. 如图 5.1 所示，O 为转动平面 S 与转轴的交点，P 是刚体在 S 面内的任一质点，某时刻该质点相对参考方向的角坐标为 θ. 显然，$\overline{OP}$ 上所有质点的角坐标都等于 θ，θ 能唯一确定刚体在空间的位置，并且有

$$\theta=\theta(t) \tag{5.1}$$

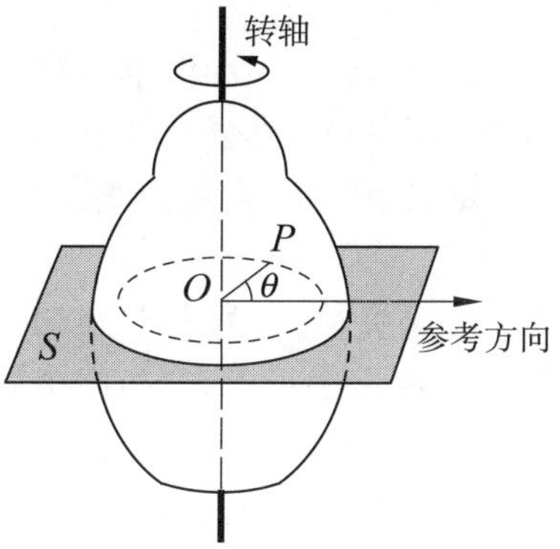

图 5.1

这就是定轴转动刚体的运动方程. 若在 t 到 $t+\Delta t$ 时间内，$\overline{OP}$ 转过的角位移为 $\Delta\theta$，据 1.5 节中的定义，其角速度和角加速度分别为

$$\omega=\lim_{\Delta t\to 0}\frac{\Delta\theta}{\Delta t}=\frac{\mathrm{d}\theta}{\mathrm{d}t} \tag{5.2}$$

$$\beta=\frac{\mathrm{d}\omega}{\mathrm{d}t}=\frac{\mathrm{d}^2\theta}{\mathrm{d}t^2} \tag{5.3}$$

由于刚体上各质点之间的相对位置不变，因而绕定轴转动的刚体上的所有质点在同一时间内都具有相同的角位移，在同一时刻都具有相同的角速度和角加速度，于是我们可用角量 θ、$\Delta\theta$、ω、β 分别描述定轴转动刚体的角位置、角位移、角速度和角加速度.

因转轴固定，刚体只有两种可能的转动方向，相应地，角速度、角加速度按右手螺旋定则也只有两种可能的取向，类似于 1.5 节中对圆周运动角量描述的分析，可以用正和负表示各矢量的方向，而各量的绝对值就表示相应矢量的大小. 当 β 与 ω 同号时，表明它们方向相同，刚体转动会加快；当 β 与 ω 异号时，表明它们方向相反，刚体转动会减慢.

需要注意的是，在定轴转动中，由于刚体上各质点到转轴的垂直距离不等，也就是转动半径 r 不等，它们的速度和加速度等线量的大小各不相同. 这些线量与角量的关系为

$$v=r\omega \tag{5.4}$$

$$a_\tau=r\beta \tag{5.5}$$

$$a_n=r\omega^2=\frac{v^2}{r} \tag{5.6}$$

刚体平动和绕定轴转动是最基本的运动，它们是进一步研究刚体复杂运动的基础. 刚体的一般运动可以分解为刚体中任一点（往往选质心）的平动和绕该点的转动. 例如，车轮沿直线轨道的纯滚动就可以分解为车轮随轮心的平动和绕轮心的转动.

5.2 刚体定轴转动定律

力是物体运动状态变化的原因.实践表明,刚体转动状态的变化,并不只取决于力的大小,还与力的作用点和力的方向有关.例如,开门窗时,若力通过转轴,或力的方向与转轴平行,那么,无论用多大的力,都不能把门窗打开或关上.从本质上说,刚体转动状态的变化取决于作用于该刚体的力矩.

5.2.1 力矩

设一刚体在力 $\boldsymbol{F}$ 作用下绕 Oz 轴转动.过力 $\boldsymbol{F}$ 的作用点 A 做 A 点的转动平面 S,并与 Oz 轴交于 O 点,如图5.2(a)所示.受力点 A 对 O 点的位矢 $\boldsymbol{r}$ 在 S 面内.定义 **$\boldsymbol{F}$ 对 O 点的力矩**为

$$\boldsymbol{M}=\boldsymbol{r}\times\boldsymbol{F} \tag{5.7a}$$

可见,$\boldsymbol{M}$ 是矢量.它的大小为 $M=rF\sin\alpha$,α 是 $\boldsymbol{r}$ 与 $\boldsymbol{F}$ 的夹角;$\boldsymbol{M}$ 的方向垂直于 $\boldsymbol{r}$ 和 $\boldsymbol{F}$ 所决定的平面,其指向由右手螺旋定则确定.

由于只有沿轴向的力矩才能改变刚体的定轴转动状态,因此还需要计算力矩 $\boldsymbol{M}$ 沿轴向的分量.$\boldsymbol{F}$ 对 O 点的力矩 $\boldsymbol{M}$ 在通过 O 点的 Oz 轴上的投影 M_z 称为 **$\boldsymbol{F}$ 对 Oz 轴的力矩**.可以证明,同一力对 Oz 轴上不同点的力矩是不相同的,但它们在 Oz 轴上的投影却是相等的.

若 $\boldsymbol{F}$ 的方向与 Oz 轴平行,则 $\boldsymbol{M}$ 垂直于 Oz 轴,因而 $M_z=0$,所以,凡是与转轴平行的力,对该轴的力矩都等于零.若力 $\boldsymbol{F}$ 在转动平面内,则 $\boldsymbol{F}$ 与 Oz 轴垂直,此时 $\boldsymbol{M}$ 的方向沿 Oz 轴,如图5.2(b)所示,因而有 $M_z=M$.这时 $\boldsymbol{F}$ 对 Oz 轴的力矩大小为

$$M_z=M=rF\sin\alpha=Fd \tag{5.7b}$$

式中 $r\sin\alpha=d$ 是转轴到力的作用线的垂直距离,称为**力臂**.所以,与转轴垂直的力对轴的力矩等于该力与其力臂的乘积.这正是中学物理对力矩的定义.

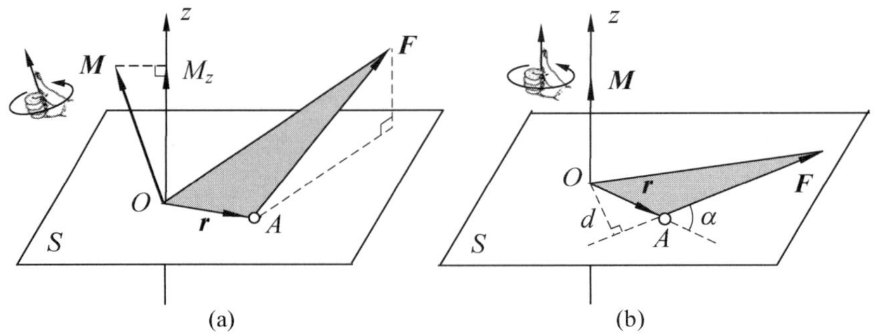

图 5.2

当作用于刚体的力与转轴既不平行也不垂直时,可将力分解为与转轴平行和垂直的两个分力.其中平行分力对轴的力矩为零,因而该力对轴的力矩就等于其垂直分力的力矩.显然,当力的作用线通过转轴时,力矩为零.

在定轴转动中，力矩矢量在轴上的投影只有两种可能指向，因而对轴的力矩可用正负号来表示其方向. 如果有几个力同时作用于同一刚体，那么它们的合力矩就等于这几个力各自对轴产生的力矩的代数和.

5.2.2　刚体定轴转动定律

刚体绕固定轴转动时，刚体上的每一点都绕转轴做圆周运动，如图 5.3 所示. 在刚体上任取一质点，其质量为 Δm_i，转动半径为 r_i，作用在 Δm_i 上的外力用 $\boldsymbol{F}_i$ 表示，内力用 $\boldsymbol{f}_i$ 表示，不妨设 $\boldsymbol{F}_i$ 和 $\boldsymbol{f}_i$ 都在转动平面内. 根据牛顿第二定律，有

$$\boldsymbol{F}_i+\boldsymbol{f}_i=\Delta m_i\boldsymbol{a}_i$$

采用自然坐标系，上式的切向分量式为

$$F_i\sin\varphi_i+f_i\sin\theta_i=\Delta m_i a_{i\tau}=\Delta m_i r_i\beta$$

式中 φ_i 和 θ_i 分别为 $\boldsymbol{F}_i$ 和 $\boldsymbol{f}_i$ 与 $\boldsymbol{r}_i$ 的夹角，β 为刚体的角加速度. 用 r_i 乘式中各项，得到

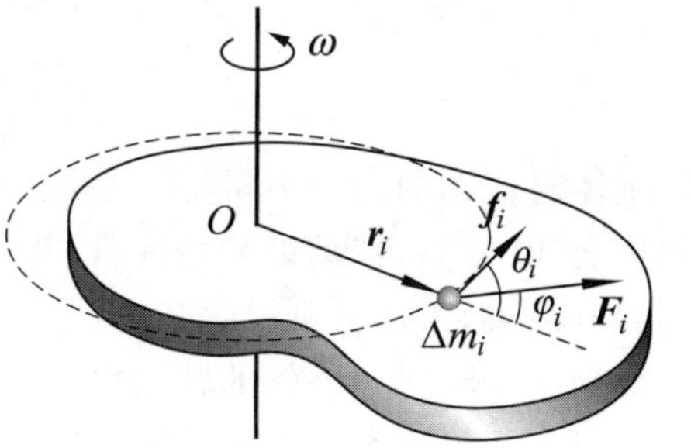

图 5.3

$$F_i r_i\sin\varphi_i+f_i r_i\sin\theta_i=\Delta m_i r_i^2\beta$$

由式(5.7)可知，上式左边两项分别为作用在质点 Δm_i 上的外力矩和内力矩. 若刚体可以分成 N 个质点，则可写出 N 个相同形式的方程，把 N 个方程相加，有

$$\sum_{i=1}^{N}F_i r_i\sin\varphi_i+\sum_{i=1}^{N}f_i r_i\sin\theta_i=\left(\sum_{i=1}^{N}\Delta m_i r_i^2\right)\beta \tag{5.8}$$

因为刚体中的内力是由刚体内各质点间的相互作用产生的，每一对质点间的相互作用力是一对作用力和反作用力，它们等值、反向、共线，对同一轴的力矩的代数和等于零，所以作用于刚体的内力矩总和为零，即 $\sum\limits_{i=1}^{N}f_i r_i\sin\theta_i=0$. 这样，式(5.8)中左边只剩下第一项，这一项就是作用在刚体上所有外力对轴的力矩的代数和，称为**合外力矩**，用 M 表示. 式(5.8)右边括号内的量与刚体的转动状态无关，称为刚体对该转轴的**转动惯量**，以 J 表示. 于是有

$$M=J\beta=J\frac{\mathrm{d}\omega}{\mathrm{d}t} \tag{5.9}$$

式(5.9)表明，**作用于定轴转动刚体上的合外力矩等于刚体对该轴的转动惯量与角加速度的乘积**. 这一结论叫作刚体定轴转动定律，是解决刚体转动问题的基本定律.

由式(5.9)可知，当定轴转动刚体所受的合外力矩为零时，角加速度为零，因而刚体将保持静止或匀角速转动. 这表明，任何转动物体都具有转动惯性，即在不受外力矩作用时，物体具有保持转动状态不变的性质. 对于给定的外力矩 M，转动惯量 J 越大，角加速度 β 就越小，即刚体绕定轴转动的状态越难改变，可见**转动惯量是物体转动惯性大小的量度**.

将刚体定轴转动定律 $M=J\beta$ 与质点的牛顿运动定律 $\boldsymbol{F}=m\boldsymbol{a}$ 做对比，

可以看出,二者皆为瞬时规律,且物理量间具有一一对应的关系,即合外力矩与合外力相对应,角加速度与加速度相对应,而转动惯量则与质量相对应.注意式(5.9)中 M、β 均为用正负号表示方向的矢量,应用时需注意其方向的判断.

5.2.3 转动惯量

1. 转动惯量及其计算

如上所述,式(5.8)右边括号内的量定义为转动惯量

$$J=\sum_{i=1}^{N}\Delta m_i r_i^2 \tag{5.10a}$$

即刚体对转轴的转动惯量等于组成刚体的各质点的质量与其转动半径平方的乘积之和.显然,转动惯量是标量,并且具有可加性.这就是说,如果一个刚体由几部分组成,可以分别计算各部分对同一给定轴的转动惯量,然后把结果相加就得到整个刚体对该轴的转动惯量.

对于质量连续分布的刚体,则用积分代替求和,即

$$J=\int r^2\mathrm{d}m \tag{5.10b}$$

式中 r 是质元 $\mathrm{d}m$ 的转动半径.当质量为线分布时,则取 $\mathrm{d}m=\lambda\mathrm{d}l$;当质量为面分布时,则取 $\mathrm{d}m=\sigma\mathrm{d}S$;当质量为体分布时,则取 $\mathrm{d}m=\rho\mathrm{d}V$.式中的 λ、σ 和 ρ 分别为线质量密度、面质量密度和体质量密度,$\mathrm{d}l$、$\mathrm{d}S$ 和 $\mathrm{d}V$ 分别为所取的线元、面元和体元.

在 SI 中,转动惯量的单位为千克二次方米,符号是 $\mathrm{kg\cdot m^2}$.

例 5.1 如图 5.4 所示,匀质细棒的质量为 m,长为 l,求该棒对通过棒上距中心为 d 的 O 点并与棒垂直的 Oz 轴的转动惯量.

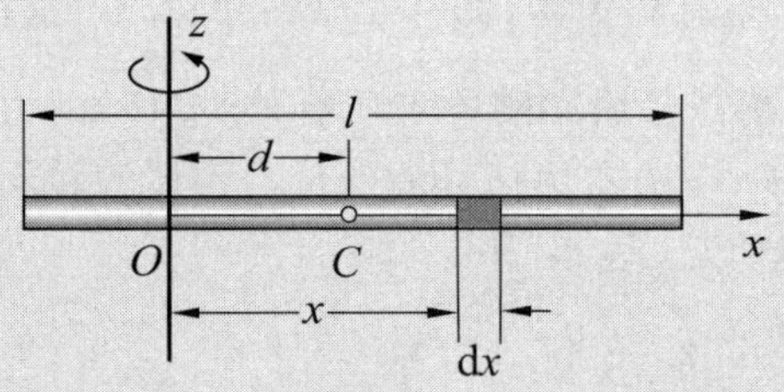

图 5.4

解 建立如图所示坐标系,原点在转轴上.在 x 处取一线元 $\mathrm{d}x$,其质量为 $\mathrm{d}m=\lambda\mathrm{d}x$,其中 $\lambda=m/l$ 是细棒的线质量密度.由式(5.10b)有

$$J=\int x^2\mathrm{d}m=\lambda\int_{-\frac{l}{2}+d}^{\frac{l}{2}+d}x^2\mathrm{d}x=\frac{1}{12}ml^2+md^2 \tag{5.11}$$

上述结果有两种特殊情况:

(1) 当 $d=0$ 时,转轴通过棒的中心并与棒垂直,则有

$$J=\frac{1}{12}ml^2 \tag{5.12}$$

(2) 当 $d=l/2$ 时,转轴通过棒的一端并与棒垂直,则有

$$J=\frac{1}{12}ml^2+m\left(\frac{l}{2}\right)^2=\frac{1}{3}ml^2 \tag{5.13}$$

例 5.2　求质量为 m，半径为 R 的匀质圆环对通过圆环中心并与其所在平面垂直的轴的转动惯量.

解　如图 5.5 所示，将圆环看成由许多小段圆弧组成，每一段小圆弧为一质元，其质量为 $\mathrm{d}m$，各质元到轴的垂直距离都等于 R，所以

$$J=\int R^2\mathrm{d}m=R^2\int\mathrm{d}m=mR^2 \tag{5.14}$$

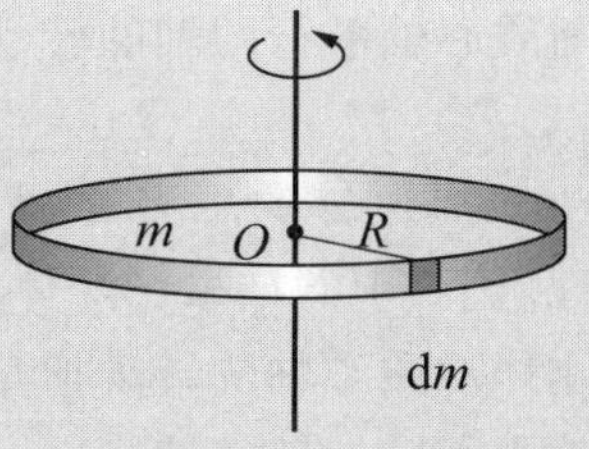

图 5.5

从本例不难看出，一个质量为 m、半径为 R 的薄壁圆筒对其中心轴的转动惯量也是 mR^2.

例 5.3　求质量为 m、半径为 R、厚为 h 的匀质圆盘对通过盘心并与盘面垂直的轴的转动惯量.

解　如图 5.6 所示，将圆盘看成由许多薄壁圆筒组成. 取任一半径为 r、宽度为 $\mathrm{d}r$ 的薄壁圆筒，按式(5.14)，其转动惯量为

$$\mathrm{d}J=r^2\mathrm{d}m$$

其中 $\mathrm{d}m$ 为薄壁圆筒的质量. 以 ρ 表示圆盘的体质量密度，则有

$$\mathrm{d}m=\rho\mathrm{d}V=\rho\cdot 2\pi rh\,\mathrm{d}r$$

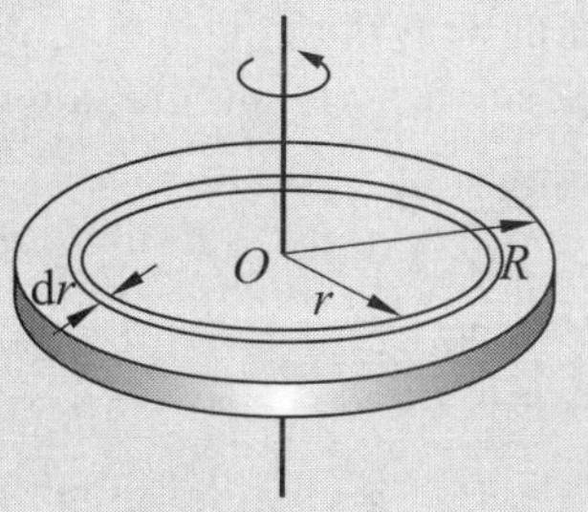

图 5.6

因此有

$$\mathrm{d}J=2\pi r^3\rho h\,\mathrm{d}r$$

从而

$$J=\int_0^R 2\pi r^3 h\rho\,\mathrm{d}r=\frac{1}{2}\pi R^4 h\rho$$

将 $\rho=\dfrac{m}{\pi R^2 h}$ 代入上式，可得

$$J=\frac{1}{2}mR^2 \tag{5.15}$$

由于式中对厚度 h 没有限制，所以一个质量为 m、半径为 R 的匀质实心圆柱体对其中心轴的转动惯量也是 $\frac{1}{2}mR^2$.

由以上例题可以看出，决定刚体转动惯量大小的因素如下.

(1) 刚体的总质量. 形状、大小和转轴位置都相同的匀质刚体，总质量越大，转动惯量就越大.

(2) 质量分布. 形状、大小和转轴位置都相同的刚体，如果总质量相同，那么质量分布得离转轴越远，转动惯量就越大. 如质量和半径都相同的圆盘与圆环，由于圆环质量集中分布在边缘，而圆盘质量均匀分布在整个盘面上，因此对于它们的中心轴而言，圆环的转动惯量更大.

(3) 转轴位置. 同一刚体，对不同位置的转轴，其转动惯量不同. 如例 5.1 中，转轴由中间移向边缘时，转动惯量变大.

导轨滚柱

2. 转动惯量的平行轴定理

若一刚体对通过其质心 C 的轴(称为质心轴)的转动惯量为 J_C，而对另一个与质心轴平行的轴的转动惯量为 J，可以证明两者有关系式

$$J = J_C + md^2 \tag{5.16}$$

式中 m 是刚体的总质量，d 是两平行轴间的距离. 上式称为转动惯量的**平行轴定理**. 例 5.1 的结果已经体现了这个结论. 式(5.16)表明，在一组平行轴中，同一刚体对质心轴的转动惯量总是最小. 当 J_C 已知时，利用式(5.16)容易求出对其他平行轴的转动惯量.

对于一些形状较复杂的刚体的转动惯量用理论计算是困难的，通常多用实验方法测定.

工程上常引用刚体**回转半径**的概念. 设想把刚体的全部质量 m 集中于一点，如果该质点对某一转轴的转动惯量 J 等于刚体绕同一轴的转动惯量，则该质点到转轴的距离称为回转半径，记作 r_G. 这样刚体的转动惯量可写成 $J = mr_G^2$.

例 5.4 一半径为 R 的匀质圆盘，挖去如图 5.7所示的一块小圆盘，剩余部分的质量为 m. 试求其对通过中心并垂直盘面的轴的转动惯量.

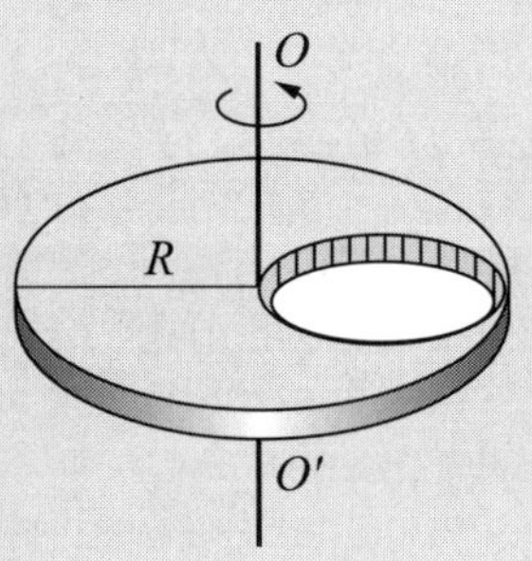

图 5.7

解 设未挖时的质量为 m_0，挖掉部分的质量为 m'，盘厚为 h，体质量密度为 ρ. 由于

$$\frac{m'}{m_0} = \frac{\pi\left(\dfrac{R}{2}\right)^2 h\rho}{\pi R^2 h\rho} = \frac{1}{4}$$

所以

$$m = m_0 - m' = \frac{3}{4}m_0$$

$$m_0 = \frac{4}{3}m, \quad m' = \frac{1}{3}m$$

根据平行轴定理，挖掉部分对 OO' 轴的转动惯量为

$$J' = \frac{1}{2}m'\left(\frac{R}{2}\right)^2 + m'\left(\frac{R}{2}\right)^2 = \frac{1}{8}mR^2$$

由转动惯量的相加性可得，剩余部分的转动惯量为

$$J = J_0 - J' = \frac{1}{2}m_0R^2 - \frac{1}{8}mR^2 = \frac{13}{24}mR^2$$

一些典型的匀质刚体对给定轴的转动惯量，见表 5.1.

对于质量均匀分布的平面薄板刚体，转动惯量还符合垂直轴定理(正交轴定理). 过刚体平面上的任一点做相互垂直的 x、y、z 轴，且 z 轴垂直于刚体平面，则刚体相对于 z 轴的转动惯量 J_z 等于刚体相对于 x 轴、y 轴的转动惯量 J_x、J_y 之和，即 $J_z = J_x + J_y$. 该定理是平面薄板刚体转动惯量计算的有力工具.

表 5.1　转动惯量举例

<table>
<tr>
<td>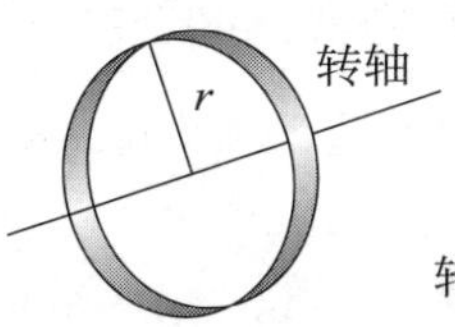

圆环
转轴通过中心
与环面垂直
$J=mr^2$</td>
<td>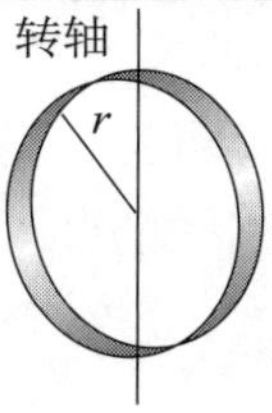

圆环
转轴沿直径
$J=\frac{1}{2}mr^2$</td>
</tr>
<tr>
<td>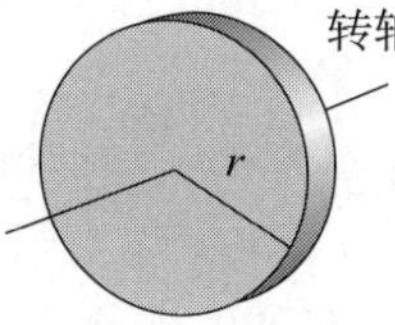

薄圆盘
转轴通过中心
与盘面垂直
$J=\frac{1}{2}mr^2$</td>
<td>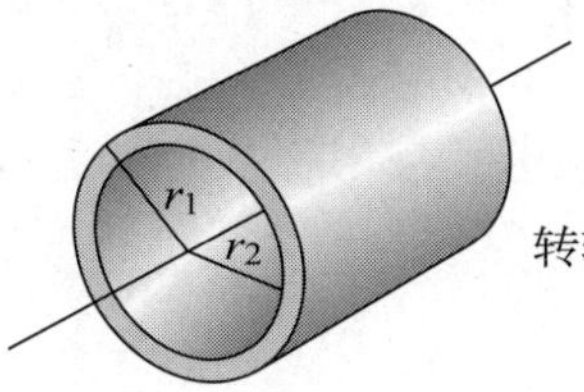

圆筒
转轴沿几何轴
$J=\frac{m}{2}(r_1^2+r_2^2)$</td>
</tr>
<tr>
<td>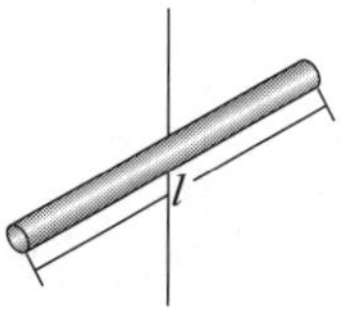

细棒
转轴通过中点
与棒垂直
$J=\frac{1}{12}ml^2$</td>
<td>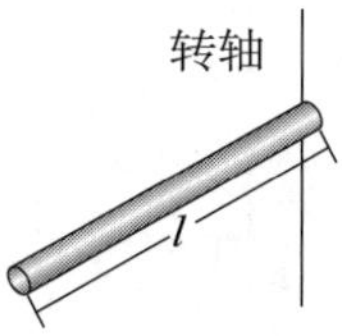

细棒
转轴通过端点
与棒垂直
$J=\frac{1}{3}ml^2$</td>
</tr>
<tr>
<td>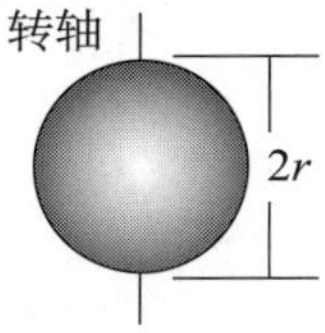

球体
转轴沿直径
$J=\frac{2}{5}mr^2$</td>
<td>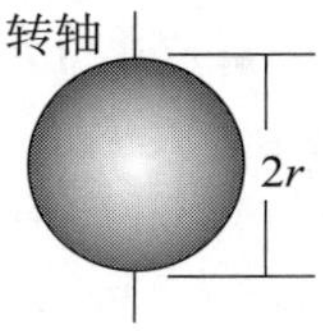

球壳
转轴沿直径
$J=\frac{2}{3}mr^2$</td>
</tr>
</table>

5.2.4　定轴转动定律的应用

应用转动定律解题时，应注意以下几点：

(1) 力矩和转动惯量必须对同一转轴而言.

(2) 要选定转动的正方向，以便确定已知力矩或角加速度、角速度的正负.

(3) 当系统中既有转动物体又有平动物体时，如果用隔离体法解题，那么对转动物体按转动定律建立方程，对平动物体则按牛顿定律建立方程.

例 5.5 阿特伍德机如图 5.8(a)所示.一根轻绳跨过定滑轮,其两端分别悬挂质量为 m_1 及 m_2 的两个物体,且 $m_2>m_1$.滑轮半径为 R,质量为 m_3(可视为匀质圆盘),绳不可伸长,绳与滑轮间无相对滑动.忽略轴处摩擦,试求物体的加速度和各段绳子的张力.

解 由题意可知 m_1、m_2 做平动,m_3 做定轴转动.隔离 m_1、m_2 和 m_3,并作受力图,如图 5.8(b)所示.由于滑轮质量不能忽略,所以滑轮两边绳子的张力 T_1' 和 T_2' 并不相等,但 $T_1=T_1'$,$T_2=T_2'$.因绳子不能伸长,所以 m_1 和 m_2 的加速度大小相等.选取各自的加速度方向为正方向,根据牛顿第二定律,对 m_1 和 m_2 分别有

$$T_1-m_1g=m_1a$$

$$m_2g-T_2=m_2a$$

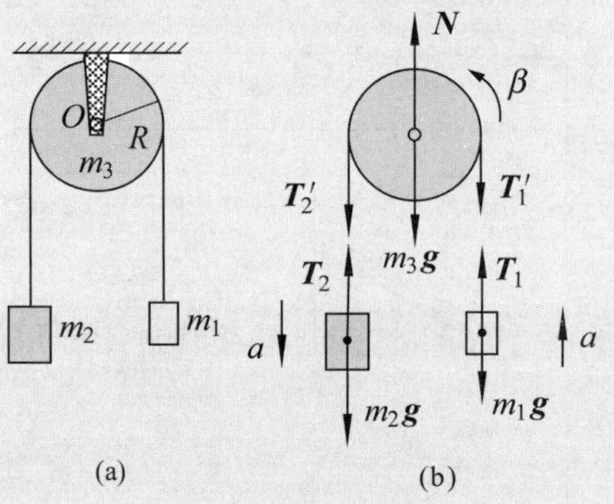

图 5.8

对 m_3 来说,取逆时针方向为转动正方向.由于重力 m_3g、轴承支持力 N 的作用线过轴,故力矩均为零.根据转动定律,有

$$T_2'R-T_1'R=J\beta$$

因绳与滑轮之间无相对滑动,所以 m_2(或 m_1)的加速度 a 与滑轮边缘点的切向加速度相等,即

$$a=R\beta$$

将以上四个方程联立求解,并代入 $J=m_3R^2/2$,可得

$$a=\frac{(m_2-m_1)g}{m_1+m_2+m_3/2}$$

$$T_1=m_1(g+a)=\frac{m_1(2m_2+m_3/2)g}{m_1+m_2+m_3/2}$$

$$T_2=m_2(g-a)=\frac{m_2(2m_1+m_3/2)g}{m_1+m_2+m_3/2}$$

例 5.6 一飞轮的半径 $R=0.25$ m,质量 $m=60$ kg,此质量可近似认为只分布在轮的边缘.飞轮以每分钟 1000 转的转速转动,如图 5.9(a)所示.已知飞轮与制动杆上的闸瓦间摩擦系数 $\mu=0.4$,闸瓦到制动杆转轴 O 的距离为杆全长的1/3,制动杆及闸瓦质量不计.在制动飞轮时,若要求在 $t=5.0$ s内使它均匀地减速而最后停止转动,则在制动杆自由端应加多大的力 $\boldsymbol{F}$?

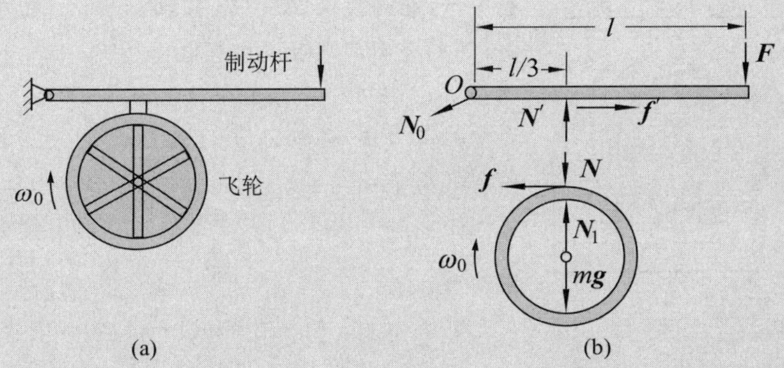

图 5.9

解　飞轮初始角速度为

$$\omega_0 = 2\pi n = \frac{2\times 3.14\times 1000\ \text{rad}}{60\ \text{s}} = 104.7\ \text{rad}\cdot\text{s}^{-1}$$

末态角速度 $\omega=0$. 以 ω_0 方向为正方向，可得飞轮的角加速度为

$$\beta = \frac{\omega-\omega_0}{t} = \frac{0-104.7\ \text{rad}\cdot\text{s}^{-1}}{5\ \text{s}} = -20.9\ \text{rad}\cdot\text{s}^{-2}$$

负号表示 β 与 ω_0 的方向相反.

飞轮和制动杆受力如图 5.9(b)所示. 飞轮所受摩擦力 $f=\mu N$，它对飞轮的阻力矩为

$$M_f = -fR = -\mu NR$$

其他外力对中心轴的力矩均为零. 因此，按转动定律，有

$$-\mu NR = J\beta$$

依题意，$J=mR^2$，代入上式化简可得

$$N = -\frac{mR\beta}{\mu} = \frac{-60\ \text{kg}\times 0.25\ \text{m}\times(-20.9\ \text{rad}\cdot\text{s}^{-2})}{0.4} = 784\ \text{N}$$

根据牛顿第三定律，飞轮对制动杆的压力 $N'=N=784$ N. 设制动杆长度为 l，由对制动杆转轴的力矩平衡条件可得

$$N'\cdot\frac{l}{3} = Fl$$

$$F = \frac{N'}{3} = \frac{784\ \text{N}}{3} \approx 261\ \text{N}$$

例 5.7　一匀质圆盘的质量为 m，半径为 R，在水平桌面上绕其中心垂直轴旋转，如图 5.10 所示. 设圆盘与桌面间的摩擦系数为 μ，问圆盘从角速度 ω_0 旋转到静止需要多少时间？

解　以圆盘为研究对象，它受重力、桌面的支持力和摩擦力，前两个力对中心轴的力矩为零. 由于摩擦力不是集中作用于一点，而是分布在圆盘与桌面的接触面上，因此需要用积分的方法来计算摩擦力矩.

在圆盘上任取一细圆环，半径为 r，宽度为 $\mathrm{d}r$，整个圆环所受摩擦力矩等于圆环上各质点所受摩擦力矩之和. 由于圆环上各质点所受摩擦力的力臂都

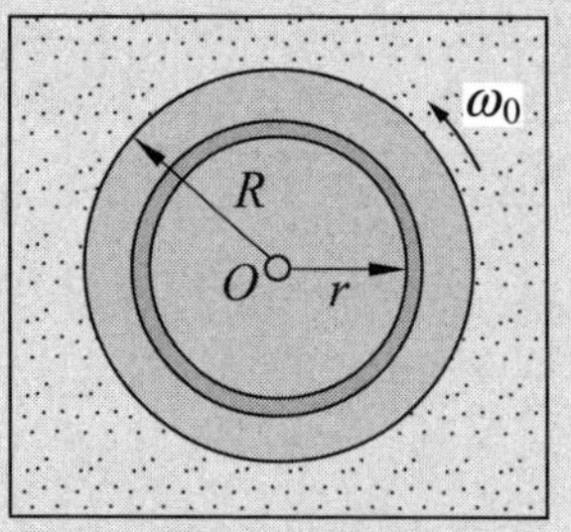

图 5.10

相等,力矩的方向都相同,若取 ω_0 的方向为正方向,则整个圆环所受力矩可写成

$$dM = -\mu g r\, dm = -\mu g r \sigma\, dS$$

式中 dm 为圆环质量,σ 为圆盘面质量密度,dS 为圆环面积,即

$$\sigma = \frac{m}{\pi R^2}, \quad dS = 2\pi r dr, \quad dm = \sigma dS = \frac{2mr dr}{R^2}$$

因此有

$$dM = -2\mu mg \frac{r^2 dr}{R^2}$$

整个圆盘所受力矩为

$$M = -\frac{2\mu mg}{R^2}\int_0^R r^2 dr = -\frac{2}{3}\mu mgR$$

负号表示力矩 M 与 ω_0 方向相反,是阻力矩.

根据转动定律,得

$$\beta = \frac{M}{J} = \frac{-\frac{2}{3}\mu mgR}{\frac{1}{2}mR^2} = -\frac{4\mu g}{3R}$$

β 为常量,且与 ω_0 方向相反,表明圆盘做匀减速转动,因此有

$$\omega = \omega_0 + \beta t$$

当圆盘停止转动时,$\omega = 0$,则得

$$t = \frac{-\omega_0}{\beta} = \frac{3R\omega_0}{4\mu g}$$

这就是圆盘从角速度 ω_0 旋转到停止转动所需要的时间.

5.3 定轴转动中的功能关系

5.3.1 力矩的功和功率

质点在外力作用下发生位移时,力会对质点做功. 同样,当刚体在外力矩作用下绕定轴转动发生角位移时,力矩也会对刚体做功. 如图 5.11 所示,设在转动平面内,力 $\boldsymbol{F}$ 作用于 P 点,当 P 点发生元位移 $d\boldsymbol{r}$ 时,力 $\boldsymbol{F}$ 做的元功为

$$dA = \boldsymbol{F}\cdot d\boldsymbol{r} = F ds\cos\left(\frac{\pi}{2} - \varphi\right) = F ds\sin\varphi$$

式中 $ds = |d\boldsymbol{r}|$,$\varphi = (\boldsymbol{r}, \boldsymbol{F})$. 以 r 表示 P 点的转动半径,$d\theta$ 表示与 ds 对应的角位移,则有 $ds = r d\theta$,又由于 $Fr\sin\varphi = M$,所以元功可写成

$$dA = M d\theta$$

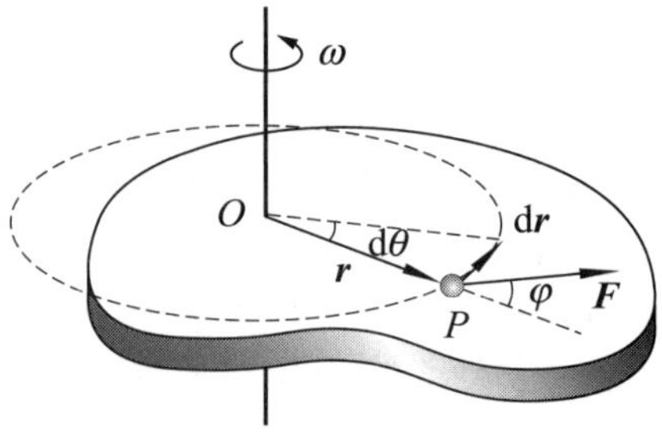

图 5.11

结果表明，力对转动刚体所做的功，可以用力矩做功来计算，两者是等价的. 若刚体从角坐标 θ_0 转到 θ，则力矩做功为

$$A = \int_{\theta_0}^{\theta} M\mathrm{d}\theta \tag{5.17}$$

需要指出，在质点力学中，我们计算过一对内力的功，结果不一定为零. 但对于刚体来说，由于质点间无相对位移，因此刚体上任何一对内力的功都为零.

力矩 M 的功率为

$$P = \frac{\mathrm{d}A}{\mathrm{d}t} = M\frac{\mathrm{d}\theta}{\mathrm{d}t} = M\omega \tag{5.18}$$

当力矩与角速度同方向时，力矩的功和功率均为正值，反向时则为负值.

5.3.2　定轴转动中的功能关系

1. 刚体的重力势能

刚体是特殊的质点系，在重力场中，刚体也具有一定的重力势能，它等于刚体上所有质点重力势能的代数和. 即

$$E_{\mathrm{p}} = \sum_i \Delta m_i g h_i = mg\left(\sum_i \frac{\Delta m_i h_i}{m}\right) = mgh_{\mathrm{c}} \tag{5.19}$$

式中 m 为刚体的总质量，h_{c} 为刚体质心距势能零点的高度. 这相当于刚体的总质量集中在质心时所具有的重力势能.

2. 刚体的定轴转动动能

设在某一时刻，刚体转动的角速度为 ω. 在刚体中任取一质点，质量为 Δm_i，转动半径为 r_i，则该质点做圆周运动的速率为 $v_i = r_i\omega$，其动能为

$$E_{\mathrm{k}i} = \frac{1}{2}\Delta m_i v_i^2 = \frac{1}{2}\Delta m_i r_i^2 \omega^2$$

整个刚体的转动动能应为所有质点的动能之和，即

$$E_{\mathrm{k}} = \sum_{i=1}^{N} E_{\mathrm{k}i} = \sum_{i=1}^{N} \frac{1}{2}\Delta m_i v_i^2 = \frac{1}{2}\left(\sum_{i=1}^{N} \Delta m_i r_i^2\right)\omega^2$$

式中括号内的量即刚体的转动惯量，因此**定轴转动刚体的动能**可写成

$$E_{\mathrm{k}} = \frac{1}{2}J\omega^2 \tag{5.20}$$

将刚体的定轴转动动能与质点的动能加以比较，再一次看出，转动惯量是刚体转动惯性大小的量度.

3. 刚体定轴转动动能定理

力对质点做功会使质点的动能发生变化. 同样，力矩对定轴转动刚体做功会使刚体的动能发生变化.

设一刚体做定轴转动时所受合外力矩为 M，在 $\mathrm{d}t$ 时间内刚体的角位移为 $\mathrm{d}\theta$，则合外力矩做的元功为

$$\mathrm{d}A = M\mathrm{d}\theta = J\beta\mathrm{d}\theta = J\frac{\mathrm{d}\omega}{\mathrm{d}t}\mathrm{d}\theta = J\frac{\mathrm{d}\theta}{\mathrm{d}t}\mathrm{d}\omega = J\omega\mathrm{d}\omega$$

若刚体从角坐标 θ_0 转至 θ，在 θ_0 处角速度为 ω_0，在 θ 处角速度为 ω，则此过程中合外力矩对刚体做的功为

$$A=\int_{\theta_0}^{\theta}M\mathrm{d}\theta=\int_{\omega_0}^{\omega}J\omega\,\mathrm{d}\omega=\frac{1}{2}J\omega^2-\frac{1}{2}J\omega_0^2$$

即

$$\int_{\theta_0}^{\theta}M\mathrm{d}\theta=\frac{1}{2}J\omega^2-\frac{1}{2}J\omega_0^2 \tag{5.21}$$

上式表明，**合外力矩对绕定轴转动的刚体做的功等于该刚体转动动能的增量.** 这是动能定理在刚体定轴转动问题中的具体形式，称为刚体定轴转动的动能定理.

4. 功能原理和机械能守恒定律

对于既有平动物体又有定轴转动物体组成的系统来说，第 3 章介绍的功能原理仍然成立. 如果在运动过程中，只有保守内力做功，那么同样遵守机械能守恒定律. 需要注意的是，系统的动能应该包括平动动能和转动动能，势能也应是平动物体和转动物体的势能之和.

例 5.8 如图 5.12 所示，质量为 m、长为 l 的匀质细杆可绕水平光滑轴 O 在竖直平面内转动. 若使杆从水平位置开始由静止释放，求杆转至铅垂位置时的角速度.

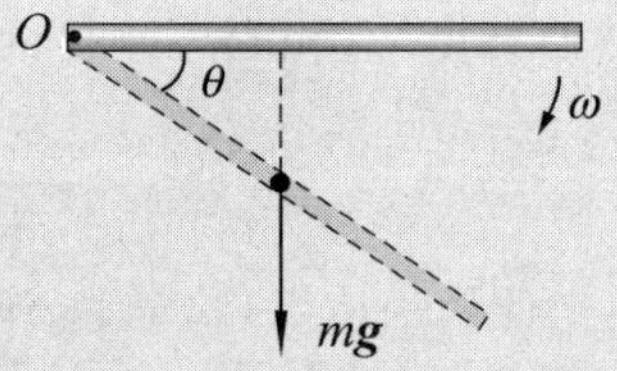

图 5.12

解 分别用转动定律和动能定理求解.

(1) 应用转动定律求角速度.

由于轴承作用于杆的支持力对轴 O 的力矩为零，因此转动过程中杆所受的合外力矩就是重力矩. 以顺时针方向为转动的正方向，设 t 时刻杆与水平方向成 θ 角时，角速度为 ω，角加速度为 β，对轴 O 的重力矩为

$$M=mg\,\frac{l}{2}\cos\theta$$

根据定轴转动定律，有

$$\beta=\frac{M}{J}=mg\,\frac{l}{2J}\cos\theta \tag{①}$$

上式表明，杆绕轴 O 向下转动时，外力矩越来越小，因而角加速度也越来越小，这意味着杆的角速度虽在不断增加，但增加得越来越慢.

将 β 改写为

$$\beta=\frac{\mathrm{d}\omega}{\mathrm{d}t}=\frac{\mathrm{d}\omega}{\mathrm{d}\theta}\cdot\frac{\mathrm{d}\theta}{\mathrm{d}t}=\omega\,\frac{\mathrm{d}\omega}{\mathrm{d}\theta}$$

代入式 ① 并对杆的转动过程积分，有

$$\int_0^{\omega}\omega\mathrm{d}\omega=\int_0^{\frac{\pi}{2}}\beta\mathrm{d}\theta=\frac{mgl}{2J}\int_0^{\frac{\pi}{2}}\cos\theta\mathrm{d}\theta$$

于是得到杆转至铅垂位置时的角速度为

$$\omega=\sqrt{\frac{mgl}{J}} \tag{②}$$

将 $J=\frac{1}{3}ml^2$ 代入式 ②，即得

$$\omega=\sqrt{\frac{3g}{l}}$$

(2) 应用动能定理求角速度.

当杆的位置由 θ 转到 $\theta+\mathrm{d}\theta$ 时，重力矩所做元功为

$$\mathrm{d}A=M\mathrm{d}\theta=\frac{1}{2}mgl\cos\theta\mathrm{d}\theta$$

杆从水平位置转至铅垂位置过程中，外力矩(即重力矩)做功的量值为

$$A=\int_0^{\frac{\pi}{2}}M\mathrm{d}\theta=\frac{mgl}{2}\int_0^{\frac{\pi}{2}}\cos\theta\mathrm{d}\theta=\frac{1}{2}mgl$$

根据定轴转动动能定理，有

$$\frac{1}{2}mgl=\frac{1}{2}J\omega^2-0=\frac{1}{2}J\omega^2$$

可得

$$\omega=\sqrt{\frac{mgl}{J}}=\sqrt{\frac{3g}{l}}$$

例 5.9　试用功能原理求例 5.5 中物体的加速度.

解　以 m_1、m_2、m_3 及绳作为一个系统，所受外力为 m_1g、m_2g、m_3g 以及轴承的支持力. 在运动过程中，由于绳与滑轮之间无相对滑动，故非保守内力不做功，不考虑绳子的伸长也就不考虑弹性势能. 于是系统的功能原理可表示为

$$A_{外}=E_{\mathrm{k}}-E_{\mathrm{k0}}$$

设 m_2 下降一段距离 h，则式中外力做的功为

$$A_{外}=m_2gh-m_1gh$$

而 E_{k} 和 E_{k0} 则为系统末态和初态的动能. 设 m_1、m_2 的初速为零，相应地 m_3 的初始角速度也为零. 当 m_2 下降一段距离 h 时，设 m_1、m_2 的速率为 v，m_3 的角速度为 ω，所以有

$$E_{\mathrm{k0}}=0$$

$$E_{\mathrm{k}}=\frac{1}{2}m_1v^2+\frac{1}{2}m_2v^2+\frac{1}{2}J\omega^2$$

式中 $J=\frac{1}{2}m_3R^2$. 因绳与滑轮之间无相对滑动，故物体 m_1 或 m_2 的速率 v 应与滑轮边缘上点的速率相等，即 $v=\omega R$.

根据功能原理可得

$$(m_2-m_1)gh=\frac{1}{2}(m_1+m_2)v^2+\frac{1}{2}J\omega^2=\frac{1}{2}\left(m_1+m_2+\frac{1}{2}m_3\right)v^2$$

将上式对时间求导得

$$(m_2-m_1)g\frac{\mathrm{d}h}{\mathrm{d}t}=\left(m_1+m_2+\frac{1}{2}m_3\right)v\frac{\mathrm{d}v}{\mathrm{d}t}$$

因 $\frac{\mathrm{d}h}{\mathrm{d}t}=v$，所以

$$a=\frac{\mathrm{d}v}{\mathrm{d}t}=\frac{(m_2-m_1)g}{m_1+m_2+\frac{1}{2}m_3}$$

如将地球包括在系统内，则重力为保守内力. 系统在运动过程中，只有保守内力做功，所以此例也可用机械能守恒定律求解，读者不妨一试.

5.4 角动量与角动量守恒定律

大到天体，小到基本粒子都具有转动的特征，角动量就是描述物体转动特征的物理量. 虽然角动量定义于18世纪，但直到20世纪人们才认识到它是自然界最基本、最重要的概念之一，在经典力学及近代物理中都有着广泛的应用.

5.4.1 角动量

1. 质点的角动量

角动量也称为**动量矩**，其定义方法和力矩类似. 设 O 为某一惯性系中的一个参考点，做一般曲线运动的质点某时刻动量为 $\boldsymbol{p}=m\boldsymbol{v}$，相对 O 点的位置矢量为 $\boldsymbol{r}$，如图 5.13(a) 所示. 该质点对 $\boldsymbol{O}$ 点的角动量定义为位矢 $\boldsymbol{r}$ 和动量 $\boldsymbol{p}$ 的矢积，即

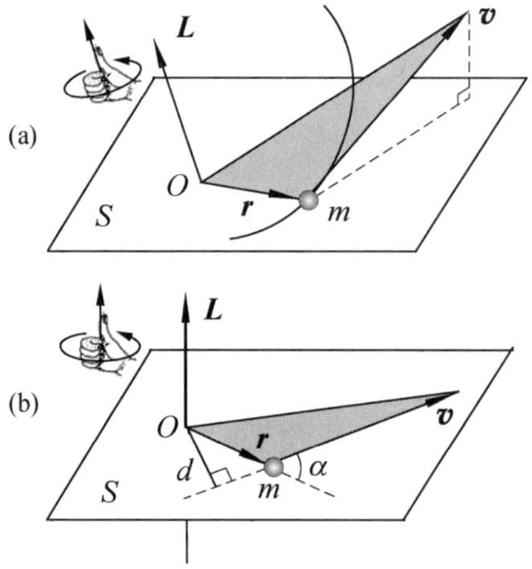

图 5.13

$$\boldsymbol{L}=\boldsymbol{r}\times\boldsymbol{p}=\boldsymbol{r}\times(m\boldsymbol{v}) \tag{5.22a}$$

可见 $\boldsymbol{L}$ 是矢量. 它的大小为

$$L=mvr\sin\alpha \tag{5.22b}$$

式中 α 是 $\boldsymbol{r}$ 与 $\boldsymbol{p}$(或 $\boldsymbol{v}$) 的夹角. $\boldsymbol{L}$ 的方向垂直于 $\boldsymbol{r}$ 和 $\boldsymbol{p}$ 决定的平面，其指向由右手螺旋定则确定.

由式(5.22) 可见，$\boldsymbol{L}$ 不仅与质点的运动有关，还与参考点的位置有关. 对于不同的参考点，同一质点有不同的位矢，故 $\boldsymbol{L}$ 一般不等. 因此，在说明一个质点的角动量时，必须指明是对哪一个参考点而言的.

与力矩情况类似，质点对某点的角动量在通过该点的任意轴上的投影称为质点对该轴的角动量.

如果质点在平面内运动，则质点对平面内任一点的角动量均与该平面垂直，因此，其方向只有两种可能的取向，要么指向平面这一侧，要么指向平面另一侧. 在这种情况下，常把角动量用代数量来表示，即用正负号表示其方向.

容易证明，当质点在平面内运动时，质点对平面内任一点的角动量等于质点对通过该点且垂直于运动平面的轴的角动量. 如图 5.13(b) 所示，质点在 S 面内运动，对 O 点的角动量即为对过 O 点且垂直于 S 面的轴的角动量，其大小为

$$L = mvr\sin\alpha = mvd$$

式中 α 是 $\boldsymbol{r}$ 与 $\boldsymbol{v}$ 的夹角，$d = r\sin\alpha$ 是 O 点到质点速度方向所在直线的垂直距离，显然 d 与力矩中的力臂类似. $\boldsymbol{L}$ 的方向沿轴向且与 $\boldsymbol{v}$ 的方向成右手螺旋关系.

值得指出，速度方向的变化必定改变动量的方向，但不一定改变角动量的方向. 例如，当质点做半径为 r 的圆周运动时，对圆心的角动量大小 $L = mvr$，其方向垂直于圆平面. 只要速率 v 保持不变，$\boldsymbol{L}$ 就是恒定的，但动量 $\boldsymbol{p}$ 却因速度方向的变化而变化.

在 SI 中，角动量的单位是千克二次方米每秒，符号是 $\mathrm{kg \cdot m^2 \cdot s^{-1}}$.

例 5.10　质量为 m 的质点沿一直线运动，O 点到该直线的垂直距离为 d. 设在 t 时刻质点位于 A 点，速度为 $\boldsymbol{v}$，如图 5.14 所示. 求该时刻质点对 O 点的角动量.

解　依题意 $\boldsymbol{r} = \overrightarrow{OA}$，设 $\alpha = (\boldsymbol{r}, \boldsymbol{v})$. 据角动量定义，质点对 O 点角动量的大小为

$$L = rmv\sin\alpha = mvd$$

$\boldsymbol{L}$ 的方向垂直纸面向外.

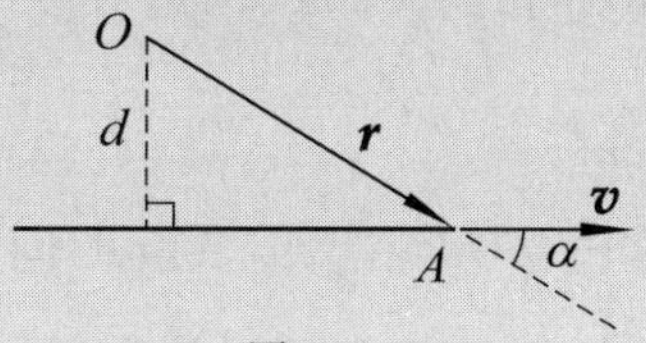

图 5.14

角动量的概念，在大到天体的运动，小到质子、电子的运动的描述中，都有广泛应用. 比如，电子绕核运动，具有轨道角动量；电子自旋，具有自旋角动量. 原子、分子、原子核系统的基本性质之一，是它们的角动量只能取一些不连续的分立值，这叫作角动量的量子化. 因此，在微观粒子系统性质的描述中，角动量起重要作用.

2. 刚体的角动量

刚体绕 Oz 轴转动时，刚体上所有质点都在各自的转动平面内绕 Oz 轴做圆周运动. 设刚体中质量为 Δm_i 的质点的转动半径为 r_i，则该质点对 Oz 轴的角动量为 $L_i = \Delta m_i r_i v_i = \Delta m_i r_i^2 \omega$，其中 ω 为刚体的角速度. 刚体对 Oz 轴的角动量 L 等于所有质点对 Oz 轴角动量的代数和，即

$$L = \sum_{i=1}^{N} L_i = \left(\sum_{i=1}^{N} \Delta m_i r_i^2\right)\omega$$

括号内的量为刚体对 Oz 轴的转动惯量，因此上式可改写成

$$L = J\omega \tag{5.23}$$

式(5.23)表明，刚体对某一转轴的角动量等于它对该轴的转动惯量与其角速度的乘积. 角动量的方向与角速度的一样，沿轴向，且只有两个可能方向.

5.4.2　质点的角动量定理和角动量守恒定律

1. 质点的角动量定理

我们知道，力的时间累积作用使质点的动量发生变化，那么力矩的累积作用对质点会产生什么效果呢？

设在 t 时刻，质量为 m 的质点的速度为 $\boldsymbol{v}$，所受合力为 $\boldsymbol{F}$，对参考点 O 点的位

矢为 $\boldsymbol{r}$、角动量为 $\boldsymbol{L}$,则

$$\frac{\mathrm{d}\boldsymbol{L}}{\mathrm{d}t}=\frac{\mathrm{d}}{\mathrm{d}t}(\boldsymbol{r}\times m\boldsymbol{v})=\boldsymbol{r}\times\frac{\mathrm{d}(m\boldsymbol{v})}{\mathrm{d}t}+\frac{\mathrm{d}\boldsymbol{r}}{\mathrm{d}t}\times(m\boldsymbol{v})$$

由于 $\frac{\mathrm{d}(m\boldsymbol{v})}{\mathrm{d}t}=\boldsymbol{F}$, $\frac{\mathrm{d}\boldsymbol{r}}{\mathrm{d}t}\times(m\boldsymbol{v})=\boldsymbol{v}\times(m\boldsymbol{v})=0$,同时考虑到合力对 O 点的力矩 $\boldsymbol{M}=\boldsymbol{r}\times\boldsymbol{F}$,所以有

$$\boldsymbol{M}=\frac{\mathrm{d}\boldsymbol{L}}{\mathrm{d}t} \tag{5.24}$$

可见,作用在质点上的合力矩等于质点角动量的时间变化率.上式可写成

$$\boldsymbol{M}\mathrm{d}t=\mathrm{d}\boldsymbol{L} \tag{5.25a}$$

其中合力矩与时间的乘积 $\boldsymbol{M}\mathrm{d}t$ 称为元冲量矩.

设质点在合力矩 $\boldsymbol{M}$ 的作用下,从时刻 t_0 到 t 这段时间内,角动量由 $\boldsymbol{L}_0$ 变为 $\boldsymbol{L}$,则将式(5.25a)两边对该过程积分,可得

$$\int_{t_0}^{t}\boldsymbol{M}\mathrm{d}t=\boldsymbol{L}-\boldsymbol{L}_0 \tag{5.25b}$$

式中 $\int_{t_0}^{t}\boldsymbol{M}\mathrm{d}t$ 称为 t_0 到 t 时间内质点所受的**冲量矩**.式(5.25)表明,**对于任意固定点 O,作用于质点的冲量矩等于在同一时间内质点角动量的增量**.这一结论称为质点的角动量定理.式(5.25a)和(5.25b)分别为定理的微分形式和积分形式.该定理以牛顿运动定律为基础推出,因此仅适用于惯性系.

对质点系而言,由于内力成对出现,大小相等而方向相反,并且沿同一直线,因此,任意一对内力对任一点的力矩之和总是等于零,从而使质点系的角动量定理与质点的角动量定理具有相同的形式,只是式中 $\boldsymbol{M}$ 应为作用于质点系的所有外力矩的矢量和,而 $\boldsymbol{L}$ 则为系统内各质点的角动量的矢量和,称为系统的角动量.

2. 质点的角动量守恒定律

根据角动量定理,若合外力矩 $\boldsymbol{M}=0$,则有

$$\boldsymbol{L}=\boldsymbol{L}_0 \tag{5.26}$$

可见,**对某一固定点 O,如果作用于质点或质点系的所有外力矩的矢量和为零,那么该质点或质点系对 O 点的角动量保持不变**.这一结论称为角动量守恒定律.

如果质点在运动过程中受到的力始终指向某个中心,这种力称为**有心力**,这个中心称为力心.例如太阳对行星的引力总是通过太阳的中心,这种引力就是有心力.因为有心力对力心的力矩恒为零,所以**仅受有心力作用的质点对力心的角动量保持不变**.

例 5.11 利用角动量守恒定律导出开普勒第二定律:行星对太阳的位矢在相等的时间内扫过相等的面积.

解 如图 5.15 所示,设太阳中心为 O 点,行星在太阳引力的作用下运动.由于引力始终通过 O 点,所以行星对 O 点的角动量 $\boldsymbol{L}$ 保持不变.$\boldsymbol{L}$ 方向不变表明由 $\boldsymbol{r}$ 和 $\boldsymbol{v}$ 决定的平面方位保持不变,因此,行星运动的轨道是一个平面轨道.

L 的大小为

$$L = rmv\sin\theta = mr\,\frac{|\,\mathrm{d}\boldsymbol{r}\,|}{\mathrm{d}t}\sin\theta$$

由图可知，上式中乘积 $r\,|\,\mathrm{d}\boldsymbol{r}\,|\,\sin\theta$ 等于阴影三角形面积的 2 倍，而阴影面积正是位矢 $\boldsymbol{r}$ 在 $\mathrm{d}t$ 时间内扫过面积. 以 $\mathrm{d}S$ 表示这一面积，则有

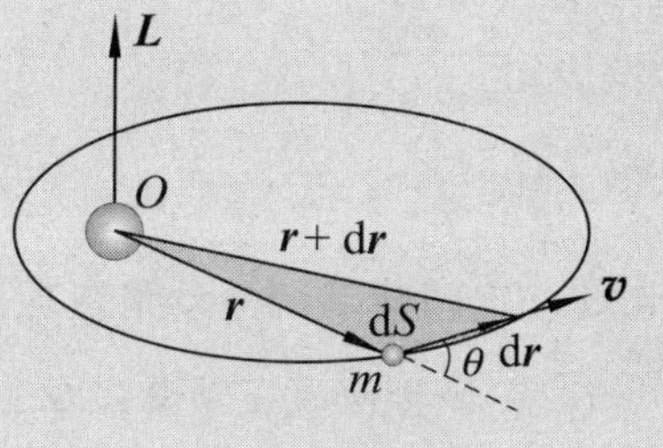

图 5.15

$$L = m\,\frac{2\mathrm{d}S}{\mathrm{d}t}$$

可得

$$\frac{\mathrm{d}S}{\mathrm{d}t} = \frac{L}{2m}$$

由于 L 和 m 为常量，因此上式表明，行星对太阳的位矢 $\boldsymbol{r}$ 扫过面积的时间变化率(称为行星运动的面积速度)保持不变，即位矢 $\boldsymbol{r}$ 在相等的时间内扫过相等的面积.

例 5.12　当质子从很远处以初速 $\boldsymbol{v}_0$ 接近原子核时，原子核可看作不动，质子受到原子核斥力的作用，它的运动轨道将是一条双曲线，如图 5.16 所示. 设原子核所带电量为 Ze，质子的质量为 m，初速 $\boldsymbol{v}_0$ 的方向线与原子核的垂直距离为 b，质子所受静电力为 $k\dfrac{Ze^2}{r^2}$，k 是一个常量. 忽略万有引力，试求质子和原子核最接近的距离.

解　选原子核所在处为坐标原点 O. 因为原子核对质子的斥力始终通过 O 点，即质子受有心力作用，所以质子在运动过程中对 O 点的角动量守恒. 设质子和原子核的最近距离为 r_s，该处速度为 $\boldsymbol{v}_s$，则有

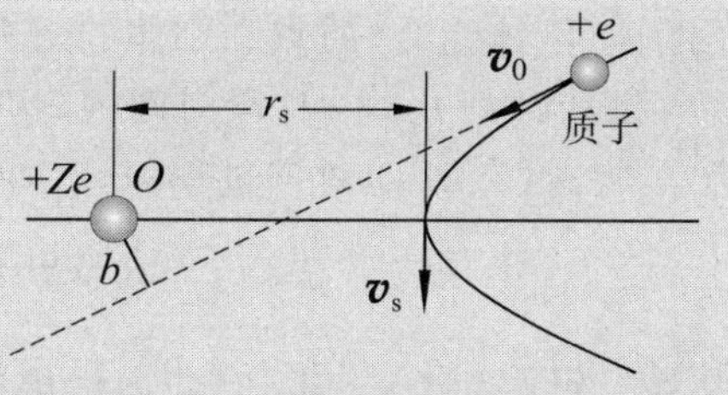

图 5.16

$$mv_0b = mv_sr_s \qquad ①$$

由于在质子的运动过程中仅受静电力作用，而静电力为保守力，因此，对于原子核和质子组成的系统来说，其动能和电势能的总和保持不变. 选取距 O 点无穷远处为电势能零点，据势能定义，在与 O 点相距 r 处的电势能为

$$E_p(r) = \int_r^\infty k\,\frac{Ze^2}{r^2}\mathrm{d}r = k\,\frac{Ze^2}{r}$$

忽略质子离核很远时的电势能. 在 $r = r_s$ 处，有

$$\frac{1}{2}mv_s^2 + k\,\frac{Ze^2}{r_s} = \frac{1}{2}mv_0^2 \qquad ②$$

由式 ① 和式 ② 消去 v_s，并化简，得

$$r_s^2 - 2k\,\frac{Ze^2}{mv_0^2}r_s - b^2 = 0$$

解得

$$r_s = k\frac{Ze^2}{mv_0^2} \pm \sqrt{\left(k\frac{Ze^2}{mv_0^2}\right)^2 + b^2}$$

上式取负号时，$r_s < 0$，不合题意，故舍去. 因此质子与原子核的最近距离为

$$r_s = k\frac{Ze^2}{mv_0^2} + \sqrt{\left(k\frac{Ze^2}{mv_0^2}\right)^2 + b^2}$$

5.4.3 定轴转动的角动量定理和角动量守恒定律

1. 定轴转动的角动量定理

由刚体定轴转动定律，有

$$M = J\beta = J\frac{\mathrm{d}\omega}{\mathrm{d}t} = \frac{\mathrm{d}}{\mathrm{d}t}(J\omega) = \frac{\mathrm{d}L}{\mathrm{d}t}$$

上式表明，作用在定轴转动刚体上的合外力矩，等于该刚体角动量对时间的变化率. 因此有

$$M\mathrm{d}t = \mathrm{d}(J\omega) \tag{5.27a}$$

注意上式在推导过程中，我们将 J 从微分号外移到了微分号内. 对刚体而言，由于 J 不变，自然可以移动，但对于 J 可变的非刚体而言，$\frac{\mathrm{d}\omega}{\mathrm{d}t}$ 与 $\frac{\mathrm{d}}{\mathrm{d}t}(J\omega)$ 并不相等. 不过可以证明，包括非刚体在内的任何物体定轴转动时，只要其上所有质点转动角速度都相同，式(5.27a) 都是成立的. 因此，下文中的物体一词，可以是刚体、刚体组合、质点和刚体的组合，也可以是非刚体.

设从时刻 t_0 到 t 这段时间内，物体的角速度由 ω_0 变为 ω，转动惯量从 J_0 变为 J，将式(5.27a) 对该过程积分，可得

$$\int_{t_0}^{t} M\mathrm{d}t = J\omega - J_0\omega_0 \tag{5.27b}$$

式中 $\int_{t_0}^{t} M\mathrm{d}t$ 称为 t_0 到 t 时间内作用于定轴转动物体的冲量矩. 式(5.27) 表明，**作用于定轴转动物体的冲量矩等于在同一时间内物体角动量的增量**. 这一结论称为定轴转动的角动量定理. 式(5.27a) 和(5.27b) 分别为定理的微分形式和积分形式.

需要注意的是，合外力矩与角动量必须对同一轴而言，但合外力矩的方向和角动量的方向不一定相同，而是和角动量增量的方向相同.

2. 定轴转动的角动量守恒定律

由式(5.27) 可见，**物体绕定轴转动时，如果其所受合外力矩 $\boldsymbol{M}$ 恒为零，则物体对该轴的角动量保持不变**，即

$$L = J\omega = \text{常量} \tag{5.28}$$

这一结论称为定轴转动的角动量守恒定律. 由于此定律是对一个过程而言的，在这一过程中的任一时刻，物体的角动量都是恒定不变的，因此，合外力矩也必须时时为零，这就是角动量守恒的条件.

值得指出，式(5.27) 虽然对固定轴而言，但可以证明，在物体有整体运

动的情况下，若考虑它绕质心轴的转动，这一公式仍然适用. 因此，只要作用于物体的对于质心轴的合外力矩为零，那么它对质心轴的角动量也保持不变.

茹科夫斯基凳

理解和应用角动量守恒定律时，应注意以下几个方面：

(1) 对于一个绕定轴转动的刚体，因为其转动惯量 J 不变，所以，当对转轴的合外力矩为零时，刚体的角速度保持不变.

(2) 对于在转动过程中转动惯量可以改变的物体而言，如果物体上各点绕定轴转动的角速度相同，可以证明，式(5.27) 仍然成立. 当合外力矩为零时，仍然有角动量守恒：J 增大时，ω 就减小；J 减小时，ω 就增大；两者乘积保持不变. 如舞蹈演员和滑冰运动员做旋转动作时，先将两臂和腿伸开，绕通过足尖的竖直轴以一定的角速度旋转，然后将两臂和腿迅速收拢，由于转动惯量减小，而使旋转明显加快.

(3) 对于既有转动物体又有平动物体组成的系统来说，若作用于系统的对某一定轴的合外力矩为零，则系统对该轴的角动量保持不变，即

$$\sum_{i=1}^{N} L_i = \sum_{i=1}^{N} J_i \omega_i = \text{常量}$$

需要说明的是，尽管我们讨论角动量守恒定律时是以牛顿运动定律为基础的，但它体现了物理规律的空间旋转对称性. 和动量守恒定律、能量守恒定律一样，角动量守恒定律也是自然界最基本、最普遍的规律之一. 它不仅适用于经典力学，也适用于相对论力学，而且还适用于微观世界，在包括天体在内的宏观问题以及包括原子、原子核等的微观问题的处理中，都有广泛应用.

角动量守恒定律在实践中有着广泛的应用. 鱼雷在其尾部装有转向相反的两个螺旋桨就是一例. 鱼雷最初是不转动的，在不受外力矩作用时，根据角动量守恒定律，其总的角动量应始终为零. 如果只装一部螺旋桨，当其顺时针转动时，雷身将反向滚动. 为此在鱼雷的尾部再装一部相同的螺旋桨，工作时让两部螺旋桨向相反的方向旋转，这样就可使雷身的总角动量保持为零，以免发生滚动. 而水对转向相反的两台螺旋桨的反作用力便是鱼雷前进的推力. 又如当安装在直升机上方的旋翼转动时，根据角动量守恒定律，它必然引起机身反向打转，以维持总的角动量为零. 为了防止机身打转，通常在直升机的尾部侧向安装一个小的辅助螺旋桨，叫作尾桨，它提供一个附加的水平力，其力矩可抵消旋翼给机身的反作用力矩.

直升飞机演示角动量守恒

例 5.13　用角动量定理求解例 5.7.

解　例 5.7 中已算出圆盘所受合外力矩为

$$M = -\frac{2}{3}\mu mgR$$

可见 M 为常量. 设圆盘从角速度 ω_0 旋转到静止需要的时间为 t，由角动量定理有

$$\int_0^t M\mathrm{d}t = Mt = J\omega - J\omega_0$$

因 $\omega = 0$，所以有

$$t=\frac{-J\omega_0}{M}=\frac{-\frac{1}{2}mR^2\omega_0}{-\frac{2}{3}\mu mgR}=\frac{3R\omega_0}{4\mu g}$$

例 5.14 如图 5.17 所示，一长为 l、质量为 m 的匀质细杆，可绕光滑水平轴 O 在铅直面内摆动. 当杆静止时，一颗质量为 m_0 的子弹水平射入，射入点与轴相距为 a 并留在杆中，若能使杆偏转到 $\theta=30°$，求子弹的初速 v_0.

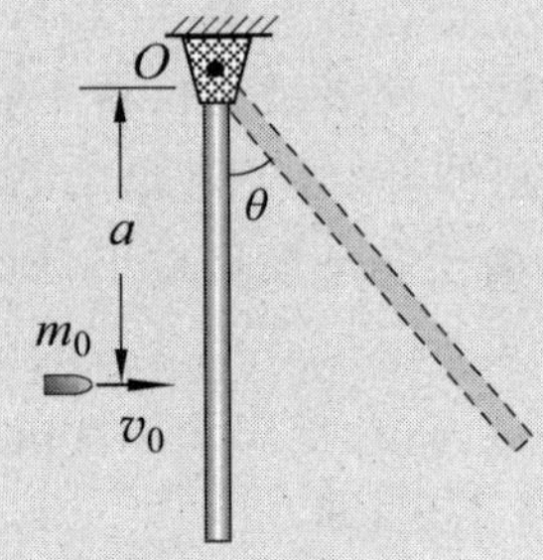

图 5.17

解 整个过程可分为两个阶段.

第一阶段：子弹射入细杆，并使杆获得初角速度. 这一阶段时间极短，细杆发生的偏转极小，可以认为仍处于竖直位置. 考虑子弹和细杆所组成的系统，系统的外力为子弹、细杆所受重力及轴的支持力，但这些力对轴 O 的力矩均为零，满足 $M=0$ 条件，故此阶段系统的角动量守恒. 以细杆转动的方向为正方向，子弹射入细杆前后，系统的角动量分别为

$$L_0=m_0v_0a,\qquad L=J\omega$$

其中 $J=\frac{1}{3}ml^2+m_0a^2$ 为子弹射入杆后系统对轴 O 的转动惯量. 由 $L_0=L$ 有

$$m_0v_0a=J\omega \tag{①}$$

第二阶段：子弹随杆一起绕轴 O 转动. 以子弹、细杆和地球为系统，在第二阶段，只有保守内力做功，因此系统的机械能守恒. 选取细杆处在竖直位置时子弹的位置为重力势能零点，系统在始末态的机械能分别为

$$E_0=\frac{1}{2}J\omega^2+mg\left(a-\frac{l}{2}\right)$$

$$E=m_0ga(1-\cos\theta)+mg\left(a-\frac{l}{2}\cos\theta\right)$$

式中 $\theta=30°$. 由 $E_0=E$，有

$$\frac{1}{2}J\omega^2+mg\left(a-\frac{l}{2}\right)=m_0ga(1-\cos\theta)+mg\left(a-\frac{l}{2}\cos\theta\right) \tag{②}$$

式 ① 和式 ② 联立，并代入 J 值，可得

$$v_0=\frac{1}{m_0a}\sqrt{\frac{2-\sqrt{3}}{6}(ml+2m_0a)(ml^2+3m_0a^2)g}$$

例 5.15 如图 5.18 所示，A、B 两圆盘绕各自的中心轴转动，角速度分别为 $\omega_A=50\ \text{rad}\cdot\text{s}^{-1}$，$\omega_B=200\ \text{rad}\cdot\text{s}^{-1}$. 已知 A 圆盘的半径 $R_A=0.2$ m，质量 $m_A=2$ kg，B 圆盘的半径 $R_B=0.1$ m，质量 $m_B=4$ kg. 试求两圆盘对心衔接后的角速度 ω.

解　以两圆盘为系统. 在衔接过程中，系统受到的外力有重力、轴对圆盘的支持力和轴向的正压力. 圆盘间的切向摩擦力为系统内力. 重力和支持力的作用线通过转轴，力矩为零. 轴向正压力的方向平行于转轴，力矩也为零. 因此系统所受合外力矩为零，角动量守恒. 于是有

$$J_A\omega_A + J_B\omega_B = (J_A + J_B)\omega$$

式中

$$J_A = \frac{1}{2}m_A R_A^2, \quad J_B = \frac{1}{2}m_B R_B^2$$

可得

$$\omega = \frac{m_A R_A^2 \omega_A + m_B R_B^2 \omega_B}{m_A R_A^2 + m_B R_B^2}$$

代入 m_A、R_A、ω_A、m_B、R_B、ω_B 的值，得到两圆盘对心衔接后的角速度为

$$\omega = 100\ \text{rad}\cdot\text{s}^{-1}$$

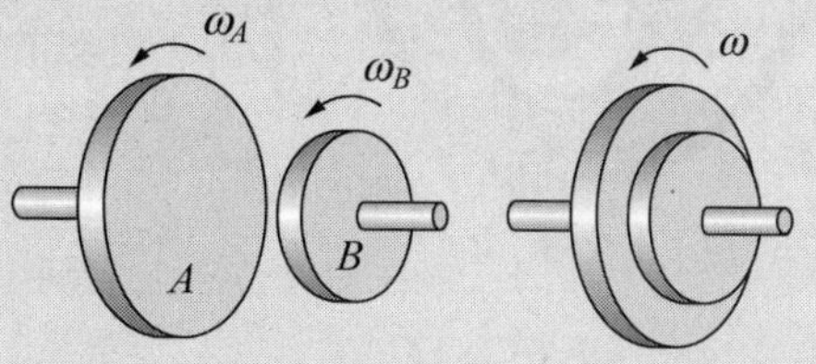

图 5.18

对比质点直线运动和刚体定轴转动的描述以及两种运动所遵循的规律，我们发现，它们在形式上非常相似，如表 5.2 所示. 这是因为做直线运动的质点的位置和做定轴转动的刚体的位置都只需要一个独立坐标表示，前者用坐标 x，后者用角坐标 θ. x 和 θ 是一种线量和角量的对应关系，这种对应关系反映到其他物理量，自然这两种运动的物理规律也具有线量和角量的对应形式.

表 5.2　直线运动和定轴转动规律对照

质点的直线运动		刚体的定轴转动	
速度 $v = \dfrac{dx}{dt}$	加速度 $a = \dfrac{dv}{dt} = \dfrac{d^2x}{dt^2}$	角速度 $\omega = \dfrac{d\theta}{dt}$	角加速度 $\beta = \dfrac{d\omega}{dt} = \dfrac{d^2\theta}{dt^2}$
动量 $p = mv$	动能 $E_k = \dfrac{1}{2}mv^2$	角动量 $L = J\omega$	动能 $E_k = \dfrac{1}{2}J\omega^2$
力 F	质量 m	力矩 M	转动惯量 J
功 $A = \int F dx$	冲量 $= \int F dt$	功 $A = \int M d\theta$	冲量矩 $= \int M dt$
牛顿定律　$F = ma$		转动定律　$M = J\beta$	
动量定理　$F dt = dp$ 或 $\int_{t_0}^{t} F dt = p - p_0$		角动量定理　$M dt = dL$ 或 $\int_{t_0}^{t} M dt = L - L_0$	
动能定理　$A = \dfrac{1}{2}mv^2 - \dfrac{1}{2}mv_0^2$		动能定理　$A = \dfrac{1}{2}J\omega^2 - \dfrac{1}{2}J\omega_0^2$	

*5.5　回转仪　进动

5.5.1　回转仪的定向性

常平架回转仪有时也叫“陀螺”，通常用作定向装置，是刚体角动量守恒定律的一种重要应用.

如图 5.19，常平架回转仪由框架、常平架和回转仪三部分组成. 常平架由

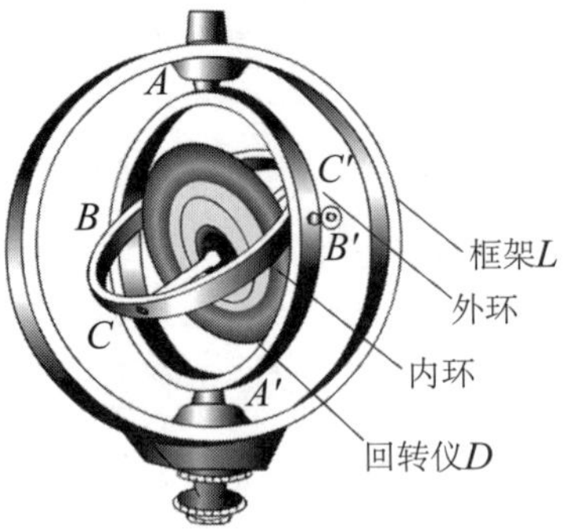

图 5.19

内外两个圆环构成，外环能绕光滑支点 A、A' 所确定的轴线自由转动，内环又可绕外环上的光滑支点 B、B' 所确定的轴线自由转动. 常平架被固定在框架 L 上. 回转仪 D 是一个边缘厚重并能绕自身的对称轴高速转动的转子，其自转轴 CC' 安装在常平架的内环上. 三个轴 AA'、BB' 和 CC' 两两垂直，并且相交于回转仪 D 的质心. 这种装置的特点是回转仪的轴 CC' 在空间可取任何方位.

当回转仪绕自转轴高速转动时，可以观察到，不论如何转动框架 L，回转仪 D 的转轴方向始终不变. 其原因在于回转仪不受任何外力矩作用，而轴承又是光滑的，所以其角动量守恒. 这种守恒不但表现为自转角速度的大小不变，而且其方向也不变. 由于角速度方向是沿转轴的，所以角速度的方向不变又表现为转轴方向不变.

回转仪高速自转时保持转轴方向不变的特性，可用作定向装置. 特别是回转仪的定向作用不受地磁及周围磁场的影响，因此广泛应用于飞机自动驾驶及导弹、火箭、舰船的导航. 例如在导弹上安装两个回转仪(至少两个)，其中一个绕铅直轴线高速旋转，以确定铅直基准线，另一个则绕水平轴线高速旋转，以确定水平基准线，就可以测量导弹的飞行方向.

定向陀螺仪

5.5.2 回转仪的进动

图 5.20(a) 是演示进动现象的简易装置. 将飞轮(可用自行车车轮代替)的轴的一端做成小球形，放在固定的竖直杆顶端的凹槽中. 先使轴保持水平，然后放手. 不难预料，放手后飞轮就会迅速掉下来. 但是，如果使飞轮先绕自身的对称轴高速旋转起来(这种旋转称为自旋，自旋的飞轮是一种没有常平架的回转仪)，然后再放手，那么，就会出现出乎人们预料的现象：飞轮不但没有掉下来，它的自转轴还在水平面内绕杆顶凹槽中心 O 转动起来. 这种高速自旋物体的轴在空间转动的现象称为**进动**，也叫**旋进**.

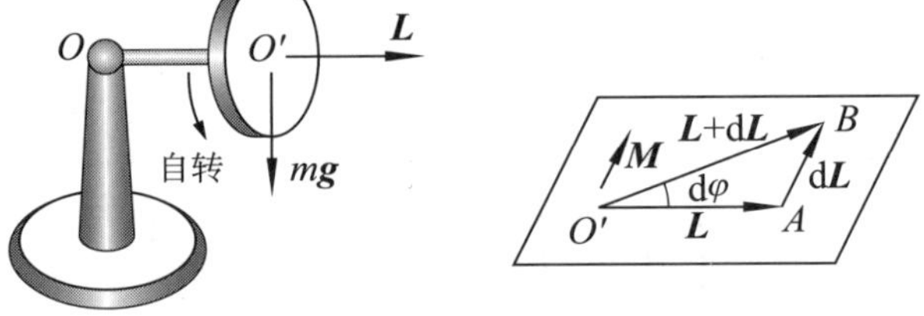

(a) (b)

图 5.20

进动现象可用角动量定理做简要解释. 当飞轮自转轴处于水平位置时，由图示的自转方向可知，自旋飞轮对 O 点的角动量 $\boldsymbol{L}$ 的方向水平向右($\boldsymbol{L}$ 是飞轮上每一个质点对 O 点的角动量的矢量和，由对称性可以证明 $\boldsymbol{L}$ 的方向)，而外力即重力对

O 点的力矩 $\boldsymbol{M}$ 的方向却是垂直纸面朝里，$\boldsymbol{M}$ 垂直于 $\boldsymbol{L}$. 根据角动量定理有 $\mathrm{d}\boldsymbol{L}=\boldsymbol{M}\mathrm{d}t$，即角动量增量 $\mathrm{d}\boldsymbol{L}$ 与外力矩 $\boldsymbol{M}$ 同向，如图 5.20(b) 所示，所以 $\mathrm{d}\boldsymbol{L}$ 也与 $\boldsymbol{L}$ 垂直，并且在水平面内，这意味着 $\boldsymbol{L}$ 的大小不变，而方向要改变，因而飞轮的自转轴在水平面内由 OA 位置转到 OB 位置. 这一转动的连续进行就形成了进动. 进动角速度为 $\mathrm{d}\varphi/\mathrm{d}t$，进动方向从上向下看是逆时针的. 由上述分析可知，进动现象是自旋物体在外力矩作用下沿外力矩方向改变其角动量的结果.

常见的进动实例是玩具陀螺的进动. 如图5.21所示，陀螺不自转时，重力对 O 点的力矩使其倾倒. 当陀螺绕自转轴高速旋转起来后，即使自转轴是倾斜的，重力矩也不能使它倾倒，而是使陀螺的自转轴沿一个圆锥面绕 Oz 轴（通过 O 点的竖直轴）转动，这就是陀螺的进动. 这种进动也是重力矩作用的结果.

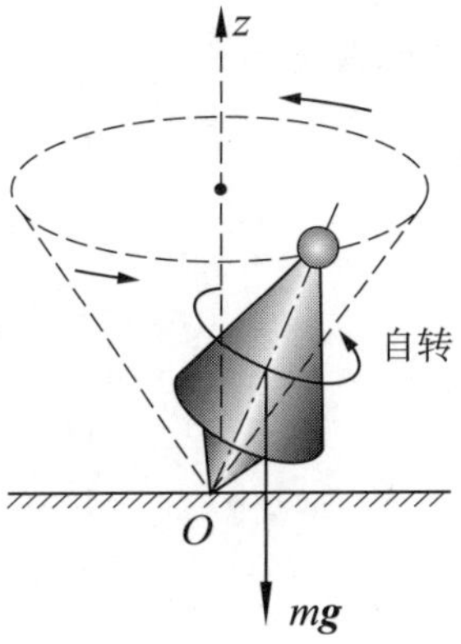

图 5.21

进动在军事技术上有广泛的应用. 例如炮弹（或子弹）在空中飞行的过程中，不断受到空气阻力矩的作用，如果自身没有高速自旋，炮弹就会在空中翻转，如图 5.22(a) 所示. 在这种情况下，弹道无法预料，也就无法瞄准，当炮弹击中目标时，也有可能是弹尾先触目标，从而失去攻击力. 为避免这种情况发生，制造炮筒时，在其内壁刻出螺旋线，称为**来复线**. 当炮弹由于发射火药的爆炸被强力推进炮筒时，受热变软的炮弹外缘就嵌入来复线. 炮弹顺着来复线旋转出膛后，在高速向前飞行的同时，还会绕其对称轴高速自旋. 由于这种自旋的存在，阻力对炮弹质心 C 的力矩只能使炮弹绕飞行方向进动，使弹头与飞行方向不致有过大的偏离，并且弹道稳定（如图 5.22(b) 所示），从而保证了炮弹攻击力的发挥.

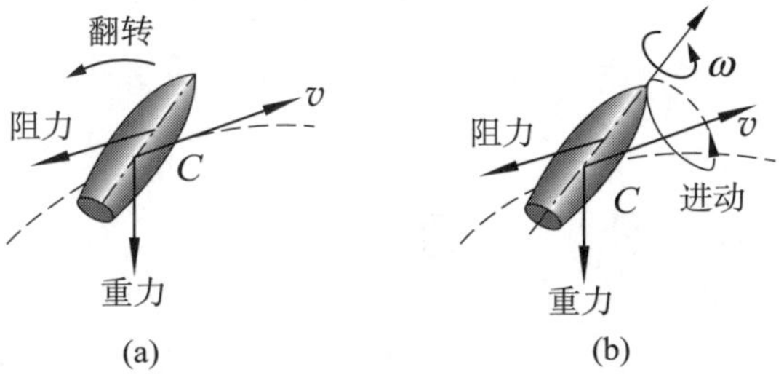

图 5.22

当然任何事物都是一分为二的，有时进动是有害的. 如当舰艇转弯时，由于进动，涡轮机、内燃机等机器的轴承将会受到附加的压力，若压力过大，轴承就有损坏的危险. 对于这一现象，设计人员和舰艇上的机电长，必须予以考虑.

在微观领域里也广泛存在着进动现象. 例如，绕核运动的电子在外磁场中将产生以外磁场方向为轴线的进动，由此可以从物质的电结构解释物质的磁化现象、光谱线的分裂现象等.

内容提要

1. 基本概念

1）刚体定轴转动的角量描述

$$\text{角坐标 } \theta=\theta(t), \quad \text{角速度 } \omega=\frac{\mathrm{d}\theta}{\mathrm{d}t}, \quad \text{角加速度 } \beta=\frac{\mathrm{d}\omega}{\mathrm{d}t}=\frac{\mathrm{d}^2\theta}{\mathrm{d}t^2}$$

2）转动惯量

$$J=\sum_{i=1}^{N}\Delta m_i r_i^2, \qquad J=\int r^2\,\mathrm{d}m$$

3）定轴转动动能

$$E_\mathrm{k}=\frac{1}{2}J\omega^2$$

4）角动量

质点对定点的角动量： $\boldsymbol{L}=\boldsymbol{r}\times\boldsymbol{p}=\boldsymbol{r}\times(m\boldsymbol{v})$.

刚体对定轴的角动量： $L=J\omega$.

2. 基本规律

1）刚体定轴转动定律

$$M=J\beta=\frac{\mathrm{d}L}{\mathrm{d}t}$$

2）定轴转动动能定理

$$\int_{\theta_0}^{\theta}M\mathrm{d}\theta=\frac{1}{2}J\omega^2-\frac{1}{2}J\omega_0^2$$

3）角动量定理

$$\int_{t_0}^{t}\boldsymbol{M}\mathrm{d}t=\boldsymbol{L}-\boldsymbol{L}_0$$

4）角动量守恒定律

如果一个系统所受外力对定轴（或定点）的力矩的矢量和 $\boldsymbol{M}$ 恒为零，则此系统对该轴（或该点）的总角动量 $\boldsymbol{L}$ 为一恒量.

习　　题

（一）选择题和填空题

5.1 下面说法正确的是[　　]

(A) 作用在定轴转动刚体上的力越大，刚体转动的角加速度越大.

(B) 作用在定轴转动刚体上的合力矩越大，刚体转动的角速度越大.

(C) 作用在定轴转动刚体上的合力矩越大，刚体转动的角加速度越大.

(D) 作用在定轴转动刚体上的合力矩为零，刚体转动的角速度为零.

5.2 将细绳绕在一个有水平光滑轴的飞轮边缘上，在绳端挂一质量为 m 的重物时，飞轮的角加速度为 β. 若以拉力 $2mg$ 代替重物拉绳，飞轮的角加速度将[　　]

(A) 小于 β.　(B) 大于 β 且小于 2β.　(C) 大于 2β.　(D) 等于 2β.

5.3　人造地球卫星沿椭圆轨道绕地球运行，距离地心的最远距离为 $4R$，最近距离为 $3R$，R 是地球的半径．如地球表面的重力加速度为 g，则人造地球卫星的最大速度为[　　]

(A) $\sqrt{\frac{8}{21}gR}$．　(B) $\sqrt{\frac{4}{7}gR}$．　(C) $\sqrt{\frac{3}{4}gR}$．　(D) $\sqrt{gR}$．

提示　最大速度位于近地点处，此位置速度垂直于径矢(远地点也如此)．可应用角动量守恒、机械能守恒定律建立方程，再联立求解．

5.4　地面上甲、乙两个相同质量的小孩分别抓紧跨过定滑轮绳子的两端，甲用力往上爬，乙不动．若滑轮和绳子的质量可略，则下列说法正确的是[　　]

(A) 甲先到达滑轮处．　(B) 乙先到达滑轮处．

(C) 同时到达滑轮处．　(D) 无法判断．

提示　两小孩和绳子所成系统所受合外力矩(两人的重力对轴的力矩之和)为零，故爬行过程中该系统角动量守恒．由此，两人相对地面向上的速度相等．

5.5　半径为 30 cm 的飞轮，从静止开始以 0.5 $rad·s^{-2}$ 的匀角加速度转动，则当飞轮转过 240° 时，其边缘上一点的切向加速度 $a_\tau =$ ______ $m·s^{-2}$，法向加速度 $a_n =$ ______ $m·s^{-2}$．

5.6　如图所示，长为 L、质量为 m 的匀质细杆，可绕通过杆的端点 O 且与杆垂直的水平固定轴转动．杆的另一端连接一质量为 m 的小球．杆从水平位置由静止开始自由下摆，忽略轴处的摩擦，当杆转至与竖直方向成 θ 角时，小球与杆的角速度 $\omega =$ ________．

5.7　如图所示，x 轴沿水平方向，y 轴竖直向下．在 $t=0$ 时刻将质量为 m 的质点由原点 O 以初速度 $\boldsymbol{v}_0$ 水平抛出，则在任意时刻 t，质点所受的对原点 O 的力矩 $\boldsymbol{M} =$ ______，质点对原点 O 的角动量 $\boldsymbol{L} =$ ______．

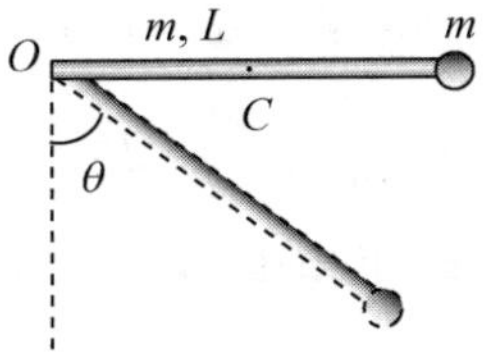

题 5.6 图

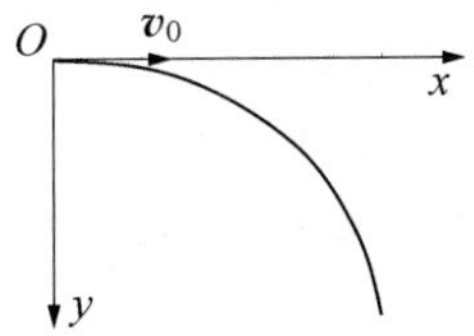

题 5.7 图

(二) 问答题和计算题

5.8　用手指顶一根竖直竹竿，为什么长的比短的容易顶？这和一般常识所说的“长的重心高，不稳”是否矛盾？试解释之．

5.9　有人握着哑铃两手伸开，坐在以一定角速度转动的凳子上(摩擦力可忽略不计)．若此人把手缩回使转动惯量减为原来的一半，则角速度怎样变化？转动动能增加还是减少？为什么？

5.10　一圆形平台可绕中心轴无摩擦地转动．有一辆玩具汽车相对台面由静止启动绕轴做圆周运动，问平台如何运动？若小汽车突然刹车，则又如何？此过程中机械能是否守恒？动量是否守恒？角动量是否守恒？

5.11　在边长为 a 的正六边形的顶点上，分别固定质量均为 m 的六个质点．设该六边形位于 Oxy 平面内，如图所示．求：(1) 对 Ox、Oy、Oz 轴的转动惯量；(2) 对 Os 轴的转动惯量；(3) 对通过中心 C 且与 Oy 轴平行的 Cy' 轴的转动惯量．

5.12　图中一块匀质长方形薄板的边长分别为 a、b，质量为 M．若以板中心 O 为原点，建立直角坐标系，求：(1) 薄板对 Ox 轴和 Oy 轴的转动惯量；(2) 薄板对 Oz 轴的转动惯量．

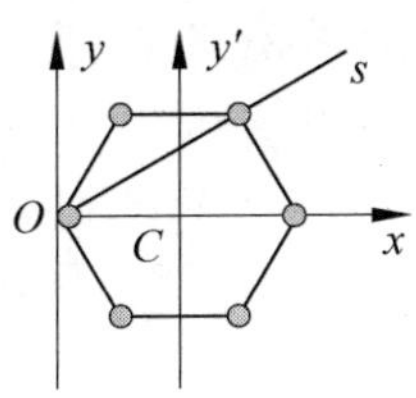

题 5.11 图

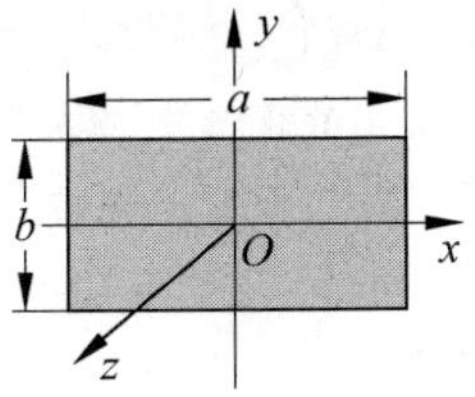

题 5.12 图

5.13 一滑轮的半径为 0.1 m,转动惯量为 $1.0\times10^{-3}\ kg\cdot m^2$,变力 $F=(0.5t+0.3t^2)$SI 沿着切线方向作用在滑轮的边缘上.若滑轮最初处于静止状态,求它在 3 s 末的角速度.

5.14 如图所示,质量 $m_1=16$ kg 的实心圆柱体,半径 $R=0.15$ m,可绕其固定的水平中心轴转动,阻力忽略不计.一条轻软绳绕在圆柱上,其另一端系着一个质量 $m_2=8$ kg 的物体.求:(1) 由静止开始计时到 1 秒末,物体 m_2 下降的距离;(2) 绳子的张力.

5.15 如图所示,一个质量为 m_1 的物体放在倾角为 θ 的斜面上,斜面顶端安装一滑轮,跨过滑轮的轻绳,一端系在物体 m_1 上,另一端悬挂一个质量为 m_2 的物体.若滑轮质量为 m,半径为 R,物体与斜面间的滑动摩擦系数为 μ.试求:(1) 物体运动的加速度;(2) 绳中张力.

5.16 固定在一起的两个同轴圆柱体,其半径分别为 R 和 r,转动惯量分别为 J_1 和 J_2(绕其光滑的水平对称轴 OO' 转动).绕在两柱体上的轻软绳分别与 m_1 和 m_2 相连,如图所示,求 m_1、m_2 的加速度和绳的张力.

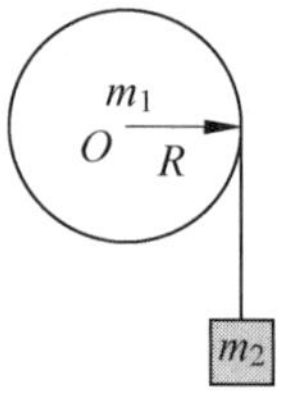

题 5.14 图

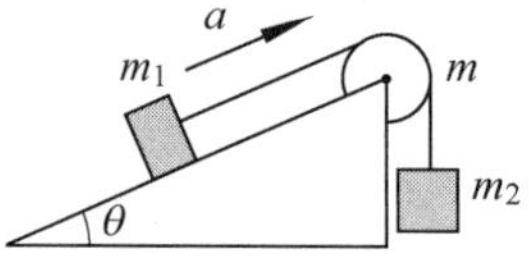

题 5.15 图

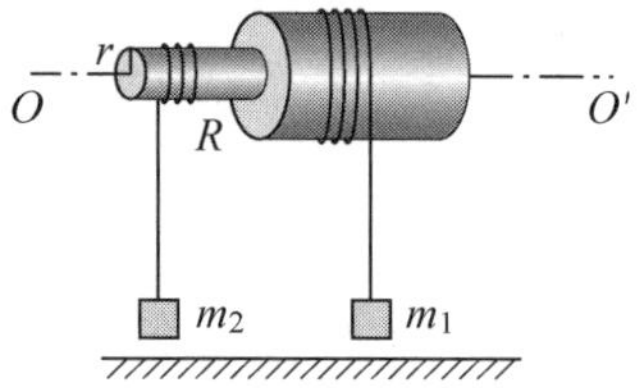

题 5.16 图

5.17 如图所示,半径各为 r_1 和 r_2、质量各为 m_1 和 m_2 的两个轮子,用皮带连接起来,在主动轮 1 上作用一转动力矩 M_1(垂直纸面向外),在从动轮 2 上有一与 M_1 相反的阻力矩 M_2,轮可视为匀质圆盘.若皮带不打滑,试分别求出两轮的角加速度.

5.18 转动飞轮的转动惯量为 J,$t=0$ 时角速度为 ω_0.此后飞轮经历制动过程,阻力矩 M 的大小与角速度 ω 的平方成正比,比例系数为 k(k 是正值常量).求:当 $\omega=\omega_0/3$ 时飞轮的角加速度以及从开始制动到 $\omega=\omega_0/3$ 所需要的时间.

5.19 如图所示,一长为 l、质量为 m 的匀质细杆的一端悬于 O 点,可绕通过该点的水平轴自由转动.在 O 点又有一轻绳,悬一质量也为 m 的小球.当小球偏离竖直方向某一角度时,由静止释放,小球在 O 点正下方与静止的细杆发生完全弹性碰撞.问绳多长时,碰后小球恰好静止?

5.20 一均匀细棒的质量 $M=1.0$ kg,长 $l=0.4$ m,垂直悬挂,能绕端点 O 在竖直面内转动,如图所示.今有质量 $m=8.0$ g 的子弹,以 $v=200\ m\cdot s^{-1}$ 的速度沿水平方向射入细棒,入射点离转轴 O 的距离为 $3l/4$,求细棒摆向另一侧的最大偏转角.

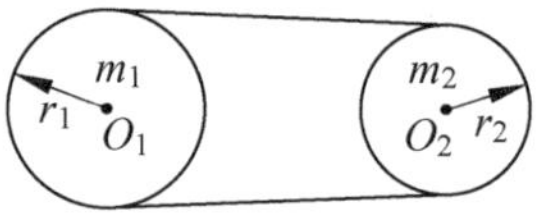

题 5.17 图

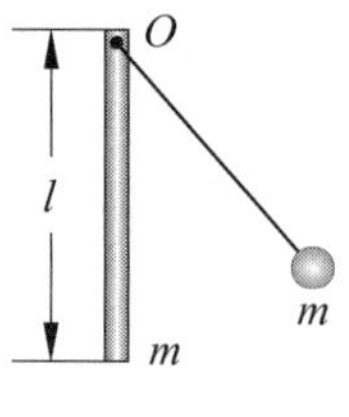

题 5.19 图

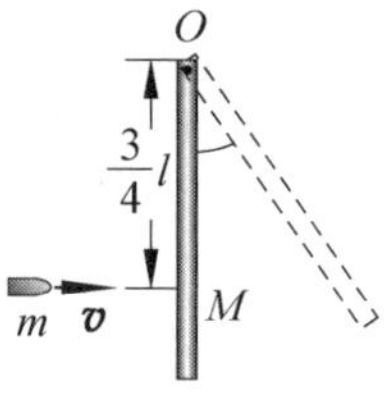

题 5.20 图

5.21 如图所示,已知滑轮的质量为 M,半径为 R,物体的质量为 m,弹簧的刚度系数为 k,斜面的倾角为 θ,物体与斜面间无摩擦.若物体由静止释放,释放时弹簧为原长.求物体沿斜面滑下 x 米时的速率.

5.22 如图所示,矩形薄片边长为 a 和 b,质量为 m,绕竖直轴 OO' 以初角速度 ω_0 转动.薄片的每一部分均受到空气阻力,其方向垂直于薄片平面.阻力的大小与面积大小、速度的平方成正比,比例系数为 k.经过多长时间后,薄片的角速度减小为 $\omega_0/2$?

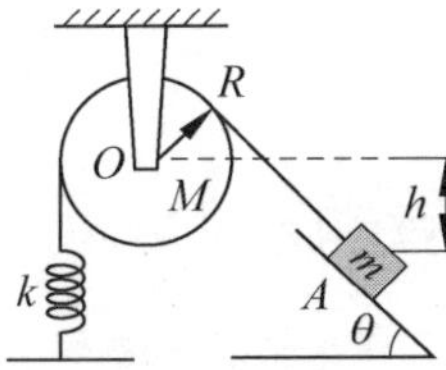

题 5.21 图

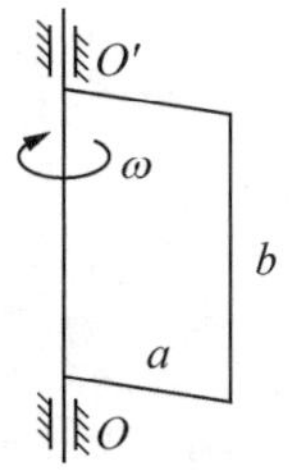

题 5.22 图

5.23　如图所示，一长为 l、质量为 m_1 的匀质细杆，可绕通过其一端的水平轴 O 在竖直平面内自由转动．杆从水平位置由静止释放后，与 O 点正下方静止在光滑水平面上的物体 m_2 发生碰撞，$m_2=\frac{m_1}{3}$．求：(1)杆在转动过程中的角加速度 β 的表达式；(2)杆转到竖直位置时的角动量和动能；(3)若碰撞是完全弹性的，碰撞后 m_2 的速度；(4) 弹簧被压缩的最大长度．

5.24　如图所示，一质量为 m 的小球被系于轻绳的一端，以角速度 ω_0 在光滑水平面上做半径为 r_0 的圆周运动．若绳的另一端穿过中心小孔后受一铅直向下的拉力，使小球做圆周运动的半径变为 $r_0/2$，试求：(1)小球此时的速率；(2)拉力在此过程中所做的功．

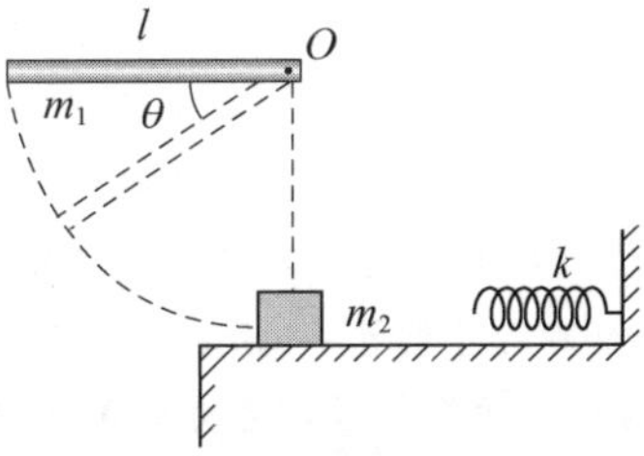

题 5.23 图

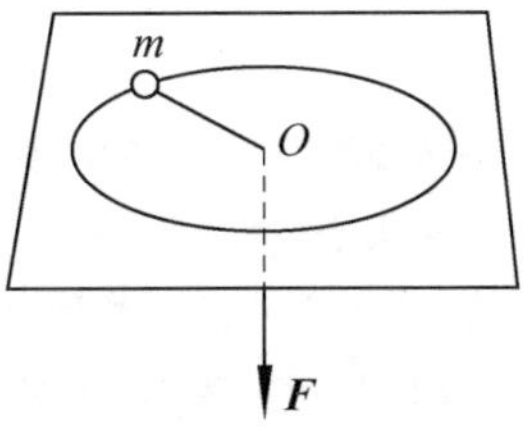

题 5.24 图

5.25　在光滑的水平桌面上，有一质量为 M 的木块与刚度系数为 k 的弹簧相连，弹簧的另一端固定在 O 点．质量为 m 的子弹以初速 $\boldsymbol{v}_0$ 沿着与 OA 垂直的方向射向 M，并嵌在木块内，如图所示(俯视图)．弹簧原长为 L_0，子弹撞击木块后，木块运动到达 B 点时刻，弹簧的长度变为 L，此时 $OB\perp OA$．求在 B 点处木块速度 $\boldsymbol{v}$ 的大小和方向．

5.26　如图所示，转台绕中心竖直轴以角速度 ω_0 做匀速转动，转台对轴的转动惯量 $J_0=5\times10^{-5}\ \mathrm{kg\cdot m^2}$．今有砂粒以 $\frac{\mathrm{d}m}{\mathrm{d}t}=1\ \mathrm{g\cdot s^{-1}}$ 的速率垂直落入转台，砂粒黏附在转台上并形成一圆形，此圆形的半径 $r=0.1$ m．求砂粒落到转台上使转台角速度减为 $\frac{\omega_0}{2}$ 时所需要的时间．

5.27　如图所示，空心圆环可绕竖直轴 AC 自由转动，其转动惯量为 J_0，环的半径为 R，初始角速度为 ω_0．质量为 m 的小球，原来静止在 A 点，由于微小的扰动，小球向下滑动．设圆环内壁是光滑的，问小球滑到 B 点与 C 点时，环的角速度与小球相对于环的速率各为多大？

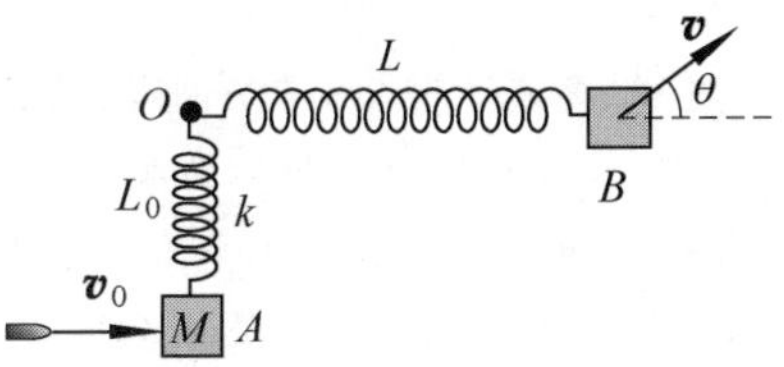

题 5.25 图

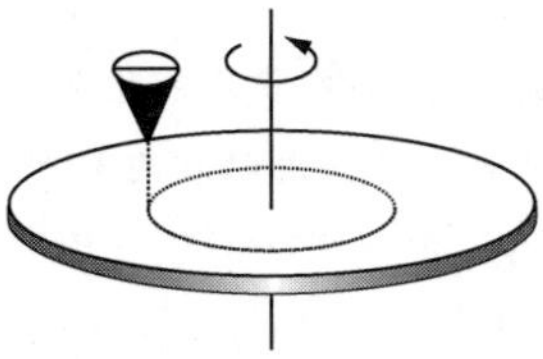

题 5.26 图

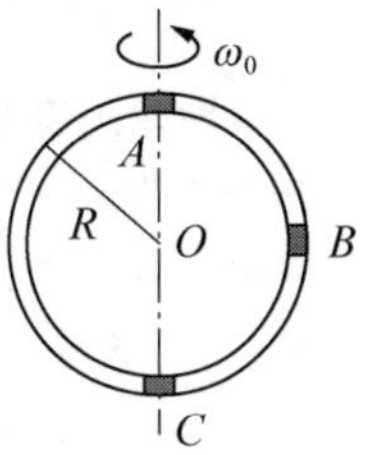

题 5.27 图

阅读材料 2

陀螺与惯性导航

在浩瀚海面上航行的舰船，在广阔天穹中翱翔的飞机，还有那疾如闪电划破长空的导弹，它们是如何测定和修正航向的呢？

1. 从指南针到陀螺

舰船在海上航行，由于受到风力和海流等外界的影响，航向会发生变化，如果不经常测定和修正航向，舰船就不能顺利到达目的地. 这个任务早先是依靠以指南针为核心的磁罗盘来完成的. 到了 19 世纪，钢质船壳出现，指南针的定向作用受到严重干扰，迫使人们另辟新路，从而把目光投向有定向作用的陀螺.

早在 17 世纪，牛顿就研究了高速旋转刚体的力学问题. 1758 年，欧拉提出了描述刚体绕定点运动的完整方程组；1852 年，傅科(J. Foucault)称这种高速转动的物体为陀螺并第一次提出了把陀螺应用于导航的报告和演示；1906 年，安休兹(H. Anschütz)制成陀螺方向仪，其自转轴能指向固定的方向，1907 年，他又在方向仪上增加摆性，制成陀螺罗盘. 由于存在一些技术上的困难，直到第一次世界大战，美国海军才首次制成了舰用陀螺导航仪. 经过不懈的探索，直到 1940 年陀螺罗盘完全代替了磁罗盘.

陀螺罗盘的核心部件就是陀螺. 陀螺是一个边缘厚重并能绕自身对称轴做高速转动的转子. 转子安装在万向支架上，转子、内环、外环的三个转轴两两正交，交点与转子的质心重合，使得系统所受合外力矩为零，从而转子的自转轴可指向空间任何方位而不发生变化. 这种定向性是陀螺的重要力学特性之一. 由于转子的质心不可能完全和三转轴的交点重合(因加工、温度不均匀等原因)，三对轴承也不是完全没有摩擦，加上舰船航行转向和风浪等因素的影响，陀螺不可能不受到附加重力矩以及摩擦力矩的作用，因此陀螺还是要产生进动.

理论证明，只要角动量 $\boldsymbol{L}$ 足够大，进动的角速度 $\mathrm{d}\varphi/\mathrm{d}t$ 与垂直于自转轴的外力矩 $\boldsymbol{M}$ 的大小成正比，与角动量 $\boldsymbol{L}$ 的大小成反比，即

$$\frac{\mathrm{d}\varphi}{\mathrm{d}t}=\frac{M}{L}=\frac{M}{J\omega}$$

可见物体转速 ω 越大，对轴的转动惯量 J 越大，则进动角速度就越小.

陀螺进动的角速度也叫陀螺的漂移速度，它的大小是衡量陀螺导航仪器精度高低的标志之一. 有人做过这样的计算，1 kg 的陀螺，若转子中心偏离两支承轴中心 0.05 μm，那么依靠这种陀螺导航，飞行 1000 km 的导弹，纵向误差是 100 m，横向误差是 50 m.

为最大限度地减小漂移，近代陀螺的研究课题主要是如何实现无干扰力矩的支承. 从而出现气悬或液悬陀螺以及静电陀螺，甚至制造了没有高速旋转部件却有定向作用的激光陀螺等. 例如静电陀螺采用直径为 1 cm 的实心球形转子，用静电场支承在高真空腔内，转子转速可高达 216 000 转/分. 1978 年美国研制成功的静电陀螺精度极高，随机漂移为 0.000 1°/小时，也就是说 10 000 小时(相当于 13.6 个月)静电陀螺仪仅偏开 1°，它被广泛应用于核潜艇、战略核导弹和空间航行器中. 激光陀螺是利用陀螺发生转向时两种光路产生光程差而自动定向的，现已应用于战术飞机、战术导弹、巡航导弹、海军火炮基准、反坦克导弹、波音民航机以及战略导弹等的导航上.

2. 从陀螺到惯性平台

舰船除了运送人员和物资以外，还有作战的任务，要开炮、要发射导弹、要起降飞机或直升机等. 为此，导航仪器要能为各级指挥员及炮位等及时提供舰船的航向、航速、舰船精确位置以及甲板的俯仰角和倾角等各种信息，仅靠陀螺罗盘还是不够的. 能完成这些任务的装置之一是惯性平台. 在一个能保持水平的平台上，安装指北的陀螺仪，外加两个利用惯性制成的加速度计，一个能测任意时刻南北方向船的加速度 $a_{\mathrm{N}}(t)$，一个能测任意时刻东西方向船的加速度 $a_{\mathrm{E}}(t)$，而船在任意时刻的速度和位置则可通过下列积分公式求出：

$$v_N(t) = \int_0^t a_N(t)\mathrm{d}t + v_{0N}, \qquad v_E(t) = \int_0^t a_E(t)\mathrm{d}t + v_{0E}$$

$$\varphi(t) = \frac{1}{R}\int_0^t v_N(t)\mathrm{d}t + \varphi_0, \qquad \lambda(t) = \frac{1}{R}\int_0^t \frac{v_E(t)}{\cos\varphi(t)}\mathrm{d}t + \lambda_0$$

式中 v_{0N}、v_{0E} 是计时开始的速度分量，而 λ_0、φ_0 是初始时刻船位的经纬度，R 是地球的平均半径.

3. 惯性导航系统

陀螺罗盘的问世成为惯性导航系统的先导. 1923 年，舒勒(M. Schuler)发表的“舒勒摆”理论，解决了在运动载体上建立垂线的问题，使加速度计的误差不致引起惯性导航系统误差的发散，为工程上实现惯性导航提供了理论依据. 1942 年，德国在 V-2 火箭上首先应用了惯性导航原理. 1954 年，惯性导航系统在飞机上试飞成功. 1958 年，“舡鱼”号潜艇依靠惯性导航穿过北极在冰下航行 21 天. 中国从 1956 年开始研制惯性导航系统，自 1970 年以来，在多次发射的人造地球卫星和火箭上，以及各种飞机上，都采用了自主研制的惯性导航系统.

惯性导航系统通过测量载体的加速度，并自动进行积分运算，获得载体瞬时速度和瞬时位置数据. 该系统通常由惯性测量装置、计算机、控制显示器等组成. 惯性测量装置又称惯性导航组合，包括加速度计和陀螺仪. 计算机根据测得的加速度信号，计算出载体的瞬时速度和瞬时位置数据. 控制显示器显示各种导航参数. 惯性导航系统安装在载体内，工作时不依赖外界信息，也不向外界辐射能量，不易受到干扰.

按照惯性导航组合在载体内的安装方式，导航系统可分为以下两种：

1) 平台式惯性导航系统

这种导航系统的惯性导航组合安装在惯性平台的台体上. 根据建立的坐标系不同，平台式惯性导航系统又分为空间稳定和本地水平两种工作方式. 前者多用于运载火箭的主动段和一些航天器上. 后者则多用于沿地球表面做等速运动的飞行器(如飞机、巡航导弹等). 在平台式惯性导航系统中，框架能隔离载体的角振动，仪表工作条件较好. 平台能直接建立导航坐标系，计算量小，容易补偿和修正仪表的输出，但结构复杂，尺寸大.

2) 捷联式惯性导航系统

这种导航系统的惯性导航组合直接安装在载体上. 根据所用陀螺仪的不同，捷联式惯性导航系统分为速率型和位置型. 因捷联式惯性导航系统省去了平台，所以结构简单、体积小、维护方便. 但陀螺仪和加速度计直接装在载体上，工作条件不佳，会降低仪表的精度. 这种系统的加速度计输出的是载体坐标系的加速度分量，需要经计算机转换成导航坐标系的加速度分量，计算量较大.

惯性导航系统的导航精度与地球参数的精度密切相关. 正在研制的重力梯度仪能够对重力场进行实时测量，提供地球参数，解决重力异常问题.

近代导航仪器已广泛应用于舰船、飞机、导弹、坦克等各种载体上. 由于科学技术的发展，已经有了原理不同于惯性导航的星光导航、无线电导航、卫星导航等仪器设备. 加上计算机、自动化仪器的引入，使各种导航仪器形成一个个大的系统. 各种导航系统各有各的特点，各有各的用途，目前还没有看到只用一种系统代替其他所有系统的迹象. 与其他导航系统相比，惯性导航系统设备复杂，始调时间长，精度随时间降低，可靠性也比较差……但其最大优点，即它是“自主式”导航仪器，在载体中使用时，不需和外界交换任何光、电信息，这一特点对水下导航显得尤为重要. 对于潜艇而言，隐蔽性是确保其生存力和攻击力的首要特性，所有需要潜艇浮出海面进行导航校正的手段都是不可接受的，即使潜艇仅在水下接收和发射信号，也可能对潜艇安全构成致命威胁，星光导航、无线电导航、卫星导航等方式在这种情况下都无法使用. 因此，为了保障潜艇，特别是核潜艇的作战能力，发展高精度的惯性导航技术仍然十分关键.

惯性导航系统也与我们的日常生活密不可分，为现代社会带来了诸多便利和安全保障. 例如随着无人驾驶技术的快速发展，惯性导航系统通过与其他传感器(如摄像头、激光雷达)的数据融合，能够提供高精度的定位和导航能力，为无人驾驶技术的发展提供了有力支持. 此外，智能手机、平板电脑、智能手表等设备中内置的加速度计和陀螺仪等器件，能够实时检测设备的运动状态和方向变化，从而实现屏幕自动旋转、计步等功能，还可利用惯性导航系统实现更复杂的运动追踪和姿态识别功能.

第 6 章　气体动理论

构成宏观物体的大量微观粒子(分子、原子等)的无规则热运动是自然界中物质的另一种基本运动形式. 大量粒子热运动的集体效应在宏观上表现为物质的热现象. 研究物质热现象及微观粒子热运动规律的学科称为热物理学,简称热学.

热学包括宏观理论和微观理论. 宏观理论称为热力学,它以观察和实验为基础,通过归纳和推理得出有关热现象的基本规律. 微观理论称为统计物理学,它从物质的微观结构出发,依据粒子运动所遵循的力学规律,运用统计的方法,给出热现象宏观规律的微观解释. 热力学和统计物理学在对热现象的研究上起到了相辅相成的作用. 前者对热现象给出普遍而可靠的结果,可以用来验证微观理论的正确性;后者则可揭示热现象的本质,使热力学的理论具有更深刻的意义. 这对于我们深入了解热运动的性质和热现象的规律是极为有利的.

由于气体的性质最为简单,因此统计物理学往往从研究气体开始,这部分理论称为气体动理论. 本章将以气体为研究对象,介绍处理问题的统计方法,同时揭示气体的一些宏观性质的微观实质.

6.1　平衡态　理想气体的状态方程

6.1.1　物质结构的微观模型

虽然人们用肉眼不能直接观察到气体、液体和固体这些物质的内部结构,但在长期观察和实验的基础上,人们总结出物质结构的微观模型有如下特点:

(1) 宏观物体是由大量微观粒子——分子(或原子)组成的,而且分子间有空隙.

(2) 分子都在不停地做无规则运动,其剧烈程度与物体的温度有关.

(3) 分子之间有相互作用力.

这些观点是气体动理论的基本观点,它们已被现代科学完全证实. 已经有很多仪器可以用来测量,甚至直接或间接地观察分子或原子的大小和它们在物体中的排布. 如 X 射线分析仪、电子显微镜、场离子显微镜、扫描隧道显微镜等.

实验表明,1 mol 的任何物质均含有相同数目的分子或原子,这个数叫作阿伏伽德罗(A. Avogadro)常量,用 N_0 表示,即

$$N_0 = 6.022\ 136\ 7 \times 10^{23}\ \text{mol}^{-1}$$

在一般计算时，取 $N_0=6.02\times10^{23}\ \mathrm{mol}^{-1}$. 可见组成物质的分子非常之多.

在数目巨大的分子之间存在着相互作用力，称为分子力，我们可以通过日常现象感知它的存在. 固体和液体的分子之所以会聚集在一起而不分开，是因为分子之间有相互吸引力；固体和液体又很难被压缩，又表明分子之间还有排斥力，阻止它们相互靠拢. 分子间的作用力 F 与分子间距离 r 的关系曲线如图 6.1 所示. 可以看出，当分子之间的距离 $r=r_0$ 时，引力和斥力抵消，分子力为零，r_0 称为分子间的平衡距离（约为 10^{-10} m）；当 $r<r_0$ 时，分子力主要表现为斥力，并且随 r 的减小急剧增加，这将阻止分子进一步靠近；当 $r=d$ 时，分子不能再靠近，好像两个分子都是有一定大小的球体一样，我们把 d 称为分子的有效直径，其数量级约为 10^{-10} m；当 $r>r_0$ 时，分子力主要表现为引力，r 增大到 $r>R$ 时，可认为引力已趋近于零，称 R 为分子的作用半径，其数量级约为10^{-9}m. 因此分子力是短程力.

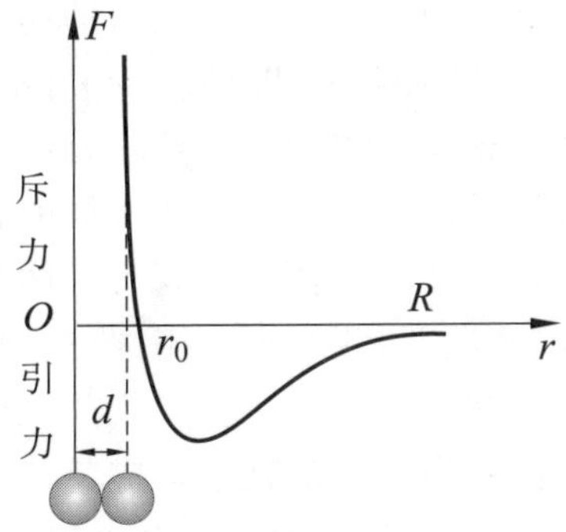

图 6.1

6.1.2 平衡态

1. 平衡态

热学研究的对象主要是气体、液体和固体，是由大量分子和原子组成的系统，称之为**热力学系统**，简称**系统**. 它不仅是宏观的，而且是有限的. 与系统发生相互作用的外部环境物质称为**外界**.

热力学系统在宏观上表现为两类基本状态：平衡态和非平衡态. 在不受外界影响的条件下，系统的宏观性质不随时间变化的状态称为平衡态. 例如有一个密闭容器，用隔板分成 A、B 两部分，起初 A 室充满气体，B 室为真空，如图 6.2 所示. 当把隔板抽走后，A 室内气体向 B 室运动. 在此过程中，各处气体是不均匀的，而且随时间变化，最后达到处处均匀一致的状态为止. 如果没有外界影响，容器中气体的宏观性质（密度、温度、压强等）将始终保持不变. 从大量的自然现象中可以归纳出一个结论：**在没有外界影响的条件下，热力学系统的宏观性质长时间内不发生变化**. 系统的这种状态就是**平衡态**.

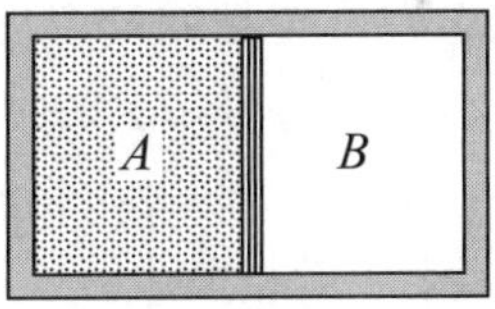

图 6.2

实际上系统不可能完全不受外界影响，宏观性质也不可能绝对保持不变，所以平衡态只是一个理想状态，是在一定条件下对实际状态的简化和近似. 当实际系统处于相对稳定的状态时，就可以近似地认为该系统处于平衡态.

应当指出，系统处于平衡态时，它的宏观性质虽不随时间变化，但分子的无规则运动并没有停止，因此系统的平衡态实际上是一种热动平衡状态.

如果有外界影响，气体的状态就会发生变化，从一个状态不断地变化到另一个状态. 如果过程进展十分缓慢. 使所经历的一系列中间状态都无限接近平衡态，这个过程就称为准静态过程或平衡过程，它是对实际过程的一个理想化近似. 下一章会进一步分析准静态过程.

2. 气体的状态参量

为研究系统的状态变化，首先要描述系统的状态. 在力学中，质点组的运动状态可用某一时刻各质点的位置和速度来描述. 但在热学中，即使很少量的气体，也包含了大量的分子，并且每个分子都在做无规则的热运动，因此无法获得、也没有必要对每个分子的位置、速度进行描述，并以此来表征整个气体的状态. 事实表明，一定质量的某种气体处于某一平衡态时，有确定的体积，气体内部各处的压强和温度也都相同. 因此，在最简单的情况下，我们可以用这三个物理量来描述气体的平衡态，并称之为气体的状态参量.

体积 V　气体的体积是指气体分子所能到达的空间，通常就是指盛装气体的容器的容积. 应当注意，气体的体积并不是气体所有分子自身的体积之和.

在 SI 中，体积的单位是立方米，符号是 m^3，有时也用升(立方分米)，符号是 L，$1\ L=1\ dm^3=10^{-3}\ m^3$.

压强 p　气体的压强是指气体垂直作用于器壁表面单位面积上的力，它是大量气体分子与器壁碰撞的宏观表现.

在 SI 中，压强的单位是帕斯卡，简称帕，符号是 Pa. $1\ Pa = 1 N\cdot m^{-2}$. 此外，常用的压强单位还有毫米汞高，符号是 mmHg，以及标准大气压，符号是 atm 等，它们之间的关系为

$$1\ atm = 760\ mmHg = 1.013\times 10^5\ Pa$$

温度 T　温度是反映物体冷热程度的物理量. 温度的高低反映了物质内部分子热运动的剧烈程度. 对于处在热接触的两个物体，如果它们处于热平衡，就说它们具有相同的温度.

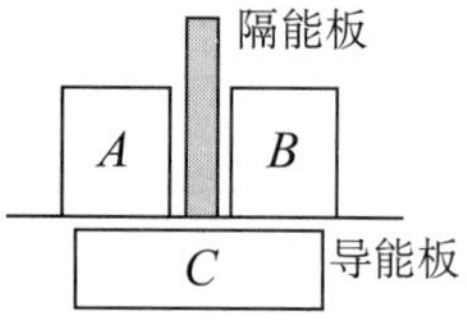

图 6.3

关于热平衡有一个重要的实验定律. 如图 6.3 所示，**如果两个热力学系统 A 和 B 各自与第三个热力学系统 C 处于热平衡，那么 A 和 B 也必处于热平衡.** 热平衡的这种传递性称为**热力学第零定律**. 它由英国物理学家福勒(R. Fowler)于 1939 年提出，在历史上它定名于热力学第一定律之后，但在理论体系上它应置于第一定律之前，故有此名.

温度的数值表示方法叫**温标**. 常用的温标有两种. 一种是热力学温标 T，也是 SI 中采用的温标，单位是开尔文，简称开，符号是 K；另一种是摄氏温标 t，单位是摄氏度，符号为℃. 这两种温标之间的关系为

$$t = T - 273.15 \tag{6.1}$$

以上介绍的体积、压强和温度分别从几何、力学、热力学角度描述气体的宏观性质，因此分别称为几何参量、力学参量和热力学参量. 根据系统的性质，可能还需要引入化学参量、电磁参量等，这里就不一一列举了. 应当明确，这些量都是从整体上描述系统状态的物理量，称为**宏观量**. 宏观量是可以直接测量的.

6.1.3　理想气体的状态方程

实验表明，表征气体平衡态的三个参量 p、V、T 之间存在一定的关系. 一定质量的气体，在压强不太大、温度不太低的条件下，遵守玻意耳-马里奥特定律、盖吕萨克定律和查理定律. 我们把在任何情况下绝对遵守上述三个实验定律的气体称为**理想气体**. 对质量为 M 的理想气体，根据上述气体实验定律可推得在任一平衡态下其状态参量之间的关系为

$$pV = \frac{M}{\mu}RT \tag{6.2}$$

上式称为**理想气体状态方程**，又叫克拉珀龙方程. 其中 μ 为气体的摩尔质量，R 为普适气体常量. 在 SI 中，$R=8.31\ \mathrm{J\cdot mol^{-1}\cdot K^{-1}}$. 当温度不变时，式(6.2)便成为玻意耳-马里奥特定律；当压强不变、体积不变时，式(6.2)则分别成为盖吕萨克定律和查理定律. 式(6.2)表明理想气体的三个状态参量之间应满足一定的约束关系，因此用两个状态参量就可以表示理想气体的一个平衡态. 如 p-V 图上的一个点就表示一个平衡态，而 p-V 图上的一条线，就表示一个准静态过程. 例如当气体的温度 T 一定时，p、V 之间的关系在 p-V 图上是一条双曲线，称之为理想气体等温线，如图 6.4 所示. 曲线上任何一点都表示气体的一个平衡状态，这种图叫作状态图. p-V 图是我们常用的状态图，当然也可以画 p-T、V-T 图.

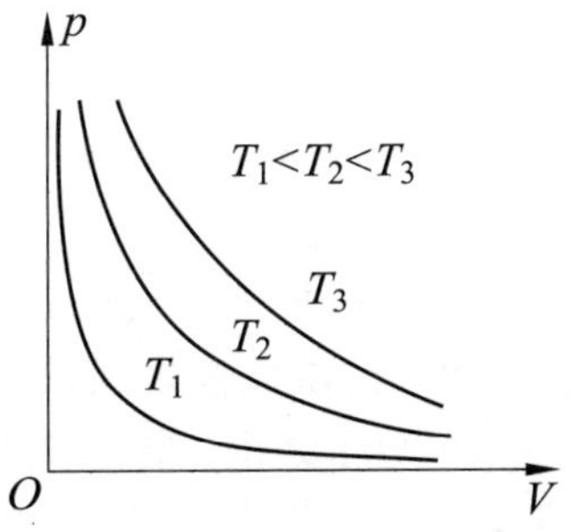

图 6.4

需要指出的是，式(6.2)只适用于理想气体. 实际上理想气体是不存在的，它是真实气体在一定条件下的近似.

真实气体所满足的状态方程最早由荷兰物理学家范德瓦耳斯(J. van der Waals)给出. 他将气体分子看作是有相互吸引作用的钢球，对理想气体状态方程加以修正，从而得到真实气体的范德瓦耳斯方程.

$$\left(p+\frac{M^2}{\mu^2}\cdot\frac{a}{V^2}\right)\left(V-\frac{M}{\mu}b\right)=\frac{M}{\mu}RT$$

其中 a、b 为修正量，通过实验来确定.

6.2　理想气体的压强和温度

压强和温度都是描述气体状态的宏观参量. 本节我们以气体动理论为基础，运用统计平均的方法，推导压强公式，寻找这些宏观量与微观运动的联系，从而揭示其微观实质.

6.2.1　统计规律性

如前所述，物体是由大量分子组成的，并且分子不停地做无规则运动. 由于

单个分子的运动是无规则的，它在任意时刻的行为完全是偶然的，所以，研究各个分子的运动规律既不可能也没有必要. 然而，事实证明，大量分子所组成的系统整体却表现出一定的规律性. 这种规律称为统计规律.

例如骰子是密度均匀的正六面体，每个面分别标有 1 至 6 点. 投掷时，我们不能预先知道骰子一定出现哪一点，从 1 点到 6 点都有可能，骰子出现哪一点纯属偶然. 但是，如果我们投掷的次数很多，比如说有上亿次，那么出现 1 点到 6 点中任意一点的次数就几乎相等，约为总次数的 1/6. 显然，投掷一次，骰子出现的点数是偶然的，但是连续大量的投掷，骰子点数的出现显示出规律性.

所谓统计规律，是指**大量偶然事件整体所遵从的规律**. 寻找统计规律的方法是求统计平均值的方法. 一般来说，对一定的统计范围，统计平均值与实际数值是有偏差的. 参与统计的事件越多，其偏差就越小，统计平均值也越接近实际值. 所以，统计规律仅对大量事件才有意义.

6.2.2 理想气体的微观模型

虽然大量分子所组成的系统整体遵从统计规律，但是要寻找真实气体所遵循的规律是十分困难的. 为了便于讨论气体的基本性质和规律，常把气体简化抽象为一个理想模型，这个理想气体微观模型具有下列特点：

(1) 分子本身的线度与分子间的平均距离相比可忽略不计，即把分子当作质点.

(2) 除碰撞的瞬间外，分子之间及分子与器壁之间的相互作用力可忽略不计. 因此在两次碰撞之间，分子的运动可看作匀速直线运动.

(3) 分子之间、分子与器壁之间的碰撞是完全弹性的，分子的动能不因与器壁碰撞而有任何改变.

(4) 除需特别考虑外，不计分子所受的重力.

综上所述，我们可以认为理想气体是由大量不断做无规则运动、不计体积、忽略彼此间相互作用的弹性小球所组成，单个小球的运动遵循牛顿运动定律. 显然，气体越稀薄，就越接近理想气体.

6.2.3 理想气体的压强

根据气体动理论的观点，气体对器壁的压强是大量分子对器壁不断碰撞的集体效应，就像密集的雨滴打在伞上对伞产生一种压力那样. 具体说，器壁所受的压强量值上应等于大量分子在单位时间内对其单位面积所施加的冲量. 因此，推导压强公式实际上就是用统计平均的方法研究气体分子与器壁碰撞的统计规律.

1. 等概率假设

我们知道，容器中理想气体处在平衡态时其密度处处相等，因此对大量分子来说，可以**假设分子沿各个方向运动的概率相等**，也就是说，气体分子在任何一个方向上的运动都不能比其他方向占有优势. 这一等概率假设从统计意义上说，就是在任一时刻沿各个方向运动的分子数目都相等，分子速度在各个方向的分量的各种平均值也相等.

由等概率假设可知,对含有 N 个分子的气体来说,若定义分子速度 $\boldsymbol{v}$ 的分量 v_x、v_y、v_z 的平方平均值为

$$\begin{cases}\overline{v_x^2}=\dfrac{v_{1x}^2+v_{2x}^2+\cdots+v_{Nx}^2}{N}=\dfrac{\sum\limits_{i=1}^{N}v_{ix}^2}{N}\\[2ex]\overline{v_y^2}=\dfrac{v_{1y}^2+v_{2y}^2+\cdots+v_{Ny}^2}{N}=\dfrac{\sum\limits_{i=1}^{N}v_{iy}^2}{N}\\[2ex]\overline{v_z^2}=\dfrac{v_{1z}^2+v_{2z}^2+\cdots+v_{Nz}^2}{N}=\dfrac{\sum\limits_{i=1}^{N}v_{iz}^2}{N}\end{cases}\tag{6.3a}$$

显然应有

$$\overline{v_x^2}=\overline{v_y^2}=\overline{v_z^2}$$

因为

$$\overline{v^2}=\overline{v_x^2}+\overline{v_y^2}+\overline{v_z^2}$$

所以有

$$\overline{v_x^2}=\overline{v_y^2}=\overline{v_z^2}=\frac{1}{3}\overline{v^2}\tag{6.3b}$$

由等概率假设,容易得到大量分子运动速度的平均值为零的结论,即 $\overline{\boldsymbol{v}}=0$,也可以写成 $\overline{v}_x=\overline{v}_y=\overline{v}_z=0$. 这一点与宏观上看气体分子整体未发生平移是一致的.

2. 理想气体的压强公式

为方便起见,选一边长分别为 l_1、l_2 和 l_3 的长方体容器,如图 6.5(a)所示. 设容器中有 N 个质量为 m 的同类气体分子,它们要与六个面碰撞. 根据气体分子沿各个方向运动的概率相等的假设,器壁各处所受气体分子的碰撞情况应当相同. 因此,只需计算任意一面器壁上所受的压强. 为此,我们仅讨论与 x 轴垂直的器壁 A 被气体分子碰撞的情况.

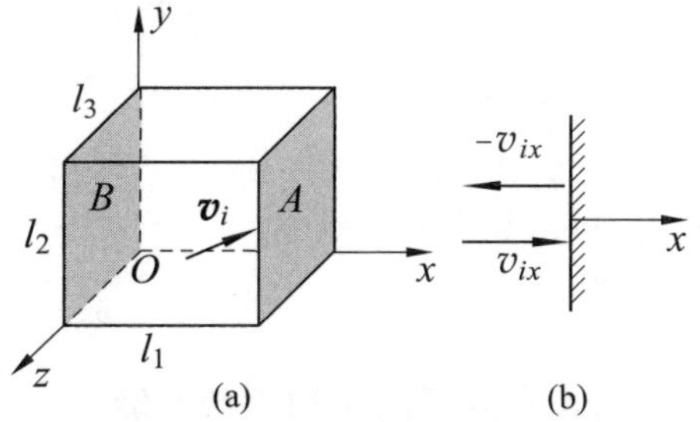

图 6.5

先考虑一个分子对器壁 A 的碰撞. 由于 A 面与 x 轴垂直,所以计算 A 面上所受的压强,只要计算 x 方向上分子所施加的冲量. 设第 i 个气体分子以速度 $\boldsymbol{v}_i$ 与 A 面碰撞,在 x、y、z 方向的分量分别为 v_{ix}、v_{iy}、v_{iz}. 在 x 方向,分子以速度 v_{ix} 碰撞 A 面,因为碰撞是弹性的,所以碰后速度大小不变而方向相反,如图 6.5(b)所示. 这样每碰撞一次,分子在 x 方向的动量改变为

$$\Delta p_{ix}^{(1)}=-mv_{ix}-mv_{ix}=-2mv_{ix}$$

式中上标(1)表示第 i 个分子与器壁碰撞一次的情况. 根据动量定理,$\Delta p_{ix}^{(1)}$ 应等

于 A 面对该分子施加的冲量. 由牛顿第三定律,该分子对 A 面施加的冲量 $I_{ix}^{(1)}$ 与 $\Delta p_{ix}^{(1)}$ 等值而反向,即

$$I_{ix}^{(1)} = -\Delta p_{ix}^{(1)} = 2mv_{ix}$$

如不考虑和其他分子的碰撞,该分子以 v_{ix} 碰撞 A 面,以 $-v_{ix}$ 弹回并去碰撞 A 的对面 B,在 B 面又以 v_{ix} 弹回去碰撞 A 面,如此往复,速度大小保持不变. 显然,对 A 面相邻两次碰撞的时间间隔为 $2l_1/v_{ix}$,因此在 Δt 时间内第 i 个分子与 A 面碰撞的次数为 $\Delta t \cdot v_{ix}/2l_1$. 于是可得 Δt 时间内第 i 个分子施于 A 面的冲量为

$$I_{ix} = I_{ix}^{(1)} \cdot \frac{v_{ix}}{2l_1} \cdot \Delta t = \frac{mv_{ix}^2}{l_1}\Delta t$$

再考虑容器内 N 个分子与 A 面的碰撞. 因为这些碰撞都是类似的,所以在 Δt 时间内,它们施于 A 面的冲量为

$$I_x = \sum_{i=1}^{N} I_{ix} = \sum_{i=1}^{N} \frac{mv_{ix}^2}{l_1}\Delta t$$

由于

$$I_x = \int_t^{t+\Delta t} f_x \mathrm{d}t = \overline{f_x} \cdot \Delta t$$

所以 A 面受到的平均持续冲力为

$$\overline{f_x} = \sum_{i=1}^{N} \frac{mv_{ix}^2}{l_1}$$

根据压强的定义,A 面受到的压强为

$$p = \frac{\overline{f_x}}{l_2 l_3} = \frac{m}{l_1 l_2 l_3}\sum_{i=1}^{N} v_{ix}^2 = \frac{mN}{l_1 l_2 l_3}\left(\frac{\sum\limits_{i=1}^{N} v_{ix}^2}{N}\right) \tag{6.4a}$$

式中 $N/(l_1 l_2 l_3)$ 表示容器内单位体积气体的分子数,称为**分子数密度**,用 n 表示. 再将式(6.3a)代入式(6.4a)中括号部分,于是 A 面受到的压强可写成

$$p = nm\overline{v_x^2}$$

应用式(6.3b),又可写成

$$p = \frac{1}{3}nm\overline{v^2} \tag{6.4b}$$

若以 $\bar{\varepsilon}_{\mathrm{k}}$ 表示**分子的平均平动动能**,即

$$\bar{\varepsilon}_{\mathrm{k}} = \frac{1}{2}m\overline{v^2} \tag{6.5}$$

则式(6.4b)可写成

$$p = \frac{2}{3}n\bar{\varepsilon}_{\mathrm{k}} \tag{6.6}$$

式(6.6)就是在平衡态下**理想气体的压强公式**,是气体动理论的基本公式之一. 它表明,理想气体的压强 p 正比于单位体积内的分子数 n 和分子的平均平动动能 $\bar{\varepsilon}_{\mathrm{k}}$. n 和 $\bar{\varepsilon}_{\mathrm{k}}$ 越大,p 就越大. 从微观上说,n 大,即单位体积内分子数多,因而与器壁碰撞的次数多,所以 p 大;$\bar{\varepsilon}_{\mathrm{k}}$ 大则说明分子运动剧烈,分子一次碰撞器壁施加的冲量增大,且单位时间内碰撞次数也增多,所以 p 就大.

推导压强公式时用到了分子的质量 m、速度 $\boldsymbol{v}_i$、动能 ε_k 等，这些都是表征微观粒子状态特征的物理量，称为**微观量**. 微观量一般是无法直接观察和测量的. **可以通过对微观量求统计平均的方法得到宏观量**，从而揭示宏观量的微观实质，进一步阐明系统的宏观性质.

3. 压强的统计意义

压强公式把宏观量 p 和微观量的统计平均值 n 和 $\bar{\varepsilon}_k$(或$\overline{v^2}$)联系了起来，从而显示了宏观量与微观量的关系. 它说明**压强是大量分子对器壁碰撞的统计平均效果**. 这种平均是对时间、空间以及大量分子进行的. 因此，离开了"大量分子"和"求平均"，压强这一概念就失去意义.

应当指出，气体的压强是宏观量，可由实验直接测定；但分子的平均平动动能却不能直接测量，因此，压强公式不能用实验直接验证. 压强公式的正确性在于由此出发，可以满意地解释或论证已经验证过的理想气体诸定律. 因此，压强公式在一定范围内正确地反映了气体分子运动的实际情况.

6.2.4　理想气体的温度

1. 理想气体的温度公式

由理想气体的压强公式和状态方程容易导出宏观量温度 T 和气体分子微观量间的关系，从而揭示温度的微观实质.

设质量为 M 的理想气体，分子数为 N，分子质量为 m，则有 $M=Nm$. 1 mol 气体的分子数为 N_0，则摩尔质量 $\mu=N_0m$. 把它们代入理想气体的状态方程式(6.2)可得

$$p=\frac{N}{V}\frac{R}{N_0}T \tag{6.7}$$

式中 N/V 是分子的数密度 n，而 R/N_0 仍为一常量，称为玻尔兹曼常量，用 k 表示，即

$$k=\frac{R}{N_0}=\frac{8.31\ \mathrm{J\cdot mol^{-1}\cdot K^{-1}}}{6.023\times10^{23}\ \mathrm{mol^{-1}}}=1.38\times10^{-23}\ \mathrm{J\cdot K^{-1}}$$

于是式(6.7)可写成

$$p=nkT \tag{6.8}$$

将式(6.8)与压强公式(6.6)相比较，可得

$$\bar{\varepsilon}_k=\frac{3}{2}kT \tag{6.9}$$

式(6.9)就是**理想气体的温度公式**，也是气体动理论的基本公式之一. 它表明，分子的平均平动动能由气体的温度唯一地确定. 这就是说，对于处于各自平衡态的理想气体，不管分子质量是否相等，内部结构如何，只要有相同的温度，它们的分子平均平动动能就相等.

2. 温度的统计意义

式(6.9)把宏观量 T 和微观量的统计平均值 $\bar{\varepsilon}_k$ 联系了起来，表明**温度是气体分子平均平动动能的量度**，从而揭示了温度的微观实质. 温度越高，分子平均

平动动能越大,分子热运动就越剧烈,可以说温度平均地标志了系统内部分子热运动的剧烈程度,它是大量分子热运动的集体表现.如同压强一样,温度也是一个统计量,对个别分子来说,温度没有意义.关于温度本质的这个结论不仅适用于理想气体,也适用于其他任何物体.

由式(6.9)可知,当热力学温度为零时,对应的分子平均平动动能为零.事实上,对于任何实际气体,在温度达到绝对零度以前,就已变成液体和固体,公式已不再适用.近代量子理论证实,即使分子的平均平动动能为零,但组成固体点阵的粒子还具有某种振动能量,叫作零点能.这就说明了物质运动的绝对性.实际上热力学温度为零永远不可能达到,分子也永远不会停止运动.

目前研究得到的一些典型温度值如下.

宇宙大爆炸后 10^{-42} s 的温度	约 10^{32} K
太阳中心温度	约 2.0×10^{7} K
地球中心温度	约 4.0×10^{3} K
液氦沸点	约 4.2 K
宇宙辐射背景	约 2.7 K
实验室获得的最低温度	约 2.4×10^{-11} K

例 6.1 一容器内储有氧气,其压强 $p=1.013\times10^5$ Pa,温度 $t=27$℃.求:(1) 单位体积内的分子数;(2) 氧分子的质量;(3) 分子的平均平动动能.

解 由于容器内压强不太大,温度也不太低,所以氧气可视为理想气体.

(1) 由 $p=nkT$ 可得单位体积内的分子数为

$$n=\frac{p}{kT}=\frac{1.013\times10^5\ \text{Pa}}{1.38\times10^{-23}\ \text{J}\cdot\text{K}^{-1}\times(273+27)\text{K}}=2.45\times10^{25}\ \text{m}^{-3}$$

(2) 氧气分子的质量为

$$m=\frac{\mu}{N_0}=\frac{32\times10^{-3}\ \text{kg}\cdot\text{mol}^{-1}}{6.023\times10^{23}\ \text{mol}^{-1}}=5.31\times10^{-26}\ \text{kg}$$

(3) 分子的平均平动动能为

$$\bar{\varepsilon}_k=\frac{3}{2}kT=\frac{3}{2}\times1.38\times10^{-23}\ \text{J}\cdot\text{K}^{-1}\times(273+27)\ \text{K}=6.21\times10^{-21}\ \text{J}$$

6.2.5 对理想气体实验定律的推证

从理想气体的压强公式和温度公式出发,可以满意地解释或推证理想气体的一些实验定律,举例如下.

1. 阿伏伽德罗定律

由式(6.8),有

$$n=\frac{p}{kT}$$

用体积 V 乘上式两边,可得

$$N=\frac{pV}{kT} \tag{6.10}$$

由此可见，**在同温同压下，相同体积的任何理想气体所含的分子数相等**. 这个结论称为阿伏伽德罗(Avogadro)定律.

2. 道尔顿分压定律

设有 N 种不同的理想气体混合在同一容器中，由于它们的温度相同，因此，容器内各种气体的分子平均平动动能相等，即

$$\bar{\varepsilon}_{k1} = \bar{\varepsilon}_{k2} = \cdots = \bar{\varepsilon}_{kN} = \frac{3}{2}kT = \bar{\varepsilon}_{k}$$

设容器内各种气体的分子数密度分别为 $n_1, n_2, \cdots$，则单位体积内混合气体的总分子数为

$$n = \sum_{i=1}^{N} n_i$$

由压强公式得到混合气体的压强为

$$p = \frac{2}{3}n\bar{\varepsilon}_{k} = \frac{2}{3}\sum_{i=1}^{N} n_i \cdot \frac{3}{2}kT = \sum_{i=1}^{N} n_i kT = \sum_{i=1}^{N} p_i \tag{6.11}$$

式中 $p_i = n_i kT$ 为第 i 种气体的分压强. 结果表明，**混合理想气体的压强等于在同样温度、体积条件下组成混合气体的各成分单独存在时的分压强之和**. 这就是道尔顿(Dalton)分压定律.

6.3　能量按自由度均分定理　内能

上两节我们都是把分子当作质点而不考虑其内部结构，因此只考虑分子的平动. 实际上，分子有比较复杂的结构，因此其运动形式除平动外，还有转动和分子内原子间的振动. 本节讨论在平衡态下分子各种运动形式能量的统计规律.

6.3.1　自由度

为了确定分子各种运动形式能量的统计规律，我们首先引入**自由度**的概念. 所谓自由度，就是确定一个物体的空间位置所需要的独立坐标数.

如何确定分子的自由度？按分子结构，可将气体分为单原子分子气体(如 He、Ne 等)、双原子分子气体(如 H_2、N_2 等)和多原子分子气体(如 H_2O、CH_4 等). 它们的自由度数是不同的. 单原子分子可视为自由质点，确定一个自由质点的位置需要 3 个独立坐标，如 x、y、z，如图 6.6(a)所示，因此单原子分子有 3 个自由度，这 3 个自由度叫平动自由度. 对于双原子分子来说，若原子间的相对位置保持不变，则视为哑铃型刚性分子，确定其中一个原子的位置，需要 3 个独立坐标，还需要确定两个原子连线的方位. 如图 6.6(b)所示，这可由连线与 3 个坐标轴的夹角 α、β、γ 确定. 但因 $\cos^2\alpha + \cos^2\beta + \cos^2\gamma = 1$，所以只有两个方位角是独立的，因此，确定两个原子连线的方位只需要两个独立坐标，这两个坐标实际上给出了分子的转动状态，所以与它们相应的自由度叫转动自由度. 这样一来，刚性双原子分子就有 5 个自由度，其中 3 个平

动自由度,2 个转动自由度.对于多原子分子,若原子间相对位置保持不变,则可把分子视为自由刚体.如图 6.6(c)所示,除了上述 5 个独立坐标外,还需要一个说明分子绕轴转动的角坐标,因此刚性多原子分子有 6 个自由度,其中 3 个平动自由度,3 个转动自由度.若以 i 表示分子的总自由度数,则有

单原子分子　　$i=3$

刚性双原子分子　$i=5$

刚性多原子分子　$i=6$

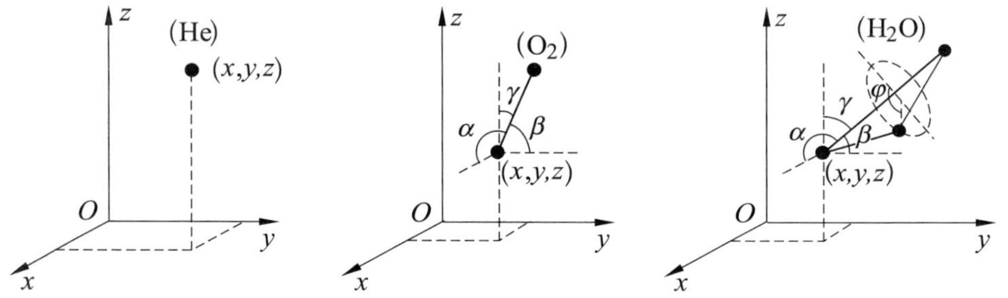

(a)　(b)　(c)

图 6.6

实际上,原子还要发生振动,特别是气体处于高温状态时,这种振动更不容忽略.这时就不能把双原子分子或多原子分子视为刚性分子,还必须考虑振动自由度.一般来说,由 $n\geqslant 3$ 个原子组成的非刚性分子,最多有 $i=3n$,其中 3 个平动自由度,3 个转动自由度,还有 $(3n-6)$ 个振动自由度.

6.3.2 能量按自由度均分定理

根据理想气体的温度公式,分子平均平动动能与温度的关系为

$$\bar{\varepsilon}_{\mathrm{k}}=\frac{1}{2}m\overline{v^2}=\frac{3}{2}kT$$

由于 $\overline{v_x^2}=\overline{v_y^2}=\overline{v_z^2}=\frac{1}{3}\overline{v^2}$,因此得到一个重要结果

$$\frac{1}{2}m\overline{v_x^2}=\frac{1}{2}m\overline{v_y^2}=\frac{1}{2}m\overline{v_z^2}=\frac{1}{2}kT \tag{6.12}$$

即分子在每一个平动自由度上具有相等的平均平动动能,其大小等于 $\frac{1}{2}kT$.这就是说,分子的平均平动动能 $\frac{3}{2}kT$ 是平均分配于每个平动自由度的.

这个结论可以推广到分子的转动和振动.经典统计理论证明:**在温度为 T 的平衡态下,物质(气体、液体或固体)分子的每一个自由度都具有相同的平均动能,其大小都等于 $\frac{1}{2}kT$.** 这个结论称为能量按自由度均分定理,简称能均分定理.因此,如果某种气体分子有 t 个平动自由度,r 个转动自由度,s 个振动自由度,则分子的平均平动动能、平均转动动能和平均振动动能就分别为 $\frac{t}{2}kT$、$\frac{r}{2}kT$ 和 $\frac{s}{2}kT$,而分子的**平均总动能**为

$$\bar{\varepsilon}_{\mathrm{k}} = \frac{1}{2}(t + r + s)kT = \frac{i}{2}kT \tag{6.13}$$

应当明确,能均分定理是关于分子热运动动能的统计规律,是对大量分子统计平均所得的结果.对于个别分子来说,任一瞬间它的各种形式的动能和总动能完全可能与平均值有很大差别.对大量分子整体来说,动能之所以会按自由度均分是依靠分子频繁地无规则碰撞实现的.碰撞过程中分子之间及各自由度之间会发生能量的交换和转移,使得系统在达到平衡态时能量按自由度分配.

顺便指出,如果分子内原子的振动不能忽略,还必须计及平均势能.由于原子的微振动可近似为简谐运动,在一个周期内平均动能和平均势能相等,所以,对于每一个振动自由度,分子除具有$\frac{1}{2}kT$的平均动能外,还具有$\frac{1}{2}kT$的平均势能.因而,一个振动自由度的平均总能量为 kT.这样,分子的**平均总能量**应为

$$\bar{\varepsilon} = \frac{1}{2}(t + r + 2s)kT \tag{6.14}$$

在常温或低温条件下,一般只需考虑分子的平动自由度和转动自由度,不必考虑振动自由度,即把分子视为刚性的.以后,若无特别说明,一律把分子视为刚性分子.

6.3.3　理想气体的内能

我们不考虑系统整体做机械运动的能量,也不考虑系统中发生化学的和原子核的反应,而把系统所包含的全部粒子的能量总和称为**内能**.这就是说,内能是大量分子的能量(上述分子的平动能量、转动能量、振动能量)、分子间的相互作用势能、构成分子的各原子能、原子相互作用能和原子核能量等.但在热力学中,我们不涉及分子内的原子能和核能,即当热力学系统状态改变时,这部分能量不变.因此,内能所涉及的仅是系统内分子的能量和分子间的相互作用势能.通常内能用 E 表示.

对于刚性分子理想气体,由于不计分子间相互作用,也不考虑振动自由度,因此它的内能就是所有分子的平均平动动能与平均转动动能之和.设气体的摩尔质量为 μ,则质量为 M 的理想气体含有的分子数为$\frac{M}{\mu}N_0$,而每一分子的平均总动能为$\frac{i}{2}kT$,所以,其内能为

$$E = \frac{M}{\mu}N_0 \cdot \frac{i}{2}kT$$

因为 $N_0k=R$,所以有

$$E = \frac{M}{\mu} \cdot \frac{i}{2}RT \tag{6.15}$$

这就是理想气体的内能公式.上式表明,对给定的理想气体,其内能只与温度有关,而与气体的压强、体积无关.也就是说,给定理想气体的内能仅是温度的单值函数,只要温度变化相同,内能变化就相同,而与变化的具体过程无关.这一结论与理想气体模型中“不计分子之间相互作用力”的假设是一致的.

例 6.2 当温度为 0 ℃时,试求:(1)氧分子的平均平动动能和平均转动动能;(2)4.0×10^{-3} kg 氧气的内能.

解 (1)氧是双原子分子,自由度 $i=5$,其中平动自由度 $t=3$,转动自由度 $r=2$,因此其平均平动动能 $\bar{\varepsilon}_t$ 和平均转动动能 $\bar{\varepsilon}_r$ 分别为

$$\bar{\varepsilon}_t=\frac{3}{2}kT=\frac{3}{2}\times1.38\times10^{-23}\ \text{J}\cdot\text{K}^{-1}\times273\ \text{K}=5.65\times10^{-21}\ \text{J}$$

$$\bar{\varepsilon}_r=\frac{2}{2}kT=1.38\times10^{-23}\ \text{J}\cdot\text{K}^{-1}\times273\ \text{K}=3.77\times10^{-21}\ \text{J}$$

(2) 根据理想气体内能公式,代入 $\mu=3.2\times10^{-2}\ \text{kg}\cdot\text{mol}^{-1}$,$i=5$,$T=273$ K,$M=4.0\times10^{-3}$ kg,$R=8.31\ \text{J}\cdot\text{mol}^{-1}\cdot\text{K}^{-1}$,可得氧气的内能为

$$E=\frac{M}{\mu}\cdot\frac{i}{2}RT=7.1\times10^{2}\ \text{J}$$

例 6.3 2 g 氢气与 2 g 氦气分别装在两个容积相同、温度也相同的封闭容器内,试求氢气与氦气的:(1)平均平动动能之比;(2)压强之比;(3)内能之比.

解 为了方便,我们用脚标 1 和 2 分别标记与氢气和氦气有关的量.

(1) 因 $T_1=T_2$,所以氢气和氦气分子的平均平动动能相等,故有

$$\bar{\varepsilon}_{k1}/\bar{\varepsilon}_{k2}=1$$

(2) 理想气体状态方程为

$$pV=\frac{M}{\mu}RT$$

因 $M_1=M_2$,$V_1=V_2$,$T_1=T_2$,$\mu_1=2$ g,$\mu_2=4$ g,所以有

$$\frac{p_1}{p_2}=\frac{\mu_2}{\mu_1}=\frac{4\ \text{g}}{2\ \text{g}}=2$$

(3) 理想气体的内能为

$$E=\frac{M}{\mu}\cdot\frac{i}{2}RT=\frac{i}{2}pV$$

将氢分子视为刚性双原子分子,$i_1=5$,氦分子为单原子分子,$i_2=3$,又 $V_1=V_2$,因此有

$$\frac{E_1}{E_2}=\frac{i_1}{i_2}\cdot\frac{p_1}{p_2}=\frac{5}{3}\times2=\frac{10}{3}$$

6.4 气体分子的速率分布规律

处于平衡态的气体分子以不同的速率沿各个方向运动着,有的分子速率较大,有的较小.由于相互碰撞,每个分子的速率都在不断地改变,因此个别分子的运动情况完全是偶然的.然而对于大量分子整体来说,在一定条件下,分子的速率分布遵从一定的统计规律.

6.4.1　速率分布函数

伽尔顿板

所谓速率分布，是指气体分子数按速率大小的分布.

研究气体分子的速率分布与研究一般分布问题(如国家人口年龄分布、高考学生的分数分布等)相似，可以把速率划分成一系列相等的区间，然后探求气体分子在平衡态下分布在各速率区间内的分子数有多少，它们与总分子数的比值有多大，大部分分子分布在哪一个速率区间，等等. 这些问题解决了，整个分布问题就清楚了. 我们通过一个实例加以说明.

表 6.1 给出了空气分子在 0℃时的速率分布情况，其中 N 为总分子数，ΔN 为分布在某一速率区间内的分子数，则 $\Delta N/N$ 就是分布在该区间内的分子数与总分子数的比值. 由表中数据可见，在不同的速率附近取相等的速率区间，$\Delta N/N$ 的值一般是不同的(如 300～400 $\mathrm{m\cdot s^{-1}}$的百分比为 21.5%，而600～700 $\mathrm{m\cdot s^{-1}}$的百分比为 9.2%)，这表明 $\Delta N/N$ 是 v 的函数；另一方面，在给定的速率 v 附近，所取的速率区间越大，则 $\Delta N/N$ 的值也越大(如 300～500 $\mathrm{m\cdot s^{-1}}$的百分比为 42%，而 300～400 $\mathrm{m\cdot s^{-1}}$的百分比为 21.5%)，这表明$\Delta N/N$还是 Δv 的函数.

表 6.1　空气分子的速率分布(0℃)

速率区间 $v\sim v+\Delta v/(\mathrm{m\cdot s^{-1}})$	分子数百分比$(\Delta N/N)/\%$
<100	1.4
100～200	8.4
200～300	16.2
300～400	21.5
400～500	20.5
500～600	15.1
600～700	9.2
>700	7.7

如果在任一速率附近，都取成单位速率区间，即 $\Delta v=1\ \mathrm{m\cdot s^{-1}}$，那么 $\Delta N/N$ 就只与 v 有关了. 换句话说，$\Delta N/(N\Delta v)$只是 v 的函数. 显然，将 Δv 取得越小，对速率分布情况的描述就越精确. 于是我们可以将速率分布函数定义为

$$f(v)=\lim_{\Delta v\to 0}\frac{\Delta N}{N\Delta v}=\frac{\mathrm{d}N}{N\mathrm{d}v} \tag{6.16}$$

它表示**气体在平衡态下，速率在 v 附近的单位速率区间内的分子数与总分子数的比**. 因此，它描写了分子数按速率分布的情况. 对于单个分子而言，这个比值则表示**气体分子速率分布在 v 附近的单位速率区间内的概率**，所以 $f(v)$也称为分子速率分布的**概率密度**. 这样，分子速率在 $v\sim v+\mathrm{d}v$ 区间内的概率为

$$\frac{\mathrm{d}N}{N}=f(v)\mathrm{d}v \tag{6.17}$$

式(6.17)即为速率分布律.

6.4.2　麦克斯韦速率分布律

1. *麦克斯韦速率分布律及速率分布曲线*

1859 年，英国物理学家麦克斯韦(J. Maxwell)首先从理论上导出在平衡态

时气体分子的速率分布函数的数学形式为

$$f(v)=4\pi\left(\frac{m}{2\pi kT}\right)^{\frac{3}{2}}\mathrm{e}^{-\frac{mv^2}{2kT}}v^2 \tag{6.18}$$

式中 T 为气体的温度,m 为分子质量,k 为玻尔兹曼常量. 于是,麦克斯韦速率分布律可写成

$$\frac{\mathrm{d}N}{N}=4\pi\left(\frac{m}{2\pi kT}\right)^{\frac{3}{2}}\mathrm{e}^{-\frac{mv^2}{2kT}}v^2\,\mathrm{d}v \tag{6.19}$$

2. 速率分布曲线

在一定温度下,给定气体的麦克斯韦速率分布函数 $f(v)$ 与速率 v 的关系曲线如图 6.7 所示,称为速率分布曲线. 它形象地描绘了气体分子按速率分布的情况. 在任一速率区间 $v\sim v+\mathrm{d}v$ 内,曲线下的矩形面积为

$$f(v)\mathrm{d}v=\frac{\mathrm{d}N}{N}$$

气体速率分布

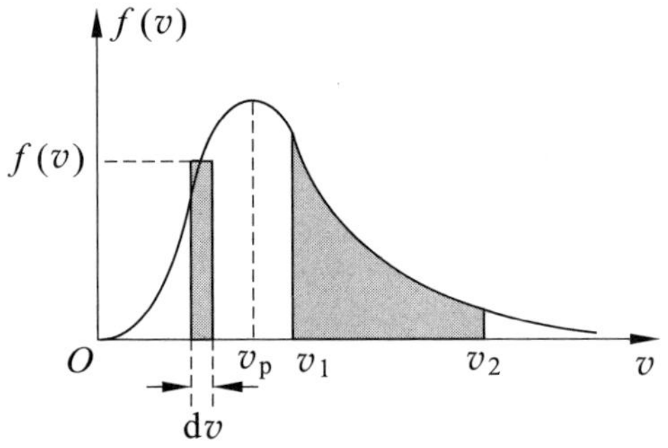

图 6.7

它表示该速率区间内的分子数与总分子数的比,或者说表示分子速率分布在 $v\sim v+\mathrm{d}v$ 区间内的概率. 而在任一有限速率区间 $v_1\sim v_2$ 内,曲线下的面积则为

$$\int_{v_1}^{v_2}f(v)\mathrm{d}v=\frac{\Delta N}{N}$$

它表示在速率区间 $v_1\sim v_2$ 内的分子数与总分子数的比. 显然曲线下的总面积表示速率分布在零到无穷大区间内的分子数所占的比率,它应等于 100%,即

$$\int_0^{\infty}f(v)\mathrm{d}v=1 \tag{6.20}$$

式(6.20)称为速率分布函数的**归一化条件**.

从图 6.7 可以看出,速率很小和速率很大的分子数都很少,在曲线的极值点对应的速率 v_p 附近的分子数所占比率最大,也就是说,绝大多数分子速率都在 v_p 附近. 可见,麦克斯韦速率分布函数 $f(v)$,能给出气体分子按速率分布的全部情况.

必须指出,麦克斯韦速率分布律只适用于由大量分子组成的处于平衡态的气体,不能把它用于少量分子,因为统计规律是对大量偶然事件整体起作用的规律. 尽管个别事件的出现具有偶然性,但大量事件的总体则表现出必然的规律性. 事实上实际值和统计平均值比较,一般都有偏差,这种偏离统计平均值的现象,称为**涨落现象**或起伏现象. 存在涨落现象是统计规律的特征,这正反映了必然性与偶然性之间相互依存的关系.

6.4.3　气体分子的三种统计速率

从麦克斯韦速率分布函数可以导出气体分子的三种统计速率.

1. 最概然速率 v_p

如图 6.7，与 $f(v)$ 极大值对应的速率 v_p 称为最概然速率. 令

$$\frac{df(v)}{dv} = 0$$

将 $f(v)$ 的表达式(6.18)代入上式，即可解出

$$v_p = \sqrt{\frac{2kT}{m}} = \sqrt{\frac{2RT}{\mu}} \approx 1.41\sqrt{\frac{RT}{\mu}} \tag{6.21}$$

需要注意的是，最概然速率并不是最大速率. 它的物理意义是：在平衡态条件下，气体分子速率分布在 v_p 附近单位速率区间内的分子数最多. 或者说分子速率分布在 v_p 附近单位速率区间内的概率最大.

2. 平均速率 $\bar{v}$

所有分子速率的算术平均值称为分子的平均速率，用 $\bar{v}$ 表示. 利用麦克斯韦速率分布函数可以求出平均速率.

由式(6.17)，速率在 $v \sim v+dv$ 区间内的分子数为

$$dN = Nf(v)dv$$

由于 dv 很小，可近似认为这 dN 个分子的速率均为 v，因而它们速率的总和为

$$v dN = Nvf(v)dv$$

根据算术平均值的定义，有

$$\bar{v} = \frac{\int v dN}{N} = \frac{\int_0^\infty Nvf(v)dv}{N} = \int_0^\infty vf(v)dv$$

将 $f(v)$ 的表达式(6.18)代入上式，可算得

$$\bar{v} = \sqrt{\frac{8kT}{\pi m}} = \sqrt{\frac{8RT}{\pi\mu}} \approx 1.60\sqrt{\frac{RT}{\mu}} \tag{6.22}$$

3. 方均根速率 $\sqrt{\overline{v^2}}$

与求 $\bar{v}$ 类似，利用麦克斯韦速率分布函数可以求出速率的平方平均值

$$\overline{v^2} = \int_0^\infty v^2 f(v)dv = \frac{3kT}{m}$$

由此可得分子的方均根速率为

$$\sqrt{\overline{v^2}} = \sqrt{\frac{3kT}{m}} = \sqrt{\frac{3RT}{\mu}} \approx 1.73\sqrt{\frac{RT}{\mu}} \tag{6.23}$$

由以上结果可以看出，这三种统计速率都与 $\sqrt{T}$ 成正比，与 $\sqrt{m}$ 或 $\sqrt{\mu}$ 成反比. 对于给定的气体，当温度 T 一定时，它们的量值是确定的，并且有

$$v_p < \bar{v} < \sqrt{\overline{v^2}}$$

可以计算，在室温下，这三种速率的数量级一般为每秒几百米，它们从不同的侧面反映了理想气体分子速率分布的统计特性，在不同的问题中有各自的应

用.例如,在讨论速率分布时,要用到最概然速率;在计算分子运动的平均路程时,要用到平均速率;在计算分子的平均平动动能时,要用到方均根速率等.

从式(6.18)可以看出,速率分布函数与分子的质量、气体的温度有关.对于给定的气体,m 一定.由于 $v_p \propto \sqrt{T}$,所以当 T 升高时,v_p 变大,对应的 $f(v)$-v 曲线的最高点右移.但因曲线下的面积要保持恒定,所以温度较高的气体分子速率分布曲线较为平坦,$f(v)$的极值也较小,如图 6.8(a)所示.说明温度较高时,分子的速率分布比较分散,无序性随之增加.可以说最概然速率的大小反映了速率分布无序性的程度.因此最概然速率常被用来反映分子速率分布的概况.同样可以分析在同一温度下不同气体的分子速率分布曲线.分子质量 m 较小的气体 v_p 较大,则曲线的最高点右移,而曲线较为平坦,如图 6.8(b)所示.

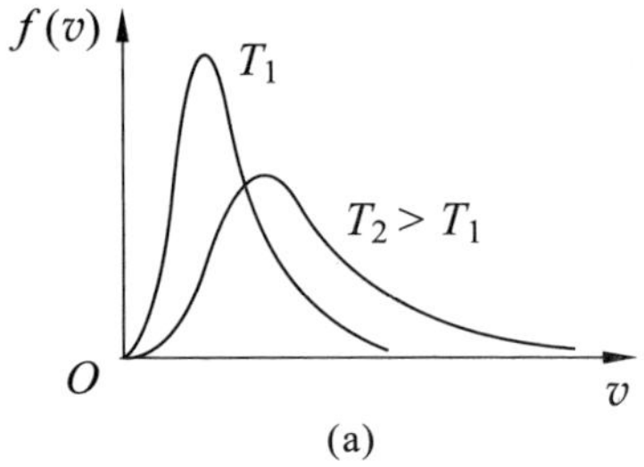

图 6.8

6.4.4 麦克斯韦速率分布律的实验验证

气体分子的速率分布可用几种方法直接测定.测定分子速率最早的实验是 1920 年施特恩(O. Stern)的分子射线实验.这里介绍我国物理学家葛正权于 1934 年测定铋(Bi)蒸气分子速率分布的实验,实验装置的主要部分如图 6.9 所示.O 是蒸气源,其中铋蒸气的温度约为 900℃(各次实验的温度不同),S_1、S_2 和 S_3 都是狭缝,通过狭缝可获得分子的一束窄射线.R 是一个可绕中心轴 O'(垂直于图平面)转动的空心圆筒,其直径为 D,转动的角速度为 ω,全部装置放在真空容器中.

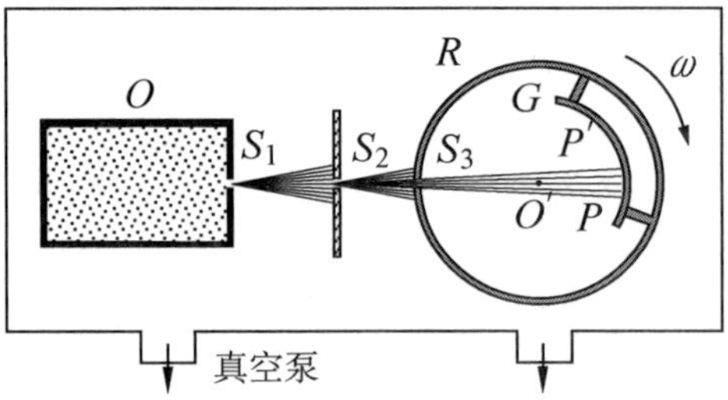

图 6.9

实验时,如果圆筒 R 不转动,则铋分子通过狭缝 S_3 进入 R 后,将沿直线射向固定在 R 内壁上的弯曲玻璃板 G,结果沉积在板上正对着 S_3 的 P 处,使那里镀上一窄条铋.显然,当 R 以一定的角速度 ω 转动时,不同速率的分子将沉积在不同的地方. 速率大的分子由 S_3 到 G 所需的时间短，沉积在距 P 较近的地方，速率小的分子则沉积在距 P 较远的地方. 设速率为 v 的分子沉积在 P' 处. 以 s 表示弧 $\overset{\frown}{PP'}$ 的长度，则铋分子由 S_3 到 P' 处所需要的时间为 $t=D/v$. 在这段时间内，R 所转过的角度 $\theta=\omega t$，而弧 $\overset{\frown}{PP'}$ 的长度为

$$s=\frac{D}{2}\theta=\frac{1}{2}D\omega t$$

将 $t=D/v$ 代入上式，可得

$$v=\frac{D^2\omega}{2s}$$

式中 ω 和 D 是已知的，因而弧长 s 与一定的速率 v 相对应. 取下玻璃板 G，用测微光度计测量板上各处沉积的铋层厚度，求出铋层随弧长 s 变化的关系，就可以确定铋分子速率分布的规律. 实验结果与麦克斯韦速率分布律相符.

在通常情况下，实际气体分子的速率分布与麦克斯韦速率分布律也符合得很好，但在气体密度较大时就不相符. 在这种情况下，经典统计的假设已不成立，必须用量子统计的理论才能说明气体分子速率的统计分布规律.

例 6.4　试计算气体分子热运动速率介于 $v_p-\frac{v_p}{100}$ 和 $v_p+\frac{v_p}{100}$ 间的分子数占总分子数的百分比.

解　根据麦克斯韦速率分布律，速率分布在区间 $v\sim v+\Delta v$ 内的分子数占总分子数的百分比为

$$\frac{\Delta N}{N}=4\pi\left(\frac{m}{2\pi kT}\right)^{\frac{3}{2}}e^{-\frac{mv^2}{2kT}}v^2\Delta v$$

将 $v_p=\sqrt{\frac{2kT}{m}}$ 代入上式，得

$$\frac{\Delta N}{N}=\frac{4}{\sqrt{\pi}}\left(\frac{v}{v_p}\right)^2 e^{-\left(\frac{v}{v_p}\right)^2}\frac{\Delta v}{v_p} \quad ①$$

依题意有

$$v=v_p-\frac{v_p}{100}=\frac{99}{100}v_p \quad ②$$

$$\Delta v=\left(v_p+\frac{v_p}{100}\right)-\left(v_p-\frac{v_p}{100}\right)=\frac{v_p}{50} \quad ③$$

将式②和式③代入式①得

$$\frac{\Delta N}{N}=\frac{4}{\sqrt{\pi}}\left(\frac{99}{100}\right)^2\cdot e^{-\left(\frac{99}{100}\right)^2}\cdot\frac{1}{50}=1.66\%$$

6.4.5　麦克斯韦速度分布律

以上介绍了气体分子按速率分布的统计规律. 如果计及速度的方向，气体分子将按如下规律分布，即

$$\frac{dN_v}{N}=\left(\frac{m}{2\pi kT}\right)^{\frac{3}{2}}e^{-\frac{mv^2}{2kT}}dv_x dv_y dv_z \quad (6.24)$$

通常把上式称为麦克斯韦速度分布律. 式中 $v^2=v_x^2+v_y^2+v_z^2$, $\mathrm{d}N_v/N$ 是在平衡态下,速度分量分别在 $v_x\sim v_x+\mathrm{d}v_x$、$v_y\sim v_y+\mathrm{d}v_y$、$v_z\sim v_z+\mathrm{d}v_z$ 区间内的分子数与总分子数的比,也可以说成是分子速度分布在上述速度区间的概率.

如果以 v_x、v_y、v_z 为坐标轴建立一个直角坐标系,则每个分子的速度矢量都可用一个以坐标原点为起点的有向线段表示. 容易看出,式(6.24)中的 $\mathrm{d}N_v$ 就是速度 $\boldsymbol{v}$ 的端点落在体积元 $\mathrm{d}v_x\mathrm{d}v_y\mathrm{d}v_z$ 内的分子数,如图 6.10(a)所示. 显然,若只考虑速率,则速度 $\boldsymbol{v}$ 的端点落在如图 6.10(b)所示的球壳体积内的分子数应为式(6.19)中的 $\mathrm{d}N$. 因此,用球壳体积 $4\pi v^2\mathrm{d}v$ 代替式(6.24)中的 $\mathrm{d}v_x\mathrm{d}v_y\mathrm{d}v_z$,就可得到麦克斯韦速率分布律.

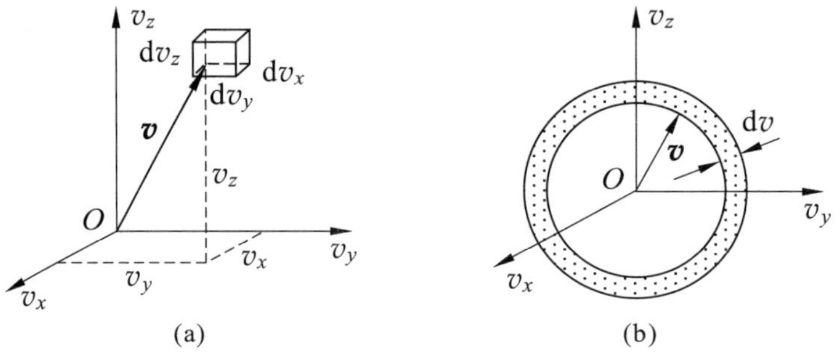

图 6.10

爱因斯坦的狭义相对论告诉我们,实物粒子的极限速率是光速 c,为何式(6.20)及平均速率 $\bar{v}$、方均根速率 $\sqrt{\overline{v^2}}$ 的计算中,速率积分的上限都取为∞呢?

以室温(300K)下的氢气分子为例,可以计算得到,$v_\mathrm{p}=1.58\times10^3\,\mathrm{m\cdot s^{-1}}$,分子速率 $v<v_\mathrm{p}$ 的概率为 42.78%,$v<3v_\mathrm{p}$ 的概率为 99.99%,而 v 介于 $3\times10^4\sim3\times10^8\,\mathrm{m\cdot s^{-1}}$ 的概率小于 4.36×10^{-151}. 概率如此之小,意味着不可能有分子的速率达到这个范围. 因此把积分上限取为∞并不影响计算结果,但却给数学处理过程带来方便.

*6.5 玻尔兹曼分布

6.5.1 重力场中气体分子按高度分布

在重力场中,气体受到两种相互对立的作用,一方面无规则热运动使气体分子均匀分布于它们所能达到的空间,另一方面重力要使气体分子聚集到地面上. 这两种作用平衡时,气体分子则在空间作非均匀分布,分子密度随高度而减小. 我们来导出这种分布规律. 为简单起见,设大气层的温度处处相同,重力加速度的变化可以忽略不计,并且视大气为理想气体.

1. 等温气压公式

如图 6.11 所示,考虑一个竖直空气柱,设地面 $h=0$ 处,气体的压强为 p_0;在距地面高为 h 处,压强为 p;当高度变化 $\mathrm{d}h$ 时,压强变化为 $\mathrm{d}p$. 根据流体静

力学原理，在给定高度处气体的压强应等于该处单位面积上空气柱的重量．因此，压强差 $|dp|$ 就等于以 dh 为高、单位面积为底的空气柱重量，即有

$$dp=-\rho g\,dh$$

式中 ρ 为空气的密度，负号表示压强随高度的增加而减小．若分子的质量为 m，分子数密度为 n，则 $\rho=mn$．因为 $n=\dfrac{p}{kT}$，所以 $\rho=\dfrac{mp}{kT}$，代入上式，整理后可得

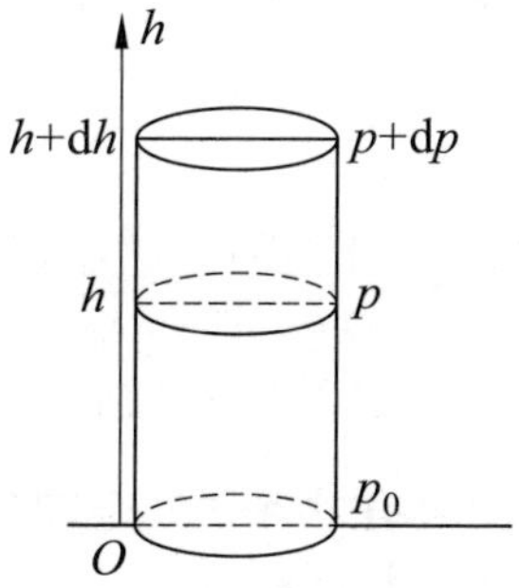

图 6.11

$$\frac{dp}{p}=-\frac{mg}{kT}dh$$

考虑到 m、g、T 不变，对上式积分，即

$$\int_{p_0}^{p}\frac{dp}{p}=\int_0^h-\frac{mg}{kT}dh$$

得

$$p=p_0e^{-\frac{mgh}{kT}}=p_0e^{-\frac{\mu gh}{RT}} \tag{6.25}$$

式中 μ 为气体摩尔质量．此式称为**等温气压公式**．它表明，在温度不随高度变化的情况下，重力场中气体的压强随高度的增加按指数规律减小．

在式(6.25)中，除 k 以外，其他几个量都可由实验测定，因此，人们曾利用实验结果，由该式推算 k 值，从而较准确地算出了阿伏伽德罗常量 N_0．

在登山运动和航空技术中，可应用式(6.25)判断上升的高度．将该式两边取对数，可得

$$h=\frac{RT}{\mu g}\ln\frac{p_0}{p} \tag{6.26}$$

因此，测定大气压随高度的变化，即可判断上升的高度．由上式给出，每升高 10 m，大气压约降低 133 Pa．这个结果近似地与实际相符．

2．分子数密度公式

设 $h=0$ 处分子数密度为 n_0，将 $p=nkT$ 代入式(6.25)，可得**分子数密度公式**

$$n=n_0e^{-\frac{mgh}{kT}}=n_0e^{-\frac{\mu gh}{RT}} \tag{6.27a}$$

上式表明，气体分子数密度随高度的增加按指数规律减小．分子质量越大，受重力的作用越大，分子数密度减小得越迅速；气体的温度越高，分子的无规则运动越剧烈，分子数密度减小得越缓慢．应当指出，式(6.25)和式(6.27a)是假定大气温度处处相同时推出的．实际气体温度并不均匀，故由这两个公式得到的结果是近似的，只有在高度变化不大的范围内计算结果才与实际情况相符．

6.5.2　玻尔兹曼能量分布律

式(6.27a)是重力场中分子在空间的分布规律，其指数项中的 mgh 是分子的重力势能．把这个结果加以推广，认为式(6.27a)对一切形式的势能都成立．这样

一来,当某一保守力场中的气体分子势能为 ε_p 时,其分子数密度也按式(6.27a)变化,即

$$n = n_0 e^{-\frac{\varepsilon_p}{kT}} \tag{6.27b}$$

因此,位于空间某一小区域 $x \sim x+dx$、$y \sim y+dy$、$z \sim z+dz$ 内的分子数 dN' 为

$$dN' = n_0 e^{-\frac{\varepsilon_p}{kT}} dx dy dz \tag{6.28}$$

式中 $\varepsilon_p = \varepsilon_p(x, y, z)$ 是坐标为 x、y、z 的分子的势能,n_0 是势能为零处单位体积内所具有的各种速率的分子总数. 上式表明,**在势场中,分子总是优先占据势能较低的状态.**

如果同时考虑气体分子按空间坐标分布和按速度分布,根据独立概率相乘的概率原理,由式(6.24)和(6.28)可以得到系统在保守力场中处于平衡态时,分子的坐标在区间 $x \sim x+dx$、$y \sim y+dy$、$z \sim z+dz$ 内,同时速度在区间 $v_x \sim v_x+dv_x$、$v_y \sim v_y+dv_y$、$v_z \sim v_z+dv_z$ 内的分子数为

$$dN = n_0 \left(\frac{m}{2\pi kT}\right)^{\frac{3}{2}} e^{-\frac{\varepsilon_k+\varepsilon_p}{kT}} dv_x\, dv_y\, dv_z\, dx\, dy\, dz \tag{6.29}$$

其中 $\varepsilon_k = \frac{1}{2}mv^2$ 为分子的动能. 上式称为玻尔兹曼能量分布律,简称玻尔兹曼分布律. 事实上,将上式对所有可能的速度积分,并考虑麦克斯韦速度分布函数的归一化条件

$$\iiint_{-\infty}^{\infty} \left(\frac{m}{2\pi kT}\right)^{\frac{3}{2}} e^{-\frac{\varepsilon_k}{kT}} dv_x dv_y dv_z = 1 \tag{6.30}$$

即得式(6.28),它是玻尔兹曼分布律的一种常用形式.

应当指出,玻尔兹曼分布律是一个普遍的规律. 它对任何物质的微粒(气体、液体、固体的分子和原子,布朗粒子等)在任何保守力场中运动时都成立.

6.6 分子碰撞 平均自由程

6.6.1 分子碰撞

我们知道,气体分子的平均速率达每秒几百米,据此,分子间的一切过程应当进行得十分迅速. 然而,事实并非如此. 如打开香水瓶,香味大约经过几秒甚至几十秒的时间才能传到几米远的地方. 这是因为分子数目巨大,分子在运动过程中频繁地与其他分子相碰撞,故分子的实际运动路径是曲折的.

碰撞过程是分子相互作用的过程,分子间这种无规则的碰撞在气体由非平衡态过渡到平衡态的过程中起着关键性的作用. 正是通过碰撞,气体分子才能交换能量达到能量按自由度均分,才能不断引起分子速度的改变,使得在平衡态下气体分子按速度有一稳定的分布. 科学家们也利用微观粒子的碰撞所产生的现象来探索更深层次的物质结构和运动规律等问题. 系统中的分子碰撞遵循什么规律呢?

6.6.2 平均自由程和平均碰撞频率

由于分子运动的无规则性,一个分子在任意连续两次碰撞之间所经过的自

由路程一般是不同的,在单位时间内所受到的碰撞次数一般也是不同的. 在一定的宏观条件下,一个气体分子在连续两次碰撞之间可能经过的各段自由路程的平均值称为**平均自由程**,用 $\bar{\lambda}$ 表示. 一个分子在单位时间内所受到的平均碰撞次数称为**平均碰撞频率**,用 $\bar{Z}$ 表示. 若分子在运动过程中的平均速率为 $\bar{v}$,则在 Δt 时间内,分子通过的平均路程为 $\bar{v}\Delta t$,而分子所受到的平均碰撞次数则为 $\bar{Z}\Delta t$. 由于每一次碰撞都将结束一段自由程,所以平均自由程应为

$$\bar{\lambda} = \frac{\bar{v}\Delta t}{\bar{Z}\Delta t} = \frac{\bar{v}}{\bar{Z}} \tag{6.31}$$

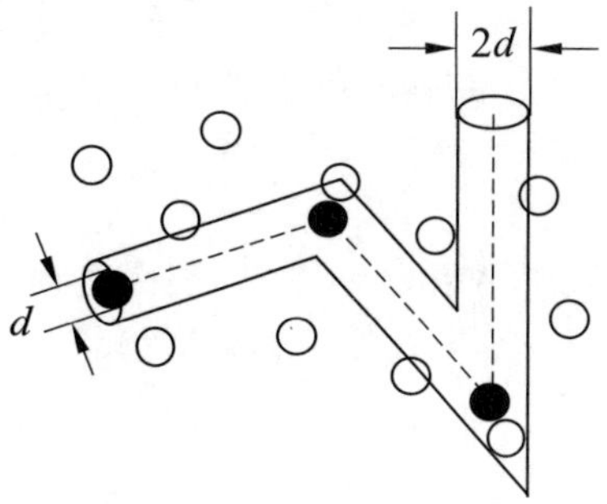

图 6.12

$\bar{\lambda}$ 和 $\bar{Z}$ 与哪些因素有关呢? 为此,我们设想"跟踪"一个分子 A. 假设分子 A 以平均相对速率 $\bar{u}$ 运动,这样就可认为其他分子都静止不动. 显然,只有与分子 A 的中心间距小于或等于分子有效直径 d 的那些分子才可能与 A 相碰. 因此,为了确定在一段时间内有多少个分子与 A 相碰,可设想以 A 的中心的运动轨道为轴线,以分子的有效直径 d 为半径作一个曲折的圆柱体,如图 6.12 所示. 这样,凡是中心在此圆柱体内的分子都会与 A 相碰. 圆柱体的截面积 $\sigma=\pi d^2$,称为分子的**碰撞截面**.

在时间 Δt 内,A 运动的路程为$\bar{u}\Delta t$,相应的圆柱体的体积为 $\sigma\bar{u}\Delta t$. 若 n 为分子数密度,则此圆柱体内的总分子数为 $n\sigma\bar{u}\Delta t$,这也是 A 与其他分子的碰撞次数. 因此,平均碰撞频率为

$$\bar{Z} = \frac{n\sigma\bar{u}\Delta t}{\Delta t} = n\sigma\bar{u} \tag{6.32a}$$

利用麦克斯韦速度分布率可以证明,气体分子的平均相对速率 $\bar{u}$ 与平均速率 $\bar{v}$ 之间有如下关系:

$$\bar{u} = \sqrt{2}\,\bar{v}$$

将上述关系代入式(6.32a),有

$$\bar{Z} = \sqrt{2}\sigma\bar{v}n = \sqrt{2}\pi d^2\bar{v}n \tag{6.32b}$$

将式(6.32b)代入式(6.31),可得分子的平均自由程为

$$\bar{\lambda} = \frac{1}{\sqrt{2}\sigma n} = \frac{1}{\sqrt{2}\pi d^2 n} \tag{6.33a}$$

结果表明,平均自由程与分子有效直径 d 的平方及单位体积内的分子数 n 成反比,而与平均速率无关.

因为 $p=nkT$,所以式(6.33a)可写成

$$\bar{\lambda} = \frac{kT}{\sqrt{2}\sigma p} = \frac{kT}{\sqrt{2}\pi d^2 p} \tag{6.33b}$$

可见当温度一定时,平均自由程与压强成反比. 当压强很低时,$\bar{\lambda}$ 有可能大于一般容器的线度. 在这种情况下,分子之间很少发生碰撞,只是不断地碰撞器壁,此时的平均自由程就应该是容器的线度. 日常用的杜瓦瓶壳层内的气体

就是这种情况.

另外需要说明的是,分子的有效直径 d 并不是固定值. 实验证明,气体密度一定时,分子的有效直径将随速度的增加而减小,所以当 T/p 一定时,$\bar{\lambda}$ 将随温度的升高而略有增加.

例 6.5 计算在标准状态下氢分子的 $\bar{\lambda}$ 和 $\bar{Z}$. 取分子的有效直径为 2.0×10^{-10} m.

解 在标准状态下,$p=1.013\times10^{5}$ Pa,$T=273$ K,$d=2.0\times10^{-10}$ m. 代入平均自由程公式得

$$\bar{\lambda}=\frac{kT}{\sqrt{2}\pi d^{2}p}=2.1\times10^{-7}\ \text{m}$$

可见,在标准状态下,氢分子的平均自由程 $\bar{\lambda}$ 约为其有效直径 d 的 1000 倍.

氢分子的平均速率为

$$\bar{v}=\sqrt{\frac{8RT}{\pi\mu}}=\sqrt{\frac{8\times8.31\ \text{J}\cdot\text{mol}^{-1}\cdot\text{K}^{-1}\times273\ \text{K}}{3.14\times2.0\times10^{-3}\ \text{kg}\cdot\text{mol}^{-1}}}=1.7\times10^{3}\ \text{m}\cdot\text{s}^{-1}$$

于是氢分子的碰撞频率为

$$\bar{Z}=\frac{\bar{v}}{\bar{\lambda}}=\frac{1.7\times10^{3}\ \text{m}\cdot\text{s}^{-1}}{2.1\times10^{-7}\ \text{m}}=8.1\times10^{9}\ \text{s}^{-1}$$

即氢分子在一秒钟内平均与其他分子碰撞约 80 亿次.

在常温常压下,气体的平均自由程的数量级约为 $10^{-8}\sim10^{-7}$ m,而平均碰撞频率的数量级高达 $10^{9}\ \text{s}^{-1}$,正因为碰撞频繁,才使分子的平均自由程非常之短.

*6.7 气体内的输运过程

前面讨论的都是气体在平衡态下的性质. 实际上,许多问题都牵涉到气体在非平衡态下的变化过程. 例如,当气体各处密度不均匀时发生的扩散现象,温度不均匀时发生的热传导现象,以及各层流速不同时发生的黏滞现象,都是典型的由非平衡态趋向平衡态的变化过程. 这三种过程统称为迁移过程或输运过程. 气体的黏滞现象、热传导现象和扩散现象具有共同的宏观特征. 本节将介绍这些现象的宏观规律,并用气体动理论的观点阐明它们的微观实质.

6.7.1 黏滞现象

当气体各层流速不同时,任一平行于流速的截面两边,相邻两部分气体将沿平行于截面方向互施作用力,使流动慢的气层加速,使流动快的气层减速. 这种相互作用力称为内摩擦力,也叫黏性力,这种现象称为**内摩擦**现象或**黏滞**现象.

1. 黏滞现象的宏观规律

为简单起见,设气体平行于 Oxy 平面并沿 x 轴正方向流动,流速 u 沿 z 轴

正方向逐渐增大. 以 $\mathrm{d}u/\mathrm{d}z$ 表示流速沿 Oz 轴的空间变化率,称为流速梯度. 如图 6.13所示,设想在 $z=z_0$ 处有一平行于 Ox 轴的平面,面积为 $\mathrm{d}S$,它将气体分成 A、B 两部分,A 部施于 B 部一指向 Ox 轴负方向的力,而 B 部则施于 A 部一大小相等方向相反的力. 实验指出,A 部和 B 部通过 $\mathrm{d}S$ 面互施作用力的大小 $\mathrm{d}f$ 与该处流速梯度的量值以及面积成正比,即

$$\mathrm{d}f=\eta\left(\frac{\mathrm{d}u}{\mathrm{d}z}\right)_{z_0}\mathrm{d}S \qquad (6.34)$$

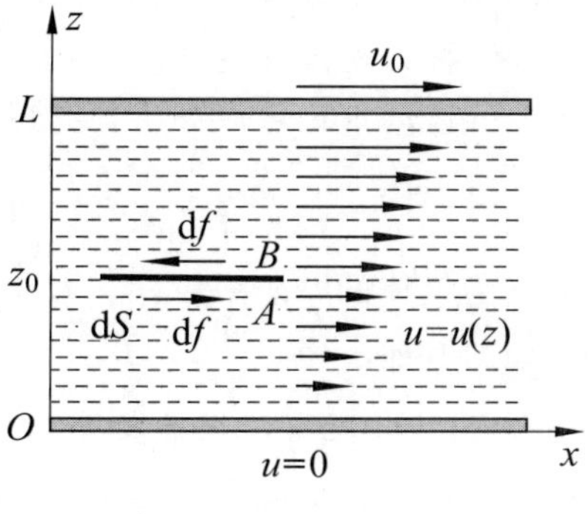

图 6.13

式中,比例系数 η 称为气体的**黏度**,其单位是牛顿秒每二次方米,符号为 $\mathrm{N\cdot s\cdot m^{-2}}$ 或 $\mathrm{Pa\cdot s}$. 式(6.34)称为牛顿黏性定律.

由气体动理论可以导出气体的黏度与分子微观量的统计平均值的关系为

$$\eta=\frac{1}{3}\rho\bar{v}\,\bar{\lambda} \qquad (6.35)$$

式中 ρ 为气体密度,$\bar{v}$、$\bar{\lambda}$ 分别为分子平均速率和平均自由程. 将 $\bar{\lambda}=\dfrac{1}{\sqrt{2}\,\pi d^2 n}$,$\bar{v}=\sqrt{\dfrac{8RT}{\pi\mu}}$ 代入上式,可以得到在同一温度下 η 与气体的压强无关的结果. 100 多年前麦克斯韦曾通过实验测定不同压强(不太低)下气体的黏滞作用,其结果果然与压强无关. 这个实验在当时曾有力地支持了气体动理论.

2. 黏滞现象的微观实质

从气体动理论的观点看,气体的宏观流速是分子在无规则热运动的基础上附加有定向速度的表现. 如图 6.13 中,A 部分子的定向速度比 B 部的小,因而 A 部分子的定向动量就比 B 部的小. 由于热运动,A、B 两部分的分子不断交换,A 部分子带着较小的定向动量转移到 B 部,B 部分子带着较大的定向动量转移到 A 部. 结果 A 部总的定向动量增大,而 B 部的则减小,其效果在宏观上就表现为 A、B 两部分气体互施黏性力. 因此,黏滞现象在微观上是气体分子在热运动中输运定向动量的过程.

6.7.2　热传导现象

当气体内各处的温度不均匀时,就会有热量从温度较高处传递到温度较低处,这种现象称为**热传导现象**.

1. 热传导现象的宏观规律

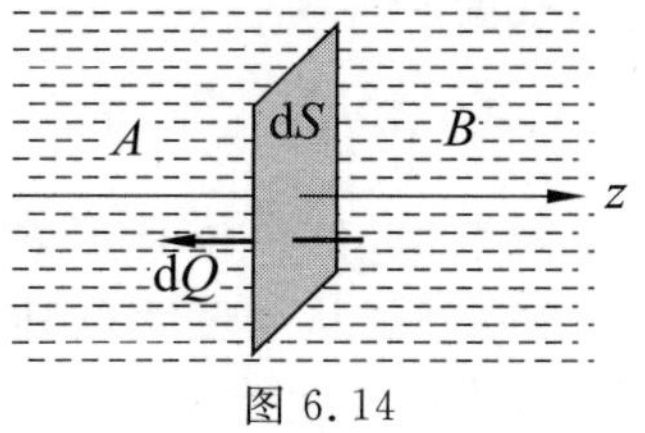

图 6.14

为简单起见,设温度沿 Oz 轴正方向逐渐升高. 以 $\mathrm{d}T/\mathrm{d}z$ 表示温度沿 Oz 轴的空间变化率,称为温度梯度. 如图 6.14 所示,设想在 $z=z_0$ 处有垂直于 Oz 轴的平面,面积为 $\mathrm{d}S$,它将气体分成 A、B 两部分,则有热量从 B 部传递到 A 部.

实验指出，在 dt 时间内，通过 dS 面由 B 部传递到 A 部的热量 dQ 与该处温度梯度的量值以及面积 dS 成正比，与时间 dt 也成正比，即

$$dQ = -\kappa\left(\frac{dT}{dz}\right)_{z_0} dSdt \tag{6.36}$$

式中，比例系数 κ 称为气体的**导热系数**，其单位是瓦特每米每开尔文，符号为 $W\cdot m^{-1}\cdot K^{-1}$，负号表示热量的传递方向是从温度较高处传向温度较低处. 式(6.36)称为傅里叶定律.

由气体动理论可以导出，导热系数与分子微观量的统计平均值的关系为

$$\kappa = \frac{C_V}{3\mu}\rho\bar{v}\bar{\lambda} \tag{6.37}$$

式中 μ 为气体的摩尔质量，C_V 为气体的定容摩尔热容(下一章介绍)，ρ、$\bar{v}$、$\bar{\lambda}$ 的意义如前所述.

2. 热传导现象的微观实质

从气体动理论的观点看来，气体内各部分温度不均匀表明各部分分子的平均热运动能量不同. A 部温度低，分子的平均热运动能量小；B 部温度高，分子的平均热运动能量大. 由于热运动，A、B 两部分不断交换分子，结果就有净能量从 B 部输入 A 部，这在宏观上就表现为热传导. 因此，热传导现象在微观上是气体内分子输运热运动能量的过程.

6.7.3 扩散现象

在混合气体内部，当某种气体的密度不均匀时，该气体分子将从密度大的地方移向密度小的地方，这种现象称为**扩散**现象.

1. 扩散现象的宏观规律

扩散过程比较复杂，我们只研究单纯的扩散过程，并且只研究一种最简单的情况，即两种气体分子量相近，气体内各部分的温度、压强均匀. 这样，两种分子的平均速率接近相等，也没有宏观气流产生，每种气体都只因本身密度不均匀而进行单纯的扩散. 例如，两种气体都是二氧化碳，但两种气体分子中的碳原子却是不同的同位素，一种是 ^{12}C，一种是 ^{14}C，后者具有放射性，把它们放在同一容器中. 设其中一种气体的密度沿 Oz 轴正方向逐渐增大. 以 $d\rho/dz$ 表示密度 ρ 沿 Oz 轴的空间变化率，称为密度梯度. 如图 6.15 所示，设想在 $z=z_0$ 处有一平面，面积为 dS，它将气体分成 A、B 两部分，则这种气体将从 B 部扩散到 A 部. 实验指出，在 dt 时间内，通过 dS 面从 B 部扩散到 A 部的质量 dM 与该处密度梯度的量值、面积成正比，与时间也成正比，即

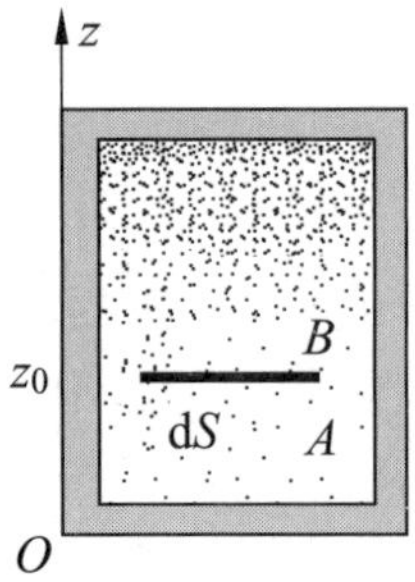

图 6.15

$$dM = -D\left(\frac{d\rho}{dz}\right)_{z_0} dSdt \tag{6.38}$$

式中比例系数 D 称为气体的**扩散系数**，其单位是平方米每秒，符号为 $m^2\cdot s^{-1}$，负号表示气体分子从密度大的地方向密度小的地方扩散. 式(6.38)称为菲克定律.

由气体动理论可以导出，扩散系数与分子的微观量的统计平均值有如下关系：

$$D = \frac{1}{3}\bar{v}\,\bar{\lambda} \tag{6.39}$$

式中 $\bar{v}$、$\bar{\lambda}$ 的意义如前所述. 需要指出的是，这个定律对任意两种不同气体的相互扩散过程同样适用.

2. 扩散现象的微观实质

从气体动理论的观点看来，A 部气体密度小，单位体积内的分子少；B 部密度大，单位体积内的分子多. 因此，在相同的时间内，由 A 部转移到 B 部的分子少，而由 B 部转移到 A 部的分子多，结果就有净质量从 B 部输运到 A 部，这在宏观上就表现为扩散. 因此，扩散现象在微观上是气体分子在热运动中输运质量的过程.

由以上讨论可见，这三种现象具有共同的宏观特征. 这些现象的发生都是由于气体内部存在着一定的不均匀性. 从微观上分析，气体内部所以能够发生输运过程，主要是由于分子的热运动，使分子带着各自的质量、能量、动量从一处转移到另一处，这样相互"搅拌"的结果，就使原来存在着不均匀性的气体，逐渐地趋于均匀一致. 另外，分子间频繁的碰撞使分子沿着迂回曲折的路线运动，因而直接影响着输运过程进行的快慢.

*6.8　真实气体的范德瓦耳斯方程

以上讨论的都是理想气体. 真实气体仅在温度不太低、压强不太高的条件下才能近似地看作理想气体，才可能应用理想气体的状态方程. 否则，由状态方程得到的结果将与实际情况有较大偏离，甚至完全不符. 这是因为理想气体是一个理想的模型，它忽略了分子的体积和分子间的引力. 1873 年，荷兰物理学家范德瓦耳斯把气体分子看作是有相互吸引作用的刚球，对理想气体的状态方程加以修正，从而得出真实气体的范德瓦耳斯方程，荣获 1910 年诺贝尔物理学奖.

6.8.1　对体积的修正

我们知道，1 mol 理想气体的状态方程可写成 $pV_1=RT$，式中 V_1 是每个分子可以自由活动的空间体积. 因为理想气体的分子没有大小，所以 V_1 也是容器的容积. 若考虑分子斥力的作用，并使问题简化，可粗略地将分子看作是一个直径为 d 的刚球. 这样一来，每个分子能自由活动的空间不再等于容器的容积，而应从容器的容积 V_1 中减去一个反映分子占有体积的修正量 b. 于是修正体积后的状态方程应为

$$p(V_1 - b) = RT$$

为了确定 b，我们设想在气体内除某一分子外，如分子 α，其他分子都"冻结"在一定位置上，分子 α 在运动过程中不断地与它们相碰，如图 6.16(a)所示. 当分

子 α 与任一分子 β 相碰时，它们中心之间的距离就是 d. 如图 6.16(b)，设想分子 α 收缩成一个几何点，而其他分子的直径都扩展为 $2d$，则碰撞时 α 与 β 中心间的距离仍保持为 d. 即是说，当分子 α 趋近任一其他分子时，α 中心将被排斥在直径为 $2d$ 的球形区域外. 实际上，确切地说，只有面对着分子 α 的那一半球形区域，才是 α 的中心不可能进入的. 这样，就可确定修正量为

$$b=(N_0-1)\times\frac{1}{2}\times\frac{4}{3}\pi d^3\approx N_0\times\frac{16}{3}\pi\left(\frac{d}{2}\right)^3$$

每个分子的体积为$\frac{4}{3}\pi\left(\frac{d}{2}\right)^3$，可见 b 的量值约为 1 mol 气体分子总体积的 4 倍. 对于给定的气体，b 为一常量，可用实验测定.

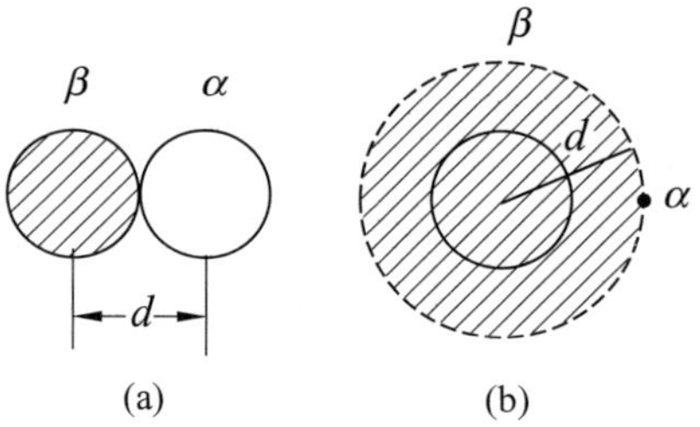

图 6.16

在标准状态下，$V_1=22.4\times10^{-3}\ \mathrm{m}^3$，$b$ 约为 V_1 的十万分之一，故可忽略不计. 但是如果压强增大，比如增大到 1000 atm 时，设想 $pV=RT$ 仍能适用，则 b 与 V_1 有同一数量级，这时修正量 b 就不能忽略了.

6.8.2 对压强的修正

气体动理论指出，压强是大量分子无规则运动中碰撞器壁的平均总效果. 对理想气体来说，分子间无相互作用，各个分子都无牵扯地撞向器壁. 若考虑分子引力作用时，情况就不这么简单. 如图 6.17 所示，气体内部任一分子 α，只有处在以 α 为中心、以引力有效作用距离 R 为半径的球内的分子才对分子 α 有引力作用. 由于这些分子相对 α 对称分布，所以它们对 α 的引力互相抵消. 但是在器壁附近厚度为 R 的表面层内的分子 β，处境与分子 α 不同. 因为对 β 有引力作用的分子分布不对称，平均来说，β 受到一个垂直于器壁并指向气体内部的合力. 气体分子要与器壁碰撞，必然要通过这个区域，那么这个指向气体内部的力将减小分子撞击器壁的动量，从而减小它对器壁的冲力. 这层气体分子受到的指向气体内部的力所产生的总效果相当于一个指向内部的压强，称为内压强，记为 Δp_i. 因此，器壁实际受到的压强要比理想气体状态方程中的压强小. 这就是说，考虑分子间的引力时，气体施于器壁的压强(测量值)实际应为

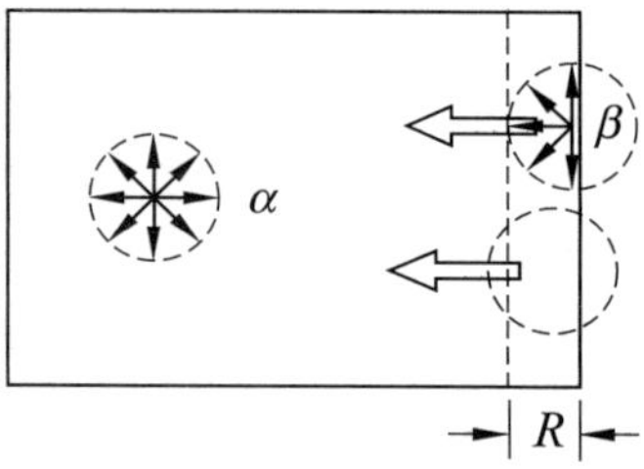

图 6.17

$$p=\frac{RT}{V_1-b}-\Delta p_i \tag{6.40}$$

从气体动理论的观点看，内压强 Δp_i 等于气体表面单位面积上所受的气体内部分子的吸引力. 这力一方面应与被吸引的表面层内的分子数密度 n 成正比，另一方面还应与施加引力的那些内部分子的数密度 n 成正比，所以 Δp_i 与 n^2 成正比. 但 n 与气体体积 V_1 成反比，因此有

$$\Delta p_i \propto n^2 \propto \frac{1}{V_1^2}$$

可写成

$$\Delta p_i=\frac{a}{V_1^2} \tag{6.41}$$

式中 a 是一个反映分子间引力的常量.

6.8.3　范德瓦耳斯方程

将式(6.41)代入式(6.40)就可写出经修正后 1 mol 气体所遵守的状态方程为

$$\left(p+\frac{a}{V_1^2}\right)(V_1-b)=RT \tag{6.42}$$

对质量为 M 的任何气体，其体积 $V=\frac{M}{\mu}V_1$，所以 $V_1=\frac{\mu}{M}V$. 将 V_1 代入式(6.42)即得质量为 M 的气体的状态方程为

$$\left(p+\frac{M^2}{\mu^2}\cdot\frac{a}{V^2}\right)\left(V-\frac{M}{\mu}b\right)=\frac{M}{\mu}RT \tag{6.43}$$

上式称为范德瓦耳斯方程. 各种气体的 a、b 值可由实验测定.

表 6.2 列出了 1 mol 氮气在等温压缩过程中的实验值和理论值. 可以看出，当压强增大到 1000 倍时，乘积 pV_1 已增大到两倍，因而玻意耳-马里奥特定律明显失效，但范德瓦耳斯方程中相应两项的乘积 $(p+a/V_1^2)(V_1-b)$ 的数值基本保持不变. 这说明真实气体在相当大的压强范围内，更近似地遵守范德瓦耳斯方程.

顺便指出，范德瓦耳斯方程推广后还可以近似地用于液体状态. 它是许多近似方程中最简单和使用最方便的一个.

表 6.2　1 mol 氮气在 0℃ 时的数据

实验值		计算值	
p/atm	V_1/L	pV_1/(atm·L)	$\left(p+\frac{a}{V_1^2}\right)(V_1-b)$/(atm·L)
1	22.41	22.41	22.41
100	0.222 4	22.24	22.40
500	0.062 35	31.18	22.67
700	0.053 25	37.27	22.65
900	0.048 25	43.43	22.40
1000	0.046 40	48.40	22.00

内容提要

1. 理想气体的状态方程

$$pV=\frac{M}{\mu}RT$$

2. 理想气体的压强和温度

$$p=\frac{1}{3}nm\overline{v^2}=\frac{2}{3}n\bar{\varepsilon}_k=nkT,\quad \bar{\varepsilon}_k=\frac{3}{2}kT$$

3. 能均分定理　理想气体的内能

在温度为 T 的平衡态,物质分子的每一个自由度都具有相同的平均动能 $kT/2$.

理想气体的内能(刚性分子): $E=\frac{M}{\mu}\cdot\frac{i}{2}RT=\frac{i}{2}pV.$

4. 麦克斯韦速率分布律

速率分布函数: $f(v)=\frac{\mathrm{d}N}{N\mathrm{d}v},\quad \int_0^\infty f(v)\mathrm{d}v=1.$

$f(v)$表示气体在平衡态下,速率在 v 附近的单位速率区间的分子数与总分子数的比. 也表示分子速率分布在 v 附近的单位速率区间的概率,称为概率密度.

麦克斯韦速率分布律: $\frac{\mathrm{d}N}{N}=4\pi\left(\frac{m}{2\pi kT}\right)^{\frac{3}{2}}\mathrm{e}^{-\frac{mv^2}{2kT}}v^2\mathrm{d}v.$

三种速率:

$$v_p=\sqrt{\frac{2kT}{m}}=\sqrt{\frac{2RT}{\mu}},\quad \bar{v}=\sqrt{\frac{8kT}{\pi m}}=\sqrt{\frac{8RT}{\pi\mu}},\quad \sqrt{\overline{v^2}}=\sqrt{\frac{3kT}{m}}=\sqrt{\frac{3RT}{\mu}}$$

5. 玻尔兹曼分布

$$\mathrm{d}N=n_0\left(\frac{m}{2\pi kT}\right)^{\frac{3}{2}}\mathrm{e}^{-\frac{\varepsilon_k+\varepsilon_p}{kT}}\mathrm{d}v_x\mathrm{d}v_y\mathrm{d}v_z\mathrm{d}x\mathrm{d}y\mathrm{d}z$$

分子数密度公式: $n=n_0\mathrm{e}^{-\frac{mgh}{kT}}=n_0\mathrm{e}^{-\frac{\mu gh}{RT}}.$

等温气压公式: $p=p_0\mathrm{e}^{-\frac{mgh}{kT}}=p_0\mathrm{e}^{-\frac{\mu gh}{RT}}.$

6. 分子碰撞

平均自由程: $\bar{\lambda}=\frac{1}{\sqrt{2}\pi d^2n}=\frac{kT}{\sqrt{2}\pi d^2p}.$

碰撞频率: $\bar{Z}=\frac{\bar{v}}{\bar{\lambda}}=\sqrt{2}\pi d^2\bar{v}n.$

7. 气体内的输运过程

黏滞现象: 输运分子定向动量.

热传导现象: 输运分子热运动能量.

扩散现象: 输运分子质量.

8. 真实气体的范德瓦耳斯方程

分子模型: 有吸引力的刚球.

范德瓦耳斯方程: $\left(p+\frac{M^2}{\mu^2}\cdot\frac{a}{V^2}\right)\left(V-\frac{M}{\mu}b\right)=\frac{M}{\mu}RT.$

习　　题

(一)选择题和填空题

6.1　若室内生起炉子后温度从 15℃升高到 27℃，而室内气压不变，则此时室内的分子数减少了[　　]

(A) 0.5%.　　(B) 4%.　　(C) 9%.　　(D) 21%.

6.2　设某种气体的分子速率分布函数为 $f(v)$，则速率在 $v_1 \sim v_2$ 区间内的分子的平均速率为[　　]

(A) $\int_{v_1}^{v_2} vf(v)\mathrm{d}v$.　　(B) $v\int_{v_1}^{v_2} vf(v)\mathrm{d}v$.

(C) $\int_{v_1}^{v_2} vf(v)\mathrm{d}v \Big/ \int_{v_1}^{v_2} f(v)\mathrm{d}v$.　　(D) $\int_{v_1}^{v_2} f(v)\mathrm{d}v \Big/ \int_{0}^{\infty} f(v)\mathrm{d}v$.

6.3　气缸内盛有一定量的氢气(可视作理想气体)，当温度不变而压强增大一倍时，氢气分子的平均碰撞频率 $\overline{Z}$ 和平均自由程 $\overline{\lambda}$ 的变化情况是[　　]

(A) $\overline{Z}$ 和 $\overline{\lambda}$ 都增大一倍.　　(B) $\overline{Z}$ 和 $\overline{\lambda}$ 都减为原来的一半.

(C) $\overline{Z}$ 增大一倍而 $\overline{\lambda}$ 减为原来的一半.　　(D) $\overline{Z}$ 减为原来的一半而 $\overline{\lambda}$ 增大一倍.

6.4　若某种理想气体分子的方均根速率为 450 $\mathrm{m \cdot s^{-1}}$，气体压强为 7×10^4 Pa，则该气体的密度为________.

6.5　一气体分子的质量可以根据该气体的定容比热(等容过程中气体的比热)来计算. 氩气的定容比热 $c_V = 0.314\ \mathrm{kJ \cdot kg^{-1} \cdot K^{-1}}$，则氩原子的质量 $m=$________.

6.6　如图所示的曲线分别表示氢气和氦气在同一温度下的分子速率的分布情况. 由图可知，氦气分子的最概然速率为________，氢气分子的最概然速率为________.

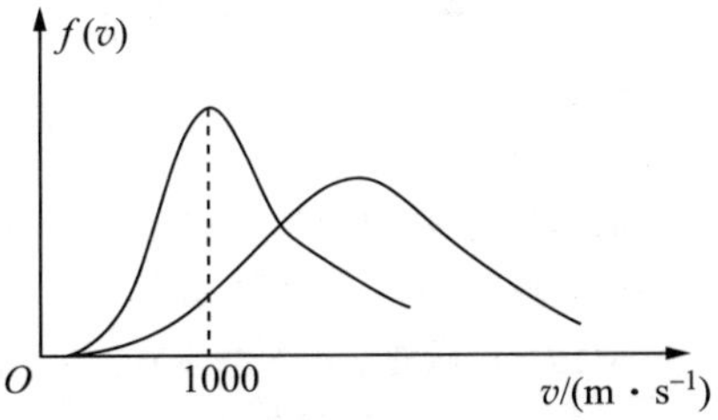

题 6.6 图

(二)问答题和计算题

6.7　取一金属杆，使其一端与沸水接触，另一端与冰接触. 当沸水与冰的温度维持不变时，杆内各部分的温度虽然不同，但将不随时间改变，这时金属杆是否处于平衡态？为什么？

6.8　容积为 $32\times10^{-3}\ \mathrm{m^3}$ 的氧气瓶装有压强为 1.30×10^7 Pa 的氧气，按规定当压强降到 1.00×10^6 Pa 时，就应重新充气. 若每天平均使用 1.013×10^5 Pa 的氧气 0.4 $\mathrm{m^3}$，问一瓶氧气能用多少天？设使用过程中温度保持不变.

6.9　设想每秒有 10^{23} 个氧分子(分子量为 32 原子质量单位)以 500 $\mathrm{m \cdot s^{-1}}$ 的速度沿着与器壁法向成 45°角的方向撞在面积为 $2\times10^{-4}\ \mathrm{m^2}$ 的器壁上. 求这群分子作用在器壁上的压强.

6.10　一个具有活塞的容器中盛有一定量的气体. 如果压缩气体并对它加热，使它的温度从 27 ℃升到 177 ℃，体积减小一半，问：(1)气体压强变化了多少？(2)这时气体分子平均平动动能变化了多少？

6.11　用气体动理论的观点说明：(1) 当气体的温度升高时，只要适当地增大容器的容积，就可使气体的压强保持不变. (2) 一定量理想气体在平衡态(p_1, V_1, T_1)时的热动平衡状况与它在另一平衡态(p_2, V_2, T_2)时相比有哪些不同？设气体分子数为 N，$p_2 < p_1$，$V_2 < V_1$. (3) 气体为什么容易被压缩，但又不能无限地被压缩？(4) 气体在平衡态下有 $\overline{v_x^2} = \overline{v_y^2} = \overline{v_z^2} = \overline{v^2}/3$，又有 $\overline{v}_x = \overline{v}_y = \overline{v}_z = 0$，式中 v_x、v_y、v_z 是气体分子速度的三个分量.

6.12　1 mol 氦气，其分子热运动动能的总和为 3.75×10^3 J，求氦气的温度.

6.13　一容器内储有某种气体，如果容器漏气，则容器内气体分子的平均动能是否会变化？

6.14 在温度为127℃时,1 mol 氧气分子总的平动动能和总的转动动能各为多少?

6.15 在描述理想气体的内能时,下列各量的物理意义是什么?

(1) $\frac{1}{2}kT$;(2) $\frac{i}{2}kT$;(3) $\frac{3}{2}kT$;(4) $\frac{i}{2}RT$;(5) $\frac{M}{\mu}\frac{i}{2}RT$. 式中 i 为自由度.

6.16 容积为 20 L 的瓶子以速率 200 m·s^{-1}做匀速运动,瓶中充有 100 g 氦气.若瓶子突然停止运动,全部定向运动动能都变为气体分子热运动动能,且瓶子与外界无热量交换,则热平衡后氦气的:(1)温度升高多少?(2)压强增加多少?(3)内能增加多少?(4)分子平均动能增加多少?

6.17 已知 $f(v)$是速率分布函数,说明以下各式的物理意义:(1) $f(v)\mathrm{d}v$;(2)$nf(v)\mathrm{d}v$,其中 n 是分子数密度;(3) $\int_{v_1}^{v_2} vf(v)\mathrm{d}v$;(4) $\int_0^{v_p} f(v)\mathrm{d}v$($v_p$ 是最概然速率).

6.18 两容器分别储有气体 A 和 B,温度和体积都相同.试说明在下列各种情况下它们的分子速率的分布是否相同:(1) A 为氮,B 为氢,而且氮和氢的总质量相等,即 $M_A=M_B$;(2) A 和 B 均为氢,但 $M_A\neq M_B$;(3)A 和 B 均为氢,且 $M_A=M_B$,但使 A 的体积等温地膨胀到原体积的 2 倍.

6.19 计算在 300 K 时氧分子的最概然速率、平均速率和方均根速率.

6.20 在 3.0×10^{-2} m^3 的容器中有 20 g 气体,容器内压强为 5.065×10^4 Pa,求气体分子的最概然速率.

6.21 设氢气的温度是 300 K,求速率在 3000～3010 m·s^{-1}之间的分子数 ΔN_1 与速率在 1500～1510 m·s^{-1}之间的分子数 ΔN_2 之比.

6.22 一飞机在地面时机舱中压力计的读数为 1.013×10^5 Pa,到高空后,压强降为8.104×10^4 Pa,设大气的温度为 27℃.问此时飞机距地面的高度是多少?

6.23 在 1.013×10^5 Pa 的压强下,氮气分子的平均自由程为 6×10^{-8} m.当温度不变时,在多大压强下,其平均自由程为 1 mm?

6.24 收音机所用电子管的真空度约为 1.333×10^{-3} Pa.试求在 27℃时单位体积内分子数及分子的平均自由程(设分子的有效直径 $d=3.0\times10^{-8}$ cm).

6.25 在标准状态下氮分子的平均碰撞频率为多少(设氮分子的有效直径$d=3.28\times10^{-8}$ cm)?

6.26 立方体容器的容积为 V,在恒温下,气体缓慢地通过器壁上面积为 S 的小孔向外漏出.由于容器外部的压强足够小,以致外部气体不可能通过 S 进入容器.设容器内气体分子的平均速率为 $\bar{v}$,问经过多长时间后,容器内的压强减为最初时的 1/e(e 为自然对数的底)?

第 7 章　热力学基础

热力学是研究热现象的宏观理论. 它不考虑物质的微观结构和微观粒子的相互作用,而是从能量转换的观点来研究物质状态变化过程中热功转化关系及所遵循的宏观规律.

这一章的主要内容是热力学第一定律和第二定律. 第一定律是包括热现象在内的能量守恒定律,第二定律则讨论热力学过程进行的方向和条件.

7.1　热力学第一定律

无数实验事实说明,外界对系统做功或传递热量,都可以使系统的热力学状态发生变化,从而使与热运动有关的能量——系统的内能发生改变. 热力学第一定律就是研究改变系统内能的方式以及它们之间的量值关系.

7.1.1　热力学过程

1. 非静态过程

气体、液体和固体是热学研究的主要对象,它们是由大量分子和原子组成的系统,系统与外界存在着相互作用. 我们把与外界有能量交换但没有物质交换的系统称为**封闭系统**;与外界既有能量交换又有物质交换的系统称为**开放系统**;与外界没有任何相互作用的系统则称为**孤立系统**.

热力学系统在外界影响下,其状态将随时间发生变化. 系统从一个状态到另一个状态的变化过程称为热力学过程,简称过程. 当系统从某一平衡态开始变化时,原来的平衡态必然要遭到破坏. 在一定条件下,原来的平衡态被破坏后还需要经过一段时间才能达到新的平衡态,这段时间称为**弛豫时间**. 如果过程进行得较快,在还未达到新的平衡时又开始了下一步的变化,那么,在过程中系统经历的必然是一系列非平衡态,这样的过程称为**非静态过程**.

2. 准静态过程

如果在过程进行的每一时刻,系统都处在平衡态,那么这样的过程称为**准静态过程**. 也称为**平衡过程**. 显然,这是一种理想的过程,是实际过程无限缓慢进行时的极限情形. 这种极限情形在实际中虽然不能完全做到,但却可以无限趋近. 例如推进活塞压缩气缸内的气体时(图 7.1),弛豫时间大约是 10^{-3} s. 如果压缩一次所用时间为 1 s,是上述弛豫时间的 10^3 倍,这一

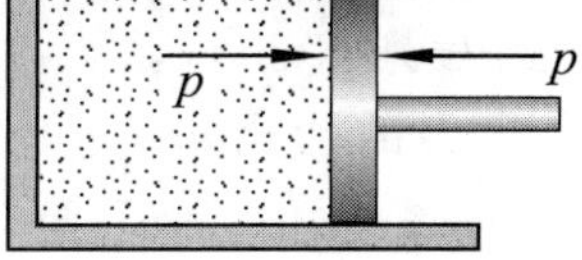

图 7.1

压缩过程就可以认为是准静态过程.在此过程中,若不存在摩擦阻力,则气缸内气体的平衡压强与外界压强时时相等.若有摩擦阻力,虽然可以使过程中每一步都无限趋近平衡态,但这时外界的压强显然不等于系统内部的平衡压强值.本书讨论的各种过程,除非特别说明,一般都指无摩擦的准静态过程.

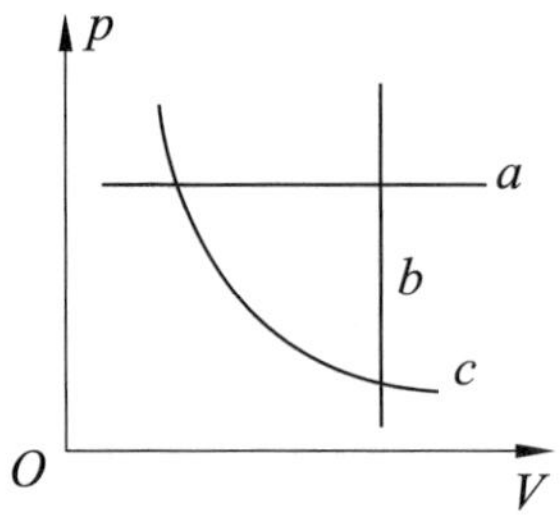

图 7.2

准静态过程可以用状态图(如 p-V 图)中的一条曲线表示.状态图中的任一点都表示系统的一个平衡态,所以一条曲线就表示由一系列平衡态组成的准静态过程.这样的曲线称为**过程曲线**.在图 7.2 中画出了几条等值过程的曲线:a 线表示等压过程,b 线表示等容过程,c 线表示等温过程.非平衡态无法用确定的状态参量描述,因此非静态过程不能用状态图上的曲线来表示.

7.1.2 准静态过程的功

力对物体做功可以改变其机械能,也能使物体的内能发生变化.摩擦生热就是一例,摩擦使物体温度升高,表明其内能增加.

在热力学中,计算准静态过程的功具有重要的意义.我们以气体膨胀为例,研究准静态过程中功的计算.为简单起见,设想气体被活塞密封在一圆柱形的气缸中,气体的压强为 p,体积为 V,活塞的面积为 S, 忽略活塞与气缸之间的摩擦,如图 7.3(a)所示.当活塞缓慢地移动一微小距离 $\mathrm{d}l$ 时,气体对外界做的元功为

$$\mathrm{d}A = F\mathrm{d}l = pS\mathrm{d}l = p\mathrm{d}V \tag{7.1}$$

式中 $\mathrm{d}V=S\mathrm{d}l$ 为气体体积的微小增量.气体膨胀时 $\mathrm{d}V>0$,因而 $\mathrm{d}A>0$,即气体对外界做正功;气体被压缩时,$\mathrm{d}V<0$,因而 $\mathrm{d}A<0$,即外界对气体做功.

在一有限的准静态过程中,若系统的体积由 V_1 变为 V_2,则系统对外界所做的总功为元功的积分,即

$$A = \int_{V_1}^{V_2} p\mathrm{d}V \tag{7.2}$$

我们知道,任一准静态过程可用 p-V 图上的一条曲线来表示.曲线上的箭头表示过程进行的方向,如图 7.3(b)所示,曲线下的小矩形面积为 $p\mathrm{d}V$,正是式(7.1)所表示的元功,曲线下的总面积则为系统由状态 a 经 acb 过程到状态 b 时,系统对外界所做的功 A.如果系统由状态 a 开始,经 adb 过程到状态 b,显然,在此过程中系统对外所做的功比 acb 过程中做的功多.由此可知,系统由一个平衡态变化到另一个平衡态时,系统所做的功与其经历的过程有关,因此,功是一个过程量.

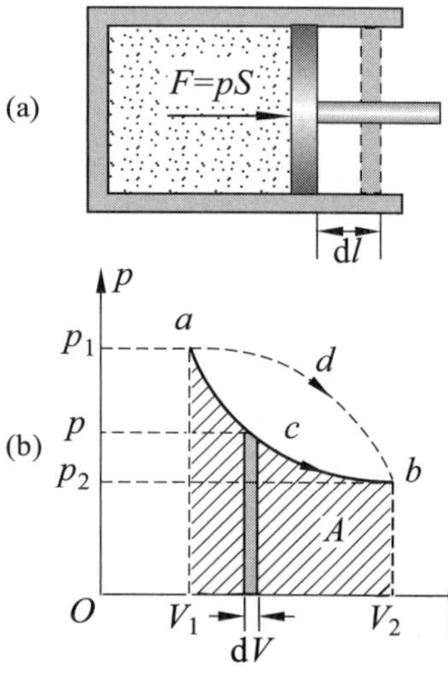

图 7.3

7.1.3　热量

1. 热量

我们知道，搅拌一壶冷水能使其变热，放到火炉上加热，更能使其温度升高. 前一种方式是做功，后一种方式则是从炉火那里得到了热量. 这种利用与系统有温度差的外界向系统传递热量的过程称为热传导，简称传热. 我们把给系统提供热量的外界物体称为热源. 实验表明，**改变热力学系统的状态，传热和做功是等效的**. 焦耳(J. Joule)测定了热与功的这种当量关系，得出

$$1\ \mathrm{cal} = 4.18\ \mathrm{J}$$

热量和功一样，也是一个过程量. 传递的热量不仅取决于系统的始末状态，而且与系统状态变化的具体过程有关. 我们可以说系统的温度、压强、内能是多少，但不能说“系统有多少功”“系统有多少热量”，而只能说“系统对外做了多少功”“系统吸收(或放出)了多少热量”.

功和热量都是能量变化的量度，因此功、热量和内能三者的单位都相同，在 SI 中是焦耳，符号为 J.

应该指出，虽然从改变系统状态的角度来看，做功和传热是等效的，但两者本质上是有区别的. 传热是由于系统与外界温度不一致而发生的能量传递，是系统外物体的分子无规则运动与系统内分子无规则运动之间的能量转换，是分子热运动能量的传递过程. 而做功则是通过物体的宏观位移来完成的，是系统外物体的有规则运动与系统内分子无规则运动之间的能量转换，是机械能转变为热运动能量的过程.

2. 热容

质量为 M 的物质，当其温度升高 $\mathrm{d}T$ 时，它从外界吸收的热量为

$$\mathrm{d}Q = Mc\mathrm{d}T$$

式中 c 是物质的**比热容**，它表示单位质量的物质在温度升高(或降低)1 K 时所吸收(或放出)的热量. 比热容的单位为焦耳每千克开尔文，符号为 $\mathrm{J\cdot kg^{-1}\cdot K^{-1}}$. 物质的质量与比热容的乘积 Mc 称为**热容**. 热容的单位为焦耳每开尔文，符号为 $\mathrm{J\cdot K^{-1}}$. 我们特别把 1 mol 物质的热容称为该物质的**摩尔热容**，用 C 表示，其单位为焦耳每摩尔开尔文，符号为 $\mathrm{J\cdot mol^{-1}\cdot K^{-1}}$.

热容的概念体现了使物体温度发生变化的难易程度. 物体温度升高 1K，热容大的物体需要的热量多，说明温度不易变化，所以物体的热容是其热惯性的量度.

实验表明，不同物质的比热容不同，并且同一物质的比热容一般还随温度变化. 另外，由于热量是过程量，同一物质吸收(或放出)的热量因过程而异，因此与热量相关联的热容还与过程有关. 以 x 标记不同的过程，质量为 M、摩尔质量为 μ 的物质的摩尔热容为

$$C_x = \mu c_x = \frac{\mathrm{d}Q_x}{\mathrm{d}T}\Big/\frac{M}{\mu} \tag{7.3}$$

式中 $\mathrm{d}Q_x$ 是该过程中物质温度升高 $\mathrm{d}T$ 时从外界吸收的热量. 显然，可以通过

热容求得物体吸收或放出的热量.

当物体经历 x 过程,温度从 T_1 升高到 T_2 时,它从外界吸收的热量为

$$Q_x = \int_{T_1}^{T_2} Mc_x \mathrm{d}T = \int_{T_1}^{T_2} \frac{M}{\mu} C_x \mathrm{d}T \tag{7.4a}$$

若温度变化范围不太大,则可将热容或比热容近似地视为常量,于是有

$$Q_x = Mc_x(T_2 - T_1) \quad \text{或} \quad Q_x = \frac{M}{\mu} C_x (T_2 - T_1) \tag{7.4b}$$

7.1.4 热力学第一定律

德国物理学家克劳修斯(R. Clausius)总结了焦耳等的热功等效和热功转化的思想后,于 1850 年提出热力学第一定律. 他在《论热的动力和由此推出的热学定律》论文中指出:对系统做功和向系统传递热量都可以改变系统的内能. 如果外界向系统传递的热量为 Q,系统对外做功为 A,而系统从内能为 E_1 的初态变化到内能为 E_2 的末态,那么,这三个量之间有下列关系:

$$Q = (E_2 - E_1) + A = \Delta E + A \tag{7.5a}$$

上式表明,**系统从外界吸收的热量,一部分用于系统内能的增加,另一部分则用于系统对外做功**. 显然,热力学第一定律实际上是包括热现象在内的能量守恒定律.

式(7.5a)中各量正负号的意义是:$Q>0$ 表示系统从外界吸热,$Q<0$ 表示系统向外界放热;$A>0$ 表示系统对外界做功,$A<0$ 表示外界对系统做功;$\Delta E>0$ 表示系统内能增加,$\Delta E<0$ 表示系统内能减少.

对于状态的微小变化过程,热力学第一定律可表示为

$$\mathrm{d}Q = \mathrm{d}E + \mathrm{d}A \tag{7.5b}$$

由于功和热量都与过程有关,而不是状态的函数,所以上式中 $\mathrm{d}Q$ 和 $\mathrm{d}A$ 都不是某一个态函数的微分,只表示在无限小过程中的无限小量.

应该指出,热力学第一定律是自然界的普遍规律. 它适用于任何热力学系统所进行的任意过程,即不论热力学系统是气体、液体或固体,也不论所进行的是准静态过程还是非静态过程,只要求系统的始末状态是平衡态.

在热力学第一定律建立起来之前,有人企图设计一种无须提供能量而能不断对外做功的机器,这种机器称为第一类永动机. 但所有这种尝试都失败了. 热力学第一定律指出,**第一类永动机是不可能制成的**. 要使系统对外做功,就必须向它提供热量或消耗系统的内能. 事实上,早在 1775 年法国科学院就已宣布不再接受关于永动机的发明申请.

7.2 热力学第一定律在三个等值过程中的应用

作为热力学第一定律的应用之一,我们讨论理想气体三个等值过程中的功、热量和内能改变量以及它们之间的转换关系.

7.2.1 等容过程

若系统的体积在状态变化过程中始终保持不变，即 V＝常量，或 $dV=0$，则这种过程称为等容过程. 例如，在内燃机中，汽油与空气混合物在燃料爆炸瞬间，体积来不及变化，就可认为是一个等容过程. 在 p-V 图中，等容过程对应一条平行于 Op 轴的直线，如图 7.4 所示. 在等容过程中，系统对外不做功，根据热力学第一定律，有

$$dQ_V = dE \tag{7.6}$$

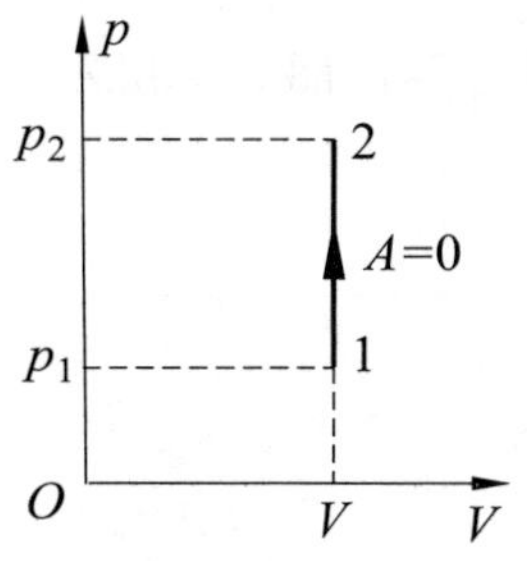

图 7.4

式中 Q_V 表示系统在等容过程中吸收的热量. 当系统从状态 $1(p_1, V, T_1)$ 等容变化到状态 $2(p_2, V, T_2)$ 时，则有

$$Q_V = E_2 - E_1 = \Delta E \tag{7.7}$$

可见，在等容过程中，系统对外不做功，系统吸收的热量全部用来增加内能. 若系统放热，则其内能减少.

系统吸收或放出的热量还可用热容来计算. 理想气体在等容过程的摩尔热容称为**定容摩尔热容**，用 C_V 表示. 由热容的定义式(7.3)，并根据式(7.6)，可得

$$dQ_V = \frac{M}{\mu}C_V dT = dE$$

又由理想气体的内能公式(6.15)，有

$$dE = \frac{M}{\mu}\cdot\frac{i}{2}R dT \tag{7.8}$$

两式比较，因此可得

$$C_V = \frac{i}{2}R \tag{7.9}$$

上式表明，理想气体的定容摩尔热容只取决于分子的自由度 i，而与气体的温度无关. 对于单原子分子，$i=3$，因此 $C_V=\frac{3}{2}R$；刚性双原子分子的 $i=5$，因此 $C_V=\frac{5}{2}R$；而刚性多原子分子的 $i=6$，因此 $C_V=3R$.

利用定容摩尔热容，可直接算出理想气体在等容过程中吸收的热量以及内能的增量，即

$$Q_V = \Delta E = \frac{M}{\mu}\int_{T_1}^{T_2} C_V dT = \frac{M}{\mu}C_V(T_2 - T_1) \tag{7.10}$$

由于理想气体的内能变化取决于温度的变化，而与所经历的过程无关，因此，在其他过程中我们也常用上式计算系统内能的变化.

7.2.2 等压过程

若系统的压强在状态变化过程中始终保持不变，即 p＝常量，或 $dp=0$，则

这种过程称为等压过程.把普通锅炉中的水加热成水蒸气的过程,物质在大气中进行化学反应的过程等都是等压过程的例子.等压过程在 p-V 图上对应一条平行于 OV 轴的直线,如图 7.5 所示.

当质量为 M 的理想气体从状态 1(p, V_1, T_1)等压变化到状态 2(p, V_2, T_2)时,其内能的变化为

$$\Delta E = \frac{M}{\mu}C_V(T_2 - T_1)$$

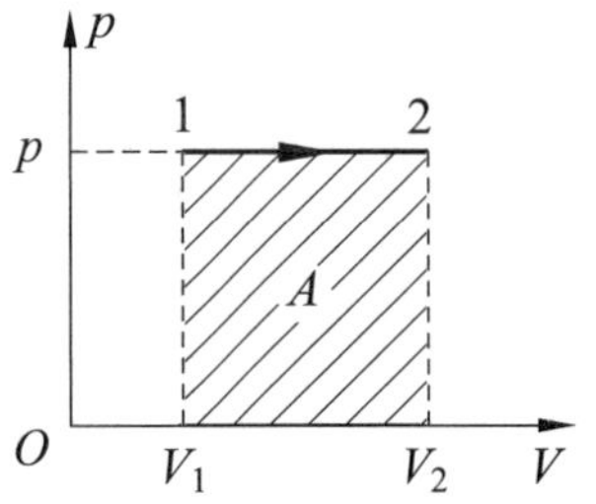

图 7.5

对外所做的功为

$$A = \int_{V_1}^{V_2} p\mathrm{d}V = p\int_{V_1}^{V_2}\mathrm{d}V = p(V_2 - V_1)$$

上式结果对应于图 7.5 中斜线部分的面积.利用理想气体的状态方程,上式可写成

$$A = \frac{M}{\mu}R(T_2 - T_1) \tag{7.11}$$

将 ΔE 和 A 代入热力学第一定律,得到系统在等压过程中从外界吸收的热量

$$Q_p = \Delta E + A = \frac{M}{\mu}(C_V + R)(T_2 - T_1) \tag{7.12}$$

理想气体在等压过程中的摩尔热容称为**定压摩尔热容**,用 C_p 表示.根据热容的定义式(7.3),有

$$\mathrm{d}Q_p = \frac{M}{\mu}C_p\mathrm{d}T \tag{7.13a}$$

积分可得

$$Q_p = \frac{M}{\mu}C_p(T_2 - T_1) \tag{7.13b}$$

将上式与式(7.12)比较可得

$$C_p = C_V + R = \frac{i+2}{2}R \tag{7.14}$$

显然,对于单原子分子、刚性双原子分子和刚性多原子分子,其定压摩尔热容分别为 $5R/2$、$7R/2$ 和 $4R$.

式(7.14)称为迈耶(Mayer)公式.它表明了 1 mol 理想气体温度升高 1 K,等压过程比等容过程要多吸收 R 的热量.这是因为在等容过程中,气体吸收的热量全部用来增加内能,而在等压过程中,气体吸收的热量一部分用以增加内能,还有一部分用于气体膨胀对外做功.所以气体升高相同的温度,在等压过程中吸收的热量要比在等容过程中吸收的热量多.

实际应用中,常用到 C_p 与 C_V 的比值,叫作**比热容比**,用 γ 表示,即

$$\gamma = \frac{C_p}{C_V} = \frac{i+2}{i} \tag{7.15}$$

显然 γ 恒大于 1.上式表明,理想气体的比热容比 γ 只与分子的自由度有关,而与气体的状态无关.单原子分子气体的 $\gamma=5/3$,刚性双原子分子气体的 $\gamma=7/5$,刚性多原子分子的 $\gamma=8/6=4/3$.

表 7.1 列出了一些气体的摩尔热容和 γ 的理论值与实验值,对单原子分子气体及双原子分子气体来说,符合得相当好,而对多原子分子气体,理论值

与实验值的差别较大. 另外，由经典统计理论得出的理想气体热容是与温度无关的，但实验测得的热容却随温度变化. 这样的关系是经典理论所不能解释的. 经典理论的这一缺陷，根本原因在于上述热容理论是以粒子能量可以连续变化这一经典概念为基础的. 实际上微观粒子的运动遵从量子力学规律，经典概念仅在一定的限度内适用. 只有量子理论才能对气体的热容做出圆满的解释.

表 7.1　一些气体的摩尔热容和 γ 值（C_V、C_p 的单位为 $J \cdot mol^{-1} \cdot K^{-1}$）

气体种类和原子数		理论值			实验值		
		C_V	C_p	γ	C_V	C_p	γ
单原子	He	12.47	20.78	1.67	12.61	20.95	1.66
	Ar				12.53	20.90	1.67
双原子	H_2	20.78	29.09	1.40	20.47	28.83	1.41
	N_2				20.56	28.88	1.40
	O_2				21.16	29.61	1.40
多原子	H_2O（汽）	24.93	33.24	1.33	29.8	36.2	1.31
	CH_4（甲烷）				29.2	35.6	1.30
	$CHCl_3$（氯仿）				63.7	72.0	1.13

7.2.3　等温过程

若系统的温度在状态变化过程中始终保持不变，即 $T=$ 常量，或 $dT=0$，则这种过程叫作等温过程. 在温度恒定的环境中发生的许多过程，都可看成是等温过程. 等温过程在 p-V 图上对应一条双曲线，如图 7.6 所示. 这条双曲线方程，亦即等温过程方程为

$$pV = 常量$$

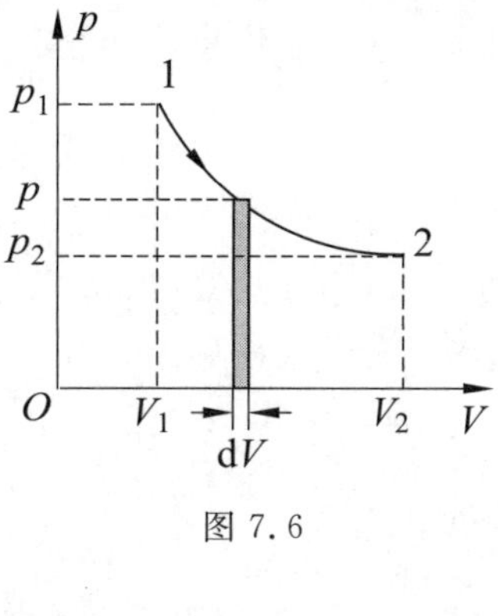

图 7.6

由于给定理想气体的内能只取决于温度，因此，在等温过程中，理想气体的内能保持不变. 当质量为 M 的理想气体从状态 1 等温变化到状态 2 时，根据热力学第一定律，有

$$Q_T = A = \int_{V_1}^{V_2} p\,dV = \int_{V_1}^{V_2} \frac{M}{\mu} RT_1 \frac{dV}{V} = \frac{M}{\mu} RT_1 \ln\frac{V_2}{V_1} = \frac{M}{\mu} RT_1 \ln\frac{p_1}{p_2} \tag{7.16}$$

式中 $\frac{V_2}{V_1}=\frac{p_1}{p_2}$ 是由等温过程方程得出的. 上式表明，在理想气体的等温过程中，当气体膨胀（$V_2>V_1$）时，$Q_T=A>0$，气体从热源吸收的热量全部用于对外做功；当气体被压缩（$V_2<V_1$）时，$Q_T=A<0$，此时外界对气体所做的功，全部转换为热量，由气体向外界放出.

例 7.1 1 mol 理想气体经历如图 7.7 所示的过程,其中 1→2 是等压过程,2→3是等容过程,3→1 是等温过程.试分别讨论在这三个过程中,气体吸收的热量 Q、对外所做的功 A 以及气体内能的增量 ΔE 是大于、小于还是等于零.

解 1→2 是等压过程,从 p-V 图上可看出 $V_2>V_1$,$T_2>T_1$,因此有

$$A = P_1(V_2 - V_1) > 0$$

$$Q_p = C_p(T_2 - T_1) > 0$$

$$\Delta E = C_V(T_2 - T_1) > 0$$

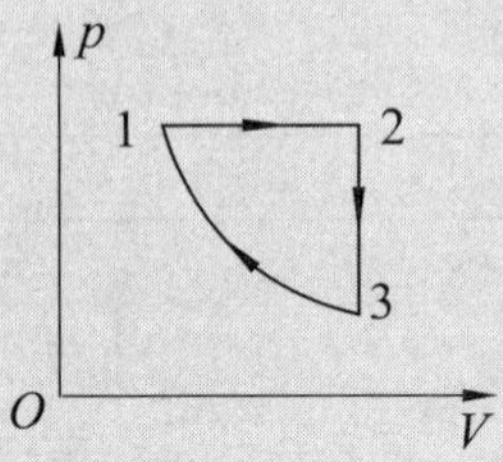

图 7.7

Q_p、A、ΔE 都大于零,表明在 1→2 过程中,气体从外界吸收的热量一部分用来对外做功,其余部分用来增加内能.

2→3 是等容过程,故 $A=0$.从 p-V 图上可看出,此过程中气体的压强变小,温度降低,即 $T_2>T_3$,所以有

$$Q_V = C_V(T_3 - T_2) < 0$$

$$\Delta E = Q_V < 0$$

Q_V、ΔE 都小于零,表明在 2→3 过程中,气体向外界放出热量,内能减少.

3→1 是等温过程,故 $\Delta E = 0$.从 p-V 图上可看出,$V_3>V_1$,由式(7.16)得1 mol理想气体所做的功为

$$A = Q_T = RT_1 \ln \frac{V_1}{V_3} < 0$$

A、Q_T 都小于零,表明在 3→1 过程中,外界对气体做功,同时气体向外界放出热量,使气体内能保持不变.

例 7.2 4×10^{-3} kg 氢气被活塞封闭在某一容器的下半部而与外界(标准状态)平衡.容器开口处有一凸出边缘可防止活塞脱离(活塞的质量和厚度可忽略),如图 7.8 所示.现把 2×10^4 J 的热量缓慢地传给气体,使气体逐渐膨胀.问氢气最后的压强、温度和体积各变为多少?

解 设氢气初态为(p_1, V_1, T_1).依题意有

$$M = 4\times10^{-3}\ \text{kg},\quad \mu = 2\times10^{-3}\ \text{kg}\cdot\text{mol}^{-1}$$

$$p_1 = p_0 = 1.013\times10^5\ \text{Pa},\quad T_1 = 273\ \text{K}$$

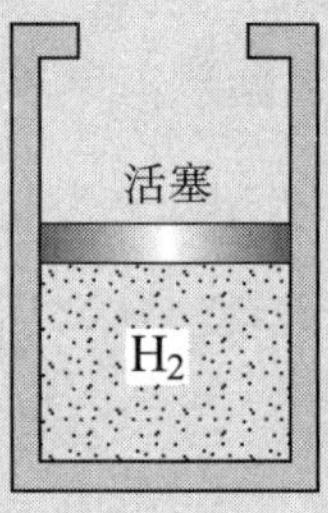

图 7.8

由状态方程可得氢气的初态体积为

$$V_1 = \frac{MRT_1}{\mu p_1} = \frac{2RT_1}{p_1}$$

再考虑容器内气体先后进行的两个过程:

(1) 气体等压膨胀升温至活塞达到容器上边缘.

在此过程中,设气体吸热 Q_1,状态由(p_1, V_1, T_1)变为(p_2, V_2, T_2).依题意,$p_2=p_1=p_0$,$V_2=2V_1$,根据状态方程,有

$$V_2 = 2V_1 = \frac{4RT_1}{p_1} = \frac{4 \times 8.31\ \mathrm{J \cdot mol^{-1} \cdot K^{-1}} \times 273\ \mathrm{K}}{1.013 \times 10^5\ \mathrm{N \cdot m^{-2}}} = 8.96 \times 10^{-2}\ \mathrm{m^3}$$

$$T_2 = \frac{V_2}{V_1} T_1 = 2T_1 = 546\ \mathrm{K}$$

氢气是双原子分子，根据热容定义，气体在此过程中吸收的热量为

$$Q_1 = \frac{M}{\mu} C_p (T_2 - T_1) = 2 \times \frac{7}{2} R (T_2 - T_1)$$
$$= 7 \times 8.31\ \mathrm{J \cdot mol^{-1} \cdot K^{-1}} \times 273\ \mathrm{K} = 1.59 \times 10^4\ \mathrm{J}$$

(2) 气体等容升温升压.

设此过程气体吸热 Q_2，最后状态(p_3, V_3, T_3). 已知外界传热 $Q = 2 \times 10^4$ J，则有

$$Q_2 = Q - Q_1 = 2 \times 10^4\ \mathrm{J} - 1.59 \times 10^4\ \mathrm{J} = 4.1 \times 10^3\ \mathrm{J}$$

又因为 $Q_2 = \frac{M}{\mu} C_V (T_3 - T_2)$，所以有

$$T_3 = \frac{Q_2}{(M/\mu) C_V} + T_2 = \frac{Q_2}{5R} + T_2 = \frac{4.1 \times 10^3\ \mathrm{J}}{5 \times 8.31\ \mathrm{J \cdot K^{-1}}} + 546\ \mathrm{K} = 645\ \mathrm{K}$$

$$p_3 = \frac{T_3}{T_2} p_2 = \frac{645\ \mathrm{K}}{546\ \mathrm{K}} \times 1.013 \times 10^5\ \mathrm{Pa} = 1.20 \times 10^5\ \mathrm{Pa}$$

因此，氢气最后的压强为 1.20×10^5 Pa，温度为 645 K，体积为 $8.96 \times 10^{-2}\ \mathrm{m^3}$.

7.3　绝热过程和多方过程

7.3.1　绝热过程

若系统在状态变化过程中始终和外界没有热量交换，即 $dQ = 0$，也就是其中的任一无限小过程系统吸放热为零，则这种过程称为绝热过程. 用绝热材料包围系统，或者过程进行的速度很快，使系统与外界来不及发生显著热交换的情况都可看作绝热过程. 例如内燃机中燃气的爆炸过程，声波在空气中引起的膨胀或压缩过程，都可作为绝热过程处理.

设质量为 M 的理想气体从状态 1 绝热变化到状态 2，根据热力学第一定律，有

$$A = -(E_2 - E_1) = -\frac{M}{\mu} C_V (T_2 - T_1) \tag{7.17}$$

上式表明，气体在绝热膨胀过程中对外所做的功是靠它的内能减少来完成的，因而气体的温度降低. 在绝热压缩过程中，外界对气体所做的功则完全用于气体内能的增加，因而气体的温度升高.

上述结论在许多实际问题中得到了验证和应用. 在柴油机气缸中，空气和柴油雾的混合物被活塞急速压缩后，温度可升高到柴油的燃点以上(500～700℃)，使柴油立即燃烧，形成高温高压气体，再推动活塞做功. 储气钢筒内的高压二氧化碳气体由阀门放出而急剧膨胀时，可使温度骤然下降到－78℃以

下，以致变成固态干冰. 因此，绝热过程在制冷技术中，特别是在低温技术中，有着重要的应用.

7.3.2 绝热过程方程

如上所述，气体绝热膨胀时，体积增大，温度降低. 由理想气体状态方程可知，其压强必然减小. 所以在绝热过程中，三个状态参量同时变化. 我们将由热力学第一定律和理想气体的状态方程，导出气体在绝热过程中状态参量间的定量关系.

对于理想气体的绝热过程，有 $dQ=0$. 因此，根据热力学第一定律，有 $dA=-dE$，即

$$p\mathrm{d}V=-\frac{M}{\mu}C_V\mathrm{d}T \tag{7.18}$$

理想气体还应满足状态方程 $pV=\frac{M}{\mu}RT$. 将状态方程两边取微分，有

$$p\mathrm{d}V+V\mathrm{d}p=\frac{M}{\mu}R\mathrm{d}T \tag{7.19}$$

联立式(7.18)和(7.19)，消去 $\mathrm{d}T$，整理后得到

$$(C_V+R)p\mathrm{d}V+C_VV\mathrm{d}p=0$$

因 $C_V+R=C_p$，$C_p/C_V=\gamma$，代入上式，有

$$\frac{\mathrm{d}p}{p}+\gamma\frac{\mathrm{d}V}{V}=0$$

对上式积分后可得

$$\ln p+\gamma\ln V=C$$

或

$$pV^{\gamma}=C_1 \tag{7.20a}$$

这就是理想气体在准静态绝热过程中压强和体积变化的关系式，称为**泊松公式**. 利用理想气体状态方程，由式(7.20a)可求得绝热过程中 V 与 T 及 p 与 T 之间的关系

$$TV^{\gamma-1}=C_2 \tag{7.20b}$$

$$T^{-\gamma}p^{\gamma-1}=C_3 \tag{7.20c}$$

式中 C_1、C_2 和 C_3 为各不相同的常量. 式(7.20)的三种表达式均称为绝热过程方程.

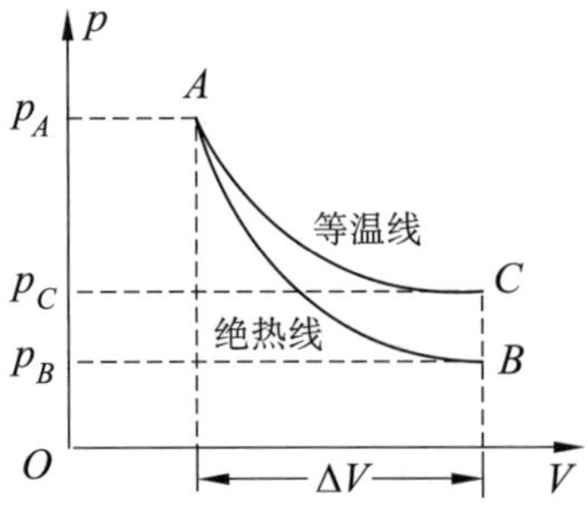

图 7.9

绝热过程方程在 p-V 图上对应的曲线称为绝热线. 与等温线比较，绝热线要陡一些，如图 7.9 所示. 从状态变化上分析，假设从状态 A 开始分别进行绝热过程和等温过程，气体体积均增加 ΔV，则气体的压强都要降低. 但是在等温过程中，压强的降低只是由于体积的膨胀；而在绝热过程中，压强的降低不仅由于体积膨胀，还因为温度降低，所以压强下降得较多. 从数学

上分析，等温线和绝热线的斜率分别为

$$\left(\frac{\mathrm{d}p}{\mathrm{d}V}\right)_T = -\frac{p}{V}, \quad \left(\frac{\mathrm{d}p}{\mathrm{d}V}\right)_Q = -\gamma\frac{p}{V}$$

由于 $\gamma > 1$，所以**绝热线比等温线陡**.

根据绝热过程方程，可算出绝热线下的面积，也就是系统所做的功. 设一定量的理想气体从状态 1 经绝热过程变化到状态 2，由式(7.20a)，可得过程中 p 与 V 的关系为

$$p = V^{-\gamma} p_1 V_1^{\gamma} = V^{-\gamma} p_2 V_2^{\gamma}$$

因此，系统对外所做的功为

$$A = \int_{V_1}^{V_2} p\mathrm{d}V = p_1 V_1^{\gamma} \int_{V_1}^{V_2} V^{-\gamma}\mathrm{d}V = \frac{p_2 V_2 - p_1 V_1}{1-\gamma} \tag{7.21}$$

7.3.3　绝热自由膨胀

考虑一个绝热容器，其中有一隔板将其分为容积相等的两半. 左半充以理想气体，右半抽成真空，如图 7.10 所示. 现抽去隔板，气体将冲入右半部，最后可以在整个容器内达到一个新的平衡. 这种过程叫自由膨胀. 显然，在此过程中的任一时刻气体均不处于平衡态，因而此过程是非静态过程.

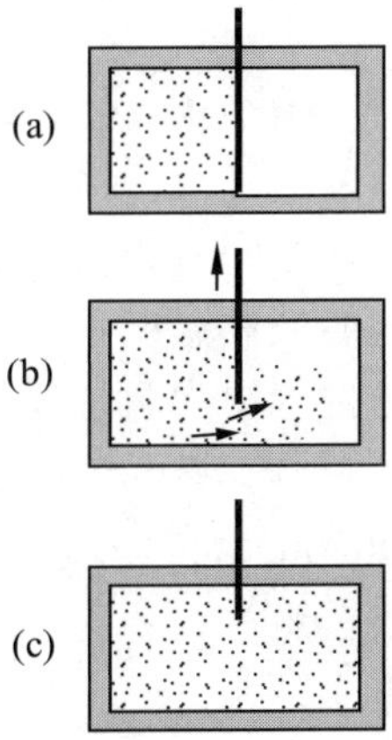

图 7.10

虽然自由膨胀是非静态过程，但它仍然服从热力学第一定律. 由于过程进行得很快，所以可视为绝热过程，即 $Q=0$，因而有

$$E_2 - E_1 + A = 0$$

又因为气体是向真空冲入，所以它对外不做功，即 $A=0$，故有

$$E_2 - E_1 = 0$$

结果表明，理想气体经过绝热自由膨胀，内能保持不变. 由于理想气体的内能只是温度的函数，因而经过绝热自由膨胀后，理想气体的温度将恢复到初始温度，即

$$T_2 = T_1$$

根据状态方程，对于始、末两个平衡态应有

$$p_1 V_1 = \frac{M}{\mu} R T_1, \quad p_2 V_2 = \frac{M}{\mu} R T_2$$

因为 $T_2 = T_1$，$V_2 = 2V_1$，所以有

$$p_2 = \frac{1}{2} p_1$$

必须指出，上述状态参量之间的关系都是对理想气体的始、末两个平衡态而言的. 虽然自由膨胀的始、末态温度相等，但不能说自由膨胀是等温过程. 因为过程中的每一时刻系统均处于非平衡态，不可能用一个温度来描述它的状态. 正因为如此，绝热过程方程对自由膨胀也不适用.

例 7.3 狄塞尔内燃机气缸中的空气,在压缩前压强为 1.013×10^5 Pa,温度为 320 K,假定空气突然被压缩为原来体积的 1/16.9,试求末态的压强和温度(设空气的 $\gamma=1.4$).

解 把空气看成理想气体,已知初态压强 $p_1=1.013\times10^5$ Pa,温度 $T_1=320$ K,由于压缩过程进行很快,可看作绝热过程.

对于始末态,根据 $p_1V_1^\gamma=p_2V_2^\gamma$,可得末态压强

$$p_2=p_1\left(\frac{V_1}{V_2}\right)^\gamma=1.013\times10^5\ \text{Pa}\times(16.9)^{1.4}=53.0\times10^5\ \text{Pa}$$

根据 $T_1V_1^{\gamma-1}=T_2V_2^{\gamma-1}$,可得末态温度

$$T_2=T_1\left(\frac{V_1}{V_2}\right)^{\gamma-1}=320\ \text{K}\times(16.9)^{0.4}=992\ \text{K}$$

可见,绝热压缩使温度升高了许多,这时只要向气缸中喷入柴油,不需点火,柴油就会燃烧,从而省去了专门的点火装置.

例 7.4 在实验室测定空气比热容比的方法如下.在一大玻璃瓶内装有干燥空气,初时气体温度与室温 T_0 相同,压强 p_1 比大气压强 p_0 稍高.若打开瓶口阀门让气体与大气相通发生膨胀,当其压强降到 p_0 时迅速关闭阀门,这时气体温度稍有下降,待气体温度重新回升到室温时测得气体压强为 p_2.把空气视为理想气体,求其比热容比 γ.

解 以瓶内剩余气体为系统,系统所经历的过程是:先绝热膨胀,其状态由 $(T_0,p_1)\to(T',p_0)$,然后等容升压,其状态由 $(T',p_0)\to(T_0,p_2)$,如图 7.11 所示.

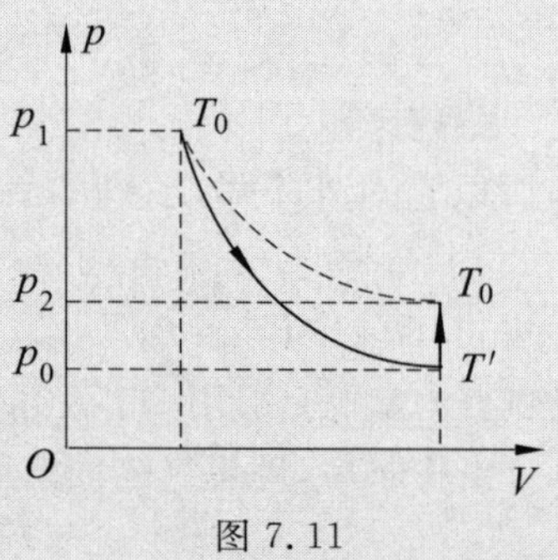

图 7.11

因而有

$$\left(\frac{p_1}{p_0}\right)^{\gamma-1}=\left(\frac{T_0}{T'}\right)^\gamma,\quad \frac{p_2}{p_0}=\frac{T_0}{T'}$$

联立以上两式得

$$\left(\frac{p_1}{p_0}\right)^{\gamma-1}=\left(\frac{p_2}{p_0}\right)^\gamma$$

两边取对数,有

$$(\gamma-1)(\ln p_1-\ln p_0)=\gamma(\ln p_2-\ln p_0)$$

解得

$$\gamma=\frac{\ln p_1-\ln p_0}{\ln p_1-\ln p_2}$$

表 7.2 列出了理想气体在几种典型热力学过程中的主要公式.

表 7.2　理想气体在几种典型热力学过程中的主要公式

过程	过程方程	始末态参量间的关系	系统对外界做的功	系统从外界吸收的热量	摩尔热容
等容	$V=$常量	$V_2=V_1$ $\frac{T_2}{T_1}=\frac{p_2}{p_1}$	0	$\frac{M}{\mu}C_V(T_2-T_1)$	$C_V=\frac{i}{2}R$
等压	$p=$常量	$p_2=p_1$ $\frac{T_2}{T_1}=\frac{V_2}{V_1}$	$p(V_2-V_1)$或 $\frac{M}{\mu}R(T_2-T_1)$	$\frac{M}{\mu}C_p(T_2-T_1)$	$C_p=\frac{i+2}{2}R$
等温	$pV=$常量	$T_2=T_1$ $\frac{p_2}{p_1}=\frac{V_1}{V_2}$	$p_1V_1\ln\frac{V_2}{V_1}$或 $\frac{M}{\mu}RT_1\ln\frac{V_2}{V_1}$	$p_1V_1\ln\frac{V_2}{V_1}$或 $\frac{M}{\mu}RT_1\ln\frac{V_2}{V_1}$	∞
绝热	$pV^\gamma=$常量	$p_1V_1^\gamma=p_2V_2^\gamma$ $T_1V_1^{\gamma-1}=T_2V_2^{\gamma-1}$ $T_1^{-\gamma}p_1^{\gamma-1}=T_2^{-\gamma}P_2^{\gamma-1}$	$\frac{p_2V_2-p_1V_1}{1-\gamma}$或 $-\frac{M}{\mu}C_V(T_2-T_1)$	0	0

7.3.4　多方过程

气体的很多实际过程可能既非等值过程也非绝热过程，特别在实际过程中很难做到严格的等温或完全的绝热. 对于理想气体来说，它的过程方程既非 $pV=$常量，也不满足 $pV^\gamma=$常量，但可能满足

$$pV^n = \text{常量} \tag{7.22}$$

其中 n 也是一个常量. 这样的过程称为多方过程，n 称为**多方指数**. 显然当 $n=0$ 时，对应于等压过程；当 $n=1$ 时，对应于等温过程；当 $n=\gamma$ 时，对应于绝热过程；而当 $n\to\pm\infty$时，因 $p^{\frac{1}{n}}V=$常量，所以对应于等容过程.

与式(7.21)的计算过程类似，可得多方过程中气体做功为

$$A = \frac{p_2V_2 - p_1V_1}{1-n} \tag{7.23}$$

上式对所有的 n(除 $n=1$ 的等温过程外)都成立.

以 C 表示多方过程的摩尔热容，则由摩尔热容的定义可知，当系统的温度变化 $\mathrm{d}T$ 时，系统从外界吸收的热量为 $\mathrm{d}Q=\frac{M}{\mu}C\mathrm{d}T$. 根据热力学第一定律和理想气体内能公式，可得

$$\frac{M}{\mu}C\mathrm{d}T = \frac{M}{\mu}C_V\mathrm{d}T + p\mathrm{d}V$$

将状态方程取微分，有

$$p\mathrm{d}V + V\mathrm{d}p = \frac{M}{\mu}R\mathrm{d}T$$

将式(7.22)两边取对数再微分，可得

$$\frac{dp}{p}+n\frac{dV}{V}=0$$

由以上三式消去 dp、dV 和 dT，从而得到

$$C=\frac{(n-1)C_V-R}{n-1}$$

或

$$C=C_V-\frac{C_p-C_V}{n-1}=\frac{n-\gamma}{n-1}C_V \tag{7.24}$$

显然，C_V 和 C_p 是式(7.24)当 $n\to\pm\infty$ 和 $n=0$ 时的特例.

若多方指数 $1<n<\gamma$，显然这时 $C<0$，对应的过程曲线介于等温线和绝热线之间，读者可以思考其实际意义.

7.4 循环过程 卡诺循环

7.4.1 循环过程

根据热力学第一定律，物质系统可以从外界吸收热量，增加系统的内能，也可以消耗内能对外界做功. 可见，可以通过物质系统来完成热功转换. 这个将热转化为功的物质系统称为工作物质，简称**工质**. 例如气缸中的气体就是工质. 实际应用中往往要求通过工质连续不断地将热转换为功，完成这种过程的装置叫**热机**，如内燃机、蒸汽机等. 表面看来，理想气体的等温膨胀过程最为有利，因为系统吸收的热量可全部转化为功. 但是，仅靠这种过程，不可能制成热机. 因为气缸的长度有限，并且，膨胀气体的压强降低到和外界压强相等后，过程将很快停止. 显然要使过程进行下去，必须设法使做功以后的工作物质经过另外的过程再回到原来的状态，使过程得以循环不断地进行，实现连续不断地对外做功.

1. 热机的工作原理

图 7.12 是蒸汽机的工作原理图. 水泵 B 将水池 A 中的水压入锅炉 C，水在锅炉内被加热变为高温、高压蒸汽，这是一个内能增加的过程. 蒸汽被传送装置送入汽缸 D 中，并在汽缸内膨胀，推动活塞对外做功，同时蒸汽的内能减少. 这一过程通过做功使内能转化为机械能. 最后蒸汽变为废气被送入冷凝器 E 中，经冷却放热而凝结成水，再经水泵 F 送回水池 A 中，如此循环不息地进行. 其结果工质从高温热源吸热以增加其内能，然后部分内能通过做功转化为机械能，另一部分内能在低温的冷凝器中通过放热而传到外界. 经过这一系列过程，工质又回到原来状态.

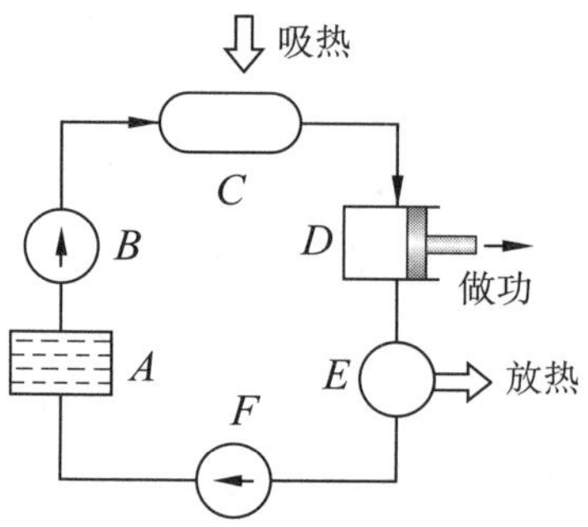

图 7.12

内燃机等各种其他热机，虽然具体工作过程各不相同，但其能量转化的情

况与蒸汽机类似，即热机的工质从高温热源吸热，增加内能，再对外做功、放热，回到原来状态.

2. 正循环与循环效率

系统的状态经一系列变化后回到原来状态的过程叫**循环过程**，简称循环. 如果组成某一循环过程的各分过程都是准静态过程，则此循环过程可在 p-V 图上用一闭合曲线表示，如图 7.13 所示. 其特征是**工质经过一个循环后内能不变**. 若在 p-V 图上所示的循环过程是顺时针的，则称为**正循环**，反之称为**逆循环**.

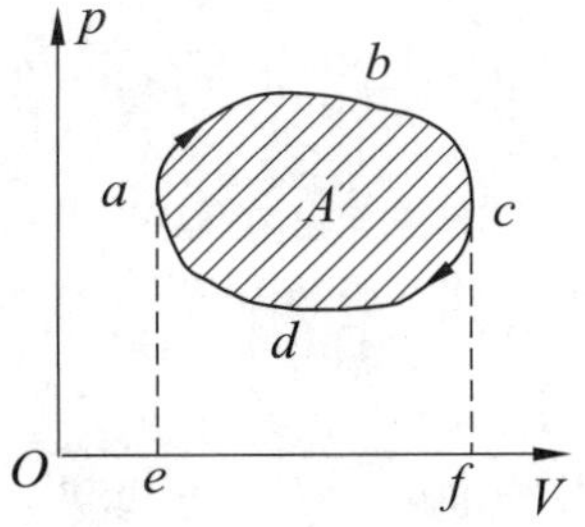

图 7.13

考察如图 7.13 所示的正循环. 在过程 abc 中，由于体积变大，系统做正功 A_1，其量值等于曲线 $abcfea$ 所包围的面积；在过程 cda 中，体积变小，系统做负功 A_2（为负值），量值等于曲线 $cdaefc$ 所包围的面积. 因此，经过一个正循环，系统对外界做的功 $A=A_1+A_2=A_1-|A_2|>0$，且等于循环曲线 $abcda$ 所包围的面积. 因为系统最后回到原来状态，内能不变，由热力学第一定律有 $Q=A$. 这就是说，在整个循环过程中，系统从外界吸收的热量 Q_1 必然大于放出热量的量值 $|Q_2|$，其差值 $Q_1-|Q_2|$ 等于系统对外所做的功 A. 可见正循环反映了热机的工作过程.

一般地说，工质经过一个正循环，它从某些高温热源吸收热量，一部分用来对外做功，另一部分则向某些低温热源放出，工质又回到原来的状态. 吸收同样的热量，对外做功越多，表明热机把热量转化为有用功的本领越大，效率就越高. 因此，定义**循环效率**为

$$\eta=\frac{A}{Q_1}=\frac{Q_1-|Q_2|}{Q_1}=1-\frac{|Q_2|}{Q_1} \tag{7.25}$$

式中 Q_1 是工质在整个循环过程中从外界吸收的总热量，$|Q_2|$ 是工质向外界放出的总热量. 需要注意的是，在热力学第一定律中，放热为负，因此，用式(7.25)计算效率时，Q_2 为负值.

可见，热机效率定义为正循环过程中工质做的净功除以净吸热.

例 7.5　如图 7.14 所示，一定质量的理想气体经历的循环过程由以下四个过程组成：(1) 绝热压缩(1→2)，气体由状态$(V_1, T_1)\to(V_2, T_2)$；(2) 等容吸热(2→3)，气体由状态$(V_2, T_2)\to(V_2, T_3)$；(3) 绝热膨胀(3→4)，气体由状态$(V_2, T_3)\to(V_1, T_4)$；(4)等容放热(4→1)，气体由状态$(V_1, T_4)\to(V_1, T_1)$. 试求这个循环的效率.

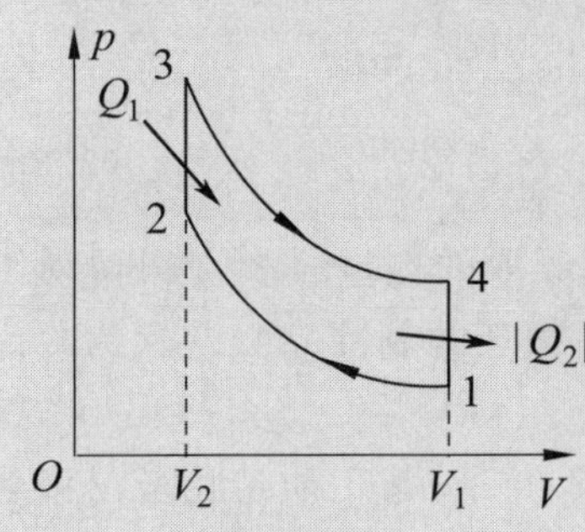

图 7.14

解　这个循环过程吸热和放热只在两个等容过程中进行.

在 2→3 等容过程中,气体吸收的热量为

$$Q_1 = \frac{M}{\mu} C_V (T_3 - T_2)$$

在 4→1 等容过程中,气体放出的热量为

$$|Q_2| = \left| \frac{M}{\mu} C_V (T_1 - T_4) \right|$$

代入效率公式,得

$$\eta = 1 - \frac{|Q_2|}{Q_1} = 1 - \frac{T_4 - T_1}{T_3 - T_2} \quad ①$$

由于 1→2 和 3→4 都是绝热过程,因此有

$$\frac{T_2}{T_1} = \left(\frac{V_1}{V_2}\right)^{\gamma-1}, \quad \frac{T_3}{T_4} = \left(\frac{V_1}{V_2}\right)^{\gamma-1}$$

可得

$$\frac{T_3}{T_4} = \frac{T_2}{T_1} = \frac{T_3 - T_2}{T_4 - T_1} = \left(\frac{V_1}{V_2}\right)^{\gamma-1} \quad ②$$

将式②代入式①,即得

$$\eta = 1 - \frac{1}{(V_1/V_2)^{\gamma-1}}$$

V_1/V_2 称为绝热压缩比,用 R 表示,上式可写成

$$\eta = 1 - \frac{1}{R^{\gamma-1}}$$

由此可见,该循环的效率完全由绝热压缩比 R 决定,并随 R 的增大而增大. 顺便指出,这种循环称为奥托循环,或称为等容加热循环,它是四冲程汽油机的工作循环.

3. 逆循环与制冷系数

与热机中工质的正循环过程相反,逆循环反映了制冷机的工作过程. 在图 7.13中,若过程沿逆时针方向进行就是逆循环. 在逆循环中,外界对系统所做的功大于系统对外所做的功. 经过一个逆循环,气体对外界做净功 $A(<0)$,工质从低温热源(也叫冷库)吸取热量 $Q_2(>0)$,而向外界放出热量 $|Q_1|(Q_1<0)$. 从冷库吸取热量的结果,将使冷库的温度降得更低,这就是制冷机的原理. 显然,外界对工质所做的功一定时,若从冷库吸收的热量越多,则制冷效果越好. 因此,**制冷系数**定义为

$$w = \frac{Q_2}{|A|} \tag{7.26}$$

应当注意的是,式(7.26)中的 Q_2 只是工质从冷库吸取的热量. $|A|$ 是外界对工质所做的净功,$A = Q_1 + Q_2 = -|Q_1| + Q_2$. 可见逆循环的制冷系数定义为冷库吸收的热量与外界对工质做的净功的比值.

冰箱是一种常用的制冷机,其工作原理如图 7.15所示. 工质选用较易液化的物质(如氨气、氟利昂等). 在压缩机内,工质被急速压缩成高温高压气体,送入蛇形管冷凝器,由周围空气或冷却水冷却,而使气体在高压下凝结成液体. 液

体经过节流阀的小口通道后，降温降压并部分汽化，再进入蛇形管蒸发器，液体从冷库吸热蒸发而使冷库降温，自身则变为蒸汽被吸入压缩机. 如此循环往复，起到制冷作用.

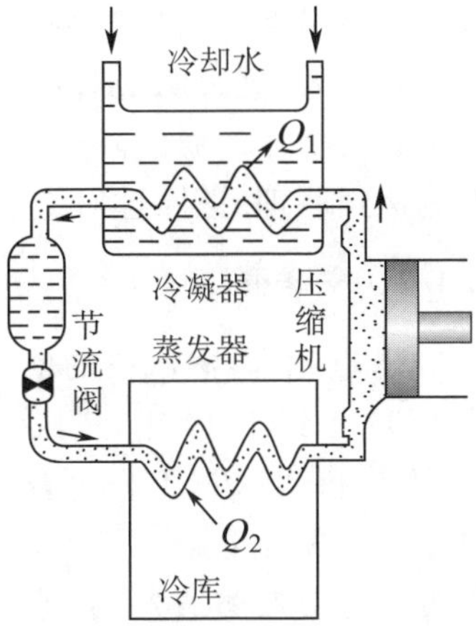

图 7.15

顺便指出，制冷机向高温热源放出的热量是完全可以利用的. 若把它当作提供热量的热源，则称这种装置为**热泵**. 可见热泵与制冷机工作原理相同，但设计的目的不同. 例如，在冬天，若以室外大气为低温热源，以房间为高温热源，则可利用逆循环过程使房间温度升高. 有些空调器就是利用热泵取暖的，目前已应用于许多居室中.

例 7.6　如图 7.16 所示，一定量的理想气体经历的循环过程由以下四个过程组成：(1) 等温压缩(1→2)，气体由状态$(V_1, T_1)\to(V_2, T_1)$；(2) 等容降温(2→3)，气体由状态$(V_2, T_1)\to(V_2, T_2)$；(3) 等温膨胀(3→4)，气体由状态$(V_2, T_2)\to(V_1, T_2)$；(4) 等容升温(4→1)，气体由状态$(V_1, T_2)\to(V_1, T_1)$. 试求这个循环的制冷系数.

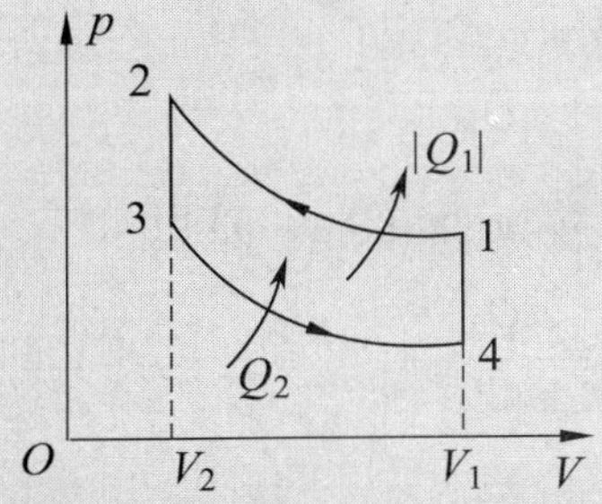

图 7.16

解　在这个循环过程中，气体在两个等容过程中与外界交换热量的代数和为零. 在 3→4 等温膨胀过程中，气体从冷库吸取的热量为

$$Q_2 = \frac{M}{\mu} R T_2 \ln \frac{V_1}{V_2}$$

在 1→2 等温压缩过程中，气体向外界放出的热量为

$$|Q_1| = \left| \frac{M}{\mu} R T_1 \ln \frac{V_2}{V_1} \right|$$

根据热力学第一定律，在整个循环中，外界对气体所做的净功为

$$|A| = |Q_1 + Q_2| = \frac{M}{\mu} R (T_1 - T_2) \ln \frac{V_1}{V_2}$$

所以，该循环的制冷系数为

$$w = \frac{Q_2}{|A|} = \frac{T_2}{T_1 - T_2}$$

这种循环称为逆向斯特林循环，是回热式制冷机的工作循环.

利用上述制冷机，可以分析从不同温度的冷库中吸取同样多的热量时外界所需做的功. 设外部环境（高温热源）温度为 T_1，冷库（低温热源）温度为 T_2，工质从冷库中吸热 Q_2 是确定值，则外界所需做的功为

$$|A| = Q_2 \cdot \frac{T_1 - T_2}{T_2} = Q_2 \left(\frac{T_1}{T_2} - 1 \right)$$

显然冷库温度 T_2 越低,外界所需做的功越大. 当 T_2 接近 0K 时,所需做的功接近于无穷大. 这表明绝对零度实际上不能达到. 理论上已经证明,不可能用有限的步骤使物体的温度降到绝对零度,这称为**热力学第三定律**,也称为绝对零度不能达到原理. 该原理对低温下物质性质的研究具有重要的意义.

7.4.2 卡诺循环

18 世纪末,蒸汽机的效率很低,只有 3%左右,约 97%的热量得不到利用. 从 1794 年到 1840 年,热机效率也仅从 3%提高到 8%左右. 在生产需要的推动下,不少科学家和工程师开始从理论上研究如何提高热机的效率. 1824 年,法国青年工程师卡诺(S. Carnot)提出了一种理想热机——卡诺热机,并从理论上证明了它的效率最大. 卡诺的研究不仅为提高热机的效率指出了方向和限度,而且对热力学第二定律的建立也起了重要作用.

1. 正向卡诺循环的效率

卡诺热机的循环过程称为卡诺循环. 它的工质只和两个恒温热源交换能量,不与恒温热源接触时便是绝热过程. 因此,**卡诺循环是由两个等温过程和两个绝热过程组成的循环**,如图 7.17(a)所示. 图中 1→2 和 3→4 是两条等温线,2→3和 4→1 是两条绝热线. 在循环中能量转化情况如图 7.17(b)所示.

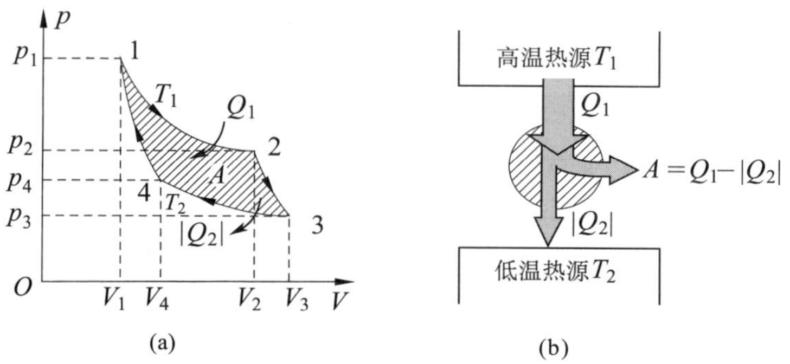

图 7.17

设卡诺循环中的工质为理想气体. 在 1→2 等温膨胀过程中,气体从外界吸收的热量为

$$Q_1 = \frac{M}{\mu} R T_1 \ln \frac{V_2}{V_1}$$

在 3→4 等温压缩过程中,气体向外界放出的热量为

$$|Q_2| = \left| \frac{M}{\mu} R T_2 \ln \frac{V_4}{V_3} \right|$$

由以上结果可写出此循环的效率为

$$\eta_{卡} = 1 - \frac{|Q_2|}{Q_1} = 1 - \frac{T_2 \ln \dfrac{V_3}{V_4}}{T_1 \ln \dfrac{V_2}{V_1}}$$

因为 2→3 和 4→1 是两个绝热过程，所以有

$$\left(\frac{V_3}{V_2}\right)^{\gamma-1}=\frac{T_1}{T_2},\qquad \left(\frac{V_4}{V_1}\right)^{\gamma-1}=\frac{T_1}{T_2}$$

将两式相比，可得

$$\frac{V_2}{V_1}=\frac{V_3}{V_4}$$

于是卡诺循环的效率可表示为

$$\eta_{卡}=1-\frac{T_2}{T_1} \tag{7.27}$$

上式表明，**卡诺循环的效率只由高温热源和低温热源的温度决定**. T_1 越高，T_2 越低，则效率 $\eta_{卡}$ 越高. 这是除了减少损耗外，提高热机效率的方向之一. 另一方面，T_1 不可能无限高，T_2 也不可能达到绝对零度，因此效率 $\eta_{卡}$ 总是小于 1，即不可能把从高温热源所吸收的热量全部用来对外做功.

2. *逆向卡诺循环的制冷系数*

如图 7.18 所示，理想气体作逆向卡诺循环. 与卡诺热机效率的计算方法类似，可以得到制冷系数为

$$w_{卡}=\frac{Q_2}{|A|}=\frac{Q_2}{|Q_1+Q_2|}=\frac{T_2}{T_1-T_2} \tag{7.28}$$

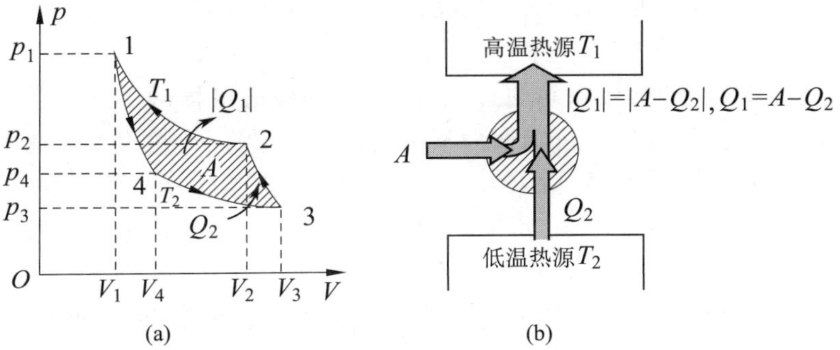

图 7.18

与前面的分析类似，因 $|Q_1|$ 为系统向高温热源放出的热量，此时 $Q_1<0$.

在一般的制冷机中，高温热源的温度通常就是大气温度，所以由上式可见，逆向卡诺循环的制冷系数取决于所希望达到的制冷温度 T_2. 显然，T_2 越低，制冷系数越小，这说明要从温度越低的物体中吸热，降低它的温度，就必须消耗越多的功.

例 7.6 中的逆向斯特林循环与逆向卡诺循环具有相同的制冷系数，因此，回热式制冷机的制冷系数较大，制冷效果较好.

7.5 热力学第二定律

在 19 世纪初期，蒸汽机已在工业、航海等部门得到了广泛的使用，随着技术水平的提高，蒸汽机的效率也有所增加. 但是提高效率有没有一个上限？提

高效率的关键问题在哪里？这些都是当时在理论上急需解决的问题. 在许多人的艰苦努力下，总结了长期以来积累的科学知识和丰富的实践经验，最终得到了一条新的规律，即热力学第二定律.

7.5.1 自然过程的方向性

1. 自然过程的方向性

热力学第一定律建立了热量、功和内能的相互转化关系，各种形式的能量可以互相转化，只要在过程中能量的总和保持不变. 自然界发生的一切过程都必须遵守热力学第一定律. 但是，所有遵守热力学第一定律的过程是否都能实现？答案是否定的. 例如，摩擦做功可以生热，但物体自动地冷却而使其自身运动起来做功的过程却从未发生过. 这就是说，热自动地转换为功的过程是不能实现的. 又如，冰块融化可以使饮料降温，但冰块自动地越结越大而使饮料越来越热的过程也从未发生过. 这表明，热量由低温物体自动地传向高温物体的过程也是不能实现的. 再如，打开香水瓶盖，因扩散作用，我们闻到了香味. 但已经扩散的香气分子不会自动地回到香水瓶中去. 这表明，气体扩散过程的相反过程也是不能自动实现的. 然而这些相反方向进行的过程并不违反热力学第一定律.

2. 可逆过程与不可逆过程

为了描述过程的方向性，引入可逆过程与不可逆过程的概念. 设一系统从某一状态 A 出发，经过某一过程变化到另一状态 B，若系统从状态 B 回复到 A 时，外界也同时复原，则称原来的过程($A \to B$)为**可逆过程**；如果用任何方法都不能使系统和外界同时复原，则称为**不可逆过程**. 如果一个过程是可逆的，那么在其正过程和逆过程中，系统所做的功、内能的改变以及与外界交换的热量均为等值异号. 应当注意的是，不可逆过程并不是不能在反方向进行的过程，而是当逆过程完成后，对外界的影响不能消除.

自然界中自动发生的过程称为自发过程. 功转变为热、热量由高温物体传向低温物体以及气体的扩散都是自发过程. 由以上讨论可见，这些自发过程都是不可逆过程. 另外，气体的迅速膨胀、水的汽化、固体的升华、生命科学里的生长与衰老等也都是自发过程，事实证明，它们也都是不可逆过程. 考察实际的自发过程，可以发现它们有着共同的特征，这就是系统中原来存在着某种不平衡因素，或者存在着摩擦等耗散因素. 自发过程的方向总是由不平衡趋向平衡，达到平衡时，过程也就自动停止.

由此可见，不平衡和耗散等因素的存在，是导致过程不可逆的原因. 因此自然界中一切自发过程都是不可逆过程.

由以上讨论不难看出，只有当过程中的每一步，系统都无限接近平衡态，而且没有摩擦等耗散因素时，过程才是可逆的. 即只有**无摩擦的准静态过程才是可逆过程**. 可逆过程只是一种理想情况，是实际过程的一种抽象和近似，并且在实际过程中，我们可以实现和可逆过程非常接近的过程，因此对可逆过程的研究具有重要意义.

7.5.2　热力学第二定律的两种表述

要解决过程进行的方向问题，必须有一个独立于热力学第一定律的新的自然规律，这就是热力学第二定律．常用的表述有如下两种．

1．*开尔文表述*

在7.4节中对热机效率的讨论表明，即使理想气体的卡诺循环，其效率也不能达到100%，即不可能把从高温热源吸收的热量全部用来对外做功，一部分热量传到低温热源是不可避免的．开尔文(L. Kelvin)在总结大量的客观实践的基础上，于1851年提出：**不可能从单一热源吸取热量，使之完全变为有用的功而不引起其他变化．**

开尔文表述指出了功转换为热的过程不可逆．换句话说，要把从单一热源吸取的热量全部用于对外做功，就一定会引起其他变化．例如理想气体的等温膨胀，“其他变化”表现为气体的体积增大．应当注意的是，这里的“单一热源”指的是温度均匀并且恒定不变的热源，否则物质可从热源中温度较高的部分吸热，而向温度较低的部分放热，那就不是单一热源了．

历史上曾有许多人企图制造一种热机，这种热机不需要用两个热源，它只从单一热源吸热做功而不向低温热源放热．显然，这是效率为100%的热机，这种热机称为第二类永动机，它不违反能量守恒定律．曾有人估计，若用这种机器从海水中吸取热量对外做功的话，只要使海水温度下降0.01 K，就能使全世界的机器开动几个世纪！开尔文表述直接否定了单源热机的可能性．因此，与开尔文表述等价的另一表述是：**第二类永动机是不可能造成的．**

2．*克劳修斯表述*

在大量的客观实践的基础上，克劳修斯(R. Clausius)于1850年提出：**不可能使热量从低温物体传向高温物体而不引起其他变化．**

克劳修斯表述指出了热传导过程不可逆．即要把热量从低温物体传向高温物体，就一定会引起其他变化．例如制冷机是把热量从低温物体传向高温物体的机器，其压缩机做功就属于“其他变化”．

7.5.3　两种表述的等价性

热力学第二定律的开尔文表述和克劳修斯表述实质上是等效的，即一种说法是正确的，另一种说法也必然是正确的．我们用反证法证明它们的等效性．

假定开尔文表述不成立，即可以从单一热源吸取热量，并全部用来对外做功而不引起其他变化，那么我们就可设计如图7.19所示的复合机．热机Ⅰ从高温热源吸收热量Q_1全部用来对制冷机Ⅱ做功，使制冷机从低温源吸收热量Q_2，并向高温热源放出热量Q_1+Q_2．复合机工作一个循

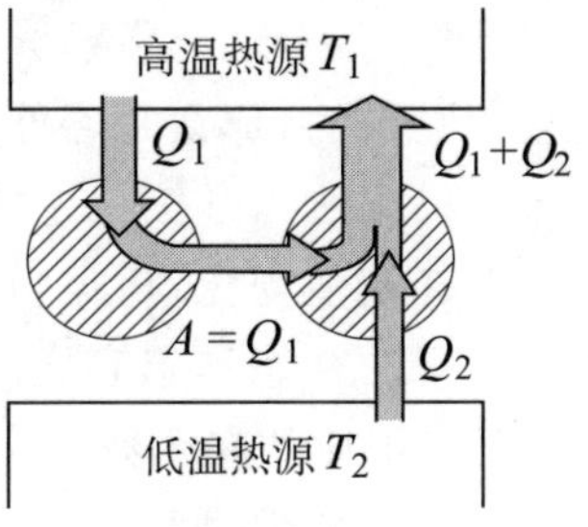

图7.19

环结果是外界没有对它做功，而它把热量 Q_2 由低温热源传向高温热源，结果表明，克劳修斯表述也不成立. 反之，如果假定克劳修斯表述不成立，同样可以证明开尔文表述也不成立. 读者可自行证明. 这就证明了两种表述的等价性.

事实上，自然界中各种不可逆过程都是相互关联的，由一种过程的不可逆性可推出另一种过程的不可逆性，它们都是等价的. 因此，每一个不可逆过程都可作为热力学第二定律的一种表述，每一种表述反映了同一客观规律的某一个方面，但实质是一样的. 据此，我们可以把热力学第二定律的表述概括为：**一切与热现象有关的实际自发过程都是不可逆的.**

7.5.4 卡诺定理

引入可逆过程与不可逆过程的概念之后，我们可以把热机分成两类，凡是其循环过程可逆的称为**可逆机**，否则称为**不可逆机**. 卡诺热机一般指可逆机. 1824 年，在热力学第一定律和第二定律建立之前，卡诺就发表了有关热机效率的研究结果，称为卡诺定理，可归结为以下两点：

(1) **在温度为 T_1 的高温热源和温度为 T_2 的低温热源之间工作的一切可逆热机，效率都相等，而与工作物质无关，其效率为** $\eta=1-T_2/T_1$.

(2) **在温度为 T_1 的高温热源和温度为 T_2 的低温热源之间工作的一切不可逆热机的效率不可能大于可逆机的效率.**

用热力学第二定律可以证明卡诺定理，具体证明过程从略. 证明思路是采用反证法，即先假设命题成立，然后论证它与热力学第二定律相违背，从而否定原假设命题. 这种方法在应用热力学第二定律分析问题时经常使用. 如欲证明 p-V 图上两条绝热线不能相交，则先假设能够相交，进而可以用一条等温线与这两条绝热线构成一循环过程. 显然这个循环过程只从单一热源吸热并且对外做功，这是违背热力学第二定律的，因此 p-V 图上两条绝热线不能相交. 进一步还可证明，工作于同样的高低温热源之间的一切不可逆热机的效率必然小于可逆机的效率. 卡诺定理指明了提高热机效率的方向. 首先，要增大高、低温热源的温度差，由于一般热机总是以周围环境作为低温热源，所以实际上只能是提高高温热源的温度；其次，要尽可能地减少热机循环的不可逆性，也就是减少摩擦、漏气、散热等耗散因素.

7.6 熵 熵增加原理

针对上一节的讨论，人们自然会提出这样的问题：既然一切不可逆过程都是互相联系的，那么是否能找到一个共同的准则来判断所有不可逆过程进行的方向？根据热力学第二定律，不可逆过程不能反向进行使系统由末态回到初态而不引起其他变化. 可见自发过程的不可逆性不仅是过程本身的性质，而且反映出过程的初态和末态之间有重大差异. 这就启发我们，必然存在一个反映热力学第二定律的态函数，由这个态函数的初态和末态的量值差异或变化，可以判断出孤立系统中过程进行的方向. 1854 年，克劳修斯首先找到了这个态函数，1865 年，他给这个态函数正式命名为熵.

7.6.1　克劳修斯等式

根据卡诺定理，工作于两个给定的高低温热源之间的一切热机，可逆机的效率最大，即

$$1-\frac{|Q_2|}{Q_1}\leqslant 1-\frac{T_2}{T_1}$$

式中 Q_1 为从温度为 T_1 的高温热源吸收的热量，$|Q_2|$ 为向温度为 T_2 的低温热源放出的热量，$Q_2<0$，等号适用于可逆热机. 由此可得

$$\frac{Q_1}{T_1}+\frac{Q_2}{T_2}\leqslant 0 \tag{7.29}$$

对于可逆卡诺循环，则有

$$\frac{Q_1}{T_1}+\frac{Q_2}{T_2}=0 \tag{7.30}$$

现在把上式推广到任意的、热源温度连续变化的可逆循环. 图 7.20 中的封闭曲线 $abcda$ 代表一个任意的可逆循环过程，我们用一系列微小的可逆卡诺循环来代替这个循环. 容易看出，任意两个相邻的微小循环总有一段绝热线是共同的，但进行的方向相反，从而效果完全抵消. 因此这一系列微小的可逆卡诺循环的总效果与沿图中锯齿形路线所表示的循环过程的效果相同. 将式(7.30)用于每一个微小的卡诺循环，并把所有的这些关系相加，可以得到

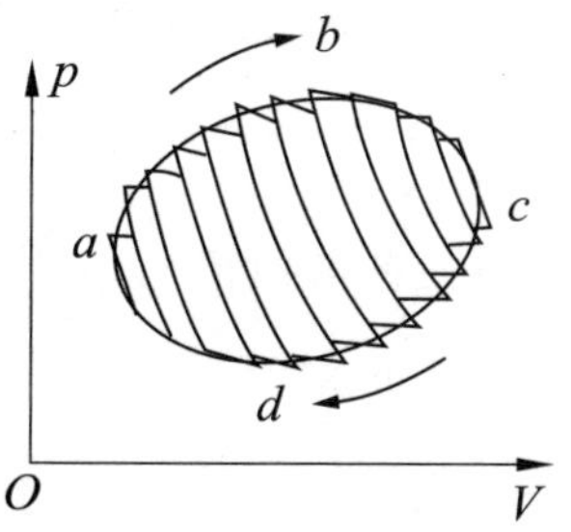

图 7.20

$$\sum_{i=1}^{n}\frac{\Delta Q_i}{T_i}=0$$

式中 ΔQ_i 是系统在微小过程中从温度为 T_i 的热源吸收的热量，n 是微小热源的数目. 当 $n\to\infty$ 时，锯齿形路线就无限趋近于原来的循环 $abcda$. 相应地，上式中的求和应改为积分，即有

$$\oint\frac{\mathrm{d}Q}{T}=0 \tag{7.31}$$

式中"$\oint$"表示对整个循环过程求积分，$\mathrm{d}Q$ 是系统在无限小过程中从温度为 T 的热源吸取的热量. 注意，由于在可逆过程中系统与热源达到热平衡，因此，式中的 T 也是系统的温度.

式(7.31)称为克劳修斯等式，它只适用于可逆循环过程. 对于不可逆循环过程，从式(7.29)出发，可以得到

$$\oint\frac{\mathrm{d}Q}{T}<0 \tag{7.32}$$

上式称为克劳修斯不等式. 通常把 Q/T 称为**热温比**. 式(7.31)表明，系统经过一个可逆循环过程，其热温比之和等于零. 式(7.32)则表明，系统经历一个不可逆循环，其热温比之和小于零.

7.6.2 态函数熵

现在根据式(7.31)证明存在一个态函数. 如图 7.21 所示，设系统从初态 a 经任意可逆过程 R 到达末态 b，又经任意可逆过程 R' 回到初态 a，构成一个可逆循环过程. 根据式(7.31)，有

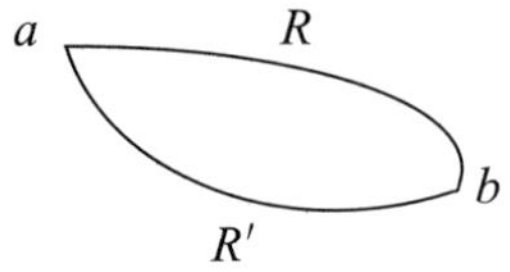

图 7.21

$$\int_a^b \frac{\mathrm{d}Q_R}{T} + \int_b^a \frac{\mathrm{d}Q_{R'}}{T} = 0$$

可得

$$\int_a^b \frac{\mathrm{d}Q_R}{T} = -\int_b^a \frac{\mathrm{d}Q_{R'}}{T} = \int_a^b \frac{\mathrm{d}Q_{R'}}{T} \tag{7.33}$$

式(7.33)表明，由初态 a 经两个不同的可逆过程 R 和 R' 到末态 b，积分 $\int_a^b \frac{\mathrm{d}Q}{T}$ 的值相等. 考虑到 R 和 R' 可逆过程的任意性，因此，积分 $\int_a^b \frac{\mathrm{d}Q}{T}$ 的值与 a、b 之间经历的过程无关，只由始末两个状态决定. 在力学中，曾讨论过保守力的功与路径无关，只由质点的始末位置决定，据此引入了质点在始、末位置的状态函数——势能. 同样地，由式(7.33)可知，$\int_a^b \frac{\mathrm{d}Q}{T}$ 也可对应于某一个状态函数在 a、b 两状态处的取值的差，$\frac{\mathrm{d}Q}{T}$ 则对应于该状态函数的全微分. 将这一态函数称为熵，以 S 表示. 则有

$$\mathrm{d}S = \frac{\mathrm{d}Q}{T} \tag{7.34}$$

或

$$S_b - S_a = \int_a^b \frac{\mathrm{d}Q}{T} \tag{7.35}$$

式中 S_a、S_b 为系统在平衡态 a、b 的熵，积分路线对应于从 a 到 b 的任意可逆过程.

如果系统由状态 a 经历不可逆过程到状态 b，则积分 $\int_a^b \frac{\mathrm{d}Q}{T}$ 将是什么结果呢？我们仍然利用图 7.21 进行分析. 不妨设 R 为任一不可逆过程，并改记为 r，R' 仍为可逆过程，这样，由 r 和 R' 组成的循环就是不可逆循环. 根据式(7.32)，有

$$\int_a^b \frac{\mathrm{d}Q_r}{T} + \int_b^a \frac{\mathrm{d}Q_{R'}}{T} < 0$$

将式(7.35)代入上式，可得

$$\int_a^b \frac{\mathrm{d}Q_r}{T} < \int_a^b \frac{\mathrm{d}Q_{R'}}{T} = S_b - S_a \tag{7.36}$$

对于不可逆微变化过程，则有

$$\frac{\mathrm{d}Q}{T} < \mathrm{d}S \tag{7.37}$$

由式(7.34)和(7.37)可见，在可逆微变化过程中，熵的增量等于系统的热温比；在不可逆微变化过程中，这个比值小于熵的增量. 需要指出，式(7.35)只

定义了系统在两个平衡态的熵差. 因为熵函数的定义类似于势能的定义，所以可以有一个任意的相加常量，这与参考状态熵值的规定有关.

式(7.35)可以用来计算两个平衡态之间熵的变化. 应用时要注意以下两点：

(1) 计算熵变的积分路径必须是可逆过程. 若系统经历的过程不可逆，则可在始末状态间设想任一可逆过程作为积分路径进行积分.

(2) 如果系统由几部分组成，那么各部分熵变之和等于系统总的熵变.

熵的单位为焦耳每开尔文，符号为 $\mathrm{J \cdot K^{-1}}$.

顺便指出，“熵(entropy)”这个概念是克劳修斯于1865年首先认识并定名的，其意义是“内能转变为功的本领”. 英文名“entropy”来自意思为“变换”的希腊字“trope”，加了一个前缀 en，以便与能量“energy”这个词相对应. 在克劳修斯看来，熵和能这两个概念有某种相似性. 事实上，能量这一概念，从正面量度着运动转化的能力，能量越大，运动转化的能力越大；熵却从反面，即运动不能转化的一面，量度运动转化能力，表示着转化已经完成的程度，亦即运动丧失转化能力的程度. 中文名“熵”是由胡刚复先生于1923年为普朗克演讲做翻译时选用的一个字，其意为“热量被温度除的商”，加火字旁表明这是一个与热力学有关的物理概念.

例 7.7　试求理想气体从状态(p_0, V_0, T_0)到状态(p, V, T)的熵变.

解　根据热力学第一定律，有

$$\mathrm{d}Q = \mathrm{d}E + p\mathrm{d}V$$

将式(7.34)代入其中，可得

$$T\mathrm{d}S = \mathrm{d}E + p\mathrm{d}V \qquad ①$$

对于理想气体有

$$pV = \frac{M}{\mu}RT, \quad \mathrm{d}E = \frac{M}{\mu}C_V\mathrm{d}T \qquad ②$$

将式②代入式①，可得

$$\mathrm{d}S = \frac{M}{\mu}C_V\frac{\mathrm{d}T}{T} + \frac{M}{\mu}R\frac{\mathrm{d}V}{V}$$

这是以 T、V 为自变量的熵函数的全微分. 设理想气体经一可逆过程从初态(T_0, V_0)变到末态(T, V)，沿此路径对上式积分可得

$$S - S_0 = \frac{M}{\mu}C_V\ln\frac{T}{T_0} + \frac{M}{\mu}R\ln\frac{V}{V_0} \qquad ③$$

上式还可用另外两对独立变量(T, p)和(p, V)来表示. 由状态方程有

$$\frac{T}{T_0} = \frac{pV}{p_0V_0}$$

两边取对数得

$$\ln\frac{T}{T_0}=\ln\frac{p}{p_0}+\ln\frac{V}{V_0} \qquad ④$$

将式④代入式③,可得

$$S-S_0=\frac{M}{\mu}C_p\ln\frac{T}{T_0}-\frac{M}{\mu}R\ln\frac{p}{p_0} \qquad ⑤$$

$$S-S_0=\frac{M}{\mu}C_V\ln\frac{p}{p_0}+\frac{M}{\mu}C_p\ln\frac{V}{V_0} \qquad ⑥$$

式③、⑤、⑥是计算理想气体熵变的常用公式. 可见熵变仅由始末态的状态参量确定,而与系统所经历的具体过程无关.

例 7.8 有 ν mol 理想气体,其定容摩尔热容 $C_V=3R/2$,从状态 $A(p_A,V_A,T_A)$分别经过如图 7.22 所示的 ADB 过程和 ACB 过程,到达状态 $B(p_B,V_B,T_B)$. 试问在这两个过程中气体的熵变各为多少(图中 AD 为等温线)?

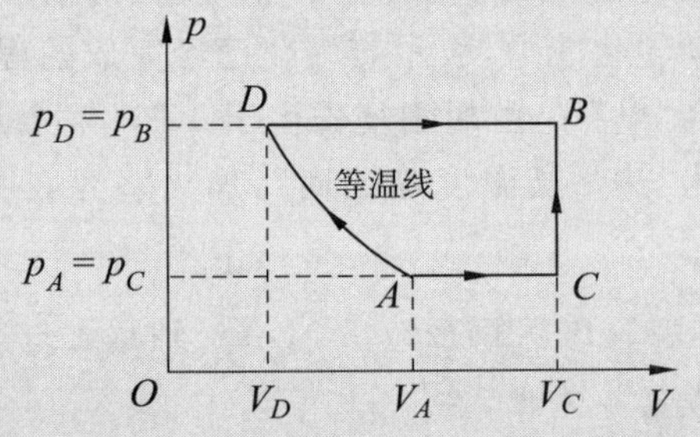

图 7.22

解 (1) ADB 过程的熵变为

$$\begin{aligned}\Delta S_{ADB}&=\Delta S_{AD}+\Delta S_{DB}\\&=\int_A^D\frac{dQ_T}{T}+\int_D^B\frac{dQ_p}{T}=\int_{V_A}^{V_D}\nu R\frac{dV}{V}+\int_{T_D}^{T_B}\nu C_p\frac{dT}{T}\\&=\nu R\ln\frac{V_D}{V_A}+\nu C_p\ln\frac{T_B}{T_D}\end{aligned}$$

在等温过程 AD 中有 $T_D=T_A$;在等压过程 DB 中有$\frac{V_B}{T_B}=\frac{V_D}{T_D}$;而 $C_p=C_V+R$,故 ADB 过程的熵变为

$$\begin{aligned}\Delta S_{ADB}&=\nu R\ln\frac{T_DV_B}{T_BV_A}+\nu C_p\ln\frac{T_B}{T_A}\\&=-\nu R\ln\frac{T_B}{T_A}+\nu R\ln\frac{V_B}{V_A}+\nu(C_V+R)\ln\frac{T_B}{T_A}\\&=\nu R\ln\frac{V_B}{V_A}+\frac{3}{2}\nu R\ln\frac{T_B}{T_A}\end{aligned}$$

(2) ACB 过程的熵变为

$$\Delta S_{ACB}=\Delta S_{AC}+\Delta S_{CB}=\nu C_p\ln\frac{T_C}{T_A}+\nu C_V\ln\frac{T_B}{T_C}$$

利用 $V_C=V_B$，$p_C=p_A$，$\frac{V_C}{T_C}=\frac{V_A}{T_A}$ 及 $\frac{p_B}{T_B}=\frac{p_C}{T_C}$，则 ACB 过程的熵变可写为

$$\Delta S_{ACB}=\nu(C_V+R)\ln\frac{V_B}{V_A}+\nu C_V\ln\frac{p_B}{p_A}$$

$$=\nu R\ln\frac{V_B}{V_A}+\nu C_V\ln\frac{p_BV_B}{p_AV_A}=\nu R\ln\frac{V_B}{V_A}+\frac{3}{2}\nu R\ln\frac{T_B}{T_A}$$

通过上述计算可以看出，虽然 ADB 及 ACB 两个过程不同，但熵变相同. 可见，熵是状态的函数，状态 A、B 之间的熵变 ΔS_{AB} 不会因路径的不同而改变. 因此，在计算两个平衡态间的熵变时，可选取比较容易计算的路径进行.

7.6.3　熵增加原理

现在我们把关于熵变的结论写在一起. 综合式(7.35)和(7.36)，有

$$S_b-S_a\geqslant\int_a^b\frac{\mathrm{d}Q}{T}$$

综合式(7.34)和(7.37)，有

$$\mathrm{d}S\geqslant\frac{\mathrm{d}Q}{T}$$

以上两式的等号均用于可逆过程，而不等号则用于不可逆过程.

若系统从初态 a 经绝热过程到末态 b，则因 $\mathrm{d}Q=0$，而有

$$S_b-S_a\geqslant 0$$

或

$$\mathrm{d}S\geqslant 0\tag{7.38}$$

上式表明，**当系统从一平衡态经绝热过程到达另一平衡态时，它的熵永不减少；在可逆绝热过程中熵不变，在不可逆绝热过程中熵增加**. 这个结论称为熵增加原理.

孤立系统是与外界不发生任何相互作用的系统，它一定与外界没有热量交换，因此在孤立系统内所进行的过程必定是绝热过程. 据此，熵增加原理也常常表述为：**一个孤立系统的熵永不减少**.

自然界的一切自发过程都是不可逆的. 根据熵增加原理，一个孤立系统内自发进行的过程总是沿熵增大的方向进行的，过程结束系统达到平衡态时，熵达到最大值. 可见熵增加原理把热现象的不可逆过程进行的方向和限度用数量关系表示出来，因此可以说，熵增加原理是热力学第二定律的数学表示.

必须指出，熵增加原理只对孤立系统或绝热过程成立. 如果不是孤立系统，则熵不一定增加，甚至可能减少. 如一块烧红的铁，放在空气中冷却，铁块这个系统是熵减的. 如果将环境与铁块组成一个孤立系统，上述过程是一个不可逆过程，整个系统是熵增加的.

7.6.4 热力学第二定律的统计意义

1. 玻尔兹曼关系式

热力学过程的重要特征是具有方向性,热力学第二定律和熵增加原理分别以文字表述和数学公式的形式指明了不可逆过程进行的方向和限度.下面我们以气体自由膨胀为例,说明热力学过程具有方向性的微观实质.

设想有一长方形容器,中间用隔板把它分成 A、B 两个相等的部分,A 室有气体,B 室为真空,如图 7.23所示.现在讨论打开隔板后气体分子在容器中的位置分布.我们先考察 A 室内的一个分子 a,在打开隔板后,它将在整个容器内运动,可能运动到 B 室,也可能回到 A 室,二者机会均等,所以,对一个分子而言,它自动回到 A 室的概率为 1/2. 我们再来考察 A 室内的四个分子 a、b、c、d,在打开隔板后,它们将在整个容器内运动,任一时刻,它们在 A、B 两室有 $2^4=16$ 种可能分布,如表 7.3 所示.每一种可能的分布称为一种微观状态,根据统计规律,任一微观状态出现的机会都相等.容易看出,这 16 种微观状态构成 5 种不同的宏观状态,其中分子全部自动回到 A 室的宏观状态只包含 1 种微观状态,故实现这个状态的概率只有1/16;而趋向均匀分布的宏观状态却包含 6 种微观状态,故实现的概率为 6/16,比前者大得多.推广到 A 室内有 N 个分子的情形,分子在 A、B 两室的分布共有 2^N 种微观状态,但全部分子集中在 A 室的宏观状态只包含 1 种微观状态,即实现这种状态的概率只有 $1/2^N$. 因 N 很大,所以,全部分子退回 A 室的过程实际上不会发生.而分子呈均匀分布的宏观状态包含的微观状态数最多,也就是说,这是概率最大的状态.因此,容器内发生的过程进行的方向总是使气体分子趋于均匀分布.

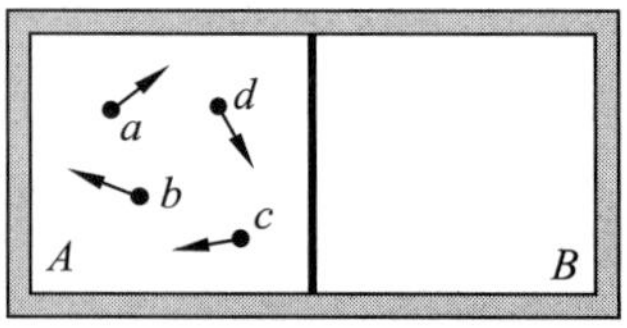

图 7.23

表 7.3 4 个分子在容器中的位置分布

宏观状态	Ⅰ		Ⅱ		Ⅲ		Ⅳ		Ⅴ	
	A(4)	B(0)	A(3)	B(1)	A(2)	B(2)	A(1)	B(3)	A(0)	B(4)
微观状态	abcd		bcd	a	ab	cd	a	bcd		abcd
			cda	b	ac	bd	b	cda		
			dab	c	ad	bc	c	dab		
			abc	d	bc	ad	d	abc		
					bd	ac				
					cd	ab				
微观状态数 W	1		4		6		4		1	

我们用 W 表示任一宏观状态所包含的微观状态数.统计物理学证明,熵与微观状态数存在着如下关系:

$$S = k\ln W \tag{7.39}$$

式中 k 为玻尔兹曼常量.这一关系式称为**玻尔兹曼关系**.它表明熵是分子热运动无序性或混乱性的量度,它的意义在于把宏观状态量 S 和微观状态数 W 联系起来,从而可以揭示热力学过程方向性的微观实质.

2. 热力学第二定律的统计意义

设一孤立系统经历不可逆过程从状态 a 变化到状态 b,微观状态数相应地由 W_a 变到 W_b,由式(7.39)和熵增加原理可得

$$S_b - S_a = k\ln\frac{W_b}{W_a} > 0$$

因此有

$$W_b > W_a$$

结果表明,**一个孤立系统内部发生的过程,总是由包含微观状态数目少的宏观状态向包含微观状态数目多的宏观状态进行**.这是熵增加原理的微观实质,也就是热力学第二定律的统计意义.

需要指出,在解释熵的微观实质时,常用无序度的概念代替微观状态数的概念.因为熵增加原理指出,孤立系统内部发生的过程朝系统微观状态数目增加的方向进行,而微观状态数目的多少,反映系统内部运动的混乱程度.微观状态数目越多,系统内部运动越混乱,越无序;反之,微观状态数目越少,系统内部运动越单一化,越有序.所以,从这种意义上说,熵增加原理所规定的过程进行的方向,是从有序到无序的方向.这样一来,就可以把熵看成是系统无序度的量度.熵的增加就意味着无序度的增加;平衡态时熵最大,表明系统达到了最无序的状态.正是在这个意义上,使熵这一概念的内涵变得十分丰富而且充满了生命活力.现在,熵的概念以及与之有关的理论,已在物理、化学、气象、生物学、工程技术乃至社会科学的领域中,获得了广泛的应用.

能不能使一个系统中分子的运动从无序变为有序呢?这是可能的,但必须得到外界的帮助(系统和外界作为整体来说,无序度仍然是增加的).一个开放系统熵的改变,一是因系统内部的不可逆过程引起的熵增加,称为熵产生.二是与外界交换中流入系统的熵,称为熵流.在适当条件下,可以造成较大的负熵流,即系统向周围环境流出的熵大于本身产生的熵,使系统的熵在变化过程中有所减少,从而使系统从无序到有序.例如,生命系统就是一个高度有序的开放系统,熵越低意味着系统越完善和健全而生命力越强.生命系统之所以能够存在,就是因为它从环境中不断得到"负熵".生物为什么能够进化?也正是由于它与外界有着充分的物质、能量以及熵的交流,因而从单细胞生物逐渐演化成现在这样丰富多彩的自然界.

内容提要

1. 基本概念

1) 准静态过程的功

$$dA = p dV, \qquad A = \int_{V_1}^{V_2} p dV$$

2) 热量(x 表示某一过程,C_x 为摩尔热容)

$$dQ_x = \frac{M}{\mu} C_x dT, \qquad Q_x = \frac{M}{\mu}\int_{T_1}^{T_2} C_x dT$$

$$C_V = \frac{i}{2}R, \quad C_p = C_V + R = \frac{i+2}{2}R, \quad \gamma = \frac{C_p}{C_V} = \frac{i+2}{i}$$

3) 理想气体的内能

$$E = \frac{M}{\mu}\cdot\frac{i}{2}RT, \qquad dE = \frac{M}{\mu}C_V dT$$

功和热量是过程量,内能是状态量.

2. 基本规律

1) 热力学第一定律

微小变化过程: $dQ = dE + dA$, 有限过程: $Q = \Delta E + A$.

2) 热力学第二定律

开尔文表述:不可能从单一热源吸取热量,使之完全变为有用的功而不引起其他变化.

克劳修斯表述:不可能使热量从低温物体传向高温物体而不引起其他变化.

统计意义:孤立系统内部发生的过程,总是由包含微观状态数目少的宏观状态向包含微观状态数目多的宏观状态进行.

3) 熵增加原理

当系统从一平衡态经绝热过程到达另一平衡态时,它的熵永不减少.在可逆绝热过程中熵不变,在不可逆绝热过程中熵增加.

熵差: $S_b - S_a \geqslant \int_a^b \frac{dQ}{T}$(积分路径为从 a 到 b 的任意可逆过程).

3. 循环过程的效率和制冷系数

热机效率: $\eta = \frac{A}{Q_1} = 1 - \frac{|Q_2|}{Q_1}$,式中 Q_1 为工质总吸热,$|Q_2|$ 为总放热的量值.

制冷系数: $w = \frac{Q_2}{|A|}$,式中 Q_2 为工质从冷库吸热,$|A|$ 为外界所做净功的绝对值.

卡诺循环:由两个等温过程和两个绝热过程组成.

$$\eta_{卡} = 1 - \frac{T_2}{T_1}, \qquad w_{卡} = \frac{T_2}{T_1 - T_2}$$

习　题

(一)选择题和填空题

7.1　一定量的理想气体向真空做绝热自由膨胀,体积由 V_1 增至 V_2,在此过程中气体的[　　]

(A) 内能不变,熵增加.　　(B) 内能不变,熵减少.

(C) 内能不变,熵不变.　　(D) 内能增加,熵增加.

7.2　根据热力学第二定律可知[　　]

(A) 功可以全部转换为热,但热不能全部转换为功.

(B) 热量可以从高温物体传到低温物体,但不能从低温物体传到高温物体.

(C) 不可逆过程就是不能向相反方向进行的过程.

(D) 一切自发宏观过程都是不可逆的.

7.3　在温度分别为 327℃和 27℃的高温热源和低温热源之间工作的热机,理论上的最大效率为[　　]

(A) 25%.　　(B) 50%.　　(C) 75%.　　(D) 91.74%.

7.4　2 mol 单原子分子理想气体,从平衡态 1 经一等容过程后达到平衡态 2,温度从 200 K 上升到 500 K. 若该过程为准静态过程,气体吸收的热量为________;若不是准静态过程,气体吸收的热量为________.

7.5　一定量理想气体,从同一状态开始使其体积由 V_1 膨胀到 $2V_1$,分别经历以下三种过程:(A) 等压过程;(B) 等温过程;(C)绝热过程. 其中________过程气体对外做功最多;________过程气体内能增加最多;________过程气体吸收的热量最多.

7.6　一个做可逆卡诺循环的热机,其效率为 η,它逆向运转时便成为一台制冷机,该制冷机的制冷系数 $w=\dfrac{T_2}{T_1-T_2}$,则 η 与 w 的关系为________.

(二)问答题和计算题

7.7　摩尔数相同的三种气体 He、N_2、CH_4,均视为理想气体,它们从相同的初态出发,都经过等容吸热过程,如吸收的热量相等,试问:(1)温度的升高是否相等?(2)压强的增加是否相等?

7.8　如果一定量的理想气体,其体积和压强依照 $V=a/\sqrt{p}$ 的规律变化,其中 a 为已知常量,试求:(1)从体积 V_1 膨胀到 V_2 气体所做的功;(2)气体体积为 V_1 时的温度 T_1 与体积为 V_2 时的温度 T_2 之比.

7.9　20 g 的理想气体氦气初始温度为 17℃,分别通过等容过程和等压过程升温至 27℃,求这两个过程中,气体内能的增量、吸收的热量和气体对外所做的功.

7.10　一系统由图中的 a 态沿 abc 过程到达 c 态时,吸收了 350 J 的热量,同时对外做了126 J的功.(1)如果沿 adc 进行,则系统对外做功 42 J,问这时系统吸收了多少热量?(2)当系统由 c 态沿 ca 过程返回 a 态时,如果外界对系统做了 84 J 的功,问这时系统是吸热还是放热?热量传递是多少?

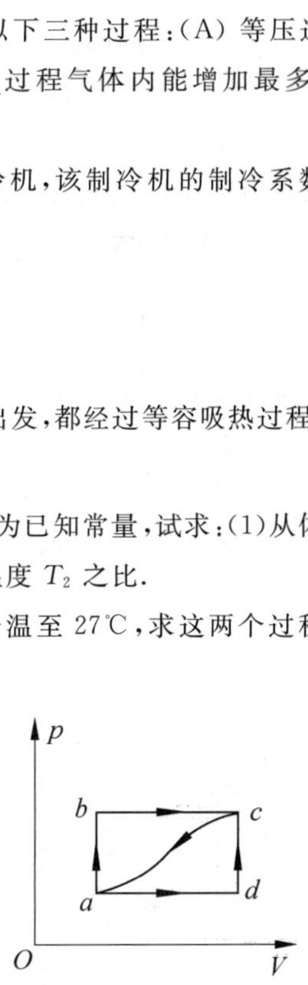

题 7.10 图

7.11　已知 1 mol 物质的状态方程为 $V=V_0+aT+bp$,内能 $E=cT+apT$,式中 V_0、a、b、c 均为常量. 试求其定容和定压摩尔热容.

7.12　一理想气体由状态 1(p_1,V_1,T_1)绝热膨胀到状态 2(p_2,V_2,T_2),再由状态 2 等容升压到状态 3(p_3,V_3,T_3). 如果系统在 2 至 3 过程中所吸收的热量恰好等于在 1 至 2 过程中所做的功,试证明系统在状态 3 的温度 T_3 与在状态 1 的温度 T_1 相等.

7.13 一定量的理想气体,自状态 a 分别沿不同过程膨胀到体积为 V_2 的状态,如图所示,其中 $a\to c$ 是绝热过程.试证明 $a\to b$ 是吸热过程,$a\to d$ 是放热过程.

7.14 如图所示,使 1 mol 氧气(1)由 a 等温地变到 b;(2)由 a 等容地变到 c,再由 c 等压地变到 b,试分别计算系统所做的功和吸收的热量(ln2=0.693).

7.15 汽缸内有一种刚性双原子分子的理想气体,经绝热膨胀后压强减少了一半.求变化前后气体的内能之比.

7.16 1 mol 刚性双原子分子的理想气体,初始状态为 $p_1=1.01\times10^5$ Pa,$V_1=10^{-3}$ m^3,然后经图示直线过程Ⅰ变化到 $p_2=4.04\times10^5$ Pa, $V_2=2\times10^{-3}$ m^3 的状态,后又经过程方程 $pV^{1/2}=c$(常量)的过程Ⅱ变化到压强 $p_3=p_1$ 的状态.求:(1)在过程Ⅰ中气体吸收的热量.(2)整个过程中气体吸收的热量.

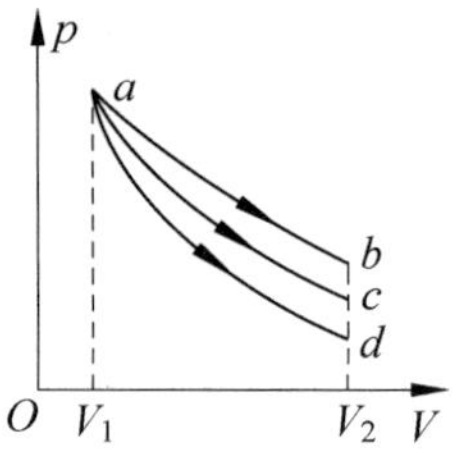

题 7.13 图

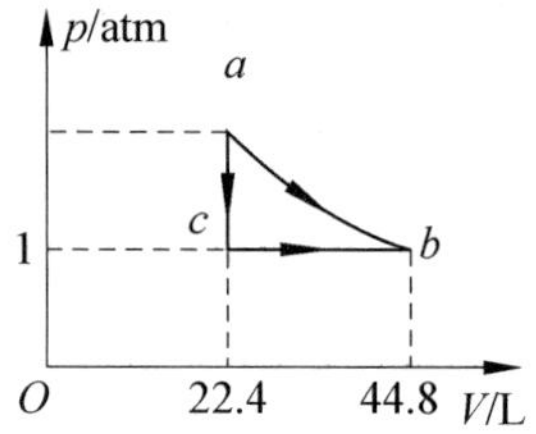

题 7.14 图

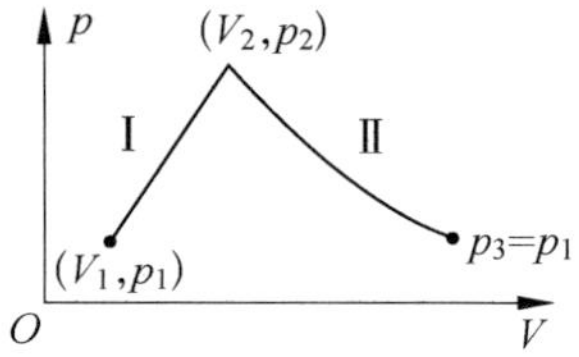

题 7.16 图

7.17 如图所示,1 mol 理想气体完成了由两个等容过程和两个等压过程构成的循环过程.已知状态 1 的温度为 T_1,状态 3 的温度为 T_3,且状态 2 和 4 在同一条等温线上.试求气体在这一循环过程中所做的功.

7.18 如图所示,一定量理想气体的一循环过程由 T-V 图给出,其中 $C\to A$ 为绝热过程,状态 $A(T_1,V_1)$、状态 $B(T_2,V_2)$为已知.(1)在 $A\to B$ 和 $B\to C$ 两过程中,工质是吸热还是放热?(2)求状态 C 的 p、V、T 值(设气体的 γ 和摩尔数已知);(3)这个循环是不是卡诺循环?在 T-V 图上卡诺循环应如何表示?(4)求这个循环的效率.

7.19 如图为一气缸,除底部导热外,其余部分都是绝热的.其容积被一位置固定的轻导热板隔成相等的两部分 A 和 B,其中各盛有 1 mol 的理想氮气.今将 335 J 的热量缓缓地由底部传给气体,设活塞上的压强始终保持为 1 atm,(1)求 A、B 两部分温度的改变及吸收的热量(导热板的吸热、活塞的重量及摩擦均不计);(2)若将位置固定的导热板换成可自由滑动的绝热隔板,上述温度改变和热量又如何?

7.20 设有一以理想气体为工质的热机,其循环过程如图所示.试证明其效率为

$$\eta=1-\gamma\frac{(V_1/V_2)-1}{(p_1/p_2)-1}$$

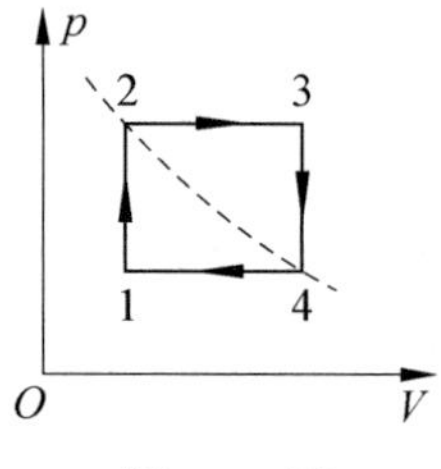

题 7.17 图

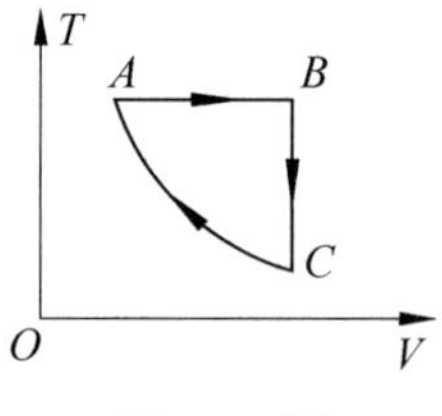

题 7.18 图

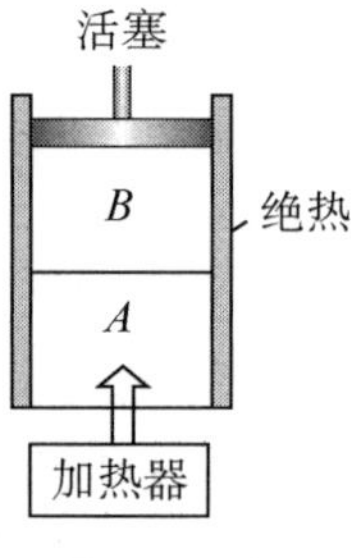

题 7.19 图

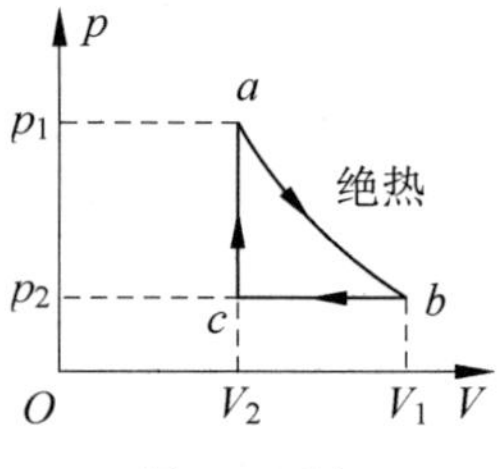

题 7.20 图

7.21　一卡诺热机的低温热源温度为 7℃，效率为 40%，若要将其效率提高到 50%，问高温热源的温度需提高多少？

7.22　一卡诺循环的热机，高温热源的温度是 400 K，每一循环从此热源吸进 100 J 热量，并向一低温热源放出 80 J 热量. 求：(1)低温热源温度；(2)这个循环的效率.

7.23　以氢(视为刚性分子的理想气体)为工质进行卡诺循环，如果在绝热膨胀时末态压强 p_2 是初态压强 p_1 的一半，求此循环的效率.

7.24　制冷机工作时，其冷藏室中的温度为 −10℃，其放出的冷却水的温度为 11℃，若按理想卡诺制冷循环计算，此制冷机每消耗 10^3 J 的功，可以从冷藏室中吸出多少热量？

7.25　证明一条等温线与一条绝热线不能有两个交点.

7.26　在下列理想气体各过程中，哪些过程可能发生？哪些过程不可能发生？为什么？(1) 等容加热时，内能减少，同时压强升高；(2) 等温压缩时，压强升高，同时吸热；(3) 等压压缩时，内能增加，同时吸热；(4) 绝热压缩时，压强升高，同时内能增加.

7.27　某物质在定压下从温度 T_1 加热到温度 T_2，设此过程可逆，证明该物质的熵变为 $\Delta S=C_p\ln\left(\frac{T_2}{T_1}\right)$ (C_p 为该物质的定压热容)，并求出 1 kg 的水从 0℃加热到 100℃的熵变.

7.28　1.0 kg、0℃的冰，在 0℃时完全融化成水. 已知冰在 0℃时的熔化热 $\lambda=334\ \mathrm{J\cdot g^{-1}}$，求冰融化过程的熵变.

7.29　如图所示，0.1 mol 单原子理想气体从初态($p_1=32.0$ Pa，$V_1=8.0\ \mathrm{m^3}$)经 p-V 图上所示的直线段过程到达末态($p_2=1.0$ Pa，$V_2=64.0\ \mathrm{m^3}$). 试求：(1)该过程中气体吸热和放热的转折点 $A(p_A, V_A)$ 及吸收和放出的热量. (2)该过程中气体经历的最高温度 $T_{\max}$.

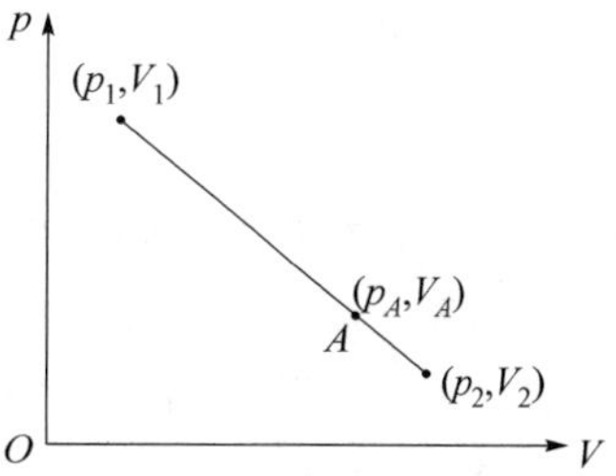

题 7.29 图

阅读材料 3

熵与信息

历史上围绕熵的概念有过不少的争论和诘难，“麦克斯韦妖”就是其中之一. 对这些问题的争辩和澄清，大大深化了人们对熵概念的理解，并推广了熵概念，为其进入信息领域铺平了道路.

1. 麦克斯韦妖的启示

麦克斯韦设计了一个假想实验，它几乎动摇了热力学第二定律的基础. 如图 7.24 所示，用隔板把容器分成 A 和 B 两部分，隔板上有一带阀门的小孔 C. 有一个能够观察到单个分子的轨迹和速度的小精灵，看守着气体容器内隔板上小孔的阀门，而且有选择地只让 B 中速度快的分子进入 A，而让 A 中速度慢的分子进入 B. 结果是 A 中的能量增加，B 中的能量减少；热物体变得更热，冷物体变得更冷. 设想打开和关闭阀门完全没有摩擦，这样，在不消耗功的情形下，只用一个极其灵敏的“妖”，就能将热量从冷物体送到热物体. 这个“妖”被人们称为“麦克斯韦妖”.

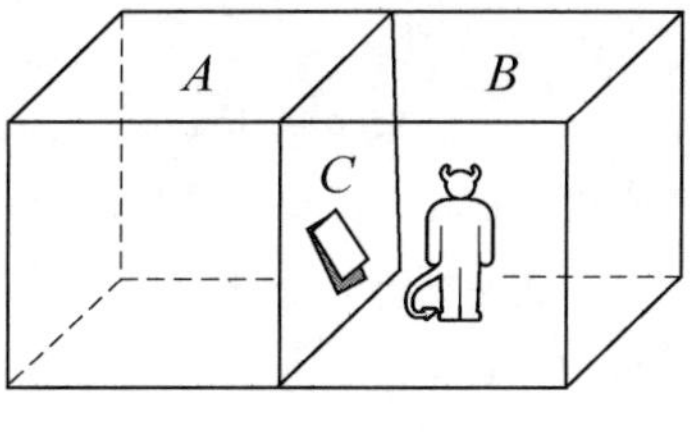

图 7.24

如果真如设想者所想象的那样，那么只要在蒸汽锅炉和冷凝器之间安放一个麦克斯韦妖，不用燃料就可以让蒸汽机永远运行下去！真是那么简单吗？

应该指出，麦克斯韦提出“妖”的本意并不是想推翻热力学第二定律，而是指出其局限性，并用一个假想实验来阐明，它只具有统计上的可靠性．事实上，它的内涵比原设想的更加丰富．

毫无疑问，在麦克斯韦妖操作过程中，它必须获取分子的位置、速度的大小和方向等详细信息，并存储、处理这些信息；决定打开或关上阀门，从而使快慢分子分离，它已经运用了信息这一过程减少了系统的熵．对于这一熵减过程，显然是由于信息对麦克斯韦妖的作用引起的，因此信息应与负熵相当．但若包括所有过程，系统的总熵不会减少．因此，即使有“妖”存在，它的工作方式也不会违反热力学第二定律．

麦克斯韦妖的功勋是把信息和熵联系起来，从而认识了信息的本质，信息与负熵相当．由此得到启示：若要不做功而使系统的熵减少，就必须获得信息．因此麦克斯韦妖只能而且必须是一个可以从外界引入负熵的开放系统．

2. 信息和信息量

“信息”究竟是什么？它是对事物状态、存在方式和相互联系进行描述的一组文字、符号、语言、图像等所蕴含的内容．在当今社会里，了解信息、掌握信息、如何充分有效地利用信息，已成为人类赖以生存发展的基本要素．

一切信息都是事物的运动状态和方式及其表述．所以信息来源于物质，而不是物质本身；它从物质的运动中产生，又可以脱离信息源相对独立地存在．当然信息离不开物质载体，信息的产生、转换、传送、处理、存储、检测、识别等离不开物质，而且必须要消耗一定的能量，而能量的控制和利用又需要信息，所以信息、物质和能量三者密切相关，不可分割，而又有本质的不同．信息不但不会在使用中消耗掉，而且还可以复制、散布，也就是说它不像物质和能量那样，会越用越少．比如图书，它可供千万人阅读，从而产生不可估量的影响，而信息本身依然存在．

怎样确定信息的量呢？1948 年，现代信息论的创始人香农(C. Shannon)摆脱了具体语言和符号系统的限制，撇开了事件发生的时间、地点、内容以及人们的情感和人们对事件的反映，而只顾及事件发生的状态数目及每种状态发生的可能性，从概率的角度给出了信息量的定义．

以离散信息源为例，设信源 U 中包括 N 个信号，构成信号集合$(a_1, a_2, \cdots, a_i, \cdots, a_N)$，每个信号发生的概率 P 相等，即 $P=1/N$．显然，收到一个信号所获得的信息量只与 N 有关，因为 N 越大，未收到该信号时的不确定性越大，而收到后解除这个不确定性，意味着获得的信息量越大．从这个意义上说，欲定量地定义这个信息的信息量，应当选用 N 的某一增函数 $\varphi(N)$．此外，我们希望这种定量规定的信息量有可加性．例如，收到一个信号，获得信息量 $\varphi(N)$，再收到一个信号，获得信息量 $\varphi(M)$，收到这两个信号后获得的总信息量应为两者之和，而对应的概率应等于这两个事件概率之积．要满足这一要求最好的方法就是用对数来定义．所以，对于一个有 N 个等概率值的信号，规定其信息量为

$$I=-\log P=\log N$$

上式中对数的底并没有确定，用不同的底可得到不同的值．在信息论中，最常用的底是 2，这样计算得到的信息量的单位是比特(bit)，即二进制单位．于是，信息量可定义为

$$I=-\log_2 p=\log_2 N \qquad ①$$

通常的事物具有多种可能性，最简单的情况是具有两种可能性，比如是和否、黑和白、有和无等．在计算机科学中普遍采用二进制，数据的每一位非 0 即 1，也是两种可能性．在没有信息的情况下每种可能性的概率相等，其概率都为 $P=1/2$，这个信号的信息量 $\log_2 2=1$ bit．一般认为 1 bit 是最基本的信息，常称之为“是否信息”．

信息量也常用自然对数表示

$$I = -K\ln P = K\ln N \quad ②$$

容易算出

$$K = \frac{1}{\ln 2} = 1.4427$$

以上讨论的信息量定义式中，末态是唯一的.若末态存在多种状态，假设初态的状态数目为 N_0，相应的概率为 P_0，末态的状态数目为 N，相应的概率为 P，则信息量的定义可推广为

$$I = -K\ln\frac{P_0}{P} = K\ln\frac{N_0}{N} \quad ③$$

当信号不是等概率出现时，式②的定义就不适用了.若信号 a_i 发生的概率为 P_i，考虑到在等概率时 $P_i = 1/N$，即 $N = 1/P_i$，则与信号 a_i 相联系的信息量为

$$I(a_i) = K\ln\frac{1}{P_i} = -K\ln P_i \quad ④$$

例 掷一个骰子后，给出的信息是："为偶数，但不是4"，其信息量为多少？

解 一个骰子有6个面，即初态总的可能结果 $N_1 = 6$，每种数字出现的概率 $P_1 = 1/6$，收到该信息"结果是偶数"后，可能结果 $N_2 = 3$，每个偶数数字出现的概率为 $P_2 = 1/3$，由式④得该信息的信息量为

$$I = K\ln\frac{P_2}{P_1} = K\ln\frac{1/3}{1/6} = K\ln 2$$

若第二个信息："结果不是4"，收到该信息"结果不是4"后的可能结果 $N_2' = 2$，每个可能结果出现的概率 $P_2' = 1/2$，则第二个信息的信息量为

$$I' = K\ln\frac{P_2'}{P_2} = K\ln\frac{1/2}{1/3} = K\ln\frac{3}{2}$$

两条信息的总信息量为

$$I_0 = K\ln\frac{P_2'}{P_1} = K\ln\frac{1/2}{1/6} = K\ln 3 = I + I'$$

可见信息量具有可加性.

3. 信息熵

信号 a_i 是一个随机量，a_i 出现的信息量 $I(a_i)$ 是 a_i 的函数，必然也是一个随机量. $I(a_i)$ 常称为 a_i 的自信息，它具有随机变量的性质.自信息不能作为信源总体的信息量.若要知道具有一定概率分布的信源 U 中每个信号的平均信息量有多大，则可对信息按概率作统计平均，即有

$$S = K\sum_i P_i\ln\frac{1}{P_i} = -K\sum_i P_i\ln P_i \quad ⑤$$

在信息论中，S 被称为信源的信息熵，简称信息熵.

当信号等概率出现时，即所有的 $P_i = 1/N = P$，则信源的信息熵为

$$S = -K\ln P = K\ln N \quad ⑥$$

若信息熵 S 减少，则意味着信息量 I 增加.在这一过程中

$$\Delta I = -\Delta S \quad ⑦$$

即信息量是信息熵的减少量，或者说，信息量相当于负熵.

比较信息熵公式 $S = K\ln N$ 与玻尔兹曼的熵公式 $S = k\ln W$，可以看出两者极为相似.只是比例系数和单位不同而已.在玻尔兹曼熵公式中，比例系数为 $k = 1.381\times10^{-23}\ \mathrm{J\cdot K^{-1}}$，熵的单位为 $\mathrm{J\cdot K^{-1}}$；在信息熵公式中，比例系数为 $K = 1/\ln 2$，熵的单位为bit.两者相比，有

$$1\ \mathrm{bit} = k\ln 2\ \mathrm{J\cdot K^{-1}} = 0.957\times10^{-23}\ \mathrm{J\cdot K^{-1}} \quad ⑧$$

这个换算关系的物理意义在于：获得1 bit的信息量相当于减少 $k\ln 2\ \mathrm{J\cdot K^{-1}}$ 的信息熵.按照热力学第二定律，环

境必须有一个熵的增加作为补偿.对于一个孤立系统,在保持总熵不变的条件下,想获取信息是不可能的.获取 1 bit 的信息量至少要有 $k\ln 2\ \mathrm{J \cdot K^{-1}}$ 热熵的增加来补偿信息熵的减少,相应有 $k\ln 2\ \mathrm{J \cdot K^{-1}}$ 的功转变为热.要使计算机里的信息量存储增加 1 bit,它的信息熵要减少 $k\ln 2\ \mathrm{J \cdot K^{-1}}$,这只能以环境熵的增加为代价.在温度 T 下处理每个比特的信息,计算机至少消耗能量 $kT\ln 2$ J.这是能耗的理论下限,实际上当代最先进的微电子元件,每比特的能耗也在 $10^8\mathrm{kT}$ 的数量级以上.

信息熵理论在国内外已有比较深入的研究,已广泛应用于诸如通信、自动控制、生物遗传、生理、心理、社会经济与社会政治等许多领域,在军事领域也解决了许多实际问题.围绕战场信息的量化和建立信息熵函数的知识表示模型,可应用于宏观的战场信息建模、作战遭遇和武器命中精度建模以及多智能体(MAS)等模型.利用图像的信息熵评估算法,用于可见光和红外图像的融合,融合效果十分有效,融合图像有丰富的互补信息,有利于人眼观察和目标识别.熵在信息战系统中也被广泛应用,在 $\mathrm{C^3I}$(command,control,communication,intelligence,即指挥、控制、通信和情报)系统中,如何设法让己方熵值可控,造成敌信息系统中熵值的增大,这是信息战必须面对的重要课题.

第 8 章　真空中的静电场

电磁运动是物质的基本运动形式之一，电磁相互作用广泛存在于自然界中．电磁学就是研究电磁运动、电磁相互作用的基本规律以及物质的电学和磁学性质的学科，它与生产技术、国防建设以及人们的日常生活有着十分密切的关系，是电工学、电化学、无线电电子学、自动控制和电子计算机技术等学科的基础，在现代物理学中也占有重要地位．

为了便于学习电磁运动的规律，我们先讨论电磁运动中最简单的情况——真空中相对于观察者静止的电荷在其周围所激发的静电场的性质．基于静电场的三条最基本的实验规律：电荷守恒定律、库仑定律和电场力的叠加原理，从电荷在静电场中受力和电场力对电荷做功两个方面，引入电场强度和电势这两个描述电场性质的基本物理量，并讨论两者之间的关系．

8.1　电荷　库仑定律

物体能产生电磁现象可以归因于物体带有电荷和电荷的运动．通过对电荷相互作用的研究，人们认识了电荷的基本性质．

8.1.1　电荷量子化

人们经过长期的实验探索已经知道，物质由分子和原子组成，原子又由一个原子核和一定数量绕核运动的电子组成，而原子核一般都是由带电的质子和不带电的中子组成．在正常情况下，核内所带正电的总和等于核外电子所带负电的总和，所以物体呈现电中性．但在一定条件下，如不同材料的相互摩擦，会破坏物体的电中性状态，使一个物体失去电子而带上正电，另一物体获得电子而带上负电．这时我们说物体带了电荷．物体所带电荷的总量叫作电量，常用 Q 或 q 表示，单位为库仑(C)．实验发现，电荷只有两种，即正电荷和负电荷，同种电荷相互排斥，异种电荷相互吸引．

实验证明，自然界中物体所带电荷的量值总是一个基本电荷电量的整数倍．**电荷的这种只能取分立的、不连续的量值的特性叫作电荷量子化**．基本电荷就是一个电子所带电量的绝对值，常以 e 表示，经测定

$$e = 1.602 \times 10^{-19}\ \mathrm{C}$$

电子的带电量为 $-e$，而质子的带电量为 e，两者的绝对值相等．

电荷的电量与它的运动无关，如电子被加速时，随着速度的提升，其质量明显变大，而电量却没有任何变化．电量也不因参考系的变换而改变，即与参考系

无关.说明电量具有相对论不变性.

现代物理学从理论上预言基本粒子由若干种夸克或反夸克组成,每一种夸克或反夸克可能带有$\pm e/3$或$\pm 2e/3$的分数电荷,然而单独存在的夸克至今仍未在实验中发现.

需要说明的是,本章涉及的带电体的电荷往往是基本电荷的许多倍,这时我们只从总体效果上认为电荷连续地分布在带电体上,忽略电荷量子化引起的起伏.另外,当一个带电体本身的线度比所研究的问题中涉及的距离小很多时,该带电体可看成一个带电的点,叫作**点电荷**.至于带电体的线度比问题所涉及的距离小多少,才能被看成点电荷,要依据问题要求的精度而定.

8.1.2 电荷守恒定律

在使物体带电的过程中,人们发现正、负电荷总是同时出现,而且这两种电荷的电量一定相等.例如,当玻璃棒与丝绸摩擦时,玻璃棒上出现正电荷,丝绸上则出现等量的负电荷.这表明,摩擦并不能产生电荷,只不过把原来集聚在一起的正负电荷分开,使电荷从一个物体转移到另一个物体而已.又如在静电感应现象中,一个孤立导体两侧也总是同时感应出等量的正、负电荷.相反,如果让两个带有等量异号电荷的导体接触,则带负电的导体上的多余电子将移到带正电的导体上去,从而使两导体对外不显电性.在这一过程中,正负电荷电量的代数和始终不变,即总和为零.从以上事实可以总结出如下的规律:**对于某个系统,如果没有净电荷出入其边界,那么该系统的正、负电荷的代数和保持不变**.这个规律叫作电荷守恒定律.所谓起电,不过是正、负电荷的分离或转移,所谓电荷消失,不过是正、负电荷的中和.

在现代物理学研究中人们发现,粒子在相互作用过程中,电荷可以产生,也可以消失,但电荷守恒定律仍然成立.例如,一个高能量的光子碰撞一个重原子核时,该光子可以转化为一个带正电的正电子和一个带负电的负电子(称为电子对的产生);而当两个正、负电子在一定条件下相遇时,又会同时消失而产生两个或三个光子(称为电子对的"湮灭").由于光子不带电,正负电子又各带有等量异号电荷,所以这种电荷的产生和消失并不改变系统电荷的代数和,因而电荷仍然守恒.

8.1.3 库仑定律

1785年,法国科学家库仑(C. Coulomb)通过实验总结出点电荷之间相互作用的基本规律:**真空中两个静止的点电荷之间作用力(也可称为静电力)的大小与这两个点电荷所带电量乘积的绝对值成正比,与它们之间距离的平方成反比,作用力的方向沿着这两个点电荷的连线**.这一规律在SI中用矢量式表示为

$$\boldsymbol{F}=\frac{1}{4\pi\varepsilon_0}\cdot\frac{q_1q_2}{r^2}\boldsymbol{r}^0 \tag{8.1a}$$

式中q_1和q_2分别为两个点电荷的电量,$\boldsymbol{F}$为q_1对q_2的作用力,r为q_1和q_2之间的距离,$\boldsymbol{r}^0$为施力电荷q_1指向受力电荷q_2的单位矢量,如图8.1所示.式中ε_0是自然界的基本常量之一,称为**真空电容率**(又称**真空的介电常量**),其值为

$$\varepsilon_0 = 8.85 \times 10^{-12}\ \mathrm{C^2 \cdot m^{-2} \cdot N^{-1}}$$

由式(8.1a)可见,当 q_1 和 q_2 同号时,$\boldsymbol{F}$ 与 $\boldsymbol{r}^0$ 同方向,表现为斥力;当 q_1 与 q_2 异号时,$\boldsymbol{F}$ 与 $\boldsymbol{r}^0$ 的方向相反,表现为引力.

若以 $\boldsymbol{r}$ 表示施力电荷指向受力电荷的径矢,则可将式(8.1a)改写成

$$\boldsymbol{F} = \frac{1}{4\pi\varepsilon_0} \cdot \frac{q_1 q_2}{r^3} \boldsymbol{r} \qquad (8.1\mathrm{b})$$

根据牛顿第三定律,q_2 对 q_1 的作用力为

$$\boldsymbol{F}' = -\boldsymbol{F} \qquad (8.2)$$

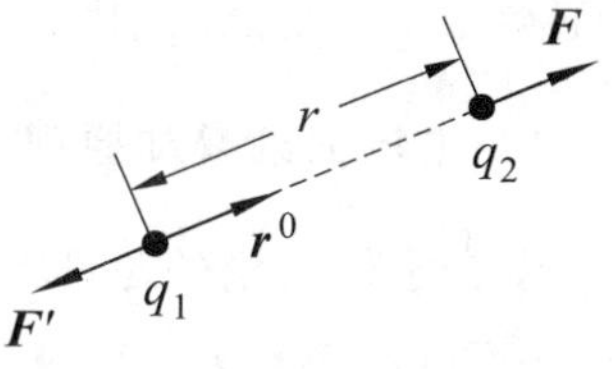

图 8.1

式(8.1)中比例系数用 $\dfrac{1}{4\pi\varepsilon_0}$ 来表示,是为了使以之为基础导出的一些更为常用的公式中不含无理数"4π"因子,因而形式更为简洁,方便使用. 这种处理方法称为单位制的有理化.

例 8.1　氢原子中,电子和原子核的最大线度与它们之间的距离相比,要小得多,都可以看成点电荷. 已知电子与原子核之间的距离 $r = 5.29 \times 10^{-11}$ m,电子电量为 $-e$,质量 $m = 9.11 \times 10^{-31}$ kg. 氢原子核即质子,电量为 e,质量 $M = 1.67 \times 10^{-27}$ kg. 试比较它们之间的静电引力 $\boldsymbol{F}_{\mathrm{e}}$ 和万有引力 $\boldsymbol{F}_{\mathrm{m}}$ 的大小.

解　根据库仑定律,两粒子间的静电引力大小为

$$\begin{aligned} F_{\mathrm{e}} &= \frac{e^2}{4\pi\varepsilon_0 r^2} \\ &= 9.0 \times 10^9\ \mathrm{C^{-2} \cdot m^2 \cdot N} \times \frac{(1.6 \times 10^{-19}\ \mathrm{C})^2}{(5.29 \times 10^{-11}\ \mathrm{m})^2} \\ &= 8.2 \times 10^{-8}\ \mathrm{N} \end{aligned}$$

根据万有引力定律,它们之间的万有引力大小为

$$\begin{aligned} F_{\mathrm{m}} &= G\frac{Mm}{r^2} \\ &= 6.67 \times 10^{-11}\ \mathrm{N \cdot m^2 \cdot kg^{-2}} \times \frac{9.11 \times 10^{-31}\ \mathrm{kg} \times 1.67 \times 10^{-27}\ \mathrm{kg}}{(5.29 \times 10^{-11}\ \mathrm{m})^2} \\ &= 3.6 \times 10^{-47}\ \mathrm{N} \end{aligned}$$

二者之比为

$$\frac{F_{\mathrm{e}}}{F_{\mathrm{m}}} = 2.27 \times 10^{39}$$

可见,电子与原子核之间的静电力远大于其间的万有引力,故在讨论电子与原子核之间的相互作用时,万有引力可以忽略不计.

库仑定律是实验规律,它是静电场理论的基础. 作为物理学中著名的平方反比定律之一,其二次方的精确性及适用范围一直都是物理学家们所关注的. 现代精密实验已表明,二次方的实验精度已达 10^{-16} 量级,且在 $10^{-14} \sim 10^{7}$ 范围内,该定律都精确成立.

静电力在自然界中广泛存在. 原子结合成分子并进而组成液体或固体时的结合力,化学反应和生物过程中的结合力等,本质上都属于静电力. 例如 DNA

中的两条螺旋链带就是靠正负电荷之间的静电力扭在一起的.另外,根据库仑定律,可以计算出原子核中的两个质子之间由于间距很小,故存在非常大的静电斥力.质子之所以能结合在一起组成原子核,说明核内除了静电斥力以外还存在着比斥力更强的引力——核力.

8.1.4 电场力的叠加原理

库仑定律讨论的是两个点电荷间的作用力.当考虑两个以上的静止点电荷的作用时,还需要另一个实验事实:两个点电荷之间的作用力并不因第三个点电荷的存在而有所改变.这一结论称为电场力的独立作用原理.因此,**两个以上点电荷对一个点电荷的作用力等于各个点电荷单独存在时对该点电荷作用力的矢量和**.这个结论称为电场力的叠加原理.设有 n 个静止的点电荷 $q_1, q_2, \cdots, q_n$,以 $\boldsymbol{F}_1, \boldsymbol{F}_2, \cdots, \boldsymbol{F}_n$ 分别表示它们单独存在时对另一个静止的点电荷 q 的作用力,则由电场力的叠加原理可知,q 受到的总电场力应为

$$\boldsymbol{F} = \boldsymbol{F}_1 + \boldsymbol{F}_2 + \cdots + \boldsymbol{F}_n = \sum_{i=1}^{n} \boldsymbol{F}_i \tag{8.3}$$

由库仑定律可得

$$\boldsymbol{F} = \sum_{i=1}^{n} \frac{1}{4\pi\varepsilon_0} \cdot \frac{q q_i}{r_i^2} \boldsymbol{r}_i^0 \tag{8.4}$$

式中 r_i 为 q 与 q_i 间的距离,$\boldsymbol{r}_i^0$ 为从点电荷 q_i 指向 q 的单位矢量.

原则上,库仑定律和叠加原理相配合,可以求解静电学中的全部问题.

8.2 电场 电场强度

8.2.1 电场

库仑定律说明了两个点电荷之间的相互作用与电量和距离的关系,对于作用力是如何传递的却没有说明.对于这个问题历史上曾有过不同的看法.在很长一段时间内,人们认为作用力不需要中间介质,也不需要时间,是由一个电荷立即作用到有一定距离的另一个电荷上的.这种观点称为“超距作用”,可表示为

$$\text{电荷} \xrightleftharpoons[\text{作用}]{\text{作用}} \text{电荷}$$

到了 19 世纪 30 年代,法拉第提出了另一种观点,认为电荷周围存在着由它产生的**电场**,其他电荷受这个电荷的作用力是通过电场传递的.这种作用方式可表示为

$$\text{电荷} \xrightleftharpoons[\text{作用}]{\text{产生}} \text{电场} \xrightleftharpoons[\text{产生}]{\text{作用}} \text{电荷}$$

近代物理学理论和实验完全证实了场的观点的正确性.电场及磁场已被证明是客观存在的,它们传播(或运动)的速度是有限的,这个速度就是光速.也就是说电荷之间相互作用的传递速度是光速.电磁场与一般的实物一样具有能量、质量和动量.场和实物是物质存在的两种不同形式.

8.2.2 电场强度

相对于观察者静止的电荷在其周围空间激发的电场，称为**静电场**. 静电场是普遍存在的电磁场的一种特殊情况. 与实物物质相比，对于抽象的场的认识和研究要困难得多，只能通过场与其他物体的相互作用所带来的对外表现，去探索场的物理特性. 静电场最重要的对外表现之一，就是对处在电场中的任何电荷有力的作用. 利用这一性质可以用引入电场中的试验电荷 q_0 受力来检验场的存在，并描述场的空间分布特性. 为此，有必要引入试验电荷的概念. 为了测量的精确性和客观性，对试验电荷作如下要求：①试验电荷必须是点电荷，才能确切反映场中某点的性质；②试验电荷的电量 q_0 必须充分小，以致它的引入不会影响所研究的电场场源电荷的分布.

设空间有固定不动的点电荷系 $q_1, q_2, \cdots, q_n$（场源电荷），将另一个试验电荷 q_0 置于电荷系周围某点 $P(x,y,z)$（称为场点）. 实验指出：在电场中给定点处，改变试验电荷电量 q_0 的大小，试验电荷所受电场力 $\boldsymbol{F}$ 的方向不变，而大小却随着 q_0 的变化而变化. 由此可见电场力 $\boldsymbol{F}$ 除与电场在该点的性质有关以外，还与外界引入电荷的电量有关，所以电场力并不能反映电场本身的客观性质. 但实验又发现：在给定电场中的同一点，比值 $\boldsymbol{F}/q_0$ 的大小和方向与试验电荷的电量 q_0 无关. 因此，比值 $\boldsymbol{F}/q_0$ 反映了电荷系周围空间各点电场的性质，我们就把比值 $\boldsymbol{F}/q_0$ 作为描述给定点电场性质的一个物理量，称为该给定点的**电场强度**，简称场强. 由于电场力的方向与 q_0 所带电荷的正负号有关，为此我们规定：**电场中某点场强的方向就是放在该点的正电荷所受电场力的方向**. 应该指出，电场是客观存在的，电场的性质仅由场源电荷的分布所决定，与是否引入试验电荷无关.

场强是一个矢量，既有大小，又有方向，通常用 $\boldsymbol{E}$ 表示，即

$$\boldsymbol{E} = \frac{\boldsymbol{F}}{q_0} \tag{8.5}$$

上式中若取 q_0 为一个单位电量，则 $\boldsymbol{E}$ 与 $\boldsymbol{F}$ 的数值相等，即电场中某点的场强在数值上等于静止于该点的单位正电荷所受的电场力.

电场强度的单位为牛顿每库仑，符号为 $\mathrm{N \cdot C^{-1}}$. 以后将证明，这个单位和伏特每米（$\mathrm{V \cdot m^{-1}}$）是等价的.

将式(8.3)代入式(8.5)，可得

$$\boldsymbol{E} = \frac{\sum_i^n \boldsymbol{F}_i}{q_0} = \sum_i^n \frac{\boldsymbol{F}_i}{q_0} = \sum_i^n \boldsymbol{E}_i \tag{8.6}$$

式中 $\boldsymbol{E}_i = \boldsymbol{F}_i / q_0$，是电荷 q_i 单独存在时在 P 点产生的电场强度. 式(8.6)表明：**在点电荷系电场中，某点的电场强度等于各个点电荷单独存在时在该点产生的电场强度的矢量和**. 这个结论称为场强叠加原理.

对于确定的场源电荷分布，$\boldsymbol{E}$ 是空间位置的函数，即 $\boldsymbol{E} = \boldsymbol{E}(x,y,z)$. 空间中所有 $\boldsymbol{E}(x,y,z)$ 形成一矢量场分布，且空间中的每一点都只有一个 $\boldsymbol{E}$ 与之对

应,因此静电场具有单值性.若已知电场中任一点的电场强度 $\boldsymbol{E}(x,y,z)$,则由式(8.5)可知,在该点的电荷 q 受到的电场力 $\boldsymbol{F}(x,y,z)$ 为

$$\boldsymbol{F}(x,y,z)=q\boldsymbol{E}(x,y,z) \tag{8.7}$$

式中 $\boldsymbol{E}(x,y,z)$是除了被作用电荷 q 以外的其他所有电荷在 $P(x,y,z)$点产生的合场强.显然,当 $q>0$ 时,$\boldsymbol{F}$ 与 $\boldsymbol{E}$ 同号,即电场力 $\boldsymbol{F}$ 与场强 $\boldsymbol{E}$ 方向相同;当 $q<0$时,$\boldsymbol{F}$ 与 $\boldsymbol{E}$ 异号,即电场力 $\boldsymbol{F}$ 与 $\boldsymbol{E}$ 方向相反.

自然界中很多物体由于自身带电,其附近会存在静电场,如中子星表面电场强度高达 $10^{14}\ \mathrm{N\cdot C^{-1}}$,地球表面附近电场强度约为 $10^{2}\ \mathrm{N\cdot C^{-1}}$,一般家用电路导线内电场强度约 $10^{-2}\ \mathrm{N\cdot C^{-1}}$,而宇宙背景辐射的平均电场强度仅约 $10^{-6}\ \mathrm{N\cdot C^{-1}}$.

8.2.3 电场强度的计算

现在讨论在给定场源电荷分布的情况下,电场强度分布的计算方法.

1. 点电荷的电场

场源电荷为真空中的一个点电荷 q ,现计算与 q 相距为 r 的 P 点的场强.设想把试验电荷 q_0放在 P 点,根据库仑定律,q_0受到的电场力为

$$\boldsymbol{F}=\frac{1}{4\pi\varepsilon_0}\cdot\frac{qq_0}{r^2}\boldsymbol{r}^0$$

由场强的定义,P 点场强为

$$\boldsymbol{E}=\frac{\boldsymbol{F}}{q_0}=\frac{1}{4\pi\varepsilon_0}\cdot\frac{q}{r^2}\boldsymbol{r}^0 \tag{8.8}$$

这就是点电荷的场强分布公式.其中 $\boldsymbol{r}^0$ 为从 q 指向 P 点的单位矢量.若 q 为正电荷,则 $\boldsymbol{E}$ 与 $\boldsymbol{r}^0$同向,即在正电荷 q 激发的电场中任意点的场强沿该点相对场源电荷的径矢的方向;若 q 为负电荷,则 $\boldsymbol{E}$ 与 $\boldsymbol{r}^0$反向,即与该点径矢的方向相反.如图 8.2 所示.式(8.8)表明,点电荷的电场分布具有球对称性.

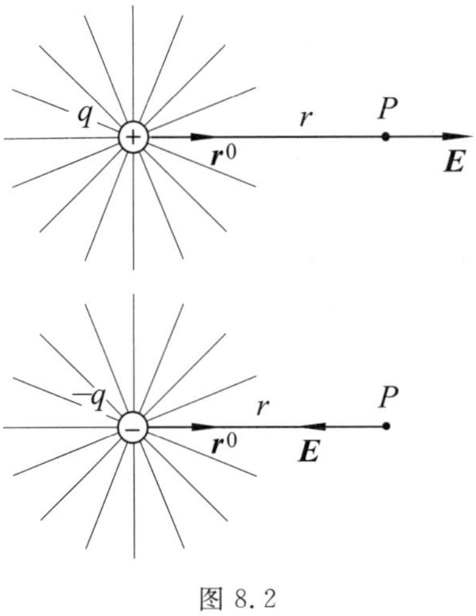

图 8.2

2. 点电荷系的电场

设场源电荷是由点电荷 $q_1,q_2,\cdots,q_n$ 所组成的点电荷系.根据场强的叠加原理,可得电场中任一点的场强为

$$\boldsymbol{E}=\sum_{i}^{n}\frac{1}{4\pi\varepsilon_0}\cdot\frac{q_i}{r_i^2}\boldsymbol{r}_i^0 \tag{8.9}$$

式中 r_i 为场源电荷 q_i 到场点的距离,$\boldsymbol{r}_i^0$ 为从 q_i 指向场点的单位矢量.

3. 连续分布电荷的电场

若场源电荷是连续分布的带电体,可以认为该带电体的电荷是由许多无限小的电荷元 $\mathrm{d}q$ 组成的,而每个电荷元都可看作点电荷.设其中任一电荷元 $\mathrm{d}q$ 在 P 点产生的场强为 $\mathrm{d}\boldsymbol{E}$,按式(8.8)有

$$\mathrm{d}\boldsymbol{E} = \frac{1}{4\pi\varepsilon_0}\cdot\frac{\mathrm{d}q}{r^2}\boldsymbol{r}^0$$

式中 r 是从电荷元 $\mathrm{d}q$ 到场点 P 的距离，$\boldsymbol{r}^0$ 是 $\mathrm{d}q$ 指向 P 点的单位矢量. 把所有电荷元在 P 点产生的场强矢量叠加，就可得到 P 点的总场强. 对连续分布电荷，叠加应以积分代替，即

$$\boldsymbol{E} = \int \mathrm{d}\boldsymbol{E} = \int \frac{\mathrm{d}q}{4\pi\varepsilon_0 r^2}\boldsymbol{r}^0 \tag{8.10}$$

上式是一个矢量积分式. 在实际应用时，一般先将 $\mathrm{d}\boldsymbol{E}$ 沿选定的坐标轴方向进行分解，写出分量式，然后分别对分量进行积分，即

$$E_x = \int \mathrm{d}E_x,\quad E_y = \int \mathrm{d}E_y,\quad E_z = \int \mathrm{d}E_z$$

$\boldsymbol{E}$ 的大小为

$$E = \sqrt{E_x^2 + E_y^2 + E_z^2}$$

$\boldsymbol{E}$ 的方向可由方向余弦确定，即

$$\cos\alpha = \frac{E_x}{E},\quad \cos\beta = \frac{E_y}{E},\quad \cos\gamma = \frac{E_z}{E}$$

8.2.4　几种典型电荷分布的电场

1. 电偶极子的电场

两个等量异号点电荷 $-q$ 和 $+q$ 相距 l，若它们连线(称为轴线)的中点 O 到观测点的距离 r 远大于 l，则这对电荷称为**电偶极子**. 从电偶极子的 $-q$ 指向 $+q$ 的径矢为 $\boldsymbol{l}$，电量 q 与径矢 $\boldsymbol{l}$ 的乘积定义为**电偶极矩**，简称电矩，用 $\boldsymbol{p}_\mathrm{e}$ 表示，即 $\boldsymbol{p}_\mathrm{e} = q\boldsymbol{l}$. 电偶极子是一个重要的物理模型，在研究电介质的极化、电磁波的发射等问题中都要用到它.

我们先计算电偶极子轴线延长线上任一点 A 的场强. 如图 8.3(a)所示，设 O 为轴线中心，$OA = r$，且 $r \gg l$. $-q$ 与 $+q$ 在 A 点产生的场强的大小分别为

$$E_- = \frac{q}{4\pi\varepsilon_0\left(r + \frac{l}{2}\right)^2}$$

$$E_+ = \frac{q}{4\pi\varepsilon_0\left(r - \frac{l}{2}\right)^2}$$

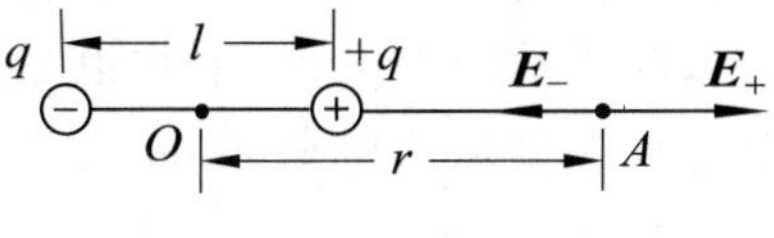

图 8.3(a)

$\boldsymbol{E}_-$ 和 $\boldsymbol{E}_+$ 在同一直线上，但指向相反，故 A 点的合场强 $\boldsymbol{E}_A$ 的大小为

$$E_A = E_+ - E_- = \frac{q}{4\pi\varepsilon_0\left(r - \frac{l}{2}\right)^2} - \frac{q}{4\pi\varepsilon_0\left(r + \frac{l}{2}\right)^2}$$

$$= \frac{2ql}{4\pi\varepsilon_0 r^3\left(1 - \frac{l}{2r}\right)^2\left(1 + \frac{l}{2r}\right)^2} = \frac{2ql}{4\pi\varepsilon_0 r^3\left[1 - \left(\frac{l}{2r}\right)^2\right]^2}$$

由于 $r \gg l$，故 $l/(2r) \ll 1$，于是

$$E_A = \frac{2ql}{4\pi\varepsilon_0 r^3} = \frac{2p_\mathrm{e}}{4\pi\varepsilon_0 r^3}$$

$\boldsymbol{E}_A$ 的指向与电矩 $\boldsymbol{p}_e$ 的方向相同,故有

$$\boldsymbol{E}_A = \frac{2\boldsymbol{p}_e}{4\pi\varepsilon_0 r^3} \tag{8.11a}$$

需要说明的是,无论 A 点位于 $+q$ 外侧还是位于 $-q$ 外侧,得到的结论都是相同的.因此,由上式可以计算电偶极子轴线延长线上任一点的场强.

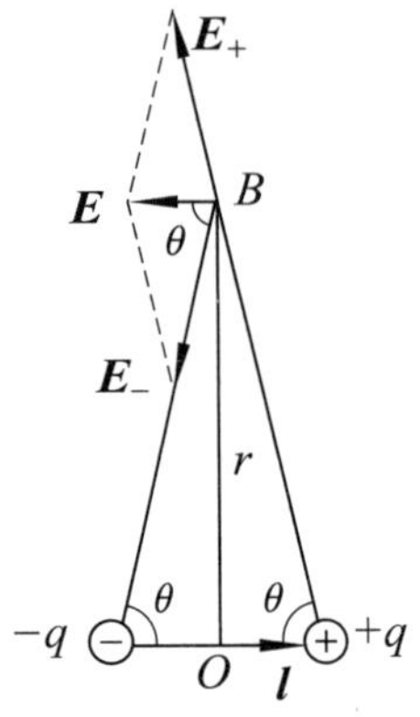

图 8.3(b)

现在计算电偶极子中垂线上任一点 B 的场强.如图 8.3(b),设$OB=r\gg l$,$+q$和$-q$ 在 B 点所产生的场强大小相等,即

$$E_+ = E_- = \frac{1}{4\pi\varepsilon_0}\cdot\frac{q}{r^2+\left(\frac{l}{2}\right)^2}$$

但二者方向不同.根据矢量合成的平行四边形定则,B 点合场强的大小为

$$E_B = 2E_+\cos\theta = \frac{2q}{4\pi\varepsilon_0\left[r^2+\left(\frac{l}{2}\right)^2\right]}\frac{\frac{l}{2}}{\sqrt{r^2+\left(\frac{l}{2}\right)^2}}$$

由于$(l/2)^2\ll r^2$,所以

$$E_B = \frac{ql}{4\pi\varepsilon_0 r^3} = \frac{p_e}{4\pi\varepsilon_0 r^3} = \frac{E_A}{2}$$

$\boldsymbol{E}_B$的方向与电矩 $\boldsymbol{p}_e$ 的方向相反,故电偶极子中垂线上任一点的场强可写成

$$\boldsymbol{E}_B = -\frac{\boldsymbol{p}_e}{4\pi\varepsilon_0 r^3} \tag{8.11b}$$

对于中垂线以外的任意点,$\boldsymbol{E}_+$ 和 $\boldsymbol{E}_-$ 的叠加不像上述情况那么简单.我们将在 8.6 节用较为方便的方法进行求解.

2. 均匀带电直线的电场

设均匀带电直线长为 L,带电量为 q,线外一点 P 到直线的垂直距离为 a,它与直线两端的连线和直线之间的夹角分别为 θ_1 和 θ_2,如图 8.4 所示.建立如图所示的坐标系.不妨设 $q>0$,带电直线的线电荷密度 $\lambda=q/L$.在直线上任意 x 处取一电荷元 $\mathrm{d}q=\lambda\mathrm{d}x$,它在 P 点产生的电场 $\mathrm{d}\boldsymbol{E}$ 的量值为

$$\mathrm{d}E = \frac{1}{4\pi\varepsilon_0}\cdot\frac{\mathrm{d}q}{r^2} = \frac{\lambda\mathrm{d}x}{4\pi\varepsilon_0 r^2}$$

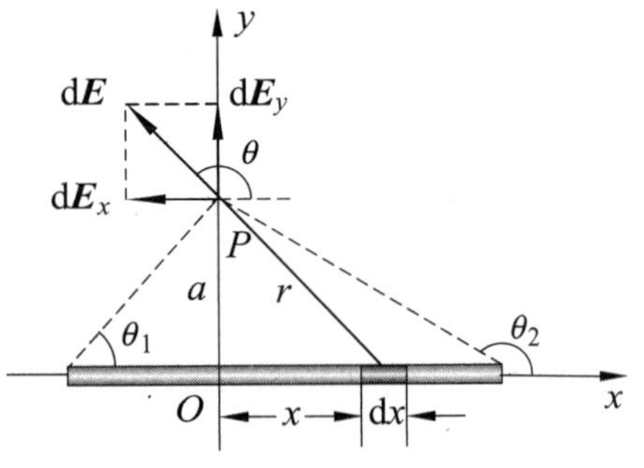

图 8.4

其方向与 Ox 轴的夹角为 θ,$\mathrm{d}\boldsymbol{E}$ 在 x 和 y 方向的分量分别为

$$\mathrm{d}E_x = \mathrm{d}E\cos\theta,\quad \mathrm{d}E_y = \mathrm{d}E\sin\theta$$

则 P 点的合场强 $\boldsymbol{E}$ 在 x 方向的分量为

$$E_x = \int\mathrm{d}E_x = \int\mathrm{d}E\cos\theta = \int\frac{\lambda}{4\pi\varepsilon_0 r^2}\cos\theta\mathrm{d}x$$

式中 r、θ 和 x 都是变量,但不相互独立.由图可知

$$r = a\csc\theta,\quad x = -a\cot\theta,\quad \mathrm{d}x = a\csc^2\theta\mathrm{d}\theta$$

代入上式得

$$E_x=\int_{\theta_1}^{\theta_2}\frac{\lambda}{4\pi\varepsilon_0}\cdot\frac{\cos\theta}{a^2\csc^2\theta}a\csc^2\theta\mathrm{d}\theta=\frac{\lambda}{4\pi\varepsilon_0 a}(\sin\theta_2-\sin\theta_1)$$

同理，$\boldsymbol{E}$ 在 y 轴上的分量为

$$E_y=\int\mathrm{d}E_y=\int\mathrm{d}E\sin\theta=\int\frac{\lambda}{4\pi\varepsilon_0 r^2}\sin\theta\mathrm{d}x$$

$$=\int_{\theta_1}^{\theta_2}\frac{\lambda}{4\pi\varepsilon_0 a}\sin\theta\mathrm{d}\theta=\frac{\lambda}{4\pi\varepsilon_0 a}(\cos\theta_1-\cos\theta_2)$$

P 点的场强 $\boldsymbol{E}$ 的大小以及 $\boldsymbol{E}$ 与 Ox 轴正方向的夹角 β 由下式确定：

$$E=\sqrt{E_x^2+E_y^2},\qquad \tan\beta=\frac{E_y}{E_x}$$

若均匀带电直线为无限长，或当 P 点在带电直线的近旁时，有 $a\ll L,\theta_1\to 0$，$\theta_2\to\pi$，则有

$$E=E_y=\frac{\lambda}{2\pi\varepsilon_0 a}\tag{8.12}$$

若 P 点远离带电直线，即 $a\gg L$ 时，可以证明(留待读者自己分析)

$$E\approx\frac{\lambda L}{4\pi\varepsilon_0 a^2}=\frac{q}{4\pi\varepsilon_0 a^2}$$

此时，带电直线的电场相当于一个点电荷的电场.

若 $q<0$，则场强 $\boldsymbol{E}$ 与 $q>0$ 的结果相比，大小相等，方向相反.

应当指出，任何实际的带电直线的长度都是有限的. 上面引入无限长带电直线的意义在于，对于距有限长带电直线很近但又不靠近该直线两端的各点来说，按式(8.12)求得的场强与实际情况非常接近，二者的差别可忽略不计. 这种近似处理方法，今后还会经常遇到.

3. 均匀带电圆环轴线上的电场

设均匀带电细圆环的半径为 R，带电量为 q. 为了方便讨论，不妨设 $q>0$. 如图 8.5 所示，把圆环分成许多小段 $\mathrm{d}l$，每小段带电 $\mathrm{d}q$. 设此电荷元 $\mathrm{d}q$ 在 P 点的场强为 $\mathrm{d}\boldsymbol{E}$，$\mathrm{d}\boldsymbol{E}$ 在平行于和垂直于轴线的两个方向的分矢量分别为 $\mathrm{d}\boldsymbol{E}_{/\!/}$ 和 $\mathrm{d}\boldsymbol{E}_{\perp}$. 由于环上电荷呈轴对称分布，所以环上全部电荷的 $\mathrm{d}\boldsymbol{E}_{\perp}$ 互相抵消，因而 P 点场强沿轴线方向. 由于

$$\mathrm{d}E_{/\!/}=\mathrm{d}E\cos\theta=\frac{\mathrm{d}q\cos\theta}{4\pi\varepsilon_0 r^2}$$

所以

$$E=\int_q\frac{\mathrm{d}q}{4\pi\varepsilon_0 r^2}\cos\theta=\frac{\cos\theta}{4\pi\varepsilon_0 r^2}\int_q\mathrm{d}q$$

对整个环上的电荷积分，即得

$$E=\frac{q\cos\theta}{4\pi\varepsilon_0 r^2}$$

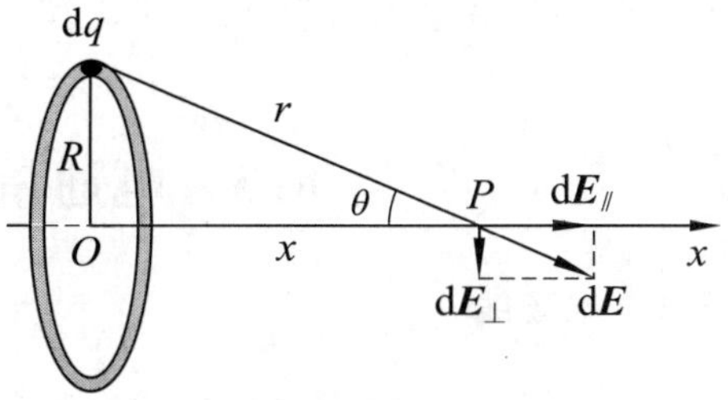

图 8.5

因为 $\cos\theta=x/r$，$r=\sqrt{R^2+x^2}$，所以有

$$E=\frac{qx}{4\pi\varepsilon_0(R^2+x^2)^{3/2}}\tag{8.13}$$

显然,圆心处的场强等于零.由对称性分析可知,$q>0$ 时,$\boldsymbol{E}$ 的方向沿轴线指向圆环两侧.若 $q<0$,则 $\boldsymbol{E}$ 的方向沿轴线指向圆心.当 $x\gg R$ 时,$E=q/(4\pi\varepsilon_0 x^2)$.此时,带电圆环的电场也相当于一个点电荷的电场.

例 8.2 求电偶极子在均匀电场中受到的力矩.设场强为 $\boldsymbol{E}$,电偶极矩为 $\boldsymbol{p}_e$.

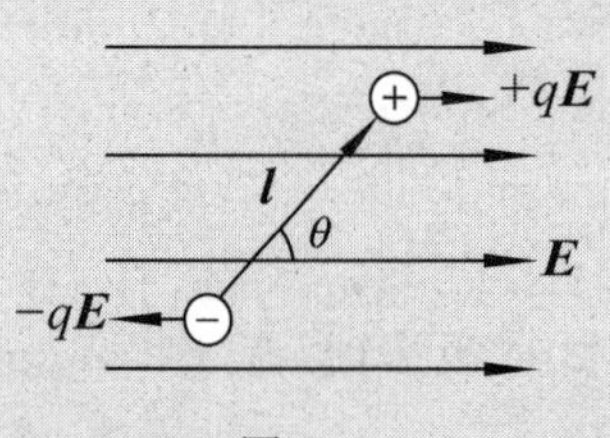

图 8.6

解 如图 8.6 所示,$+q$ 和 $-q$ 在电场中受力分别为 $+q\boldsymbol{E}$ 和 $-q\boldsymbol{E}$,这两个力大小相等,方向相反,但作用线不在同一条直线上,合力虽为零,却构成一力偶.它们相对 l 中点的力偶矩就是电偶极子所受的力矩,量值为

$$M = qEl\sin\theta = p_e E\sin\theta$$

式中 θ 为径矢 $\boldsymbol{l}$ 与 $\boldsymbol{E}$ 之间夹角.写成矢量式则为

$$\boldsymbol{M} = \boldsymbol{p}_e \times \boldsymbol{E}$$

力矩 $\boldsymbol{M}$ 垂直于 $\boldsymbol{p}_e$ 和 $\boldsymbol{E}$ 决定的平面,方向由右手螺旋法则确定.不难看出,电偶极子在电场作用下总要使电偶极矩 $\boldsymbol{p}_e$ 转向电场 $\boldsymbol{E}$ 的方向.

例 8.3 求一个有小缝隙的均匀带电圆环中心的电场强度.设细圆环的半径为 R,线电荷密度为 $\lambda<0$,缝隙长为 l,如图 8.7 所示.

解 我们先将小缝隙补满电荷,使之成为完整的均匀带电圆环,然后,再在小缝隙处填以等量异号电荷,使总电荷分布保持不变.这样,圆环中心 O 点的场强应为带电圆环和缝隙异号电荷在该处场强的叠加.这种方法称为补偿法.

由式(8.13)可知,均匀带电圆环在 O 点产生的场强等于零.缝隙异号电荷 $-\lambda l$ 可视为点电荷,它在 O 点产生场强的大小为

$$E = -\frac{\lambda l}{4\pi\varepsilon_0 r^2}$$

因为 $\lambda<0$,缝隙处应为正电荷,所以 $\boldsymbol{E}$ 的方向沿半径远离缝隙,如图所示.

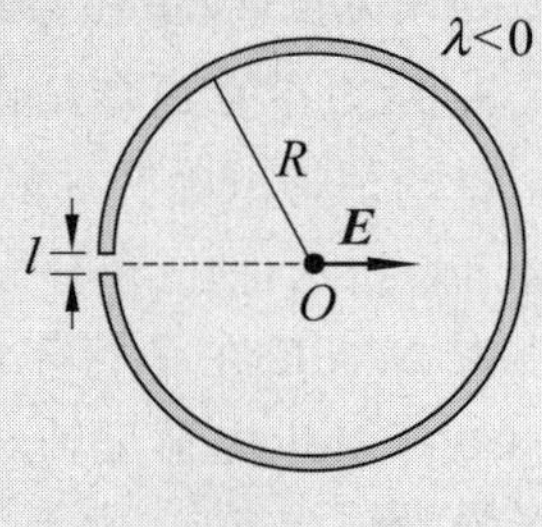

图 8.7

8.3 电通量 高斯定理

8.3.1 电场线

为了形象直观地描述电场的空间分布,引入**电场线**的概念.电场线最早由法拉第提出,利用电场线可以比较形象直观地看出电场中各点场强的分布情况.电场线是按如下规定画出的一系列假想曲线:曲线上每一点的切线方向表示该点场强的方向;曲线的疏密程度表示场强的大小.定量地说,为表示某点场强大小,设想在该点附近作一个垂直于场强方向的面元 $\mathrm{d}\boldsymbol{S}_\perp$,如图 8.8 所示.使穿过该面元的电场线数目 $\mathrm{d}\Phi_e$ 满足

$$E = \frac{d\Phi_e}{dS_\perp} \tag{8.14}$$

即电场中某点场强的大小等于穿过该点附近垂直于电场方向的单位面积的电场线的数目.换句话说,电场中某点场强的量值等于该点的电场线密度.

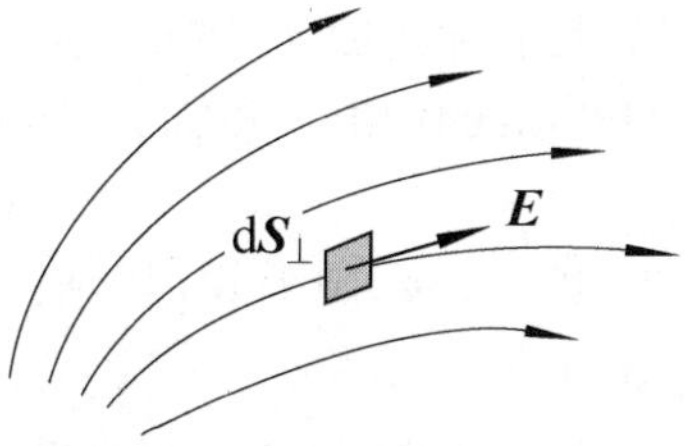

图 8.8

按上述规定,图 8.9 画出了几种不同电荷分布的电场的电场线.

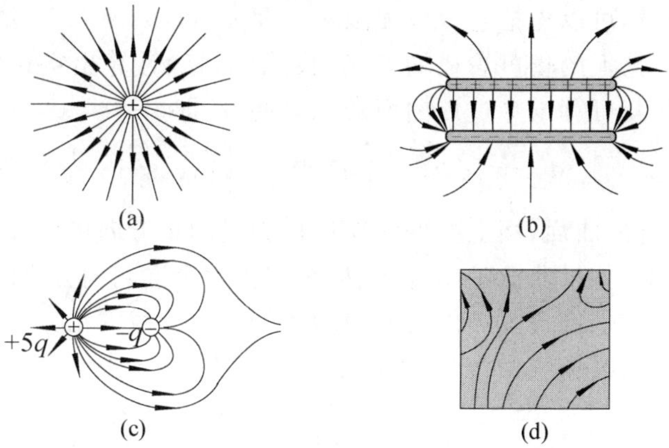

图 8.9

静电场的电场线有如下两个重要的性质:

(1) 电场线不闭合,在没有电荷的地方不中断,而是起自正电荷终止于负电荷(或从正电荷起伸向无限远,或来自无限远到负电荷止).

(2) 任何两条电场线都不相交.这是因为电场中每一点的电场强度只有一个确定的方向.

电场线图形可以用实验演示.其方法通常是把奎宁的针状单晶或石膏粉撒在玻璃板上或漂浮在绝缘油上,再放在电场中,它们就沿电场线排列起来.

需要说明的是,尽管电场线上某点的切线方向与正电荷在该点受力方向一致,但一般情况下电场线并不是一个正电荷在电场中的运动轨迹.

8.3.2　电通量

在电场中穿过任一曲面的电场线总数,称为穿过该曲面的**电通量**,通常用 Φ_e 表示.

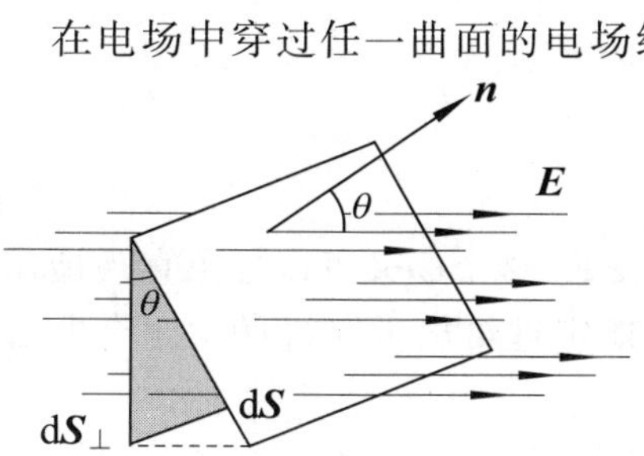

图 8.10

为求穿过曲面 S 的电通量,先考虑电场中的一个面元 $dS_\perp$,$dS_\perp$ 与该点的 $\boldsymbol{E}$ 垂直,如图 8.10 所示.由式(8.14)可知,通过 $dS_\perp$ 的电通量 $d\Phi_e$ 应为

$$d\Phi_e = E dS_\perp$$

当面元 dS 与该处场强 $\boldsymbol{E}$ 不垂直时,

容易看出，通过面元 dS 的电场线数，与通过 dS 在垂直于 $\boldsymbol{E}$ 方向上的投影 $dS_{\perp}$ 面上的电场线数相等. 设面元 dS 法线方向的单位矢量 $\boldsymbol{n}$ 与场强 $\boldsymbol{E}$ 的夹角为 θ，则有

$$d\Phi_e = EdS_{\perp} = EdS\cos\theta \tag{8.15a}$$

由于 $d\boldsymbol{S}=dS\boldsymbol{n}$，则上式可写成

$$d\Phi_e = \boldsymbol{E}\cdot d\boldsymbol{S} \tag{8.15b}$$

由式(8.15)可以看出，电通量 $d\Phi_e$ 是代数量. 当 $0\leqslant\theta<\pi/2$ 时，$d\Phi_e$ 为正；当 $\pi/2<\theta\leqslant\pi$ 时，$d\Phi_e$ 为负；当 $\theta=\pi/2$ 时，$d\Phi_e=0$.

对于电场中某一有限曲面 S 来说，曲面上的电场一般是不均匀的，要计算穿过它的电通量，可以先把它分成无限多个面元 $d\boldsymbol{S}$，如图 8.11 所示. 每个面元可看成小平面，其上的场可看成均匀场. 按式(8.15)计算出穿过每一面元的电通量，然后积分就可算出穿过该曲面的总电通量，即

$$\Phi_e = \int d\Phi_e = \int_S \boldsymbol{E}\cdot d\boldsymbol{S} = \int_S E\cos\theta dS$$

对于不闭合的曲面，面上各处法向单位矢量的正方向可以任意取向曲面的这一侧或另一侧. 如果曲面是闭合的，那么它将整个空间划分成闭合曲面内、外两部分，我们一般规定自内向外的方向为各处面元法线的正方向，如图 8.12 中的 $\boldsymbol{n}_1$、$\boldsymbol{n}_2$ 所示. 当电场线由内部穿出时(如 $d\boldsymbol{S}_1$ 处)，$0\leqslant\theta_1\leqslant\pi/2$，$d\Phi_e\geqslant0$；当电场线由外部穿入时(如 $d\boldsymbol{S}_2$ 处)，$\pi/2\leqslant\theta_2\leqslant\pi$，$d\Phi_e\leqslant0$. 穿过整个闭合曲面的电通量为

$$\Phi_e = \oint_S \boldsymbol{E}\cdot d\boldsymbol{S} = \oint_S E\cos\theta dS \tag{8.16}$$

式中 $\oint_S$ 表示积分区域包括整个闭合曲面.

电通量的单位为伏特米，符号为 V·m.

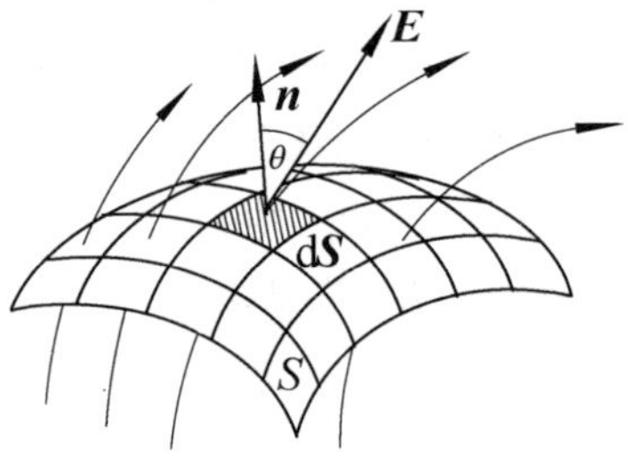

图 8.11

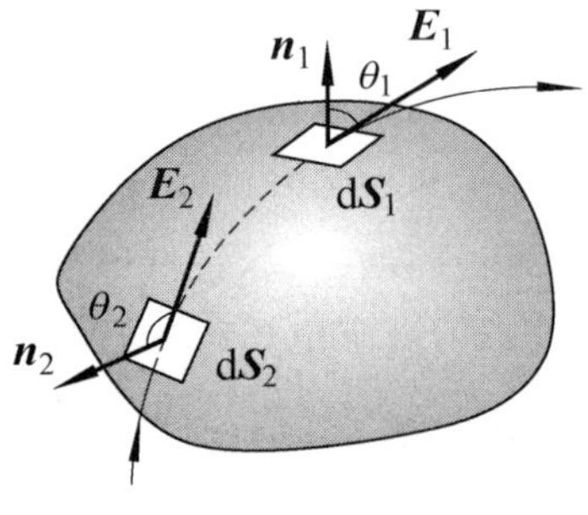

图 8.12

8.3.3 高斯定理

静电场是由相对观察者静止的电荷激发的，这个场又可以形象直观地用电场线来描述，所以电通量必与电荷有关. 高斯定理给出了穿过任意闭合曲面的电通量与场源电荷之间在数值上的关系.

先考虑点电荷的场. 设真空中有一点电荷 $q>0$，在 q 周围的电场中，以 q 所在的点为中心，以任意长度 r 为半径作一球面 S 包围这个点电荷 q，如图 8.13(a)所

示. 显然，球面上任一点的场强大小相等，都等于 $q/(4\pi\varepsilon_0 r^2)$，方向都沿以球心为参考点的径矢 $\boldsymbol{r}$ 的方向，因而处处与球面垂直. 根据式(8.16)，穿过这个球面的电通量为

$$\begin{aligned}\Phi_e &= \oint_S \boldsymbol{E}\cdot d\boldsymbol{S} = \oint_S \frac{q}{4\pi\varepsilon_0 r^2}dS \\ &= \frac{q}{4\pi\varepsilon_0 r^2}\oint_S dS = \frac{q}{4\pi\varepsilon_0 r^2}\cdot 4\pi r^2 = \frac{q}{\varepsilon_0}\end{aligned}$$

即

$$\Phi_e = \oint_S \boldsymbol{E}\cdot d\boldsymbol{S} = \frac{q}{\varepsilon_0} \tag{8.17}$$

结果表明，Φ_e 与球面半径 r 无关，只与它所包围的电荷的电量有关. 这意味着通过以 q 为中心的任何球面的电通量都相等，即通过各球面的电场线的数目相等，或者说从点电荷 q 发出的 q/ε_0 条电场线是连续不断地伸向无穷远处的. 容易看出，如果作一任意的闭合曲面 S'，只要电荷 q 被包围在 S' 内，由于电场线是连续的，因而穿过 S' 和 S 的电场线数目是一样的，即通过任意形状的包围点电荷 q 的闭合曲面的电通量都等于 q/ε_0. 如果闭合曲面内包围的电荷 $q<0$，那么必有等量的电场线穿入闭合曲面，因而穿过闭合曲面的电通量仍可写成 q/ε_0.

若闭合曲面 S'' 不包围点电荷，如图 8.13(b)所示，由于电场线的连续性，穿入该曲面的电场线与穿出该曲面的电场线的数目一定相等，所以穿过 S'' 的电场线总数为零，即

$$\Phi_e = \oint_{S''} \boldsymbol{E}\cdot d\boldsymbol{S} = 0$$

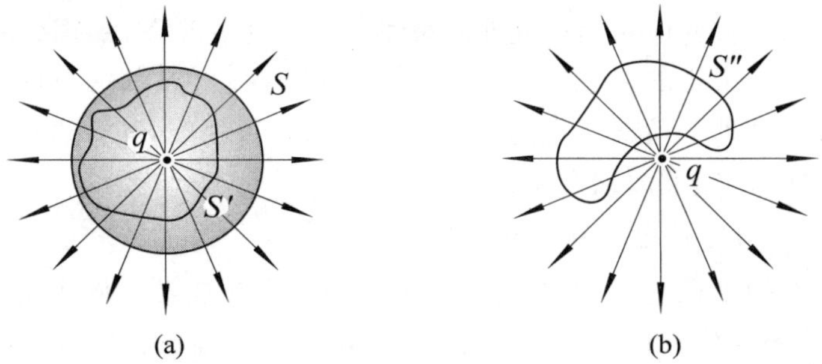

图 8.13

设想闭合曲面 S 内包围 k 个点电荷，其中有正、有负. 每个点电荷都联系着 q_i/ε_0 条电场线，因此通过该闭合曲面的电通量为

$$\Phi_e = \sum_{i=1}^{k}\Phi_i = \frac{q_1}{\varepsilon_0} + \frac{q_2}{\varepsilon_0} + \cdots + \frac{q_k}{\varepsilon_0} = \frac{1}{\varepsilon_0}\sum_{i=1}^{k} q_i$$

或写成

$$\oint_S \boldsymbol{E}\cdot d\boldsymbol{S} = \frac{1}{\varepsilon_0}\sum_{(S内)} q_i \tag{8.18}$$

上式表明，**在真空中的静电场中，通过任意闭合曲面的电通量等于该曲面内所包围电荷的代数和除以 ε_0**. 这个结论是表征静电场重要性质的高斯定理.

当闭合曲面内的电荷连续分布在一个有限体积内时,高斯定理可表示为

$$\Phi_e = \oint_S \boldsymbol{E}\cdot \mathrm{d}\boldsymbol{S} = \frac{1}{\varepsilon_0}\int_V \rho \mathrm{d}V \tag{8.19}$$

式中 ρ 为体电荷密度,即单位积内的电量,V 为闭合曲面 S 所包围的体积.

在理解高斯定理时应注意以下两点:

(1) 通过任意闭合曲面的总电通量只决定于它所包围的电荷的代数和,即只有闭合曲面内的电荷对总电通量有贡献,闭合曲面外的电荷对总电通量没有贡献.

(2) $\boldsymbol{E}$ 是闭合曲面上的场强,它是闭合曲面内、外所有电荷共同产生的合场强,并非只由闭合曲面内的电荷确定.

高斯定理是电磁学中的基本方程之一.它的重要意义在于把电场与产生电场的场源电荷联系起来,反映了**静电场是有源场**,“源”就是电荷.高斯定理可以从库仑定律直接导出;反之,从高斯定理也可导出库仑定律.但是,库仑定律和高斯定理在物理含义上是不完全相同的.库仑定律把电场强度与电荷直接联系起来,而高斯定理是把电场强度的通量与相应区域内的电荷联系在一起.库仑定律只适用于静止电荷和静电场,而静电场中的高斯定理却可推广到非静电场,即不论是静电场还是变化的电场,高斯定理都是适用的.

必须指出,仅用高斯定理描述静电场的性质是不完备的,只有和反映静电场性质的另一个定理——静电场的环路定理结合起来,才能完整地描述静电场.

8.3.4 应用高斯定理求电场强度

高斯定理的重要应用之一是求电场强度.一般情况下,要用该定理直接确定各点的场强是困难的,但是当电荷分布具有某种对称性时,可以应用高斯定理方便地计算这种电荷所产生的电场中各点的电场强度,其计算过程比用积分法计算要简便得多.下面我们举例说明.

1. 无限长均匀带电圆柱面的电场

设圆柱面的半径为 R,面电荷密度 $\sigma>0$.由于均匀带电圆柱面的电荷呈轴对称分布,其场强分布也具有轴对称性.这意味着与圆柱面轴线等距离的各点的场强大小相等,方向都垂直于圆柱面指向外侧,如图 8.14(a)所示.

首先考虑圆柱面外任一点 P 的场强,P 点到轴的距离为 r.为此,过 P 点作一闭合的同轴柱面 S 作为高斯面,柱面高为 l,底面半径为 r,如图 8.14(b)所示.设该柱面的侧面为 S_1,上、下底面为 S_2 和 S_3.侧面上场强 $\boldsymbol{E}$ 的方向处处与面积元的法线方向相同,即 $\theta_1=0$,而 $\boldsymbol{E}$ 的大小处处相等;上、下底面各点场强大小虽不相等,但其方向处处与面积元法线垂直,即 $\theta_2=\theta_3=\pi/2$.由于高斯面 S 内包围的电荷为 $2\pi Rl\sigma$,则由高斯定理有

$$\begin{aligned}\Phi_e &= \oint_S \boldsymbol{E}\cdot \mathrm{d}\boldsymbol{S} = \oint_S E\cos\theta \mathrm{d}S \\ &= \int_{S_1} E\cos\theta_1 \mathrm{d}S + \int_{S_2} E\cos\theta_2 \mathrm{d}S + \int_{S_3} E\cos\theta_3 \mathrm{d}S\end{aligned}$$

$$= E\int_{S_1} dS = E\cdot 2\pi rl = \frac{1}{\varepsilon_0}\cdot 2\pi Rl\sigma$$

所以，P 点场强的大小为

$$E = \frac{R\sigma}{\varepsilon_0 r}$$

设 λ 为圆柱面每单位长度的电量，则 $\lambda = 2\pi R\sigma$，所以有

$$E = \frac{\lambda}{2\pi\varepsilon_0 r} \quad (r > R)$$

结果表明，**无限长均匀带电圆柱面外的场强分布与无限长均匀带电直线的场强分布是相同的**.

对于圆柱内任一点 P' 的场强，上述对称性分析仍然适用. 过 P' 作长为 l、半径为 r 的柱面 S' 作为高斯面，显然通过 S' 的电通量仍可表示为 $E\cdot 2\pi rl$，而 S' 内包围的电荷却为零，根据高斯定理有

$$E\cdot 2\pi rl = 0$$

所以

$$E = 0 \quad (r < R)$$

图 8.14(c)画出了无限长均匀带电圆柱面内、外的场强分布情况.

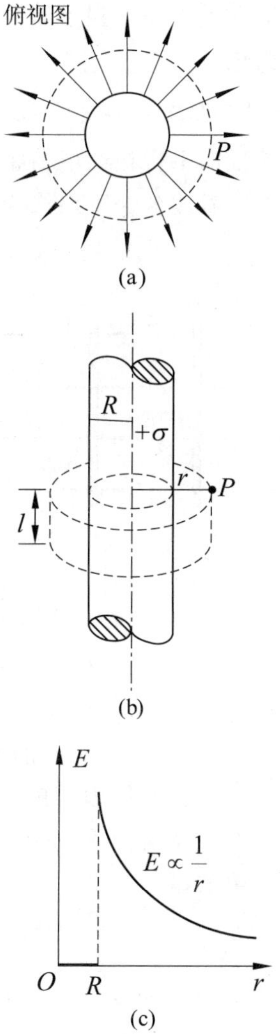

图 8.14

2. 无限大均匀带电平面的电场

设带电平面的面电荷密度 $\sigma > 0$. 如图 8.15 所示，P 点为带电平面右侧一点，P' 为左侧对称的一点. 由于平面无限大且均匀带电，场强必定相对平面对称，P 点场强方向一定垂直于平面向右，而 P' 点场强方向一定垂直于平面向左，并且两者大小一定相等. 为此，选取垂直于平面的闭合圆柱面作为高斯面 S，P、P' 位于它的两个底面上. 由于高斯面侧面上各点的 $\boldsymbol{E}$ 与侧面平行，所以穿过侧面的电通量为零. 用 ΔS 表示底面积，则有

$$\Phi_e = \oint_S \boldsymbol{E}\cdot d\boldsymbol{S} = \int_{两底} \boldsymbol{E}\cdot d\boldsymbol{S} = 2E\Delta S$$

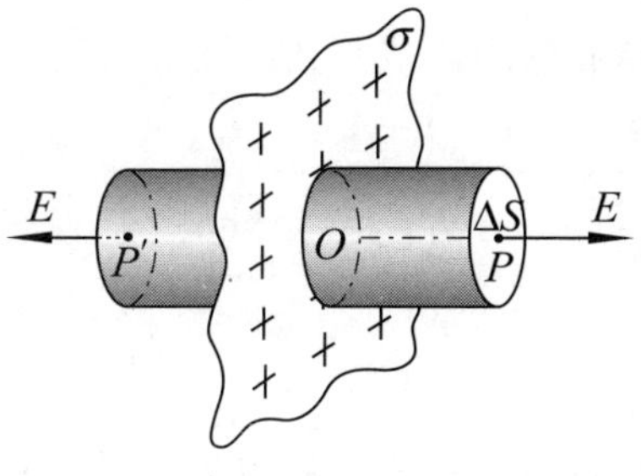

图 8.15

高斯面内包围的电量 $\sum q_i = \sigma\cdot\Delta S$，根据高斯定理，有

$$2E\Delta S = \sigma\frac{\Delta S}{\varepsilon_0}$$

所以平面外场强 $\boldsymbol{E}$ 的大小为

$$E = \frac{\sigma}{2\varepsilon_0} \tag{8.20}$$

$\boldsymbol{E}$ 的方向垂直于平面指向两侧. 上式表明 P

点场强大小与它到平面的距离无关. 因此,**无限大均匀带电平面两侧的电场为均匀场.**

3. 无限大均匀带电平行薄板的电场

设两平行板面电荷密度为$+\sigma$和$-\sigma$. 根据场强叠加原理,两平行板的总场强可以看成各个平面产生的场强的叠加. 由于$+\sigma$产生的场强$\boldsymbol{E}_+$垂直于平板向外,$-\sigma$产生的场强$\boldsymbol{E}_-$垂直于平板向里,大小都是$\sigma/(2\varepsilon_0)$,如图 8.16 所示,因此两板间场强$\boldsymbol{E}$的大小为

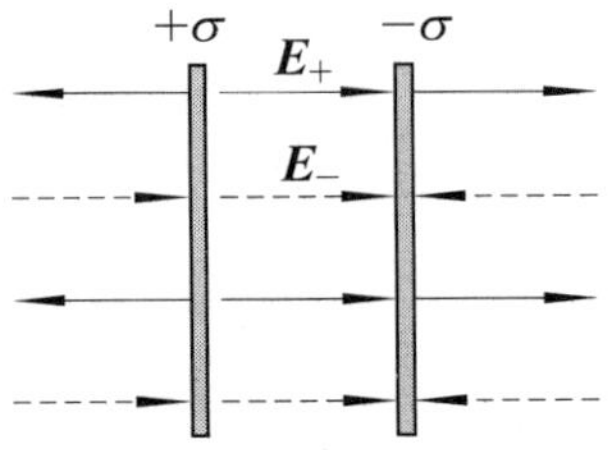

图 8.16

$$E=\frac{\sigma}{2\varepsilon_0}+\frac{\sigma}{2\varepsilon_0}=\frac{\sigma}{\varepsilon_0} \tag{8.21}$$

可见两无限大均匀带异号电荷平板之间的电场为均匀场,$\boldsymbol{E}$的方向由$+\sigma$指向$-\sigma$. 在两板之外,由于两板产生的场强方向相反,所以

$$E=\frac{\sigma}{2\varepsilon_0}-\frac{\sigma}{2\varepsilon_0}=0$$

4. 均匀带电球体的电场

设球体的半径为R,所带电量$q>0$. 由于电荷分布是球对称的,所以均匀带电球体内、外各点的场强分布也是球对称的,即各点场强的方向沿径向指向无穷远,并且与球心等距的各点场强大小相等.

先考虑球体内距球心r处P点的场强. 据对称性分析,我们选取过P点的球面作为高斯面S,如图 8.17 所示,则穿过S面的电通量为

$$\Phi_e=\oint_S \boldsymbol{E}\cdot d\boldsymbol{S}=E\cdot 4\pi r^2$$

高斯面S内包围的电量为

$$\frac{q}{4\pi R^3/3}\cdot\frac{4}{3}\pi r^3=\frac{qr^3}{R^3}$$

根据高斯定理,有

$$E\cdot 4\pi r^2=\frac{qr^3}{\varepsilon_0 R^3}$$

所以球体内场强的大小为

$$E=\frac{q}{4\pi\varepsilon_0 R^3}r \quad (r<R)$$

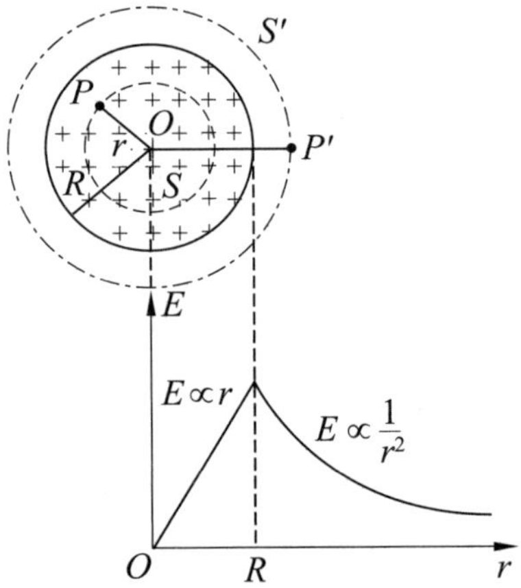

图 8.17

可见,均匀带电球体内任一点的场强与该点到球心的距离成正比.

对于球体外任一点P'处,$r\geqslant R$. 根据高斯定理,有

$$E\cdot 4\pi r^2=\frac{q}{\varepsilon_0}$$

所以球体外场强的大小为

$$E=\frac{q}{4\pi\varepsilon_0 r^2} \quad (r\geqslant R)$$

可见,**均匀带电球体外任一点的场强与全部电荷集中于球心处的点电荷的场强分布相同.** 其电场分布如图 8.17 所示.

若带电体为均匀带电球面，用类似方法可以求出

$$E = 0 \quad (r < R), \quad E = \frac{q}{4\pi\varepsilon_0 r^2} \quad (r > R)$$

顺便指出，若以上各例中场源为负电荷，则所求场强的方向与原来的相反.

综合以上各例题的分析可知，应用高斯定理求场强的一般方法与步骤是：

(1) 进行对称性分析. 由电荷分布的对称性，分析场强分布的对称性. 常见的对称性有球对称性、轴对称性、面对称性等.

(2) 过场点选取适当的高斯面，使穿过该面的电通量易于计算. 例如使部分高斯面与场强方向平行，或使部分高斯面上场强大小相等，方向与该部分表面垂直等.

(3) 计算穿过高斯面的电通量和高斯面内包围的电量的代数和，再由高斯定理求出场强.

8.4　静电场的环路定理

在 8.2 节我们从电荷在电场中受力入手研究了静电场的性质，引入了电场强度的概念. 现在再从电荷在电场中移动时电场力做功的角度来研究静电场的性质.

8.4.1　静电场力的功

1. 点电荷的电场

设在给定点 O 处有一点电荷 q，另有一试验电荷 q_0 在 q 的电场中从 a 点沿任一路径 acb 移到 b 点，如图 8.18 所示. 在路径中任一点 c 附近取元位移 $\mathrm{d}\boldsymbol{l}$，并设此处场强为 $\boldsymbol{E}$，那么在这段位移中电场力所做的功为

$$\mathrm{d}A = \boldsymbol{F}\cdot\mathrm{d}\boldsymbol{l} = q_0\boldsymbol{E}\cdot\mathrm{d}\boldsymbol{l} = q_0 E\cos\theta\mathrm{d}l$$

其中 θ 是 $\boldsymbol{E}$ 与 $\mathrm{d}\boldsymbol{l}$ 的夹角. 考虑到 $\mathrm{d}l\cos\theta = \mathrm{d}r$，以及 $E = q/(4\pi\varepsilon_0 r^2)$，则上式可写成

$$\mathrm{d}A = \frac{q_0 q}{4\pi\varepsilon_0 r^2}\mathrm{d}r$$

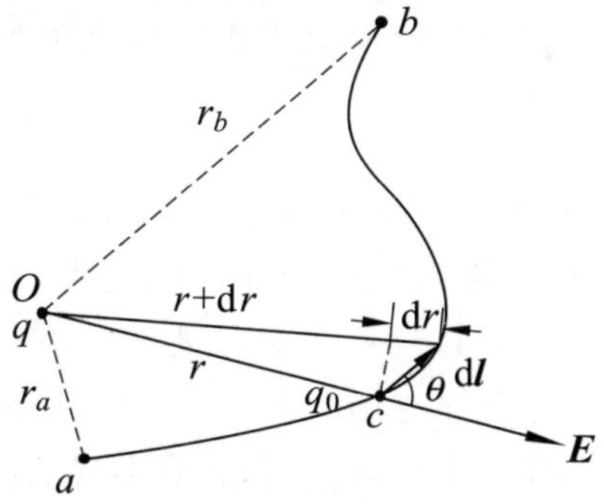

图 8.18

电荷 q_0 从 a 点移到 b 点时电场力对它做的功为

$$A_{ab} = \int_a^b \mathrm{d}A = \frac{q_0 q}{4\pi\varepsilon_0}\int_{r_a}^{r_b}\frac{1}{r^2}\mathrm{d}r = \frac{q_0 q}{4\pi\varepsilon_0}\left(\frac{1}{r_a} - \frac{1}{r_b}\right) \tag{8.22}$$

式中 r_a、r_b 分别为场源电荷 q 到路径的起点和终点的距离. 结果表明，在点电荷的电场中，电场力的功只与试验电荷的电量以及路径的起点和终点的位置有关，而与具体路径无关.

2. 任意带电体系的电场

对于任意的带电体，我们总可以把它分成许多电荷元，每一电荷元均可

看成点电荷,这样就可以把带电体看成点电荷系.假设有静止的电荷 $q_1,q_2,\cdots,q_n$,在它们形成的电场中,将试验电荷 q_0 从 a 点移到 b 点,则静电场力做的功为

$$A_{ab}=\int_a^b \boldsymbol{F}\cdot \mathrm{d}\boldsymbol{l}=\int_a^b q_0\boldsymbol{E}\cdot \mathrm{d}\boldsymbol{l}$$

根据场强叠加原理,式中场强 $\boldsymbol{E}$ 应为 $q_1,q_2,\cdots,q_n$ 单独存在时场强的矢量和,即

$$\boldsymbol{E}=\boldsymbol{E}_1+\boldsymbol{E}_2+\cdots+\boldsymbol{E}_n$$

于是有

$$A_{ab}=q_0\int_a^b \boldsymbol{E}_1\cdot \mathrm{d}\boldsymbol{l}+q_0\int_a^b \boldsymbol{E}_2\cdot \mathrm{d}\boldsymbol{l}+\cdots+q_0\int_a^b \boldsymbol{E}_n\cdot \mathrm{d}\boldsymbol{l}$$

由于上式右边每一项都是各点电荷单独存在时电场力对 q_0 做的功,与具体路径无关,所以总电场力的功 A_{ab} 也与具体路径无关.

由此我们得出结论:试验电荷在任意给定的静电场中移动时,电场力所做的功仅与试验电荷的电量以及路径的起点和终点位置有关,而与具体路径无关.静电力做功的这个特点表明,**静电力是保守力,静电场是保守场**.

8.4.2 静电场的环路定理

由于静电力是保守力,而保守力做功只是位置的函数,因此,q_0 沿静电场中的任意闭合路径运动一周,电场力 $q_0\boldsymbol{E}$ 对它所做的功等于零.即

$$\oint_L q_0\boldsymbol{E}\cdot \mathrm{d}\boldsymbol{l}=0$$

因为 $q_0\neq 0$,所以上式成立的条件为

$$\oint_L \boldsymbol{E}\cdot \mathrm{d}\boldsymbol{l}=0 \tag{8.23}$$

式(8.23)表明,**在静电场中,电场强度 $\boldsymbol{E}$ 沿任意闭合路径的线积分(称为 $\boldsymbol{E}$ 的环流)为零**.这个结论称为静电场的环路定理.它与高斯定理一样,也是表征静电场性质的一个重要定理.

综合静电场的高斯定理和环路定律,可知静电场是有源的保守场,又由于电场线是不闭合的,即无法形成旋涡,所以静电场又属于无旋场.

8.5 电势能 电势

8.5.1 电势能

我们知道,保守力做功在量值上等于保守场势能的减少,或者说等于势能增量的负值.既然静电场是保守场,那就可以引入静电势能的概念,并且,**静电力的功等于静电势能增量的负值**.这就是说,静电力对 q_0 做正功时,电势能减少;静电力对 q_0 做负功时,电势能增加.以 W_a 和 W_b 分别表示试验电荷 q_0 在其移动路径的起点 a 和终点 b 处的电势能,则有

$$A_{ab} = W_a - W_b = q_0\int_a^b \boldsymbol{E}\cdot \mathrm{d}\boldsymbol{l} \tag{8.24}$$

因为试验电荷 q_0 从静电场中 a 点移到 b 点时，电场力的功有确定值，所以式(8.24)给出的电势能的改变量具有绝对意义.然而与重力势能类似的是，电势能本身的量值只具有相对的意义，它取决于零势能位置的选择.若选电荷在 b 点的电势能为零，即规定 $W_b=0$，则电荷 q_0 在电场中 a 点所具有的电势能为

$$W_a = q_0\int_a^{\text{“0”}} \boldsymbol{E}\cdot \mathrm{d}\boldsymbol{l} \tag{8.25}$$

式中“0”表示零势能位置.此式表明，**电荷在电场中某一点的电势能在量值上等于将电荷从该点移到势能零点的过程中静电力所做的功.**

在 SI 中，电势能的单位为焦耳，符号为 J.

需要注意的是，电势能和重力势能一样，也属于系统.式(8.25)表示的电势能属于试验电荷 q_0 和产生电场 $\boldsymbol{E}$ 的电荷体系所组成的系统.因此电势能又称为**相互作用能**.

8.5.2 电势

1. 电势

由于电势能的大小与试验电荷的电量 q_0 有关，所以电荷 q_0 在电场中某点 a 的电势能 W_a 并不能直接用来描述该点的电场性质.但从式(8.25)可见，电荷 q_0 在 a 点的电势能与电量 q_0 的比值与 q_0 无关，即

$$\frac{W_a}{q_0} = \int_a^{\text{“0”}} \boldsymbol{E}\cdot \mathrm{d}\boldsymbol{l}$$

比值仅取决于电场的性质及场点的位置，所以这个比值能反映电场中各点的性质，我们称之为**电势**.用 U_a 表示 a 点的电势，则有

$$U_a = \frac{W_a}{q_0} = \int_a^{\text{“0”}} \boldsymbol{E}\cdot \mathrm{d}\boldsymbol{l} \tag{8.26}$$

若令 q_0 为单位正电荷，则 $U_a=W_a$.可见，**静电场中某点的电势在量值上等于单位正电荷在该点所具有的电势能**.或者说，**静电场中某点的电势在量值上等于把单位正电荷从这一点移到电势能零点的过程中电场力所做的功**.

应当指出，电势只具有相对的意义.要确定电场中各点的电势，也必须先选取电势零点作为参考.电势零点的选取可以是任意的，为研究问题的方便，在同一问题中电势零点总是选得与电势能零点一致.在理论计算中，当电荷分布在有限区域时，常选无穷远作为电势零点.在实用中，也常取大地为电势零点.必须注意的是，对于“无限大”或“无限长”的带电体，就不能将无穷远作为电势零点，这时只能在有限范围内选取某点为电势零点.

由电势的定义可知，电势是标量.电势的正负是相对于电势零点来说的.在静电场中将正电荷 q_0 从 a 点移至电势零点时，若电场力做正功，则 a 点电势为正；若电场力做负功，则 a 点电势为负.

电势的单位为伏特，符号为 V，即 $1\ \mathrm{V}=1\ \mathrm{J\cdot C^{-1}}$.

2. 电势差

在静电场中,任意两点 a 和 b 的电势之差,称为电势差,也叫**电压**,以 U_{ab} 表示. 由式(8.26),有

$$U_{ab}=U_a-U_b=\int_a^{“0”}\boldsymbol{E}\cdot\mathrm{d}\boldsymbol{l}-\int_b^{“0”}\boldsymbol{E}\cdot\mathrm{d}\boldsymbol{l}=\int_a^{“0”}\boldsymbol{E}\cdot\mathrm{d}\boldsymbol{l}+\int_{“0”}^{b}\boldsymbol{E}\cdot\mathrm{d}\boldsymbol{l}=\int_a^{b}\boldsymbol{E}\cdot\mathrm{d}\boldsymbol{l}$$

即

$$U_{ab}=\int_a^{b}\boldsymbol{E}\cdot\mathrm{d}\boldsymbol{l} \tag{8.27}$$

由此可知,**静电场中任意两点 a、b 的电势差在量值上等于把单位正电荷从 a 点移至 b 点电场力所做的功**. 因此,当任一电荷 q 在电场中从 a 点移到 b 点时,电场力所做的功为

$$A_{ab}=qU_{ab}=q(U_a-U_b) \tag{8.28}$$

例如,一个电子通过加速电势差为 1V 的区间,电场力对它做功为

$$A=eU=1.60\times10^{-19}\ \mathrm{C\cdot V}=1.60\times10^{-19}\ \mathrm{J}$$

电子因此获得 1.60×10^{-19} J 的能量. 在近代物理中,常把这个能量值作为一种能量单位,称为电子伏特,符号 eV,即 1 eV$=1.60\times10^{-19}$ J.

8.5.3 电势的计算

1. 点电荷电场中的电势

我们知道,场源电荷为点电荷 q 时,场强为

$$\boldsymbol{E}=\frac{1}{4\pi\varepsilon_0}\cdot\frac{q}{r^2}\boldsymbol{r}^0$$

点电荷电场与狄氏格林函数

由于静电力的功与路径无关,所以在应用式(8.26)进行运算时,可以选取一条最便于计算的路径,即沿径矢方向积分,此时 $\mathrm{d}\boldsymbol{l}\,/\!/\,\boldsymbol{r}^0$,$\mathrm{d}l=\mathrm{d}r$. 选无穷远处为电势零点,于是电场中与 q 相距 r 处的 P 点的电势为

$$U_P=\int_P^{\infty}\boldsymbol{E}\cdot\mathrm{d}\boldsymbol{l}=\int_r^{\infty}E\,\mathrm{d}r=\frac{1}{4\pi\varepsilon_0}\int_r^{\infty}\frac{q}{r^2}\mathrm{d}r=\frac{q}{4\pi\varepsilon_0 r}$$

由于 P 点是任意的,因此点电荷场中的电势分布可写成

$$U=\frac{1}{4\pi\varepsilon_0}\cdot\frac{q}{r} \tag{8.29}$$

式中 r 为场点到场源电荷的距离. 当 $q>0$ 时,$U>0$,空间各点的电势都为正,距 q 越近处 U 越高;当 $q<0$ 时,$U<0$,空间各点的电势都为负,距 q 越近处 U 越低.

2. 点电荷系电场中的电势

设电场由 n 个点电荷 $q_1,q_2,\cdots,q_n$ 产生,它们各自产生的场强分别为 $\boldsymbol{E}_1$,$\boldsymbol{E}_2,\cdots,\boldsymbol{E}_n$,则合场强为 $\boldsymbol{E}=\boldsymbol{E}_1+\boldsymbol{E}_2+\cdots+\boldsymbol{E}_n$. 由电势定义式(8.26)可知,电场中某点 P 的电势为

$$\begin{aligned}U_P&=\int_P^{\infty}\boldsymbol{E}\cdot\mathrm{d}\boldsymbol{l}=\int_P^{\infty}(\boldsymbol{E}_1+\boldsymbol{E}_2+\cdots+\boldsymbol{E}_n)\cdot\mathrm{d}\boldsymbol{l}\\&=\int_P^{\infty}\boldsymbol{E}_1\cdot\mathrm{d}\boldsymbol{l}+\int_P^{\infty}\boldsymbol{E}_2\cdot\mathrm{d}\boldsymbol{l}+\cdots+\int_P^{\infty}\boldsymbol{E}_n\cdot\mathrm{d}\boldsymbol{l}\\&=\sum_{i=1}^{n}\frac{q_i}{4\pi\varepsilon_0 r_i}=\sum_{i=1}^{n}U_i\end{aligned} \tag{8.30}$$

式中 U_i 为第 i 个点电荷 q_i 在 P 点产生的电势，r_i 为 P 点到 q_i 的距离. 上式表明，**在点电荷系的电场中，任一点的电势等于各个点电荷单独存在时在该点产生电势的代数和**. 这个结论称为电势的叠加原理.

3. 带电体电场中的电势

若场源为电荷连续分布的带电体，则可把它分成无限多个电荷元，每个电荷元 dq 可看成点电荷，把式(8.30)中的求和用积分代替，就得到场中任一点的电势，即

$$U = \int dU = \int_Q \frac{dq}{4\pi\varepsilon_0 r} \tag{8.31}$$

式中 r 为场点到电荷元 dq 的距离.

必须指出，仅当选取无穷远处为电势零点时，式(8.29)、(8.30)和(8.31)才是正确的.

综上所述，计算电场中各点的电势有两种方法：一是根据已知的场强分布，选取任一方便路径，由电势与场强的积分关系式(8.26)来计算；二是以点电荷电场的电势为基础，应用电势叠加原理来计算.

例 8.4　试计算点电荷系统的电势能.

解　系统的电势能 W 应为所有点电荷具有的电势能之和，而每一个点电荷在电场中某点的电势能在量值上等于把它从该点移到零势能参考点时，静电力所做的功. 我们先计算由两个点电荷组成系统的电势能. 设 q_1、q_2 分别位于 A、B 两点，它们之间的距离为 r，如图 8.19 所示. 选取距系统无穷远处为零势能点，先将 q_1 从 A 点移到无穷远处时. 由于受到 q_2 的静电力作用，由式(8.26)，q_1 的电势能为

$$W_1 = q_1\int_A^{\infty} \boldsymbol{E}_2 \cdot d\boldsymbol{l} = q_1 U_1 = q_1 \frac{q_2}{4\pi\varepsilon_0 r}$$

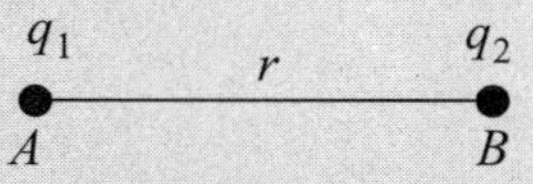

图 8.19

式中 $\boldsymbol{E}_2$ 是 q_2 产生的场强，U_1 是 q_2 的电场在 q_1 所在点的电势. 再移动 q_2 时，因 q_1 已被移除，q_2 无静电力作用，故做功为 0，因此系统的电势能 $W=W_1$.

如果交换移动的次序，先移动 q_2 到无穷远处，因它受到 q_1 的静电力作用，类似地计算得到 q_2 的电势能为

$$W_2 = q_2 U_2 = q_2 \frac{q_1}{4\pi\varepsilon_0 r}$$

式中 U_2 是 q_1 的电场在 q_2 所在点的电势. 再移动 q_1 时，已无静电力作用，不需要做功，所以 $W=W_2$. 显然 $W_2=W_1$.

因此两个点电荷组成系统的电势能为

$$W = \frac{q_1 q_2}{4\pi\varepsilon_0 r}$$

不难看出，$W_1=W_2$ 表明了力的相互作用性质.

由于 $W=q_1U_1=q_2U_2$，我们可以把它改写成如下对称形式：

$$W=\frac{1}{2}q_1U_1+\frac{1}{2}q_2U_2=\frac{1}{2}\sum_{i=1}^{2}q_iU_i$$

将上式推广到 n 个点电荷组成的系统，得到**点电荷系统所具有的电势能**

$$W=\frac{1}{2}\sum_{i=1}^{n}q_iU_i \tag{8.32}$$

式中 U_i 是该电荷系除 q_i 以外的所有其他电荷在 q_i 所在处产生电势的代数和. 例如，对于三个点电荷组成的系统来说，其电势能为

$$\begin{aligned}W&=\frac{1}{2}(q_1U_1+q_2U_2+q_3U_3)\\&=\frac{1}{2}\left[q_1\left(\frac{q_2}{4\pi\varepsilon_0 r_{12}}+\frac{q_3}{4\pi\varepsilon_0 r_{13}}\right)+q_2\left(\frac{q_1}{4\pi\varepsilon_0 r_{12}}+\frac{q_3}{4\pi\varepsilon_0 r_{23}}\right)+q_3\left(\frac{q_1}{4\pi\varepsilon_0 r_{13}}+\frac{q_2}{4\pi\varepsilon_0 r_{23}}\right)\right]\\&=\frac{q_1q_2}{4\pi\varepsilon_0 r_{12}}+\frac{q_1q_3}{4\pi\varepsilon_0 r_{13}}+\frac{q_2q_3}{4\pi\varepsilon_0 r_{23}}\end{aligned}$$

式中 r_{12} 表示 q_1 和 q_2 之间的距离，可类推 r_{13} 和 r_{23}.

8.5.4 几种典型电场的电势分布

1. 均匀带电球面电场中的电势

设球面半径为 R，带电量为 q. 应用高斯定理容易求出其场强分布为

$$E_{内}=0 \qquad (r<R)$$

$$E_{外}=\frac{1}{4\pi\varepsilon_0}\cdot\frac{q}{r^2} \qquad (r>R)$$

选无穷远处电势为零. 对于球内距球心为 $r(r<R)$ 的任一点 P，其电势为

$$\begin{aligned}U_P&=\int_P^{\infty}\boldsymbol{E}\cdot\mathrm{d}\boldsymbol{r}=\int_r^R E_{内}\,\mathrm{d}r+\int_R^{\infty}E_{外}\,\mathrm{d}r\\&=0+\int_R^{\infty}\frac{q}{4\pi\varepsilon_0 r^2}\mathrm{d}r=\frac{q}{4\pi\varepsilon_0 R} \quad (r<R)\end{aligned}$$

结果表明，**均匀带电球面内各点的电势相等，都等于球面上各点的电势**.

对于球外距球心为 $r(r\geqslant R)$ 的一点 P'，其电势为

$$U_{P'}=\int_{P'}^{\infty}\boldsymbol{E}_{外}\cdot\mathrm{d}\boldsymbol{l}=\int_r^{\infty}\frac{q}{4\pi\varepsilon_0 r^2}\mathrm{d}r=\frac{q}{4\pi\varepsilon_0 r} \quad (r\geqslant R)$$

结果表明，**均匀带电球面外任一点的电势与全部电荷集中于球心的点电荷在该点产生的电势相等**. 电势随距离 r 的变化关系如图 8.20所示.

2. 电偶极子电场中的电势

设距电偶极子较远处的任一点 P 到偶极子中心 O 的距离为 r，$\overline{PO}$ 与电偶极矩的夹角为 θ，如图 8.21 所示. 根据电势的叠加原理，P 点的电势应为 $+q$ 和 $-q$ 单独存在时在 P 点产生的电势之和，即

$$U_P=U_++U_-=\frac{q}{4\pi\varepsilon_0 r_1}-\frac{q}{4\pi\varepsilon_0 r_2}=\frac{q(r_2-r_1)}{4\pi\varepsilon_0 r_1r_2}$$

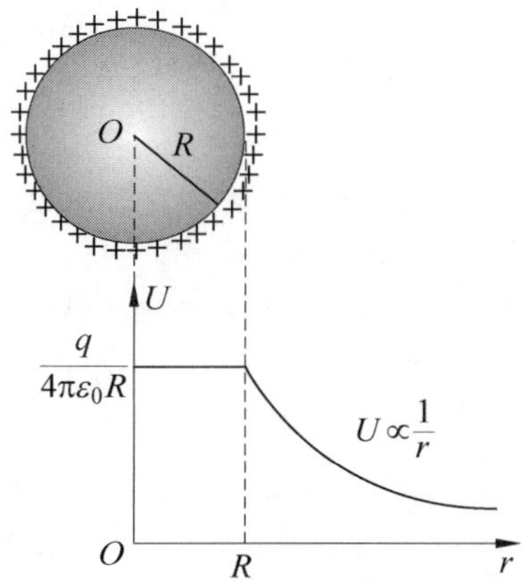

图 8.20

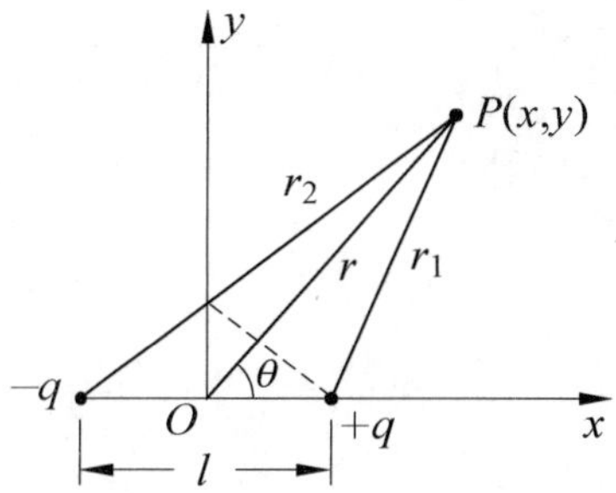

图 8.21

由于 $r_1\gg l$，$r_2\gg l$，因此 $r_1\cdot r_2\approx r^2$，$r_2-r_1\approx l\cos\theta$，于是有

$$U_P=\frac{ql\cos\theta}{4\pi\varepsilon_0 r^2}=\frac{p_e\cos\theta}{4\pi\varepsilon_0 r^2}$$

上式也可用直角坐标表示，以电偶极子和 P 点组成的平面为 Oxy 平面，建立如图所示的坐标系，则有

$$r^2=x^2+y^2,\qquad \cos\theta=\frac{x}{r}$$

代入 U_P 表达式中，可得

$$U_P=\frac{p_e x}{4\pi\varepsilon_0(x^2+y^2)^{3/2}}\tag{8.33}$$

3. 均匀带电圆环轴线上的电势

设均匀带电圆环半径为 R，带电量为 q. 如图 8.22 所示，在环上任取一线元 $\mathrm{d}l$，其带电量为 $\mathrm{d}q=\lambda\mathrm{d}l=\frac{q}{2\pi R}\cdot\mathrm{d}l$. 设 $\mathrm{d}l$ 到 P 点距离为 r，则 $\mathrm{d}q$ 在 P 点产生的电势为

$$\mathrm{d}U_P=\frac{1}{4\pi\varepsilon_0}\cdot\frac{\lambda\mathrm{d}l}{r}$$

由于不论 $\mathrm{d}l$ 选在环上什么位置，r 值不变，所以，P 点的总电势为

$$U_P=\int\mathrm{d}U_P=\int_L\frac{1}{4\pi\varepsilon_0}\frac{\lambda\mathrm{d}l}{r}$$

$$=\frac{\lambda}{4\pi\varepsilon_0 r}\int_0^{2\pi R}\mathrm{d}l=\frac{\lambda\cdot2\pi R}{4\pi\varepsilon_0 r}$$

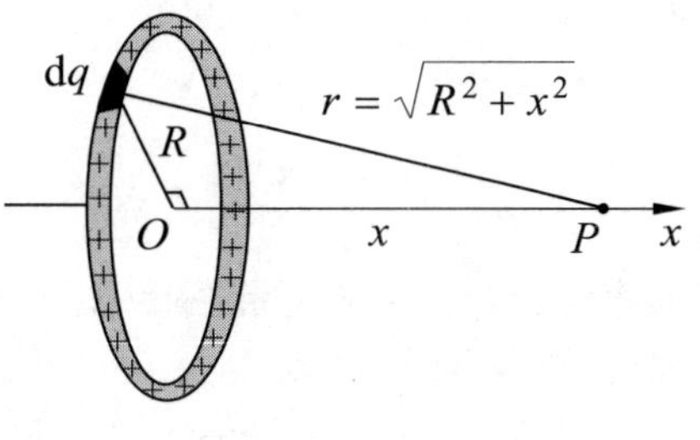

图 8.22

其中 $\lambda\cdot2\pi R=q$. 于是上式可写为

$$U_P=\frac{q}{4\pi\varepsilon_0 r}=\frac{q}{4\pi\varepsilon_0(R^2+x^2)^{1/2}}\tag{8.34}$$

4. 均匀带电圆盘轴线上的电势

设均匀带电圆盘半径为 R，面电荷密度为 σ. 如图 8.23 所示，取圆盘轴线为 x 轴，盘心为坐标原点 O. 在盘上作半径为 r、宽为 $\mathrm{d}r$ 的圆环，环上所带电量为

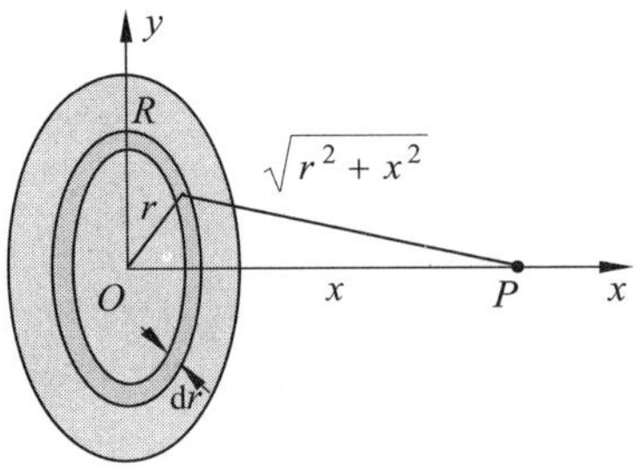

图 8.23

$$dq = \sigma\cdot 2\pi r dr$$

利用上例结果,可得该圆环在轴线上任一点 P 点产生的电势为

$$dU_P = \frac{1}{4\pi\varepsilon_0}\cdot\frac{\sigma\cdot 2\pi r dr}{\sqrt{r^2+x^2}} = \frac{\sigma r dr}{2\varepsilon_0\sqrt{r^2+x^2}}$$

P 点的电势应为圆盘上所有圆环在该点产生的电势的代数和. 显然式中 x 为常量,r 取值由 0 到 R. 对上式积分即得 P 点的电势

$$U_P = \frac{\sigma}{2\varepsilon_0}\int_0^R \frac{r dr}{\sqrt{r^2+x^2}} = \frac{\sigma}{2\varepsilon_0}(\sqrt{R^2+x^2}-x) \tag{8.35}$$

例 8.5 如图 8.24 所示,半径为 R 的均匀带电球面带电量为 q. 沿某一半径方向上有一均匀带电细棒,线电荷密度为 λ,长为 l,细棒左端离球心距离为 r_0. 设球面和棒上的电荷分布不受相互作用影响,试求:(1) 细棒受球面电荷的电场力;(2) 细棒在球面电荷产生的电场中的电势能(设无穷远处的电势为零).

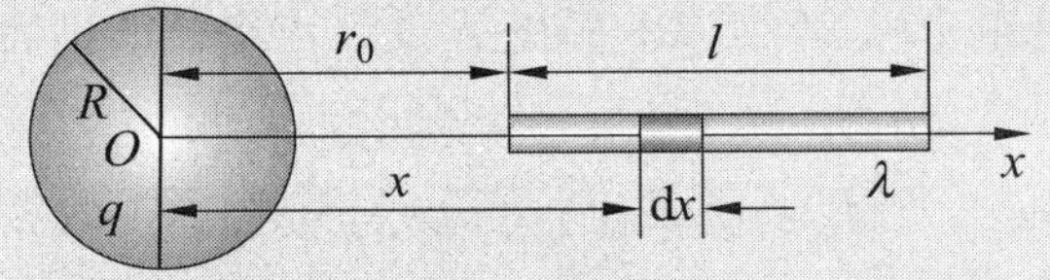

图 8.24

解 (1) 建立如图所示的坐标系,Ox 轴与细棒轴线重合. 在细棒上任取一电荷元,其坐标为 x,长为 dx,其上电量为 $dq'=\lambda dx$. 均匀带电球面的电场在该电荷元处的场强为

$$E = \frac{1}{4\pi\varepsilon_0}\cdot\frac{q}{x^2}$$

场强的方向沿 Ox 轴方向. 该电荷元所受电场力为

$$dF = E dq' = \frac{1}{4\pi\varepsilon_0}\cdot\frac{q}{x^2}\lambda dx$$

因为细棒上所有电荷元受球面电荷施加的电场力方向都相同,所以细棒所受的总电场力为

$$F = \int dF = \frac{q\lambda}{4\pi\varepsilon_0}\int_{r_0}^{r_0+l}\frac{dx}{x^2} = \frac{q\lambda}{4\pi\varepsilon_0}\left(\frac{1}{r_0}-\frac{1}{r_0+l}\right) = \frac{q\lambda l}{4\pi\varepsilon_0 r_0(r_0+l)}$$

当球面和细棒所带电荷同号时,$\boldsymbol{F}$ 的方向为 Ox 轴正方向;电荷异号时,$\boldsymbol{F}$ 的方向为 Ox 轴负方向.

(2) 均匀带电球面的电场在该电荷元处的电势为

$$U = \frac{1}{4\pi\varepsilon_0}\cdot\frac{q}{x}$$

电荷元 dq' 在均匀带电球面电场中的电势能为

$$dW = U dq' = \frac{1}{4\pi\varepsilon_0}\cdot\frac{q}{x}\lambda dx$$

细棒在该电场中的总电势能为

$$W=\int \mathrm{d}W=\frac{q\lambda}{4\pi\varepsilon_0}\int_{r_0}^{r_0+l}\frac{\mathrm{d}x}{x}=\frac{q\lambda}{4\pi\varepsilon_0}\ln\frac{r_0+l}{r_0}$$

这也是带电球面和细棒的相互作用能.

8.6　电场强度与电势的微分关系

电场强度和电势是从不同角度描述电场中各点性质的两个物理量，两者之间存在着密切的内在联系. 式(8.26)已给出它们之间关系的积分形式. 这一节将进一步研究两者关系的微分形式.

8.6.1　等势面

我们曾用电场线形象地描绘电场中场强的分布. 同样，引入电势概念以后，可以用等势面形象地描绘电场中电势的分布.

一般说来，静电场中各点的电势是逐点变化的，但电场中常有许多点的电势相等. 这些电势相等的点所组成的曲面称为**等势面**. 不同电荷分布的电场具有不同形状的等势面.

我们从最简单的点电荷的场来研究等势面的性质. 在点电荷 q 产生的电场中，与 q 相距为 r 的各点的电势均为 $U=q/(4\pi\varepsilon_0 r)$. 由此可见，点电荷电场中的等势面是以点电荷为中心的一系列同心球面，如图 8.25 中虚线所示. 实线为电场线. 由于点电荷的电场线是从正电荷出发，沿径矢方向指向无穷远的一系列直线，因此，**电场线与等势面处处正交，电场强度的方向指向电势降低的方向**. 显然，当电荷在等势面上移动时，由于位移处处与所受电场力的方向垂直，所以电场力不做功. 等势面的上述特性，虽然是从点电荷的电场中得到的，但可以证明对任何带电系统的等势面都适用.

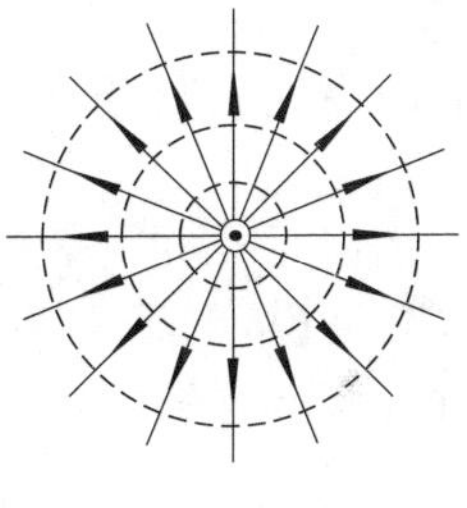

图 8.25

为了使等势面能够反映场的强弱，与电场线类似，在画等势面时规定相邻等势面的电势差都相等. 作了这样的规定之后，等势面有如下性质：

(1) 等势面与电场线处处正交.

(2) 等势面密集的地方场强大，稀疏的地方场强小.

图 8.26 给出了电偶极子和带电平行板的等势面和电场线. 画等势面是研

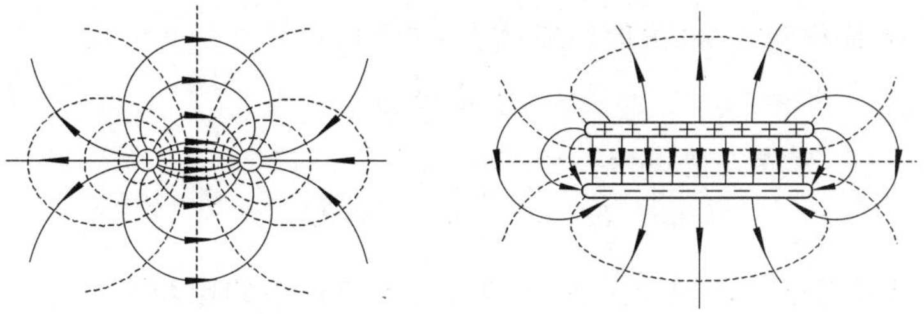

(a)　　(b)

图 8.26

究电场的一种极为有用的方法.因为等势面比较容易测绘,有了等势面的分布,再根据电场线与等势面垂直的关系,就可以绘出电场线.

8.6.2 电场强度与电势的微分关系 电势梯度

现在讨论场强与电势的微分关系. 如图 8.27 所示,在电场中任取两个相距很近的等势面 1 和 2,电势分别为 U 和 $U+\mathrm{d}U$,并且 $\mathrm{d}U>0$. 在等势面 1 上 P_1 点的单位法向矢量为 $\boldsymbol{n}$(指向电势增大的一方),与等势面 2 相交于 P_2 点. 令 $\overline{P_1P_2}=\mathrm{d}n$,显然,$\mathrm{d}n$ 是 P_1 处两个等势面之间的最小距离,即从等势面 1 上的 P_1 点到等势面 2 上其他任一点的距离 $\mathrm{d}l$ 都比 $\mathrm{d}n$ 大. 因此,从 P_1 点沿 $\mathrm{d}\boldsymbol{l}$ 方向电势的变化率总要小于沿 $\boldsymbol{n}$ 方向电势的变化率,即

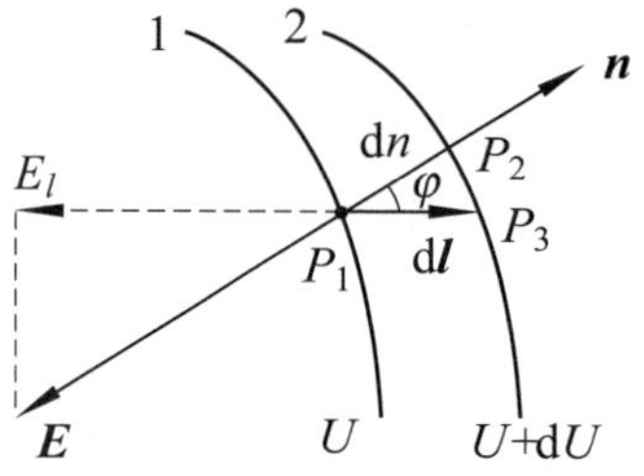

图 8.27

$$\frac{\mathrm{d}U}{\mathrm{d}l}<\frac{\mathrm{d}U}{\mathrm{d}n}$$

设 $\mathrm{d}\boldsymbol{l}$ 与 $\boldsymbol{n}$ 之间的夹角为 φ,则 $\mathrm{d}n=\mathrm{d}l\cos\varphi$,可得

$$\frac{\mathrm{d}U}{\mathrm{d}l}=\frac{\mathrm{d}U}{\mathrm{d}n}\cos\varphi$$

我们定义一个矢量:它沿着 $\boldsymbol{n}$ 方向,大小等于 $\frac{\mathrm{d}U}{\mathrm{d}n}$,称为电势 U 的梯度,用 $\mathrm{grad}U$ 或 ∇U 表示,∇为矢量微分算符,即

$$\mathrm{grad}U=\nabla U=\frac{\mathrm{d}U}{\mathrm{d}n}\boldsymbol{n}$$

这就是说,电场中某点的电势梯度的大小等于该点电势变化率的最大值,其方向总是沿着等势面的法线,并指向电势升高的方向. 电势沿 $\mathrm{d}\boldsymbol{l}$ 方向的变化率 $\frac{\mathrm{d}U}{\mathrm{d}l}$ 就是电势梯度矢量在 $\mathrm{d}\boldsymbol{l}$ 方向的投影.

另外,由于电场线垂直于等势面,并且场强指向电势降低的方向,所以,P_1 点场强 $\boldsymbol{E}$ 与 $\boldsymbol{n}$ 方向相反. 若将正电荷 q 从 P_1 点移到 P_2 点时,根据保守力做功的特点,电场力做的功应等于这两点静电势能增量的负值. 由于保守力做功与路径无关,我们选择沿法线方向的路径 $\mathrm{d}n$. 考虑到两个等势面 1 和 2 相距很近,可近似认为 $\mathrm{d}n$ 上场强处处相等. 于是有

$$q\boldsymbol{E}\cdot\mathrm{d}\boldsymbol{n}=-qE\,\mathrm{d}n=-q\mathrm{d}U$$

式中 E 是场强 $\boldsymbol{E}$ 的大小(量值),显然 $E>0$. 可得

$$E=\frac{\mathrm{d}U}{\mathrm{d}n}$$

结合 $\boldsymbol{E}$ 的方向,写成矢量式为

$$\boldsymbol{E}=-\frac{\mathrm{d}U}{\mathrm{d}n}\boldsymbol{n}=-\nabla U \qquad (8.36)$$

上式即为场强与电势的微分关系. 可见,**电场中各点的电场强度与该点电势梯度等值而反向**. 可见,电场中某点的场强取决于电势在该点的空间变化率,而与该点的电势值无直接关系.

在直角坐标系中，$U=U(x,y,z)$，可得场强在三个坐标轴方向的分量为

$$E_x=-\frac{\partial U}{\partial x},\quad E_y=-\frac{\partial U}{\partial y},\quad E_z=-\frac{\partial U}{\partial z} \tag{8.37}$$

写成矢量式即为

$$\boldsymbol{E}=-\left(\frac{\partial U}{\partial x}\boldsymbol{i}+\frac{\partial U}{\partial y}\boldsymbol{j}+\frac{\partial U}{\partial z}\boldsymbol{k}\right) \tag{8.38}$$

场强与电势的微分关系在解决实际问题中十分有用. 在计算场强时，可先算出电势，再利用场强与电势的微分关系计算场强，这样做的好处是可以避免直接用场强叠加原理计算场强时常遇到的矢量运算的麻烦.

应当指出，在具体问题中，需要根据对称性选取适当的坐标系. 以上只是直角坐标系的表达式，其他坐标系中矢量微分算符∇的表达形式可从相关书籍中查阅.

例 8.6 试利用场强与电势的微分关系，计算电偶极子电场中的电场强度.

解 在 8.5 节，计算了离电偶极子较远处的电势分布为式(8.33)，即

$$U=\frac{p_e x}{4\pi\varepsilon_0(x^2+y^2)^{3/2}}$$

根据场强与电势的关系，有

$$E_x=-\frac{\partial U}{\partial x}=\frac{p_e(2x^2-y^2)}{4\pi\varepsilon_0(x^2+y^2)^{5/2}}$$

$$E_y=-\frac{\partial U}{\partial y}=\frac{3p_e xy}{4\pi\varepsilon_0(x^2+y^2)^{5/2}}$$

电场中各点的场强为 $\boldsymbol{E}=E_x\boldsymbol{i}+E_y\boldsymbol{j}$.

若 P 点在 Ox 轴上(即在电偶极子轴线的延长线上)，则 $y=0$，可得

$$E_x=\frac{p_e}{2\pi\varepsilon_0 x^3},\qquad E_y=0$$

若 P 点在 Oy 轴上(即在电偶极子轴线的中垂线上)，则 $x=0$，可得

$$E_x=\frac{-p_e}{4\pi\varepsilon_0 y^3},\qquad E_y=0$$

上述结果与 8.2 节中利用场强叠加原理求得的结果是一致的.

例 8.7 利用场强与电势的微分关系，计算均匀带电圆环轴线上距环心 x 处的电场强度.

解 由 8.5 节可知，均匀带电圆环轴线上的电势为式(8.34)，即

$$U=\frac{q}{4\pi\varepsilon_0(R^2+x^2)^{1/2}}$$

显然，U 只是 x 的函数，故 $E_y=E_z=0$，所以

$$E=E_x=-\frac{\partial U}{\partial x}=\frac{\mathrm{d}}{\mathrm{d}x}\left[\frac{q}{4\pi\varepsilon_0(R^2+x^2)^{1/2}}\right]=\frac{qx}{4\pi\varepsilon_0(R^2+x^2)^{3/2}}$$

这一结果与 8.2 节的结果一致.

内容提要

1. 静电场的基本实验定律

库仑定律： $\boldsymbol{F}=\dfrac{1}{4\pi\varepsilon_0}\cdot\dfrac{q_1q_2}{r^2}\boldsymbol{r}^0=\dfrac{1}{4\pi\varepsilon_0}\cdot\dfrac{q_1q_2}{r^3}\boldsymbol{r}.$

2. 基本概念

1）电场强度

$$\boldsymbol{E}=\frac{\boldsymbol{F}}{q_0}$$

场强叠加原理： $\boldsymbol{E}=\sum\limits_i\boldsymbol{E}_i=\sum\limits_i\dfrac{q_i}{4\pi\varepsilon_0r_i^2}\boldsymbol{r}_i^0$， $\boldsymbol{E}=\int\mathrm{d}\boldsymbol{E}=\int\dfrac{\mathrm{d}q}{4\pi\varepsilon_0r^2}\boldsymbol{r}^0.$

2）电势

$$U_a=\frac{W_a}{q_0}=\int_a^{\text{“0”}}\boldsymbol{E}\cdot\mathrm{d}\boldsymbol{l}\quad(\text{式中“0”表示电势零点})$$

电势差： $U_{ab}=U_a-U_b=\int_a^b\boldsymbol{E}\cdot\mathrm{d}\boldsymbol{l}$ （与电势零点无关）.

电势叠加原理： $U=\sum\limits_iU_i=\sum\limits_i\dfrac{q_i}{4\pi\varepsilon_0r_i}$， $U=\int\dfrac{\mathrm{d}q}{4\pi\varepsilon_0r}.$

场强与电势的关系： $U_a=\int_a^{\text{“0”}}\boldsymbol{E}\cdot\mathrm{d}\boldsymbol{l}$ （积分关系）.

$$\boldsymbol{E}=-\nabla U,\quad E_l=-\frac{\partial U}{\partial l}\quad(\text{微分关系})$$

3）电势能

$$W_a=q_0\int_a^{\text{“0”}}\boldsymbol{E}\cdot\mathrm{d}\boldsymbol{l}=q_0U_a\quad(\text{式中“0”表示电势能零点})$$

电荷在电场中移动($a\to b$)时,电场力做功

$$A_{ab}=W_a-W_b=q(U_a-U_b)=q\int_a^b\boldsymbol{E}\cdot\mathrm{d}\boldsymbol{l}$$

3. 基本场方程

1）高斯定理

$$\oint_S\boldsymbol{E}\cdot\mathrm{d}\boldsymbol{S}=\frac{1}{\varepsilon_0}\sum_{(S内)}q_i\quad(\text{表明静电场是有源场})$$

2）环路定理

$$\oint_L\boldsymbol{E}\cdot\mathrm{d}\boldsymbol{l}=0\quad(\text{表明静电场是保守场})$$

4. 基本方法

1）场强 $\boldsymbol{E}$ 的计算

电荷分布具有某种对称性时,应用高斯定理较为方便.一般情况下,应用点电荷的场强公式和场强叠加原理(包括补偿法).也可先求电势,再应用场强与电势的微分关系求场强.

2）电势 U 的计算

场强分布已知或容易确定时,根据电势定义式,利用场强的线积分计算.一般情况下,应

用点电荷的电势公式和电势叠加原理(包括补偿法).

5. 典型电场

1) 均匀带电球面

$$E_{内}=0,\qquad E_{外}=\frac{q}{4\pi\varepsilon_0 r^2}\quad(\boldsymbol{E}\text{ 的方向沿径向})$$

$$U_{内}=\frac{q}{4\pi\varepsilon_0 R},\qquad U_{外}=\frac{q}{4\pi\varepsilon_0 r}$$

2) 无限长均匀带电直线

$$E=\frac{\lambda}{2\pi\varepsilon_0 r}\quad(\boldsymbol{E}\text{ 的方向垂直于带电直线})$$

3) 无限大均匀带电平面

$$E=\frac{\sigma}{2\varepsilon_0}\quad(\boldsymbol{E}\text{ 的方向垂直于带电平面})$$

4) 均匀带电圆环

$$\text{轴线上:}\quad E=\frac{qx}{4\pi\varepsilon_0(R^2+x^2)^{3/2}}(\boldsymbol{E}\text{ 的方向沿轴向})$$

$$U=\frac{q}{4\pi\varepsilon_0 r}=\frac{q}{4\pi\varepsilon_0(R^2+x^2)^{1/2}}$$

注意:以上电势表达式均以无穷远处为电势能零点.

习　题

(一)选择题和填空题

8.1 图中所示曲线表示球对称或轴对称静电场的某一物理量随径向距离 r 变化的关系,请指出该曲线可描述下列哪方面内容(E 为电场强度的大小,U 为电势)[　]

(A) 半径为 R 的无限长均匀带电圆柱体电场的 E-r 关系.

(B) 半径为 R 的无限长均匀带电圆柱面电场的 E-r 关系.

(C) 半径为 R 的均匀带正电球体电场的 U-r 关系.

(D) 半径为 R 的均匀带正电球面电场的 U-r 关系.

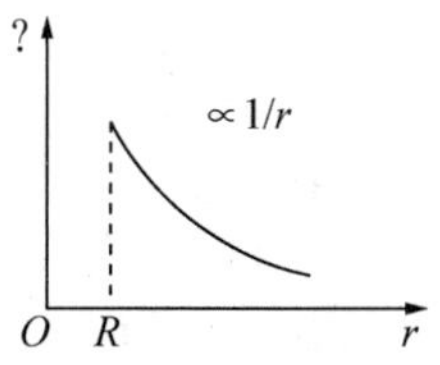

题 8.1 图

8.2 如图所示,在点电荷 q 的电场中,选取以 q 为中心、R 为半径的球面上一点 P 处作电势零点,则与点电荷 q 距离为 r 的 P' 点的电势为 [　]

(A) $\dfrac{q}{4\pi\varepsilon_0 r}$.　　(B) $\dfrac{q}{4\pi\varepsilon_0}\left(\dfrac{1}{r}-\dfrac{1}{R}\right)$.

(C) $\dfrac{q}{4\pi\varepsilon_0(r-R)}$.　　(D) $\dfrac{q}{4\pi\varepsilon_0}\left(\dfrac{1}{R}-\dfrac{1}{r}\right)$.

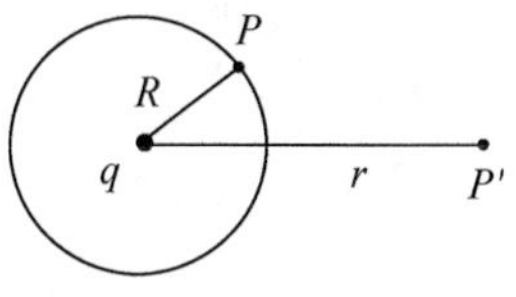

题 8.2 图

8.3 真空中有一点电荷 Q,在与它相距为 r 的 a 点处有一试验电荷 q. 现使试验电荷 q 从 a 点沿半圆弧轨道运动到 b 点,如图所示. 则电场力对 q 做功为 [　]

(A) $\dfrac{Qq}{4\pi\varepsilon_0 r^2}\cdot\dfrac{\pi r^2}{2}$.　　(B) $\dfrac{Qq}{4\pi\varepsilon_0 r^2}\cdot 2r$.

(C) $\dfrac{Qq}{4\pi\varepsilon_0 r^2}$.　　(D) 0.

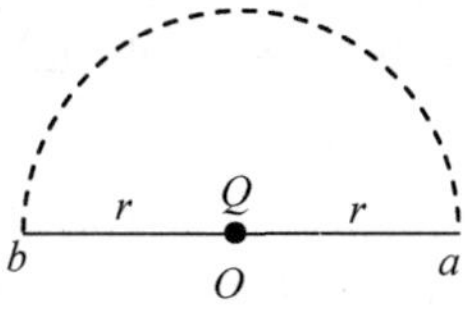

题 8.3 图

8.4 AC 为一根长为 $2l$ 的带电细棒，左半部均匀带有负电荷，右半部均匀带有正电荷，电荷线密度分别为 $-\lambda$ 和 $+\lambda$，如图所示. O 点在棒的延长线上，距 A 端的距离为 l. P 点在棒的垂直平分线上，到棒的垂直距离为 l. 以棒的中点 B 为电势的零点. 则 O 点电势 $U_O=$__________；P 点电势 $U_P=$__________.

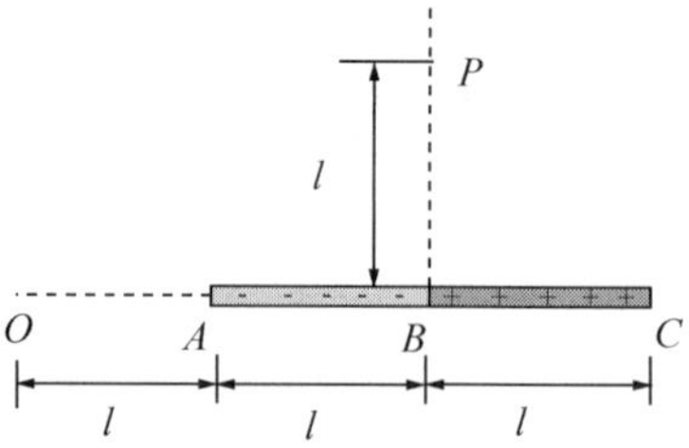

题 8.4 图

8.5 已知空气的介电强度(击穿场强)为 30 kV·cm^{-1}，空气中一带电球壳直径为 1 m，以无限远处为电势零点，该球壳能达到的最高电势是__________.

8.6 已知某静电场的电势分布为 $U=8x+12x^2y-20y^2$ (SI)，则场强分布 $\boldsymbol{E}=$__________.

(二)问答题和计算题

8.7 (1) 在电场中某一点的场强定义为 $\boldsymbol{E}=\boldsymbol{F}/q_0$，若该点没有试验电荷，那么该点的场强如何？如果电荷在电场中某点受的电场力很大，该点的电场强度是否一定很大？(2) 根据点电荷的场强公式 $\boldsymbol{E}=\frac{q}{4\pi\varepsilon_0 r^2}\boldsymbol{r}^0$，从形式上看，当所考察的场点和点电荷 q 的距离 $r\to0$ 时，则按上述公式 $E\to\infty$，但这是没有物理意义的. 对这个问题你如何解释？

8.8 有人认为：(1) 如果高斯面上 $\boldsymbol{E}$ 处处为零，则该面内必无电荷；(2) 如果高斯面内无电荷，则该面上 $\boldsymbol{E}$ 处处为零；(3) 如果高斯面上 $\boldsymbol{E}$ 处处不为零，则该面内必有电荷；(4) 如果高斯面内有电荷，则该面上 $\boldsymbol{E}$ 处处不为零. 以上所说的高斯面是指空间任一闭合面. 你认为这些说法是否正确？为什么？

8.9 试用环路定理证明：静电场的电场线永不闭合.

8.10 在点电荷的电场中，正电荷顺着电场线方向运动，电势能由大变小还是由小变大？为什么？正电荷逆着电场线方向运动，电势能由大变小还是由小变大？为什么？若换成负电荷，情况又如何？

8.11 以下各种说法是否正确？为什么？(1) 场强为零的地方，电势一定为零；电势为零的地方，场强一定为零. (2) 电势较高的地方，场强一定较大；场强较小的地方，电势一定较低. (3) 场强大小相等的地方，电势相等；电势相等的地方，场强也都相等. (4) 带正电的物体，电势一定是正的；带负电的物体，电势一定是负的. (5) 不带电的物体，电势一定等于零；电势为零的物体一定不带电.

8.12 三个电量为 $-q$ 的点电荷置于边长为 r 的等边三角形的三个顶点上. 电荷 $+Q$ 位于三角形的重心. 为使每个负电荷受力为零，Q 值应为多大？

8.13 两个电量都是 $+q$ 的点电荷，相距 $2a$，连线的中点为 O. 今在它们连线的垂直平分线上放另一点电荷 q'，q' 与 O 点相距 r. (1) 求 q' 所受的力；(2) q' 放在哪一点时，所受的力最大？(3) 若 q' 在所放的位置上从静止释放，任其自己运动，q' 将如何运动？试分别讨论 q' 与 q 同号和异号两种情况.

8.14 两个相同的小球，质量都是 m，带等量同号电荷 q，各用长为 l 的细线挂在同一点上，如图所示. 设两小球平衡时两线夹角为 2θ (很小). 试证两小球的距离 x 可近似表示为

$$x\approx\left(\frac{q^2 l}{2\pi\varepsilon_0 mg}\right)^{1/3}$$

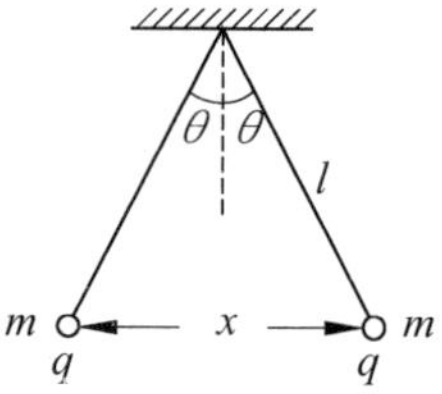

题 8.14 图

(1) 设 $l=1.20$ m，$m=10\times10^{-3}$ kg，$x=5.0\times10^{-2}$ m，问小球上的电量 q 是多少？

(2) 如果每个小球都以 1.0×10^{-9} C·s^{-1} 的变化率失去电荷，问两球彼此趋近的瞬时相对速率(即 $\mathrm{d}x/\mathrm{d}t$)是多少？

8.15 长 $l=15.0$ cm 的直线 AB 上，均匀分布着线密度 $\lambda=5.0\times10^{-9}$ C·m^{-1} 的正电荷，如图所示. 求：(1) 在该直线的延长线上与 B 端相距 $d_1=5.0$ cm 处的 P 点的场强；(2) 在该直线的垂直平分线上与线中点相距 $d_2=5.0$ cm 处的 Q 点的场强.

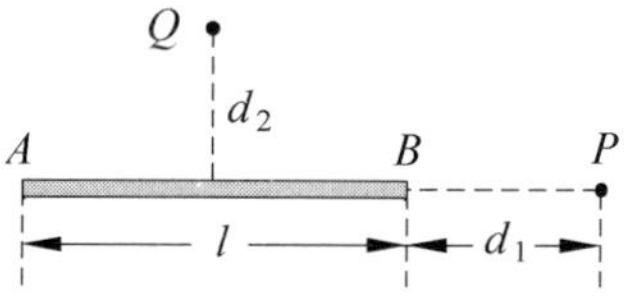

题 8.15 图

8.16　两条平行的无限长均匀带电直线，相距为 a，线电荷密度分别为 $\pm\lambda$，如图所示. 求：(1) 这两条线构成的平面上任一点(该点到其中一条线的垂直距离为 x)的场强；(2) 这两条线单位长度上所受的作用力.

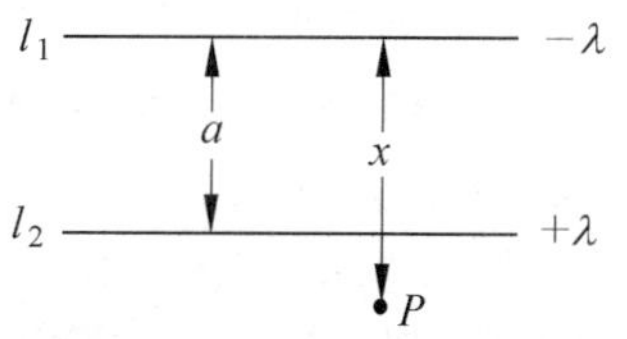

题 8.16 图

8.17　一根不导电的细塑料杆，被弯成近乎完整的圆，半径为 0.5 m，杆的两端有2 cm的缝隙，3.12×10^{-9} C 的正电荷均匀地分布在杆上，求圆心处场强的大小和方向.

8.18　一无限大平面上有一半径为 R 的圆洞，设平面均匀带电，电荷面密度为 σ. 求该洞的轴线上离洞心为 r 处的场强.

8.19　求下列电通量：(1) 一点电荷 q 位于一立方体中心，立方体边长为 a. 试问通过立方体一面的电通量是多少？(2) 如果该电荷移到立方体的一个顶角上，这时通过立方体每一面的电通量是多少？(3) 如图(a)所示，S 是一球形闭合曲面，当电荷 q 分别处在球心 O 点和球面 S 内 B 点时，通过 S 面的电通量是否相同？当此电荷处在 S 面外的 P 点或 Q 点时，通过 S 面的电通量又如何？(4) 如图(b)所示，在点电荷 q 的电场中，取半径为 R 的圆平面，q 在圆平面轴线上的 A 点处. 试计算通过此圆平面的电通量$\left(\text{图中}\overline{OA}=x, \overline{OB}=R, \alpha=\arctan\dfrac{R}{x}\right)$.

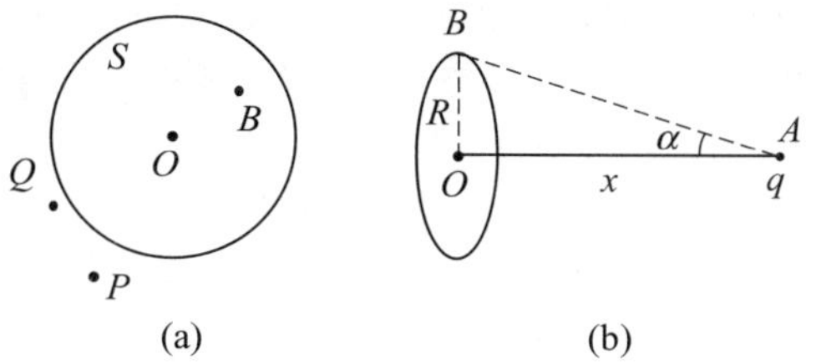

题 8.19 图

8.20　两个同心球面，半径分别为 0.10 m 和 0.30 m，小球面上带有电荷 1.0×10^{-8} C，大球面上带有电荷 1.5×10^{-8} C. 求离球心：(1)0.05 m；(2)0.20 m；(3)0.50 m 各处的电场强度. 问电场强度是否是坐标 r(离球心的距离)的连续函数？

8.21　两个无限长同轴圆筒，半径分别为 R_1 和 R_2($R_2>R_1$)，单位长度带电量为 $+\lambda$ 和 $-\lambda$. 求内筒之内、两筒之间和外筒之外的电场强度分布.

8.22　半径为 R 的无限长均匀带电圆柱体，体电荷密度为 ρ，求电场强度分布，并作出 E-r 曲线.

8.23　求一无限大均匀带电厚壁的电场分布，设壁厚为 D，体电荷密度为 ρ. 画出 E-x 曲线，x 为垂直于壁面的坐标，原点在厚壁的中点.

8.24　如图所示，厚为 b 的“无限大”带电平板，其体电荷密度为 $\rho=kx$ ($0\leqslant x\leqslant b$)，式中 k 为正的常量. (1)求平板外两侧任一点 P_1 和 P_2 处场强的大小；(2)求板内任一点 P 处的场强；(3)场强为零的点在何处？

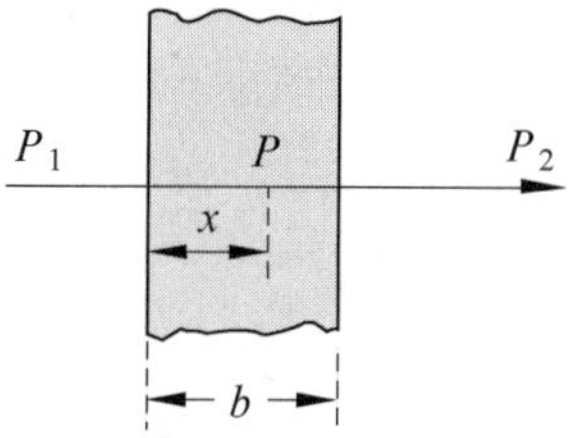

题 8.24 图

8.25　在半径为 R、体电荷密度为 ρ 的均匀带电球体内挖去一个半径为 r ($r<R$)的小球体. 求证：由此形成的空腔内的电场是均匀的，并求出场强的量值.

8.26　如图所示，电场强度在三个坐标轴方向的分量为 $E_x=b\sqrt{x}$，$E_y=E_z=0$，其中 $b=800\ \mathrm{N\cdot C^{-1}}$. 试求：(1) 通过正立方体的电通量；(2) 正立方体的总电荷大小. 设 $a=10$ cm.

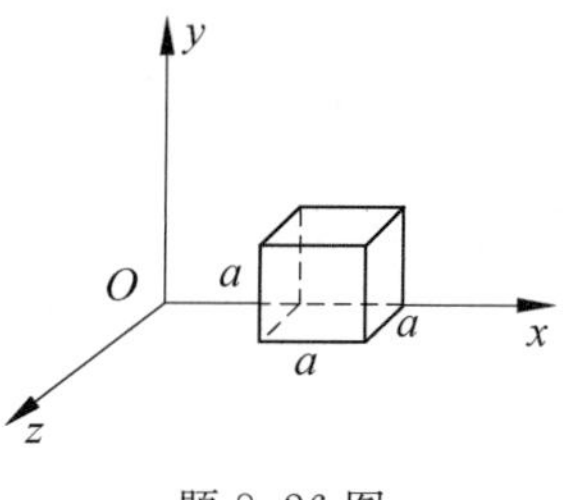

题 8.26 图

8.27　有一均匀电场，场强的方向自左向右. 把一个带电 $q=3\times10^{-9}$ C 的质点自右向左移动 5 cm，已知外力做功 6×10^{-5} J，质点的动能增加了 4.5×10^{-5} J. 求：(1) 电场力所做的功；(2) 场强的大小.

8.28 如图所示,$\overline{AB}=2l$, $\overset{\frown}{OCD}$是以B为中心、l为半径的半圆.A点有正电荷$+q$,B点有负电荷$-q$.问:(1) 把单位正电荷从O点沿$\overset{\frown}{OCD}$移到D点,电场力对它做了多少功?(2) 把单位负电荷从D点沿AB的延长线移到无限远处,电场力对它做了多少功?

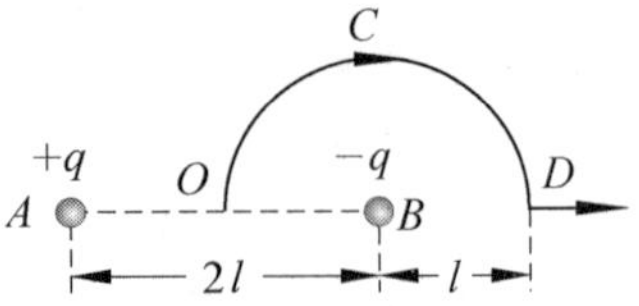

题 8.28 图

8.29 如图所示,两均匀带电薄球壳同心放置,半径分别为a和b($a<b$),在外球壳半径b及内外球壳间的电势差ΔU维持恒定的条件下,内球壳半径a为多大时才能使内球壳表面附近的电场强度最小?其值等于多少?

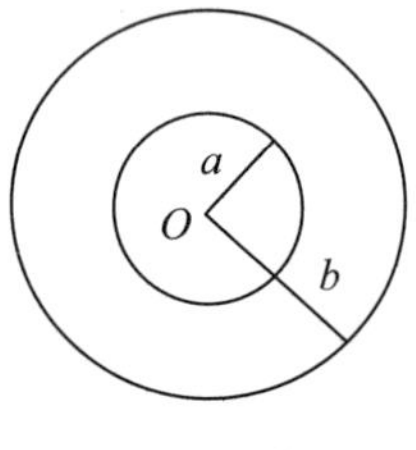

题 8.29 图

8.30 一计数管中有一直径为2.0 cm的金属长圆筒,在圆筒的轴线处装有一根直径为1.27×10^{-5} m的细金属丝.设金属丝与圆筒的电势差为1×10^{3} V.求:(1) 金属丝表面场强的大小;(2) 圆筒内表面场强的大小.

8.31 两个同心球面,半径分别为10 cm和30 cm,小球面均匀带有正电荷1×10^{-8} C,大球面均匀带有正电荷1.5×10^{-8} C.求离球心分别为20 cm和50 cm两点的电势.

8.32 一均匀带电细杆,长$l=15.0$ cm,线电荷密度$\lambda=2.0\times10^{-7}\,\mathrm{C\cdot m^{-1}}$.求:(1) 细杆延长线上与杆的一端相距$a=5.0$ cm处的电势;(2) 细杆中垂线上与细杆相距$b=5.0$ cm处的电势.

8.33 一无限大平行板电容器的两板A、B相隔5.0 cm,板上各带电荷$\sigma=3.3\times10^{-6}\,\mathrm{C\cdot m^{-2}}$,$A$板带正电,$B$板带负电并接地(地的电势为零),如图所示.求:(1) 两极板之间距A板1.0 cm处的P点的电势;(2) A板的电势.

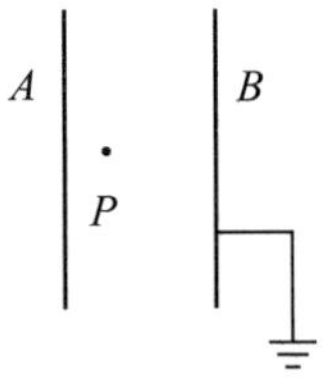

题 8.33 图

8.34 一圆盘的半径$R=8.0\times10^{-2}$ m,均匀带电,面电荷密度$\sigma=2.0\times10^{-5}\,\mathrm{C\cdot m^{-2}}$,求:(1) 通过盘心且垂直于盘面的轴线上任一点的电势(用该点与盘心的距离x表示);(2)从电场强度和电势梯度的关系,求该点的电场强度;(3) 计算$x=6.0\times10^{-2}$ m处的电势和场强.

第 9 章　静电场中的导体与电介质

我们在上一章讨论了真空中的静电场.实际上真空只不过是一种理想情况,实际电场中总会有导体或电介质.导体和电介质是实物物质,由于其内部特殊的电结构,当它们处在静电场中时,就会和静电场产生相互作用并相互影响.在这一章,我们将研究静电场和导体、电介质的相互作用规律,讨论导体和电介质的有关性质.本章内容不仅在静电应用方面有实用价值,而且在理论上也是后续学习的重要基础.

9.1　静电场中的导体

金属导体的电结构特征是其内部有大量可以自由移动的电荷——自由电子.若把金属导体放入静电场,导体内的自由电子将在电场力作用下做宏观定向运动,从而使导体上的电荷重新分布,最终达到静电平衡,这种现象叫作静电感应.研究表明,达到静电平衡状态所需时间仅约 10^{-6} s,因此静电感应过程属于非平衡问题,静电学中不予讨论.我们只讨论静电场与导体之间通过相互影响达到静电平衡状态以后,电荷和电场的分布规律.

9.1.1　导体的静电平衡条件

导体的静电平衡状态是指导体内部和表面都没有电荷定向移动的状态.这种状态只有在导体内部的电场强度处处为零,紧靠导体表面处的电场强度沿导体表面的切向分量也处处为零时才有可能达到并得以维持.否则,自由电子会在电场力作用下发生定向移动.由此可知,导体静电平衡的条件是:

(1) 导体内部的场强处处为零;

(2) 导体以外靠近其表面处的场强处处与表面垂直.

由导体静电平衡的条件以及电势差的计算式(8.27)可知,在静电平衡状态下导体内部以及表面上任意两点间的电势差均为零.因而有如下推论:**导体是等势体,导体表面是等势面.**

应当指出,静电场中的导体达到静电平衡的条件是由导体的电结构特征和静电平衡的要求决定的,与导体的形状大小无关.

9.1.2　静电平衡状态下导体上的电荷分布

从静电平衡条件出发,结合静电场的基本规律,可以得出导体处于静电平衡状态时,其电荷分布的规律.

1. 导体所带电荷只能分布在它的表面上，导体内部净电荷处处为零

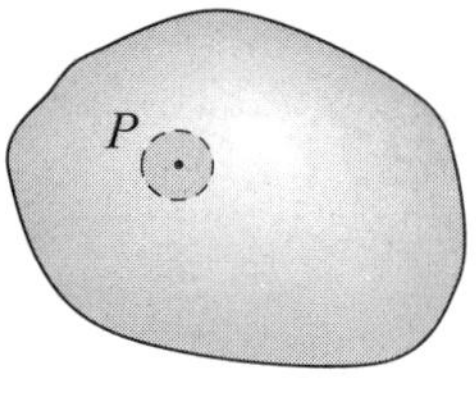

图 9.1

设有一实心导体，带电量为 Q. 在导体内部围绕任一点 P 作一个小闭合曲面 S，如图 9.1 所示. 由于静电平衡时 $E_{内}=0$，因此通过 S 面的电通量为零，由高斯定理可知，S 面内电荷的代数和等于零，即 S 面内无净电荷. 由于 S 面很小，P 是导体内任意一点，所以整个导体内部无净电荷，所带电荷只能分布在导体的表面上.

2. 导体表面上各处的面电荷密度与该处表面外附近空间的电场强度大小成正比

雅各布天梯

如图 9.2 所示，在 P 点附近的导体表面取一面元 ΔS，这面元取得充分小，以致该处导体表面的电荷密度 σ 可认为是均匀的. 作扁圆柱形高斯面，使其侧面与 ΔS 垂直，上、下底面与 ΔS 平行，并且分别处于导体的外、内部. 由于 $E_{内}=0$，圆柱形侧面与场强方向平行，因此穿过整个高斯面的电通量为 $E_{表面}\cdot\Delta S$，高斯面内包围的电荷就是 $\sigma\cdot\Delta S$，根据高斯定理，有

$$E_{表面}\cdot\Delta S=\frac{\sigma\cdot\Delta S}{\varepsilon_0}$$

即

$$E_{表面}=\frac{\sigma}{\varepsilon_0} \tag{9.1}$$

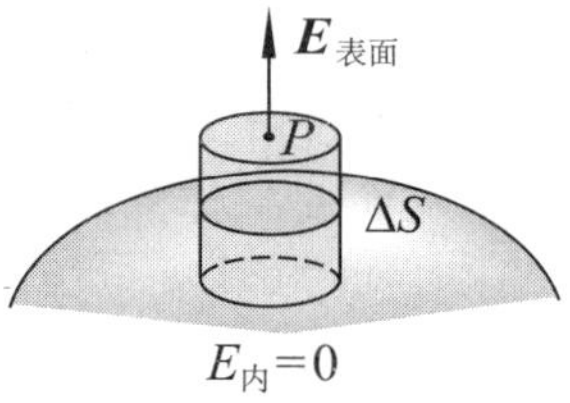

图 9.2

可见 $E_{表面}$ 与 σ 成正比，且 $\sigma>0$ 时，$\boldsymbol{E}_{表面}$ 的方向垂直于导体表面向外，$\sigma<0$ 时，$\boldsymbol{E}_{表面}$ 的方向垂直于导体表面向内.

值得注意的是，导体表面外附近空间的场强 $\boldsymbol{E}_{表面}$ 是空间所有电荷的贡献之和，而不只是该处表面上的电荷产生的.

静电滚筒

3. 孤立导体的面电荷密度与其表面的曲率有关，曲率大处面电荷密度也大

电风吹蜡烛

图 9.3(a)是一个有尖端的导体表面电荷和场强分布情况的示意图. 可以看出，尖端附近的面电荷密度大，它周围的电场很强. 尖端周围空气中原来散存着的带电粒子(如电子或离子)，在这强电场作用下做加速运动时就可能获得足够大的能量，以致在它们和空气分子碰撞时使空气分子电离成电子和离子，电离产生的电子和离子经电场加速后，又使更多的空气分子电离. 这样就会在尖

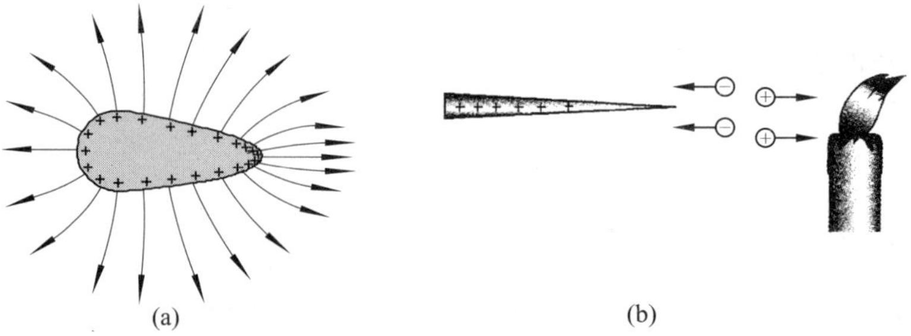

图 9.3

端附近的空气中产生大量的带电粒子，其中与尖端所带电荷异号的带电粒子，受尖端上电荷吸引，飞向尖端，使尖端上的电荷被中和；与尖端上电荷同号的带电粒子受排斥而飞向远方. 上述带电粒子的运动过程就好像是尖端上的电荷不断地向空气中释放一样，称为**尖端放电**现象. 若在尖端附近放置一点燃的蜡烛，蜡烛的火焰则会受到这种离子流形成的"电风"吹动而偏斜，如图 9.3(b)所示.

电风轮

在高电压设备中，为了防止因尖端放电引起的危害和漏电损耗，输电线都用较粗且表面光滑的导线；设备零部件表面光滑，并尽可能做成球面形状. 与此相反，在很多情况下，人们还要利用尖端放电现象. 例如，火花放电设备的电极往往做成尖端形状；避雷针也是根据尖端放电的道理制成的，这种避雷针目前广泛应用于武器弹药仓库、炸药等危险品生产厂房、重要军事设施等场所，是防雷击的重要措施.

避雷针

例 9.1　两块平行等大的矩形导体板，面积为 S，其长、宽的线度比两板间的距离大得多，两板分别带有电量 Q_a 和 Q_b($Q_a>0$，$Q_b>0$). 求静电平衡时两板表面的电荷分布.

解　两块板共有四个表面，设达到静电平衡时，面电荷密度分别为 σ_1、σ_2、σ_3 和 σ_4，如图 9.4 所示. 由题意有

$$\sigma_1 S+\sigma_2 S=Q_a$$

$$\sigma_3 S+\sigma_4 S=Q_b$$

由于静电平衡时导体内部场强处处为零，又由于板间电场与板面垂直，因此对于如图所示的高斯面来说，由高斯定理可得

$$\sigma_2+\sigma_3=0$$

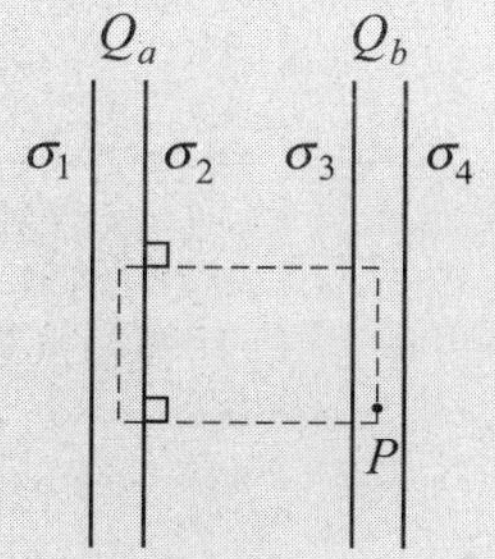

图 9.4

假设各面所带电荷均为正，则电场强度方向均应垂直于各板面向外. 设向右方向为正，在右边导体内任一点 P 的场强应为四个无限大带电平面的电场的叠加，据式(8.20)，有

$$E_P=\frac{\sigma_1}{2\varepsilon_0}+\frac{\sigma_2}{2\varepsilon_0}+\frac{\sigma_3}{2\varepsilon_0}-\frac{\sigma_4}{2\varepsilon_0}=0$$

即

$$\sigma_1+\sigma_2+\sigma_3-\sigma_4=0$$

将以上四式联立求解，可得

$$\sigma_1=\sigma_4=\frac{Q_a+Q_b}{2S},\qquad \sigma_2=-\sigma_3=\frac{Q_a-Q_b}{2S}$$

可见两板相对的两面带等量异号电荷，外侧两面带等量同号电荷.

如果将其中一块板接地，那么电荷分布将如何变化？请读者自己思考.

例 9.2　如图 9.5 所示，一半径为 R_1 的金属球 A 带有电量 q_1，它外面有一个同心的金属球壳 B，其内外半径分别为 R_2 和 R_3，带有电量 q. 求此系统在静电平衡状态下的电荷分布、电场分布和球与球壳之间的电势差. 如果用导线将球与球壳连接一下再断开，结果又将如何？

解 由静电平衡条件可知,金属球 A 和球壳 B 内部的电场强度 $E_{内}=0$,电荷均匀分布在它们的表面上. 以 q_2、q_3 分别表示球壳 B 内外表面上的总电荷,在球壳 B 内作一个如图虚线所示的闭合曲面为高斯面,根据高斯定理可得

$$q_1+q_2=0$$

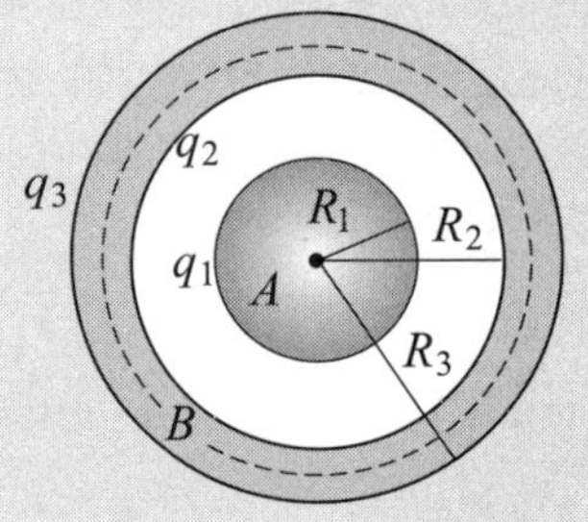

图 9.5

因此

$$q_2=-q_1$$

由于球壳 B 的总电荷守恒,即

$$q_2+q_3=q$$

所以

$$q_3=q-q_2=q+q_1$$

应用高斯定理求得空间电场强度的分布为

$$E_1=\frac{q_1}{4\pi\varepsilon_0 r^2}\qquad (R_1<r<R_2)$$

$$E_2=\frac{q_1+q}{4\pi\varepsilon_0 r^2}\qquad (r>R_3)$$

电场的方向沿径向.

根据电势定义,积分可得空间电势的分布为

$$\begin{aligned}U_1&=\int_r^{\infty}\boldsymbol{E}\cdot \mathrm{d}\boldsymbol{r}\\&=\int_r^{R_1}E_{内}\,\mathrm{d}r+\int_{R_1}^{R_2}E_1\,\mathrm{d}r+\int_{R_2}^{R_3}E_{内}\,\mathrm{d}r+\int_{R_3}^{\infty}E_2\,\mathrm{d}r\\&=\frac{q_1}{4\pi\varepsilon_0 R_1}-\frac{q_1}{4\pi\varepsilon_0 R_2}+\frac{q+q_1}{4\pi\varepsilon_0 R_3}\qquad (r<R_1)\end{aligned}$$

$$\begin{aligned}U_2&=\int_r^{R_2}E_1\,\mathrm{d}r+\int_{R_2}^{R_3}E_{内}\,\mathrm{d}r+\int_{R_3}^{\infty}E_2\,\mathrm{d}r\\&=\frac{q_1}{4\pi\varepsilon_0 r}-\frac{q_1}{4\pi\varepsilon_0 R_2}+\frac{q+q_1}{4\pi\varepsilon_0 R_3}\qquad (R_1<r<R_2)\end{aligned}$$

$$\begin{aligned}U_3&=\int_r^{R_3}E_{内}\,\mathrm{d}r+\int_{R_3}^{\infty}E_2\,\mathrm{d}r\\&=\frac{q+q_1}{4\pi\varepsilon_0 R_3}\qquad (R_2<r<R_3)\end{aligned}$$

$$U_4=\int_r^{\infty}E_2\,\mathrm{d}r=\frac{q+q_1}{4\pi\varepsilon_0 r}\qquad (r>R_3)$$

球 A 与球壳 B 之间的电势差为

$$U_A-U_B=U_1-U_3=\frac{q_1}{4\pi\varepsilon_0}\left(\frac{1}{R_1}-\frac{1}{R_2}\right)$$

如果用导线将球 A 和球壳 B 连接一下再断开,则 A 的外表面和 B 的内表面上的电荷完全中和,两个表面不再带电. 球壳外表面的电荷仍为 $q+q_1$,而且均匀分布. 空间电场分布为

$$E_1'=0\quad (r<R_3)$$

$$E'_2 = \frac{q + q_1}{4\pi\varepsilon_0 r^2} \quad (r > R_3)$$

球与球壳电势相等，电势差变为零.

也可以假设导线连接一下再断开以后三个球面的带电量分别为 q'_1、q'_2、q'_3，再根据导体内场强为零及总电量不变、球与球壳等电势等条件进行求解.

例 9.3　如图 9.6 所示，一半径为 R 的导体球原来不带电，将它放在点电荷 $+q$ 的电场中，球心与点电荷相距 d，求导体球的电势. 若将导体球接地，求其上的感应电荷电量.

解　因为导体球是一个等势体，所以只要求得球内任一点的电势，即为导体球的电势. 设导体球上的感应净电量为 Q. 由于导体球上的电荷均分布在表面上，所有电荷到球心的距离都相等，因此，球面上电荷分布的变化对球心的电势没有影响.

球心的总电势 U_O 等于点电荷 q 和球面电荷 Q 在球心产生电势的叠加，即

$$U_O = \frac{q}{4\pi\varepsilon_0 d} + \frac{Q}{4\pi\varepsilon_0 R}$$

因球上原来不带电，即 $Q=0$，故导体球的电势为

$$U = U_O = \frac{q}{4\pi\varepsilon_0 d}$$

若将导体球接地，则 Q 不再为零，由

$$U = \frac{q}{4\pi\varepsilon_0 d} + \frac{Q}{4\pi\varepsilon_0 R} = 0$$

得到

$$Q = -\frac{R}{d}q$$

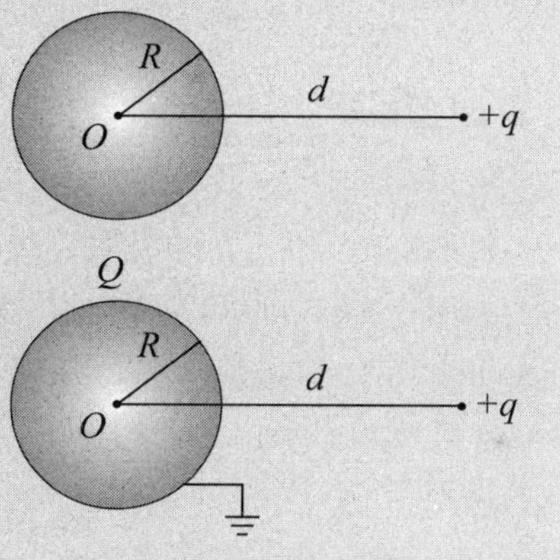

图 9.6

静电摆球

静电跳球

9.1.3　空腔导体　静电屏蔽

1. 空腔导体

所谓空腔导体就是一个空心的导体壳. 静电平衡时，这种导体上的电荷分布有如下特点：

(1) 腔内无带电体时，导体的电荷只分布在它的外表面上.

设一导体带电量为 Q_0，导体内有一空腔，空腔内无带电体，如图 9.7(a)所示. 在导体内、外表面之间任取一高斯面 S，由静电平衡条件，S 面上场强处处为零，故通过 S 面的电通量为零，因此 S 面内无净电荷. 下面进一步证明导体的内表面上也不带等量异号电荷. 采用反证法，假设导体内表面上有电荷，则由于 S 内净电荷为零，该表面上必有等量的异号电荷分布. 这时空腔内的场强不为零，从导体内表面上正电荷处发出的电场线穿过空腔终止于该表面上的负电

荷处.由于电场线指向电势降低的方向,所以导体内表面上各处的电势不相等,正电荷处电势高,负电荷处电势低.显然,这与导体在静电平衡时为一等势体的结论相矛盾,说明假设不成立.因此,空腔导体内表面没有电荷,电荷只能分布在导体的外表面上.

(2) 腔内有带电体时,空腔导体的内表面所带电荷与腔内电荷的代数和必为零.

设导体空腔内有电荷 q.在导体的内外表面之间作高斯面 S,由高斯定理可知,S 内电荷的代数和为零,因此导体内表面上必有等量异号的电荷 $-q$,如图 9.7(b)所示.

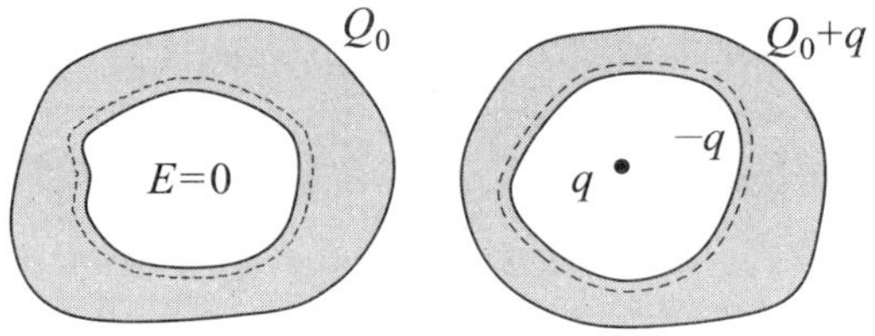

(a) (b)

图 9.7

2. 静电屏蔽

根据静电平衡导体内部电场强度处处为零这一规律,利用空腔导体将空腔内外电场隔离,使之互不影响,这种作用称为**静电屏蔽**.

如图 9.8(a)所示,空腔导体 A 原来不带电,其空腔内也没有带电体.当腔外有带电体 B,并达到静电平衡状态时,电场线将终止于导体的外表面而不能穿过导体进入腔内.这时导体是一等势体,空腔内电场强度为零,导体内表面上电荷也为零.结果表明,空腔导体(不论是否接地)的内部空间不受腔外电场的影响.

如图 9.8(b)所示,如果空腔内有带电体 C 存在,所带电量为 q.达到静电平衡时,导体的内外表面分别带有电荷 $-q$ 和 q,导体外的电场强度不再为零.这表明空腔内的电荷对腔外空间的电场有影响.为了消除这种影响,将导体接地,如图 9.8(c)所示,就能使导体外表面上的感应电荷 q 消失,于是腔内带电体对腔外空间电场的影响也随之消失.

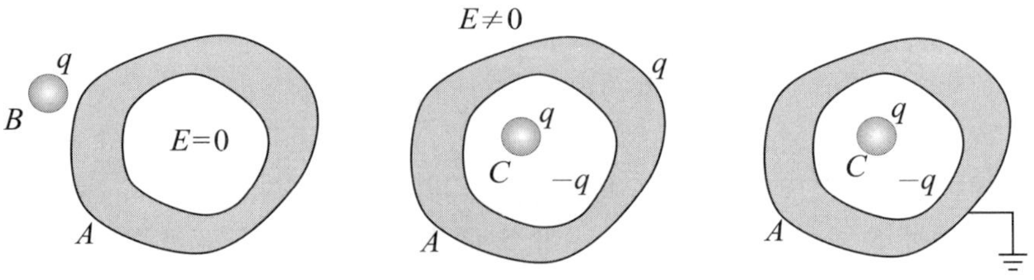

(a) (b) (c)

图 9.8

综上所述，一个接地的空腔导体可以隔离腔内外静电场的相互影响，这就是静电屏蔽的原理. 在实际应用中，电器设备的外壳用金属制成，就相当于把电器设备置于空腔导体内，把外壳接地，既可避免外界对电器设备的干扰，又能避免电器设备的电场对外界产生影响. 电子仪器中有些零件用金属壳屏蔽，高压设备常常罩上接地的金属罩或密密的金属网都是这个道理.

在现代高技术条件下的战争中，通信指挥和武器装备大量使用电子设备，如果没有周密严格的静电屏蔽措施，在使用中就会大大降低它们的效能. 特别是当敌方施放电磁干扰，发动电子战时，加强对指挥、控制、通信和情报系统等电子设备的屏蔽保护，对于夺取战争的胜利具有非常重要的意义.

9.2　电容　电容器

电容器既是储存电荷和电能的元件，又是阻隔直流、导通交流的电路器件，在电工电子技术及其设备中得到广泛的应用. 下面先讨论孤立导体的电容，然后再讨论电容器的电容.

9.2.1　孤立导体的电容

孤立导体是指其他导体和带电体都离它足够远的导体，因而其他导体或带电体对它的影响都可以忽略.

我们知道，真空中一个半径为 R、带电量为 q 的孤立导体球，以无穷远为电势能零点时，其电势 $U=q/(4\pi\varepsilon_0 R)$. 当 R 一定时，导体带电量增大几倍，其电势也增大几倍，而 q/U 保持不变. 表明真空中的孤立导体所带电量与其电势成正比. 孤立导体这种性质是普遍的，q/U 是一个与导体的带电量和电势无关的物理量，称为导体的**电容**，用 C 表示，即

$$C=\frac{q}{U}$$

上式表明，孤立导体的电容在数值上等于导体具有单位电势时所带的电量. 因此，导体的电容是表征导体容纳电荷能力的物理量.

对于真空中的孤立导体球，将电势 $U=q/(4\pi\varepsilon_0 R)$ 代入上式，得到其电容 $C=4\pi\varepsilon_0 R$. 可见，球的半径 R 越大，则电容 C 越大. 对于给定的导体，电容为一常量，它只与导体的形状和线度有关.

电容的单位为法拉，简称法，符号为 F. 法拉这个单位很大，在实用中常用微法（μF）和皮法（pF），它们之间的关系为

$$1\ \text{F}=10^6\mu\text{F},\quad 1\mu\text{F}=10^6\text{pF}$$

9.2.2　电容器的电容

实际上，孤立导体是不存在的，周围总会有其他导体. 由于静电感应会改变电场分布，故导体的电势不仅与其本身所带电量有关，而且还与周围其他导体的位置及形状有关. 因此，其他导体的存在会影响该导体的电容.

在实际应用中是设计一种导体组合，一方面使其电容量大而几何尺寸小，

另一方面要使这种导体组合的电容不受周围其他物体(包括带电体)的影响.两个靠近而又相互绝缘的导体所组成的系统就是这样的组合,称为**电容器**.系统中的两个导体称为电容器的两个极板,电容器带电时,常使两极板带等量异号电荷.电容器的电容定义为一个极板所带电量 $q(q>0)$ 与两极板间的电势差 U_1-U_2 $(U_1>U_2)$ 之比,即

$$C=\frac{q}{U_1-U_2} \tag{9.2}$$

前面提及的孤立导体,事实上并不存在,它至少和地球有关.所以孤立导体的电容实际上就是它和地球组成的电容器的电容.因为地球的电势一般取为零,所以孤立导体的电势实际上就是它与地球的电势差.

9.2.3 电介质对电容器电容的影响

设电容器两极板之间为真空时其电容为 C_0,两极板之间充满某种均匀电介质时其电容为 C,实验和理论都证明 C 和 C_0 的关系为

$$C=\varepsilon_r C_0 \tag{9.3}$$

即有电介质时电容器的电容为真空电容器电容的 ε_r 倍.ε_r 称为电介质的**相对电容率**(也叫**相对介电常量**),是一个纯数.ε_r 的值取决于电介质的性质以及它所处的状态(温度、压力等).表 9.1 列出了一些常见电介质的相对电容率.

表 9.1 几种电介质的相对电容率

电介质	ε_r	电介质	ε_r
真空	1	木材	2.5～8
空气	1.000585(1atm,0℃)	云母	3～6
石蜡	2.2	玻璃	5～10
橡胶	2.5～2.8	纯水	80
变压器油	3	钛酸钡	1000～10000

显然,空气的相对电容率接近于1,其他物质的相对电容率大于1,因此电容器内充入电介质后,其电容一般都要增大.有关电介质的具体内容将在下一节介绍.

9.2.4 几种典型电容器的电容

1. 平行板电容器

如图 9.9 所示,平行板电容器由两块靠得很近的平行极板组成.设两极板面积均为 S,间距为 d,两极板所带电量分别为 q 和 $-q$.在实际应用中,两极板间距通常很小,两极板面积的线度相对很大,因此两极板之间的电场接近于匀强电场.略去边缘效应,由高斯定理可得极板间的场强大小为

$$E=\frac{\sigma}{\varepsilon_0}$$

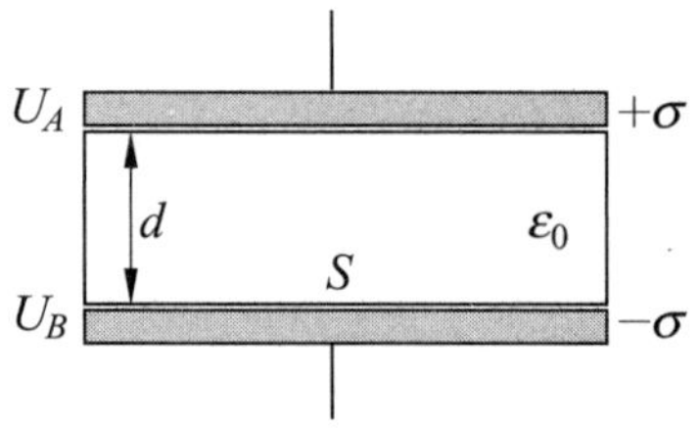

图 9.9

平行板电场分布

式中 $\sigma=\dfrac{q}{S}$ 为极板面电荷密度. $\boldsymbol{E}$ 的方向由带正电荷的极板指向带负电荷的极板. 两极板间的电势差为

$$U_A-U_B=\int_A^B \boldsymbol{E}\cdot \mathrm{d}\boldsymbol{l}=\frac{\sigma}{\varepsilon_0}d$$

由电容器电容的定义,可得平行板电容器的电容为

$$C_0=\frac{q}{U_A-U_B}=\frac{\varepsilon_0 S}{d} \tag{9.4a}$$

若两极板间充满电介质,则有

$$C=\varepsilon_r C_0=\frac{\varepsilon_0\varepsilon_r S}{d}=\frac{\varepsilon S}{d} \tag{9.4b}$$

式中 $\varepsilon=\varepsilon_0\varepsilon_r$ 称为电介质的**电容率**(也叫**介电常量**). 由式(9.4a)可见,平行板电容器的电容与极板面积成正比,与极板间的距离成反比,而与组成极板的导体材料及其所带电量无关.

2. 圆柱形电容器

圆柱形电容器由两个同轴导体圆柱面组成,如图 9.10 所示. 设圆柱长度为 l,内、外圆柱面的半径分别为 R_A 和 R_B,且 $l\gg(R_B-R_A)$. 在此条件下,柱面两端的边缘效应可略去不计. 假定内、外圆柱面所带电量分别为 q 和 $-q$,柱面上电荷均匀分布,因此两圆柱面间的电场可看成是两个无限长均匀带电圆柱面的电场. 由高斯定理求得两柱面间离轴为 r 处的场强大小为

$$E=\frac{\lambda}{2\pi\varepsilon_0 r}\qquad (R_A<r<R_B)$$

式中 $\lambda=q/l$ 为圆柱面轴向单位长度上的电量,称为线电荷密度. 场强的方向垂直于圆柱面的轴线. 于是两圆柱面间的电势差为

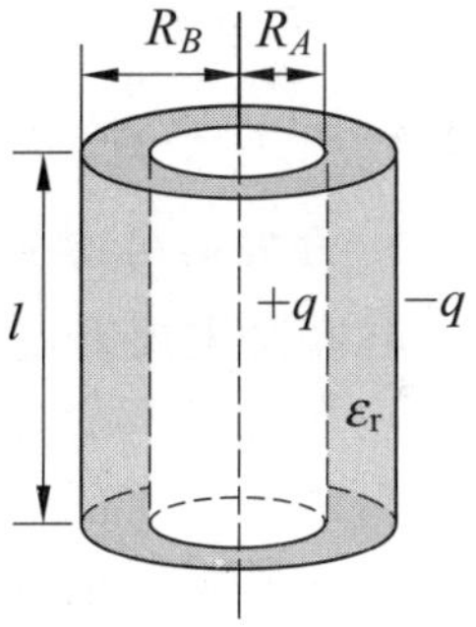

图 9.10

$$U_A-U_B=\int_A^B \boldsymbol{E}\cdot \mathrm{d}\boldsymbol{l}=\int_{R_A}^{R_B}\frac{\lambda}{2\pi\varepsilon_0 r}\mathrm{d}r=\frac{\lambda}{2\pi\varepsilon_0}\ln\frac{R_B}{R_A}$$

根据电容器电容的定义有

$$C_0=\frac{q}{U_A-U_B}=\frac{\lambda l}{\dfrac{\lambda}{2\pi\varepsilon_0}\ln\dfrac{R_B}{R_A}}=\frac{2\pi\varepsilon_0 l}{\ln\dfrac{R_B}{R_A}} \tag{9.5a}$$

若两圆柱面间充满相对电容率为 ε_r 的电介质,则其电容为

$$C=\varepsilon_r C_0=\frac{2\pi\varepsilon_0\varepsilon_r l}{\ln\dfrac{R_B}{R_A}}=\frac{2\pi\varepsilon l}{\ln\dfrac{R_B}{R_A}} \tag{9.5b}$$

3. 球形电容器

球形电容器由半径分别为 R_A 和 R_B 的两个同心导体球面组成,如图 9.11 所示. 设内外球面所带电量为 q 和 $-q$. 由高斯定理可得两球面间的电场分布为

$$E=\frac{q}{4\pi\varepsilon_0 r^2}\qquad (R_A<r<R_B)$$

两球面间的电势差为

$$U_A - U_B = \int_A^B \boldsymbol{E}\cdot \mathrm{d}\boldsymbol{l} = \int_{R_A}^{R_B} \frac{q}{4\pi\varepsilon_0 r^2}\mathrm{d}r = \frac{q}{4\pi\varepsilon_0}\left(\frac{1}{R_A} - \frac{1}{R_B}\right)$$

根据电容器定义,有

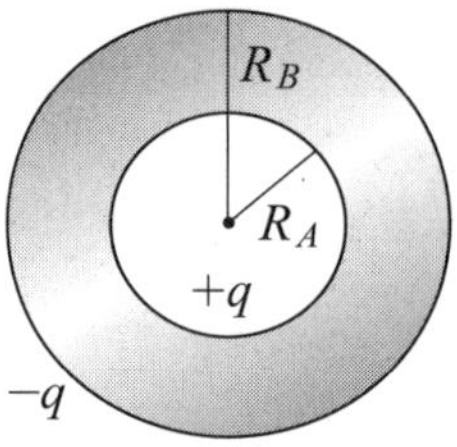

图 9.11

$$C_0 = \frac{q}{U_A - U_B} = \frac{4\pi\varepsilon_0 R_A R_B}{R_B - R_A} \tag{9.6a}$$

若两导体球面间充满相对电容率为 ε_r 的电介质,则其电容为

$$C = \varepsilon_r C_0 = \frac{4\pi\varepsilon_0 \varepsilon_r R_A R_B}{R_B - R_A} = \frac{4\pi\varepsilon R_A R_B}{R_B - R_A} \tag{9.6b}$$

上式表明,球形电容器的电容与内外球面的半径以及电介质的性质有关.

由以上计算结果可见:**电容器电容的大小取决于电容器极板的形状、大小、相对位置以及极板间电介质的性质**,而与电容器是否带电、带电多少及两极板间的电势差无关.

计算电容器电容的一般步骤是:

(1) 设电容器两个极板带有等量异号电荷,求出极板间的电场强度分布;

(2) 计算两极板间的电势差;

(3) 根据电容器电容的定义求电容.

9.2.5 电容器的连接及分布电容

1. 电容器的连接

电容器主要有电容和耐(电)压能力两个性能参数.其数值一般都按规定标注在电容器的外表面上,称为电容器的标称值.其中耐压是指电容器工作时两极板所能加载的最大电压.如外加电势差超过电容器上标称值,电容器两极板间电场强度太大,极板间的电介质就有击穿的危险,即电介质有可能失去绝缘性能而转化成导体.在实际应用中,单个电容器的标称值往往不能满足电路要求,需要把多个电容器根据电路要求按一定规则连接起来使用.

电容器的连接方式有串联、并联和混合连接三种.并联时各电容器两极间电压相同,总电容为

$$C = C_1 + C_2 + \cdots + C_n = \sum_{i=1}^{n} C_i \tag{9.7}$$

可见并联能使电容增大.串联时,各电容器所带电量相同,总电容为

$$\frac{1}{C} = \frac{1}{C_1} + \frac{1}{C_2} + \cdots + \frac{1}{C_n} = \sum_{i=1}^{n} \frac{1}{C_i} \tag{9.8}$$

可见,串联使电容减小,但能提高耐压能力.如果既要增大电容量,又要提高耐压能力,就必须采用既有并联,又有串联的混合连接方式.例如,现有电容为 C、耐压为 V 的相同电容器若干个,实际电路却需要电容为 $2C$,耐压为 $2V$ 的电容器一个.在这种情况下,就需要将 8 个现有的电容器混合连接成如图 9.12 所示

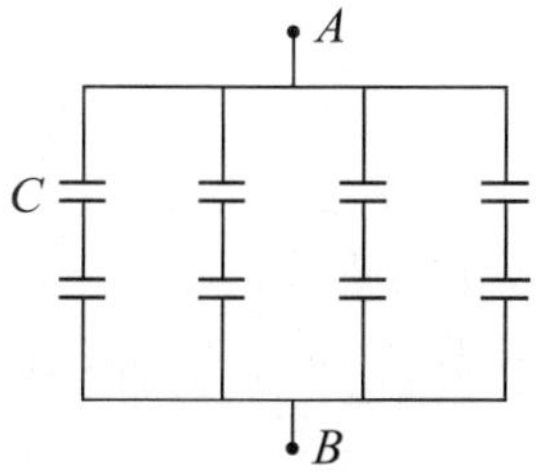

图 9.12

的电容器组.

电容器是一种重要的电器元件. 在电力系统中, 电容器既可以用来储存电荷和电能, 也是提高功率因素的重要元件. 在电子线路中, 电容器则是获得振荡、滤波、相移、旁路、耦合、阻隔直流等作用的重要元件. 电容器还可以用作传感器, 把距离的微小变化或介质特性的改变转化为电容的变化, 如计算机键盘的按键、触摸屏等就是其应用.

2. *分布电容*

前面介绍了孤立导体的电容和两个导体组成的电容器的电容. 但在实际问题中, 往往不是只存在一个、两个导体, 而是有一群导体. 按照电容的定义可知, 任何两个导体之间都存在着电容. 例如, 导线与导线之间, 电子元件的金属部件与导线之间, 电气电子设备内部的金属部件之间, 或者它们与设备的金属外壳之间, 电力传输线与地球之间, 等等, 都存在着电容. 这种电容在电工学和电子技术中通常称为**分布电容**. 在一般情况下, 这些导体相互之间的距离都比较远, 分布电容的量值都比较小, 其影响可以忽略不计. 但在精密测量、深入分析研究电磁理论问题等情况下, 就不能忽视分布电容的影响. 特别是在高频电子线路中, 必须认真对待分布电容问题.

9.3 静电场中的电介质

上一节讨论了导体和静电场的相互影响, 这一节将讨论静电场中的电介质和电场相互作用的规律. 讨论只限于均匀各向同性电介质, 且充满整个有场空间的情况.

9.3.1 电介质的电极化现象

电介质是指电阻率很大、导电能力很差的物质, 即**绝缘体**. 理想的绝缘体内部没有可以自由移动的电荷. 若把电介质放入静电场中, 电介质原子中的电子和原子核受电场力作用, 在原子大小的范围内做微观的相对移动, 但不能像导体中的自由电子那样脱离所属原子做宏观移动, 因此, 达到静电平衡时, 电介质内部的场强一般都不为零, 这正是电介质与导体在电性质方面的不同之处.

1. *有极分子和无极分子*

电介质中的每一个分子都是一个复杂的带电系统, 其正负电荷按一定规律分布在线度为 10^{-10}m 数量级的空间范围内. 考察外电场对分子的作用时, 分子的全部正电荷和全部负电荷可以等效地看成分别集中于两点, 正电荷集中的等效点叫作分子的正电荷中心; 负电荷集中的等效点叫作负电荷中心. 这样, 每一个中性分子就等效为一个电偶极子. 如果以 q 表示一个分子中正电荷或负电荷电量的绝对值, 以 $\boldsymbol{l}$ 表示从分子负电荷中心指向分子正电荷中心的矢量, 其大

小为正、负电荷中心之间的距离，则分子的等效电偶极矩为

$$\boldsymbol{p}_e = q\boldsymbol{l}$$

如果分子内部电荷分布不对称，正、负电荷中心不重合，这种分子具有固定的电矩，叫作**有极分子**，如 HCl、H_2O、CO、SO_2 等就是有极分子电介质. 另一类分子在无外电场作用时正、负电荷中心重合，分子固有电矩为零，这种分子叫作**无极分子**，如 He、H_2、N_2、O_2、CO_2 等就是无极分子电介质.

2. 位移极化和取向极化

讨论静电场对电介质的作用时，可以认为电介质是由大量微小的分子电偶极子组成的. 无极分子电介质在无外电场存在时，分子的正、负电荷中心重合，对外不显电性，如图 9.13(a)所示. 当有外电场存在时，分子的正、负电荷中心将发生相对位移，等效于一个电偶极子，因而每个分子都有一个大体沿外电场方向的电矩，一般称为分子电矩，如图 9.13(b)所示. 对于均匀电介质来说，其内部任一小体积内的异号电荷数量相等，即体电荷密度仍保持为零，但在电介质的两端面上却分别出现正、负电荷，如图 9.13(c)所示. 这种电荷不能用诸如接地之类的方法使它们脱离原子核的束缚而转移，所以把它们称为**束缚电荷**或**极化电荷**. 这种在外电场作用下电介质表面产生束缚电荷的现象称为电介质的极化. 因为这种极化是由正、负电荷中心发生相对位移引起的，所以无极分子电介质的极化又叫**位移极化**. 显然，外电场越强，分子的正、负电荷中心产生的位移越大，分子的电矩也越大，电介质两端面因极化产生的束缚电荷也就越多，电介质的极化就越强. 当撤去外电场后，正、负电荷中心又重合在一起，分子电矩又变为零，极化现象随之消失.

电介质的极化

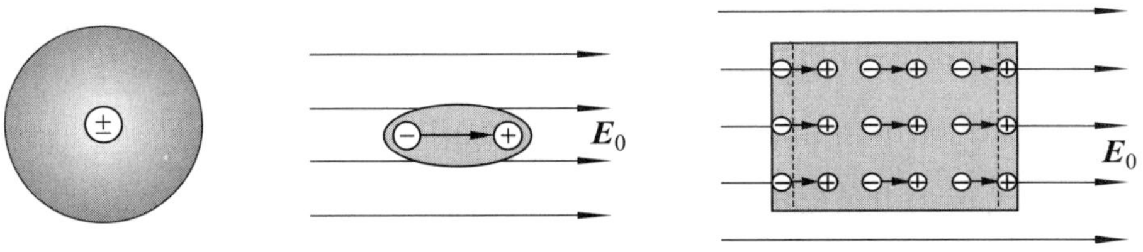

(a) (b) (c)

图 9.13

有极分子电介质在无外电场时，正、负电荷中心不重合，可将每一个分子看成一个等效的电偶极子，具有一定的分子电矩. 但由于分子热运动，这些分子电矩的方向是混乱的，所有分子电矩的矢量和等于零，因此宏观上对外不显电性. 当有外电场存在时，每个分子的电矩在电场作用下，将转向外电场的方向，如图 9.14(a)所示. 尽管分子热运动会干扰分子电矩的有序排列，但在宏观上所有分子电矩的矢量和已不为零，形成与外电场方向大体一致的电矩，从而使电介质的两端面出现正、负束缚电荷，如图 9.14(b)所示. 可见有极分子电介质的极化程度取决于外电场的强弱和电介质的温度，外电场越强且温度越低，分子电矩沿电场取向排列的概率也越大，极化越强. 当撤去外电场后，由于分子热运动，分子电矩沿外电场方向的取向排列会被破坏，重新回到杂乱分布状态，极化现象随之消失. 这种由于

分子电矩的转向而产生的极化称为**取向极化**. 一般说来,电介质在产生取向极化的同时,也存在位移极化,但取向极化的强度比位移极化大得多.

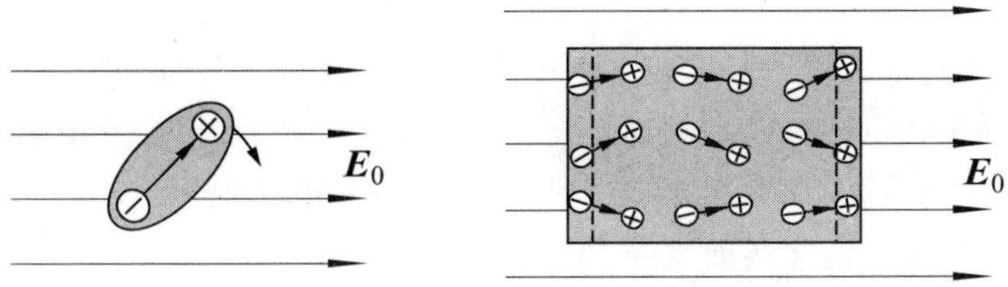

(a)　　(b)

图 9.14

微波炉就是利用水分子(有极分子)在高频外电场(2450 MHz)中的反复极化来加热食物的. 外电场方向交替变化,水分子的电矩由于极化作用也跟随电场方向反复转动,使水分子做高频振动进而产生热量.

综上所述,尽管两类电介质极化的机制不同,但极化的宏观效果都使电介质表面出现束缚电荷. 因此在以后对电介质极化的宏观描述中,不需要将两类电介质分开讨论.

需要说明的是,如果是非均匀电介质,那么除了像均匀电介质那样在表面上出现束缚电荷外,其内部还会出现体束缚电荷.

9.3.2　电极化强度及束缚电荷

1. 电极化强度矢量

为了定量描述电介质在外电场作用下的极化程度,引入**电极化强度**矢量的概念. 电极化强度定义为电介质中单位体积内所有分子电矩的矢量和,用 $\boldsymbol{P}$ 表示. 设 ΔV 是电介质中的一个体积元,ΔV 内各分子电矩的矢量和为 $\sum\limits_i \boldsymbol{p}_{ei}$,则该体积元的电极化强度为

$$\boldsymbol{P} = \frac{\sum\limits_i \boldsymbol{p}_{ei}}{\Delta V} \tag{9.9}$$

显然,$\boldsymbol{P}$ 表示电介质极化后单位体积内的电矩,它宏观地描述了电介质在电场作用下的极化程度和极化的方向.

如果在电介质中各点的电极化强度矢量大小和方向都相同,则称该极化是均匀的,否则极化是非均匀的.

电极化强度的单位是库仑每二次方米,符号是 $C{\cdot}m^{-2}$,与面电荷密度相同.

置于电场中的电介质,受电场作用,产生束缚电荷,束缚电荷反过来又会影响原有电场的分布. 因此有电介质存在时,空间任一点的电场 $\boldsymbol{E}$ 应该是原来的外加电场 $\boldsymbol{E}_0$ 与电介质内束缚电荷产生的附加电场 $\boldsymbol{E}'$ 叠加的结果,即

$$\boldsymbol{E} = \boldsymbol{E}_0 + \boldsymbol{E}' \tag{9.10}$$

实验表明,对于绝大多数常见的均匀各向同性电介质,当电介质中的电场 $\boldsymbol{E}$ 不太强时,电极化强度矢量 $\boldsymbol{P}$ 与场强 $\boldsymbol{E}$ 的大小成正比,方向相同,其关系为

$$\boldsymbol{P} = \chi\varepsilon_0 \boldsymbol{E}$$

式中 χ 叫作电介质的**极化率**,是一个纯数,它与电介质的相对电容率之间的关系是 $\chi=\varepsilon_r-1$,因此上式又可写成

$$\boldsymbol{P}=\varepsilon_0(\varepsilon_r-1)\boldsymbol{E} \tag{9.11}$$

需要指出的是,决定电介质极化程度的不是原来的外加电场 $\boldsymbol{E}_0$,而是极化电介质内的实际电场 $\boldsymbol{E}$. 一般说来,$\boldsymbol{E}'$ 总是与 $\boldsymbol{E}_0$ 反向,使原来的电场减弱. 换句话说,$\boldsymbol{E}'$ 总是起着减弱极化的作用,因此 $\boldsymbol{E}'$ 又叫退极化电场.

2. 电极化强度和束缚面电荷的关系

束缚电荷是电介质在外电场作用下极化的结果. 电极化强度和束缚电荷都是定量描述电介质极化状态的物理量,所以两者之间必然有确定的关系. 为使问题简化,设想将一个底面积为 ΔS、斜高为 l 的小圆柱形均匀电介质放入电场中,极化后在它的两个端面上出现了束缚电荷,面密度分别为 $\pm\sigma'$,如图 9.15 所示. 由于电介质内沿电场方向分子电矩首尾相接,因此,电介质内所有分子电矩的矢量和为

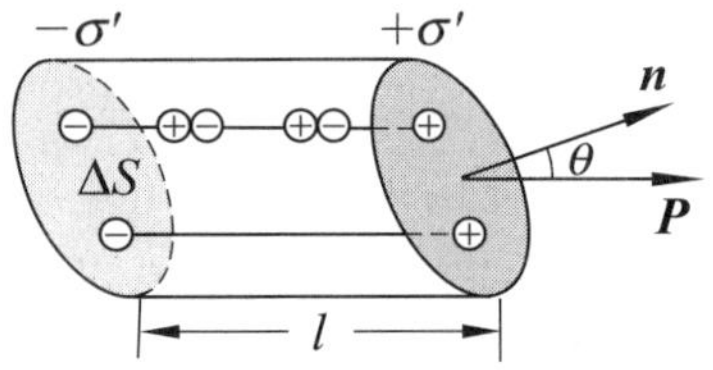

图 9.15

$$\sum_i \boldsymbol{p}_{ei}=\sigma'\Delta S\cdot\boldsymbol{l}$$

其中 $\boldsymbol{l}$ 的方向沿斜圆柱由 $-\sigma'$ 指向 $+\sigma'$.

另外,根据电极化强度 $\boldsymbol{P}$ 的定义式(9.9),又有

$$\sum_i \boldsymbol{p}_i=\boldsymbol{P}\Delta V=\boldsymbol{P}\Delta S\cdot l\cos\theta$$

式中 θ 为极化强度 $\boldsymbol{P}$ 和电介质端面外法线方向单位矢量 $\boldsymbol{n}$ 的夹角.

联立以上两式,考虑到 $\boldsymbol{P}$ 和 $\boldsymbol{l}$ 方向相同,得到极化强度和束缚面电荷间的关系

$$\sigma'=P\cos\theta=\boldsymbol{P}\cdot\boldsymbol{n} \tag{9.12}$$

上式表明,均匀电介质极化时,其束缚面电荷密度等于电极化强度在电介质外法线方向的分量.

需要指出,以上结论虽从特例得出,但对一般均匀电介质的极化仍然适用.

例 9.4 已知一个均匀极化电介质球的电极化强度矢量为 $\boldsymbol{P}$,求球面上束缚电荷的分布.

解 如图 9.16 所示,取球心为坐标原点,Oz 轴与 $\boldsymbol{P}$ 平行. 由于轴对称,球面上任意一点 A 处的束缚面电荷密度 σ' 只与 θ 角有关. θ 角是 A 点外法线方向与 $\boldsymbol{P}$ 的夹角,因此有

$$\sigma'=\boldsymbol{P}\cdot\boldsymbol{n}=P\cos\theta$$

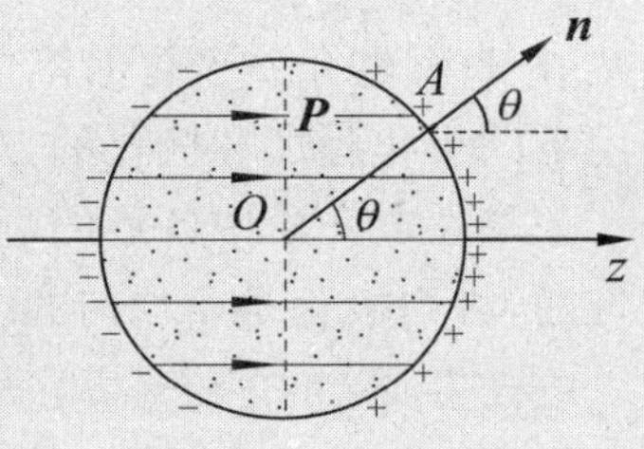

图 9.16

结果表明,在右半球面上 σ' 为正,左半球面上 σ' 为负;在左、右两半球面分界面上,即 $\theta=\pi/2$ 处,σ' 为零;而 $\theta=0$ 和 $\theta=\pi$ 处,$|\sigma'|$ 有最大值.

例 9.5 如图 9.17,平行板电容器两极板上的面电荷密度为 $\pm\sigma_0$,极板间充满相对电容率为 ε_r 的均匀各向同性电介质. 求电介质中的场强和束缚面电荷密度.

解　设充入电介质前后极板间的场强分别为 $\boldsymbol{E}_0$ 和 $\boldsymbol{E}$，束缚面电荷密度为 σ'，它产生的场强为 $\boldsymbol{E}'$，如图所示.

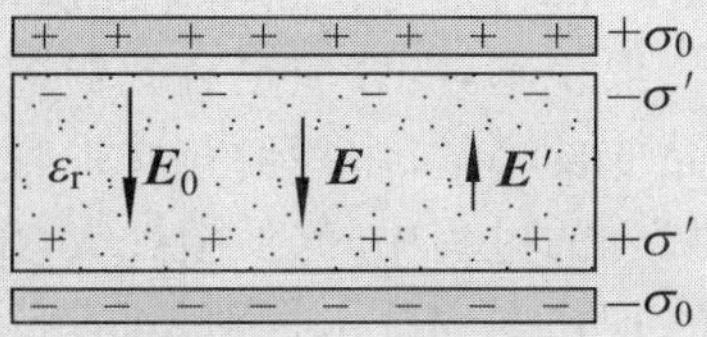

图 9.17

由平行板电容器场强公式，有

$$E_0=\frac{\sigma_0}{\varepsilon_0},\quad E'=\frac{\sigma'}{\varepsilon_0} \qquad ①$$

由式(9.10)有

$$E=E_0-E' \qquad ②$$

利用式(9.12)和式(9.11)，考虑到电介质表面的外法线方向与 $\boldsymbol{P}$ 平行，所以其上的束缚面电荷密度大小为

$$\sigma'=P=\varepsilon_0(\varepsilon_r-1)E \qquad ③$$

将式①③代入式②，得

$$E=\frac{\sigma_0}{\varepsilon_0\varepsilon_r}=\frac{E_0}{\varepsilon_r},\quad \sigma'=\left(1-\frac{1}{\varepsilon_r}\right)\sigma_0 \qquad ④$$

电介质上表面的外法线方向与 $\boldsymbol{P}$ 相反，所以其上束缚面电荷密度为 $-\sigma'$，下表面为 $+\sigma'$.

利用上述结论，可以证明电容器极板间充满某种均匀电介质时其电容提升至原来的 ε_r 倍，即式(9.3)，读者不妨一试.

需要指出，式④给出的关系式 $E=E_0/\varepsilon_r$ 不仅在各向同性的均匀电介质充满电场所在空间时适用，而且也适用于电介质虽未充满电场所在空间，但其表面是等势面的情况.

9.3.3　介电强度和介电损耗

1. 介电强度

在一般情况下电介质就是绝缘体. 当外加电场不太强时，可使电介质发生电极化现象，但不破坏其绝缘性能. 如果外电场很强，电介质分子中的正、负电荷有可能完全分离，使部分电子变成能自由移动的电荷，从而使电介质的绝缘性能遭到明显破坏而变成导体. 这种现象叫作电介质的击穿. 一种电介质材料所能承受的不被击穿的最大电场强度，叫作这种电介质的**介电强度**，也称为**击穿场强**. 介电强度是衡量电介质电学性能的重要物理量. 空气在 1 atm 时的介电强度大约是 $3\ \text{kV}\cdot\text{mm}^{-1}$. 大多数材料的介电强度都比空气的大.

在实际选用电介质材料时必须注意，电容率大的电介质，其介电强度不一定大. 如钛酸钡的相对电容率高达 $10^3\sim10^4$，而介电强度却与空气差不多. 所以应该分别考虑电介质这两方面的特性，做到两者兼顾，同时满足电路和器件性能的设计要求.

2. 介电损耗

处在外电场中的电介质，在极化过程中必然要消耗电场能量. 发生位移极化时，电介质分子中的正、负电荷在外电场中移动，电场力要做功. 产生取向极化时，在分子电矩转向过程中，还要同时克服其他分子的阻碍作用，电场力做功会更多一些.结果将使一部分电场能量在电介质内部转换为热能,使电介质发热,温度升高,这种现象叫作**介质损耗**.

一般说来,电介质也有微弱的导电性,但介质中因传导电流而产生的能量损耗是非常小的.主要的介质损耗发生在外加高频交变电场作用下,使电介质反复极化的过程中.介质损耗大,发热多,有可能完全破坏电介质的绝缘性能.

在现代工程技术特别是高新军事技术领域,如高能加速器、激光武器、束能武器、电磁发射技术等,都会遇到强电场,电压之高已远远超出了通常的高电压的含义.为了解决由此提出的电气绝缘及其相应问题,必须研制具有特殊性能的电介质新材料.

上面讨论的普通电介质材料,各向同性且电容率、极化率都是常量,但自然界中还存在着一些电介质,在一定的温度范围内其电容率随外场强度发生非线性变化,如钛酸钡($BaTiO_3$)等,外场撤除后仍能保留剩余极化,这样的材料被称为铁电体.另一类电介质在外力作用下发生拉伸或压缩等机械形变时,也能产生电极化现象,称作压电效应,如石英晶体等.有意思的是,具有压电效应的晶体在外电场中还会产生伸长或收缩的效应,称为压电效应的反效应——电致伸缩.还有一类电介质在外场撤除后,能长期保留其极化状态,这样的电介质被称为永驻体.显然上述这些具有特殊性质的材料在现代科学技术中有着广泛且重要的应用.

9.4 有电介质时的高斯定理

上一章我们研究了真空中静电场的高斯定理,当静电场中有导体存在时,该定理仍然适用.然而当静电场中有电介质时,高斯面内外不仅有自由电荷,而且还有束缚电荷存在,因此高斯定理在形式上必然有所改变.

9.4.1 有电介质存在时的高斯定理

为简单起见,我们仍从平行板电容器入手,讨论有电介质存在时的高斯定理.平行板电容器极板上的自由电荷和束缚电荷的面密度、电介质的相对电容率如图 9.18所示.作封闭柱面为高斯面,其侧面垂直于极板,底面和极板平行,面积为ΔS,下底面位于电介质中.显然,该闭合曲面内既有自由电荷 $q_0=\sigma_0\Delta S$,又有束缚电荷 $q'=-\sigma'\Delta S$.因此,高斯定理应为

$$\oint_S \boldsymbol{E}\cdot d\boldsymbol{S}=\frac{1}{\varepsilon_0}(q_0+q')=\frac{\Delta S}{\varepsilon_0}(\sigma_0-\sigma')$$

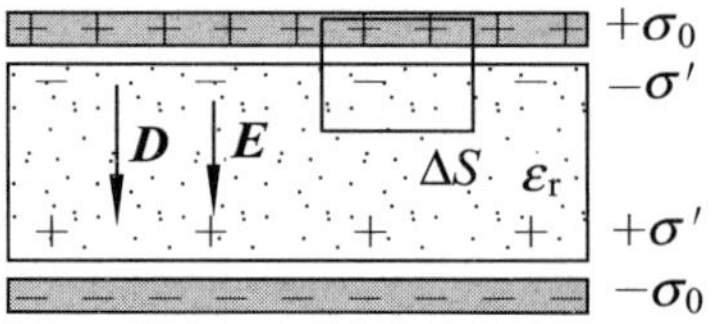

图 9.18

将例 9.5 中的结果 $\sigma'=\left(1-\frac{1}{\varepsilon_r}\right)\sigma_0$ 代入上式,整理可得

$$\oint_S \boldsymbol{E}\cdot d\boldsymbol{S}=\frac{\Delta S}{\varepsilon_0}\cdot\frac{\sigma_0}{\varepsilon_r}=\frac{q_0}{\varepsilon_0\varepsilon_r}$$

把上式改写为

$$\oint_S \varepsilon_0\varepsilon_r\boldsymbol{E}\cdot d\boldsymbol{S}=q_0 \tag{9.13}$$

令

$$\boldsymbol{D}=\varepsilon_0\varepsilon_r\boldsymbol{E}=\varepsilon\boldsymbol{E} \tag{9.14}$$

则式(9.13)可写成

$$\oint_S \boldsymbol{D}\cdot d\boldsymbol{S}=q_0 \tag{9.15}$$

式中 $\boldsymbol{D}$ 称为**电位移矢量**，$\oint_S \boldsymbol{D}\cdot d\boldsymbol{S}$ 则是通过闭合曲面的电位移通量，q_0 为该闭合曲面包围的自由电荷.

式(9.15)虽从平行板电容器这一特例得出，但可以证明，在一般情况下也是正确的. 这就是有电介质时的高斯定理：**在静电场中，通过任意闭合曲面的电位移通量等于该曲面包围的自由电荷的代数和.** 其数学表达式为

$$\oint_S \boldsymbol{D}\cdot d\boldsymbol{S}=\sum_{(S内)} q_0 \tag{9.16}$$

需要指出，电位移通量与束缚电荷及闭合曲面外的电荷无关，并不是说电位移矢量 $\boldsymbol{D}$ 本身与束缚电荷及闭合曲面外的电荷无关. 在无电介质存在时，$\varepsilon_r=1$，式(9.16)就还原为真空中静电场的高斯定理.

9.4.2　电位移矢量

电位移矢量 $\boldsymbol{D}$ 是一个新引入的辅助量，本身并没有明确的物理意义. 由式(9.11)和式(9.14)可知，$\boldsymbol{D}$ 与电场强度 $\boldsymbol{E}$ 和电极化强度 $\boldsymbol{P}$ 有关. 它既不是单纯描述电场的，也不是单纯描述电介质极化状态的物理量，而是既描述电场又同时描述电介质极化状态的复合量. 引入 $\boldsymbol{D}$ 的目的是能够比较方便地求解有电介质存在时的电场强度 $\boldsymbol{E}$.

电位移的单位为库仑每二次方米，符号为 $C\cdot m^{-2}$，与电极化强度、面电荷密度的单位相同.

为了形象地描述电位移的空间分布情况，仿照定义电场线($\boldsymbol{E}$ 线)的方法定义电位移线($\boldsymbol{D}$ 线). 规定电位移线上任意一点的切线方向与该点电位移矢量的方向一致. 由于电位移通量($\boldsymbol{D}$ 通量)只与自由电荷的代数和有关，而电场强度通量($\boldsymbol{E}$ 通量)与自由电荷和束缚电荷都有关，所以 $\boldsymbol{E}$ 线与 $\boldsymbol{D}$ 线性质是不同的. 如图 9.19(a)所示，$\boldsymbol{E}$ 线既可始于正自由电荷，也可始于正束缚电荷；既可终止于负自由电荷，也可终止于负束缚电荷. 而 $\boldsymbol{D}$ 线只能始于正自由电荷，终止于负自由电荷，如图 9.19(b)所示.

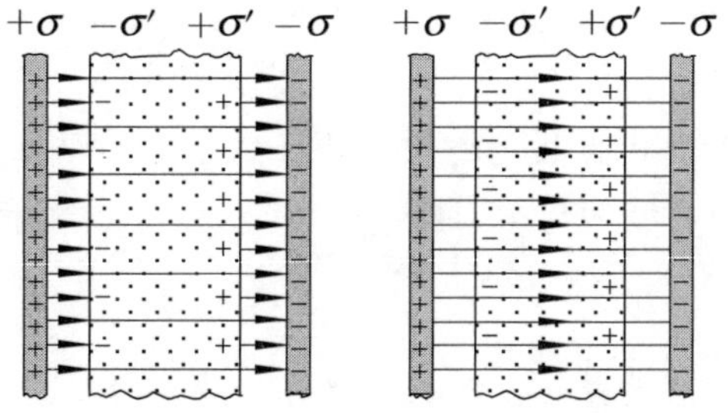

(a) $\boldsymbol{E}$线　(b) $\boldsymbol{D}$线

图 9.19

如果类似地引入电极化强度线($\boldsymbol{P}$ 线)来形象描述电极化强度分布的话，由于电极化强度 $\boldsymbol{P}$ 只与束缚电荷有关，所以 $\boldsymbol{P}$ 线始于负的束缚电荷，终止于正的束缚电荷，且只出现在电介质内部. 读者可以自行画出.

$\boldsymbol{D}=\varepsilon\boldsymbol{E}$ 反映了 $\boldsymbol{D}$ 和 $\boldsymbol{E}$ 之间点点对应的关系，即电介质中任意一点的电位移 D 等于该点电场强度 $\boldsymbol{E}$ 与电介质电容率 ε 的乘积，$\boldsymbol{D}$ 和 $\boldsymbol{E}$ 的方向相同. 必须指出，在各向异性非均匀电介质中，不能简单用该式表示 $\boldsymbol{D}$ 和 $\boldsymbol{E}$ 的关系.

应用有电介质存在时的高斯定理，能够使电介质中电场强度的计算大为简化，其原因是只需考虑自由电荷. 先用高斯定理求出电位移 $\boldsymbol{D}$，然后再利用 $\boldsymbol{D}$ 和 $\boldsymbol{E}$ 的关系式求出 $\boldsymbol{E}$，从而避免了束缚电荷带来的麻烦.

例 9.6 如图 9.20 所示，一个带有正电荷 q、半径为 R 的金属球，浸入一个相对电容率为 ε_r 的大油箱中. 求球外的电场分布以及紧贴金属球的油面上的束缚电荷总量 q'.

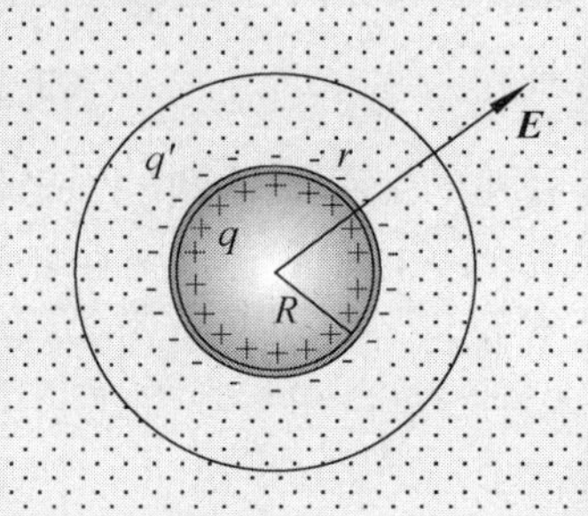

图 9.20

解 由于自由电荷 q 均匀分布在金属球表面上，具有球对称性；油箱很大，可以认为电介质(油)充满了金属球外的整个有场空间，电介质的分布也具有球对称性，因此，$\boldsymbol{D}$ 和 $\boldsymbol{E}$ 的分布都具有球对称性. 如图所示，过待求场点作一个半径为 $r(r>R)$ 的球面为高斯面，由高斯定理可得

$$\oint_S \boldsymbol{D}\cdot d\boldsymbol{S} = D\cdot 4\pi r^2 = q$$

得

$$D = \frac{q}{4\pi r^2}$$

由式(9.14)可求出油中距离球心 r 处电场强度的大小为

$$E = \frac{D}{\varepsilon_0\varepsilon_r} = \frac{q}{4\pi\varepsilon_0\varepsilon_r r^2}$$

因 $q>0$，电场强度 $\boldsymbol{E}$ 的方向沿球的径向向外.

与真空中带电金属球外的电场分布公式相比较，带电体周围的整个有场空间充满电介质时，电场强度的大小减弱到真空时的 $1/\varepsilon_r$. 场强减弱的直接原因是在紧贴金属球表面的电介质层中出现了束缚电荷 q'.

根据式(9.12)和式(9.11)，束缚电荷面密度为

$$\sigma' = \boldsymbol{P}\cdot\boldsymbol{n} = \varepsilon_0(\varepsilon_r - 1)\boldsymbol{E}\cdot\boldsymbol{n}$$

式中 $\boldsymbol{n}$ 为电介质表面外法线方向的单位矢量. 在 $r=R$ 处的电介质表面，$\boldsymbol{n}$ 沿径向指向球心，即与 $\boldsymbol{E}$ 反向. 因此，紧贴金属球油面上的束缚面电荷密度为

$$\sigma' = -\varepsilon_0(\varepsilon_r - 1)E\big|_{r=R} = -(\varepsilon_r - 1)\frac{q}{4\pi\varepsilon_r R^2}$$

该面上束缚电荷的总量为

$$q' = 4\pi R^2\sigma' = -\left(1 - \frac{1}{\varepsilon_r}\right)q$$

由于 $\varepsilon_r>1$，所以 q' 与 q 符号相反，而在量值上小于 q.

例 9.7　如图 9.21 所示，一个平行板电容器的两个导体极板所带电荷的面密度分别为 $+\sigma_0$ 和 $-\sigma_0$，板间为真空，电压 $U_0=300$ V. 保持两极板上的电量不变，将极板间的一半空间充以相对电容率 $\varepsilon_r=5$ 的电介质，问极板间的电压变为多少？电介质上、下表面的束缚面电荷密度多大(计算时忽略边缘效应)？

解　设极板的面积为 S，极板间的距离为 d. 未充电介质时，极板间的电场强度为 $E_0=\sigma_0/\varepsilon_0$，极板间的电压为 $U_0=E_0 d$.

极板间一半充以电介质后，若不考虑边缘效应，则极板间各处的 $\boldsymbol{E}$ 和 $\boldsymbol{D}$ 均垂直于极板表面，且在两半部分内的分布是各自均匀的. 以 σ_1 和 σ_2 分别表示极板左半部分和右半部分的面电荷密度，以 $\boldsymbol{E}_1$、$\boldsymbol{D}_1$ 和 $\boldsymbol{E}_2$、$\boldsymbol{D}_2$ 分别表示极板间左半部分和右半部分的电场强度和电位移矢量. 在电介质中作一个如图所示的闭合柱面为高斯面，其侧面与极板垂直，两底面与极板平行，而且上底面在导体极板内. 穿过这一高斯面的电位移通量为

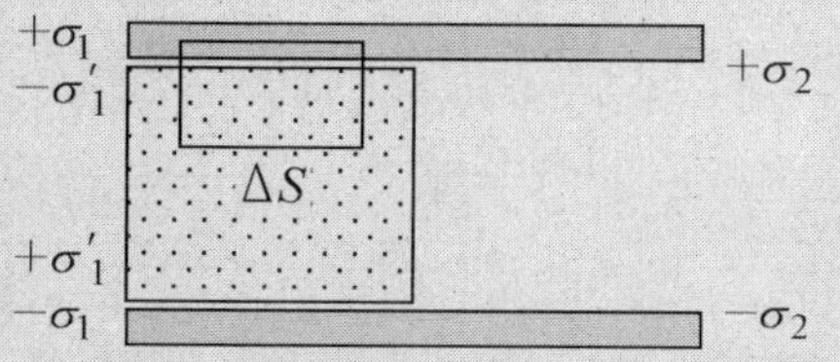

图 9.21

$$\oint_S \boldsymbol{D}\cdot d\boldsymbol{S}=\int_{上底}\boldsymbol{D}\cdot d\boldsymbol{S}+\int_{下底}\boldsymbol{D}\cdot d\boldsymbol{S}+\int_{侧面}\boldsymbol{D}\cdot d\boldsymbol{S}$$

因为在上底面处 $E=0, D=0$，在侧面上 $\boldsymbol{D}$ 与 $d\boldsymbol{S}$ 的法线垂直，所以上式中等号右边的第一、三两项均为零. 根据高斯定理可得

$$\oint_S \boldsymbol{D}\cdot d\boldsymbol{S}=\int_{下底}\boldsymbol{D}\cdot d\boldsymbol{S}=D_1\Delta S=\sigma_1\Delta S$$

得

$$D_1=\sigma_1,\quad E_1=\frac{D_1}{\varepsilon_0\varepsilon_r}=\frac{\sigma_1}{\varepsilon_0\varepsilon_r}$$

同理，对于右半部有

$$D_2=\sigma_2,\quad E_2=\frac{D_2}{\varepsilon_0}=\frac{\sigma_2}{\varepsilon_0}$$

由于导体在静电平衡时是个等势体，所以

$$E_1 d=E_2 d$$

得

$$E_1=E_2$$

于是有

$$\sigma_1=\varepsilon_r\sigma_2$$

因为极板上的总电量保持不变，所以有

$$\sigma_1\frac{S}{2}+\sigma_2\frac{S}{2}=\sigma_0 S$$

将 σ_1 和 σ_2 的关系代入上式，可解得

$$\sigma_1=\frac{2\varepsilon_r}{1+\varepsilon_r}\sigma_0,\quad \sigma_2=\frac{2}{1+\varepsilon_r}\sigma_0$$

由上式可见 $\sigma_1>\sigma_0$，$\sigma_2<\sigma_0$. 这时极板间的电压为

$$U=E_2d=\frac{\sigma_2}{\varepsilon_0}d=\frac{2\sigma_0 d}{\varepsilon_0(1+\varepsilon_r)}=\frac{2}{1+\varepsilon_r}E_0d$$
$$=\frac{2}{1+\varepsilon_r}U_0=\frac{2}{1+5}\times 300\ \text{V}=100\ \text{V}$$

电介质上、下表面的束缚面电荷密度的量值为

$$\sigma_1'=P_{1n}=\varepsilon_0(\varepsilon_r-1)E_1=\frac{2(\varepsilon_r-1)}{\varepsilon_r+1}\sigma_0=\frac{4}{3}\sigma_0$$

在电介质的上表面为 $-\sigma_1'$，下表面为 $+\sigma_1'$.

例 9.8 设无限长同轴电缆的芯线半径为 R_1，外皮的内半径为 R_2. 芯线与外皮之间充入两层绝缘的均匀电介质，其相对电容率分别为 ε_{r1} 和 ε_{r2}. 两层电介质的分界面的半径为 R，如图 9.22 所示. 求单位长度电缆的电容.

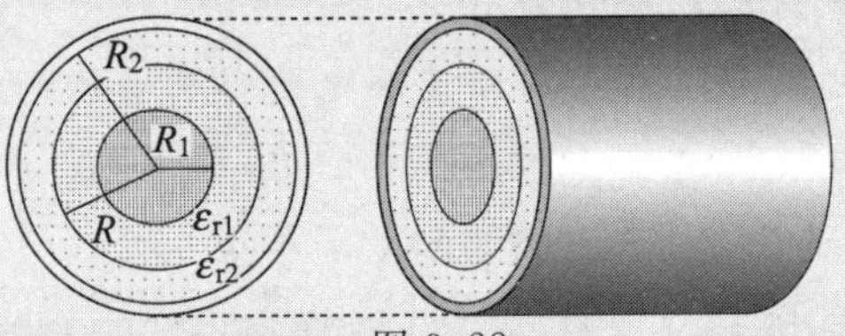

图 9.22

解 设电缆芯线和外皮分别带等量异号电荷，芯线带正电荷，外皮带负电荷，单位长度上所带的电量为 $\pm\lambda$. 以 $r(R_1<r<R_2)$ 为底面半径作一个长为 l 并与电缆同轴的圆柱面 S 为高斯面. 由自由电荷和电介质分布的对称性可知，$\boldsymbol{E}$ 和 $\boldsymbol{D}$ 的分布也具有对称性. 由高斯定理有

$$\oint_S \boldsymbol{D}\cdot d\boldsymbol{S}=D\cdot 2\pi rl=\lambda l$$

由此得

$$D=\frac{\lambda}{2\pi r}\qquad (R_1<r<R_2)$$

内层和外层电介质中电场强度的大小分别为

$$E_1=\frac{D}{\varepsilon_0\varepsilon_{r1}}=\frac{\lambda}{2\pi\varepsilon_0\varepsilon_{r1}r}\qquad (R_1<r<R)$$
$$E_2=\frac{D}{\varepsilon_0\varepsilon_{r2}}=\frac{\lambda}{2\pi\varepsilon_0\varepsilon_{r2}r}\qquad (R<r<R_2)$$

电场强度的方向垂直于柱面向外. 电缆芯线与外皮之间的电势差为

$$U_1-U_2=\int_{R_1}^{R_2}\boldsymbol{E}\cdot d\boldsymbol{r}=\int_{R_1}^{R}E_1dr+\int_{R}^{R_2}E_2dr$$
$$=\frac{\lambda}{2\pi\varepsilon_0\varepsilon_{r1}}\ln\frac{R}{R_1}+\frac{\lambda}{2\pi\varepsilon_0\varepsilon_{r2}}\ln\frac{R_2}{R}$$

单位长度的电缆所具有的电容为

$$C=\frac{\lambda}{U_1-U_2}=\frac{2\pi\varepsilon_0\varepsilon_{r1}\varepsilon_{r2}}{\varepsilon_{r2}\ln\dfrac{R}{R_1}+\varepsilon_{r1}\ln\dfrac{R_2}{R}}$$

由以上例题可以看出，尽管高斯定理普遍成立，但只有在自由电荷和电介质有共同的对称分布时，才能应用有电介质时的高斯定理方便地求出 $\boldsymbol{D}$，然后再求 $\boldsymbol{E}$.

顺便指出，由于静电场是保守场，因此在普遍情况下，有电介质存在时环路定理仍然成立，即

$$\oint_L \boldsymbol{E}\cdot \mathrm{d}\boldsymbol{l} = 0 \tag{9.17}$$

9.5　静电场的能量

9.5.1　电容器储能

作为电器元件，电容器的基本功能之一是储存电荷. 如果把一个电容器充电到两极板之间具有较高电压之后，再用导线短路，两极板放电时就可能见到放电火花. 利用放电火花产生的热能甚至可能熔焊金属，即所谓的“电容焊”. 这说明已经充电的电容器具有能量，我们把这种能量称为**电能**. 因此，电容器储存电荷，从本质上说应该是储存了电能.

电容器的充电过程是不断地把正电荷从电容器的负极板移至正极板进而建立电场的过程，也是不断地把正电荷从低电势处移向高电势处的过程. 显然，电源必须克服静电力做功，电容器也因此不断地从电源那里获得能量. 当电容器极板上所带电量为 Q 时，电容器储存的总能量可由下述方法求得. 如图 9.23 所示，以 C 表示电容器的电容，设充电过程中某一时刻极板上的电量为 q，则此时两极板间的电压为 q/C. 现将正电荷 $\mathrm{d}q$ 继续从负极板移至正极板，在此微小过程中电源所做的功

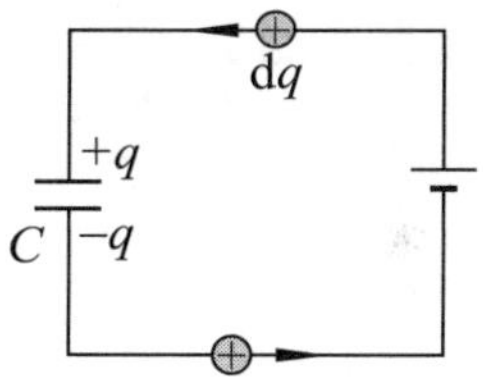

图 9.23

$$\mathrm{d}A = \frac{q}{C}\mathrm{d}q$$

对上式积分，就得到整个充电过程中电源所做的功

$$A = \int_0^Q \frac{q}{C}\mathrm{d}q = \frac{Q^2}{2C}$$

这就是电容器带电量为 Q 时从电源那里获得的能量，也就是它储存的电能. 以 W_e 表示电容器储存的电能，则有

$$W_e = \frac{Q^2}{2C} = \frac{1}{2}CU^2 = \frac{1}{2}QU \tag{9.18}$$

式中 U 为电容器两极板间的电压.

9.5.2　电能定域在电场中

带电体系具有电能，其电能储存在何处？我们仍以带电平行板电容器为例进行讨论. 对于极板面积为 S、间距为 d 的带电平行板电容器，若不计边缘效应，则整个电场所占有的空间体积 $V=Sd$. 由 $W_e=\frac{1}{2}CU^2$ 可得，此电容器储存

的电能为

$$W_e = \frac{1}{2}\frac{\varepsilon S}{d}(Ed)^2 = \frac{1}{2}\varepsilon E^2 V \tag{9.19}$$

由式(9.18)可见,电容器储有的能量是与电荷和电压联系在一起的,有电荷就有电能,似乎电容器中储存的能量集中在电荷上.而式(9.19)却表明,静电能量是与电场强度相联系的,场强不为零的地方就储存有能量.由于静电场的场强不随时间变化,而且静电荷的存在必然在其周围产生静电场,因此我们无法分辨电能究竟与电荷相联系,还是与电场相联系,或者说无法分辨电能是储存于电荷上,还是储存于电场中.不过,在以后的章节中我们会看到,随时间变化的电场和磁场能以一定的速度在空间传播,形成电磁波.在电磁波中的电场是由变化的磁场激发的,电场能够脱离电荷,而且能够传播到很远的地方去.在这种情况下,只能说电能储存在电场之中.电磁波携带能量,已是近代无线电技术中人所共知的事实.例如,当你打开收音机时,由电磁波带来的能量就从天线输入,经过电子线路的作用,转化为扬声器发出的声能.大量事实证明,电能是定域在电场中的.因此,式(9.19)比式(9.18)更具有普遍意义.

9.5.3 电场能量和电能密度

1. 电场能量　电能密度

通常情况下,空间电场不一定是匀强电场,为了描述静电场能量的空间分布规律,引入电场能量密度,简称**电能密度**.电能密度定义为单位体积内的电场所储存的能量,以 w_e 表示.由式(9.19)可得

$$w_e = \frac{W_e}{V} = \frac{1}{2}\varepsilon E^2 = \frac{1}{2}DE \tag{9.20}$$

这里的电能密度表达式虽然是通过平行板电容器中匀强电场的特例推导出来的,但却是普遍成立的.当电场不均匀时,电场总能量为

$$W_e = \int_V w_e \mathrm{d}V \tag{9.21}$$

式中的积分区域 V 应遍及整个有场空间.如果已知的不是电场分布,而是带电系统的电荷分布,那么应先求出该带电系统的电场分布,再由上式计算系统所具有的电场能量.式(9.21)适用于任何静电场能的计算.

需要说明的是,应用式(9.21)计算一个点电荷电场的能量时会遇到积分发散困难而无法求解,这是因为点电荷这个理想模型不计大小.这时应把点电荷按有一定大小的带电体处理,比如看成半径为 r_0 的均匀带电小球体或球面,再用式(9.21)积分,就能得到该电荷的电场能量,读者可自行练习.

2. 自能和互能

我们知道,在包含多个带电体的带电系统的建立过程中,外力要克服电场力做功,带电系统也因此具有能量.但静电能本身的量值是相对的,因此通常要规定一个参考状态的静电能为零,这个状态就是系统中电荷被无限分割,且彼此相距无穷远.带电系统的总静电能就等于从电荷无限分散的状态聚集成现有

系统的过程中外力克服电场力所做的全部功，这也是伴随带电系统的建立而形成的电场总能量.

外力克服电场力所做的全部功可以分为两部分，其一把每个带电体上的电荷从无限分散状态聚集成该带电体时外力所做的功，其二把系统内每个带电体看作一个不可分割的整体，从无穷远处移到系统内所在位置时外力所做的功，也就是把带电体从所在位置移到无穷远处时电场力所做的功. 前者等于建立各带电体自身所需的能量，称为**自能**；后者等于各带电体的电势能(相互作用能)，称为**互能**. 因**此一个带电系统的总静电能应等于各个带电体的自能与它们之间互能的总和.**

在第8章例8.4中，计算点电荷系 $q_1, q_2, \cdots, q_n$ 的电势能时，就是把每个点电荷作为整体移动的，而不是把每个点电荷从无限分散的电荷元状态聚集的，因此所得结果是点电荷系的互能，而不是总静电能.

如果将点电荷系的互能 $W=\frac{1}{2}\sum\limits_{i=1}^{n} q_i U_i$ 改写成如下形式：

$$W = \frac{1}{2}\int_q U\mathrm{d}q \tag{9.22}$$

这意味着该体系的电荷已被无限分割，那么我们得到的就不仅是相互作用能，而是包括自能在内的总静电能了.

不过，对于点电荷来讲，由于把有限量的电荷的各个电荷元从无穷远处聚集起来，并压缩到一个几何点上，外力必须做无限大的功，所以点电荷的自能为无限大. 这个时候其实讨论点电荷的自能没有意义，一般研究点电荷系统时通常只研究它们的相互作用能.

进一步的理论研究证明，带电系统自能恒为正值，并且自能之和总是大于互能代数和的绝对值. 所以，不管系统的互能是正还是负，带电系统的电场能量总是正的，也不可能为零.

电场具有能量，这是有关电场概念的一个重要结论. 我们知道，能量是物质的固有属性之一，所以能量和物质这两个概念是不可分割的. **电场是不同于实物物质的另外一种形态的物质**，电场具有能量正是电场物质性的表现之一.

例9.9 真空中有一半径为 R，带电量为 q 的金属球壳. (1)求电场的总能量；(2)带电球壳周围空间中，多大半径球面内的电场所具有的能量等于总能量的一半？

解 (1) 应用高斯定理可求得球壳内、外的电场分布为

$$E_1 = 0 \qquad (r < R)$$

$$E_2 = \frac{q}{4\pi\varepsilon_0 r^2} \qquad (r > R)$$

所以球壳内部的电场能量密度处处为零，球壳外的电场能量密度为

$$w_e = \frac{1}{2}\varepsilon_0 E_2^2 = \frac{q^2}{32\pi^2\varepsilon_0 r^4} \qquad (r > R)$$

由于电场分布具有球对称性，因此取与带电球壳同心的薄球壳空间为体积元，即 $\mathrm{d}V = 4\pi r^2\mathrm{d}r$. 电场总能量为

$$W_e = \int_V w_e \mathrm{d}V = \int_R^{\infty} \frac{q^2}{32\pi^2 \varepsilon_0 r^4} 4\pi r^2 \mathrm{d}r = \frac{q^2}{8\pi\varepsilon_0 R}$$

此处计算所得 W_e 即带电金属球壳的自能，利用式(9.22)也可以得到同样结果，读者不妨一试.

(2) 设半径为 R_0 的球面内的电场储存的能量为总能量的一半，即

$$\int_V w_e \mathrm{d}V = \frac{W_e}{2} = \frac{q^2}{16\pi\varepsilon_0 R} \qquad (r < R_0)$$

由于

$$\int_V w_e \mathrm{d}V = \int_R^{R_0} \frac{q^2}{32\pi^2 \varepsilon_0 r^4} 4\pi r^2 \mathrm{d}r = \frac{q^2}{8\pi\varepsilon_0}\left(\frac{1}{R} - \frac{1}{R_0}\right) \qquad (r < R_0)$$

所以有

$$\frac{q^2}{8\pi\varepsilon_0}\left(\frac{1}{R} - \frac{1}{R_0}\right) = \frac{q^2}{16\pi\varepsilon_0 R}$$

由此可得

$$R_0 = 2R$$

例 9.10 如图 9.24 所示，一球形电容器的内外半径分别为 R_1 和 R_2，两球壳间充有相对电容率分别为 ε_{r1} 和 ε_{r2} 的两层均匀电介质，分界面是半径为 R 的同心球面. 当电容器带电量为 $\pm q$ 时，求：(1) $\boldsymbol{D}$、$\boldsymbol{E}$、$\boldsymbol{P}$、U 的分布规律，并画出 E、D、U 随 r 变化的曲线；(2) 电能密度；(3) 电容器的能量；(4) 电容器的电容.

解 (1) 在 $r<R_1$ 范围内，根据静电平衡条件和 $\boldsymbol{D}$、$\boldsymbol{E}$、$\boldsymbol{P}$ 的关系式(9.14)、式(9.11)，得

$$E_1 = 0, \quad D_1 = 0, \quad P_1 = 0$$

当 $R_1<r<R_2$ 时，电荷和电场分布具有球对称性. 以半径为 r 的同心球面作为高斯面，应用高斯定理可得

$$D_2 = \frac{q}{4\pi r^2} \qquad (R_1 < r < R_2)$$

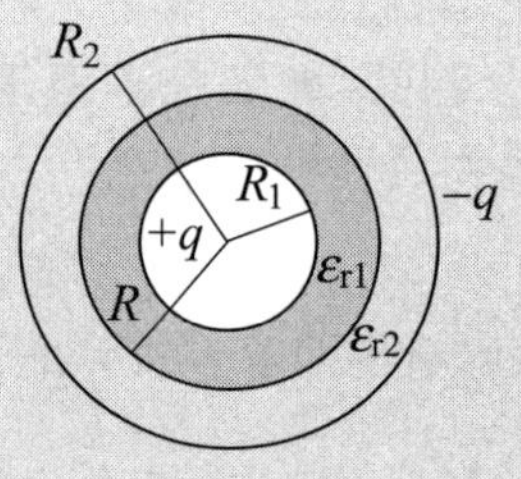

图 9.24

由 $\boldsymbol{D}$ 和 $\boldsymbol{E}$ 的关系式(9.14)，可以求得在内、外两层电介质中的电场强度分别为

$$E_2 = \frac{D_2}{\varepsilon_0 \varepsilon_{r1}} = \frac{q}{4\pi\varepsilon_0 \varepsilon_{r1} r^2} \qquad (R_1 < r < R)$$

$$E_3 = \frac{D_2}{\varepsilon_0 \varepsilon_{r2}} = \frac{q}{4\pi\varepsilon_0 \varepsilon_{r2} r^2} \qquad (R < r < R_2)$$

由 $\boldsymbol{P}$ 和 $\boldsymbol{E}$ 的关系式(9.11)可求得电极化强度矢量的大小为

$$P_2 = \varepsilon_0(\varepsilon_{r1} - 1)E_2 = \frac{(\varepsilon_{r1} - 1)q}{4\pi\varepsilon_{r1} r^2} \qquad (R_1 < r < R)$$

$$P_3 = \varepsilon_0(\varepsilon_{r2} - 1)E_3 = \frac{(\varepsilon_{r2} - 1)q}{4\pi\varepsilon_{r2} r^2} \qquad (R < r < R_2)$$

$\boldsymbol{D}$、$\boldsymbol{E}$、$\boldsymbol{P}$ 矢量的方向都沿径向.

当 $r>R_2$ 时，应用高斯定理、式(9.14)和式(9.11)，可得

$$D_4 = 0, \quad E_4 = 0, \quad P_4 = 0$$

以无限远处为电势零点，应用电势的定义式可得空间电势分布

$$U_1=\int_r^{R_1}\boldsymbol{E}_1\cdot\mathrm{d}\boldsymbol{r}+\int_{R_1}^{R}\boldsymbol{E}_2\cdot\mathrm{d}\boldsymbol{r}+\int_R^{R_2}\boldsymbol{E}_3\cdot\mathrm{d}\boldsymbol{r}+\int_{R_2}^{\infty}\boldsymbol{E}_4\cdot\mathrm{d}\boldsymbol{r}$$

$$=\frac{q}{4\pi\varepsilon_0}\left[\frac{1}{\varepsilon_{r1}}\left(\frac{1}{R_1}-\frac{1}{R}\right)+\frac{1}{\varepsilon_{r2}}\left(\frac{1}{R}-\frac{1}{R_2}\right)\right]\qquad(r\leqslant R_1)$$

$$U_2=\int_r^{R}\boldsymbol{E}_2\cdot\mathrm{d}\boldsymbol{r}+\int_R^{R_2}\boldsymbol{E}_3\cdot\mathrm{d}\boldsymbol{r}+\int_{R_2}^{\infty}\boldsymbol{E}_4\cdot\mathrm{d}\boldsymbol{r}$$

$$=\frac{q}{4\pi\varepsilon_0}\left[\frac{1}{\varepsilon_{r1}}\left(\frac{1}{r}-\frac{1}{R}\right)+\frac{1}{\varepsilon_{r2}}\left(\frac{1}{R}-\frac{1}{R_2}\right)\right]\qquad(R_1\leqslant r\leqslant R)$$

$$U_3=\int_r^{R_2}\boldsymbol{E}_3\cdot\mathrm{d}\boldsymbol{r}+\int_{R_2}^{\infty}\boldsymbol{E}_4\cdot\mathrm{d}\boldsymbol{r}=\frac{q}{4\pi\varepsilon_0\varepsilon_{r2}}\left(\frac{1}{r}-\frac{1}{R_2}\right)\qquad(R\leqslant r\leqslant R_2)$$

$$U_4=\int_r^{\infty}\boldsymbol{E}_4\cdot\mathrm{d}\boldsymbol{r}=0\qquad(r\geqslant R_2)$$

D、E、U 随 r 变化的曲线如图 9.25 所示．

(2) 由电能密度定义式(9.20)可得

$$w_1=\frac{1}{2}D_1E_1=0\qquad(r<R_1)$$

$$w_2=\frac{1}{2}D_2E_2=\frac{q^2}{32\pi^2\varepsilon_0\varepsilon_{r1}r^4}\qquad(R_1<r<R)$$

$$w_3=\frac{1}{2}D_2E_3=\frac{q^2}{32\pi^2\varepsilon_0\varepsilon_{r2}r^4}\qquad(R<r<R_2)$$

$$w_4=\frac{1}{2}D_4E_4=0\qquad(r>R_2)$$

(3) 由式(9.21)可得电容器中存储的能量为

$$W_e=\int_{R_1}^{R}w_2\cdot4\pi r^2\mathrm{d}r+\int_R^{R_2}w_3\cdot4\pi r^2\mathrm{d}r$$

$$=\frac{q^2}{8\pi\varepsilon_0}\left[\frac{1}{\varepsilon_{r1}}\left(\frac{1}{R_1}-\frac{1}{R}\right)+\frac{1}{\varepsilon_{r2}}\left(\frac{1}{R}-\frac{1}{R_2}\right)\right]$$

(4) 由于 W_e 是电容器的总能量，所以可由式(9.18)求得电容器的电容为

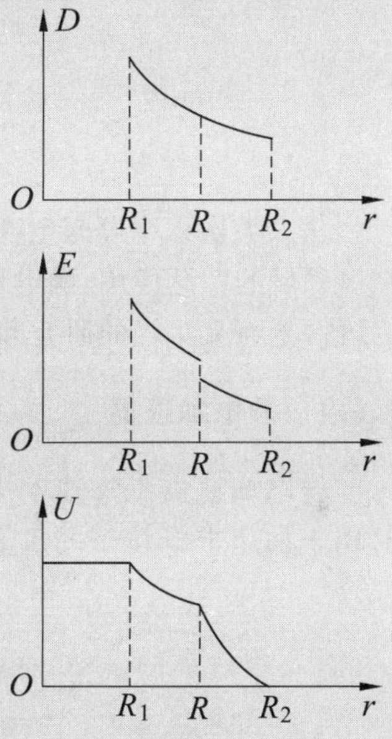

图 9.25

$$C=\frac{q^2}{2W_e}=\frac{4\pi\varepsilon_0\varepsilon_{r1}\varepsilon_{r2}R_1R_2R}{\varepsilon_{r2}R_2(R-R_1)+\varepsilon_{r1}R_1(R_2-R)}$$

例 9.11　面积为 S、距离为 d 的平行板电容器充电后，两极板分别带电 $+q$ 和 $-q$．断开电源后，将两极板间距缓慢地拉开至 $2d$．求：(1)外力克服电场力所做的功；(2)两极板间的吸引力．

解　(1)当两极板间距离为 d 和 $2d$ 时，电容器的电容分别为

$$C_1=\varepsilon_0\frac{S}{d},\quad C_2=\varepsilon_0\frac{S}{2d}$$

相应的电场能量分别为

$$W_1 = \frac{q^2}{2C_1} = \frac{q^2 d}{2\varepsilon_0 S},\quad W_2 = \frac{q^2}{2C_2} = \frac{q^2 d}{\varepsilon_0 S}$$

故极板拉开至 $2d$ 后,电场能量的增量为

$$\Delta W = W_2 - W_1 = \frac{q^2 d}{2\varepsilon_0 S}$$

根据功能原理,外力克服电场力所做的功使电场能量增加,所以外力所做的功为

$$A = \Delta W = \frac{q^2 d}{2\varepsilon_0 S}$$

(2) 在缓慢拉开极板的过程中,因极板上的电量 q 不变,故其面电荷密度 σ 不变,极板间的电场强度 $E=\sigma/\varepsilon_0$ 也不会变,所以两极板间的吸引力 F 为常量,并且外力与吸引力大小相等,因此

$$F = \frac{A}{d} = \frac{q^2}{2\varepsilon_0 S}$$

9.6 静电的应用

从人类认识摩擦起电现象开始,到今天静电在能源、环保、兵器、生物工程等众多领域的广泛应用,静电理论和静电技术的研究走过了漫长的历程,使静电成为既古老而又年轻的研究和应用技术领域.下面简要介绍静电的几种应用.

9.6.1 静电加速器

静电加速器是加速电子、质子等带电粒子的一种装置,是研究原子核反应时用于加速带电粒子的重要设备之一,其优点是加速电压准确而稳定.图 9.26 是范德格拉夫(R. van de Graaff)静电起电机的工作原理图,其中 A 为中空的金属球壳,由绝缘柱 B 支撑.滑轮 D 和 D' 由绝缘传送带 C 相连,D' 由电动机 M 带动,使传送带不停地运转.放电针 E 和刮电针 F 由正对着传送带的一排尖齿金属针组成.放电针 E 与高压直流电源 H 的正极相接,H 的负极接地.由于放电针尖端放电,使传送带 C 上带有正电荷,当正电荷随传送带移到刮电针 F 附近时,由于静电感应和尖端放电,正电荷就通过刮电针传递到金属球的外表面.随着传送带不停地运转,球上的正电荷就越积越多,致使金属球有很高的电压(可用于加速带正电的粒子).如果电源 H 的正极接地,负极接放电针,则可使 A 球具有很高的负电压(可用于加速带负电的粒子).若高压

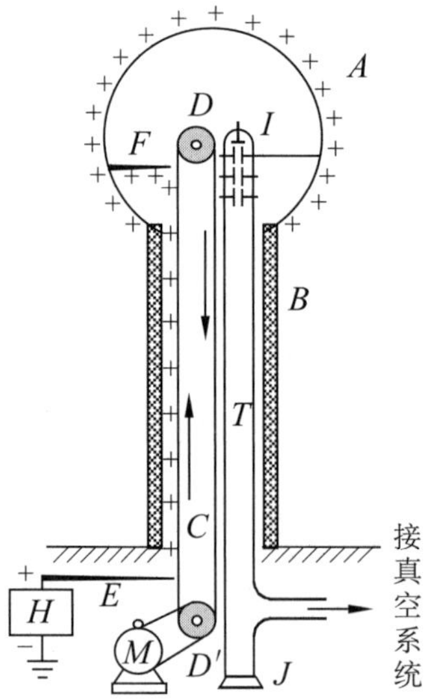

图 9.26

电极对地电容为 C，当其上积累电荷为 Q 时，它对地的电压 $\Delta U = Q/C$. 电容 C 很小，通常只有 $10\times10^{-12}\sim100\times10^{-12}$ F，所以只要 A 球带有一定电量（如 10^{-4} C），就可得到几兆伏的电压. 利用如此高的电压对电子、质子加速，便可使其具有几兆电子伏特的能量. 在图 9.26 中，T 是抽成真空的加速管，电子束、质子束就在其中被强电场加速，而后再引出使用.

维氏起电机

9.6.2　静电除尘

石油化工、水泥建材、粮食加工等许多工业生产单位及人们生活中排放的烟尘、粉尘、有害气体等是环境污染的主要来源之一. 在消除这些污染的方法中，静电除尘效率高、耗电省、费用低、处理流量大、适用范围广，已被广泛应用.

图 9.27 是一种静电除尘装置示意图. 它主要由一个金属圆筒和一根悬挂在圆筒轴线上的多角形的金属细棒组成. 工作原理如下.

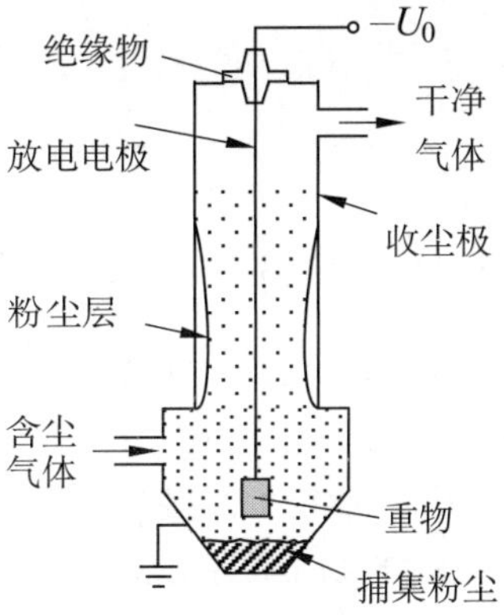

图 9.27

静电除尘

圆筒外壳接地作为收尘极，金属细棒接负高压（一般用 40～1000 kV）作为放电电极，于是在两极之间形成很强的径向电场. 放电电极附近电场最强，能使圆筒内的气体电离，气体离子与尘埃粒子相碰，使尘埃带电. 与此同时，尘埃粒子在高压静电场中也因极化作用而带电. 在电场作用下，带负电荷的尘埃粒子向收尘极运动，附着在收尘极上，并与收尘极上的异号电荷中和. 然后振动或打击收尘极，使尘埃落入漏斗中收集起来. 净化了的气体由圆筒上部出口放出. 这种方法不仅能减少尘埃对大气的污染，净化气流，还能从尘埃中回收许多重要的原料.

9.6.3　静电复印

静电复印机是依据静电电子照相原理设计而成的，即在光导材料上形成与原稿相对应的文字和图像.

图 9.28 是静电复印过程示意图. 首先在一底板表面（或滚筒）上涂一层在黑暗中是不良导体而在光照下是良导体的光导材料（常用硒或硒化合物），并在黑暗中使光导面上带有正电荷，见图 9.28(a). 然后将待印文件通过光源及透镜进行曝光，在光导面上形成不同的感光区，即形成各区域电荷密度不同、电场也不同且与文件相对应的所谓“静电潜像”，如图 9.28(b). 接着再将带负电荷的墨粉撒在光导面上，这样墨粉就在静电潜像的静电力作用下，被吸附在光导体的表面上. 由于不同感光区中潜像的电场对墨粉的作用不同，便形成与原稿相对应的可见像，即显像，如图 9.28(c). 然后将带正电的纸覆盖在上面，墨粉又被吸附在纸上，再通过加热，使墨粉牢固地吸附在纸上而定影，如图 9.28(d).

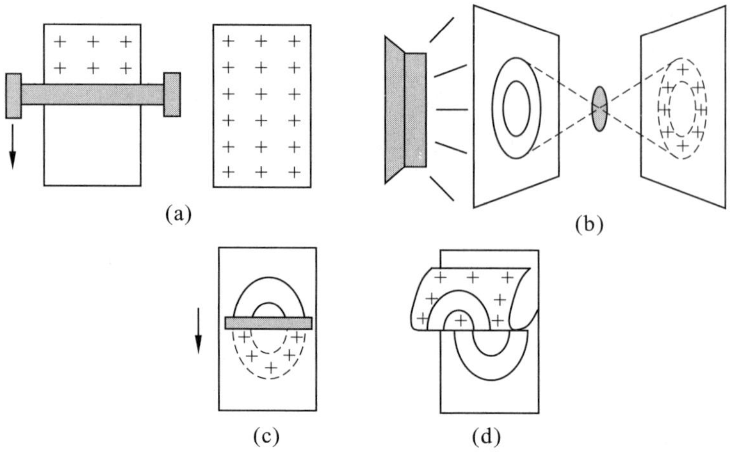

图 9.28

9.6.4 静电喷漆

图 9.29 是一种旋转式静电喷漆装置示意图.它的主要部分是一个在电动机带动下做高速旋转的金属杯(称为喷杯),其中心有一个输送油漆的孔道.工作时将工件接地,喷杯接负高压(约 −100 kV),在工件与喷杯之间形成一强电场.喷杯高速旋转,使喷出的油漆雾化且带有负电荷.这些带负电的雾状油漆微粒在电场力作用下加速飞向工件,最后均匀吸附在工件表面,形成光亮的漆层.

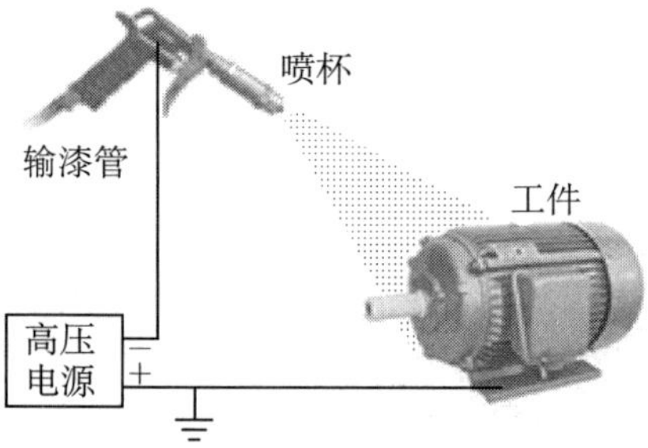

图 9.29

静电喷漆的特点在于漆雾受电场的作用而被局限在较小的范围内,减少了油漆的损耗,同时也减少了漆雾对环境的污染;此外,由于强电场的作用,能使油漆更牢固地吸附在工件表面,保证了漆膜的质量.

9.6.5 静电近炸引信

近炸引信是一种能依据目标特性或因目标存在而带来的环境特性感知目标的距离、方位、速度,并在目标附近作用的引信.近炸引信能够在接近目标一定距离时自动起爆,从而大幅度提高武器系统对地面有生力量、装甲目标和空中、水中目标的毁伤概率，是最能体现弹药先进性且最有可能实现弹药解除保险和发火控制智能化的引信. 根据工作原理和探测方式不同，近炸引信可分为光学近炸引信、无线电近炸引信、磁近炸引信以及静电近炸引信等多种类型. 其中，静电近炸引信是一种利用静电感应原理进行目标探测和识别的引信装置，有突出的反隐身和抗干扰能力，在现代弹药系统已获得广泛应用.

例如，在防空导弹系统中，静电近炸引信通过探测目标周围的静电场或放电辐射场来准确识别目标并进行精确打击，有效提升了导弹的拦截成功率和效费比.

飞机或其他飞行目标在飞行过程中，由于感应电荷充电、空气粒子电荷转移充电、沉积静电充电以及喷流作用充电等原因，自身带上大量电荷，从而在其周围形成静电场. 导弹靠近时，安装在导弹上的探测电极发生静电感应，产生感应电荷，并流经取样电阻形成感应电流. 在导弹与目标的交会过程中，静电场发生变化，感应电流也随之变化. 通过检测感应电流变化来识别目标，这称为静电感应场探测技术. 通过布设多个电极组成电极阵列，还能够实现对目标的高精度测向，测向精度可达±12°.

另外，为避免电荷的不断积累对飞行安全造成影响，飞机会通过机翼等部位安装的放电刷(如图 9.30 所示)对电荷进行有规律的泄放，形成快速变化的放电电流，从而在周围空间产生具有稳定频谱特征的电磁辐射. 通过探测电磁辐射场的变化来识别目标，这称为放电辐射场探测技术. 运用该技术对空中放电目标的探测距离可达 50 m 以上，响应时间不大于 0.1 ms.

静电感应场探测技术和放电辐射场探测技术统称为静电引信探测技术，这是解决目前近炸引信遇到的隐身目标探测和人工干扰问题的有效途径之一. 但静电探测也具有无法精确测距的缺陷，通常需要与其他探测体制联合运用来加以弥补. 如采用静电-无线电复合探测体制，通过信息整合，利用无线电测距结合静电测向，精确控制炸点，可大幅提高毁伤效果.

图 9.30

内容提要

1. 导体的静电平衡

1）导体的静电平衡条件

电场：$\boldsymbol{E}_{内}=0$，$\boldsymbol{E}_{表面}\perp$导体表面.

电势：导体为等势体，导体表面为等势面.

2）静电平衡时导体上的电荷分布

$$q_{内}=0, \qquad \sigma_{表面}=\varepsilon_0 E_{表面}$$

3）静电屏蔽

接地的空腔导体能使腔内、外的电场互不影响.

2. 电介质的极化

1）电介质极化机制

位移极化、取向极化.

2）电极化强度矢量

$$\boldsymbol{P}=\frac{\sum_i \boldsymbol{p}_{ei}}{\Delta V}$$

在均匀各向同性电介质中：$\boldsymbol{P}=\varepsilon_0(\varepsilon_r-1)\boldsymbol{E}$.

3）束缚面电荷密度

$$\sigma'=\boldsymbol{P}\cdot\boldsymbol{n}=P\cos\theta$$

3. 电容器

1）电容器的电容

$$C=\frac{q}{U_+-U_-}, \qquad C=\varepsilon_r C_0$$

平行板电容器：$C=\dfrac{\varepsilon_0\varepsilon_r S}{d}=\dfrac{\varepsilon S}{d}$.

圆柱形电容器：$C=\dfrac{2\pi\varepsilon_0\varepsilon_r l}{\ln(R_{外}/R_{内})}=\dfrac{2\pi\varepsilon l}{\ln(R_{外}/R_{内})}$.

球形电容器：$C=\dfrac{4\pi\varepsilon_0\varepsilon_r R_{外}R_{内}}{R_{外}-R_{内}}=\dfrac{4\pi\varepsilon R_{外}R_{内}}{R_{外}-R_{内}}$.

2）电容器的连接

并联：$C=\sum\limits_{i=1}^{n}C_i$.

串联：$\dfrac{1}{C}=\sum\limits_{i=1}^{n}\dfrac{1}{C_i}$.

3）电容器储能

$$W_e=\frac{Q^2}{2C}=\frac{1}{2}CU^2=\frac{1}{2}QU$$

4. 电场的能量

1）电能密度

$$w_e=\frac{1}{2}\varepsilon E^2=\frac{1}{2}DE$$

2）电场能量

$$W_e = \int_V w_e \mathrm{d}V$$

5. 有电介质时静电场的基本定理

1）高斯定理

$$\oint_S \boldsymbol{D} \cdot \mathrm{d}\boldsymbol{S} = \sum_{(S内)} q_0$$

电位移矢量：　$\boldsymbol{D} = \varepsilon_0 \varepsilon_r \boldsymbol{E} = \varepsilon \boldsymbol{E}$　（均匀各向同性电介质）.

2）环路定理

$$\oint_L \boldsymbol{E} \cdot \mathrm{d}\boldsymbol{l} = 0$$

习　题

（一）选择题和填空题

9.1　半径分别为 R 和 r 的两个金属球，相距很远，用一根细长导线将它们连接起来，并使它们带电. 忽略导线的影响，两球表面的面电荷密度之比 σ_R/σ_r 为[　]

(A) R/r.　(B) R^2/r^2.　(C) r^2/R^2.　(D) r/R.

9.2　如图所示，一封闭的导体壳 A 内有两个导体 B 和 C. A、C 不带电，B 带正电，则 A、B、C 三导体的电势 U_A、U_B、U_C 的大小关系是[　]

(A) $U_A = U_B = U_C$.　(B) $U_B > U_A = U_C$.

(C) $U_B > U_C > U_A$.　(D) $U_B > U_A > U_C$.

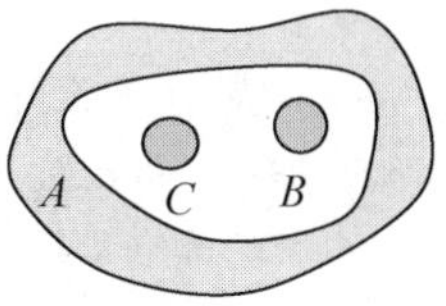

题 9.2 图

9.3　导体球外充满相对电容率为 ε_r 的均匀电介质，若测得导体表面附近场强为 E，则导体球面上的自由电荷面密度 σ 为[　]

(A) $\varepsilon_0 E$.　(B) $\varepsilon_0 \varepsilon_r E$.　(C) $\varepsilon_r E$.　(D) $(\varepsilon_0 \varepsilon_r - \varepsilon_0) E$.

9.4　一个空气平行板电容器，充电后断开电源，这时电容器中储存的能量为 W_0，然后在两极板间充满相对电容率为 ε_r 的各向同性均匀电介质，则该电容器中储存的能量为[　]

(A) $\varepsilon_r W_0$.　(B) W_0/ε_r.　(C) $(1+\varepsilon_r) W_0$.　(D) W_0.

9.5　半径为 r 的导体球与半径为 R $(R>r)$ 的薄导体球壳同心放置. 用细导线穿过球壳上的小孔（绝缘）将导体球接地，如图所示. 设细导线的唯一作用是使导体球接地，小孔的影响忽略不计. 若球壳带电荷 q，则导体球上的电荷 q' = ________.

9.6　两个电容器的电容之比 $C_1 : C_2 = 1 : 2$. 把它们串联起来接电源充电，它们的电场能量之比 $W_1 : W_2$ = ______；如果是并联起来接电源充电，那么它们的电场能量之比 $W_1 : W_2$ = ________.

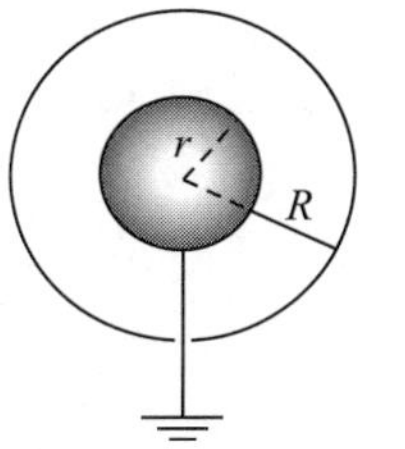

题 9.5 图

（二）问答题和计算题

9.7　有一个带正电的大导体，欲测量其附近一点 P 处的电场强度. 将一带电量为 q_0 $(q_0>0)$ 的点电荷放在 P 点，测得 q_0 所受的电场力为 F，若 q_0 不是足够小，则比值 F/q_0 与 P 点的电场强度比较，是大、是小，还是正好相等？

9.8　已知无限大均匀带电板两侧的电场强度为 $\sigma/(2\varepsilon_0)$，式中 σ 为面电荷密度. 这个公式对于有限大均匀带电板两侧紧邻处的场强也适用. 又知道静电平衡条件下导体表面外紧邻处的场强等于 σ/ε_0. 试说明两者之间为什么相差一半.

9.9 保持平行板电容器两极板间的电压不变,减小板间距离 d,则极板上的电荷、极板间的电场强度、电容器的电容及电场能量将有何变化?

9.10 两个同心金属球壳,壳的厚度忽略不计;内球壳半径为 R_1,带电量为 q;外球壳半径为 R_2,原先不带电,但与地相连.求空间各点的电场强度和电势.

9.11 将一个半径为 R 且不带电的金属球放入点电荷 $+q$ 的电场中,若球心与 $+q$ 相距 d,求金属球上的感应电荷在球心产生的电场强度.

9.12 在带电量为 q、半径为 R_1 的导体球外,同心地放置一个内外半径分别为 R_2、R_3 的金属球壳.(1)求外球壳上的电荷及电势分布;(2)把外球壳接地后再绝缘,求外球壳上的电荷分布及球壳内外的电势分布;(3)再把内球接地,求内球上的电荷分布及外球壳的电势.

9.13 真空中厚度为 d 的带电导体平板的面积为 S (d 远小于板的线度),带电量为 q,当其周围无其他导体时,板内、外的电场强度和电势各是多少(设板的电势为零)?

9.14 如图所示,三个相互平行的导体平板 A、B、C 的面积都是 0.02 m^2,A 与 B 相距 4×10^{-3} m,A 与 C 相距 2×10^{-3} m,B 和 C 两板接地.若 A 板带正电荷 3×10^{-7} C,求:(1) B、C 两板上的感应电荷;(2)A 板的电势.

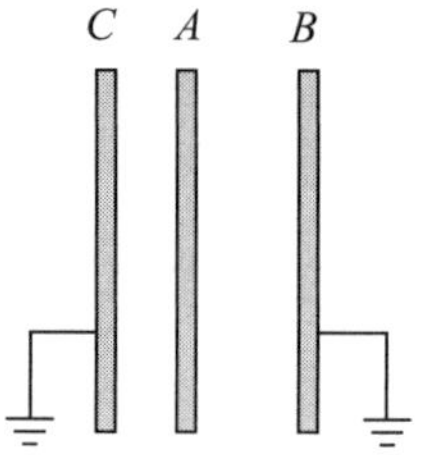

题 9.14 图

9.15 一平行板空气电容器,两极板间的距离为 5×10^{-3} m,板面积为 1×10^{-2} m^2,以300 V电源为其充电.求此电容器的电容,板上的面电荷密度及两极板间的电场强度.

9.16 空气中有两根平行的长直导线,相距为 b,它们的横截面半径都等于 a,并有 $b\gg a$,求单位长度上的电容.

9.17 在半径为 R_1 的孤立导体球外紧套着一个外半径为 R_2,相对电容率为 ε_r 的电介质球壳,求此系统的电容.

9.18 一平行板空气电容器的两极板相距 d,其间平行插入与极板大小相等、厚度为 $d/2$ 的金属板以后,系统电容的改变量是多少?并证明此改变量与两极间插入金属板的位置无关.

9.19 有一面积为 S,极板间距离为 d 的平行板电容器,今在极板间平行于极板插入厚度为 $d/3$,面积也是 S,相对电容率为 ε_r 的均匀电介质板.计算系统的电容,并说明上下平移电介质板对系统电容的影响.

9.20 如图所示,平行板电容器的极板面积为 S,极板间距为 d,中间充有厚度分别为 d_1 和 d_2 ($d=d_1+d_2$)的两层电介质,其相对电容率分别为 ε_{r1} 和 ε_{r2}.试计算系统的电容.如果 $d_1=d_2$,其电容又是多大?

9.21 半径为 R_1 的导体球壳和内半径为 R_2 的同心导体球壳构成的电容器内,有一半充满相对电容率为 ε_r 的均匀电介质,另一半为空气,如图所示,求该电容器的电容.

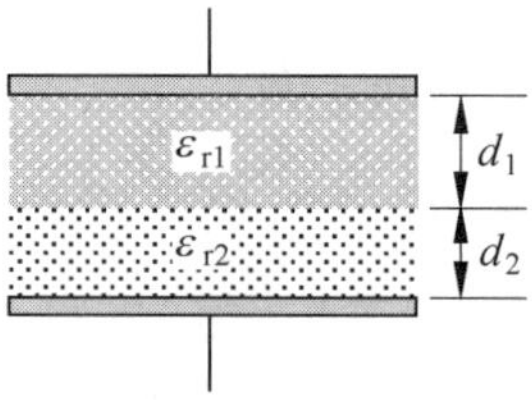

题 9.20 图

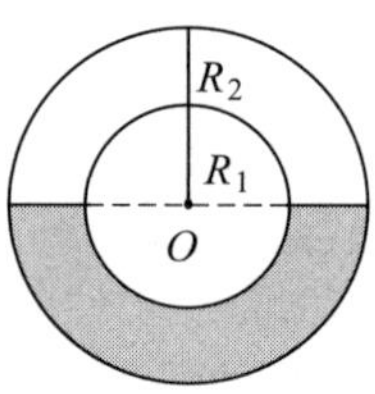

题 9.21 图

9.22 一圆柱形电容器内充满了两层圆筒形电介质,它们的内半径分别为 R_1 和 R_2 ($R_1<R_2$),相对电容率分别为 ε_{r1} 和 ε_{r2},介电强度分别为 E_{m1} 和 E_{m2}.当 R、ε_r、E_m 满足什么关系时,在电压不断升高的情况下,两层电介质将被同时击穿?

9.23 平行板空气电容器的空气层厚 1.5×10^{-2} m,所接电压为 39.0 kV 时,电容器是否被击穿(设空气的介电强度为 30.0 kV·cm^{-1})?再将一厚 0.3 cm,相对电容率为 7.0,介电强度为 100.0 kV·cm^{-1} 的玻璃片插入电容器中,玻璃片表面与电容器极板平行,这时电容器是否会被击穿?

9.24　一半径为 R 的导体球带有电量为 Q 的电荷，球外有一个均匀电介质的同心球壳，球壳的内、外半径

分别为 a 和 b，相对电容率为 ε_r，如图所示．求：(1) 电介质内、外的电场强度和电位移矢量；(2) 电介质内的电极化强度矢量和电介质表面上的极化电荷面密度；(3) 画出电场线图和电位移线图，并加以比较和讨论；(4) 若在电介质外面罩一半径为 b 的导体薄球壳，求此导体球壳与里面的导体球构成的电容器的电容．

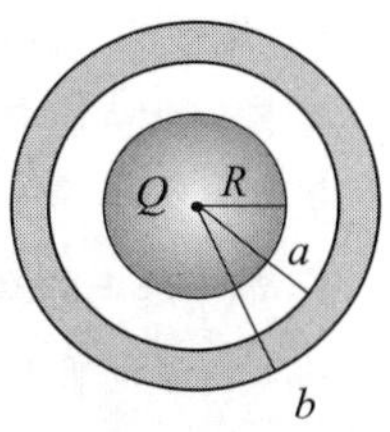

题 9.24 图

9.25　半径为 R 的介质球，相对电容率为 ε_r、其体电荷密度 $\rho=\rho_0(1-r/R)$，式中 ρ_0 为常量，r 是球心到球内某点的距离．(1)试求介质球内的电位移和场强分布；(2)问在半径 r 多大处场强最大？

9.26　平行板电容器的电容为 10 pF，充电到带电量为 1.0×10^{-8} C，断开电源后，(1)求极求板间的电势差和电场能量；(2) 若把两极板之间的距离拉开到原来的 2 倍，计算拉开前后电场能量的改变量，并解释其原因．(3) 设极板面积为 1.0×10^{-3} m^2，求拉开前后两极板之间的相互作用力．

9.27　平行板电容器极板面积为 S，极板间距离为 d，相对电容率分别为 ε_{r1} 和 ε_{r2} 的两种电介质各充满极板间的一半空间，如图所示．(1) 电容器带电后，两种电介质所对的极板上自由电荷面密度是否相等？(2) 两种电介质内的 $\boldsymbol{E}$ 和 $\boldsymbol{D}$ 是否相等？(3) 两种电介质内的能量密度是否相等？(4) 求此电容器的电容．

9.28　平行板空气电容器的极板面积为 S，在两极板与充电电源相连接(电压为 U)的情况下，使两极板间的距离由 d_1 缓慢拉开到 d_2，必须对系统做多少功(不考虑损耗)？

9.29　如图所示，把原来不带电的金属板 B 移近一块已带有正电荷 Q 的金属板 A，且两者平行放置．设两板面积均为 S，相距为 d．在 B 板接地和不接地两种情况下，分别计算两板间的电势差和电场能量．

9.30　静电天平的装置如图所示．一空气平行板电容器两极板的面积都是 S，相距为 x，下极板固定，上极板接到天平的一端，当电容器不带电时，天平正好平衡．然后把电压 U 加到电容器的两极上，则天平的另一端须加上质量为 m 的砝码，才能达到平衡，求所加的电压 U．

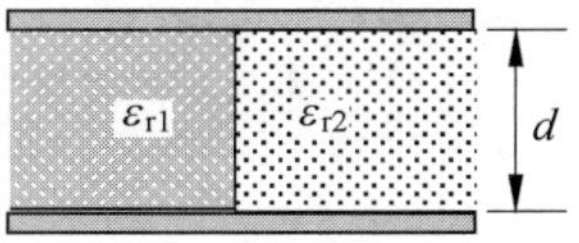

题 9.27 图

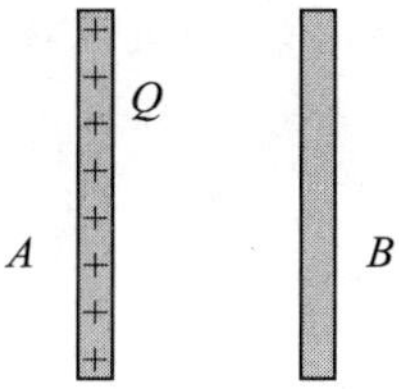

题 9.29 图

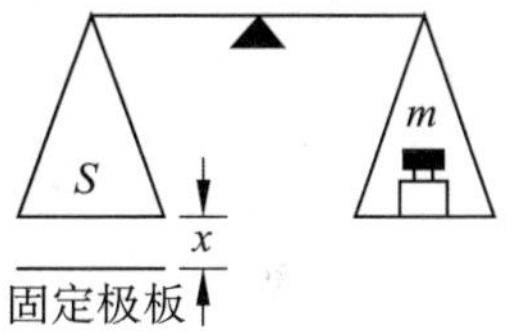

题 9.30 图

9.31　有两个电容器电容均为 C，而带电量分别为 q 和 $2q$，求这两个电容器在并联前后总能量的变化量．

9.32　半径为 R_1 的薄球壳均匀带电 q，将其半径扩大到 $R_2(R_2>R_1)$ 时，静电力做了多少功？

9.33　一电偶极子处于外电场中，设其电偶极矩 $\boldsymbol{p}=q\boldsymbol{l}$，所在位置的电场强度为 $\boldsymbol{E}$，当 $\boldsymbol{p}$ 与 $\boldsymbol{E}$ 的夹角 θ 取不同值时，问：(1) 如何表示电偶极子的电势能 W？(2) 在什么情况下电势能 W 分别取最小和最大值？最大和最小值分别是多少？

9.34　计算均匀带电球体的静电能．设球的半径为 R，带电量为 q，球外为真空．

阅读材料 4

静 电 防 护

静电理论和静电技术的应用越来越广泛，同时静电所造成的危害也不容忽视．在微电子领域，静电危害可能造成器件性能降低、功能失效；在弹药、电火工品及易燃易爆气体、粉尘存在的场所，静电危害易造成燃

烧、爆炸等恶性事故;在航天、航空方面,静电危害曾使机毁人亡、火箭发射失败、卫星发生故障等.因此,必须高度重视静电防护问题.这里,我们主要介绍静电起电的基本原理、静电危害形成的条件,并了解防止静电危害的主要对策.

1. 静电起电的基本原理

物体的静电带电现象也叫静电起电,它包括使正、负电荷发生分离的一切过程,如通过固体与固体表面、固体与液体表面之间的接触、摩擦、碰撞,固体或液体表面的破裂等机械作用产生的正、负电荷分离;也包括气体的离子化、喷射带电以及在粉尘、雪花和暴风雨中的带电现象.物体带电以后,所带电荷将通过放电的各种途径不断消散.电荷的积聚和电荷的消散是同时进行的,当物体上电荷的积聚和消散达到动态平衡时,物体呈稳定的带电状态.

静电起电的基础理论是"接触—分离"起电理论.当两个不同材料的物体相互接触时,一个物体会失去一些电荷(电子、离子),而另一个物体则得到一些电荷.这时两物体在相对的界面附近分别带上等量的异号电荷,形成偶电层.当两个物体发生分离时,它们就会分别带上等量异号电荷,即静电.如人穿着普通鞋在地毯上行走时,由于鞋底和地毯不断地接触分离,因此可能在人体上积累电荷产生静电.又如在干燥的季节脱衣服时,不同面料的衣服快速分离也会产生静电.

除"接触—分离"起电以外,固体、液体、气体、粉体还有多种其他起电方式.

2. 静电放电的特点及静电危害形成的条件

静电放电(electrostatic discharge,ESD)是指当带电体周围的场强超过周围介质的绝缘击穿场强时,因介质产生电离而使带电体上的电荷部分或全部消失的现象.

静电放电具有如下特点:①静电放电是高电势、强电场、瞬时大电流的过程.如在干燥季节穿上化纤衣服和绝缘鞋在绝缘的地面行走等活动,人体的静电可达几千伏甚至几万伏.带电导体或手持小金属物体的带电人体对接地导体产生火花放电时,产生的瞬时脉冲电流可达几十安培甚至上百安培.②静电放电会产生强烈的电磁辐射而形成电磁脉冲.其频谱主要分布在几十到几百 MHz,频谱上限可以达到几个 GHz.强烈的电磁脉冲会引起电子系统的敏感部件的损坏、翻转,使某些装置中的电火工品误炸,造成事故.

静电放电有电晕放电、刷形放电、火花放电等多种形式.其中火花放电释放能量比较集中,引燃引爆能力较强.

不难看出,构成静电危害必须具备三个基本条件:①产生并积累足够的静电,形成"危险静电源";②有易燃易爆物质或静电敏感器件及电子装置等静电易爆、易损物质存在;③易燃易爆或易损物质与静电源之间能够形成能量耦合.这三个条件中缺少任何一个,都不可能造成危害.

3. 军事中的静电危害

1) 弹药在生产、储运和技术处理中的静电危害

静电对弹药造成危害的根本原因是由于其中的电火工品、药剂对静电放电敏感所致.根据国军标规定,弹药在生产、储存、运输和技术处理现场,可能遭受静电危害的物质有以下五种:①火炸药(包括起爆药、黑火药、烟火药、发射药、推进剂、炸药等)及其制品;②电火工品,如电雷管、电点火具等;③点火电极外露的火箭弹和导弹等;④达到爆炸浓度极限的易燃易爆物质或气体混合物;⑤达到爆炸浓度极限的火炸药粉尘.弹药在生产工艺、存储、技术检查、修理和报废处理等过程中,由于人体的各种活动、工装机具的接触分离和被加工对象之间的摩擦、剥离等,都可能积累静电.这些场所存在人体静电、机具带电、药剂带电等危险静电源,又存在易燃易爆活性物质,很容易发生静电放电导致燃烧爆炸事故.

2) 电子装备的静电危害

C^3I 系统和各种信息化技术的电子装备中包含着大量微功耗、低电平、高集成度、高电磁灵敏度的大规模

集成电路和元器件，静电放电已成为电子装备的主要危害源之一.

静电放电对电子装备的危害机理有传导耦合和辐射耦合两种能量耦合方式.传导耦合途径要求在ESD源和敏感设备之间有完整的电路连接.通常有三种耦合通路：公共电源；公共地回路；信号线之间的近场感应.如人体静电通过上述通路放电，可导致电路损坏、失效.辐射耦合是ESD产生宽带电磁辐射造成电磁干扰的一种主要方式.电磁辐射能量可通过电子设备的缝隙、孔洞、对外的连线或直接穿透机壳，耦合到机壳内的电子系统或元件上.

ESD可对电子装备造成硬损伤、软损伤和潜在性损伤.硬损伤是指电路或元器件永久损坏，软损伤则是电路误动作或暂时失效，影响系统的正常工作.对电子装备应采取ESD防护以及加固技术措施等.

3）飞行器发射和运行过程中的静电危害

火箭、导弹和卫星等在研制、生产过程中的静电危害与常规电子装备及弹药的静电危害类似.这里主要分析这类飞行器在发射前后以及在高空飞行时的静电起电原理及静电危害问题.

火箭在发射前，竖直立在接地的发射台上，大气电场使火箭感应出电荷.如果火箭不接地，它对地就有电势差.火箭起飞后，由于喷气气流使火箭的等效长度及电容量有所增加，火箭上感应的电荷量也相应增加.在飞行过程中，由于喷气中的离子比较重，电子比较轻而且活跃，因此离子趋于脱离发动机的喷管，而电子则趋于撞击喷管的内壁而被留下，正负电荷的分离使火箭带上负电.发动机本身由于其他原因也可能带正电.另外，火箭表面与空气中的尘埃、悬浮物发生剧烈的摩擦，可以使火箭充电到很高的电压.当火箭从电势梯度高的区域飞行到电势梯度低的区域时，感应电荷在火箭表面上流动，以期达到更为均匀地分布.如果火箭各级和各段的表面之间搭接不好，电荷的流动即受到阻塞，因而在相互绝缘的气隙间产生电势差，有时会发生火花放电，形成电磁干扰.

顺便指出，我们平常乘坐的飞机，在飞行时相对于周围环境的电势也可高达几十万伏.不过由于飞机的内部结构和外表有着良好的导电性能，飞机各部分包括乘客在内成为一个等势体，因此静电电势虽高，但对人员的安全没有影响.但飞机与其他电势不等的物体接触时，就会有很大的危险.

同步卫星进入轨道后，因为太阳活动使得地球磁场发生畸变，卫星有时会浸没在含有密集高能电子的等离子体中.卫星进出等离子体时，会影响卫星的起电、放电.地球磁场的畸变会向卫星注入高能电子，由于卫星各部分受太阳的照射不同，因而有不同程度的带电.当场强大于材料的击穿场强时，便会发生电弧放电.这种电弧放电产生的电磁脉冲会干扰卫星上的电子设备，破坏其正常工作，还会损伤卫星表面和器件，损伤太阳能电池，造成卫星电源故障，使卫星提前失效.

4. 防静电危害的基本原理和主要对策

由静电危害的三个必备条件不难看出，防静电危害的基本途径是控制静电的产生和积累.

1）控制静电起电率，防止危险静电源的形成

危险静电源的形成是由于物体的静电起电率大于物体的电荷消散速率，使物体电荷总量不断积累形成了静电带电体.静电起电率与电荷消散速率相比越大，带电体上积累的电荷越多，对地电势越高，这种静电源就越危险.所以，有效的控制静电起电率，是防止静电危害的基本对策之一.减小静电起电率的主要办法是：减少物体间摩擦；控制物体之间的接触分离速度和次数，同时使运动物体的速度缓慢变化；缩小接触分离物体间的接触面积，减小接触压力；不要急剧剥离处于紧密接触状态的物质；物体表面应保持清洁、光滑的状态；合理搭配使用“摩擦带电序列”中位置靠近的材料；纯净气体避免混入杂质等异物微粒.

2）增大电荷消散速率，防止电荷积聚

增大电荷消散速率，可以减少静电电荷的积聚，当消散速率等于或大于起电速率时，就不会形成危险静电源.增大电荷消散速率的主要办法是：提高环境的相对湿度.当相对湿度增加到50%时，一般物体的静电带电

量明显减少，当相对湿度在65%以上时，几乎所有物体的表面电阻率都减小，提高了物体的电荷泄漏速率；静电导体或静电亚导体合理地静电接地和搭接，使物体保持有电荷泄漏的良好通道. 严禁静电危险场所存在绝缘导体；使用导电材料或防静电材料代替静电非导体，或使用抗静电剂，使物体表面电阻率减小，电荷能够通过接地装置很快泄漏；使用离子风等静电消除器，中和带电体上的电荷，以提高电荷的消散速率，使危险静电源不能形成.

3) 采用抗静电火工品和元器件，降低场所危险程度

在有些情况下，防护对策1)、2)无法完全实现，应该考虑使用抗静电的电火工品和抗静电元器件，以防止静电造成危害.

4) 采用抗ESD设计和防护加固技术，提高电路抗电磁干扰能力

在电路研制中，采用抗ESD设计并综合运用接地、搭接、屏蔽、滤波等静电防护加固技术，使电路和整机具备抗静电放电产生的电磁脉冲作用，消除静电放电对电子装置的危害.

第10章 恒定电流

前两章讨论的静电场是相对观察者静止的电荷激发的，即使在静电场中放入导体，达到静电平衡时，也没有电荷作定向运动. 如果在导体内的任意两点间维持恒定的电势差，使得导体内有一个稳定的电场，那么导体内的电荷就要作定向运动而形成电流. 本章讨论在这种情况下产生的电现象和遵循的基本规律.

我们将从两个方面进行研究. 一方面从"场"的角度研究恒定电流，引入电流密度的概念，并由此得到欧姆定律的微分形式，把恒定电流与恒定电场联系起来，然后在电源内部引入非静电力和非静电性场强的概念，把电源电动势与非静电性场强联系起来. 另一方面从"路"的角度研究直流电问题，讨论电路中电流、电压、能量转换以及基尔霍夫定律等内容. 重点研究恒定电场的性质和规律.

10.1 电流 电流密度

10.1.1 电流的形成

电流是电荷的定向运动形成的. 形成电流的带电粒子统称为载流子，它们可以是自由电子、离子或带电物体等. 金属导体中的载流子是自由电子，流体(如电解液和电离气体)的载流子是正离子或负离子，半导体的载流子则为其中存在着的一些自由电子或空穴. 由自由电子或离子定向运动形成的电流叫**传导电流**，由带电物体作机械运动形成的电流叫**运流电流**. 本章讨论传导电流.

从导电结构来看，金属中存在着大量的自由电子和正离子. 正离子构成金属的晶格点阵，而自由电子则在晶格间作无规则的热运动，并不断地与晶格碰撞. 当不存在外电场时，电子向各方向运动的概率相等，所以，电子热运动的平均速度为零，不能形成宏观的电荷运动，也就不能形成电流.

当导体两端存在电势差时，在导体内部就有电场存在. 这时自由电子均受到与电场方向相反的电场力作用，因此，每个电子除了原来不规则的热运动外，在与电场相反的方向上还有一个附加的运动. 图10.1中实线是某电子在无电场作用时热运动的轨迹，由于电子与晶体点阵上的正离子频繁碰撞，其轨迹是一条无规则的折线. 图中的虚线表示有外电场时电子的运动轨迹. 此时电子在两次碰撞之间的运动总要逆着

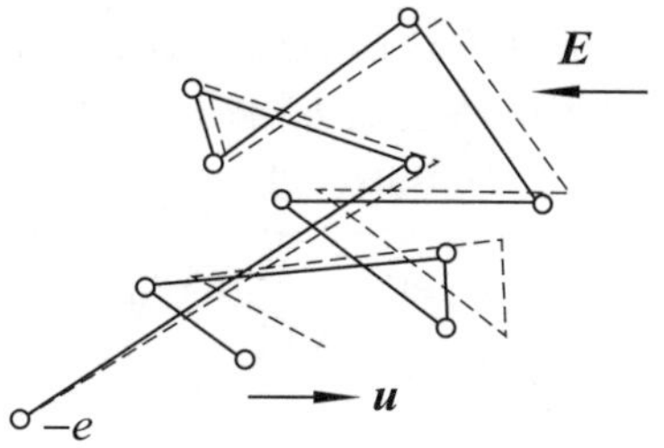

图 10.1

电场方向偏离,这种偏离叫作漂移.每个电子都要发生这样的漂移,大量电子的漂移则表现为电子的定向运动.电子定向运动的平均速度称为**漂移速度**,其方向与导体内的电场方向相反.可以计算,直径 1 mm 的铜导线中流过 1 A 的电流时,电子作有规则定向漂移的平均速度大小只有 $10^{-4}\,\mathrm{m\cdot s^{-1}}$ 的量级,较之热运动的速度要小得多.但是,当我们接通电路时因电场传播速度等于光速,所以整个电路中的电场实际上几乎是同时建立起来的,导体中全部自由电子几乎同时沿着电场的反方向作有规则的定向运动,于是在导体中形成了电流.

综上所述,产生电流有两个条件:(1)存在可以自由移动的电荷;(2)存在电场(超导体除外).

习惯上,**规定正电荷运动的方向为电流的方向**.按此规定,导体中电流的方向总是沿着电场方向,从高电势处指向低电势处.

10.1.2 电流强度 电流密度

1. 电流强度

电流的强弱用电流强度 I 来描述.单位时间内通过导体任一横截面的电量叫作通过该截面的**电流强度**,简称电流.若在 Δt 时间内通过某一截面的电量为 Δq,则通过该截面的电流强度定义为

$$I=\frac{\Delta q}{\Delta t}$$

电流强度的单位是安培,符号为 A. $1\ \mathrm{A}=1\ \mathrm{C\cdot s^{-1}}$.

若导体中通过某一截面的电流强度的大小和方向都不随时间改变,则称这种电流为**恒定电流**,也叫直流电.若 I 的量值随时间变化(如电容器充放电时的电流),则用瞬时电流强度描述电流的强弱,即

$$I=\lim_{\Delta t\to 0}\frac{\Delta q}{\Delta t}=\frac{\mathrm{d}q}{\mathrm{d}t} \tag{10.1}$$

电流强度是标量,但规定方向.通常所说的电流强度的方向是指正电荷在导体内移动的方向.

2. 电流密度

电流强度只能描述通过导体中某一截面电流的整体特征.实际上有时会遇到电流在大块导体中流动,而且在导体中分布不均匀的情形,这时导体不同部分电流的大小和方向都不一样.为了细致描述导体中各点的电流分布,引入一个新的物理量——**电流密度**矢量 $\boldsymbol{j}$.它的大小和方向规定如下:导体中任意一点电流密度 $\boldsymbol{j}$ 的方向为该点正电荷运动的方向;$\boldsymbol{j}$ 的大小等于流过该点附近垂直于正电荷运动方向的单位面积的电流.设想在导体中某点取一与该点正电荷运动方向垂直的面积元 $\mathrm{d}S_{\perp}$,该面积元法线方向的单位矢量 $\boldsymbol{n}$ 与正电荷运动方向相同,亦即 $\boldsymbol{n}$ 与该点场强 $\boldsymbol{E}$ 的方向相同,如图 10.2 所示.由上述规定可知,电流密度矢量为

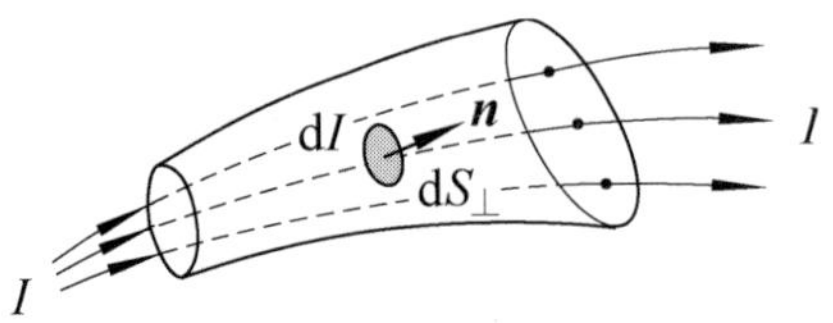

图 10.2

$$\boldsymbol{j}=\frac{\mathrm{d}I}{\mathrm{d}\boldsymbol{S}_{\perp}}\boldsymbol{n} \tag{10.2}$$

式中 $\mathrm{d}I$ 为通过 $\mathrm{d}\boldsymbol{S}_{\perp}$ 的电流强度.

若面积元 $\mathrm{d}S$ 的法线方向与该点电场强度方向不一致,它们的夹角为 θ,如图 10.3所示,则 $\boldsymbol{j}$ 的大小为

$$j=\frac{\mathrm{d}I}{\mathrm{d}S\cos\theta} \tag{10.3}$$

电流密度的单位是安培每二次方米,符号为 $\mathrm{A\cdot m^{-2}}$. $1\ \mathrm{A\cdot m^{-2}}=1\ \mathrm{C\cdot s^{-1}\cdot m^{-2}}$.

引入电流密度以后,对于一个电流分布不均匀的有限面积 S,通过它的电流强度可以写成

$$I=\int_S \mathrm{d}I=\int_S j\,\mathrm{d}S\cos\theta=\int_S \boldsymbol{j}\cdot\mathrm{d}\boldsymbol{S} \tag{10.4}$$

由此可见,电流强度是通过某一面积的电流密度通量.

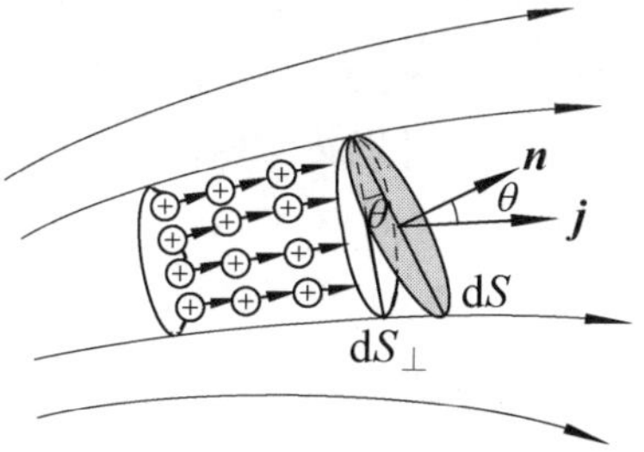

图 10.3

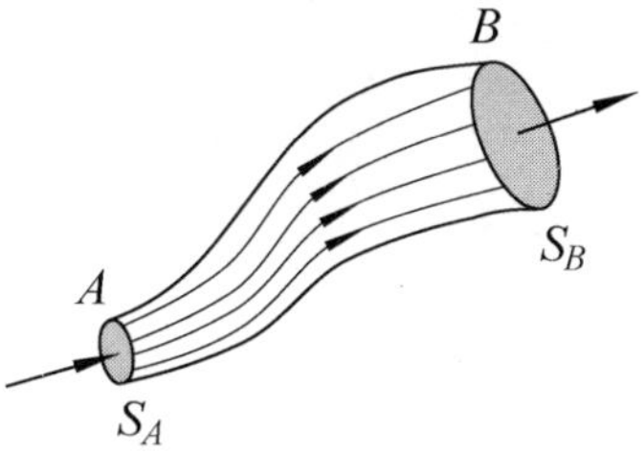

图 10.4

为了形象地描述某一区域内电流的分布情况,可在该区域内画一系列曲线,曲线上每一点的切线方向与该点电流密度矢量的方向相同,而任一点的曲线数密度则与该点电流密度的大小成正比. 这样的曲线叫**电流线**,它类似于电场中的电场线. 电流线分布的空间称为**电流场**. 图 10.4表示某一导体内部的电流场.

例 10.1 设导体单位体积内自由电子数为 n,每个电子所带电量为 $-e$,电子漂移速度的大小为 $\bar{u}$. 试证电流密度矢量的大小为 $j=ne\bar{u}$.

解 在图 10.5 所示的导体中取截面 $\mathrm{d}S$,其法线方向与 $\bar{\boldsymbol{u}}$ 的方向平行,通过 $\mathrm{d}S$ 的电流强度为 $\mathrm{d}I$,它等于1秒内通过截面 $\mathrm{d}S$ 的电量. 以 $\mathrm{d}S$ 为底面积,以 $\bar{\boldsymbol{u}}$ 的大小为高作一柱体,显然,柱体内自由电子数为 $\bar{u}\mathrm{d}Sn$,则1秒内流过 $\mathrm{d}S$ 的电量为 $\bar{u}\mathrm{d}Sne$,故该点的电流密度大小为

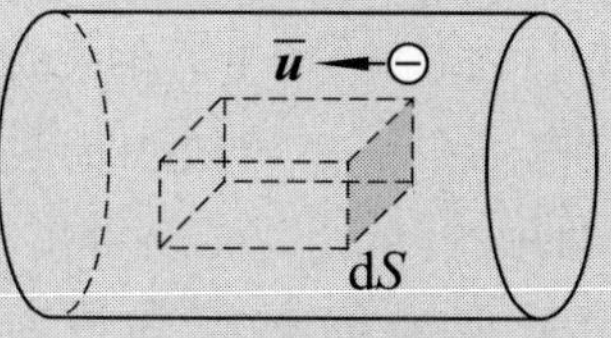

图 10.5

$$j=\frac{\mathrm{d}I}{\mathrm{d}S}=ne\bar{u}$$

若导体为金属铜,其自由电子数密度 $n=8.4\times10^{28}\ \mathrm{m^{-3}}$,设电流密度为 $j=5\times10^{6}\ \mathrm{A\cdot m^{-2}}$,代入上式得

$$\overline{u}=\frac{j}{ne}=\frac{5\times10^{6}\ \mathrm{C\cdot s^{-1}\cdot m^{-2}}}{8.4\times10^{28}\ \mathrm{m^{-3}}\times1.6\times10^{-19}\ \mathrm{C}}=3.7\times10^{-4}\ \mathrm{m\cdot s^{-1}}$$

金属中自由电子热运动速率平均值的量级为 $10^5\ \mathrm{m\cdot s^{-1}}$，相比之下自由电子漂移速度是十分微小的.

10.1.3 电流的连续性方程 恒定条件

1. 电流的连续性方程

电流场的一个重要性质是它的连续性方程，其实质是电荷守恒. 设想在导体内任取一闭合曲面 S，如图 10.6 所示. 根据电荷守恒定律，在 $\mathrm{d}t$ 时间内，由 S 面流出的电量应等于同一时间内 S 面内电量的减少. 与计算电通量类似，在 S 面上取外法线方向为正方向，则在单位时间内由 S 面流出的电量等于 $\oint_S \boldsymbol{j}\cdot\mathrm{d}\boldsymbol{S}$. 设 $\mathrm{d}t$ 时间内 S 面内电量由 q 变化到 $q+\mathrm{d}q$. 如果电量减少，则 $\mathrm{d}q<0$. 在单位时间内，S 面内电量减少的量值为 $-\mathrm{d}q/\mathrm{d}t$. 如上所述，这一量值应与单位时间内由 S 面流出的电量相等，即

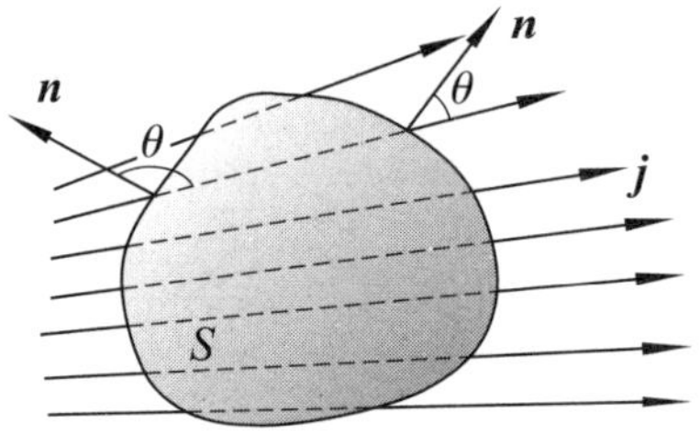

图 10.6

$$\oint_S \boldsymbol{j}\cdot\mathrm{d}\boldsymbol{S}=-\frac{\mathrm{d}q}{\mathrm{d}t} \tag{10.5}$$

这就是电流的连续性方程.

2. 电流的恒定条件和恒定电场

在恒定条件下，电流不随时间变化，即电流场中各点的电流密度 $\boldsymbol{j}$ 不随时间变化. 这就要求电荷的分布不随时间变化，从而电荷产生的电场也不随时间变化. 因此，对于任意闭合曲面 S，面内的电量不随时间变化，即 $\mathrm{d}q/\mathrm{d}t=0$. 于是有

$$\oint_S \boldsymbol{j}\cdot\mathrm{d}\boldsymbol{S}=0 \tag{10.6}$$

上式称为电流的恒定条件. 即通过闭合曲面 S 一侧流入的电量等于从另一侧流出的电量，因而电流线连续地穿过 S 面包围的体积. 由 S 面的任意性，可以得出如下结论：**恒定电流的电流线不可能在任何地方中断，它们永远是闭合曲线.**

对于在一根导线中通过的恒定电流，利用式(10.6)可以得出：通过导线各个横截面的电流强度都相等. 在图 10.7(a)中，对于包围任一段导线的闭合曲面，只有流进的电流 I_1 和流出的电流 I_2 相等，才能使通过此闭合曲面的电流为零. 在图 10.7(b)中，对于恒定电流电路中几根导线汇合的节点 P 来说，任取一包围该节点的闭合曲面，由式(10.6)给出

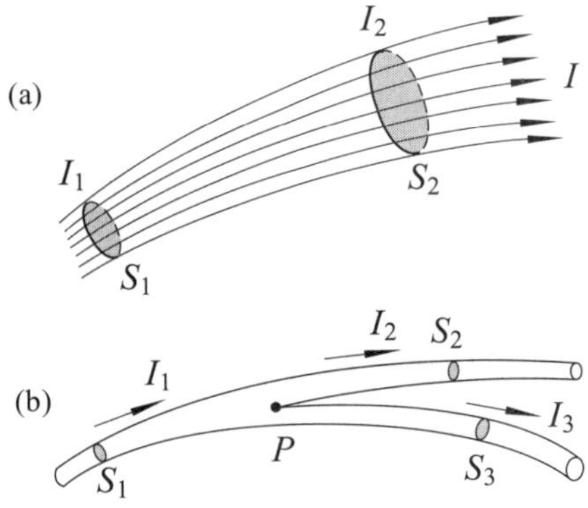

图 10.7

$$\sum_i I_i = 0 \tag{10.7}$$

即汇于节点的电流的代数和为零.以流出节点的电流为正,流入节点的电流为负,则对图 10.7(b)中的节点 P,应有

$$-I_1 + I_2 + I_3 = 0$$

式(10.7)称为**节点电流方程**.

如前所述,在恒定电流的情况下,导体内的电荷分布不随时间变化.不随时间变化的电荷分布产生不随时间变化的电场,这种电场称为**恒定电场**.

导体内稳定的不随时间变化的电荷分布就像固定的静止电荷分布一样,由它们产生的恒定电场和静电场亦有许多相似之处.例如,它们都服从高斯定理和场强的环路定理.以 $\boldsymbol{E}$ 表示恒定电场的电场强度,则有

$$\oint_L \boldsymbol{E} \cdot \mathrm{d}\boldsymbol{l} = 0 \tag{10.8}$$

这说明**恒定电场也是保守场**.根据恒定电场的这一性质,可以引进电势的概念.由于 $\boldsymbol{E} \cdot \mathrm{d}\boldsymbol{l}$ 是通过线元 $\mathrm{d}\boldsymbol{l}$ 发生的电势降落,所以上式也常说成是:**在恒定电流电路中,沿任何闭合回路一周,电势降落的代数和等于零**.在分析解决直流电路问题时,常根据这一规律列出方程,这些方程称为**回路电压方程**.

尽管恒定电场和静电场有许多相似之处,但它们还是有重要区别的.产生恒定电场的电荷分布虽然不随时间改变,但这种分布总伴随着电荷的运动,因此是一种动态平衡分布,而产生静电场的电荷相对观察者始终固定不动;在恒定电场中,导体内部场强可以不等于零,而在静电场中的导体达到静电平衡时,其内部场强必为零;电荷运动时恒定电场力要做功,因此恒定电场的存在总要伴随着能量的转换,但是静电场是由固定电荷产生的,所以维持静电场不需要外界提供能量.

10.2　电源　电动势

如前所述,产生恒定电流的条件是电荷分布不随时间变化,因而电荷产生的电场是恒定电场,导体两端将维持恒定的电势差.现在我们研究如何实现这一条件.

10.2.1　电源

一般说来,把两个电势不等的导体用导线连接起来,导线中立刻会有电流产生.电容器的放电过程就是这样.但在静电力作用下,正电荷从高电势一端经导线向低电势一端移动,正负电荷逐渐中和,导体两端的电势差逐渐减小,从而破坏恒定条件.假如我们能够沿另一途径把正电荷送回高电势的一端,以维持导体两端电势差不变,这样就可以在导体中维持恒定电流.显然靠静电力是不可能完成上述过程的,必须有非静电性的力使正电荷逆着静电场方向,从低电势处返回高电势处,使导体两端的电势差保持恒定,从而形成恒定电流.

提供非静电力的装置称为**电源**.图 10.8 是电源装置的原理图.电源有两个

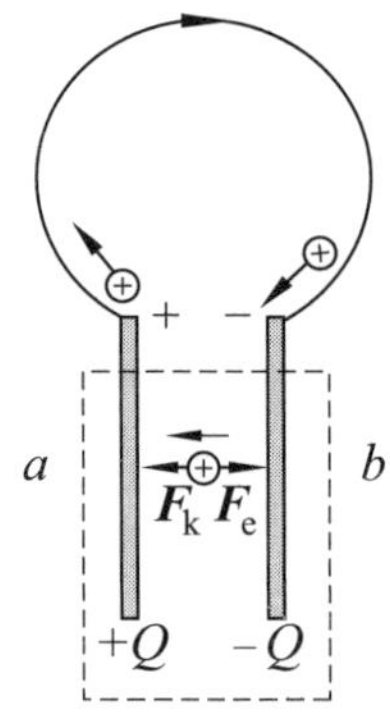

图 10.8

电极,电势高的为正极,电势低的为负极.在电路中,电源以外的部分叫外电路,电源以内的部分叫内电路.当电源与外电路断开时,在电源内部作用于正电荷的非静电力 $\boldsymbol{F}_k$ 由负极板 b 指向正极板 a,因此正电荷由 b 向 a 运动,于是 a 板上就有正电荷的累积,而 b 板则带有等量负电荷.a、b 两极板上积累的正负电荷产生静电场,在电源内部其方向由 a 指向 b.因此,电源内部的每一个正电荷除受到非静电力 $\boldsymbol{F}_k$ 作用外,同时还受到静电力 $\boldsymbol{F}_e$ 的作用,方向与 $\boldsymbol{F}_k$ 相反.开始时,a、b 两板上积累的正负电荷不多,电源内部的静电场比较弱,因此 $F_k>F_e$,正电荷继续由 b 向 a 迁移.随着 a、b 上电荷的增加,F_e 逐渐增大.当 $F_k=F_e$ 时,电源内部不再有电荷的迁移,a、b 上正负电荷不再变化,两极板间的电势差亦保持恒定.

如果将电源与外电路接通,形成闭合电路,则在两极板电荷产生的电场的作用下,导线中形成了从 a 到 b 的电流.随着电荷在外电路中的定向移动,a、b 板上积累的正负电荷减少,使得电源内部的正电荷受到的静电力 F_e 又小于非静电力 F_k,于是电源内部又出现由 b 向 a 运动的正电荷.可见,外电路接通后,在电源内部也出现电流,方向是从低电势处流向高电势处.综上所述,在外电路,正电荷受静电力作用从正极 a 移向负极 b;在内电路,正电荷受非静电力作用从负极 b 移向正极 a,从而使电源正负极板上的电荷分布维持稳定,形成恒定电流.显然,**电源中非静电力的存在是形成恒定电流的根本原因**.

从能量观点看,在电源内部非静电力移动电荷时必须反抗电场力做功.在这一过程中,被移动电荷的电势能增大,是由电能以外的其他形式的能量转换而来的.因此,电源是一种能够不断地把其他形式的能量转换为电能的装置.

电源的类型很多.不同类型电源中形成非静电力的过程不同,所以能量转换形式也不同.如在发电机中,非静电力是一种电磁作用,是将机械能转化为电能;在化学电源中,非静电力是一种化学作用,是将化学能转化为电能;在温差电源中,非静电力是与温差和浓度差相联系的扩散作用,是将热能转化为电能;太阳能电池则是直接把光能转变成电能的一种装置,等.

10.2.2 电源的电动势

从上面的讨论可知,电源在电路中的作用是把其他形式的能量转换为电能.衡量电源转换能量能力大小的物理量称为电源的**电动势**,它反映了电源中非静电力移动电荷做功本领的大小.

在电源内部,单位正电荷从负极移到正极的过程中,非静电力所做的功叫作电源的电动势,用 $\mathscr{E}$ 表示.若 A_k 表示在电源内部将电量为 q 的正电荷从负极移到正极时非静电力所做的功,则电源的电动势定义为

$$\mathscr{E}=\frac{A_k}{q} \tag{10.9}$$

从场的观点看,可以把非静电力的作用等效为一种非静电性场的作用,这

种场统称为外来场. 以 $\boldsymbol{E}_k$ 表示外来场的场强,则电荷 q 所受的非静电力 $\boldsymbol{F}_k = q\boldsymbol{E}_k$. 在电源内部,正电荷 q 由负极移到正极时非静电力做的功为

$$A_k = \int_{-\,(\text{电源内})}^{+} \boldsymbol{F}_k \cdot d\boldsymbol{l} = \int_{-\,(\text{电源内})}^{+} q\boldsymbol{E}_k \cdot d\boldsymbol{l}$$

将上式代入式(10.9),可得

$$\mathscr{E} = \int_{-\,(\text{电源内})}^{+} \boldsymbol{E}_k \cdot d\boldsymbol{l} \tag{10.10}$$

上式就是非静电力集中在一段电路内(如电池内)作用时电动势的表达式.

在有些情况下,非静电力存在于整个回路之中,这时整个回路的总电动势应为

$$\mathscr{E} = \oint_L \boldsymbol{E}_k \cdot d\boldsymbol{l} \tag{10.11}$$

式中线积分遍及整个回路 L.

事实上,式(10.10)也可以表示成式(10.11)的形式. 因为在图 10.8 所示的回路中,外电路没有非静电力,所以单位正电荷绕回路一周,只有在电源内部才有非静电力做功. 由此可见,式(10.11)比式(10.10)具有更为普遍的意义.

电动势是标量,但它和电流强度一样规定有方向. 通常**规定从负极经电源内部指向正极的方向为电动势的方向**. 沿电动势方向,非静电力做正功,使正电荷的电势能增加.

电动势的单位是伏特,符号为 V.

10.2.3 电源的路端电压

电源两极之间的电势差称为电源的**路端电压**,简称端电压. 若端电压不随通过电源的电流而变化,这样的电源被定义为理想电压源,也称为恒压源. 因为所有实际电源都具有内电阻,所以理想电压源就是忽略电源内电阻的电源,实际上是不存在的. 实际电源的端电压与通过它的电流有关,因为内电阻上的电势降总是随电流的变化而变化的,因此电源的端电压不是常量. 尽管如此,在电源的内电阻远小于外电路总电阻的情况下,可以近似地把实际电源看成恒压源. 恒压源在讨论电路问题中是非常有用的理想模型. 所有实际电源都可等效为一个恒压源 $\mathscr{E}$ 和一个电阻 r(电源的内电阻)串联的组合. 电源放电时,电流从负极经电源内部到正极;电源充电时,则电流的流向相反.

应当注意的是,电源的电动势和端电压的实质是不同的. 电动势是把单位正电荷从负极经电源内部移到正极时非静电力所做的功,它只取决于电源本身的性质,一定的电源具有一定的电动势,与外电路的性质以及是否接通外电路无关. 而端电压则是把单位正电荷从正极沿任意路径移到负极时静电力所做的功,其量值与外电路的情况有关. 显然在外电路断开(即开路)时,由于非静电力与静电力平衡,因而电动势与端电压量值相等.

10.3 欧姆定律和焦耳-楞次定律的微分形式

10.3.1 电阻

我们知道,对于给定材料并且粗细均匀的导体,其电阻 R 与导体的横截面积 S 成反比,与导体的长度 l 成正比.即

$$R=\rho\frac{l}{S} \tag{10.12a}$$

比例系数 ρ 只与导体的材料有关,称为该材料的**电阻率**.有时也用 ρ 的倒数,即 $\gamma=1/\rho$代替 ρ,代入上式,得

$$R=\frac{l}{\gamma S} \tag{10.12b}$$

γ 称为导体材料的**电导率**.

电阻率(或电导率)不但与材料的种类有关,而且还与温度有关.在温度不太低时,几乎所有金属导体的电阻率 ρ 与温度 t(℃)近似地有如下关系:

$$\rho_t=\rho_0(1+\alpha t)$$

式中 ρ_t 和 ρ_0 分别是 t℃和 0℃时的电阻率,α 叫作**电阻温度系数**,它随材料的不同而不同.表 10.1 给出了几种常用材料的电阻率和电阻温度系数.其中锰铜合金的 α 值只有 1×10^{-5} ℃$^{-1}$,这说明锰铜合金的电阻率随温度的变化特别小,用它制作的电阻受温度的影响很小,因此常用这种材料作标准电阻.此外,也常利用金属电阻率随温度线性变化的特性来进行温度测量,如经常用到的铂热电阻、铜热电阻等.

表 10.1 几种常用材料的电阻率和电阻温度系数

材料	$\rho_0/(\Omega\cdot m)$	α/℃$^{-1}$
银	1.5×10^{-8}	4.0×10^{-3}
铜	1.6×10^{-8}	4.3×10^{-3}
铝	2.5×10^{-8}	4.7×10^{-3}
钨	5.5×10^{-8}	4.6×10^{-3}
铁	8.7×10^{-8}	5×10^{-3}
铂	9.8×10^{-8}	3.9×10^{-3}
汞	94×10^{-8}	8.8×10^{-4}
碳	$3\,500\times10^{-8}$	-5×10^{-4}
镍铬合金(60%Ni,15%Cr,25%Fe)	110×10^{-8}	1.6×10^{-4}
铁铬铝合金(60%Fe,30%Cr,5%Al)	140×10^{-8}	4×10^{-5}
镍铜合金(54%Cu,46%Ni)	50×10^{-8}	4×10^{-5}
锰铜合金(84%Cu,12%Mn,4%Ni)	48×10^{-8}	1×10^{-5}

用匀质材料制成的粗细均匀导体的电阻可以直接用式(10.12)进行计算,但对于截面积 S 或电阻率 ρ 不均匀的导体来说,其电阻的计算应采用以下积分形式,即

$$R=\int_L\rho\frac{dl}{S} \tag{10.13}$$

电阻的倒数称为**电导**，用 G 表示，即 $G=1/R$.

电阻的单位是欧姆，符号为 Ω；电导的单位是西门子，符号为 S，$1\mathrm{S}=1\Omega^{-1}$；电阻率的单位是欧姆米，符号为 Ω·m；电导率的单位是西门子每米，符号为 $\mathrm{S \cdot m^{-1}}$.

金属导电的经典电子论可以解释为什么导体有电阻. 早期的经典电子论认为，金属中带正电的离子实按一定方式排列成晶格，外层电子则成为自由电子，可以看成是在金属内部自由运动的经典粒子，除碰撞外不受离子实的作用. 因此外层电子相当于容器中自由运动的理想气体分子，又被称为自由电子气. 在外加电场中，电子定向运动形成电流，但由于电子在导体中运动时要与晶格碰撞，碰撞时电子的定向运动被破坏，碰撞后电子的定向运动又从头开始，因此，碰撞是阻止电子定向运动速度增加的原因，其宏观反映就是导体有电阻.

10.3.2 欧姆定律的微分形式

实验表明，当导体的温度一定时，通过一段导体的电流强度与导体两端的电势差成正比，即

$$I=\frac{U_1-U_2}{R} \tag{10.14}$$

这是大家熟知的欧姆定律. R 是导体的电阻；U_1-U_2 是电阻两端的电势差，如图 10.9 所示. 可见，经过一个电阻，沿电流方向的电势降落等于电流与电阻的乘积.

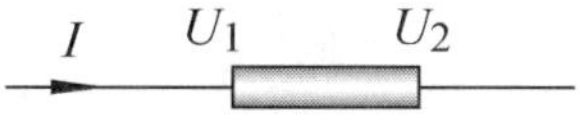

图 10.9

需要指出的是，欧姆定律对于金属导体或电解液，在相当大的电压范围内都是适用的. 但对半导体二极管、真空二极管以及许多气体导电管等元(器)件都不成立，对于一段含电源的电路也不成立. 因此，式(10.14)又称为**一段均匀电路的欧姆定律**.

我们知道，导体中存在电场是形成电流的必要条件. 因此，导体中的电流和电场必然密切相关. 为了定量讨论导体中某点的电流密度与该点场强的关系，不妨在导体中某点附近取一个小圆柱体，如图 10.10 所示，其电阻率为 ρ，长为 $\mathrm{d}l$，底面积为 $\mathrm{d}S$，轴线与电流方向平行，两端的电势分别为 U 和 $U+\mathrm{d}U$. 根据式(10.14)，通过 $\mathrm{d}S$ 的电流应为

$$\mathrm{d}I=-\frac{\mathrm{d}U}{R}$$

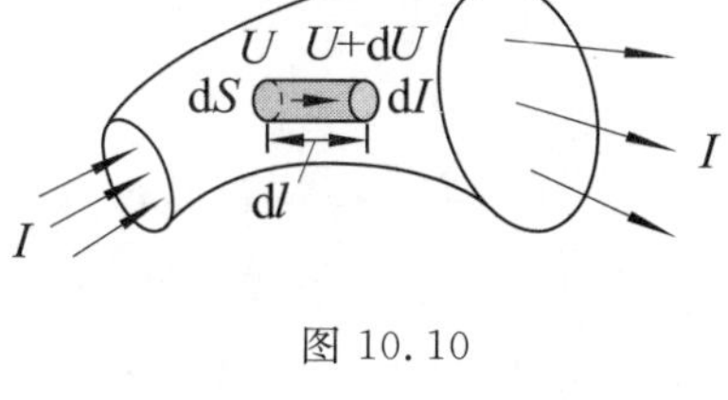

图 10.10

式中 $R=\rho\dfrac{\mathrm{d}l}{\mathrm{d}S}$ 为小圆柱体的电阻. 于是

$$\mathrm{d}I=-\frac{1}{\rho}\cdot\frac{\mathrm{d}U}{\mathrm{d}l}\cdot\mathrm{d}S,\quad \frac{\mathrm{d}I}{\mathrm{d}S}=-\frac{1}{\rho}\cdot\frac{\mathrm{d}U}{\mathrm{d}l}$$

将 $j=\dfrac{\mathrm{d}I}{\mathrm{d}S}$，$E=-\dfrac{\mathrm{d}U}{\mathrm{d}l}$ 代入上式，考虑到金属和电解液中 $\boldsymbol{j}$ 与 $\boldsymbol{E}$ 方向相同，故有

$$\boldsymbol{j}=\frac{\boldsymbol{E}}{\rho}=\gamma\boldsymbol{E} \tag{10.15}$$

式(10.15)是欧姆定律的微分形式. 它**表明了导体中某点的电流密度与该点场强和材料导电特性的点点对应关系**. 需要指出,欧姆定律的微分形式对于非恒定电场或非恒定电流的情况也是适用的,因此它比一段均匀电路的欧姆定律具有更深刻、更普遍的意义.

例 10.2 如图 10.11 所示,两个长度 $l=1.00\ \mathrm{m}$ 的同轴金属圆筒,内外筒的半径分别为 $r_A=5.00\times10^{-2}\ \mathrm{m}$,$r_B=1.00\times10^{-1}\ \mathrm{m}$,其间充满电阻率 $\rho=1.00\times10^{9}\ \Omega\cdot\mathrm{m}$ 的非理想电介质. 设两筒间的电势差 $U_A-U_B=1000\ \mathrm{V}$,求电介质内各点的场强 $\boldsymbol{E}$、漏电流的电流密度 $\boldsymbol{j}$ 以及该电介质的漏电电阻 R.

解 设两个圆筒之间的总漏电流为 I,由于漏电流(从内筒流向外筒)沿径向对称分布,而且在距离圆筒轴线 r 处,总漏电流 I 通过的截面积为 $S=2\pi rl$,所以该面漏电流密度的大小为

$$j=\frac{I}{2\pi rl} \qquad ①$$

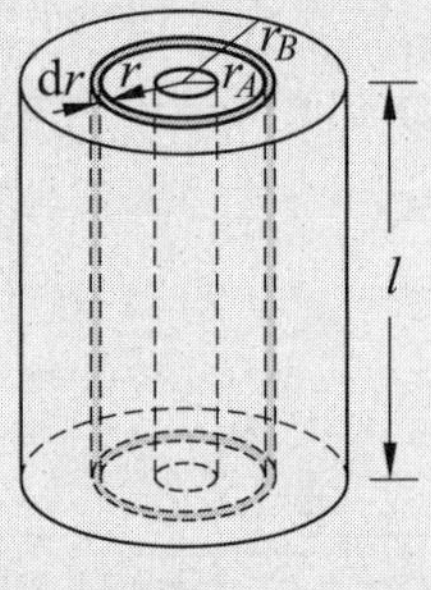

图 10.11

对于 $r\to r+\mathrm{d}r$ 的圆柱形薄层介质来说,相应的漏电电阻为

$$\mathrm{d}R=\rho\frac{\mathrm{d}r}{S}=\frac{\rho\mathrm{d}r}{2\pi rl}$$

于是,电介质的总漏电电阻为

$$R=\int\mathrm{d}R=\int_{r_A}^{r_B}\frac{\rho\mathrm{d}r}{2\pi rl}=\frac{\rho}{2\pi l}\ln\frac{r_B}{r_A}$$

$$=\frac{1.00\times10^{9}\ \Omega\cdot\mathrm{m}}{2\pi\times1.00\ \mathrm{m}}\ln2=1.10\times10^{8}\ \Omega$$

根据欧姆定律,可得漏电流的电流强度为

$$I=\frac{U_A-U_B}{R}=\frac{1000\ \mathrm{V}}{1.10\times10^{8}\ \Omega}=9.09\times10^{-6}\ \mathrm{A}$$

将 I 代入式①,求得漏电流的电流密度大小为

$$j=\frac{I}{2\pi rl}=\frac{9.09\times10^{-6}\ \mathrm{A}}{2\pi\times1.00\ \mathrm{m}}\cdot\frac{1}{r}=\frac{1.45\times10^{-6}\ \mathrm{A\cdot m^{-1}}}{r}$$

由欧姆定律的微分形式(10.15),可得电介质中距轴线 r 处电场强度的大小为

$$E=\rho j=1.00\times10^{9}\ \Omega\cdot\mathrm{m}\times\frac{1.45\times10^{-6}\ \mathrm{A\cdot m^{-1}}}{r}=\frac{1.45\times10^{3}\ \mathrm{V}}{r}$$

$\boldsymbol{E}$ 和 $\boldsymbol{j}$ 的方向均沿径向向外.

10.3.3 焦耳-楞次定律的微分形式

我们知道,电流通过导体时,导体的温度要升高,内能也将增加,并以热传递的方式向周围放出热量,其规律遵从焦耳-楞次定律. 经典电子理论认为,电场力对自由电子做功,使电子的定向运动动能增大. 同时,自由电子又不断与晶格碰撞,把定向运动能量传递给晶格,使它的热振动加剧,因而导体的温度升高,并以焦耳热形式释放出来. 由此可见,一段纯电阻电路放出的热量与电场密切相关.

为了定量讨论导体放热和电场之间的关系，引入热功率密度的概念. 当导体内通有电流时，单位体积导体在单位时间内放出的热量称为**热功率密度**，以 w 表示，也就是单位体积导体的热功率. 考虑图 10.10 中的小圆柱体通有电流 $\mathrm{d}I$，则由热功率密度定义，有

$$w=\frac{(\mathrm{d}I)^2R}{\mathrm{d}S\mathrm{d}l}=\left(\frac{\mathrm{d}I}{\mathrm{d}S}\right)^2\cdot\left(\frac{\mathrm{d}S}{\mathrm{d}l}R\right)=\rho\left(\frac{\mathrm{d}I}{\mathrm{d}S}\right)^2$$

应用 $j=\frac{\mathrm{d}I}{\mathrm{d}S}$ 和 $j=\frac{E}{\rho}=\gamma E$，可得

$$w=\frac{E^2}{\rho}=\gamma E^2 \tag{10.16}$$

式(10.16)是焦耳-楞次定律的微分形式. 它表明了**导体中某点的热功率密度与该点场强和材料导电特性的对应关系**. 对于通有电流的导体，在电能不转换为其他形式能量(如化学能、机械能)的情况下，上式和欧姆定律的微分形式一样，对任意点都成立.

需要指出的是，我们有几处应用了金属导电的经典电子论. 这个理论能定性地描述金属中电子导电的微观图像，定性地解释电流的热效应，但不能给出满意的定量结果. 其主要缺陷在于它把适用于宏观物体的牛顿定律用于电子的运动，并把电子的能量视为连续的. 近代物理指出，只有用量子理论来研究金属导电，才能得到与实验符合得很好的定量结果.

10.4 基尔霍夫定律及其应用

10.4.1 含源电路

含有电源的电路也称**非均匀电路**. 如图 10.12 所示电路，怎样计算 A、B 两端的电势差(U_A-U_B)呢? 由于在恒定电流电路中，每一点的电势都有确定值(相对电势零点)，因此，(U_A-U_B)应等于 $A\to B$ 电路上各段电势降落的代数和.

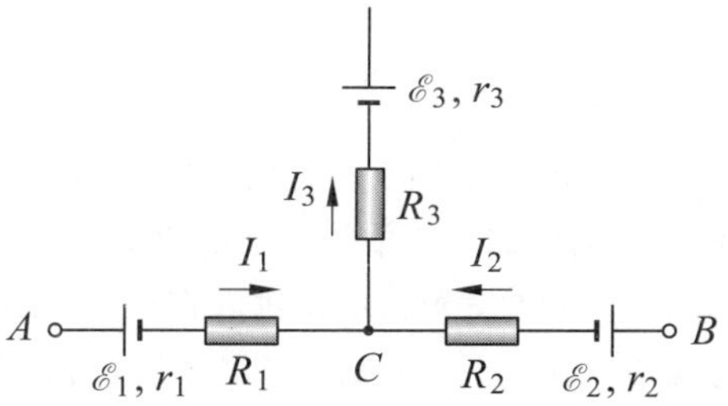

图 10.12

从 A 到 B 这段电路中电势有升有降，电路中实际的电流方向一时也无法确定，不妨先假设各路电流的方向，如图 10.12所示. 选取 $A\to B$ 电势降落的具体走向为从 A 经 C 到 B. 从 A 到 C 这一段，经 $\mathscr{E}_1$ 的正极到负极，电势降落为 $+\mathscr{E}_1$；在电阻 r_1 和 R_1 上的电势降落为 $I_1(r_1+R_1)$. 故有

$$U_{AC}=U_A-U_C=\mathscr{E}_1+I_1(r_1+R_1)$$

从 C 到 B 这一段,在电阻 R_2 和 r_2 上的电势顺着所选取的走向,实际是升高的,写成电势降落则为 $-I_2(r_2+R_2)$;经电源 $\mathscr{E}_2$ 的负极到正极,电势也是升高的,写成降落则为 $-\mathscr{E}_2$. 故有

$$U_{CB}=U_C-U_B=-\mathscr{E}_2-I_2(r_2+R_2)$$

于是 ACB 这段电路上总的电势降落为

$$U_{AB}=U_A-U_B=U_{AC}+U_{CB}=\mathscr{E}_1-\mathscr{E}_2+I_1(r_1+R_1)-I_2(r_2+R_2)$$

推广到一般电路,可将上式写成如下普遍形式:

$$U_A-U_B=\sum_i(\pm\mathscr{E}_i)+\sum_i(\pm I_iR_i) \tag{10.17}$$

上式称为**一段含源电路的欧姆定律**. 该定律表明,电路中 A、B 两点间的电势降落等于这两点间电路上各电源和各电阻电势降落的代数和.

必须指出,因为我们讨论的是电势降落,所以式(10.17)中各项的符号应按下述方法选定:沿着选取的电势降落的走向,经过电阻和电动势,凡是电势降低的就取正号,凡是电势升高的则取负号. 对于电阻来说,顺着电流方向电势降低;对于电动势来说,顺着电动势方向(从负极经电源内部指向正极)则电势升高. 电势降落的代数和可以为正、负、零,并由此判断所选两点的电势高低.

10.4.2 基尔霍夫定律

前面讨论了一段电路的简单情况,在复杂电路中,各段支路的联结形成多个节点和多个回路,解决问题的一般方法是应用基尔霍夫定律. 该定律由两组方程组成. 第一组方程源自节点电流方程式(10.7),即对电路中的每一个节点有

$$\sum_i I_i=0 \tag{10.18}$$

容易证明,对于共有 n 个节点的完整电路,可以写出 $n-1$ 个彼此独立的节点电流方程.

第二组方程可由式(10.17)得到. 令 A、B 两点重合,则有 $U_A-U_B=0$,可得回路电压方程

$$\sum_i(\pm\mathscr{E}_i)+\sum_i(\pm I_iR_i)=0 \tag{10.19}$$

上式表明沿任一闭合回路一周,电势降落的代数和等于零.

显然,在求解一般电路问题时,对每个节点可以应用节点电流方程,而对每一个独立回路又可以应用回路电压方程. 对所列方程组联立求解,原则上可解决任何直流电路问题,可以说基尔霍夫定律为求解复杂的电路问题奠定了基础.

例 10.3 如图 10.13 所示,$\mathscr{E}_1=12\ \text{V}$,$r_1=1\ \Omega$,$\mathscr{E}_2=8\ \text{V}$,$r_2=0.5\ \Omega$,$R_1=3\ \Omega$,$R_2=1.5\ \Omega$,$R_3=4\ \Omega$. 求通过每个电阻的电流强度.

解 设通过各个电阻的电流强度分别为 I_1、I_2、I_3,电流方向及各回路绕行方向如图 10.13 所示. 所假设的回路绕行方向即选取的电势降落的走向. 对于节点 A,依基尔霍夫第一方程,有

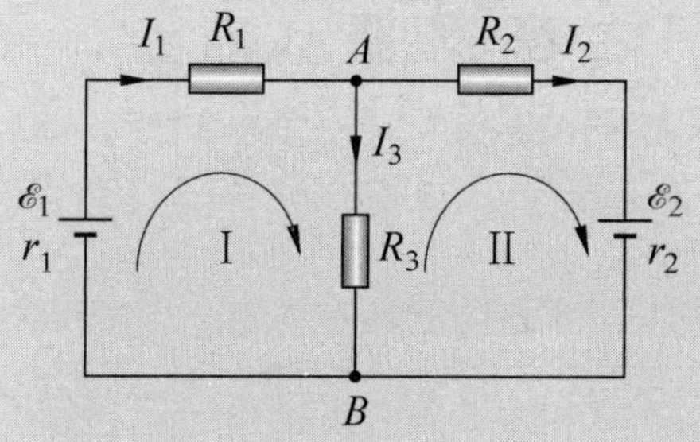

图 10.13

$$-I_1+I_2+I_3=0$$

对于回路Ⅰ,依基尔霍夫第二方程,有

$$-\mathscr{E}_1+I_1r_1+I_1R_1+I_3R_3=0$$

对回路Ⅱ,则有

$$\mathscr{E}_2+I_2r_2+I_2R_2-I_3R_3=0$$

联立以上三式,并代入已知数据,可得

$$I_1=1.25\ \text{A},\quad I_2=-0.5\ \text{A},\quad I_3=1.75\ \text{A}$$

上述结果中 I_1、I_3 为正值,说明电路中实际电流方向与所设方向相同;I_2 为负值,说明实际电流方向与图中所设方向相反.

例 10.4 四个相同的电源和四个相同的电阻串联成如图 10.14 所示的电路.求 U_{AB}、U_{AC} 和 U_{AD}.

解 本题只有一个回路,不妨设 I 的方向为逆时针方向,同时也选逆时针方向为回路的绕行方向.由基尔霍夫定律,有

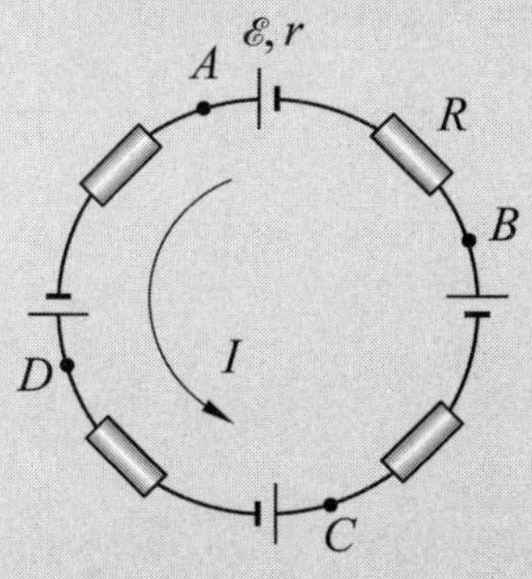

图 10.14

$$I(4R+4r)-4\mathscr{E}=0$$

解得

$$I=\frac{\mathscr{E}}{R+r}$$

所以

$$U_{AB}=U_A-U_B=\mathscr{E}-I(R+r)=0$$

同理有

$$U_{AC}=U_{AD}=0$$

事实上,由电路的对称性可知,A、B、C、D 四点在电路中的地位相同,所以它们的电势必然相等.

在含源电路中,由于有非静电力作用,因此可能出现一些均匀电路中不可能出现的情况.例如上例中 $U_{AB}=0$,但 A、B 间 $I\neq0$.另外,电路两端电压不为零,但是电路中却没有电流;电流从电路中电势低的一端流向电势高的一端等.这些反常情况都可能在含源电路中出现,这里就不一一列举了.

内容提要

1. 电流密度和电动势

电流密度：$\boldsymbol{j}=\dfrac{\mathrm{d}I}{\mathrm{d}S_{\perp}}\boldsymbol{n}$.

电流强度：$I=\dfrac{\mathrm{d}q}{\mathrm{d}t}=\int_S \boldsymbol{j}\cdot\mathrm{d}\boldsymbol{S}$.

电源的电动势：$\mathscr{E}=\int_{-\,(\text{电源内})}^{+}\boldsymbol{E}_{\mathrm{k}}\cdot\mathrm{d}\boldsymbol{l}$，$\mathscr{E}=\oint_L \boldsymbol{E}_{\mathrm{k}}\cdot\mathrm{d}\boldsymbol{l}$.

电源的端电压：$U_{+}-U_{-}=\int_{+}^{-}\boldsymbol{E}\cdot\mathrm{d}\boldsymbol{l}$ （任意路径）.

2. 恒定电流条件

$$\oint_S \boldsymbol{j}\cdot\mathrm{d}\boldsymbol{S}=0$$

3. 欧姆定律及其微分形式

一段均匀电路的欧姆定律：$I=\dfrac{U_1-U_2}{R}$，微分形式：$\boldsymbol{j}=\dfrac{\boldsymbol{E}}{\rho}=\gamma\boldsymbol{E}$.

一段含源电路的欧姆定律：$U_A-U_B=\sum_i(\pm\mathscr{E}_i)+\sum_i(\pm I_iR_i)$.

4. 焦耳-楞次定律及其微分形式

$$Q=I^2Rt,\quad w=\frac{E^2}{\rho}=\gamma E^2$$

5. 基尔霍夫定律

节点电流方程：$\sum_i I_i=0$.

回路电压方程：$\sum_i(\pm\mathscr{E}_i)+\sum_i(\pm I_iR_i)=0$.

习 题

(一)选择题和填空题

10.1 如图所示，在一个长直圆柱形导体外面套一个与它共轴的导体长圆筒，两导体的电导率可以认为是无限大. 在圆柱与圆筒之间充满电导率为 γ 的均匀导电物质，当在圆柱与圆筒间加上一定电压时，在长度为 l 的一段导体上总的径向电流为 I，如图所示. 则在柱与筒之间与轴线的距离为 r 的点的电场强度为[ ]

(A) $\dfrac{2\pi rI}{l^2\gamma}$.　(B) $\dfrac{I}{2\pi rl\gamma}$.　(C) $\dfrac{Il}{2\pi r^2\gamma}$.　(D) $\dfrac{I\gamma}{2\pi rl}$.

10.2 在如图所示的电路中，两电源的电动势分别为 ε_1、ε_2，内阻分别为 r_1、r_2，三个负载电阻阻值分别为 R_1、R_2、R，电流分别为 I_1、I_2、I_3，方向如图. 则 A、B 间的电势差 U_B-U_A 为[ ]

(A) $\varepsilon_2-\varepsilon_1-I_1R_1+I_2R_2-I_3R$.　(B) $\varepsilon_2+\varepsilon_1-I_1(R_1+r_1)+I_2(R_2+r_2)-I_3R$.

(C) $\varepsilon_2-\varepsilon_1-I_1(R_1+r_1)+I_2(R_2+r_2)$.　(D) $\varepsilon_2-\varepsilon_1-I_1(R_1-r_1)+I_2(R_2-r_2)$.

10.3 两段不同金属导体电导率之比 $\gamma_1/\gamma_2=2$，横截面积之比 $S_1/S_2=1/4$，将它们串联在一起后两

端加上电压 U，则各段导体内电流之比 $I_1/I_2=$________，电流密度之比 $j_1/j_2=$________，导体内场强之比 $E_1/E_2=$________.

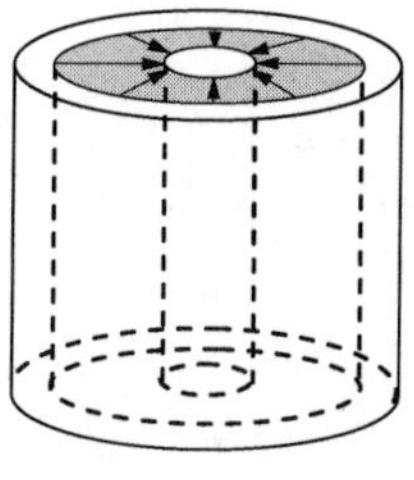

题 10.1 图

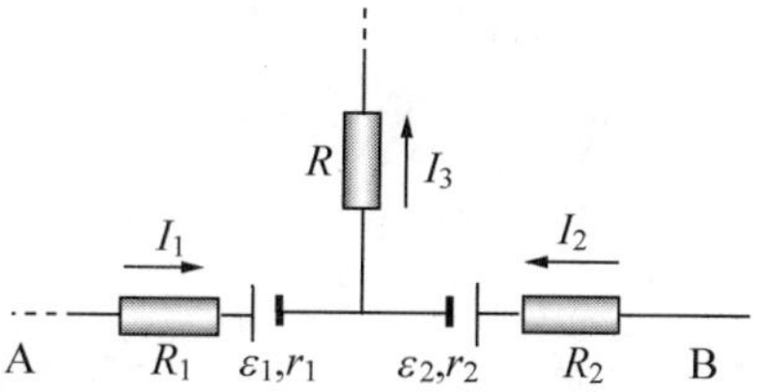

题 10.2 图

10.4　若将电压 U 加在一根电阻率为 ρ、截面直径为 d、长度为 L 的导线的两端，则单位时间内流过导线横截面的自由电子数为________；若导线中自由电子数密度为 n，则电子平均漂移速率为________.

10.5　一半径为 R、电导率为 γ 的均匀导线中沿轴向流有电流，电流密度为 kr(k 为常量)，r 为导线内某点到轴线的距离，则导线内任意一点的热功率密度为________，在长度为 l 的导线内单位时间产生的热量为________.

(二)问答题和计算题

10.6　两个横截面不同、长度相同的铜棒串接在一起，两端加一定的电压 U. 问：(1)通过两棒的电流强度是否相同？(2)通过两棒的电流密度是否相同？(3)两棒内的电场强度是否相同？(4)它们各自分得的电压是否相等？

10.7　(1)电源的电动势与端电压有什么区别？两者在什么情况下相等？(2)电源内部的非静电力和静电力有什么不同？(3)导体中的恒定电场和静电场有何异同之处？(4)欧姆定律的微分形式在电源中是否适用？

10.8　两段均匀导体组成的电路，其电导率分别为 γ_1 和 γ_2，长度分别为 L_1 和 L_2，导体的截面积均为 S，通过导体的电流强度为 I. 求两段导体：(1)内部的电场强度 E_1 和 E_2 的比值；(2)电势差 U_1 和 U_2.

10.9　在横截面积 $S=0.17\ \text{mm}^2$ 的铜导线中通过的电流 $I=0.025$ A，试求电场对电子的作用力(常温下铜导线的电阻率 $\rho=1.7\times10^{-8}\ \Omega\cdot\text{m}$).

10.10　把大地看成均匀的导电介质，电阻率为 ρ. 一半径为 r_0 的半球形电极与大地表面相接，如图所示. 电极本身的电阻可忽略，试求此电极的接地电阻.

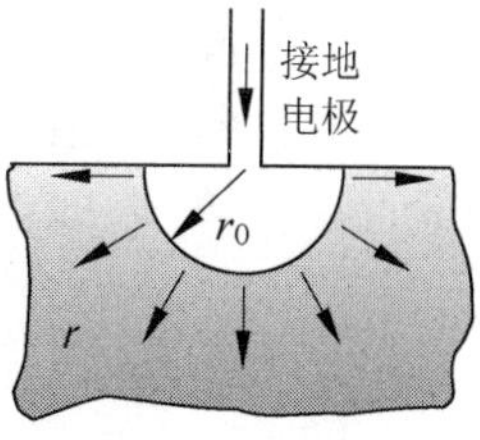

题 10.10 图

10.11　一铜棒的截面积为 $20\times80\ \text{mm}^2$，长为 2 m，两端的电势差为 50 mV. 已知铜的电导率 $\gamma=5.7\times10^7\ \text{S}\cdot\text{m}^{-1}$，铜内自由电子的体电荷密度为 $1.36\times10^{10}\ \text{C}\cdot\text{m}^{-3}$. 求：(1)铜棒的电阻；(2)棒中的电流和电流密度；(3)棒内的电场强度；(4)棒内电子的漂移速度.

10.12　一电源的电动势为 $\mathscr{E}$，内电阻为 r，均为常量. 将此电源与可变外电阻 R 连接时，电源供给的电流 I 将随 R 改变. (1)求电源端电压与外电阻 R 的关系；(2)求电源消耗于外电阻的功率 P(称为输出功率)与 R 的关系；(3)欲使电源有最大输出功率，R 应为多大？(4)电源的能量一部分消耗于外电阻，另一部分消耗于内电阻. 外电阻中消耗的功率与电源总的功率之比，称为电源的效率，记作 η. 求 η 和 R 的关系. 当有最大输出功率时，η 等于多少？

10.13　如图所示，一电缆的芯线是半径 $r_1=0.5$ cm 的铜导线，铜线外包一层同轴绝缘层，绝缘层的外半径 $r_2=1.0$ cm，电阻率 $\rho=1.0\times10^8\ \Omega\cdot\text{m}$. 在绝缘层外面又用铅层保护起来，如图所示. (1) 求 100 m 长的这种电缆阻碍径向电流(即在电缆横截面内沿半径方向流动的电流)的电阻；(2)当芯线与铅层间的电势差为 100 V 时，问 100 m 长的电缆中沿径向漏去的电流为多大？

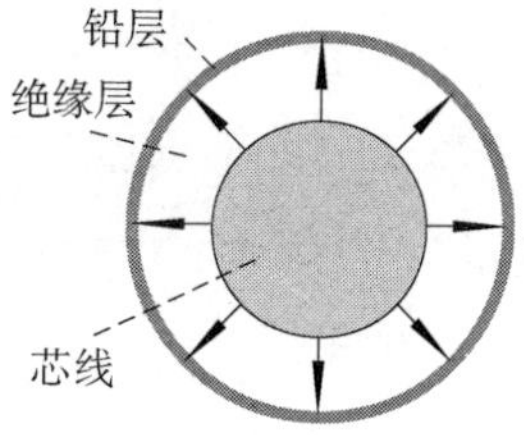

题 10.13 图

10.14　如图所示，求图中(a)、(b)两个电路中的电流强度 I 及 a、b 两点间的电势差.

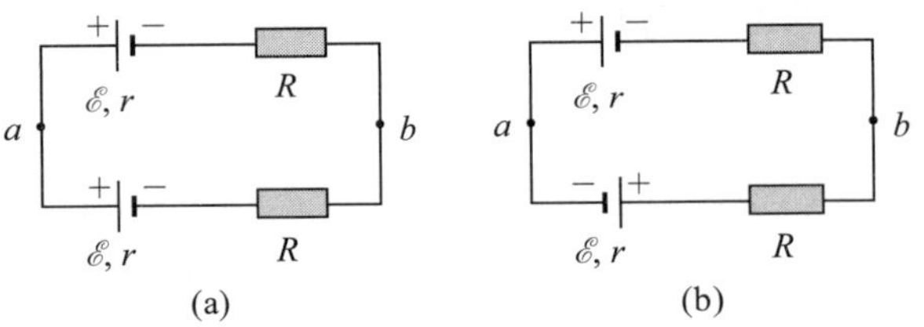

题 10.14 图

10.15 在如图所示的电路中，$\mathscr{E}_1=3$ V，$\mathscr{E}_2=1$ V，内阻均可忽略，$R_1=12$ Ω，$R_2=4$ Ω. 在用导线连通 a、c 前后，通过 R_1 和 R_2 的电流有无变化？

10.16 一电路如图所示.(1)求 a、b 两点间的电势差；(2)求 c、d 两点间的电势差；(3)如果 c、d 两点短路，则 a、b 两点间的电势差是多少？

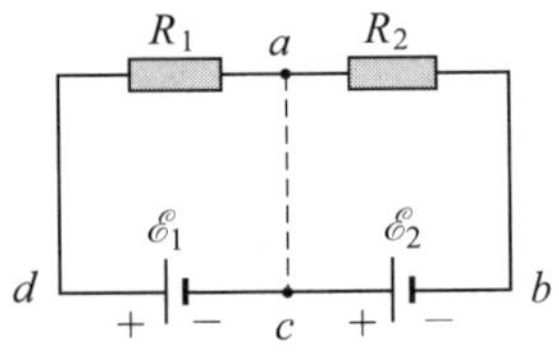

题 10.15 图

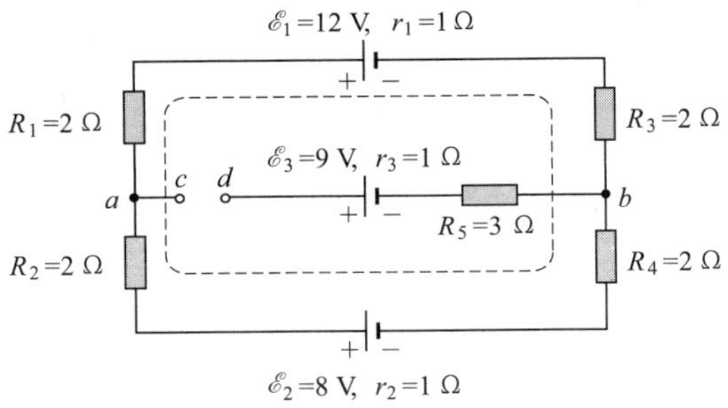

题 10.16 图

10.17 一电路如图所示. 设 R_1、R_2、R_3 和 $\mathscr{E}$ 都已知，电源内阻和安培计Ⓐ的内阻忽略不计.(1)求通过安培计的电流；(2)证明：电源和安培计的位置互相调换后，安培计的读数不变.

10.18 在如图所示的电路中，电池的电动势和内阻分别为 $\mathscr{E}_1=6.0$ V，$\mathscr{E}_2=4.5$ V，$\mathscr{E}_3=2.5$ V，$r_1=0.2$ Ω，$r_2=r_3=0.1$ Ω，电阻 $R_1=R_2=0.5$ Ω，$R_3=2.5$ Ω，电容器的电容 $C_1=C_2=2\mu$F. 求通过电阻 R_1、R_2、R_3 中的电流强度以及电容器上所带的电量.

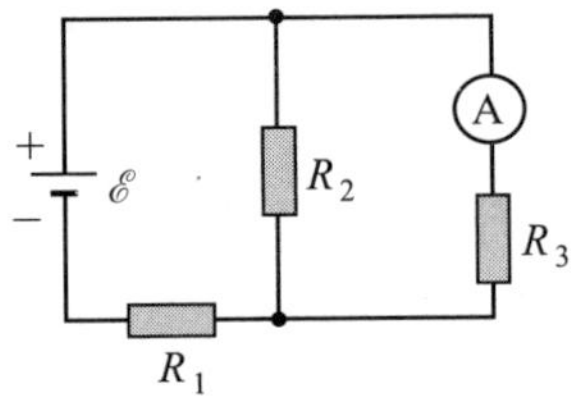

题 10.17 图

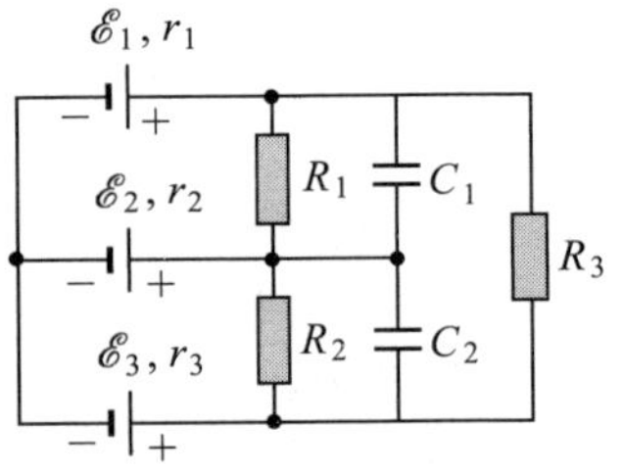

题 10.18 图

阅读材料 5

1. 超导现象

实验发现，金属的电阻(或电阻率)在常温下与温度呈线性关系，低温时随温度的降低而降低；在接近绝对零度时，某些金属，如汞、钒、铅、铌等的电阻将消失．实验还发现，某些金属合金和化合物在较低温度下，电阻也会急剧下降，直至为零．这种**电阻突然变为零的现象称为超导现象**．超导是超导电性的简称．

超导最早发现于 1911 年．荷兰科学家昂内斯(H. Onnes)在测量一个固态汞样品的电阻与温度的关系时惊奇地发现，在 4.2 K 附近时，汞的电阻突然减小到仪器无法测量出的一个值(约为 $1\times10^{-5}\ \Omega$)．在图 10.15 中，实线反映了由实验测出的在 4.2 K 附近汞的电阻率的变化情况，在温度低于 4.15 K 时，汞的电阻为零；虚线反映的是正常金属铂的电阻率随温度变化的情况．昂内斯称电阻为零的状态为超导态．由于液化了氦并发现了超导态，昂内斯于 1913 年获得了诺贝尔物理学奖．

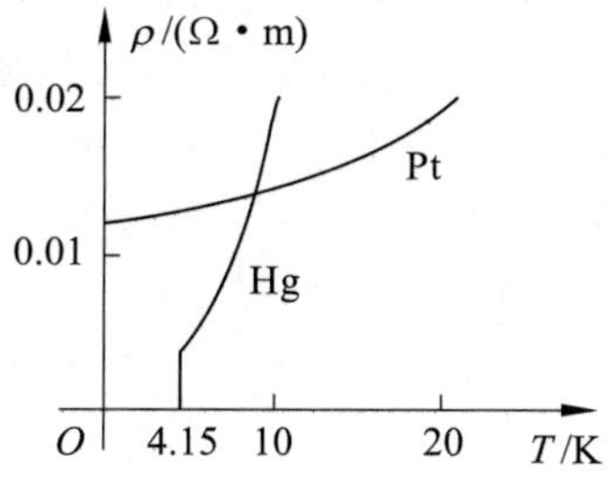

图 10.15

具有超导电性的物质，称为超导材料．到目前为止，人们已发现正常压力下有 28 种元素、约 5000 种合金和化合物具有超导电性．在这些化合物中，陶瓷化合物占绝大多数．

超导材料从正常状态转变为电阻为零的超导态时，所处的温度 T_c 称为临界温度，又称转变温度．不同材料有不同的转变温度．表 10.2 列出了一些超导材料的转变温度．

表 10.2　一些超导材料的转变温度

材料	T_c/K	材料	T_c/K	材料	T_c/K
铝	1.20	钽	4.48	V_3Ga	14.4
铟	3.40	钒	5.30	Nb_3Sn	18.0
锡	3.72	铅	7.19	Nb_3Al	18.6
汞	4.15	铌	9.26	Nb_3Ge	23.2
				铜基氧化物	～90

2. 超导体的特性

1) 零电阻效应

电阻消失是超导体最显著的特性．将一超导环放在磁场中，突然撤去磁场，那么环内产生的感应电流会毫不衰减地维持下去，这种"永久电流"已在多次实验中观察到．曾经有人在超导铅环中激发了几百安培的电流，持续两年半未观察到电流的变化．可见，超导体处于超导态时，电阻为零．

应该指出，只有在直流情况下才有零电阻效应．如果电流随时间变化，就会有功率耗散，但在低频时功率耗散很小，当频率高于 10^{11} Hz 时，其电阻将达到正常情况下的金属电阻值．

2) 迈斯纳效应

超导体的另一特征是磁感线不能从它的体内穿过，也就是说，超导体处于超导态时，体内的磁场恒为零．超导体的这种排斥磁感线的现象是 1933 年迈斯纳(W. Meissner)发现的，故称为迈斯纳效应．该效应表明，超导体具有完全的抗磁性．

理论和实验都证明,磁感应强度并非在超导体的几何表面突然下降为零,而是渗入表面一薄层后再变为零的,穿透深度一般为 10^{-7}m 左右.应当强调,迈斯纳效应是对块状超导体而言的,如果超导薄膜的厚度小于穿透深度,就不可能发生迈斯纳效应.

3) 临界磁场与临界电流

1914 年,昂内斯从实验中发现:当磁场强到一定程度时,超导体内就会产生电阻,超导态即被破坏.例如在绝对零度附近,0.041 T 的磁场就足以破坏汞的超导电性;而接近临界温度,更弱的磁场也对超导性具有破坏作用.破坏超导电性的最小磁场 H_c 称为临界磁场.临界磁场的存在也限制了超导体中能够通过的电流.在绝对零度附近,直径 0.2 cm 的汞超导线,最大只允许通过 200 A 的电流,否则将失去超导电性.破坏超导电性的最小电流 I_c,称为临界电流.当电流大于 I_c 时,其产生的磁场就会破坏超导态.

4) 约瑟夫森效应

1962 年,英国牛津大学研究生约瑟夫森(B. Josephson)首先从理论上预言:电子对可以通过两块超导金属间的薄绝缘层.绝缘层的厚度约为 $1.0\times10^{-9}\sim3.0\times10^{-9}$m,这一结构称为约瑟夫森结,简称超导结.这种电子对穿过绝缘层的隧道效应称为超导隧道效应,也称约瑟夫森效应.约瑟夫森的预言不久就被实验所证实.

约瑟夫森效应有直流效应和交流效应两种.直流电通过超导隧道结时,只要电流小于某一临界电流 I_c,则结上不存在任何电压,流过结的是超导电流.即超导结允许一个零电压的电流通过,这就是直流约瑟夫森效应.如在超导结的结区两端加一直流电压(当然,这时电流大于 I_c),在结区就会出现高频的交变超导电流,其频率与所加的直流电压成正比,从而能辐射电磁波,这就是交流约瑟夫森效应.

3. BCS 理论简介

超导电性是一种宏观量子现象,经典理论对它产生的原因无法解释.1957 年,巴丁(J. Bardeen)、库珀(L. Cooper)和施里弗(J. Schrieffer)联合提出的微观理论——BCS 理论成功地解释了超导现象.该理论认为,产生超导现象的关键在于超导体中的电子形成了电子对,叫作"库珀对"."库珀对"由两个动量方向相反、大小相等的电子结合而成,每个电子对总动量为零.其形成是由于电子之间存在着一种与晶格点阵振动密切相关的特殊吸引力所致.一旦加上外电场,从整体上分析,大量电子对都在零动量的基础上获得相同的动量,从而发生高度有序的运动,表现出超导电性.从微观上分析,电子对中的两个电子同时受到晶格的散射而发生相反的动量改变,但电子对的总动量不变,因而晶格对电子运动无阻力作用,在宏观上就表现为直流电阻为零.

BCS 理论是超导物理发展的里程碑,巴丁、库珀、施里弗因此获得了 1972 年诺贝尔物理学奖.

4. 高温超导

由于超导体的转变温度很低,致使该项技术长期停留在研究阶段.为了使超导电性得到大规模的实际应用,高温超导材料的研制就成了科学家们的重要目标.几十年来,T_c 的每一点点提高都受到人们的重视.20 世纪 60 年代,T_c 已提高到 20 K 以上;1973 年,伽伐里(Gavale)做出了 T_c 为 23.2 K 的 Nb_3Ge 超导薄膜;1986 年瑞士苏黎世 IBM 实验室的柏诺兹(J. Bednorz)和缪勒(K. Müller)研制出 Ba-La-Cu-O 系新材料,将 T_c 由 23.2 K 提高到 30 K,打破了提高 T_c 工作停滞不前的局面,并由此引发了空前的高温超导研究热.

我国是世界上独立发现液氮温区超导体的国家之一.1987 年 2 月 24 日,中国科学院物理所赵忠贤领导的研究组宣布已制成 Y-Ba-Cu-O 系高温超导材料,其 T_c 为 78.5 K;同年,美籍华人朱经武教授得到 90 K以上的转变温度.在 Y-Ba-Cu-O 系高温超导体的基础上,中、美、日等国的科学家又广泛地用 La 系稀土元素代替 Y 获得了巨大的成功,形成了 T_c 为 90～100 K 的超导群体,使得高温超导体的研究领域发生了革命性的转变.2008 年,日本科学家发现了转变温度高于 40 K 的铁基超导体,再次突破了 40 K 超导转变温度的麦克米兰极限. 2023年，中国科学家更是首次发现了液氮温区镍氧化物超导体，这是人类目前发现的第二种液氮温区非常规超导材料，将高温超导的研究推向了新的高潮.

近年来，高温超导实验令人振奋的发展给理论研究提出了一个严峻的课题. 根据BCS理论，声子机制的超导最高临界温度不超过40 K，但事实上却已远远超过. 为此，物理学家们正在努力寻找新的超导材料的超导机制，解决高温超导机理被《科学》杂志列为人类面临的125个重要科学问题之一.

5. 超导的应用

超导材料的广泛应用必将导致一场新的技术革命.

1）强磁场

超导技术最主要的应用是做成电磁铁的超导线圈以产生强磁场. 在电力工业、现代医学、高能加速器、受控热核反应实验中已有很多应用. 例如强度高达10 T的超导电磁铁，能提高回旋同步加速器带电粒子的功率，减小电磁铁的体积. 超导电磁铁还可用作核磁共振波谱仪的关键部件. 此外，现在许多国家试验性运行的超导发电机的定子是用超导材料制成的，不仅大大提高了发电机的输出功率，而且减小了体积.

2）低损耗电能传输

目前所用的电能传输线多为铜、铝材料制成. 由焦耳-楞次定律可知，输电线路越长，能量损耗越多，通常长距离输电线路能量损失可达20%～30%. 由超导材料制成的传输线，由于电阻为零，故线路上的能量损耗大大减小，适用于长距离直流输电. 这方面的研究，目前已进入实用化阶段.

3）超导储能系统

超导材料具有高载流能力和零电阻的特点，可长时间无损耗地储存大量电能，需要时储存的能量可以连续释放出来. 在此基础上可制成超导储能系统. 超导储能技术主要包括两种形式：超导磁储能和超导磁悬浮飞轮储能. 前者是通过超导磁体存储能量，而后者则是利用超导技术提升飞轮储能的性能. 近年来，超导材料的研究与开发不断深入，推动了超导储能技术的进一步发展，使超导储能系统的能量密度和效率得到了提高. 2011年，由中国科学院电工研究所承担研制的1 MJ/0.5 MVA高温超导储能系统正式投入电网运行，运行电压等级为10.5 kV，同时集成了1.5 kA三相高温超导限流器、630 kVA高温超导变压器和75 m长1.5 kA三相交流高温超导电缆等多种新型超导电力装置，可大幅提高电网供电可靠性和安全性，改善电网供电质量. 这是国际首台并入实际电网示范运行的高温超导储能系统.

4）超导磁悬浮

利用超导体的抗磁性，可以将列车悬浮在轨道上. 其结构是在车厢下面靠近铁轨处安装超导线圈，当列车达到一定速率时，轨道中的感应电流使列车悬浮起来. 2024年，我国成功实现了620 $km\cdot h^{-1}$的超导磁悬浮列车，打破了世界纪录. 另外应用超导体的抗磁性，还可制成无摩擦轴承，这种轴承不仅可减少磨损，而且还可大大提高轴承的转速，达每分钟数十万转. 这对提高加工精度大有好处.

5）超导计算机

利用约瑟夫森效应，在约瑟夫森结上加电源，当电流低于某一个临界值时，绝缘层上不出现电压降，此时结处于超导态；当电流超过临界值时，结呈现电阻，并产生几毫伏的电压降，即转变为正常态. 如在结上加一个控制极以控制通过结的电流或利用外加磁场，可使结在两个工作状态之间转换，这就成了典型的超导开关. 利用超导开关可制成超导存储器、超导大规模集成电路，是计算机中理想的超高速器件. 超导计算机与普通计算机相比，具有诸多优势：一是运行速度快. 超导开关的开关速度目前已达几皮秒（1皮秒$=10^{-12}$秒），使得超导计算机的运行速度比目前的计算机快100倍. 二是功耗低，集成度高. 由于电流在超导体中流动时不发热，也无损耗，超导集成电路的功耗仅为硅集成电路的几百分之一，为一般晶体管的二千分之一，因此其集成度可望做得很高. 计算机中元器件之间的信号传输可用超导传输线来完成. 日本ETL研究所于1991年研制成世界上第一台超导计算机. 2024年中国第三代自主超导量子计算机“本源悟空”上线运行.

6) 超导的军事应用前景

超导储能系统容量大、体积小,若用其替换军车、坦克上笨重的油箱和内燃机,这对军用武器装备来说将是一次革命.利用超导器件制成的超导量子干涉仪的磁异常探测系统,不但可探测敌方的地雷、潜艇,而且还能制成灵敏度极高的磁性水雷.利用超导器件还可制成大型红外聚焦阵列探测器,用它们装备部队,必将极大地提高部队的电子侦察能力,并让隐身武器平台“原形毕露”.超导发动机储能大、损耗小、重量轻、体积小,能用来驱动飞机、轮船、潜艇和鱼雷等,并且噪声小、隐蔽性好.超导技术使超导电磁炮拥有体积小、重量轻、可重复使用的电源,同时减少导轨的磁性损失和焦耳热损耗,提高系统效率.高能加速器使粒子束武器和自由电子激光武器这两种原本威力巨大的新概念武器,又倍添灵活,前景甚为可观.应用超导体的抗磁特性,可制成超导陀螺仪,大大提高飞机的飞行精度.用超导材料制成的超导电磁推进系统可望取代舰艇的传统推进系统,具有推进速度快、效率高、控制性能好、结构简单、易于维修和噪声小等特点,使舰艇的航速和续航能力倍增,并可大大提高舰艇的机动作战能力和生存能力.超导计算机也为军事 C^3I 系统的开发应用展现了美好前景.

从发展情况来看,超导新材料在军事上的应用研究还处于初始阶段,超导体的实际应用还有许多技术问题需要解决.

第 11 章　真空中的恒定磁场

在第 8 章中我们研究了相对观察者静止的电荷所产生的静电场的性质和规律. 在运动电荷周围不仅存在电场，而且还存在磁场. 恒定电流产生的磁场是不随时间变化的，称为恒定磁场或恒磁场. 恒磁场和静电场是性质不同的两种场，但在研究方法上有很多相似之处. 本章首先介绍恒定电流产生的磁场，然后讨论磁场对电流和运动电荷的作用.

11.1　磁场　磁感应强度

11.1.1　磁现象及其起源

1. *磁现象*

磁现象的发现比电现象早得多. 人们最早发现并认识磁现象是从天然磁石（磁铁矿）能够吸引铁屑开始的. 我国是最早发现和应用磁现象的国家. 远在春秋战国时期，《吕氏春秋》一书中已有“磁石召铁”的记载. 在 11 世纪，我国科学家沈括发明了指南针，并发现了地磁偏角，比欧洲哥伦布的发现早 400 年. 12 世纪初，我国已有关于指南针用于航海的明确记载.

早期认识的磁现象包括以下几个方面：

(1) 天然磁铁能够吸引铁、钴、镍等物质，这种性质称为磁性. 具有磁性的物体称为**磁体**.

(2) 条形磁铁两端磁性最强，称之为磁极. 一只能够在水平面内自由转动的条形磁铁，在平衡时总是顺着南北指向. 指北的一端称为北极或 N 极，指南的一端称为南极或 S 极. 同性磁极相互排斥，异性磁极相互吸引.

(3) 把磁铁作任意分割，每一小块都有南北两极，任一磁铁总是两极同时存在.

(4) 某些本来不显磁性的物质，在接近或接触磁铁后就有了磁性，这种现象称为磁化.

在历史上很长的一段时间里，电学和磁学的研究一直彼此独立地发展着，直到 1820 年丹麦科学家奥斯特（H. Oersted）首先发现，位于载流导线附近的磁针会受到力的作用而发生偏转. 随后，法国科学家安培（A. Ampère）等又相继发现磁铁附近的载流导线也受到力的作用，两载流导线之间有相互作用力，运动的带电粒子会在磁铁附近发生偏转等.

磁悬浮地球仪

上述实验表明，磁现象是与电流或电荷的运动紧密联系在一起的. 现在已经知道，无论是磁铁和磁铁之间的力，还是电流和磁铁之间的力，以及电流和电流之间的力，本质上都是一样的，统称为磁力.

2. 安培分子电流假说

1822 年，安培提出了有关物质磁性本质的假说. 他认为，一切磁现象都起源于电流. 他认为磁性物质的分子中，存在着小的回路电流，称为**分子电流**. 这种分子电流相当于最小的磁体基元，物质的磁性就决定于物质中这些分子电流对外磁效应的总和. 如果这些分子电流的取向杂乱无章、毫无规则，它们对外界引起的磁效应就会互相抵消，整个物体就不显磁性. 当这些分子电流的取向出现某种有规则的排列时，就会对外界产生一定的磁效应，显现出物质的磁化状态.

在安培所处的年代，由于对分子、原子的内部结构还不清楚，以致对物质磁性本源的认识，只能停留在假说阶段. 随着科学技术的发展，安培假说逐渐得到了证实. 用近代的观点来看，分子中电子绕原子核的运动和电子与核本身的自旋运动共同构成了等效的“分子电流”.

综上所述，一切磁现象都来源于电荷的运动，磁力本质上就是运动电荷之间的一种相互作用力. 必须指明，这里所说的运动和静止都是相对观察者而言的. 一个客观存在的相互作用，在某一参考系中表现为电场力，但在另一参考系中却可能同时表现为电场力和磁力.

11.1.2 磁场 磁感应强度

运动电荷之间的相互作用是怎样进行的呢? 实验证实，在运动电荷周围的空间除了产生电场外，还产生磁场. 运动电荷之间磁的相互作用就是通过磁场来传递的. 因此，磁力作用的方式可表示为

$$\text{运动电荷}\overset{\text{产生}}{\underset{\text{作用}}{\Longleftrightarrow}}\text{磁 场}\overset{\text{作用}}{\underset{\text{产生}}{\Longleftrightarrow}}\text{运动电荷}$$

磁场和电场一样，也是物质存在的一种形态. 磁场物质性的重要表现之一是磁场对磁体、载流导体有磁力的作用；表现之二是载流导体等在磁场中运动时，磁力要做功，从而显示出磁场有能量.

小磁针在磁场中受力时，力的方向一般随磁针的位置变化，但力的方向有确定的分布，这表明磁场具有方向特征. 小磁针在磁场中的不同位置，其磁极所受磁力的大小一般也不相同，这又表明磁场具有强弱特征. 由此可见，应该用一个既有大小又有方向的物理量来定量地描述磁场.

由于磁场对磁针的作用本质上是磁场对运动电荷的作用，因此，我们可以根据试验运动电荷在磁场中的受力情况研究磁场. 将一电量为 q，速度为 $\boldsymbol{v}$ 的试验运动电荷引入磁场中，实验发现：

(1) 运动电荷所受的磁力 $\boldsymbol{F}$，不仅与它的电量 q 和速率 v 有关，还与它运动的方向有关，并且 $\boldsymbol{F}$ 总是垂直于 $\boldsymbol{v}$.

(2) 在磁场中的任一点存在着一个特征方向，当电荷沿此方向或其反方向运动时所受磁力为零，与电荷本身性质无关，而且这个方向就是自由小磁针在

该点平衡时 N、S 极的指向.

(3) 在磁场中的任一点,电荷沿与上述特征方向垂直的方向运动时(运动速度记为 $\boldsymbol{v}_{\perp}$)所受磁力最大(记为 $\boldsymbol{F}_{\mathrm{m}}$),并且 F_{m} 与 $qv_{\perp}$ 的比值是与 q、$v_{\perp}$ 无关的确定值. 比值 $F_{\mathrm{m}}/(qv_{\perp})$ 可因场点不同而异,它是空间位置的函数.

由实验结果可以看出,磁场中任何一点都存在一个固有的特征方向和确定的比值 $F_{\mathrm{m}}/(qv_{\perp})$,与试验运动电荷的性质无关,它们分别客观地反映了磁场在该点的方向特征和强弱特征. 为了描述磁场的性质,据此可以定义一个矢量函数 $\boldsymbol{B}$,规定它的大小为

$$B=\frac{F_{\mathrm{m}}}{qv_{\perp}} \tag{11.1}$$

其方向为放在该点的小磁针平衡时 N 极的指向. $\boldsymbol{B}$ 矢量称为**磁感应强度**,简称**磁感强度**.

需要指出的是,定义磁感强度的方法不是唯一的. 通过后面的学习可以知道,利用电流元、载流小线圈在磁场中受到的作用也可以定义磁感强度.

在 SI 中磁感强度的单位是特[斯拉],符号为 T. 习惯上还用高斯(Gs)作为磁感强度的单位,1 Gs $=10^{-4}$ T.

磁感强度 $\boldsymbol{B}$ 是描述磁场强弱和方向的物理量,它与电场中场强 $\boldsymbol{E}$ 的地位相当. 磁场中各点 $\boldsymbol{B}$ 的大小和方向都相同的磁场称为**均匀磁场**或匀强磁场,而场中各点的 $\boldsymbol{B}$ 都不随时间改变的磁场则称为**恒定磁场**,也称恒磁场. 需要注意的是,均匀磁场是对空间而言的,同一区域内的均匀磁场在不同时刻可以不一样;而恒定磁场则是对时间而言的,场中各点的 $\boldsymbol{B}$ 都不随时间改变,并不意味各点的 $\boldsymbol{B}$ 相等.

地球可看成一个大磁铁,地表不同位置地磁场强度不同. 赤道处地磁的磁感强度约为$(3\sim4)\times10^{-5}$ T,两极处的约为$(6\sim7)\times10^{-5}$ T. 钢铁制成的舰船在海中航行,被地磁场磁化而带来的磁感强度的变化量可达 1.5×10^{-5} T(1 倍船宽处),而良好消磁后可降至约 0.1×10^{-5} T. 舰船磁场为水下兵器磁引信的设计提供了思路. 一般永磁体的磁场约为 10^{-2} T,而大型电磁铁能产生 2 T 的磁场. 近年来,由于超导材料的新发展,已能获得 40 T 以上的强磁场.

11.2　毕奥-萨伐尔定律及其应用

恒定电流所产生的磁场不随时间变化,磁感强度只是空间位置的函数,这种磁场就是恒定磁场. 恒定电流与其产生的磁场之间有何关系呢?

11.2.1　毕奥-萨伐尔(Biot-Savart)定律

计算任意带电体在某点的电场强度时,我们曾把带电体分成无限多个电荷元 $\mathrm{d}q$,先求出每个电荷元在该点产生的电场强度 $\mathrm{d}\boldsymbol{E}$,再按场强叠加原理计算此带电体在该点的电场强度 $\boldsymbol{E}$. 磁感强度同样满足叠加原理. 与此类似,我们可以把电流看作由许多微段电流组成,只要求出微段电流在某点产生的磁感强度,

再应用场的叠加原理,就可以计算出此电流在该点所产生的磁感强度.

在 19 世纪 20 年代,毕奥(J. Biot)、萨伐尔(F. Savart)两人对电流产生的磁场分布作了许多实验研究,最后总结出一条有关微段电流产生磁场的基本定律,称为毕奥-萨伐尔定律.

如图 11.1 所示,载流导线中的电流为 I,导线横截面的线度与到考察点 P 的距离相比可略去不计,这样的电流称为线电流. 在线电流上取长为 dl 的定向线元 $d\boldsymbol{l}$,规定 $d\boldsymbol{l}$ 的方向与线元内电流的方向相同,并将乘积 $Id\boldsymbol{l}$ 称为电流元. 电流元 $Id\boldsymbol{l}$ 在给定点 P 所产生的磁感强度 $d\boldsymbol{B}$ 的大小和电流元的大小 Idl 成正比,和电流元到 P 点的径矢 $\boldsymbol{r}$ 与 $Id\boldsymbol{l}$ 之间夹角 θ 的正弦成正比,而与电流元到 P 点的距离 r 的平方成反比. 对于真空中电流元产生的磁场,在 SI 中可写成

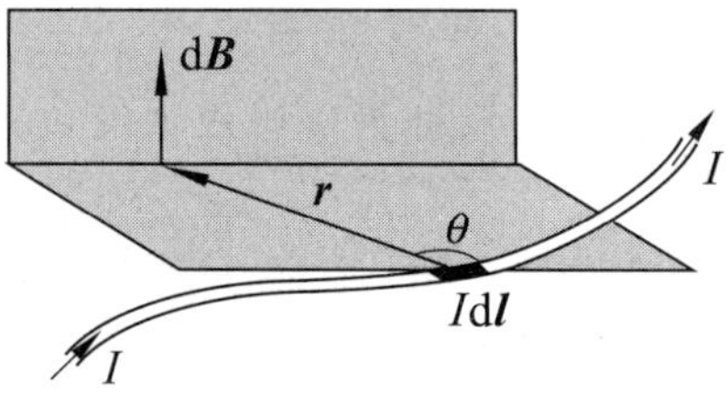

图 11.1

$$dB = \frac{\mu_0}{4\pi} \cdot \frac{Idl\sin\theta}{r^2} \tag{11.2}$$

式中 μ_0 称为真空的**磁导率**,其值为 $\mu_0 = 4\pi\times10^{-7}\ \mathrm{N \cdot A^{-2}}$. $d\boldsymbol{B}$ 的方向沿矢积 $d\boldsymbol{l}\times\boldsymbol{r}$ 的方向. 于是 $d\boldsymbol{B}$ 可用矢量式表示为

$$d\boldsymbol{B} = \frac{\mu_0}{4\pi} \cdot \frac{Id\boldsymbol{l}\times\boldsymbol{r}^0}{r^2} \quad 或 \quad d\boldsymbol{B} = \frac{\mu_0}{4\pi} \cdot \frac{Id\boldsymbol{l}\times\boldsymbol{r}}{r^3} \tag{11.3}$$

式中 $\boldsymbol{r}^0$ 为 $\boldsymbol{r}$ 的单位矢量. 式(11.3)就是毕奥-萨伐尔定律的数学表达式.

任意载流导线在 P 点的磁感强度 $\boldsymbol{B}$ 可由积分求得,即

$$\boldsymbol{B} = \int d\boldsymbol{B} = \frac{\mu_0}{4\pi}\int \frac{Id\boldsymbol{l}\times\boldsymbol{r}^0}{r^2} \tag{11.4}$$

如果是体电流或面电流,可以看成是许多线电流的组合,再作进一步的计算.

需要说明的是,由于恒定电流的电流元不能孤立地存在,式(11.3)不能直接被实验验证,其正确性只能通过定律对电流的应用结果来证明. 另外式(11.4)是一矢量积分,各电流元产生的 $d\boldsymbol{B}$ 方向可能不一样,所以一般应在所选坐标系中将 $d\boldsymbol{B}$ 分解,再对各分量分别积分.

11.2.2 毕奥-萨伐尔定律的应用

利用毕奥-萨伐尔定律和叠加原理,原则上可以计算任意电流系统产生的磁场的磁感强度. 由于计算上的困难,我们只讨论几种基本而又典型的磁场.

1. *直电流的磁场*

设直导线长为 L,通有电流 I,如图 11.2(a)所示. 现计算距离导线为 a 处的 P 点的磁感强度.

按毕奥-萨伐尔定律,电流元 $Id\boldsymbol{l}$ 在 P 点产生的磁感强度大小为

$$dB = \frac{\mu_0}{4\pi} \cdot \frac{Idl\sin\theta}{r^2}$$

由于直电流上所有电流元在 P 点产生的磁感强度有相同的方向，均垂直于纸面向里，所以 P 点磁感强度 $\boldsymbol{B}$ 的方向应垂直于纸面向里，其大小等于 $\mathrm{d}B$ 的积分，即

$$B=\int \mathrm{d}B=\frac{\mu_0}{4\pi}\int\frac{I\mathrm{d}l\sin\theta}{r^2}$$

式中 l、r、θ 都是变量，如图 11.2(a)，它们之间的关系为

$$r=\frac{a}{\sin(\pi-\theta)}=\frac{a}{\sin\theta}$$

$$l=a\cot(\pi-\theta)=-a\cot\theta$$

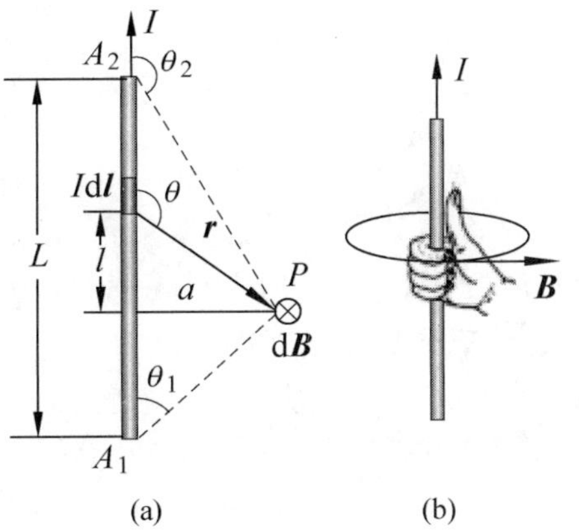

图 11.2

因此有

$$\mathrm{d}l=\frac{a}{\sin^2\theta}\mathrm{d}\theta$$

$$B=\frac{\mu_0 I}{4\pi a}\int_{\theta_1}^{\theta_2}\sin\theta\mathrm{d}\theta$$

可得

$$B=\frac{\mu_0 I}{4\pi a}(\cos\theta_1-\cos\theta_2) \tag{11.5}$$

式中 θ_1 和 θ_2 分别为直导线两端的电流元与它们到 P 点径矢的夹角.

讨论以下特殊情形：

(1) 若载流导线可视为无限长，则 $\theta_1\approx 0$，$\theta_2\approx\pi$，这时式(11.5)变为

$$B=\frac{\mu_0 I}{2\pi a} \tag{11.6a}$$

由此可见，无限长载流直导线周围各点磁感强度 $\boldsymbol{B}$ 的大小，与各点到导线的垂直距离 a 成反比；$\boldsymbol{B}$ 的方向沿着以直导线为中心轴、a 为半径的圆周的切线，其指向与电流方向满足右手螺旋定则，即右手大拇指与导线电流方向一致时，四指指向 $\boldsymbol{B}$ 的方向，如图 11.2(b)所示.

(2) 若载流导线可视为半无限长，且 P 点与导线一端的连线垂直于该导线，则有

$$B=\frac{\mu_0 I}{4\pi a} \tag{11.6b}$$

(3) 若 P 点位于导线的延长线上，则 $B=0$.

对于(2)、(3)两种情形，只给出了结论，其原因留给读者自己思考.

2. 圆电流轴线上的磁场

设单匝圆线圈半径为 R，通有电流 I，现计算其轴线上任一点 P 的磁感强度.

选取如图 11.3 所示的坐标系. 由于圆电流上任一电流元 $I\mathrm{d}\boldsymbol{l}\perp\boldsymbol{r}$，因此电流元在 P 点产生的磁感强度 $\mathrm{d}\boldsymbol{B}$ 的大小为

$$\mathrm{d}B=\frac{\mu_0}{4\pi}\frac{I\mathrm{d}l}{r^2}$$

其方向由 $I\mathrm{d}\boldsymbol{l}\times\boldsymbol{r}$ 确定. 显然，圆电流上各电流元在 P 点产生的磁感强度有不同的方

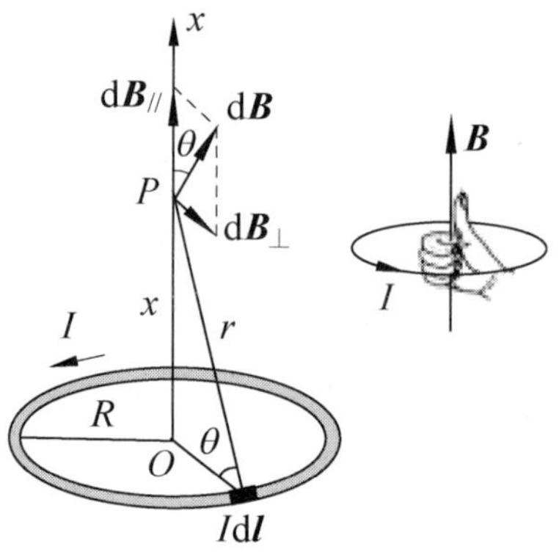

图 11.3

向.由于圆电流有轴对称性,据此可将 d$\boldsymbol{B}$ 分解为平行于 Ox 轴的分量 d$\boldsymbol{B}_{/\!/}$ 和垂直于 Ox 轴的分量 d$\boldsymbol{B}_{\perp}$.可以看出,所有电流元的 d$\boldsymbol{B}_{\perp}$ 分量逐对抵消,从而使总的垂直分量为零,P 点的 $\boldsymbol{B}$ 就是所有电流元的 d$\boldsymbol{B}_{/\!/}$ 分量之和,即可将 B 表示为 d$B_{/\!/}$ 的代数和,为

$$B=\int \mathrm{d}B_{/\!/}=\int \mathrm{d}B\cos\theta=\frac{\mu_0 I}{4\pi}\int\frac{\mathrm{d}l\cos\theta}{r^2}$$

对于给定的 P 点来说,r、θ 都是常量,并且 $\cos\theta=R/r$, 因此有

$$B=\frac{\mu_0 I}{4\pi r^2}\cos\theta\int_0^{2\pi R}\mathrm{d}l=\frac{\mu_0 IR^2}{2r^3}$$

或

$$B=\frac{\mu_0 IR^2}{2(R^2+x^2)^{3/2}} \tag{11.7}$$

式中 x 是 P 点到圆心的距离.$\boldsymbol{B}$ 的方向垂直于圆电流平面,且沿 Ox 轴正方向,其指向与圆电流流向符合右手螺旋定则,即用右手弯曲的四指代表电流的流向,伸直的拇指即指向轴线上 $\boldsymbol{B}$ 的方向.

在圆心处, $x=0$,由式(11.7)知,圆电流圆心处磁感强度的大小为

$$B=\frac{\mu_0 I}{2R} \tag{11.8}$$

在远离线圈处,即 $x\gg R$ 时,轴线上的磁感强度近似为

$$B=\frac{\mu_0 I\pi R^2}{2\pi x^3}=\frac{\mu_0 IS}{2\pi x^3}$$

引入磁矩 $\boldsymbol{P}_{\mathrm{m}}=I\boldsymbol{S}$,$\boldsymbol{S}$ 的方向与电流 I 成右手螺旋关系,结合 $\boldsymbol{B}$ 的方向,可写为

$$\boldsymbol{B}=\frac{\mu_0}{2\pi x^3}\boldsymbol{P}_{\mathrm{m}}$$

此时圆电流可视为一个磁偶极子,$\boldsymbol{P}_{\mathrm{m}}$ 为磁偶极矩.和电偶极子一样,磁偶极子也是一个重要的物理模型,在物质磁性、磁化现象分析、电磁波与物质相互作用、天线设计等方面都有广泛应用.

3. 载流直螺线管轴线上的磁场

密绕在圆柱面上的螺旋线圈称为螺线管.设螺线管的半径为 R,线圈中的电流为 I,沿管长方向每单位长度上匀绕 n 匝,每匝线圈可近似看作平面线圈.下面计算轴线上任一点 P 的磁感强度.

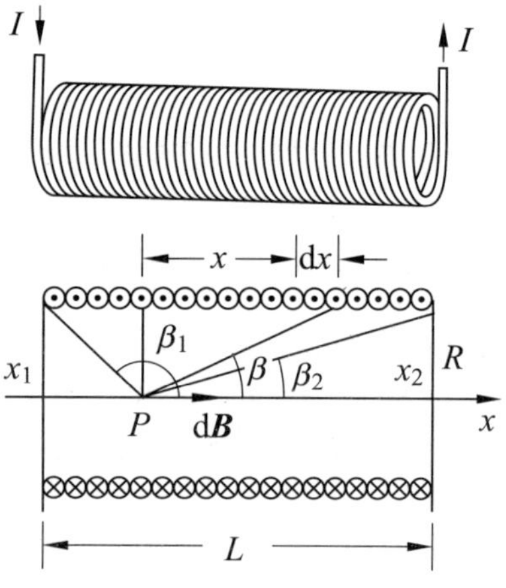

图 11.4

如图 11.4 所示，取场点 P 为坐标原点，x 轴与螺线管的轴线重合，在 x 到 $x+\mathrm{d}x$ 的间隔内共有 $n\mathrm{d}x$ 匝线圈，将它看作电流为 $In\mathrm{d}x$ 的一个圆电流，它在 P 点产生的磁感强度 $\mathrm{d}\boldsymbol{B}$ 的大小可由式(11.7)得到，即

$$\mathrm{d}B=\frac{\mu_0 R^2 In\mathrm{d}x}{2(R^2+x^2)^{3/2}}$$

为了便于积分运算，引入变量 β. 由图 11.4 可知

$$x=R\cot\beta$$

则有

$$\mathrm{d}x=-R\csc^2\beta\mathrm{d}\beta \text{ 和 } R^2+x^2=R^2\csc^2\beta$$

将它们代入 $\mathrm{d}B$ 的表达式中，可得

$$\mathrm{d}B=-\frac{\mu_0}{2}nI\sin\beta\mathrm{d}\beta$$

$\mathrm{d}\boldsymbol{B}$ 的方向与圆电流环绕方向成右手螺旋关系，即沿 x 轴正方向. 整个螺线管电流可以看成由许多这样的圆电流组成，而各个圆电流产生的磁感强度方向都相同，所以螺线管电流的磁场在 P 点的磁感强度的大小为

$$B=-\frac{\mu_0 nI}{2}\int_{\beta_1}^{\beta_2}\sin\beta\mathrm{d}\beta=\frac{\mu_0 nI}{2}(\cos\beta_2-\cos\beta_1) \tag{11.9}$$

式中 β_1 和 β_2 分别为 P 点和螺线管两端的连线与 x 轴正向的夹角.

讨论两种特殊情形：

(1) 螺线管为无限长，即管长 $L\gg R$，这时 $\beta_1\approx\pi$，$\beta_2\approx 0$，于是得到

$$B=\mu_0 nI \tag{11.10a}$$

即轴线上各点有相同的磁感强度.

(2) 在半无限长螺线管端点的圆心处，有 $\beta_1=\pi/2$，$\beta_2=0$，或 $\beta_1=\pi$，$\beta_2=\pi/2$. 无论哪种情形都有

$$B=\frac{1}{2}\mu_0 nI \tag{11.10b}$$

一个有限长载流螺线管轴线上各点的磁感强度值随 x 变化的情况如图 11.5所示. 实际上当 $L\gg R$ 时，在螺线管中部很大范围内磁场近于均匀，其磁感强度的大小为 $\mu_0 nI$，方向与轴线平行. 只在端面附近才显著下降.

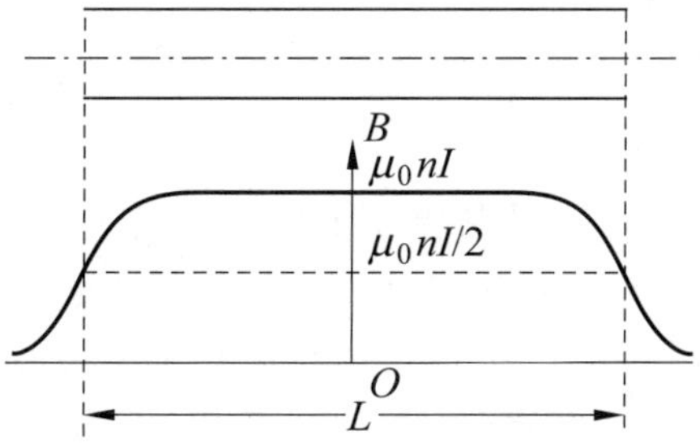

图 11.5

通过以上磁场的计算，不难看出，应用毕奥-萨伐尔定律求 $\boldsymbol{B}$ 时，在 $\mathrm{d}\boldsymbol{B}$ 的表达式中往往有几个变量，这就需要根据几何关系统一积分变量，然后再进行积分运算.

4. *运动电荷的磁场*

通电导线中的电流是导线中大量自由电子定向运动形成的. 因此，电流产生磁场的实质是运动电荷产生磁场. 我们仍然可以从毕奥-萨伐尔定律导出运动的带电粒子产生的磁场.

如图 11.6 所示，有一电流元 $I\mathrm{d}\boldsymbol{l}$，其横截面积为 S. 设此电流元中每单位体积内有 n 个作定向运动的正电荷，每个电荷的电量均为 q，且定向速度均为 $\boldsymbol{v}$. 在单位时间内通过横截面 S 的电量就是电流强度，即

$$I = qnvS$$

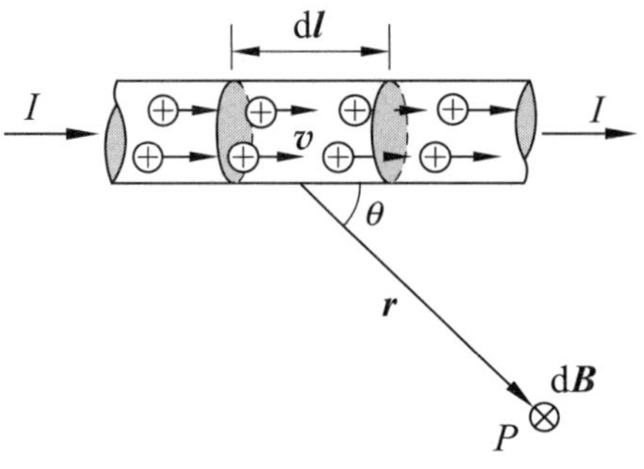

图 11.6

根据毕奥-萨伐尔定律，电流元 $I\mathrm{d}\boldsymbol{l}$ 在空间给定点 P 产生的磁感强度的量值为

$$\mathrm{d}B = \frac{\mu_0}{4\pi}\frac{qnvS\,\mathrm{d}l\sin\theta}{r^2}$$

设电流元 $I\mathrm{d}\boldsymbol{l}$ 内共有 $\mathrm{d}N$ 个以速度 $\boldsymbol{v}$ 运动着的带电粒子，则有

$$\mathrm{d}N = n\cdot\mathrm{d}V = n\cdot S\mathrm{d}l$$

电流元在 P 点产生的磁感强度 $\mathrm{d}\boldsymbol{B}$，应等于 $\mathrm{d}N$ 个带电粒子在 P 点产生的磁感强度 $\boldsymbol{B}$ 的矢量和. 由于这些粒子在 P 点产生的磁感强度的方向相同，因此每一个带电量为 q 的粒子以速度 $\boldsymbol{v}$ 通过电流元所在位置时，在给定点 P 处产生的磁感强度的量值为

$$B = \frac{\mathrm{d}B}{\mathrm{d}N} = \frac{\mu_0}{4\pi}\frac{qv\sin\theta}{r^2}$$

$\boldsymbol{B}$ 的方向垂直于由 $\boldsymbol{v}$ 和 $\boldsymbol{r}$ 组成的平面. 当 $q>0$ 时，$\boldsymbol{B}$ 的方向为矢积 $\boldsymbol{v}\times\boldsymbol{r}$ 的方向；当 $q<0$ 时，$\boldsymbol{B}$ 的方向与矢积 $\boldsymbol{v}\times\boldsymbol{r}$ 的方向相反，如图 11.7 所示. 据此可将磁感强度写成矢量式，即

$$\boldsymbol{B} = \frac{\mu_0}{4\pi}\frac{q\boldsymbol{v}\times\boldsymbol{r}^0}{r^2} \quad 或 \quad \boldsymbol{B} = \frac{\mu_0}{4\pi}\frac{q\boldsymbol{v}\times\boldsymbol{r}}{r^3} \qquad (11.11)$$

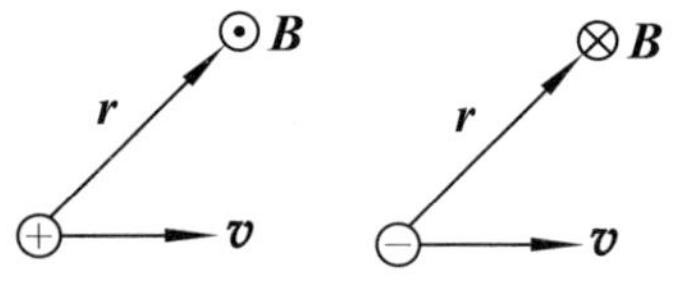

图 11.7

式中 $\boldsymbol{r}^0$ 是从带电粒子指向场点方向的单位矢量.

应该指出，式(11.11)只适用于带电粒子运动速度远小于光速 c 的情况. 实际上，除磁场外，运动电荷在 P 点还会产生电场为

$$\boldsymbol{E} = \frac{q}{4\pi\varepsilon_0 r^3}\boldsymbol{r}$$

所以可得运动电荷在 P 点产生的磁场与电场之间的关系为

$$\boldsymbol{B} = \mu_0\varepsilon_0\boldsymbol{v}\times\boldsymbol{E}$$

这说明运动电荷产生的磁场与电场是相互联系的，二者都不是恒定场. 对此本书不做详细讨论.

根据玻尔理论，氢原子处在基态时，其电子绕原子核的圆周运动半径为 0.53×10^{-10} m，速度为 2.2×10^6 m·s^{-1}. 由式(11.11)可计算电子在原子核处产生的磁感应强度为 12.5 T. 欧洲核子研究中心(CERN)享誉世界的质子同步加速器，其主要励磁线圈最大通电电流为 1300 A，能产生的磁感应强度最大为 8.76 T. 2022 年，中国科学院强磁场科学中心研制的国家稳态强磁场实验装

置混合磁体产生了 45.22 T 的稳态磁场，为同类型磁场的世界纪录. 可见，在微观领域内，粒子运动产生的磁场是很强的.

直电流、圆电流、通电螺线管等产生的磁场是一些典型的磁场. 以它们为基础，加上对场的叠加原理的灵活运用，就能进一步求出其他载流体的磁场.

例 11.1　图 11.8 所示的是由一段导线弯成的平面图形，其中直线段 ab 和 ef 的长度比两个半圆的半径 R_1 和 R_2 大得多. 设导线中的电流为 I，求圆心 O 处的磁感强度.

解　O 处的磁场应为直线段 ab、半圆 bc、直线段 cd、半圆 de 和直线段 ef 各段载流导线在该点产生的磁场的叠加. 因 O 点位于 ab 段和 cd 段的延长线上而有

$$B_{ab} = B_{cd} = 0$$

ef 段相对 O 点来说为半无限长载流直导线，因此

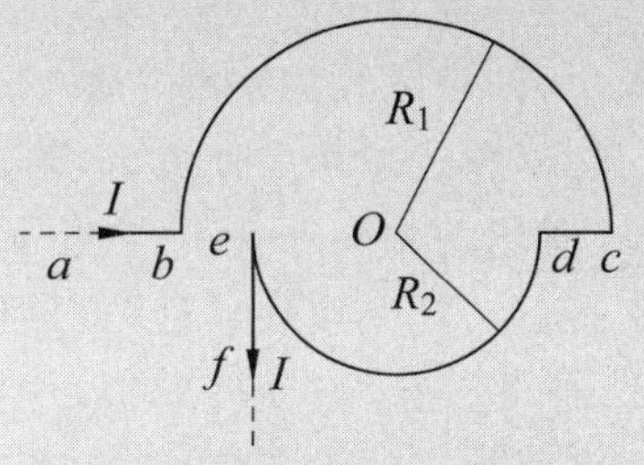

图 11.8

$$B_{ef} = \frac{\mu_0 I}{4\pi R_2},\quad \text{方向垂直纸面向外}$$

半圆形电流 bc 段和 de 段，在 O 点产生的磁场为

$$B_{bc} = \frac{1}{2}\frac{\mu_0 I}{2R_1} = \frac{\mu_0 I}{4R_1},\quad \text{方向垂直纸面向里}$$

$$B_{de} = \frac{1}{2}\frac{\mu_0 I}{2R_2} = \frac{\mu_0 I}{4R_2},\quad \text{方向垂直纸面向里}$$

所以 O 点的总磁场为

$$B_O = B_{bc} + B_{de} - B_{ef} = \frac{\mu_0 I}{4}\left(\frac{1}{R_1} + \frac{1}{R_2} - \frac{1}{\pi R_2}\right)$$

由于 $B_O>0$，可知 O 点磁感强度的方向为垂直纸面向里.

例 11.2　一个半径为 R 的塑料薄圆盘，电量 $+q$ 均匀分布其上，圆盘以角速度 ω 绕通过圆盘中心且垂直于盘面的轴匀速转动. 求圆盘中心处的磁感强度.

解　将带电圆盘转动形成的电流看成由许多圆电流组成. 考虑距圆心为 r 处宽度为 $\mathrm{d}r$ 的圆环，如图 11.9 所示. 其上所带电量为

$$\mathrm{d}q = \sigma\cdot 2\pi r\mathrm{d}r$$

式中 $\sigma=q/(\pi R^2)$ 为圆盘上的面电荷密度. 因单位时间内圆盘转过的圈数为 $\omega/(2\pi)$，所以在此圆环的任一截面上，单位时间内通过的电量，亦即圆环上的电流强度为

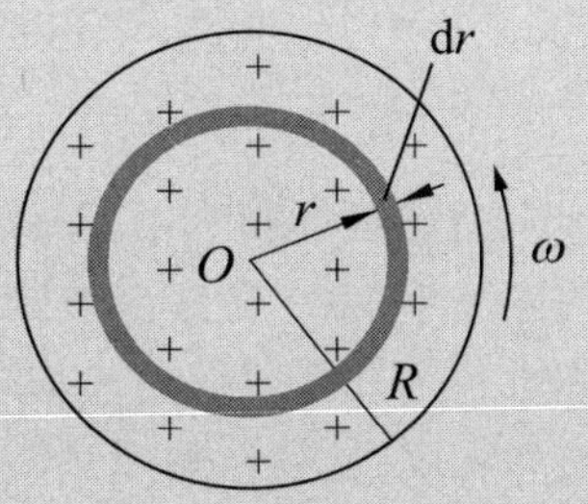

图 11.9

$$\mathrm{d}I = \frac{\omega}{2\pi}\mathrm{d}q = \omega\sigma r\mathrm{d}r$$

应用圆电流在圆心处的磁感强度公式(11.8)，得到

$$\mathrm{d}B = \frac{\mu_0 \mathrm{d}I}{2r} = \frac{\mu_0\omega\sigma}{2}\mathrm{d}r$$

当圆盘作逆时针转动时,所有圆电流在 O 点产生的 $\mathrm{d}\boldsymbol{B}$ 的方向都垂直纸面向外,故有

$$B=\int \mathrm{d}B=\frac{\mu_0\omega\sigma}{2}\int_0^R \mathrm{d}r=\frac{1}{2}\mu_0\omega\sigma R=\frac{\mu_0\omega q}{2\pi R}$$

11.3 磁通量 磁场的高斯定理

11.3.1 磁感线

我们曾用电场线形象地描绘了静电场.同样,我们也可以用**磁感线**形象地描绘恒定电流的磁场.为此,在磁场中人为地画一些曲线,称为磁感线.磁感线上任一点的切线方向与该点的磁场方向一致,并使穿过垂直于该点磁场方向的单位面积上的磁感线条数等于该处磁感强度的大小,即磁感线的密度与磁感强度的数值相等.因此,磁感线越密的地方,磁场越强;磁感线越稀的地方,磁场越弱.这样的规定使得磁感线的分布能够形象地反映磁场的方向和大小特征.

磁感线可以用比较简便的实验方法显示出来.例如,把一块玻璃板(或硬纸板)水平放置在有磁场的空间里,上面撒上一些铁屑,轻轻地敲动玻璃板,这些由铁屑磁化而成的小磁针,就会按磁感线的方向排列起来.图 11.10(a)、(b)、(c)分别表示直电流、圆电流和载流螺线管的磁感线分布.

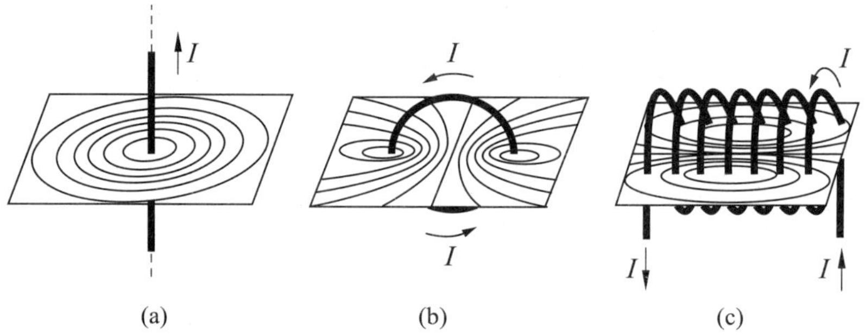

图 11.10

从磁感线的图示中,可以得到(由实验和理论都可证明)一个重要的结论:在任何磁场中,每一条磁感线都是环绕电流的无头无尾的闭合线,而且每条闭合磁感线都与闭合载流回路互相套合.与静电场中有头有尾不闭合的电场线相比较,是截然不同的.这一情况是与正负电荷可以被分离,而 N、S 磁极不能被分离的事实相联系的.尽管理论研究表明磁单极子(单个磁极)可能存在,但迄今人类仍未在自然界中找到它的踪迹.磁感线无头无尾的性质,说明了磁场的涡旋性.

应该指出,磁感线环绕电流的方向与电流流动方向存在一定的关系,这个关系可用右手螺旋定则判定:用右手握载流导线,伸直的拇指与导线平行,以拇指指向表示电流方向,则其余四指的指向就表示磁感线环绕的方向,亦即电流周围各点磁感强度的方向.

11.3.2　磁通量

穿过磁场中任一给定曲面的磁感线总数，称为通过该曲面的**磁通量**，用 Φ 表示. 如图 11.11 所示，S 表示某一磁场中任意给定的一个曲面，由磁感线的分布可知，这是一个不均匀的磁场. 像求电通量那样，我们先求穿过曲面 S 上面积元的磁通量，然后再求总的磁通量.

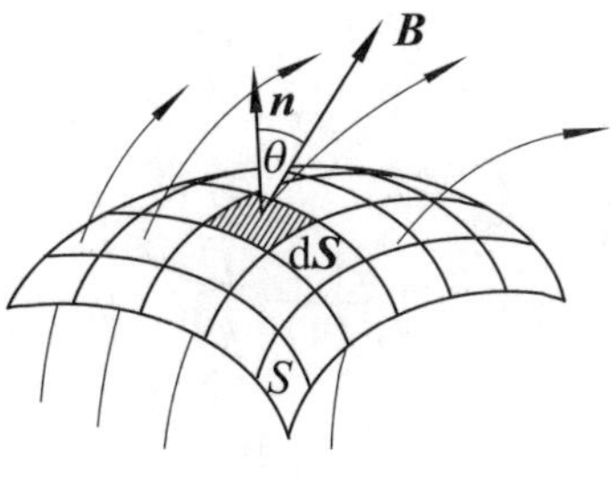

图 11.11

在曲面 S 上任取面积元 $\mathrm{d}\boldsymbol{S}$，$\mathrm{d}\boldsymbol{S}$ 的单位方向矢量 $\boldsymbol{n}$ 与该处磁感强度 $\boldsymbol{B}$ 之间的夹角为 θ. 由磁感线疏密的规定可知，穿过面积元 $\mathrm{d}\boldsymbol{S}$ 的磁通量为

$$\mathrm{d}\Phi = B\cos\theta \mathrm{d}S = \boldsymbol{B}\cdot \mathrm{d}\boldsymbol{S}$$

而穿过给定曲面 S 的总磁通量应为穿过所有面积元磁通量的总和，即

$$\Phi = \int \mathrm{d}\Phi = \int_S B\cos\theta \mathrm{d}S = \int_S \boldsymbol{B}\cdot \mathrm{d}\boldsymbol{S} \tag{11.12}$$

磁通量的单位是韦伯，符号为 Wb. 1 Wb=1 $\mathrm{T\cdot m^2}$.

11.3.3　磁场的高斯定理

静电场中的高斯定理反映了穿过任意闭合曲面的电通量与它所包围的电荷之间的定量关系. 在恒定电流的磁场中，穿过任意闭合曲面的磁通量和哪些因素有关呢？

与计算闭合曲面的电通量类似，在计算磁通量时，我们仍规定闭合曲面的外法向为法线的正方向，也就是面积元 $\mathrm{d}\boldsymbol{S}$ 的方向. 这样，当磁感线从曲面内穿出时，磁通量为正；当磁感线从曲面外穿入时，磁通量则为负. 根据磁感线闭合的特征，不难断定，穿入闭合曲面的磁感线必然要从闭合曲面穿出，穿入的磁感线数一定等于穿出的磁感线数，从而使得**穿过磁场中任意闭合曲面的总磁通量恒等于零**. 即

$$\oint_S \boldsymbol{B}\cdot \mathrm{d}\boldsymbol{S} = 0 \tag{11.13}$$

这一结论称为磁场的高斯定理.

静电场的高斯定理说明电场线有起点和终点，即**静电场是有源场**，该定理是正负电荷可以单独存在这一客观事实的反映. 磁场的高斯定理则说明磁感线没有起点和终点，**磁场是无源场**，反映出自然界中没有单一磁极存在的事实.

11.4　安培环路定理及其应用

11.4.1　安培环路定理

在静电场中，电场强度 $\boldsymbol{E}$ 沿任一闭合路径的线积分恒为零，它反映了静电场是保守场这一重要性质. 那么在恒定磁场中，磁感强度 $\boldsymbol{B}$ 沿任一闭合路径的线积分（称为 $\boldsymbol{B}$ 的环流）又如何呢？ 它遵从的是安培环路定理.

真空中的安培环路定理表述为：**磁感强度沿任一闭合环路 L 的线积分，等**

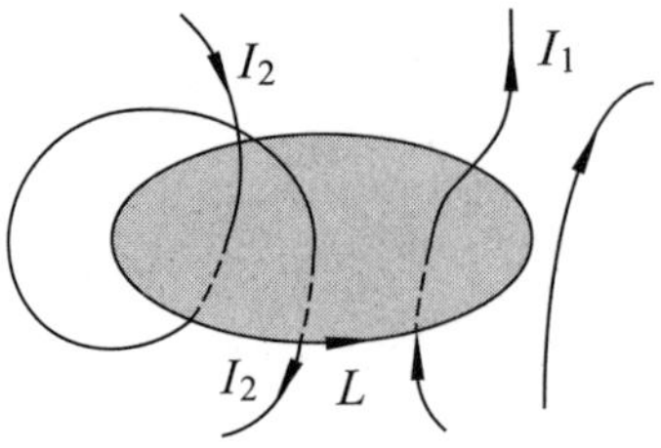

图 11.12

于穿过该环路所有电流代数和的 μ_0 倍. 即

$$\oint_L \boldsymbol{B}\cdot d\boldsymbol{l} = \mu_0 \sum_{L内} I_i \qquad (11.14)$$

其中电流的正负规定如下：穿过环路的电流方向与环路的绕行方向成右手螺旋关系时，$I>0$，反之 $I<0$. 如果电流不穿过回路，则在求和号中取为零. 例如在图 11.12 中，$\sum_{L内} I_i = I_1 - 2I_2$.

在矢量分析中，把矢量的环流等于零的场称为无旋场，否则为有旋场. 因此**静电场为无旋场，而恒定磁场为有旋场.**

我们用长直电流的磁场验证安培环路定理.

1. 环路包围电流

在 11.2 节中已算出与无限长载流直导线相距为 r 处的磁感强度 $\boldsymbol{B}$ 的大小为

$$B = \frac{\mu_0 I}{2\pi r}$$

在垂直于直导线的平面内，$\boldsymbol{B}$ 的方向与 $\boldsymbol{r}$ 垂直，如图 11.13所示. 在该平面内取任意形状的闭合路径 L，考虑 L 上的一个有向线元 $d\boldsymbol{l}$，它与该处 $\boldsymbol{B}$ 的夹角为 θ. 由图可见，$dl\cdot\cos\theta = r d\varphi$，因此

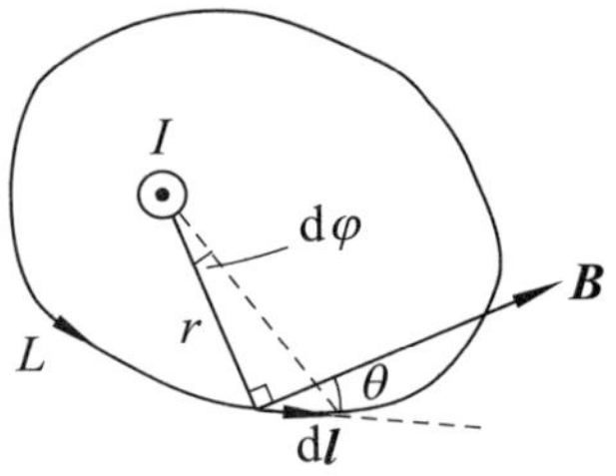

图 11.13

$$\oint_L \boldsymbol{B}\cdot d\boldsymbol{l} = \oint_L B\cos\theta dl = \oint_L Br d\varphi = \int_0^{2\pi} \frac{\mu_0 I}{2\pi} d\varphi = \mu_0 I$$

不难看出，若 I 的流向相反，则 $\boldsymbol{B}$ 反向，θ 为钝角，$dl\cdot\cos\theta = -r d\varphi$，因而与上述积分结果相差一个负号.

2. 环路不包围电流

如图 11.14 所示，这时对应于每个线元 $d\boldsymbol{l}$ 有另一线元 $d\boldsymbol{l}'$，二者对 O 点张有相同的圆心角 $d\varphi$，但 $d\boldsymbol{l}$ 与该处 $\boldsymbol{B}$ 成锐角 θ，而 $d\boldsymbol{l}'$ 与该处 $\boldsymbol{B}'$ 成钝角 θ'. 于是有

$$\begin{aligned}\boldsymbol{B}\cdot d\boldsymbol{l} + \boldsymbol{B}'\cdot d\boldsymbol{l}' &= B\cos\theta dl + B'\cos\theta' dl' \\ &= \frac{\mu_0 I}{2\pi r} r d\varphi - \frac{\mu_0 I}{2\pi r'} r' d\varphi = 0\end{aligned}$$

所以 $\boldsymbol{B}$ 沿整个闭合路径的积分为零.

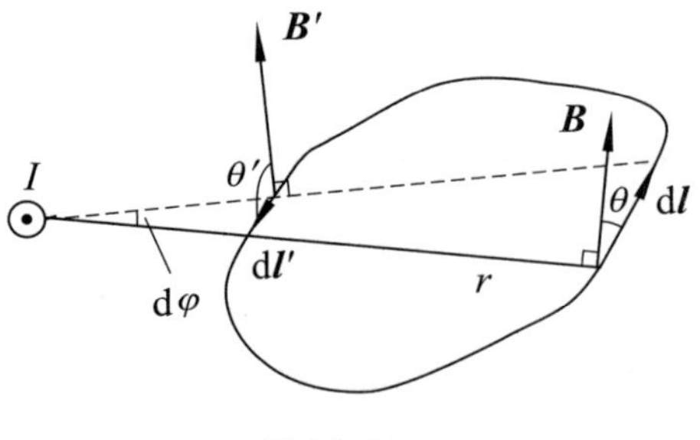

图 11.14

3. 多根载流导线穿过环路

设同时有多个长直电流，其中 $I_1, I_2, \cdots, I_n$ 穿过环路 L，而 $I_{n+1}, I_{n+2}, \cdots, I_m$ 不穿过环路 L. 令 $\boldsymbol{B}_1, \boldsymbol{B}_2, \cdots, \boldsymbol{B}_n, \boldsymbol{B}_{n+1}, \boldsymbol{B}_{n+2}, \cdots, \boldsymbol{B}_m$ 分别为各电流单独存在时产生的磁感强度，则由前面的结论有

$$\oint_L \boldsymbol{B}_1 \cdot \mathrm{d}\boldsymbol{l} = \mu_0 I_1, \quad \cdots, \quad \oint_L \boldsymbol{B}_n \cdot \mathrm{d}\boldsymbol{l} = \mu_0 I_n$$

$$\oint_L \boldsymbol{B}_{n+1} \cdot \mathrm{d}\boldsymbol{l} = 0, \quad \cdots, \quad \oint_L \boldsymbol{B}_m \cdot \mathrm{d}\boldsymbol{l} = 0$$

因为总磁感强度为

$$\boldsymbol{B} = \boldsymbol{B}_1 + \boldsymbol{B}_2 + \cdots + \boldsymbol{B}_n + \boldsymbol{B}_{n+1} + \cdots + \boldsymbol{B}_m$$

所以有

$$\oint_L \boldsymbol{B} \cdot \mathrm{d}l = \oint_L (\boldsymbol{B}_1 + \boldsymbol{B}_2 + \cdots + \boldsymbol{B}_n + \boldsymbol{B}_{n+1} + \cdots + \boldsymbol{B}_m) \cdot \mathrm{d}\boldsymbol{l} = \mu_0 \sum_{i=1}^{n} I_i = \mu_0 \sum_{L内} I_i$$

可见结论与安培环路定理一致.

通过以上验证,我们可以更好地理解安培环路定理表达式中各物理量的含义. 式(11.14)右端的 $\sum\limits_{L内} I_i$ 中只包括穿过闭合路径 L 的电流,但是左端的 $\boldsymbol{B}$ 却是空间所有电流产生的磁感强度的矢量和,其中也包括那些不穿过 L 的电流所产生的磁场,只不过它们沿 L 的环流等于零罢了. 这与静电场中高斯面内外电荷对电场和对电通量贡献的分析完全类似.

可以证明,不论积分路径的形状如何,也不论电流的形状如何(包括面电流和体电流),安培环路定理都是成立的.

应该指出,式(11.14)表述的**安培环路定理仅适用于真空中恒定电流产生的磁场**. 恒定电流本身总是闭合的,故安培环路定理仅适用于闭合的载流导线,而对于任意设想的一段载流导线则不成立. 如果存在磁介质或电流随时间变化,则还需对式(11.14)加以修正.

我们曾经指出,磁场的高斯定理说明磁场是无源场,磁感线具有闭合性. 而安培环路定理则说明磁场是涡旋场,电流以涡旋的方式激发磁场. 静电场的特性是有源无旋,而恒定磁场的特性是有旋无源. 两个方程式各从一个侧面反映了恒定磁场的性质,两者共同给出了恒定磁场的全部特性,它们是恒定磁场的基本场方程.

如同静电场的高斯定理的基础是库仑定律一样,恒定磁场的安培环路定理的基础是毕奥-萨伐尔定律,可由毕奥-萨伐尔定律直接证明安培环路定理.

另外,磁感强度 $\boldsymbol{B}$ 的环流一般不等于零,且与积分路径有关,这说明磁力不是保守力,磁场不是保守场,不能引入标量势的概念.

11.4.2　安培环路定理的应用

安培环路定理是普遍成立的. 但是能用该定理简便算出磁感强度却要求磁场分布具有对称性,因而要求电流分布有一定的对称性,这与用高斯定理求电场强度的分析类似. 求解的一般步骤是:

(1) 分析磁场的对称性.

(2) 根据磁场的对称性,过场点选择适当的积分路径,使得 $\boldsymbol{B}$ 沿此路径的环流易于计算.

例如,使其上 $\boldsymbol{B} \perp \mathrm{d}\boldsymbol{l}$,或 $\boldsymbol{B}$ 的量值恒定且 $\boldsymbol{B}$ 与微元 $\mathrm{d}\boldsymbol{l}$ 的夹角 θ 处处相同,从而

能把$\oint_L B\cos\theta dl$中的$B\cos\theta$提到积分号外.

(3) 用右手螺旋定则确定环路内电流的正负. 最后由安培环路定理求出B.

下面计算几个对称分布电流的磁场.

1. 无限长载流圆柱面的磁场

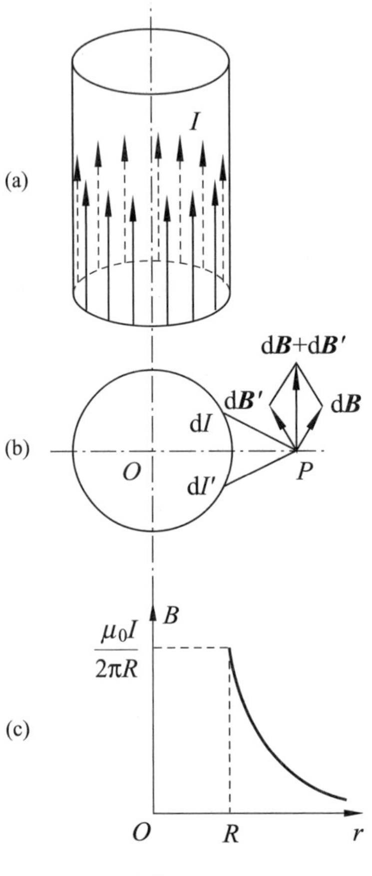

图 11.15

设半径为R的无限长导体圆柱面,沿纵向通以均匀的面电流,电流强度为I,如图 11.15(a)所示. 我们先求位于圆柱面外场点P的磁感强度. 由电流分布的轴对称性可知,在通过P点并垂直于圆柱的平面内,在以P点到轴的距离r为半径且与圆柱同轴的圆周上,各点$\boldsymbol{B}$的大小相同. 为了分析$\boldsymbol{B}$的方向,可在圆柱面上取平行于轴的细长直电流dI和dI',使它们关于连线OP对称,且$dI=dI'$,如图 11.15(b)所示,则它们在P点产生的合磁场$d\boldsymbol{B}+d\boldsymbol{B}'$一定沿圆周的切线方向,并与电流方向成右手螺旋关系. 因为整个圆柱面电流可以这样对称地分割为许多细长直电流对,所以总电流在P点产生的$\boldsymbol{B}$应沿着圆周的切线方向.

取通过场点P的圆周为环路L,方向也与电流方向成右手螺旋关系,应用安培环路定理有

$$\oint_L \boldsymbol{B}\cdot d\boldsymbol{l} = B\cdot 2\pi r = \mu_0 I$$

即得

$$B = \frac{\mu_0 I}{2\pi r} \quad (r > R) \qquad (11.15)$$

可见,无限长载流圆柱面外的磁场等效于电流全部集中在轴线上的直电流的磁场.

对于柱内的点,可用同样的方法分析和计算. 此时的闭合路径为过P点、半径为r的圆周,由于柱内没有电流,因而

$$\oint_L \boldsymbol{B}\cdot d\boldsymbol{l} = B\cdot 2\pi r = 0$$

可得

$$B = 0 \quad (r < R)$$

柱面内外磁感应强度的分布如图 11.15(c)所示.

对于电流I均匀流过一个无限长实心圆柱体时柱内、外的磁场分布,读者可自行计算.

2. 螺绕环电流的磁场

绕在空心圆环上的螺旋形线圈叫螺绕环. 设环的平均半径为 R,线圈均匀密绕,总匝数为 N,通过导线的电流为 I,如图 11.16所示.

根据对称性可知,在与环同轴的圆周上,各点磁感强度的大小都相等,方向均沿圆周切向. 取与环同轴、半径等于 r 的圆周为积分路径 L,方向与电流成右手螺旋关系,由于电流穿过此圆周 N 次,根据安培环路定理,有

$$\oint_L \boldsymbol{B}\cdot \mathrm{d}\boldsymbol{l} = B\cdot 2\pi r = \mu_0 NI$$

可得环内距 O 点为 r 处的磁感强度大小为

$$B = \frac{\mu_0 NI}{2\pi r} \tag{11.16a}$$

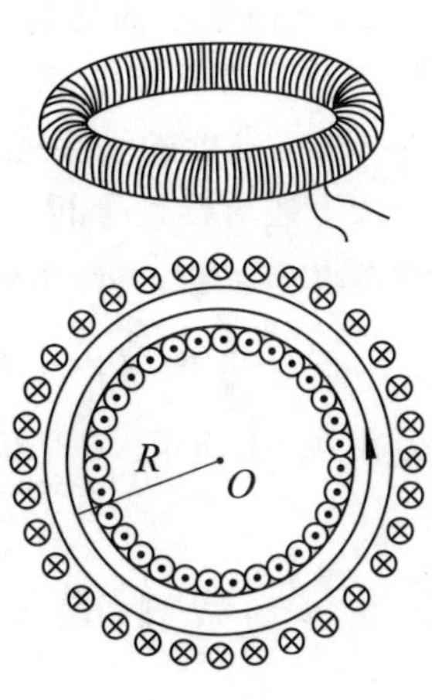

图 11.16

若环截面的线度远小于螺绕环半径,这时式中 r 可代以环的平均半径,即 $r \approx R$. 以 $n=N/(2\pi r)$表示单位长度上的线圈匝数,则上式可写成

$$B = \mu_0 nI \tag{11.16b}$$

不难看出,环管内磁感强度的大小可近似为处处相等,方向与电流方向成右手螺旋关系.

对于螺绕环以外的空间,也可作一与环同轴的圆周为积分路径,由于穿过这个圆周的总电流为零,因而

$$\oint_L \boldsymbol{B}\cdot \mathrm{d}\boldsymbol{l} = B\cdot 2\pi r = 0$$

可得

$$B = 0 \quad (\text{环外})$$

可见,螺绕环的磁场全部限制在管内部. 特别是,细螺绕环(截面的线度远小于螺绕环半径)与无限长螺线管内部的磁感强度表达式相同,均为 $B=\mu_0 nI$. 这个结果并不意外,因为当 $R\rightarrow\infty$时,螺绕环就过渡为一个无限长螺线管.

3. 无限大平面电流的磁场

设在无限大导体薄板中有均匀电流沿板平面流动,在垂直于电流的单位长度上流过的电流为 i (称为面电流密度). 如图 11.17所示,将无限大平面电流看作由无限多个平行排列的长直电流组成. 考虑平面上方的场点 P,在其两侧对称位置上任取一对宽度 $\mathrm{d}x_1$、$\mathrm{d}x_2$ 相等的长直电流,由对称性可知,它们在 P 点的合磁场 $\mathrm{d}\boldsymbol{B}_1+\mathrm{d}\boldsymbol{B}_2$的方向平行于电流平面指向左方. 因此,整个无限大平面电流在 P 点的磁感强度 $\boldsymbol{B}$ 应平

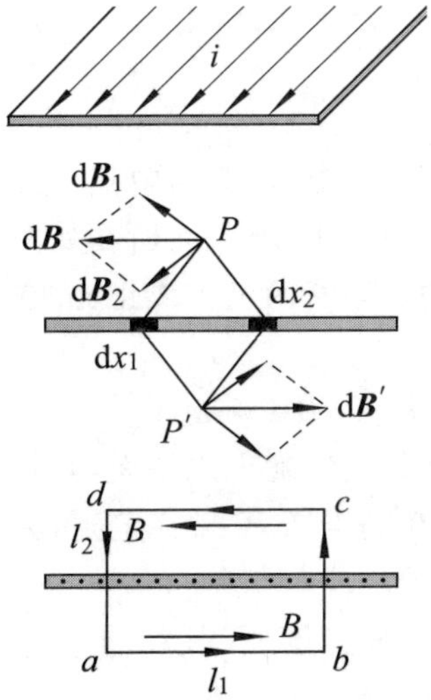

图 11.17

行于平面指向左方,而在平面下方的场点 $\boldsymbol{P}'$处,其磁场方向则应平行于平面指向右方.又由于平面的对称性,凡与平面等距离的场点,其 $\boldsymbol{B}$ 的大小应相等.对于平面上下的 P 点与 P'点来说,磁场的方向虽相反,但只要它们与平面的距离相等,磁感强度的大小就相等.

按上述对称性分析,可取如图 11.17 所示的矩形回路 $abcda$ 作为积分路径.设 $ab=cd=l_1$, $da=bc=l_2$,由安培环路定理,有

$$\oint_L \boldsymbol{B}\cdot \mathrm{d}\boldsymbol{l} = \int_a^b \boldsymbol{B}\cdot \mathrm{d}\boldsymbol{l} + \int_b^c \boldsymbol{B}\cdot \mathrm{d}\boldsymbol{l} + \int_c^d \boldsymbol{B}\cdot \mathrm{d}\boldsymbol{l} + \int_d^a \boldsymbol{B}\cdot \mathrm{d}\boldsymbol{l} = \mu_0 i l_1$$

因为在 bc 和 da 段,$\boldsymbol{B}\perp \mathrm{d}\boldsymbol{l}$,所以

$$\int_b^c \boldsymbol{B}\cdot \mathrm{d}\boldsymbol{l} = \int_d^a \boldsymbol{B}\cdot \mathrm{d}\boldsymbol{l} = 0$$

又因在 ab 和 cd 段,$\boldsymbol{B}/\!/ \mathrm{d}\boldsymbol{l}$,所以

$$\int_a^b \boldsymbol{B}\cdot \mathrm{d}\boldsymbol{l} = \int_c^d \boldsymbol{B}\cdot \mathrm{d}\boldsymbol{l} = Bl_1$$

将四段的结果代入安培环路定理,得

$$\oint_L \boldsymbol{B}\cdot \mathrm{d}\boldsymbol{l} = 2Bl_1 = \mu_0 i l_1$$

所以有

$$B = \frac{\mu_0 i}{2} \tag{11.17}$$

上述结果表明,$\boldsymbol{B}$ 与场点 P 相对于平面电流的位置无关,故无限大平面电流在其两侧产生均匀磁场,且两侧的磁感强度大小相等,方向相反,与电流方向成右手螺旋关系.

11.5 磁场对电流的作用

前面我们曾经指出,载流导线在磁场中要受到磁场力的作用,这个力遵循什么规律呢? 1820 年,安培在研究电流与电流之间的相互作用时,以实验为基础,总结出了电流元在磁场中受力的安培定律.

11.5.1 安培力

载流导体在磁场中受的力称为**安培力**.**安培定律**表述为:在磁场中某点处的电流元 $I\mathrm{d}\boldsymbol{l}$ 受到的磁场作用力 $\mathrm{d}\boldsymbol{F}$ 的大小与电流元的大小、电流元所在处的磁感强度的大小以及电流元 $I\mathrm{d}\boldsymbol{l}$ 和磁感强度 $\boldsymbol{B}$ 之间的夹角 θ 的正弦成正比.在 SI 中,其数学表达式为

$$\mathrm{d}F = BI\,\mathrm{d}l\sin\theta$$

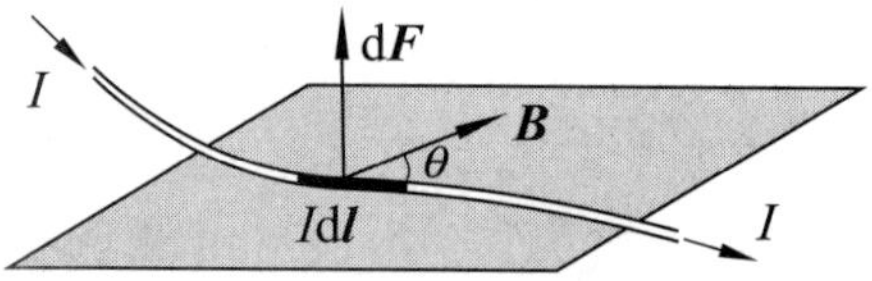

图 11.18

$\mathrm{d}\boldsymbol{F}$ 垂直于 $I\mathrm{d}\boldsymbol{l}$ 和 $\boldsymbol{B}$ 确定的平面,其指向与 $I\mathrm{d}\boldsymbol{l}$ 和 $\boldsymbol{B}$ 符合右手螺旋定则,如图 11.18 所示.

将上式写成矢量式,则为

$$\mathrm{d}\boldsymbol{F} = I\mathrm{d}\boldsymbol{l}\times\boldsymbol{B} \tag{11.18}$$

值得一提的是,式(11.18)不仅是电流元 $I\mathrm{d}\boldsymbol{l}$ 在外磁场 $\boldsymbol{B}$ 中受力的基本规律,也可作

为定义磁感强度 $\boldsymbol{B}$ 的依据. 在磁场中释放试探电流元 $I\mathrm{d}\boldsymbol{l}$，在某一点所受最大安培力 $\mathrm{d}F_{\mathrm{m}}$ 与 $I\mathrm{d}l$ 的比值即该点磁感强度的大小，$\mathrm{d}\boldsymbol{F}_{\mathrm{m}}\times I\mathrm{d}\boldsymbol{l}$ 的指向即该点 $\boldsymbol{B}$ 的方向.

由于力满足叠加原理，根据安培定律，原则上可以求出任意载流导体在磁场中所受的安培力，即

$$\boldsymbol{F}=\int I\mathrm{d}\boldsymbol{l}\times\boldsymbol{B} \tag{11.19}$$

这是一个矢量积分. 在一般情况下，各电流元所受安培力的方向并不一致，因此，常用上式的分量式计算，即先将各电流元受的力按选定的坐标方向进行分解，然后对各分量分别进行积分.

磁场对通电直导线的作用力

若磁场是均匀的，载流导体又是直的，则载流导体上每段电流元所受的安培力都具有相同的方向，并且每段电流元与磁场方向的夹角 θ 都相等. 因此，由式(11.19)可以得到在均匀磁场中长为 L 的一段载流直导线所受的安培力为

$$F=\int_L IB\sin\theta\mathrm{d}l=IBL\sin\theta \tag{11.20}$$

需要指出，实际上并不存在孤立的一段载有恒定电流的导线. 我们只是计算了闭合载流回路中的一段导线在磁场中所受的力.

例 11.3　一均匀磁场 $B=6.0\times10^3$ G，指向如图 11.19 所示(在纸面内)，该磁场中有一根直导线，通有电流 $I=3.0$ A. 求该导线长 $L=0.20$ m 的一段上的受到的安培力.

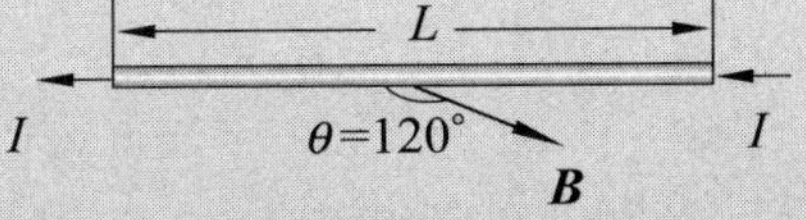

图 11.19

解　由图可知，$\boldsymbol{B}$ 与载流导线 L 的夹角$\theta=120°$，根据式(11.20)得

$$\begin{aligned}F&=IBL\sin\theta\\&=3.0\ \mathrm{A}\times0.6\ \mathrm{T}\times0.20\ \mathrm{m}\times\sin120°=0.31\ \mathrm{N}\end{aligned}$$

由右手螺旋定则确定 $\boldsymbol{F}$ 的方向为垂直纸面向外.

例 11.4　在磁感强度为 $\boldsymbol{B}$ 的均匀磁场中，通过一半径为 R 的半圆形导线中的电流为 I，若导线所在平面与 $\boldsymbol{B}$ 垂直，求该导线所受的安培力.

解　建立如图 11.20 所示的坐标系. 由题意可知，半圆形导线上任一处电流元均与该处磁场方向垂直，因此各段电流元受到的安培力量值上都可写成 $\mathrm{d}F=BI\mathrm{d}l$，但方向沿各自的径矢方向. 将 $\mathrm{d}\boldsymbol{F}$ 分解为 x 方向与 y 方向的分力 $\mathrm{d}\boldsymbol{F}_x$ 和 $\mathrm{d}\boldsymbol{F}_y$，由于电流分布的对称性，各段 x 方向的分力相互抵消，因此合力沿 y 方向，有

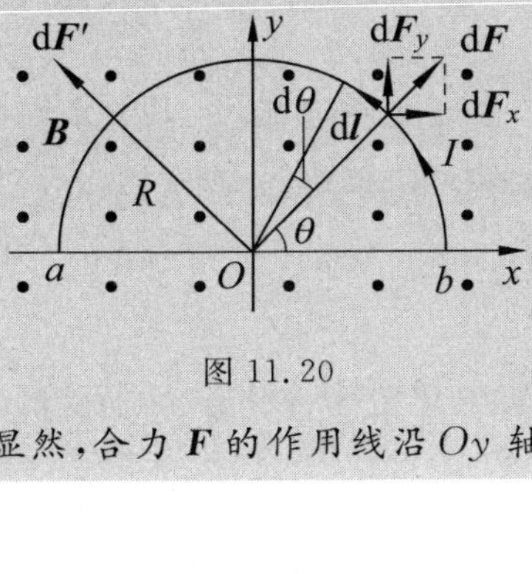

图 11.20

$$F=\int_L\mathrm{d}F_y=\int_L\mathrm{d}F\sin\theta=\int_L BI\mathrm{d}l\sin\theta$$

先统一变量，再进行积分. 因为 $\mathrm{d}l=R\mathrm{d}\theta$，所以

$$F=BIR\int_0^{\pi}\sin\theta\mathrm{d}\theta=2BIR$$

显然，合力 $\boldsymbol{F}$ 的作用线沿 Oy 轴，方向向上.

结果表明,半圆形载流导线所受的磁力与其两个端点相连的载流直导线所受的磁力相等.事实上,在均匀磁场中的一个任意形状的平面载流导线所受的磁力都与从起点指向终点的一段直电流所受的磁力相等.当起点和终点重合时,载流导线就构成一闭合回路,所受合力必为零.读者可自行证明.

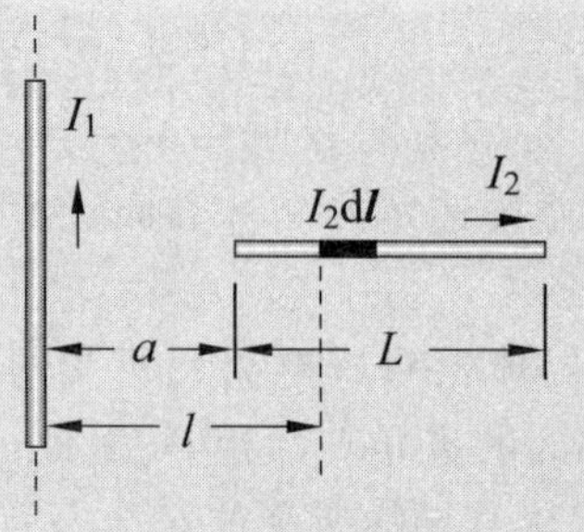

图 11.21

例 11.5 如图 11.21 所示,一根竖直放置的无限长直导线,通有电流 $I_1=10$ A.另一根水平放置的导线,长 $L=10$ cm,通有电流 $I_2=1.0$ A,它的一端到竖直导线的距离 $a=1.0$ cm,且两导线处于同一平面内.求水平导线所受的安培力 $\boldsymbol{F}$.

解 载流 I_1 的长直导线在其周围产生非均匀磁场,水平载流导线在该磁场中受力.

在水平导线上任取一电流元 $I_2\mathrm{d}\boldsymbol{l}$,该电流元到电流 I_1 的距离为 l.由安培定律,其受力为

$$\mathrm{d}\boldsymbol{F}=I_2\mathrm{d}\boldsymbol{l}\times\boldsymbol{B}$$

式中 $\boldsymbol{B}$ 是载流 I_1 的长直导线在 $I_2\mathrm{d}\boldsymbol{l}$ 处的磁感强度,其方向垂直纸面向里,大小为

$$B=\frac{\mu_0 I_1}{2\pi l}$$

因此,$\mathrm{d}\boldsymbol{F}$ 的方向竖直向上,大小为

$$\mathrm{d}F=I_2B\mathrm{d}l=\frac{\mu_0 I_1 I_2}{2\pi l}\mathrm{d}l$$

由于水平导线上每一电流元所受安培力的方向都相同,因此合力 $\boldsymbol{F}$ 的方向竖直向上,大小为

$$F=\int_L \mathrm{d}F=\int_a^{a+L}\frac{\mu_0 I_1 I_2}{2\pi l}\mathrm{d}l=\frac{\mu_0 I_1 I_2}{2\pi}\ln\left(\frac{a+L}{a}\right)$$
$$=\frac{4\pi\times 10^{-7}\ \mathrm{N\cdot A^{-2}}\times 10\ \mathrm{A}\times 1.0\ \mathrm{A}}{2\pi}\ln\left(\frac{1.0+10}{1.0}\right)=4.8\times 10^{-6}\ \mathrm{N}$$

11.5.2 平行无限长直电流间的相互作用 电流单位“安培”的定义

如图 11.22 所示,真空中两条平行长直导线 AB 和 CD 间的垂直距离为 a,导线中的电流分别为 I_1 和 I_2,a 比导线的长度小得多,因此两导线可视为无限长.

我们先计算电流 I_2 所受的力.此时,I_1 是产生磁场的电流,I_2 是在该磁场中受力的电流.不妨设两电流方向相同.I_1 在 I_2 处产生的磁感强度 $\boldsymbol{B}_{21}$ 方向如图 11.22 所示,处处与 I_2 垂直,大小为

$$B_{21}=\frac{\mu_0 I_1}{2\pi a}$$

在通有 I_2 的导线 CD 上任取一电流元 $I_2\mathrm{d}\boldsymbol{l}_2$,根据安培定律,该电流元所受的力 $\mathrm{d}\boldsymbol{F}_{21}$ 的大小为

$$\mathrm{d}F_{21}=|I_2\mathrm{d}\boldsymbol{l}_2\times\boldsymbol{B}_{21}|=B_{21}I_2\mathrm{d}l_2=\frac{\mu_0 I_1 I_2}{2\pi a}\mathrm{d}l_2$$

$\mathrm{d}\boldsymbol{F}_{21}$的方向在直电流 I_1 和 I_2 所决定的平面内，并垂直指向 I_1.

显然，载流导线 CD 上各电流元受力的方向都与上述方向相同，故导线 CD 上每单位长度所受的力为

$$\frac{\mathrm{d}F_{21}}{\mathrm{d}l_2}=\frac{\mu_0 I_1 I_2}{2\pi a}\qquad(11.21)$$

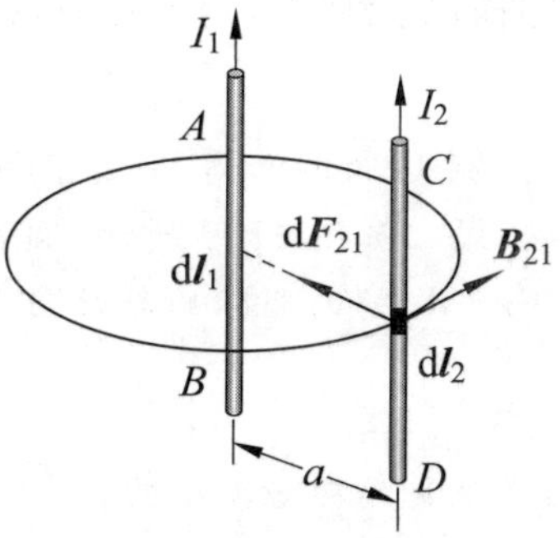

图 11.22

同理，可以算出通有 I_1 的导线 AB 每单位长度所受的力，其大小也等于 $\mu_0 I_1 I_2/(2\pi a)$，方向垂直指向 I_2. 可见，**两个流向相同的平行直线电流，通过磁场的作用互相吸引**. 类似地，可以证明，**两个流向相反的平行直线电流，通过磁场的作用互相排斥**，而每一导线单位长度上所受斥力的大小也由式(11.21)确定.

在 SI 中，电流强度是基本量，其单位是安培，符号为 A."安培"就是根据式(11.21)定义的.

在真空中相距 1 m 的两根无限长平行直导线内，通以相等的恒定电流，调节电流的大小，使得两根导线上每米长度受到的安培力恰好为 2×10^{-7} N，这时导线上的电流就定义为 1 A.

安培力在工业生产、交通运输、军事装备等领域获得了广泛应用. 近年来电磁发射技术发展很快，据报道，2022 年，我国第三艘航母下水，配置了电磁弹射装置，2023 年，我国电磁弹射微重力实验装置正式启动运行. 以导轨式电磁发射为例，其基本工作原理为：在两根平行扁平的长直轨道间，装有一滑块(待发射的物体，如炮弹)，强大的电流从一根导轨流入，流经滑块，再从另一根导轨流出. 电流产生的强磁场使滑块在安培力作用下加速，最终以很大的速度射出.

近年来超导材料研究上的突破，使得输出 $10^5\sim10^6$ A 的极大电流成为可能，这极大提高了滑块所受安培力，使其在有限的加速距离内能获得很高的发射速度. 据公开报道，我国曾进行电磁炮试验，炮弹以 2580 $\mathrm{m\cdot s^{-1}}$ 的初速度射出，击中200 km以外的目标.

11.5.3　磁场对载流线圈的作用

在动圈式电表、磁式电流计和直流电动机中，一般都有处在磁场中的线圈，当线圈中有电流通过时，它们将在磁场的作用下发生转动. 我们应用安培定律研究磁场对载流线圈的作用.

1. *载流线圈的磁矩*

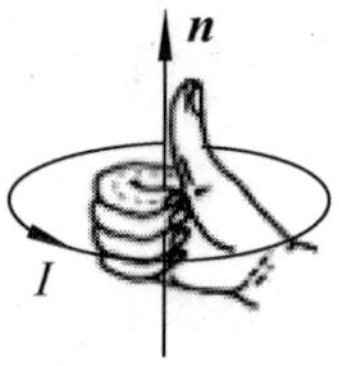

图 11.23

为了方便，我们用右旋法向单位矢量 $\boldsymbol{n}$ 描述载流平面线圈的空间取向，即矢量 $\boldsymbol{n}$ 的指向和线圈中电流的方向成右手螺旋关系，如图 11.23 所示. 这样一来，矢量 $\boldsymbol{n}$ 既可表示线圈平面在空间的取向，又可表示线圈中的电流方向. 如果一个任意形状的平面载流线圈的面积为 S，电流为 I，那么矢量 $IS\boldsymbol{n}$

能够描述该线圈本身的性质，称为该线圈的**磁矩**，用 $\boldsymbol{p}_{\mathrm{m}}$ 表示，即

$$\boldsymbol{p}_{\mathrm{m}} = IS\boldsymbol{n} \tag{11.22}$$

例 11.6 求例 11.2 中转动的带电圆盘的磁矩.

解 如图 11.9 所示，圆盘可以看作由许多圆环组成. 圆盘转动时，其上 $r \to r+\mathrm{d}r$ 处的圆环的等效圆电流为

$$\mathrm{d}I = \frac{\omega\sigma}{2\pi}\cdot 2\pi r\mathrm{d}r = \omega\sigma r\mathrm{d}r$$

该圆电流的磁矩大小为

$$\mathrm{d}p_{\mathrm{m}} = \pi r^2\mathrm{d}I = \pi\omega\sigma r^3\mathrm{d}r$$

由于所有圆环的磁矩方向都相同(垂直纸面向外)，所以圆盘总磁矩的方向垂直纸面向外，大小为

$$p_{\mathrm{m}} = \int \mathrm{d}p_{\mathrm{m}} = \int_0^R \pi\omega\sigma r^3\mathrm{d}r = \frac{1}{4}\pi\omega\sigma R^4 = \frac{1}{4}\omega qR^2$$

2. 磁场对载流线圈的作用

在磁感强度为 $\boldsymbol{B}$ 的均匀磁场中，有一刚性矩形平面载流线圈，边长分别为 l_1 和 l_2，电流为 I，如图 11.24 所示. 设线圈平面的法向单位矢量 $\boldsymbol{n}$ 与磁场方向的夹角为 φ，并且 ab 边与 cd 边均与磁场方向垂直.

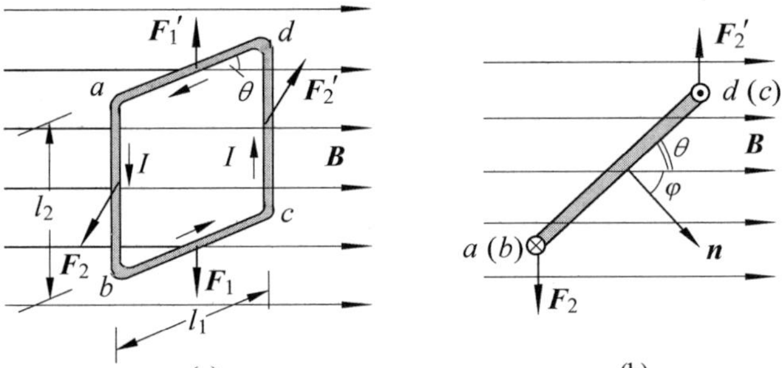

(a) (b)

图 11.24

导线 bc 和 ad 所受的安培力分别为

$$F_1 = BIl_1\sin\theta$$
$$F'_1 = BIl_1\sin(\pi-\theta) = BIl_1\sin\theta$$

式中 θ 为 bc 边电流方向与磁场方向的夹角. 这两个力大小相等，方向相反，且在同一直线上，故相互抵消.

导线 ab 和 cd 所受的安培力分别为 F_2 和 F_2'，并且有

$$F_2 = F'_2 = BIl_2$$

这两个力大小也相等，方向也相反，但不在同一直线上，因此形成一力偶. 所以磁场作用在线圈上的力矩为

$$M = F_2 l_1\cos\theta = BIl_1 l_2\cos\theta = BIS\cos\theta$$

式中 $S=l_1 l_2$ 是线圈的面积. 力矩 $\boldsymbol{M}$ 的方向沿线圈的对称轴且与力偶方向成右手螺旋关系.

由于 $\theta+\varphi=\pi/2$，若用 φ 代替 θ，则有

$$M = BIS\sin\varphi$$

式中的 IS 等于线圈磁矩 $\boldsymbol{p}_\mathrm{m}$ 的大小. 因为 $\boldsymbol{p}_\mathrm{m}$ 的方向就是载流线圈平面法线 $\boldsymbol{n}$ 的方向，所以上式可写成矢量式

$$\boldsymbol{M} = \boldsymbol{p}_\mathrm{m} \times \boldsymbol{B} \tag{11.23}$$

可以证明，式(11.23)不仅对矩形线圈成立，对于在均匀磁场中任意形状的平面线圈也同样成立，甚至带电粒子沿闭合回路运动以及带电粒子的自旋所具有的磁矩，在磁场中所受磁力矩也都可以用此式计算.

讨论以下几种特殊情形：

(1) $\varphi=\pi/2$. 此时线圈平面与磁场方向平行，磁矩 $\boldsymbol{p}_\mathrm{m}$ 的方向与磁场 $\boldsymbol{B}$ 的方向垂直，线圈所受到的磁力矩最大. 这一磁力矩有使 φ 减小的趋势.

(2) $\varphi=0$. 此时线圈平面与磁场方向垂直，磁矩 $\boldsymbol{p}_\mathrm{m}$ 的方向与磁场 $\boldsymbol{B}$ 的方向相同，线圈所受磁力矩为零，线圈处于稳定平衡状态.

(3) $\varphi=\pi$. 此时线圈平面虽然也与磁场方向垂直，但 $\boldsymbol{p}_\mathrm{m}$ 的方向与磁场 $\boldsymbol{B}$ 的方向相反，线圈所受磁力矩虽然也为零，但线圈处于非稳定平衡状态. 稍有偏转，磁力矩就会使线圈转向稳定的平衡位置.

综上所述，任意形状不变的平面载流线圈，在均匀外磁场中所受的合力均为零，但受到一个力矩的作用，该力矩总是力图使线圈的磁矩 $\boldsymbol{p}_\mathrm{m}$ 转向磁感强度 $\boldsymbol{B}$ 的方向.

不难看出，式(11.23)可以作为用载流试探小线圈定义磁感强度的依据，即载流小线圈稳定平衡时磁矩的方向为 $\boldsymbol{B}$ 的方向，单位磁矩所受最大磁力矩等于 $\boldsymbol{B}$ 的大小.

如果平面载流线圈处在非均匀磁场中，由于线圈上各个电流元所在处的 $\boldsymbol{B}$ 的大小和方向都不尽相同，各个电流元所受作用力的大小和方向一般也都不同. 因此，合力和合力矩一般都不为零，所以线圈除转动外还要平动.

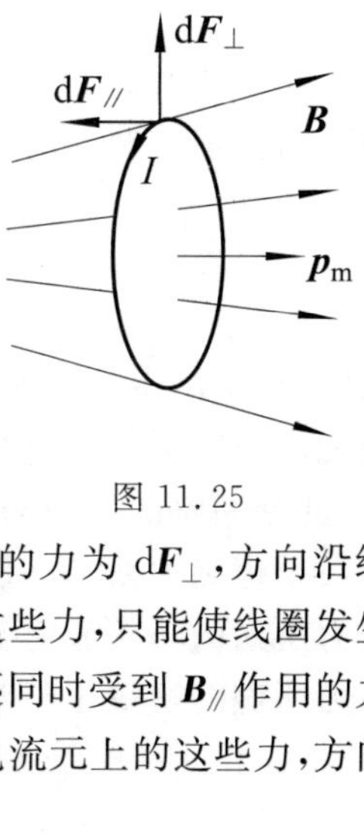

图 11.25

为简单起见，用图 11.25 所示的辐射状磁场说明合力不为零的原因. 设圆线圈的磁矩 $\boldsymbol{p}_\mathrm{m}$ 与线圈中心所在处的 $\boldsymbol{B}$ 方向相同，取线圈上任一电流元 $I\mathrm{d}\boldsymbol{l}$，把电流元所在处的 $\boldsymbol{B}$ 分解为两个分量：垂直于线圈平面的分矢量 $\boldsymbol{B}_\perp$ 和平行于线圈平面的分矢量 $\boldsymbol{B}_{/\!/}$. 电流元 $I\mathrm{d}\boldsymbol{l}$ 受 $\boldsymbol{B}_\perp$ 作用的力为 $\mathrm{d}\boldsymbol{F}_\perp$，方向沿线圈的半径向外. 对整个线圈来说，作用在各个电流元上的这些力，只能使线圈发生形变，而不能使线圈的运动状态发生改变. 但是电流元 $I\mathrm{d}\boldsymbol{l}$ 还同时受到 $\boldsymbol{B}_{/\!/}$ 作用的力 $\mathrm{d}\boldsymbol{F}_{/\!/}$，方向垂直于线圈平面，指向左方. 对整个线圈来说，各电流元上的这些力，方向都相同，所以在合力作用下，线圈终将向磁场较强处移动.

在微观领域中，处理许多问题时常采用一种经典简化模型，认为原子中的电子绕核做圆周运动，相当于一个圆电流. 以氢原子为例，核外电子电量为 $-e$，假设其圆周运动半径和速率分别为 r、v，由此可以计算原子的轨道磁矩大小为

$$p_{\mathrm{m}} = iS = \frac{e}{(2\pi r/v)}\pi r^2 = \frac{evr}{2}$$

其中 i 为电子圆周运动等效电流. 电子绕核运动的轨道角动量可以计算为 $L = mvr$,故轨道磁矩可用角动量表示为

$$p_{\mathrm{m}} = \frac{eL}{2m}$$

考虑磁矩和角动量方向,可写为

$$\boldsymbol{p}_{\mathrm{m}} = -\frac{e\boldsymbol{L}}{2m}$$

实验已经证明上式的正确性. 当原子处于外磁场中时,由于外磁场和轨道磁矩的相互作用,会使轨道磁矩转向而呈现一定的取向. 但有意思的是,原子的轨道磁矩取向并不像宏观载流线圈那样可以连续变化,而是呈现出取向量子化的特征. 相应地,电子绕核运动的轨道角动量方向也受到限制,角动量的这种取向特性称为角动量空间量子化. 在本书第 20 章还将介绍相关内容.

11.5.4 磁力的功

载流导体和载流线圈在磁力的作用下运动时,磁力要做功. 我们从一些特例出发,导出磁力做功的公式.

1. 载流导线在磁场中运动时磁力的功

如图 11.26 所示,均匀磁场的磁感强度 $\boldsymbol{B}$ 的方向垂直于纸面向外. 磁场中有一通有恒定电流 I 的闭合回路 $adcba$,其平面与磁场垂直. 长度为 L 的直导线 ab 可以沿着 da 和 cb 滑动. 据安培定律,直导线 ab 在磁场中所受安培力 $\boldsymbol{F}$ 的方向向右,大小为

$$F = BIL$$

在力 $\boldsymbol{F}$ 作用下,导线 ab 从位置 1 沿着力的方向移到位置 2 时,磁力 $\boldsymbol{F}$ 做功为

$$A = F\overline{aa'} = BIL\,\overline{aa'} = IB\Delta S = I\Delta\Phi$$

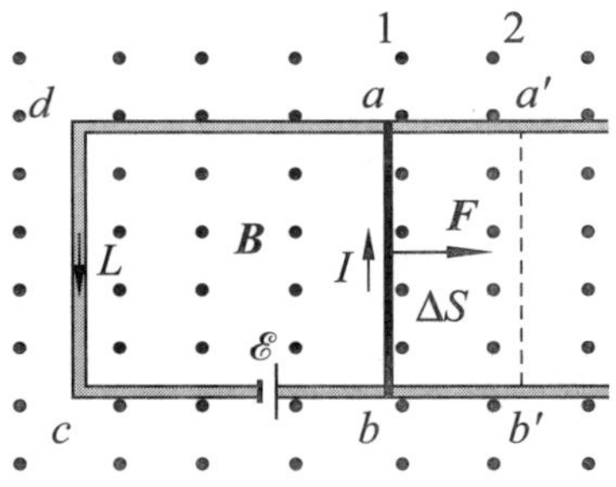

图 11.26

即

$$A = I\Delta\Phi$$

式中 $\Delta S = L\,\overline{aa'}$,是直导线从位置 1 移到位置 2 时,闭合回路所围面积的增量,而 $\Delta\Phi = B\Delta S$,则为这段时间内穿过该回路磁通量的增量,即 $\Delta\Phi = \Phi_2 - \Phi_1$. 注意,此处回路的方向与电流方向一致,计算磁通量时面积 $\boldsymbol{S}$ 的方向与回路方向成右手螺旋关系. 上式表明,当载流导线在磁场中运动时,如果电流保持不变,磁力所做的功等于电流与穿过回路所围面积的磁通量增量的乘积. 也可以说,磁力所做的功等于电流与载流导线在移动过程中切割的磁感线数的乘积.

2. 载流线圈在磁场中转动时磁力矩的功

如图 11.27 所示,一电流恒定的矩形线圈在均匀磁场中转动,所受磁力矩 $M = BIS\sin\varphi$. 由于磁力矩做正功时,φ 变小,所以当线圈转过极小的角度 $\mathrm{d}\varphi$ 时,磁力矩所做的元功为

$$\mathrm{d}A = -M\mathrm{d}\varphi = -BIS\sin\varphi\mathrm{d}\varphi = I\mathrm{d}(BS\cos\varphi)$$

其中 $BS\cos\varphi$ 就是通过线圈的磁通量，而 $\mathrm{d}(BS\cos\varphi)$ 则为线圈转过 $\mathrm{d}\varphi$ 时磁通量的增量，所以上式可写成

$$\mathrm{d}A = I\mathrm{d}\Phi$$

当载流线圈从 φ_1 位置转到 φ_2 位置时，磁力矩所做的总功为

$$A = \int_{\Phi_1}^{\Phi_2} I\mathrm{d}\Phi = I(\Phi_2 - \Phi_1) = I\Delta\Phi \quad (11.24)$$

式中 Φ_2 和 Φ_1 分别为线圈在 φ_2 和 φ_1 位置时的磁通量. 注意计算线圈磁通量时，线圈所围面积 $\boldsymbol{S}$ 的方向仍取为与电流方向成右手螺旋关系.

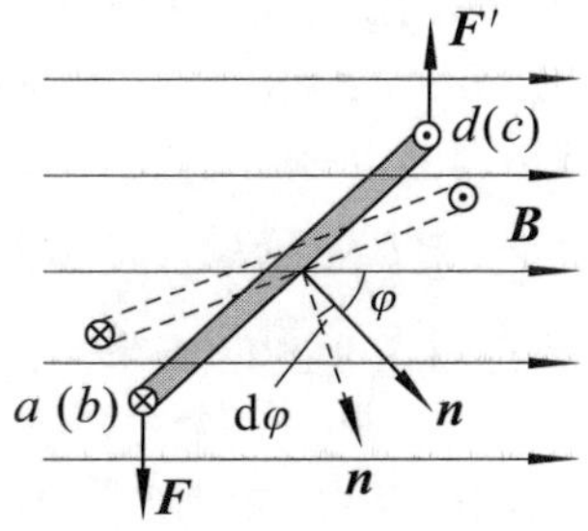

图 11.27

可以证明，式(11.24)对任意闭合电流回路成立，但要求线圈中电流 I 保持不变. 如果回路中电流随时间变化，则磁力做功的一般表示式为

$$A = \int_{\Phi_1}^{\Phi_2} I\mathrm{d}\Phi \quad (11.25)$$

例 11.7　如图 11.28 所示，矩形线圈 $Oabc$ 可绕 Oy 轴转动，其边长 $l_1 = 6\ \mathrm{cm}$，$l_2 = 8\ \mathrm{cm}$. 线圈中的电流 $I = 10\ \mathrm{A}$，方向沿 $OabcO$. 线圈处在均匀磁场中，磁感强度的大小为 $B = 0.02\ \mathrm{T}$，方向平行于 Ox 轴. (1) 如果使线圈平面与 $\boldsymbol{B}$ 的方向成 30°角，求此时线圈每边所受的安培力以及线圈所受的磁力矩；(2) 当线圈由这个位置转至平衡位置时，求磁力做的功.

解　(1)根据安培定律，Oa 边所受磁力沿 Oz 轴负方向，大小为

$$F_{Oa} = BIl_2 = 0.02\ \mathrm{T} \times 10\ \mathrm{A} \times 0.08\ \mathrm{m} = 1.6 \times 10^{-2}\ \mathrm{N}$$

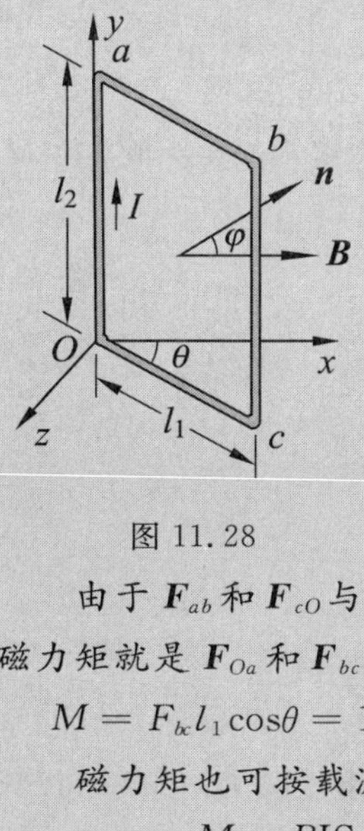

图 11.28

bc 边所受磁力沿 Oz 轴正方向，大小为

$$F_{bc} = BIl_2 = 0.02\ \mathrm{T} \times 10\ \mathrm{A} \times 0.08\ \mathrm{m} = 1.6 \times 10^{-2}\ \mathrm{N}$$

ab 边所受磁力沿 Oy 轴正方向，大小为

$$F_{ab} = BIl_1\sin\theta = BIl_1\sin 30° = 0.02\ \mathrm{T} \times 10\ \mathrm{A} \times 0.06\ \mathrm{m} \times 0.5 = 6 \times 10^{-3}\ \mathrm{N}$$

cO 边所受磁力沿 Oy 轴负方向，大小为

$$F_{cO} = BIl_1\sin(\pi - \theta) = 0.02\ \mathrm{T} \times 10\ \mathrm{A} \times 0.06\ \mathrm{m} \times \sin 150° = 6 \times 10^{-3}\ \mathrm{N}$$

由于 $\boldsymbol{F}_{ab}$ 和 $\boldsymbol{F}_{cO}$ 与 Oy 轴平行，它们对 Oy 轴的力矩为零，因此，线圈所受磁力矩就是 $\boldsymbol{F}_{Oa}$ 和 $\boldsymbol{F}_{bc}$ 对 Oy 轴的矩. 于是有

$$M = F_{bc}l_1\cos\theta = 1.6 \times 10^{-2}\ \mathrm{N} \times 0.06\ \mathrm{m} \times \cos 30° = 8.3 \times 10^{-4}\ \mathrm{N \cdot m}$$

磁力矩也可按载流平面线圈在均匀磁场中的力矩公式(11.23)计算，即

$$M = BIS\sin\varphi = 0.02\ \mathrm{T} \times 10\ \mathrm{A} \times 0.06\ \mathrm{m} \times 0.08\ \mathrm{m} \times \sin 60° = 8.3 \times 10^{-4}\ \mathrm{N \cdot m}$$

由 $\boldsymbol{M}=\boldsymbol{p}_{\mathrm{m}}\times\boldsymbol{B}$ 可以确定,磁力矩 $\boldsymbol{M}$ 的方向为 Oy 轴负方向,即逆着 Oy 轴方向看去,磁力矩使线圈磁矩 $\boldsymbol{p}_{\mathrm{m}}$(与 $\boldsymbol{n}$ 同方向)按顺时针方向转向 $\boldsymbol{B}$ 的方向.

(2) $\theta=30°$ 时,$\varphi_1=60°$,通过线圈平面的磁通量为

$$\Phi_1 = BS\cos\varphi_1 = 0.02\ \mathrm{T}\times 0.06\ \mathrm{m}\times 0.08\ \mathrm{m}\times\cos 60° = 4.8\times 10^{-5}\ \mathrm{Wb}$$

线圈转至平衡位置时,$\varphi_2=0$,通过线圈平面的磁通量为

$$\Phi_2 = BS = 0.02\ \mathrm{T}\times 0.06\ \mathrm{m}\times 0.08\ \mathrm{m} = 9.6\times 10^{-5}\ \mathrm{Wb}$$

在此过程中,磁力做功为

$$A = I(\Phi_2-\Phi_1) = 10\ \mathrm{A}\times(9.6\times 10^{-5}\ \mathrm{Wb}-4.8\times 10^{-5}\ \mathrm{Wb}) = 4.8\times 10^{-4}\ \mathrm{J}$$

11.6 磁场对运动电荷的作用

载流导体在磁场中受到的作用,实质上是磁场对运动电荷的作用.这是因为载流导体中的电流是由导体中自由电子定向运动形成的,这些定向运动的自由电子受到磁场的作用,并与导体中的晶格点阵碰撞,把磁场对它们的作用传递给导体,在宏观上就表现为载流导体在磁场中受到安培力的作用.

本节我们从安培定律出发,讨论磁场对运动电荷的作用.

11.6.1 洛伦兹力

根据安培定律,在磁感强度为 $\boldsymbol{B}$ 的磁场中,载流导线上任意一段电流元 $I\mathrm{d}\boldsymbol{l}$ 受到的安培力为

$$\mathrm{d}\boldsymbol{F} = I\mathrm{d}\boldsymbol{l}\times\boldsymbol{B}$$

设电流元的横截面积为 S,导体中单位体积内有 n 个正电荷,每个电荷的电量为 q,均以定向速度 $\boldsymbol{v}$ 沿 $\mathrm{d}\boldsymbol{l}$ 方向运动,形成导体中的电流,则电流强度为

$$I = qnvS$$

因 $q\boldsymbol{v}$ 与 $\mathrm{d}\boldsymbol{l}$ 同向,故

$$I\mathrm{d}\boldsymbol{l} = qnS\mathrm{d}l\boldsymbol{v}$$

因而

$$\mathrm{d}\boldsymbol{F} = qnS\mathrm{d}l\boldsymbol{v}\times\boldsymbol{B}$$

在线元 $\mathrm{d}l$ 这段导体内的正电荷总数为

$$\mathrm{d}N = nS\mathrm{d}l$$

所以每一个运动电荷在磁场中所受的力为

$$\boldsymbol{f} = \frac{\mathrm{d}\boldsymbol{F}}{\mathrm{d}N} = q\boldsymbol{v}\times\boldsymbol{B} \tag{11.26}$$

上式称为洛伦兹公式,磁场对运动电荷的作用力则称为**洛伦兹力**.由式(11.26)可知,洛伦兹力垂直于 $\boldsymbol{v}$、$\boldsymbol{B}$ 决定的平面.应当注意的是,q 为正电荷时,$\boldsymbol{f}$ 的方向就是 $\boldsymbol{v}\times\boldsymbol{B}$ 的方向;q 为负电荷时,$\boldsymbol{f}$ 的方向与 $\boldsymbol{v}\times\boldsymbol{B}$ 的方向相反.显然,因洛伦兹力 $\boldsymbol{f}$ 始终垂直于 $\boldsymbol{v}$,故**洛伦兹力不做功**.

洛伦兹力的大小为

$$f = |q| vB\sin\theta$$

式中 θ 是 $\boldsymbol{v}$ 与 $\boldsymbol{B}$ 的夹角. 当 $\theta=0$ 或 π 时, $f=0$; 当 $\theta=\pi/2$ 时, f 有最大值, 这正是在 11.1 节定义磁感强度的依据.

当一个带电粒子在既有电场又有磁场的区域中运动时, 作用在该粒子上的电磁场力为

$$\boldsymbol{F} = q(\boldsymbol{E} + \boldsymbol{v} \times \boldsymbol{B})$$

带电粒子在电磁场中的运动方程为

$$q(\boldsymbol{E} + \boldsymbol{v} \times \boldsymbol{B}) = \frac{\mathrm{d}(m\boldsymbol{v})}{\mathrm{d}t}$$

当粒子速度 $v \ll c$ 时, 上式可写为

$$q(\boldsymbol{E} + \boldsymbol{v} \times \boldsymbol{B}) = m\boldsymbol{a}$$

11.6.2 带电粒子在均匀磁场中的运动

我们分三种情形讨论一个电量为 q、初始速度为 $\boldsymbol{v}$ 的粒子在磁感强度为 $\boldsymbol{B}$ 的均匀磁场中的运动.

1. $\boldsymbol{v}$ 与 $\boldsymbol{B}$ 平行

在这种情况下, 由式(11.26)可知, 粒子所受洛伦兹力为零, 因此粒子的运动不受磁场影响, $\boldsymbol{v}$ 保持不变.

2. $\boldsymbol{v}$ 与 $\boldsymbol{B}$ 垂直

依据式(11.26), 洛伦兹力 $\boldsymbol{f}$ 始终在垂直于 $\boldsymbol{B}$ 的平面内, 且与粒子的初速度 $\boldsymbol{v}$ 共面, 因此, 粒子的运动轨道不会越出这个平面.

由于洛伦兹力 $\boldsymbol{f}$ 始终与 $\boldsymbol{v}$ 垂直, 只改变粒子运动的方向, 而不改变其速率, 因此粒子在上述平面内作匀速圆周运动, 如图 11.29 所示. 设粒子的质量为 m, 圆周轨道半径为 R, 洛伦兹力提供向心力, 所以有

$$f = qvB = mv^2/R$$

得轨道半径为

$$R = \frac{mv}{qB} \tag{11.27}$$

上式表明, R 与 v 成正比, 与 B 成反比.

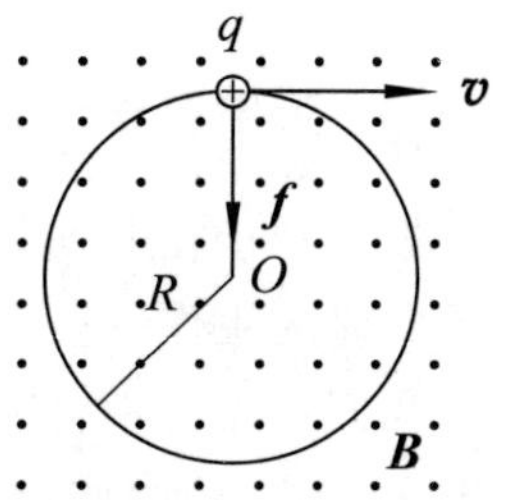

图 11.29

粒子在轨道上环绕一周所需要的时间 T 称为**回旋周期**. 利用式(11.27)结果, 可得

$$T = \frac{2\pi R}{v} = \frac{2\pi m}{qB} \tag{11.28}$$

可见, 带电粒子圆周运动周期与运动速率无关.

粒子在单位时间内沿轨道运行的圈数为

$$\nu = \frac{1}{T} = \frac{qB}{2\pi m} \tag{11.29}$$

ν 称为带电粒子在磁场中的**回旋共振频率**. 显然, 回旋共振频率与粒子的运动

速率及回旋半径无关.

3. $\boldsymbol{v}$ 与 $\boldsymbol{B}$ 成 θ 角

如图 11.30 所示,我们将速度 $\boldsymbol{v}$ 分解为平行于 $\boldsymbol{B}$ 的分量 $v_{/\!/}=v\cos\theta$ 和垂直于 $\boldsymbol{B}$ 的分量 $v_{\perp}=v\sin\theta$. 根据上面的讨论,在垂直于磁场的方向,磁场力将使粒子在垂直于 $\boldsymbol{B}$ 的平面内作匀速圆周运动,半径为 $R=\dfrac{mv_{\perp}}{qB}$. 在平行于磁场的方向,粒子不受磁力作用,将以 $v_{/\!/}$ 做匀速直线运动. 这两个分运动的合成轨道是一条螺旋线,**螺距**为

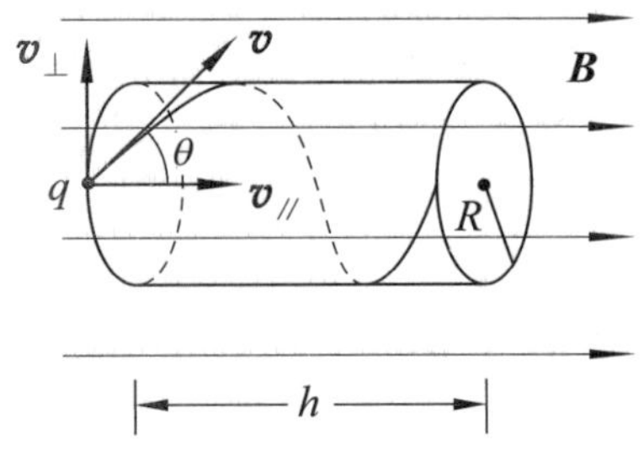

图 11.30

$$h=v_{/\!/}T=v_{/\!/}\frac{2\pi m}{qB}\qquad(11.30)$$

上式表明,粒子沿螺旋线每旋转一周,在 $\boldsymbol{B}$ 方向前进的路程正比于 $v_{/\!/}$ 而与 $v_{\perp}$ 无关.

如果在均匀磁场中某点 A 处引入一发散角(速度与磁场方向的夹角)很小的带电粒子束,并且各粒子的速度大致相同,那么这些粒子沿磁场方向分速度的大小就几乎相等,因而它们的轨道有几乎相同的螺距. 这样,经过一个回旋周期后,这些粒子将重新会聚穿过另一点 A',如图 11.31(a)所示. 这种发散粒子束会聚到一点的现象叫**磁聚焦**. 这与光束经透镜后聚焦的现象有些类似.

上述均匀磁场中的磁聚焦现象可以利用长螺线管来实现. 图 11.31(b)是短线圈产生的非均匀磁场的聚焦作用,这里的线圈作用与光学中的透镜相似,故称**磁透镜**. 磁聚焦的原理广泛应用于电真空器件,特别是电子显微镜中.

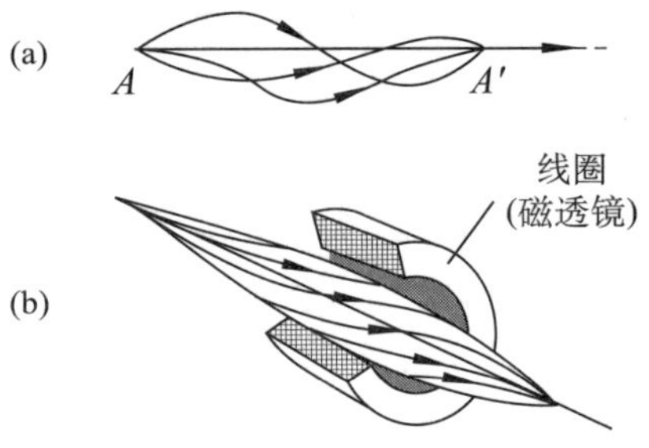

图 11.31

11.6.3 带电粒子在非均匀磁场中的运动

带电粒子在非均匀磁场中的运动比较复杂,这里不作一般讨论,仅对带电粒子的**磁约束**作一些介绍.

我们首先对带电粒子在非均匀磁场中所受洛伦兹力的情况作一定性分析. 如图 11.32 所示,假设非均匀磁场成轴对称分布. 这种磁场可以用两只圆形平面载流线圈来实现,线圈中通有方向相同的电流,在靠近载流线圈两端的区域磁场较强,而在中间区域磁场则较弱. 设磁场中的粒子带负电,正在向右方磁场增强的方向螺旋线运动,如图 11.33 所示. 粒子所受洛伦兹力 $\boldsymbol{f}$ 的方向与轨道上的磁场方向垂直,将 $\boldsymbol{f}$ 分解为与轨道中心处磁场 $\boldsymbol{B}$ 相垂直的分量 $\boldsymbol{f}_{\perp}$ 和相平行的分量 $\boldsymbol{f}_{/\!/}$,其中 $\boldsymbol{f}_{\perp}$ 提供粒子作圆周运动的力,$\boldsymbol{f}_{/\!/}$(称为轴向力)的方向指向磁场减弱的方向,使粒子向右的轴向运动减速. 同时随着磁场的增

强，回旋半径和螺距逐渐减小. 若粒子向左方磁场增强的方向运动，同样的分析可知，粒子仍受到一指向磁场减弱方向的轴向分力，使粒子向左的轴向运动减速. 若粒子带正电，结论也是如此. 因此，带电粒子在非均匀磁场中运动时，所受的洛伦兹力 $\boldsymbol{f}$ 总有一个指向磁场减弱方向的轴向分力 $\boldsymbol{f}_{/\!/}$. 在这个分力作用下，粒子前进的速度减为零，继而沿相反方向运动，接近端部的带电粒子就像光线遇到镜面反射一样，沿一定的螺线返回，这就是所谓的磁镜效应.

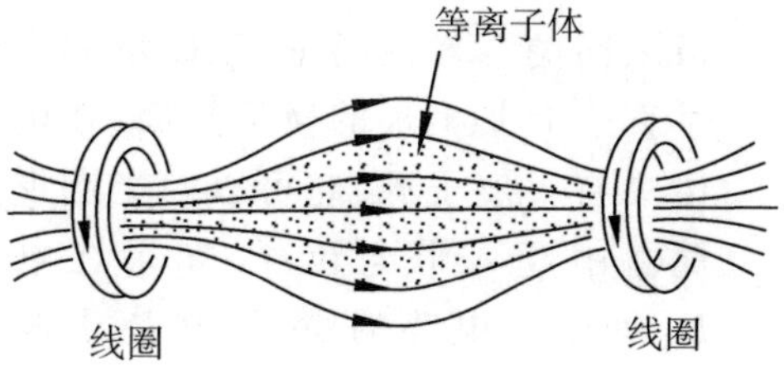

图 11.32

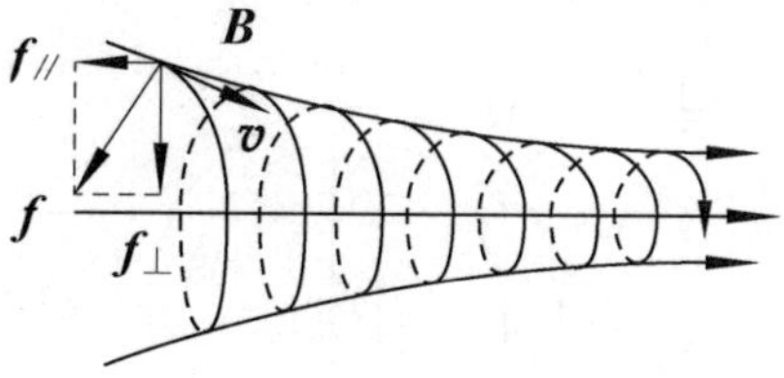

图 11.33

图 11.32 所示磁场分布常常被形象地称为磁瓶，带电粒子被局限在一定范围内做往返运动，无法逃逸出去. 在现代受控热核反应中，热核聚变反应要求在很高的温度(约为几百万摄氏度甚至于 1 亿摄氏度左右)下进行，在这样高的温度下，物质处于等离子态，一般容器无法保存它们. 于是人们采用磁瓶将高温下的等离子体束缚在所需要的范围内，使高温物质既能保持很高的温度又能维持足够长的时间. 由于磁瓶装置中总有一部分纵向速度比较大的粒子会从两端逃逸出去，为解决这个问题，目前主要的受控热核反应装置(如托卡马克、仿星器等)中，都采用闭合环形结构.

上亿度高温等离子体用什么容器存放?

磁约束现象还存在于自然界中. 例如地球磁场，两极附近磁场强而中间区域磁场弱，是一个天然的磁约束捕集器，使得来自宇宙射线的带电粒子在两磁极间来回振荡. 1958 年，探索者 1 号卫星在外层空间发现被地磁场俘获的来自宇宙射线和太阳风的质子层和电子层，称之为范艾伦(van Allen)带，如图 11.34所示. 罩在地球上空的这两个带电粒子层，是地磁场磁约束效应的结果. 正是因为这种效应将来自宇宙空间的能致生物于死地的各种高能射线或粒子捕获住，才使人类和其他生物不被伤害，得以安全地生存下来.

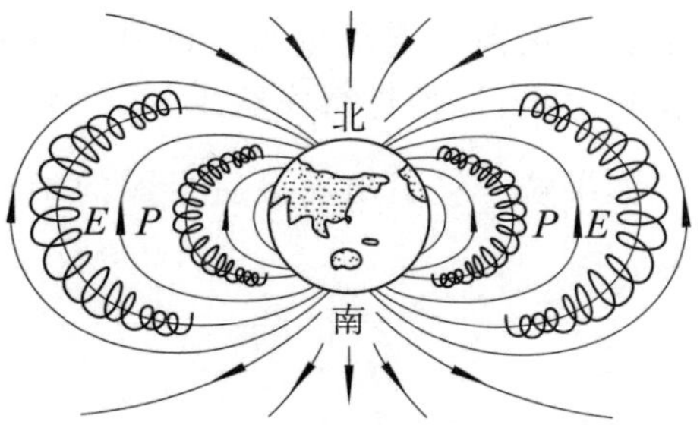

图 11.34

11.6.4　回旋加速器

回旋加速器是用来获得高能带电粒子的重要设备. 这种设备虽然非常复杂，但其基本原理就是使带电粒子在电场和磁场的作用下，得以往复加速达到高能. 人们使用这种高能粒子去轰击原子核或其他粒子，观察其中的反应，从而研究原子核与基本粒子的特性.

回旋加速器的基本功能是:(1)使带电粒子在电场的作用下得到加速;(2)使带电粒子在磁场的作用下作回旋运动. 图 11.35 是回旋加速器的结构示意图. D_1 和 D_2 是密封在高度真空室中的两个半圆形扁金属盒,常称为 D 形电极. 将 D_1 和 D_2 与交流电源连接,在它们的缝隙间就形成一个交变电场. 将整个装置放在电磁铁的两磁极之间的均匀磁场中,该磁场的方向垂直于 D 形电极的极板平面. 在电极中央有一离子源,它可以向半圆形金属盒中注入带电粒子. 如果在电极 D_2 处于高电势的瞬时,从离子源发出一个带正电的粒子,该粒子将被加速,以速率 v_1 进入 D_1 盒内部. D_1 内部无电场而有竖直方向的磁场 $\boldsymbol{B}$,粒子在磁力作用下,在 D_1 盒中沿半径为 $R=mv_1/(qB)$ 的半圆周运动. 从 D_1 盒中出来到达缝隙时,缝隙中的电场恰已反向,即此时 D_1 处于高电势,D_2 处于低电势,于是粒子再被缝隙间的电场加速,以较大的速率进入 D_2 盒,在 D_2 盒中以较大的半径沿半圆周再一次回旋到极板的缝隙处. 如此继续下去. 因为带电粒子在磁场中沿圆形轨道运行的周期与运动速率无关,所以它在 D_1 盒和 D_2 盒中绕过半个圆周所需的时间 τ 是相同的,即 $\tau=\dfrac{T}{2}=\dfrac{\pi m}{qB}$,因此只要电极缝隙处的交变电场以不变的频率 $\nu=\dfrac{1}{T}=\dfrac{qB}{2\pi m}$ 变化,就可以保证粒子每次经过缝隙处都被加速. 这样,不断被加速的粒子将沿着近似螺旋线样的轨道逐渐趋近于金属盒的外边缘,最后用致偏电极 M 将这些高速粒子从窗口引出,以便进行实验工作.

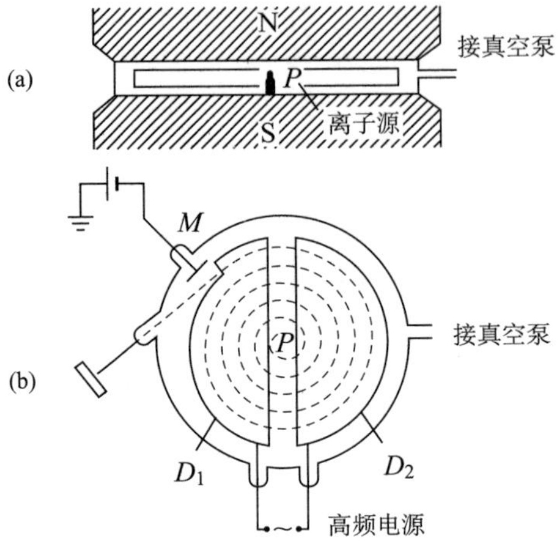

图 11.35

如果粒子被引出前最后半圈的半径为 R,由 $R=\dfrac{mv}{qB}$ 可知,粒子最终的速率为

$$v=\frac{q}{m}BR$$

于是,粒子的动能为

$$E_k=\frac{1}{2}mv^2=\frac{q^2B^2R^2}{2m}$$

需要指出,应用这种回旋加速器获得的粒子能量有一定的限制. 这是因为带电粒子的速度接近光速 c 时,它的质量将显著改变,因而 T 不再是恒定不变的,这时就不能再用固定频率的交变电场进一步加速粒子了. 目前用回旋加速器可获得的质子的最大能量约为 30 MeV,氦核的最大能量约为 100 MeV.

新型加速器有很多种，如同步稳相回旋加速器、电子感应加速器、直线加速器等，都考虑了相对论效应，能把带电粒子加速到几百亿电子伏特的能量.

在近代科学和工程技术中，人们已广泛地利用磁场对运动电荷的作用规律，来开展各种科学研究和技术开发.除以上介绍的磁聚焦、磁约束、粒子加速等应用以外，还有用气泡室、云室检验和测量宇宙射线或基本粒子的反应和衰变；用质谱仪对带电粒子的电荷、质量以及二者的比值进行测量，并研究同位素以及测量离子比荷；用速度选择器来控制和选择粒子束等.

1932 年，美国物理学家安德森(P. Anderson)在云室照片中发现了一条奇特的径迹.这条径迹和负电子有同样的偏转度，但方向却相反.经过仔细分析，他断定这是一种带正电的粒子，即正电子.这一发现不仅解决了宇宙射线本质的争议，还开辟了反物质领域的研究.安德森因此获得了 1936 年的诺贝尔物理学奖.我国物理学家赵忠尧在正电子的发现中也起到了关键作用.他首次发现了正负电子湮灭现象，为正电子的发现做出了开创性贡献，可以说是物理学史上第一个发现反物质的科学家.

带电粒子的电荷与质量的比值，称为荷质比.1897 年英国物理学家汤姆孙(J. Thomson)利用运动电荷在均匀电场和均匀磁场中的偏转，测定了阴极射线带电粒子的荷质比为 $1.7\times10^{11}\ \mathrm{C\cdot kg^{-1}}$，与现代实验测量结果 $1.758819\times10^{11}\ \mathrm{C\cdot kg^{-1}}$ 十分接近，这种粒子后来被命名为电子.汤姆孙的实验验证了电子的存在和性质，还为原子物理学、量子力学的发展提供了重要的实验基础.汤姆孙因此获得 1906 年的诺贝尔物理学奖.1913 年美国物理学家密立根(R. Millikan)用油滴实验测定电子的电量为 $1.602\times10^{-19}\ \mathrm{C}$，与汤姆孙的实验结果相结合可确定电子的质量.密立根因此获得了 1923 年诺贝尔物理学奖.

11.7　霍尔效应

如图 11.36(a)所示，在一个通有电流 I 的导体板上，若施加一垂直于板面的磁场，则在导体板的两侧 A_1 和 A_2 间会出现一定的电势差.这一现象是霍尔(E. Hall)在 1879 年首先发现的，称为**霍尔效应**.电势差 $U_{A1}-U_{A2}$ 称为霍尔电压，记为 U_H.如果撤去磁场，或撤去电流，那么霍尔电压也随之消失.实验指出，在磁场不太强时，霍尔电压 U_H 与电流强度 I 和磁感强度 B 都成正比，与板的厚度 d 成反比，即

$$U_H = R_H \frac{BI}{d} \tag{11.31}$$

式中 R_H 称为**霍尔系数**，是仅与导体材料有关的常量.

霍尔效应可用洛伦兹力来说明.因为磁场使导体内的运动载流子发生偏转，结果在 A_1、A_2 两侧分别聚集了正、负电荷，建立了横向电场 $\boldsymbol{E}_H$，从而形成电势差. $\boldsymbol{E}_H$ 称为**霍尔电场**.

设导体中载流子的平均定向速率为 v，它们在磁场中受到的洛伦兹力为

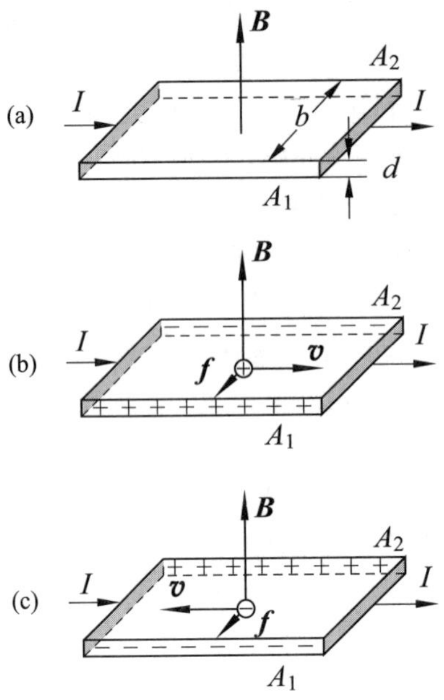

图 11.36

qvB. 当 A_1、A_2 之间形成电势差后，载流子还受到一个与洛伦兹力方向相反的电场力 qE_H. 两力平衡时达到稳恒状态，即

$$qvB = qE_H = q\frac{U_{A1} - U_{A2}}{b}$$

式中 b 为导电板的宽度. 若载流子的数密度为 n，则电流强度 $I = qnbdv$. 于是有

$$U_H = U_{A1} - U_{A2} = \frac{1}{nq}\cdot\frac{BI}{d} \qquad (11.32)$$

将上式与式(11.31)比较，即得霍尔系数为

$$R_H = \frac{1}{nq} \qquad (11.33)$$

上式表明，R_H 与载流子的数密度 n(也称浓度)有关. 因此可以通过霍尔系数的测量，来确定导体内载流子的浓度. 实验测得半导体的霍尔系数比金属导体大得多，而且半导体内载流子的浓度受温度、杂质等许多因素的影响，因此霍尔效应为研究半导体载流子浓度的变化提供了重要方法. 式(11.33)还表明 A_1、A_2 两侧电势差的符号与载流子电荷的正负有关. 因此，通过测量霍尔电压的正负，可以确定霍尔系数的正负，从而判断载流子的种类，如图 11.36(b)、(c)所示. 半导体有电子型(n 型)和空穴型(p 型)两种，前者载流子为电子，后者载流子为“空穴”，相当于带正电的粒子. 所以根据 R_H 的正负就可以判断半导体的导电类型.

需要指出的是，式(11.32)仅对单价金属较为准确，对二价金属及半导体不尽适用，这说明上述理论还存在缺陷. 对此，只有近代量子理论才能做出进一步解释.

利用半导体的霍尔效应制成的器件称为霍尔元件. 霍尔元件由一个小的长方形的锗片，在四边焊上四个引线构成，一对引线用以送入电流，另一对引线用以输出霍尔电势差. 将这样的元件放置在待测磁场中，使 **B** 的方向垂直于锗片平面，通过测量霍尔电势差就能在毫伏表上按磁感强度标度直接读出 **B** 的量值，这就是通常使用的磁强计. 近年来霍尔效应和霍尔元件在许多领域得到越来越多的应用，例如电路中的电流及功率测量、信号转换及自动控制、计算机及信息技术等.

1980 年德国物理学家克利青(K. von Klitzing)发现了量子霍尔效应，随后美籍物理学家崔琦等又发现了分数量子霍尔效应. 他们分别获得了 1985 年和 1998 年的诺贝尔物理学奖. 2013 年，我国物理学家薛其坤及其团队在实验中首次观测到量子反常霍尔效应.

内容提要

1. 基本定律

1）毕奥-萨伐尔定律

$$\mathrm{d}\boldsymbol{B}=\frac{\mu_0}{4\pi}\cdot\frac{I\mathrm{d}\boldsymbol{l}\times\boldsymbol{r}^0}{r^2},\quad 式中\ \boldsymbol{r}^0=\frac{\boldsymbol{r}}{r}$$

2）安培定律

$$\mathrm{d}\boldsymbol{F}=I\mathrm{d}\boldsymbol{l}\times\boldsymbol{B}$$

2. 基本场方程

1）高斯定理

$$\oint_S\boldsymbol{B}\cdot\mathrm{d}\boldsymbol{S}=0\quad（表明磁场是无源场）$$

2）安培环路定理

$$\oint_L\boldsymbol{B}\cdot\mathrm{d}\boldsymbol{l}=\mu_0\sum_{L内}I_i\quad（表明磁场是涡旋场）$$

3. 几种典型的磁场

1）直电流的磁场

$$B=\frac{\mu_0 I}{4\pi a}(\cos\theta_1-\cos\theta_2)$$

无限长直电流的磁场：$B=\frac{\mu_0 I}{2\pi a}$.

2）圆电流轴线上的磁场

$$B=\frac{\mu_0 IR^2}{2(R^2+x^2)^{3/2}}$$

圆电流圆心处的磁场：$B=\frac{\mu_0 I}{2R}$.

3）均匀密绕长直螺线管内部的磁场

$$B=\mu_0 nI$$

4）运动电荷的磁场

$$\boldsymbol{B}=\frac{\mu_0}{4\pi}\cdot\frac{q\boldsymbol{v}\times\boldsymbol{r}^0}{r^2}$$

4. 磁场对电流的作用

1）载流导线在磁场中受安培力

$$\boldsymbol{F}=\int I\mathrm{d}\boldsymbol{l}\times\boldsymbol{B}$$

2）载流平面线圈在均匀磁场中受磁力矩

$$\boldsymbol{M}=\boldsymbol{p}_\mathrm{m}\times\boldsymbol{B}=IS\boldsymbol{n}\times\boldsymbol{B}$$

3）磁力的功

$$A=\int_{\Phi_1}^{\Phi_2}I\mathrm{d}\Phi$$

5. 磁场对运动电荷的作用

1）洛伦兹力

$$\boldsymbol{f}=q\boldsymbol{v}\times\boldsymbol{B}\quad\text{（洛伦兹力不做功）}$$

回旋半径、回旋周期、螺距：

$$R=\frac{mv_{\perp}}{qB},\quad T=\frac{2\pi R}{v_{\perp}}=\frac{2\pi m}{qB},\quad h=v_{/\!/}T=v_{/\!/}\frac{2\pi m}{qB}$$

2）霍尔效应

霍尔电势差：$U_{\mathrm{H}}=R_{\mathrm{H}}\dfrac{BI}{d}=\dfrac{1}{nq}\dfrac{BI}{d}.$

习　题

(一)选择题和填空题

11.1 边长为 l 的正方形线圈中通有电流 I，线圈对角线交点处磁感强度大小为[　]

(A) $\dfrac{2\sqrt{2}\mu_0 I}{\pi l}$.　(B) $\dfrac{\mu_0 I}{2\pi l}$.　(C) $\dfrac{\sqrt{2}\mu_0 I}{\pi l}$.　(D) 以上均不对.

11.2 如图所示，长直电流 I_2 与圆形电流 I_1 共面，并与其直径相重合，但两者间绝缘. 设长直电流不动，则圆形电流将[　]

(A) 绕 I_2 旋转.　(B) 向左运动.　(C) 向右运动.　(D) 向上运动.　(E) 不动.

11.3 有三个质量相同的质点 a、b、c，带有等量的正电荷，它们从相同的高度自由下落，在下落过程中带电质点 b、c 分别进入如图所示的匀强电场与匀强磁场中. 设它们落到同一水平面的动能分别为 E_a、E_b、E_c，则[　]

(A) $E_a<E_b=E_c$.　(B) $E_a=E_b=E_c$.　(C) $E_b>E_a=E_c$.　(D) $E_b>E_c>E_a$.

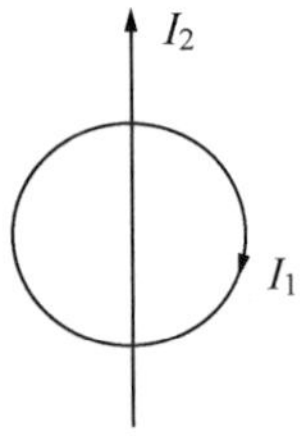

题 11.2 图

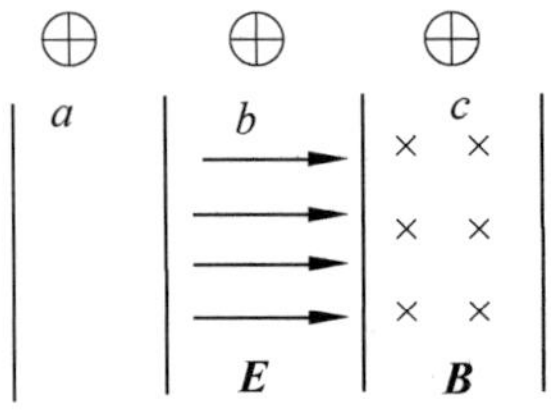

题 11.3 图

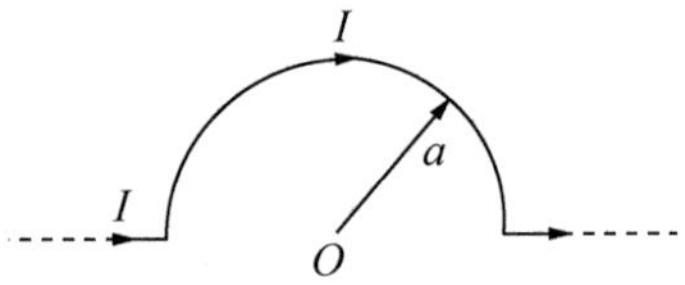

题 11.4 图

11.4 将一根无限长载流导线在一平面内弯成如图所示的形状，并通以电流 I，则圆心 O 点处的磁感应强度 B 的大小为________.

11.5 若磁感应强度 $\boldsymbol{B}=(a\boldsymbol{i}+b\boldsymbol{j}+c\boldsymbol{k})\mathrm{T}$，则通过一半径为 R、开口向 z 轴正方向的半球壳表面的磁通量为________Wb.

提示 将半球壳面加一圆平面组成一闭合曲面，再根据磁场的高斯定理，半球面和圆平面的磁通量之和为零，即可算出.

11.6 如图所示，将半径为 R 的无限长导体薄壁管沿轴向抽去一宽度为 $h(h\ll R)$ 的无限长狭缝后，再使电流沿轴向均匀流过，其面电流密度为 i，则管轴线上磁感应强度的大小是________.

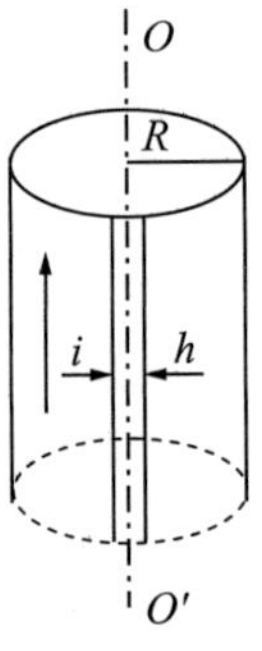

题 11.6 图

提示　可用补偿法求解.

11.7　面积相等的载流圆线圈与载流正方形线圈的磁矩之比为 2∶1,圆线圈在其中心处产生的磁感应强度为 $\boldsymbol{B}_0$,那么正方形线圈(边长为 a)在磁感强度为 $\boldsymbol{B}$ 的均匀外磁场中所受的最大磁力矩为________.

提示　由两线圈面积相等和 $\boldsymbol{B}_0$ 可算出圆线圈中的电流、方形线圈的电流,即可求最大磁力矩.

(二)问答题和计算题

11.8　无限长直电流磁场的磁感应强度公式是 $B=\dfrac{\mu_0 I}{2\pi a}$, 当场点无限接近导线,即 $a\to 0$ 时,$B\to\infty$,应当如何理解?

11.9　在圆形电流的附近取一个圆形的闭合线,两圆平面平行且同轴.现将安培环路定理应用于该闭合线上.由于对称性,圆电流在该闭合线上各点产生的 $\boldsymbol{B}$ 的量值应该相等,而且由于闭合线内没有电流流过,因而

$$\oint_L \boldsymbol{B}\cdot \mathrm{d}\boldsymbol{l} = B\oint_L \mathrm{d}l = 0$$

从而得出圆电流附近没有磁场存在的结论,对吗?应如何解释?

11.10　在静止的电子附近放一根载流金属导线,此时电子是否发生运动?如果以一束电子射线代替载流导线,结果又如何?

11.11　两根长直平行导线的俯视图如图所示,每根导线的电流为 I,两电流方向相反.试求:(1)x 轴上任意点 P 处 $\boldsymbol{B}$ 的大小;(2)在 x 轴上什么位置磁场最强.

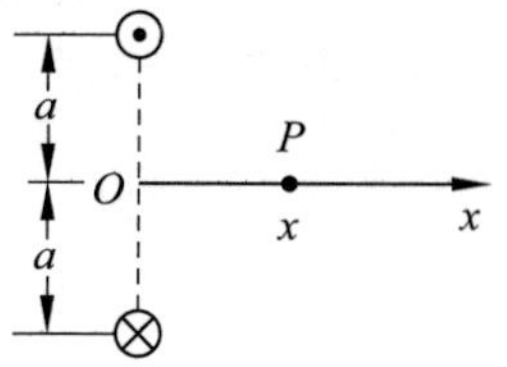

题 11.11 图

11.12　如图所示,被折成钝角的长导线中通有 $I=20$ A 的电流.求 A 点的磁感应强度.设 $a=2.0$ cm, $\varphi=120°$.

11.13　与很远的电源相连的两根长直导线沿铜环的半径方向引向环上的 a、b 两点,如图所示.设圆环由均匀导线弯曲而成,电源电流为 I.求各段载流导线在环心 O 点产生的磁感强度以及 O 点的合磁场的磁感强度.

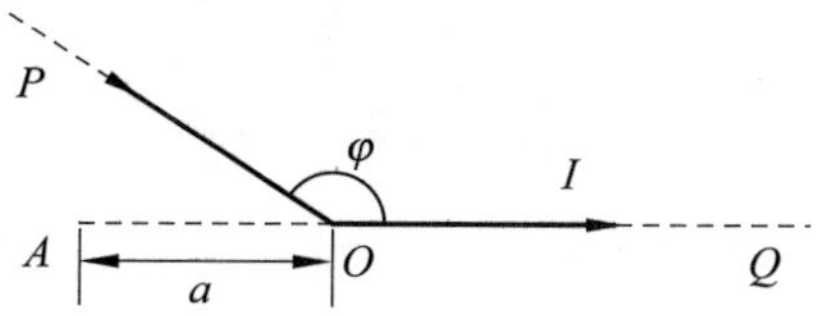

题 11.12 图

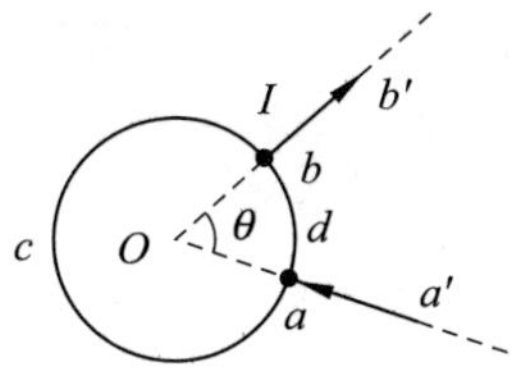

题 11.13 图

11.14　两个半径为 R 的线圈平行地放置,相距为 l,并通以相等的同向电流,如图所示.(1)求两线圈中心 O_1 和 O_2 的磁感强度;(2)求距中心 O 点(O_1O_2 的中点)为 x 的 P 点的磁感强度;(3)如线圈间的距离是一变量,证明当 $l=R$ 时(这样的线圈组合称为亥姆霍兹线圈),O 点附近的磁场最为均匀.

提示:由 $\left.\dfrac{\mathrm{d}B}{\mathrm{d}x}\right|_{x=0}=0$ 和 $\left.\dfrac{\mathrm{d}^2 B}{\mathrm{d}x^2}\right|_{x=0}=0$ 证明之.

11.15　一螺线管的直径是它轴长的 4 倍,单位长度上的匝数 $n=200$ 匝/cm,通过的电流 $I=0.10$ A.求螺线管轴线上中点和端点处的磁感强度.

11.16　在半径 $R=1.0$ cm 的无限长半圆柱形金属薄片中,自上而下有电流 $I=5.0$ A 均匀通过,如图所示(俯视图).求半圆片轴线上 O 点的磁感强度.

11.17　如图所示,在厚度为 d 的无限大平板中,均匀通过电流密度为 $\boldsymbol{j}$ 的电流,方向垂直纸面向外.试根据长直电流的磁场公式,由磁场叠加原理求距平板对称面为 x_0($|x_0|>d/2$)的 P 点处的磁感强度.

11.18　半径为 R 的木球上绕有细导线,每圈彼此平行紧密相靠,并以单层盖住半个球面,共有 N 匝.设导线中通有电流 I,求球心处的磁感应强度.

11.19　一个半径为 R 的塑料圆盘,带电 q 均匀分布,圆盘绕通过圆心并垂直于盘面的轴转动,角速度为 ω.求:(1)半径在 $r\sim r+\mathrm{d}r$ 之间的圆环的磁矩;(2)整个圆盘在中心处的磁感强度.

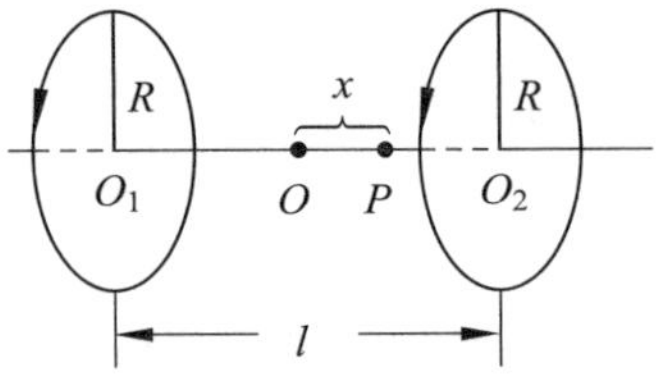

题 11.14 图

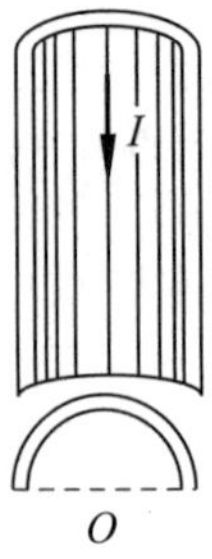

题 11.16 图

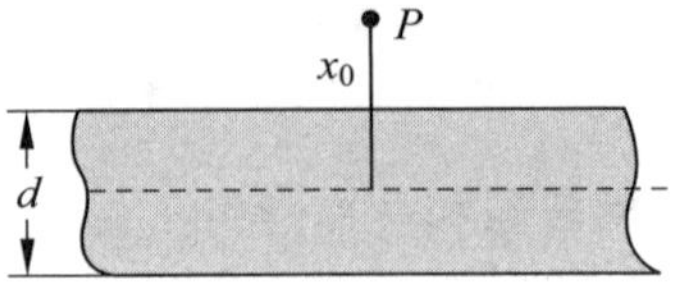

题 11.17 图

11.20 两平行长直导线相距 $d=40$ cm,每根导线载有电流 $I_1=I_2=20$ A,如图所示.求通过两导线间矩形面积的磁通量($r_1=r_3=10$ cm,$l=25$ cm).

11.21 一导体由无限多根平行排列的细导线组成,每根导线都无限长,并且各载有电流 I.求证:(1)$\boldsymbol{B}$ 线将有如图所示的方向;(2)该电流平面两侧各处磁感强度的大小均为 $\mu_0 nI/2$,其中 n 表示单位长度上的导线数目.

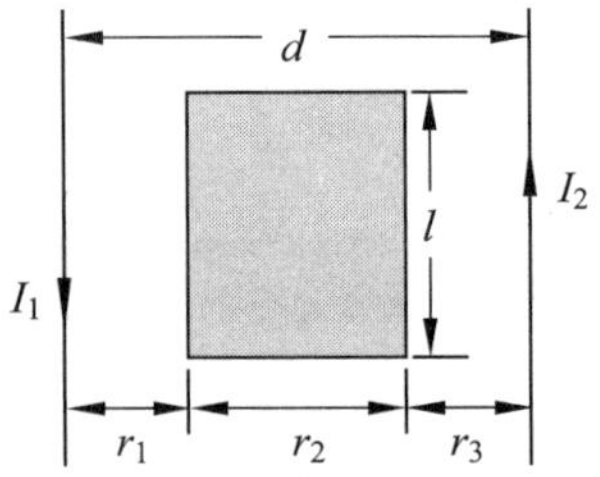

题 11.20 图

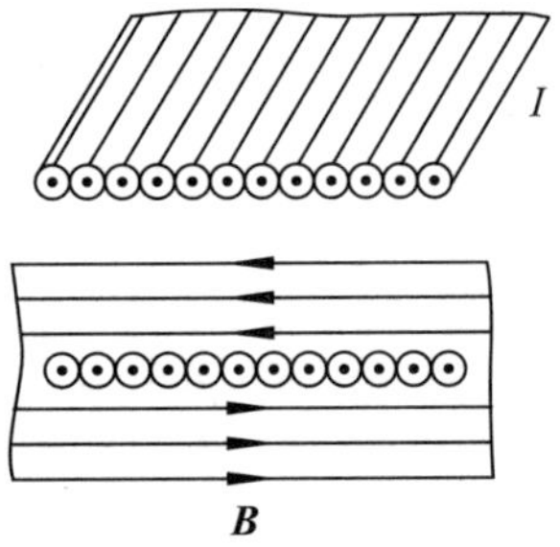

题 11.21 图

11.22 空心长圆柱形导体的内、外半径分别为 a 和 b,均匀流过电流 I.求证导体内部与轴线相距 r 的各点($a<r<b$)的磁感强度为

$$B=\frac{\mu_0 I(r^2-a^2)}{2\pi(b^2-a^2)r}$$

11.23 一根长直圆柱形铜导体载有电流 I,均匀分布于截面上.在导体内部,通过圆柱中心轴线作一平面 S,如图所示.试计算通过每米长导线内 S 平面的磁通量.

11.24 有一根很长的同轴电缆,由两个筒状导体组成,内筒半径为 a,壁厚可略,外筒的内外半径分别为 b 和 c,如图所示.求通有电流 I 时,此电缆内外各区域磁感强度的大小.

11.25 在半径为 R 的长直圆柱导体内挖去半径为 $R/2$ 的一部分长圆柱空间,如图所示.若导体中均匀流过电流密度为 j 的电流,方向垂直纸面向里,求空腔中离空腔中心 $R/4$ 的 P 点的磁感强度.

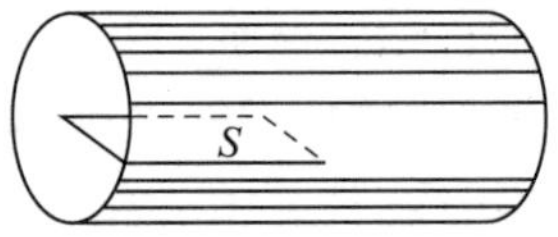

题 11.23 图

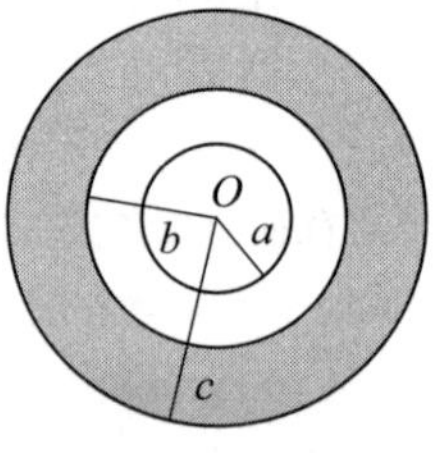

题 11.24 图

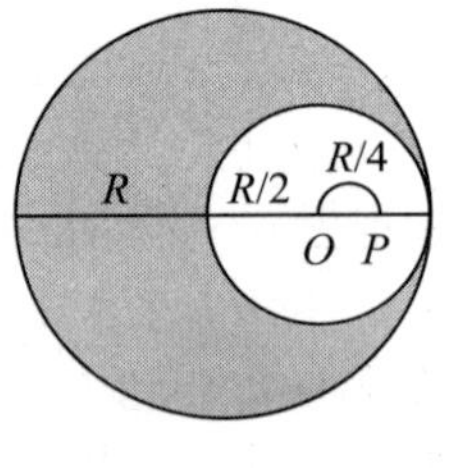

题 11.25 图

11.26　如图所示，在长直导线旁有一矩形线圈，导线中通有电流 $I_1=20$ A，线圈中的电流$I_2=10$ A，求矩形线圈受到的合磁力. 已知 $a=1.0$ cm, $b=9.0$ cm, $l=20$ cm.

11.27　一长直导线载流 $I=20$ A，它的旁边放一导线 ab，通有电流 $I_1=10$ A，如图所示（未按比例）. 求导线 ab 所受的作用力及对 O 点的力矩.

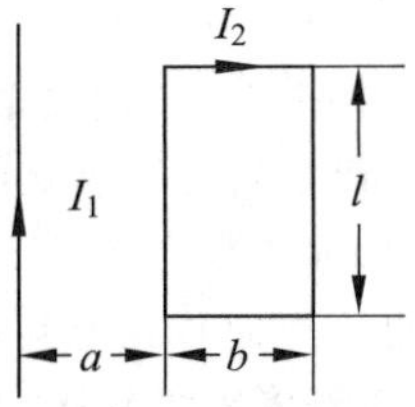

题 11.26 图

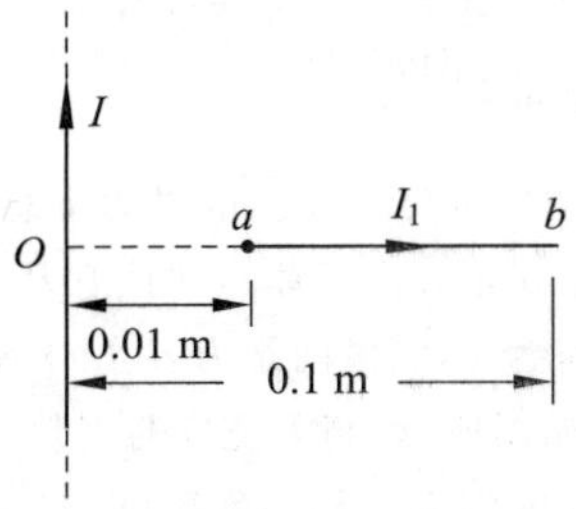

题 11.27 图

11.28　电流 $I=7.0$ A，流过一直径 $D=10$ cm 的铅丝环. 铅丝的截面积 $S=0.70\ \mathrm{mm}^2$，此环放在 $B=1.0$ T 的均匀磁场中，磁场与环的平面垂直，求铅丝所受的张力、拉应力（单位面积上的张力）和磁力矩.

11.29　证明：任意形状的载流线圈在均匀磁场中所受的合力为零.

11.30　长直铜导线中部被弯成边长为 l 的正方形的三边，可以绕与所缺正方形一边重合的水平轴 OO' 转动，如图所示. 导线放在方向铅直向上的均匀磁场 $\boldsymbol{B}$ 中，当导线中的电流为 I 时，导线离开原来铅直位置偏转一角度 α 而平衡，求载流导线对 OO' 轴的重力矩的大小.

11.31　如图所示，电磁轨道炮有两条扁平的长直轨道互相平行，内嵌圆柱状导电导轨，导轨之间由一滑块状的弹头连接. 强大的电流 I 从一条导轨流经弹头再从另一条导轨流回. 圆柱导轨半径为 R，两圆柱导轨轴线相距为 L. 设导轨上电流沿圆柱截面均匀分布. 求弹头所受的磁场力.

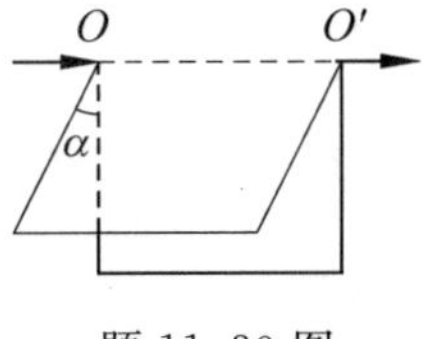

题 11.30 图

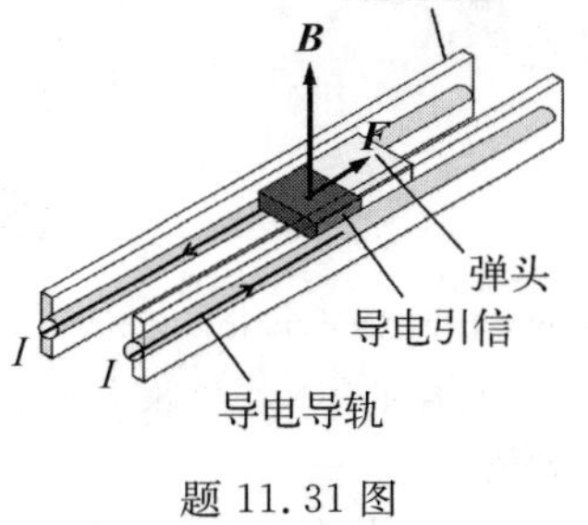

题 11.31 图

11.32　如图所示，一半圆形闭合线圈半径 $R=0.10$ m，通有电流 $I=10$ A，放在均匀磁场中. 磁场方向与线圈平面平行，$B=5.0\times10^3$ Gs. 求：(1)线圈所受力矩的大小和方向；(2)当此线圈受力矩的作用转到线圈平面与磁场垂直的位置时，力矩所做的功.

11.33　电子在 $B=20\times10^{-4}$ T 的均匀磁场中沿半径 $R=2.0$ cm 的螺旋线运动，螺距 $h=5.0$ cm，如图所示. 求：(1)电子运动速度的大小；(2)磁场 $\boldsymbol{B}$ 的方向.

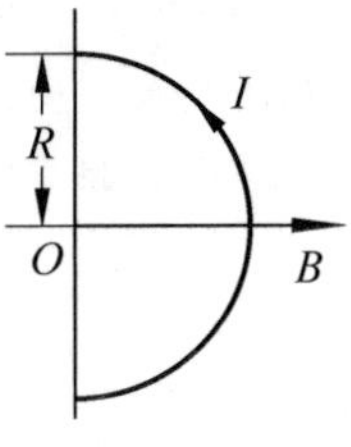

题 11.32 图

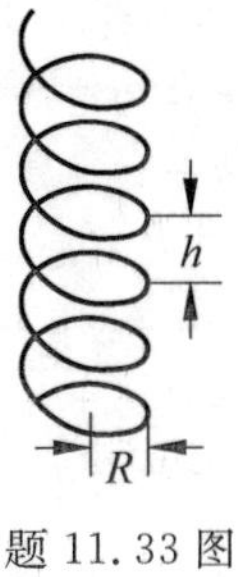

题 11.33 图

11.34 质谱仪是分析同位素的重要仪器,其原理如图所示.从离子源产生的离子经过狭缝 S_1 和 S_2 之间的电场加速后,进入速度选择器 P_1P_2(电场为 $\boldsymbol{E}$,磁场为 $\boldsymbol{B}$).从速度选择器射出的粒子进入与其速度方向垂直的均匀磁场中(也为 $\boldsymbol{B}$),最后,不同质量的离子打在底片上不同位置处.冲洗底片,得到该元素的各种同位素排列的线系(质谱).(1)若底片上的线系有三条,则该元素有几种同位素?(2)速度多大的离子能通过速度选择器?(3)设离子的电量为 q,d 是底片上某条谱线位置与速度选择器轴线间的距离,试证明该元素的几种同位素的质量表示为 $m=\dfrac{qB^2}{2E}d$.

11.35 题图为磁流体发电机的示意图.将气体加热到很高温度(如 2500 K 以上)使之电离(这样一种高度电离的气体就是等离子体),并让它从平行板电极 P、N 之间通过.两平行板间有一垂直纸面向里的磁场 $\boldsymbol{B}$,设气体流速为 $\boldsymbol{v}$,电极间距为 d,试求两极间产生的电压,并说明哪个电极是正极.

11.36 如图所示,高 l、宽 b 的铜片 AA' 内通有电流(图中×号表示电流方向),在与其垂直的方向上施加一个磁感强度为 $\boldsymbol{B}$ 的均匀磁场.已知铜片内电子数密度为 n,电子的平均漂移速度为 v.(1)求铜片中的电流;(2)求电子所受的洛伦兹力;(3)铜片中产生的霍尔电场的场强和霍尔电压,哪一端为正极?

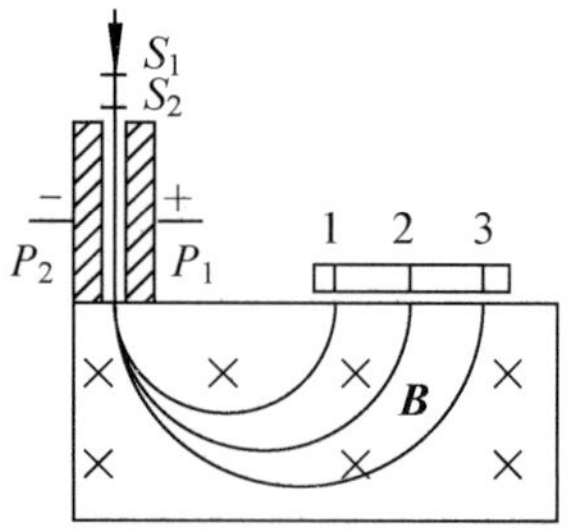

题 11.34 图

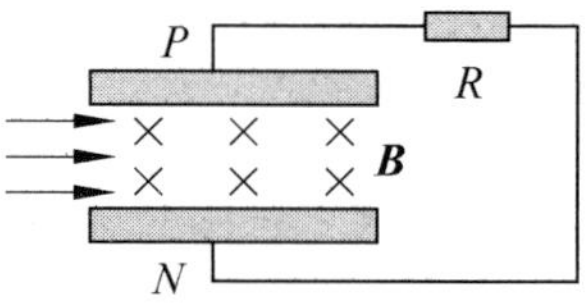

题 11.35 图

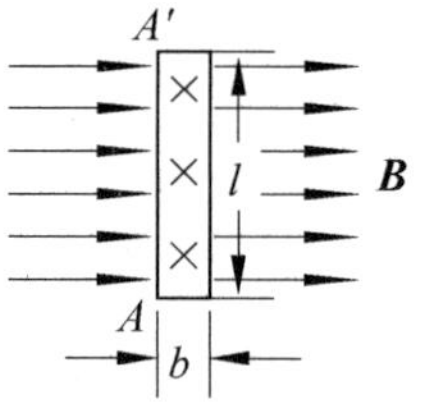

题 11.36 图

阅读材料 6

磁流体发电

磁流体发电(magnetohydrodynamic generation,MHD generation)是 20 世纪 50 年代末开始进行实验研究的一项新技术,实际上是霍尔效应在能源技术上的应用.

1. 等离子体 磁流体

什么是磁流体?我们知道,气态物质如果获得足够的能量,其分子和原子就会离解成离子,此过程称为电离.电离后的气体含有大量带正电的离子和带负电的电子,电导率变大.此时的气体已不再是原来意义上的气体,而是成了与固体、液体、气体并列的"物质第四态"——等离子体.在磁场中流动的等离子体称为磁流体,磁流体可用于发电.

2. 磁流体发电的基本原理

磁流体发电机的主要结构如图 11.37 所示.在燃烧室中利用燃料燃烧的热能加热气体使之成为等离子体(为了加速等离子体的形成,往往在气体中加一定量容易电离的碱金属,如钾元素做"种子"),温度约为 3000 K,然后使等离子体以超音速的速度进入发电通道.发电通道的两侧有磁极以产生磁场,其上、下两面安装有电极.速度与磁场垂直的等离子体通过通道时,等离子体中带有正、负电荷的高速粒子,在磁场中受洛伦兹力作用,分别向两极偏移,两电极间就有电动势产生,因而有电流流过等离子体.将正负电极通过外接负载连起来,就可以得到电功率输出.这样得到的是直流电,还需转变成交流电才能送入电网供电.

离开通道的气体成为废气,其温度仍然很高,可达 2300 K.废气可以导入普通发电厂的锅炉,以便进一步加以利用.废气不再回收的磁流体发电机称为开环系统.在利用核能的磁流体发电机内,气体-等离子体是在闭

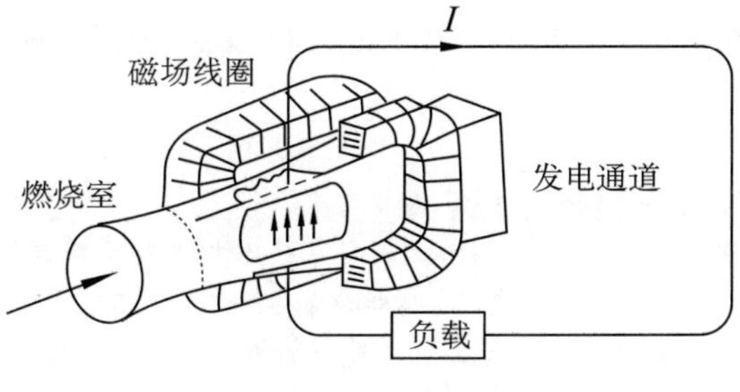

图 11.37

合管道中循环流动反复使用的，这样的发电机称为闭环系统.

3. 磁流体发电的特点

与普通发电方式相比，磁流体发电具有如下特点：

1) 发电效率提高

在普通发电机中，电动势由线圈在磁场中转动产生，为此必须先把初级能源(通常是化学燃料)燃烧放出的热能经过锅炉、热机等变成机械能，然后再变成电能，因而效率不高. 如普通的火力发电，燃料燃烧释放的能量中，只有 20%变成了电能. 而且，人们从理论上推算出，火力发电的效率提高到 40%就已达到了极限. 在磁流体发电机中，利用热能加热等离子体，然后使等离子体通过磁场产生电动势而直接得到电能，不经过热能到机械能的转变，从而可以提高热能利用的效率. 另外，还可以利用从磁流体发电管道喷出的废气，驱动另一台汽轮发电机，形成组合发电装置，发电效率进一步提高.

2) 环境污染少

利用火力发电，燃料燃烧产生的废气里含有大量的二氧化硫，这是造成空气污染的重要原因. 利用磁流体发电，不仅使燃料在高温下燃烧得更加充分，它使用的一些添加材料还可以和硫化合，生成硫酸钾，并被回收利用，这就避免了直接把硫排放到空气中对环境造成的污染. 另外，由于磁流体发电的热效率高，因而排放的废热少，产生的污染物自然减少.

3) 启动快

在几秒钟的时间内，磁流体发电就能达到满功率运行，这是其他任何发电装置无法相比的. 因此，磁流体发电不仅可作为大功率民用电源，而且还可以作为高峰负荷电源和特殊电源使用，如作为风洞试验电源、激光武器的脉冲电源等.

4) 结构简单

因为没有转动的机械部分噪声小，设备结构紧凑，可靠性高，流体通道可以做得很大，有利于大型化.

5) 输出功率调节方便

利用磁流体发电，只要加快磁流体的喷射速度，增加磁场强度，就能提高发电机的功率. 人们使用高能量的燃料，再配上快速启动装置，就可以使发电机功率达到 10^7 kW，从而满足了一些大功率电力用户的需要.

4. 磁流体发电存在的主要问题及解决方法

尽管磁流体发电技术具有潜在的高效性，但目前的实际转换效率仍有待提高. 另外，磁流体发电过程也对材料的耐高温、耐腐蚀性能提出了挑战.

解决上述困难的途径可能有两条. 一是研究和发现新材料. 如果使陶瓷在保持抗腐蚀、耐高温、高硬度、耐冷热骤然变化优良性能的同时成为电的良导体，那么问题就有希望解决. 目前，有人在氧化锆陶瓷中加入 10%的氧化钇，制成一种耐高温、抗氧化的复合氧化物陶瓷，这种复合氧化物陶瓷具有良好的导电性能，它能像金属一样把电能转变为热能、光能，能耐 2000℃以上的高温，且寿命在 1000 小时以上. 导电陶瓷的研制成功使磁流体发电机的研究工作前进了一大步. 二是设法避开难以克服的“高温困难”. 科学家发明了液态金属磁流体发电机，巧妙地避开了难以克服的“高温困难”. 这项新技术的特点是放弃带来许多工程困难的高温等离子体而以低熔点液态金属(如钠和钾、锡、水银等)作为导电液体,加入易挥发的液体(如甲苯、乙烷等)推动液态金属的流动,不仅保持了等离子体磁流体发电机的优点,而且可以使用低热源发电. 同时,低熔点金属、易挥发液体种类较多,选择余地大.

5. 磁流体发电的进展

磁流体发电的研究始于 20 世纪 50 年代末,被认为是最现实可行、最有竞争力的直接发电方式. 它的研究涉及磁流体动力学、等离子物理、高温技术及材料、低温超导技术和热物理等领域,是一项大型工程性课题.

美国是世界上研究磁流体发电最早的国家,1959 年研制成功了 11.5 kW 磁流体发电的试验装置,20 世纪 60 年代中期建成了作为激光武器脉冲电源和风洞试验电源的磁流体发电装置.

我国也从 20 世纪 60 年代开始磁流体发电机的研究工作,首台开式磁流体发电机于 1971 年在北京试运行,功率为 10 kW. 1976 年在上海建成了闭式磁流体发电机,功率为 50 kW. 1980 年在北京建成了液态金属循环系统的磁流体发电机,功率为 100 kW. 由于我国煤炭资源丰富,所以重点研究燃煤磁流体发电技术,目前已完成 12 MW 燃煤磁流体-蒸汽联合循环试验装置的设计和试运行,这标志着我国已跻身于该项技术的世界领先行列.

现在世界上技术最先进的磁流体发电装置是俄罗斯莫斯科北郊的 U-25 装置. 它是以天然气作为燃料的开式循环系统,额定功率 25 MW. 它采用了超导磁体、高温陶瓷通道和"种子"回收装置等先进技术,实现了长时间稳定运行和较高的效率.

磁流体发电技术问世已有几十年历史,目前,短时间磁流体发电装置已得到应用,而燃烧天然气的长时间磁流体发电站和燃煤磁流体发电都已投入运行,从而使磁流体发电的研究进入到大规模工业试验阶段. 随着受控热核反应研究的进展,以聚变反应堆为热源、以液态金属作为工质的闭式循环磁流体发电装置有可能成为 21 世纪中央电站的主要形式.

第12章 磁 介 质

放在静电场中的电介质要被电场极化，极化了的电介质会产生附加电场，反过来对原电场产生影响．与此类似，磁场使置于其中的物质磁化，磁化了的物质也会产生附加磁场，反过来影响原磁场．这种影响原磁场的物质称为**磁介质**．这一章我们讨论磁场与磁介质的相互作用．

12.1 磁介质 磁化强度

12.1.1 磁介质

实验表明，不同的物质对磁场的影响有很大的差异．设没有磁介质时某点的磁感强度为 $\boldsymbol{B}_0$，放入磁介质后因磁介质被磁化而产生的附加磁感强度为 $\boldsymbol{B}'$，则该点的总磁感强度 $\boldsymbol{B}$ 应是 $\boldsymbol{B}_0$ 和 $\boldsymbol{B}'$ 的叠加，即

$$\boldsymbol{B} = \boldsymbol{B}_0 + \boldsymbol{B}' \tag{12.1}$$

在有些磁介质中，附加磁场 $\boldsymbol{B}'$ 与原来磁场 $\boldsymbol{B}_0$ 的方向相同，使得 $B>B_0$，这类磁介质称为**顺磁质**，如锰、铬、铂、氮、氧等都是顺磁质．另外一些磁介质中，$\boldsymbol{B}'$ 与 $\boldsymbol{B}_0$ 方向相反，使得 $B<B_0$，这类磁介质称为**抗磁质**，如水银、铜、铋、氯、氢、银等．但无论是顺磁质还是抗磁质，附加磁场的值 B' 都比 B_0 小得多（B' 约为 B_0 的几万分之一或几十万分之一），因此这两类磁介质对磁场的影响都很微弱，通常称为弱磁性物质．还有一类磁介质，如铁、镍、钴等，磁化后不仅 $\boldsymbol{B}'$ 的方向与 $\boldsymbol{B}_0$ 相同，而且 B' 的值要比 B_0 大许多，因而这类物质能显著地增强磁场，通常称它们为强磁性物质，或称**铁磁质**．

12.1.2 磁介质的磁化

顺磁质和抗磁质的磁化特性取决于它们的微观结构．根据物质的电结构学说，物质分子中任何一个电子都同时参与两种运动，一种是环绕原子核的轨道运动，另一种是其自身的自旋运动．另外原子核也有自旋运动．每一种运动都会产生磁效应，都可以等效为一个电流分布，具有相应的磁矩．因此电子具有轨道磁矩、自旋磁矩，而原子核具有核自旋磁矩．分子内部所有电子和原子核对外界产生的磁效应的总和也可以用一个等效圆电流来代替，这个等效圆电流称为分子电流，等效圆电流的磁矩称为分子磁矩，用 $\boldsymbol{p}_{\mathrm{m}}$ 来表示．显然，分子磁矩等于所有电子的轨道磁矩、自旋磁矩及原子核的自旋磁矩的矢量和．无外磁场时，顺磁质的分子磁矩 $\boldsymbol{p}_{\mathrm{m}}$ 不为零，而抗磁质的分子磁矩 $\boldsymbol{p}_{\mathrm{m}}$ 却为零．

没有外磁场时，虽然顺磁质的分子磁矩 $\boldsymbol{p}_{\mathrm{m}}$ 不为零，但由于热运动的缘故，

分子磁矩的取向杂乱无章,如图 12.1(a)所示.因此在磁介质中的任一宏观体积内,分子磁矩的矢量和为零,对外不显磁性,磁介质处于未被磁化的状态.

将顺磁质放入外磁场 $\boldsymbol{B}_0$ 后,它将受到以下两种作用:

一是在外磁场磁力矩的作用下,分子固有磁矩克服热运动的影响而转向外磁场方向排列(取向效应),如图 12.1(b)所示.这样一来,分子磁矩将沿外磁场方向产生一附加磁场 $\boldsymbol{B}_1'$.

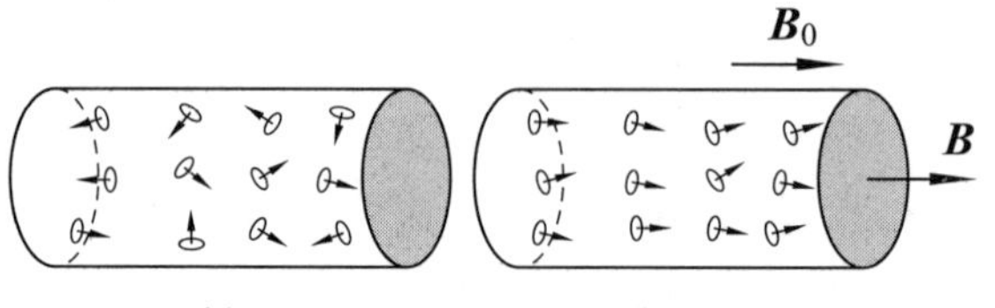

图 12.1

二是外磁场 $\boldsymbol{B}_0$ 使分子固有磁矩 $\boldsymbol{p}_m$ 发生变化,即对每个分子产生一个附加磁矩 $\Delta\boldsymbol{p}_m'$,进而产生一附加磁场 $\boldsymbol{B}_2'$.下面以电子的轨道运动为例,说明这个附加磁矩 $\Delta\boldsymbol{p}_m'$的方向总是与外磁场 $\boldsymbol{B}_0$ 方向相反,因此附加磁场 $\boldsymbol{B}_2'$与 $\boldsymbol{B}_0'$方向相反.

考虑分子中的一个电子以速度 $\boldsymbol{v}$ 沿圆轨道运动,其轨道磁矩为 $\boldsymbol{p}_m$.如图 12.2所示,当外加磁场 $\boldsymbol{B}_0$ 的方向与 $\boldsymbol{p}_m$ 一致时,电子受到的洛伦兹力沿轨道半径向外,使向心力减小.理论研究表明,在这种情况下,电子运动的轨道半径保持不变,因而电子运动的角速度将减小,相应的电子磁矩也要减小,这就等效于产生了一个方向与 $\boldsymbol{B}_0$ 相反的附加磁矩 $\Delta\boldsymbol{p}_m'$.当外加磁场 $\boldsymbol{B}_0$ 的方向与 $\boldsymbol{p}_m$ 相反时,由类似的分析可知,等效附加磁矩 $\Delta\boldsymbol{p}_m'$的方向仍然和 $\boldsymbol{B}_0$ 方向相反.可见,不论外磁场 $\boldsymbol{B}_0$ 的方向与电子磁矩 $\boldsymbol{p}_m$ 方向相同还是相反,加上外磁场 $\boldsymbol{B}_0$ 后,产生的附加磁矩 $\Delta\boldsymbol{p}_m'$总是与 $\boldsymbol{B}_0$ 方向相反.结果会产生一个与 $\boldsymbol{B}_0$ 方向相反的附加磁场 $\boldsymbol{B}_2'$.

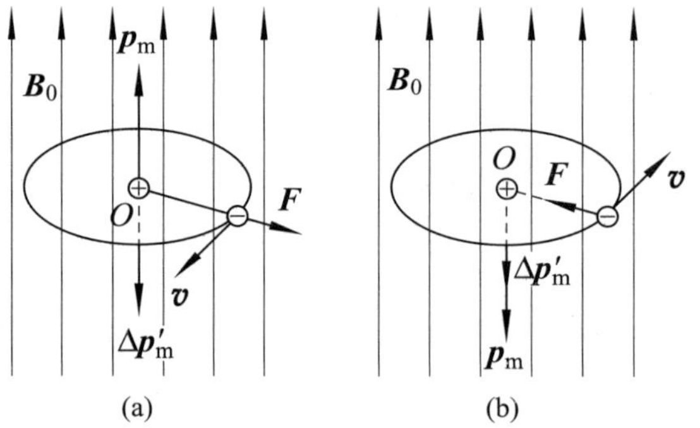

图 12.2

综上所述,对顺磁质而言,第一种作用产生一个与 $\boldsymbol{B}_0$ 方向相同的附加磁场 $\boldsymbol{B}_1'$,第二种作用则产生一个与 $\boldsymbol{B}_0$ 方向相反的附加磁场 $\boldsymbol{B}_2'$.由于 $\boldsymbol{B}_2'$的量值比$\boldsymbol{B}_1'$的量值小得多,因此两者的总效果是置于外磁场 $\boldsymbol{B}_0$ 中的顺磁质产生一个和外磁场 $\boldsymbol{B}_0$ 方向相同的附加磁场 $\boldsymbol{B}'$.

抗磁质中电子的轨道磁矩与自旋磁矩的矢量和即分子的固有磁矩 $\boldsymbol{p}_{\mathrm{m}}$ 为零,加上外磁场 $\boldsymbol{B}_0$ 后,分子磁矩的取向效应并不存在,但在外磁场 $\boldsymbol{B}_0$ 的作用下,如上所述,会产生一个与 $\boldsymbol{B}_0$ 方向相反的附加磁矩 $\Delta\boldsymbol{p}'_{\mathrm{m}}$,因此,处于外磁场 $\boldsymbol{B}_0$ 中的抗磁质将产生一个与 $\boldsymbol{B}_0$ 方向相反附加磁场 $\boldsymbol{B}'$. 显然,外磁场引起的附加磁矩是抗磁质磁化的唯一原因.

关于铁磁质的磁化,我们将稍后进行讨论.

12.1.3 磁化强度矢量

由上面的讨论可以看出,介质的磁化实质上是分子磁矩的取向改变以及在外磁场作用下产生附加磁矩的综合效应,和电介质中分子在外电场作用下极化的情况相似,我们可以用磁介质中单位体积内所有分子磁矩的矢量和描写介质的磁化程度,称为**磁化强度矢量**,用 $\boldsymbol{M}$ 表示. 如果介质的磁化是均匀的,以 $\sum \boldsymbol{p}_{\mathrm{m}}$ 表示体积 ΔV 内所有分子磁矩的矢量和,则有

$$\boldsymbol{M}=\frac{\sum \boldsymbol{p}_{\mathrm{m}}}{\Delta V} \tag{12.2a}$$

如果磁化不均匀,则磁介质中某点的磁化强度为

$$\boldsymbol{M}=\lim_{\Delta V\to 0}\frac{\sum \boldsymbol{p}_{\mathrm{m}}}{\Delta V} \tag{12.2b}$$

磁化强度矢量是磁介质中的宏观点函数. 当外磁场为零时,无论是顺磁质还是抗磁质,都有 $\sum \boldsymbol{p}_{\mathrm{m}}=0$,因而 $\boldsymbol{M}=0$. 当有外磁场存在时,顺磁质中的磁化强度 $\boldsymbol{M}$ 与外磁场方向一致,抗磁质中的磁化强度 $\boldsymbol{M}$ 则与外磁场方向相反. 外磁场越强,分子磁矩的定向排列越整齐,$\sum \boldsymbol{p}_{\mathrm{m}}$ 的量值就越大,从而 $\boldsymbol{M}$ 的量值也越大. $\boldsymbol{M}$ 为常矢量,则表示均匀磁化. 由此可见,$\boldsymbol{M}$ 确是一个能够反映介质磁化程度的物理量.

在 SI 中,磁化强度的单位是安培每米,符号为 $\mathrm{A\cdot m^{-1}}$.

12.1.4 磁化电流

我们已经给出了磁化强度的定义,现在进一步讨论磁化强度与分子电流以及由分子电流产生的附加磁场的关系. 为简化讨论,我们用一个特例导出这种关系.

在一段被均匀磁化的圆柱形磁介质中,磁化强度的大小处处相等,其方向沿圆柱体轴线,如图 12.3(a)所示. 假定各分子磁矩的取向完全一致,都与磁化强度同方向,而每个分子磁矩又对应于一个分子电流. 因此可以看出,对于各向同性的均匀介质,介质内部各分子电流相互抵消;而在介质表面,各分子电流相互叠加,以致在磁化圆柱的表面上出现一层电流,就像一个载流螺线管,我们称它为**磁化电流**,如图 12.3(b)所示.

磁化电流是分子电流因磁化而呈现的宏观电流. 它是一种等效电流,并不伴随任何带电粒子的宏观位移,所以又称**束缚电流**. 对于抗磁质来说,磁化电流

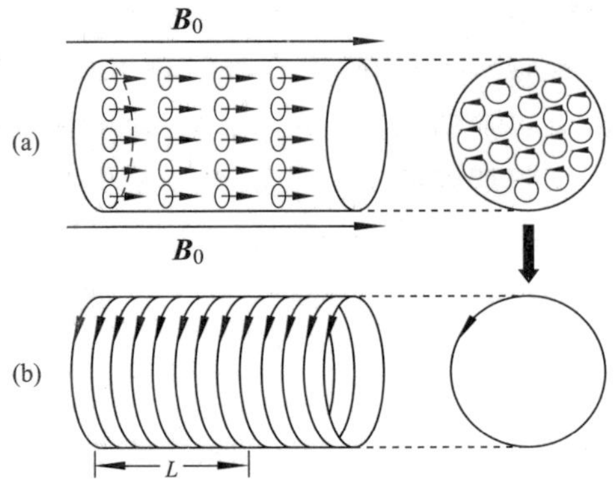

图 12.3

是与分子附加磁矩相对应的等效圆电流形成的.

由于磁化电流的产生与介质的磁化紧密相关,因此磁化电流必然与磁化强度有关.

在图 12.3(b)中,设介质表面沿轴线方向单位长度上的磁化电流为 j'(称为**磁化面电流密度**),则长为 L、截面积为 S 的一段介质上的磁化电流强度为

$$I_S = j'L$$

因此,该段介质上的磁化电流的总磁矩 $\boldsymbol{P}_{\mathrm{m}}$ 的大小为

$$P_{\mathrm{m}} = I_S \cdot S = j'LS$$

其方向沿圆柱的轴线方向. 同时,$\boldsymbol{P}_{\mathrm{m}}$ 也是体积为 SL 的这段介质中所有分子磁矩的矢量和,即

$$\boldsymbol{P}_{\mathrm{m}} = \sum \boldsymbol{p}_{\mathrm{m}}$$

根据磁化强度的定义,介质磁化强度 $\boldsymbol{M}$ 的大小为

$$M = \frac{\left|\sum \boldsymbol{p}_{\mathrm{m}}\right|}{\Delta V} = \frac{j'SL}{SL} = j'$$

即

$$M = j' \tag{12.3}$$

可见磁化强度 $\boldsymbol{M}$ 在量值上等于面磁化电流密度. 上式是在特殊情况下推出的,对于一般情形,介质表面与 $\boldsymbol{M}$ 不平行,这时磁化强度与面磁化电流密度之间的关系可用矢量式表示为

$$\boldsymbol{j}' = \boldsymbol{M} \times \boldsymbol{n} \tag{12.4}$$

式中 $\boldsymbol{n}$ 为介质表面外法向的单位矢量. 上式表明,面磁化电流密度的大小 j' 等于磁化强度 $\boldsymbol{M}$ 沿介质表面的切向分量. 不难看出,这一关系式与电介质中极化面电荷密度与极化强度 $\boldsymbol{P}$ 的关系 $\sigma' = \boldsymbol{P} \cdot \boldsymbol{n}$ 相对应.

对于非均匀磁介质,不仅在介质表面,而且在介质内部也要出现磁化电流,这与非均匀电介质极化也是类似的.

12.2 磁介质中的安培环路定理

12.2.1 磁介质中的安培环路定理 磁场强度

在 11.4 节曾经讨论过真空中的安培环路定理,其数学表达式为

$$\oint_L \boldsymbol{B}_0 \cdot \mathrm{d}\boldsymbol{l} = \mu_0 \sum_{L内} I_0$$

式中 $\boldsymbol{B}_0$ 为不存在磁介质时电流的磁场. 放入磁介质后,由于介质磁化而出现的磁化电流也要产生磁场. 若考虑磁化电流对磁场的贡献,则安培环路定理应写成

$$\oint_L \boldsymbol{B}\cdot \mathrm{d}\boldsymbol{l} = \mu_0 \left(\sum_{L内} I_0 + \sum_{L内} I' \right) \tag{12.5}$$

式中 $\boldsymbol{B}$ 为磁介质中的总磁感强度，$\sum\limits_{L内} I_0$ 与 $\sum\limits_{L内} I'$ 分别表示穿过闭合路径 L 的传导电流的代数和与磁化电流的代数和. 磁化电流 I'难以实验测量，能否设法避开它呢？我们以无限长通电螺线管中充满均匀各向同性介质为例进行讨论.

由于上述螺线管中介质表面的磁化电流可以看成一个无限长载流螺线管，其单位长度上的磁化电流 j'相当于螺线管单位长度的匝数 n 与电流强度 I'的乘积，即 $j'=nI'$，因此，磁化电流所产生的附加磁场 $\boldsymbol{B}'$的大小为

$$B' = \mu_0 n I' = \mu_0 j'$$

由于 $j' = M$，考虑到 $\boldsymbol{B}'$的方向与 $\boldsymbol{M}$ 一致，故有

$$\boldsymbol{B}' = \mu_0 \boldsymbol{M}$$

因此，在无限长通电螺线管内部，总磁感强度为

$$\boldsymbol{B} = \boldsymbol{B}_0 + \boldsymbol{B}' = \boldsymbol{B}_0 + \mu_0 \boldsymbol{M}$$

将上式代入式(12.5)得

$$\oint_L (\boldsymbol{B}_0 + \mu_0 \boldsymbol{M})\cdot \mathrm{d}\boldsymbol{l} = \mu_0 \left(\sum_{L内} I_0 + \sum_{L内} I' \right)$$

由于 $\oint_L \boldsymbol{B}_0 \cdot \mathrm{d}\boldsymbol{l} = \mu_0 \sum\limits_{L内} I_0$ ，于是

$$\oint_L \mu_0 \boldsymbol{M}\cdot \mathrm{d}\boldsymbol{l} = \mu_0 \sum_{L内} I' \tag{12.6}$$

可以证明，式(12.6)是一个普遍成立的关系式，将它代入式(12.5)，得到

$$\oint_L \boldsymbol{B}\cdot \mathrm{d}\boldsymbol{l} = \mu_0 \sum_{L内} I_0 + \mu_0 \oint_L \boldsymbol{M}\cdot \mathrm{d}\boldsymbol{l}$$

上式中两边的线积分是在介质中同一闭合路径 L 上进行的，所以可移项合并，由此得到

$$\oint_L \left(\frac{\boldsymbol{B}}{\mu_0} - \boldsymbol{M} \right)\cdot \mathrm{d}\boldsymbol{l} = \sum_{L内} I_0$$

引入辅助矢量 $\boldsymbol{H}$，称为磁场强度，定义为

$$\boldsymbol{H} = \frac{\boldsymbol{B}}{\mu_0} - \boldsymbol{M} \tag{12.7}$$

则有

$$\oint_L \boldsymbol{H}\cdot \mathrm{d}\boldsymbol{l} = \sum_{L内} I_0 \tag{12.8}$$

上式称为磁介质中的安培环路定理. 它表明，**磁场强度沿任意闭合路径的线积分等于穿过该路径的所有传导电流的代数和.**

根据电流密度定义，上式可写成

$$\oint_L \boldsymbol{H}\cdot \mathrm{d}\boldsymbol{l} = \int_S \boldsymbol{j}\cdot \mathrm{d}\boldsymbol{S} \tag{12.9}$$

式中 S 是以 L 为边界的任意曲面，$\boldsymbol{j}$ 为面元 $\mathrm{d}\boldsymbol{S}$ 处的传导电流密度. 式(12.8)和式(12.9)告诉我们，产生恒定磁场的传导电流给定以后，无论磁场中是否有介质存在，对于场中不同位置，$\boldsymbol{H}$ 可以不同，但 $\boldsymbol{H}$ 的环流只取决于传导电流的分布，而

与磁化电流无关.可见,引入 $\boldsymbol{H}$ 这个物理量以后,为研究有介质存在时的磁场提供了方便.

12.2.2 磁场强度与磁感强度的关系

对于各向同性弱磁质,实验证明,磁化强度 $\boldsymbol{M}$ 与磁场强度 $\boldsymbol{H}$ 成正比,即

$$\boldsymbol{M} = \chi_m \boldsymbol{H} \tag{12.10}$$

式中比例系数 χ_m 只与磁介质的性质有关,是一个纯数,称为介质的**磁化率**.将上式代入式(12.7),有

$$\boldsymbol{H} = \frac{\boldsymbol{B}}{\mu_0} - \chi_m \boldsymbol{H}$$

或

$$\boldsymbol{B} = \mu_0(1+\chi_m)\boldsymbol{H}$$

令

$$\mu_r = 1+\chi_m, \quad \mu = \mu_0\mu_r \tag{12.11}$$

则有

$$\boldsymbol{B} = \mu_0\mu_r\boldsymbol{H} = \mu\boldsymbol{H} \tag{12.12}$$

μ_r 称为磁介质的**相对磁导率**,μ 称为磁介质的磁导率.显然,μ_0 与 μ 单位相同.

顺磁质的 $\chi_m>0$,故 $\mu_r>1$;抗磁质的 $\chi_m<0$,故 $\mu_r<1$.弱磁质的 χ_m 值都很小,因此它们的相对磁导率的值都接近于 1.

磁场强度 $\boldsymbol{H}$ 与磁化强度 $\boldsymbol{M}$ 有相同的单位,在 SI 中都是安培每米,符号为 $\mathrm{A\cdot m^{-1}}$.磁场强度还常用奥斯特(Oe)为单位,它与 $\mathrm{A\cdot m^{-1}}$ 的关系是

$$1\ \mathrm{A\cdot m^{-1}} = 4\pi\times10^{-3}\ \mathrm{Oe}$$

通过以上分析可以看出,计算有磁介质存在时的磁感强度时,可以先由式(12.8)或式(12.9)求 $\boldsymbol{H}$,然后再根据式(12.12)算出 $\boldsymbol{B}$.当然,只有电流分布具有一定对称性时,$\boldsymbol{H}$ 才能方便地应用环路定理求出.

例 12.1 一无限长密绕直螺线管,单位长度上的匝数为 n,螺线管内充满相对磁导率为 μ_r 的均匀磁介质.设通过导线的电流为 I,求管内磁感强度和磁介质的面磁化电流密度.

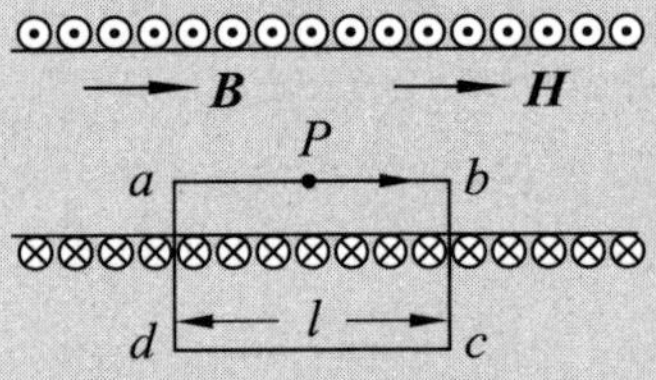

图 12.4

解 如图 12.4 所示,由于密绕螺线管无限长,所以管外磁场为零,管内磁场均匀,并且 $\boldsymbol{B}$ 和 $\boldsymbol{H}$ 均与管的轴线平行.过管内任一点 P 作一矩形环路 $abcda$,其中 ab、cd 两边与管轴平行,长为 l,cd 边在管外.磁场强度 $\boldsymbol{H}$ 沿此环路 L 的环流为

$$\oint_L \boldsymbol{H}\cdot d\boldsymbol{l} = \int_{ab}\boldsymbol{H}\cdot d\boldsymbol{l} + \int_{bc}\boldsymbol{H}\cdot d\boldsymbol{l} + \int_{cd}\boldsymbol{H}\cdot d\boldsymbol{l} + \int_{da}\boldsymbol{H}\cdot d\boldsymbol{l} = H\cdot\overline{ab} = Hl$$

此环路包围的传导电流为 nlI,根据 $\boldsymbol{H}$ 的环路定理有

$$Hl = nlI$$

由此得

$$H = nI$$

利用式(12.12)，可得管内磁感强度的大小为

$$B=\mu_0\mu_r H=\mu_0\mu_r nI$$

由式(12.3)和式(12.10)，求得面磁化电流密度

$$j'=M=\chi_m H=(\mu_r-1)H=(\mu_r-1)nI$$

由此结果可以看出，对于抗磁质，因 $\mu_r<1$，而有 $j'<0$，说明表面磁化电流和传导电流方向相反；对于顺磁质，因 $\mu_r>1$，则有 $j'>0$，说明表面磁化电流和传导电流方向相同.

例 12.2 一根长直单芯电缆的芯是一根半径为 R 的金属导体，它与导电外壁之间充满相对磁导率为 μ_r 的均匀介质，如图 12.5 所示. 今有电流 I 均匀地流过芯的横截面并沿外壁均匀流回. 求磁介质中磁感强度的分布和紧贴导体芯的磁介质表面上的磁化电流.

解 圆柱体电流所产生的 $\boldsymbol{B}$ 和 $\boldsymbol{H}$ 的分布均具有轴对称性. 如图所示，在垂直于电缆的平面内作一圆形环路 L，其圆心在轴上，半径为 r. 对此环路应用磁介质中的安培环路定理，有

$$\oint_L \boldsymbol{H}\cdot d\boldsymbol{l}=2\pi rH=I$$

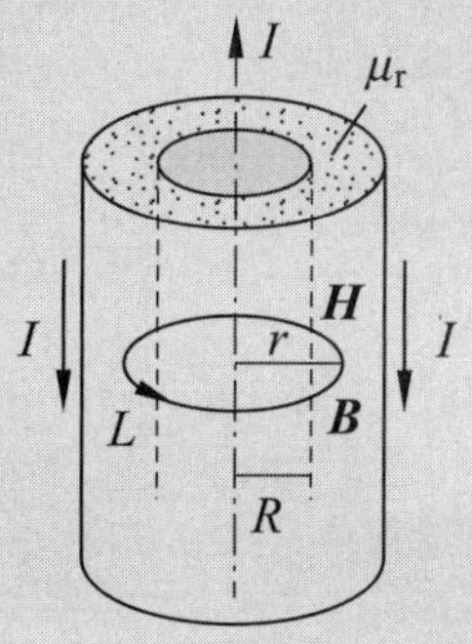

图 12.5

由此得

$$H=\frac{I}{2\pi r}$$

由式(12.12)，可得磁介质中磁感强度的大小，即

$$B=\frac{\mu_0\mu_r}{2\pi r}I$$

$\boldsymbol{B}$ 的方向沿环路 L 的切线，其指向与电流成右手螺旋关系.

利用 $M=j'=(\mu_r-1)H$，求得磁介质内表面上的磁化电流密度为

$$j'=(\mu_r-1)H\big|_{r=R}=\frac{\mu_r-1}{2\pi R}I$$

如 $\mu_r>1$，则 $\boldsymbol{j}'$ 的方向与芯中电流方向相同；如 $\mu_r<1$，则方向相反. 磁介质内表面上的总磁化电流为

$$I'=j'\cdot 2\pi R=(\mu_r-1)I$$

12.3 铁 磁 质

12.3.1 铁磁质的磁化规律

铁磁质是一类特殊的磁介质. 与弱磁质相比，它具有以下特点：

(1) 能产生很强的附加磁场 $\boldsymbol{B}'$，其值千百倍于外场 $\boldsymbol{B}_0$，甚至更高，并且方向相同.

(2) 当外磁场停止作用后,仍然保持其磁化状态.

(3) 相对磁导率 μ_r 与磁化率 χ_m 不是常数,而是随外磁场的变化而变化,并且由于铁磁质具有磁滞现象,$\boldsymbol{B}$ 和 $\boldsymbol{H}$ 之间不再具有简单的线性关系.

(4) 铁磁质都有一临界温度.在此温度以上,铁磁性完全消失而成为顺磁质,这一温度称为**居里温度**或**居里点**.不同的铁磁质有不同的居里点,如纯铁的居里点为 770℃,纯镍的居里点为 358℃.

用实验研究铁磁质的特性时,通常把未磁化过的均匀铁磁质试样充满一螺绕环,如图 12.6 所示.线圈中通入电流,铁磁质即被磁化.不难证明,当线圈中的电流为 I 时,环内的磁场强度 $H=nI$,式中 n 为环上单位长度线圈的匝数.只要测出 I,即知 H,此时铁芯中的 $\boldsymbol{B}$ 可以通过一个接在磁通计上的次级线圈测出,于是得到一组对应的 H 和 B 的值.改变电流 I,可依次测得许多组 H、B 的值,从而给出一条关于试样的 H-B 关系曲线,以表示其磁化特点.这样的曲线叫磁化曲线.

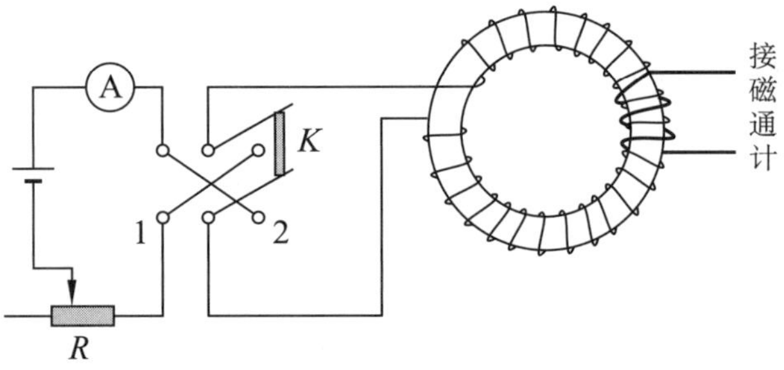

图 12.6

1. 起始磁化曲线

使螺绕环内的电流从零开始,此时 $B=H=0$.然后逐渐增大电流,以增大 H,测得 B 与 H 的对应关系如图 12.7 所示.随着 H 的增大,B 先是缓慢增大(OA 段);继而迅速增大(AB 段);过 B 点后又趋缓慢(BC 段);从 S 点开始 B 几乎不随 H 增大而增大,这时介质的磁化达到了饱和.与 S 点对应的 H_S 称为**饱和磁场强度**,相应的 B_S 称为**饱和磁感应强度**.这段曲线称为起始磁化曲线.

由图可见,铁磁质的 B-H 曲线的显著特点是非线性.根据 $\mu_r=B/(\mu_0 H)$,可以求出不同 H 值的 μ_r 值,μ_r 随 H 变化的关系曲线对应地画在图 12.7 中.

2. 磁滞回线

铁磁质的另一重要特性是所谓磁滞现象,可由图 12.8 说明.

铁磁质达到磁饱和状态后,如果缓慢地减小电流以减小 H 值,结果发现铁磁质中的 B 并不沿原曲线 aO 返回,而是沿 ab 曲线减小.当 $I=0$ 时,$H=0$,但 B 并不等于 0,而是具有一定值,这说明磁化后的铁磁质在去掉外磁场时仍保留有磁性.这种现象称为**剩磁**,相应的磁感强度常用 B_r 表示.

要想把剩磁完全消除,必须加反向磁场,即改变电流的方向.$B=0$ 时磁场强度的值 H_C 称为铁磁质的**矫顽力**.H_C 的大小反映了铁磁质保存剩磁状态的能力.

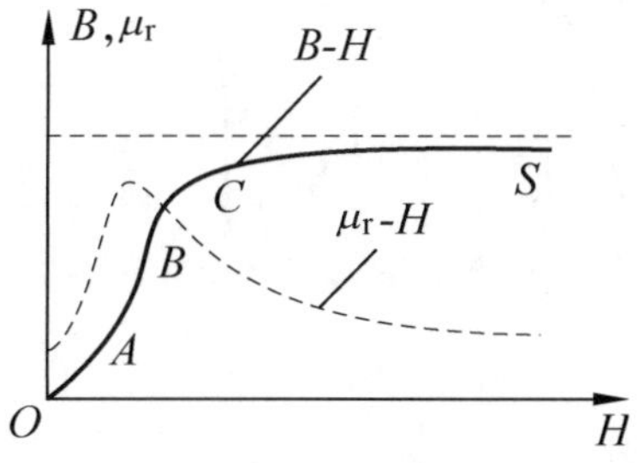

图 12.7

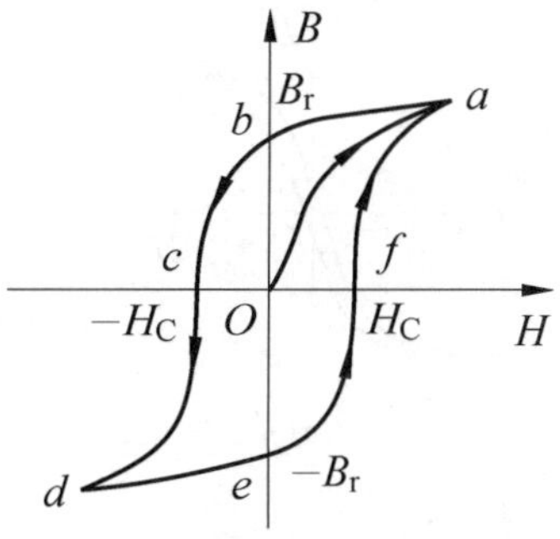

图 12.8

继续增加反向电流，最后可以使铁磁质达到反向磁饱和状态 d. 然后逐渐减小反向电流到零，铁磁质会达到 $-B_r$ 所代表的反向剩磁状态. 使电流恢复原来的方向并逐渐增大，铁磁质又会经过 H_C 表示的状态而回到原来的饱和状态 a，形成闭合的 B-H 曲线.

由闭合曲线可以看到，B 的变化总是落后于 H 的变化，这种现象称为**磁滞现象**，上述闭合曲线称为**磁滞回线**. 由磁滞回线可知，B 与 H 的关系不仅不是线性的，而且也不是单值的，即同一个 H 值可以对应若干个 B 值，B 值的大小和磁化的具体过程有关.

铁磁质在交变磁场中被反复磁化时，由于磁滞效应，介质要发热而消耗能量，这种能量的损失称为**磁滞损耗**. 可以证明，在缓慢磁化情况下，经历一次磁化过程所损耗的能量与磁滞回线包围的面积成正比.

12.3.2 铁磁质的分类

按矫顽力 H_C 的大小，可把铁磁质分为两大类.

1. 软磁材料

纯铁、硅钢、坡莫合金、铁氧体等材料，矫顽力很小（$H_C < 100\ \mathrm{A \cdot m^{-1}}$），磁滞回线细而窄，所包围的面积小，磁滞特性不显著，如图 12.9(a)所示. 软磁材料在磁场中很容易被磁化，但由于矫顽力小，所以也容易去磁，因而软磁材料常用作变压器、继电器、电磁铁、电动机和发电机的铁芯.

2. 硬磁材料

碳钢、钨钢、铝镍钴合金等材料矫顽力大、剩磁大、磁滞回线粗而宽，磁滞损耗大，如图 12.9(b)所示. 这种材料磁化后能保留很强的磁性，适用于制成各种类型的永久磁铁.

铁磁材料除软磁和硬磁两大类外，还有矩磁材料和压磁材料等. 矩磁材料的磁滞回线接近于矩形，如图 12.9(c)所示. 其特点是剩磁 B_r 接近饱和值 B_S. 若矩磁材料在不同方向的外磁场中磁化，当电流为零时，总是处于 B_S 或 $-B_S$ 两种不同的剩磁状态，因此可用作电子计算机的“记忆”元件. 压磁材料具有较强的磁致伸缩效应，常用于制造超声波发生器.

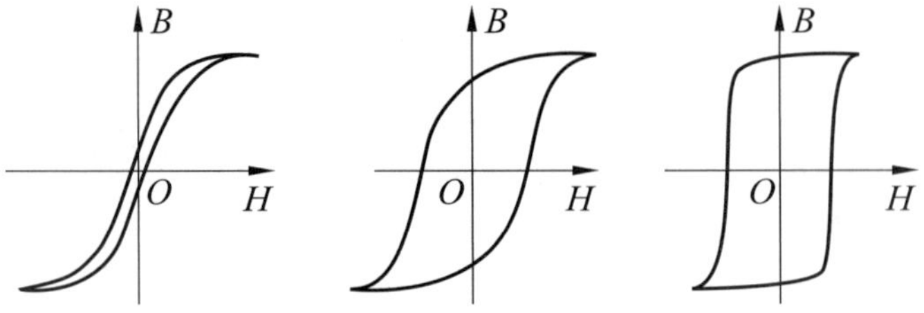

(a) (b) (c)

图 12.9

12.3.3 铁磁性的起因

铁磁性的起源可以用“磁畴”理论来解释. 在铁磁体内存在着无数个自发磁化的小区域,称为**磁畴**,其横向宽度约为 0.01～0.1 cm. 在每个磁畴中,所有原子的磁矩都向着同一方向整齐排列. 在未被磁化的铁磁质中,各磁畴磁矩的取向是无规则的,如图 12.10(a)所示,因而整块铁磁质在宏观上不显示磁性.

在外磁场作用下,磁畴将发生变化,磁矩与外磁场方向一致或接近的磁畴处于有利地位,这种磁畴向外扩展,磁畴的畴壁发生位移,如图 12.10(b)所示. 当外磁场较强时,还会发生磁畴的转向,外场越强,转向作用亦越强,从而产生很强的附加磁场. 当所有磁畴都转到其磁矩与外磁场相同的方向时,介质的磁化就达到了饱和.

巴克豪森效应演示

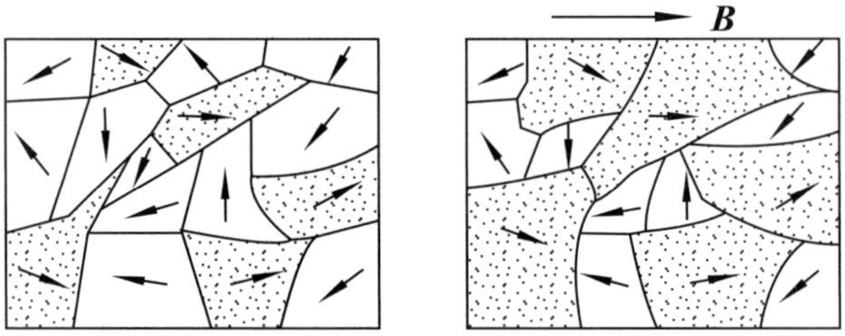

(a) (b)

图 12.10

由于磁畴的转向需要克服阻力(来自磁畴间的“摩擦”),因此当外磁场减弱或消失时磁畴并不按原来的变化规律退回原状,因而表现出磁滞现象. 外磁场的作用停止后,磁畴的某种排列被保留下来,使得铁磁质仍然具有磁性.

温度升高时,分子热运动加剧,破坏了磁畴的整齐排列,因此铁磁质具有居里温度. 高于此温度,磁畴即被瓦解,从而使铁磁质的特性消失,成为非铁磁性物质.

12.3.4 消磁

作为一种重要的磁处理技术,消磁广泛应用于多个领域. 其核心原理在于改变材料内部磁畴的排列状态，使原本有序的磁矩方向变得杂乱无章，从而削弱或消除磁性材料的整体磁性.

常用的消磁方法包括敲击消磁、加热消磁、强磁场消磁、交流电磁场消磁、化学消磁等. 敲击消磁通过敲击磁性材料来打乱其内部的磁畴排列；加热消磁通过加热使材料温度达到居里点而使铁磁材料特性消失；强磁场消磁利用反向强磁场使磁畴磁矩方向反转；交流电磁场消磁则通过交变电磁场的作用不断改变磁畴方向，实现消磁效果；化学消磁利用某些化学物质和磁性材料的化学反应，达到改变磁性的目的.

这些消磁方法各有优缺点，适用于不同的应用场景. 敲击消磁和加热消磁简单易行，但需要技巧和经验，以及恰当的温度控制，否则容易损坏材料；强磁场消磁效果显著，但设备复杂且成本较高；交流电磁场消磁适用小型物体，操作相对简便，但消磁效果有限；化学消磁方法通常具有较大的局限性且可能对环境造成污染.

消磁技术被广泛应用于电子设备制造、磁性材料生产、军事装备防护等领域. 通过消磁处理，可以确保设备性能稳定、数据安全可靠，并提升产品的整体质量. 在军事领域，例如针对海军装备，消磁技术也是提高舰艇等装备磁防护能力的重要手段.

随着磁探技术水平的提升，舰艇的磁特征已成为敌方探测、跟踪、定位和打击的重要信号源，给舰艇的隐蔽和生存带来严重的威胁. 舰艇磁场源于建造舰艇的铁磁材料以及所处的地磁场. 舰艇建造过程中的加工、焊接等过程改变了它的磁性，同时在建造及服役过程中始终受到地磁场的作用和影响，因而逐步形成了具有一定分布特征的舰艇磁场. 舰艇磁场通常分为两部分，一部分是长期在地球磁场的磁化和其他外界物理场作用下积累形成的固定磁性产生的固定磁场，相对稳定；另一部分是舰艇在外部磁环境中产生的感应磁性磁场，它与舰艇实时的位置、航向、姿态等因素有关，是一种瞬时效应磁场.

固定磁性的消除通常在消磁站或消磁船等专用场地进行. 在被消磁的舰艇上临时绕上若干个线圈，其中地磁补偿线圈通以恒定电流，补偿舰艇周围地磁场，工作线圈中通以交变衰减电流，利用磁滞回线递减进行退磁. 随着外加交变磁场的幅值逐渐减小，磁滞回线也越来越接近原点. 当外加交变磁场逐渐减小到零时，残留的剩磁也接近零. 由此舰艇的固定磁性不断降低，直到剩余的磁场值符合消磁标准.

感应磁性的消除则往往采用抵消的方式，通常利用在舰艇内部设置的若干组固定线圈绕组来实现. 借助于消磁电流控制仪，在消磁绕组中产生随航向和海区变化的消磁电流，由此补偿掉舰艇的感应磁性. 固定绕组可随时消除舰艇的感应磁性磁场，使舰艇的剩余磁场很小且能保持稳定.

显然，为提高舰艇安全性，采用低磁性材料建造舰艇、在舰艇上安装消磁设备、定期进行消磁作业等一系列措施来降低舰艇的磁性特征显得尤为重要，这已成为舰艇防御体系中的重要一环.

内容提要

1. 磁介质的种类

1）顺磁质

$$\mu_r > 1,\quad \text{增强原磁场}$$

2）抗磁质

$$\mu_r < 1,\quad \text{削弱原磁场}$$

3）铁磁质

$$\mu_r \gg 1,\quad \text{大大增强原磁场}$$

软磁材料： H_C小，磁滞回线细而窄.

硬磁材料： H_C大，B_r大，磁滞回线粗而宽.

2. 磁介质的磁化

1）顺磁质和抗磁质的磁化

顺磁质以固有磁矩的取向磁化为主，抗磁质则产生附加磁矩，都使磁介质表面或内部出现磁化电流.

2）磁化强度矢量

$$\boldsymbol{M} = \frac{\sum \boldsymbol{p}_m}{\Delta V}$$

$$\boldsymbol{M} = (\mu_r - 1)\boldsymbol{H} = \frac{\mu_r - 1}{\mu_0 \mu_r}\boldsymbol{B} \quad \text{（各向同性弱磁质）}$$

3）磁化面电流密度

$$\boldsymbol{j}' = \boldsymbol{M} \times \boldsymbol{n}$$

3. 磁介质中的安培环路定理

1）磁场强度矢量

$$\boldsymbol{H} = \frac{\boldsymbol{B}}{\mu_0} - \boldsymbol{M} = \frac{\boldsymbol{B}}{\mu_0 \mu_r} = \frac{\boldsymbol{B}}{\mu}$$

2）磁介质中的安培环路定理

$$\oint_L \boldsymbol{H} \cdot d\boldsymbol{l} = \sum_{L内} I_0 \quad \text{（用于恒定电流）}$$

习　题

(一)选择题和填空题

12.1 如图所示，M、P、O为软磁材料制成的棒，三者在同一平面内. 当开关K闭合时，[　]

(A) M的左端出现N极.　　(B) P的左端出现N极.

(C) O的右端出现N极.　　(D) P的右端出现N极.

12.2　如图所示，a、b、c 中三条实线分别为三种不同磁介质的 B-H 关系曲线，虚线表示 $B=\mu_0 H$ 关系，则 a 代表________的 B-H 关系曲线；b 代表________的 B-H 关系曲线；c 代表________的 B-H 关系曲线.

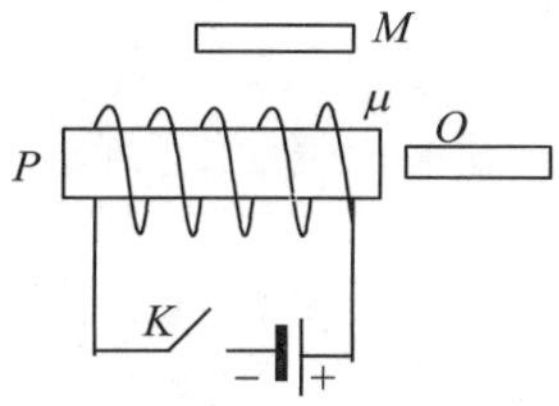

题 12.1 图

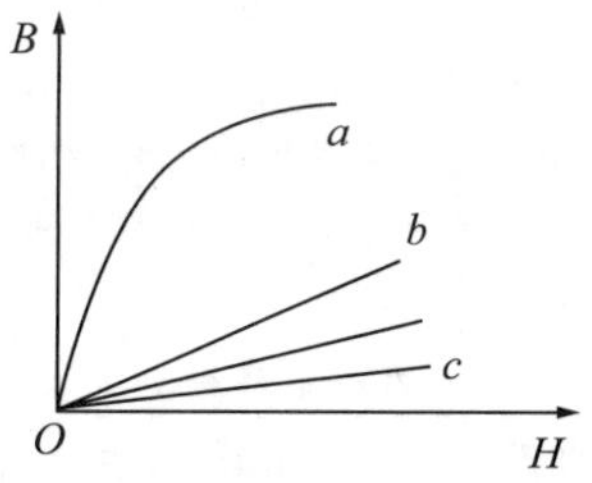

题 12.2 图

12.3　有很大剩余磁化强度的软磁材料不能做成永磁体，这是因为软磁材料________，如果做成永磁体________.

(二)问答题和计算题

12.4　图中给出了两种不同磁介质的磁滞回线，问用哪一种制造永久磁铁较为合适？用哪一种制造便于调节吸引力的电磁铁较为合适？

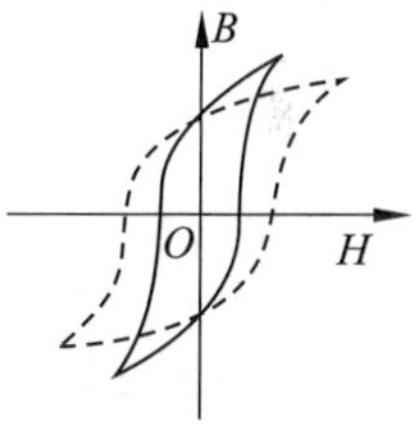

题 12.4 图

12.5　一均匀磁化的磁棒，直径为25 mm，长为 75 mm，磁矩为12 000 $\mathrm{A\cdot m^2}$. 求棒的磁化强度及棒侧面磁化电流密度.

12.6　一铁圆环的平均周长为 30 cm，截面积为 1.0 $\mathrm{cm^2}$，在环上均匀绕以 300 匝导线，当绕组内的电流为 0.032 A 时，穿过环截面的磁通量为2.0×10^{-6} Wb. 试计算：(1) 环内的磁感强度；(2) 环内的磁场强度；(3) 磁化面电流；(4) 环内材料的磁导率、相对磁导率及磁化率；(5) 环芯内的磁化强度.

12.7　有一圆柱形无限长导体，磁导率为 μ，半径为 R，有电流 I 沿轴线方向均匀流过. 求导体内外的磁场强度和磁感应强度的大小.

12.8　如图所示，无限长圆柱形同轴电缆的半径分别为 R_1 和 R_2，其间充满磁导率为 μ 的均匀磁介质. 设电流 I 在内外导体中沿相反方向均匀流过，求外圆柱面内任一点的磁感强度(导体的 $\mu_r=1$).

12.9　共轴圆柱形长电缆的截面尺寸如图所示，其间充满相对磁导率为 μ_r 的均匀磁介质，电流 I 在两导体中沿相反方向均匀流过. 设导体的相对磁导率为 1，求外圆柱导体内($R_2<r<R_3$)任一点的磁感强度.

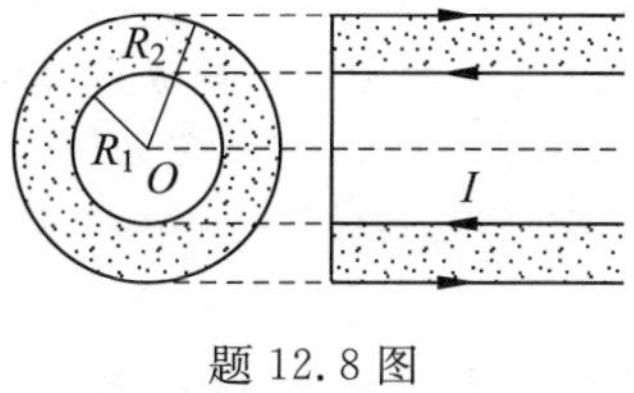

题 12.8 图

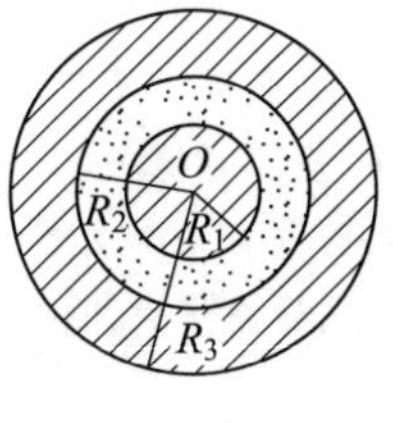

题 12.9 图

12.10　上题中设内导体的磁导率为 μ_1，介质的磁导率为 μ_2，求内导体中、介质中和电缆外面各处的磁感强度.

阅读材料 7

粒子束武器

粒子束武器是利用高能加速器所产生并发射出的高能粒子束杀伤目标的定向能武器. 20 世纪 80 年代

美国在制定定向能武器的研究计划中，把粒子束武器作为一个重要的研究方向. 随着加速器技术的发展，这种武器在未来有可能成为一种重要的高技术武器.

1. 粒子束武器的基本原理及分类

粒子束武器的基本原理是：用高能强流粒子加速器，将注入其中的电子、质子、各种重离子一类的带电粒子加速到接近光速，使其具有极高的动能，然后用磁场将它们聚集成密集的高能束流，并直接(或去掉电荷后)射向目标，在极短时间内把巨大的能量传递给目标，通过它们与目标物质强烈的相互作用，达到杀伤、摧毁或识别目标的目的.

理论上粒子束武器有多种分类方法. 按射程可分为近程、中程、远程和超远程粒子束武器；按部署方式可分为陆基、舰基和天基粒子束武器；按粒子的性质可分为带电粒子束武器和中性粒子束武器等. 以下介绍第三种分类.

1) 带电粒子束武器

这种粒子束武器发射出的束流是带电的质子、电子、离子等粒子，其中研究得较多的是高能电子束武器.

由于高能带电粒子束很容易以高束流脉冲群的形式产生，对目标具有极强的穿透能力，因而被认为是一种很有前途的、杀伤率非常高的粒子束武器. 但是由于同性电荷之间的库仑排斥力和地球磁场的影响，使得带电粒子束在太空中传输无法达到所需要的射程、瞄准精度和束流强度，因而带电粒子束武器不适于部署在太空. 如果在大气层中使用，高能带电粒子束会和空气发生相互作用造成带电粒子束能量的损失，并使带电粒子束更加发散. 此外，带电粒子束在大气层中传输也必然受地球磁场的影响而发生偏转. 因此，需要利用激光产生等离子体通道导引电子束，以解决带电粒子束在大气层中的传输问题，这是一项非常复杂的技术.

2) 中性粒子束武器

这种粒子束武器发射的粒子束流是不带电的中性粒子. 由于高能中性粒子束与物质的相互作用非常强烈，因而无法在大气层中传输，所以中性粒子束武器只适于部署在太空.

目前考虑用作中性粒子束的主要是氢原子. 由于中性粒子束不可能被电磁力加速，为使氢原子获得高能，必须采用特殊的方法. 可用的技术途径是：先在加速器中加速负氢离子，而后设法将附加的电子去掉，使其成为中性的氢原子从加速器射出.

2. 粒子束武器的组成

粒子束武器作为一种武器系统，主要由五大部分组成：粒子束生成装置、能源系统、预警系统、目标跟踪与瞄准系统、指挥与控制系统. 现简要介绍粒子束生成装置和能源系统.

1) 粒子束生成装置

高能粒子束生成装置是整个粒子束武器系统的核心部分. 它用来产生高能粒子束，并聚集成狭窄的束流，使其具有足够的能量和足够的强度.

粒子束生成装置主要包括粒子源、粒子注入器、带电粒子加速器、粒子束诊断系统. 若使用中性粒子束还应有粒子中性化装置等设备. 其中最主要的是研究适合武器系统使用的高能粒子加速器. 感应直线加速器、电子感应加速器、射频直线加速器、强激光粒子加速器等都有可能作为高能粒子加速器，但目前它们还显得过分笨重，无法作为武器系统使用. 因此，研制适用的高能粒子加速器是粒子束武器发展的关键.

2) 能源系统

能源系统是粒子束武器的动力源. 要把大量的带电粒子加速到接近光速，并聚集成密集的束流，需要有强大脉冲电源. 据资料介绍，要用粒子束流在导弹体上烧熔一个小孔，需要粒子束到达目标时的脉冲功率为 10^{13} W，脉冲能量为 10^{7} J. 按照这种需要计算，假如加速器的效率能达到 30% 的话，即使不考虑传输中的损失，也要求脉冲电源的功率至少为 3×10^{13} W. 这个功率相当于 3 万个 10^{6} kW 的电站的总功率. 也就是说，在同一瞬间(假设为 10^{-5} s)，要求这 3 万个电站同时向该武器系统提供电力. 显然，这是不可能的. 而目前研究的特种发电机的脉冲功率仅能达到 10^{10} W，与要求相差甚远. 因此，必须研究新的脉冲电源和储能系统.

3. 粒子束武器的主要特点

与一般常规武器相比，粒子束武器具有快速、高能、灵活的特点. 粒子束武器发射出的高能粒子以接近光速的速度前进，比一般炮弹要快几万倍，用以拦截各种空间飞行器，可在极短的时间内命中目标，而无需考虑射击提前量. 粒子束武器将巨大的能量以狭窄的束流形式高度集中到一小块面积上，是一种杀伤点状目标的武器，其高能粒子和目标材料的分子发生猛烈碰撞，产生高温和热应力，使目标材料熔化、损坏. 高能粒子击穿飞行器的蒙皮后，还能继续破坏其内部机件和电子设备，使飞行器完全失控.

与核武器和生化武器相比，粒子束武器使用后不会对环境造成污染，不会对生态造成破坏，也不会给己方带来不利的影响，对其他离开弹着点哪怕一点点距离的建筑、生物都不会毁伤.

与激光武器相比，粒子束武器具有全天候的特点. 粒子束武器发射出去的粒子比光子具有更大的动能，受气候条件影响小.

粒子束武器发射出接近光速的高能定向强流亚原子束（带电粒子束和中性粒子束），用来击毁卫星和来袭的洲际弹道导弹，即使不直接破坏核弹头，它产生的强大电磁场脉冲也会把导弹的电子设备烧毁，或利用目标周围发生的 γ 射线和 X 射线使目标的电子设备失效或受到破坏.

4. 粒子束武器在军事中可能的应用

粒子束武器在高技术战争中主要应用于地面、海上和空间的战术攻防.

粒子束武器可用来拦截入侵的精确制导武器. 部署在陆地上可用来保卫作战指挥中心、导弹发射基地、机场、城市等重要目标；部署在舰船上可拦截反舰导弹，保卫己方的舰船，攻击入侵的飞机、导弹和航空母舰；若与激光武器配合使用，可取长补短，增加拦截的可靠性和攻击的效果.

天基粒子束武器可以有效地反击空间飞行目标，包括：攻击敌方的侦察、通信、定位、导航卫星；拦截来袭的弹道导弹，在其进入末制导之前将其毁伤；实施对空间站的攻击等.

虽然从理论上，粒子束武器可以应用于许多军事领域，但由于粒子束生成装置、能源系统及高能粒子束传输等问题的解决技术难度太大，因此，这种武器何时能进入实用阶段还难下结论. 据公开资料，美国国防部一直致力于开发各种先进的天基武器系统，以增强其太空导弹防御能力，其中天基粒子束武器是其重要组成部分. 美国原计划 2023 年前完成太空导弹防御系统的全面测试，将中性离子束用于洲际弹道导弹的拦截和弹头飞行中段的识别.

洲际弹道导弹的中段防御既很重要又十分复杂，因为现代洲际导弹在飞行中段除了释放弹头之外，还释放出大量的诱饵假弹头，要进行中段防御，首先必须将真弹头从大量的假弹头中鉴别出来，而这是一项难度很大的技术. 采用常用的成像技术和辐射测量技术以及低功率激光或微波检测技术等难以识别真假弹头，而中性粒子束能有效地进行这种识别.

中性粒子束用于中段识别的基本原理是：利用氢原子束对目标进行照射，受到射束照射的目标将产生中子、γ 射线和 X 射线，且产生的中子数目、γ 射线和 X 射线的强度近似地与目标的质量成比例. 我们知道，再入弹头的质量大致是假目标质量的 10 倍，因此，受到中性粒子束照射的再入弹头产生的中子数、γ 射线和 X 射线的强度也大致是假目标产生的中子数和射线强度的 10 倍. 利用探测器对产生的中子数、有关射线进行遥测就能够把再入弹头从大量的假目标中鉴别出来.

显然，利用中性粒子束进行中段识别必须具备两种系统，一是天基中性粒子束系统，二是搜集目标产生的中子数、γ 射线和 X 射线的探测器系统. 天基中性粒子束系统就是配置在几千千米高度的载有中性粒子束系统的卫星，它不断地对再入弹头和诱饵、假目标等发射氢原子束以激发目标产生中子、γ 射线和 X 射线. 同时，在中性粒子束系统卫星的附近配置一定数目的探测器卫星，专门搜集受到中性粒子束照射的再入弹头、诱饵、假目标所产生的中子数、γ 射线和 X 射线，从而实现再入弹头中段识别并加以摧毁.

第 13 章　变化的电场和磁场

前几章分别讨论了静电场和恒定磁场,它们都是不随时间变化的场.事实上,电场和磁场有着密切的联系.自 1820 年奥斯特发现电流可以激发磁场以后,人们自然就联想到,利用磁场是否也能产生电流?许多科学家为此做了大量艰苦细致的工作,但都没有获得成功.英国科学家法拉第(M. Faraday)经过十年不懈的努力,于 1831 年 8 月 29 日首次发现了因磁场变化而产生感应电流的现象.这种电磁感应现象无论是从理论意义上还是从实践意义上说,都是一项伟大的发现,这一发现为人类进入电气化时代奠定了基础.

麦克斯韦(J. Maxwell)在前人研究成果的基础上,特别是在法拉第"力线"概念的启示下,对电磁现象做了系统的研究.他提出了涡旋电场和位移电流的假设,并在此基础上总结出描述电磁场性质的麦克斯韦方程组,建立了麦克斯韦电磁理论.该理论指出:静电场和恒定磁场是电磁场的特例,如果由于电荷的运动或电流的变化在空间激发了变化的电场或磁场,则变化的电场和变化的磁场会互相激发,形成电磁波由近及远在空间传播.由此,麦克斯韦预言了电磁波的存在,并计算出其传播速度等于光速.1887 年后,赫兹(G. Hertz)首次用实验证实了电磁波的存在.

本章在总结电磁感应现象的基础上,讨论电磁感应现象的基本规律,介绍麦克斯韦电磁理论,揭示电场和磁场之间的相互联系.

13.1　电磁感应定律

13.1.1　电磁感应现象

图 13.1 为几个典型的电磁感应实验示意图.图(a)表示闭合导体回路附近有磁铁与它发生相对运动;图(b)表示闭合导体回路附近有变化的电流;图(c)表示闭合回路中的导体在磁场中运动和导体回路在磁场中转动.结果发现这几个闭合回路中都有电流产生.

电磁驱动

在上述实验中,回路中产生电流的原因似乎不同,然而,仔细分析可以发现它们有一个共同的特点,就是穿过闭合导体回路的磁通量都发生了变化,而且磁通量变化越快,回路中的电流就越大;磁通量变化越慢,回路中的电流就越小.分析实验规律,得出如下结论:当穿过闭合导体回路的磁通量发生变化时(不管这种变化是由什么原因引起的),回路中就有电流产生.这种现象称为电磁感应现象.回路中产生的电流称为**感应电流**,相应的电动势称为**感应电动势**.

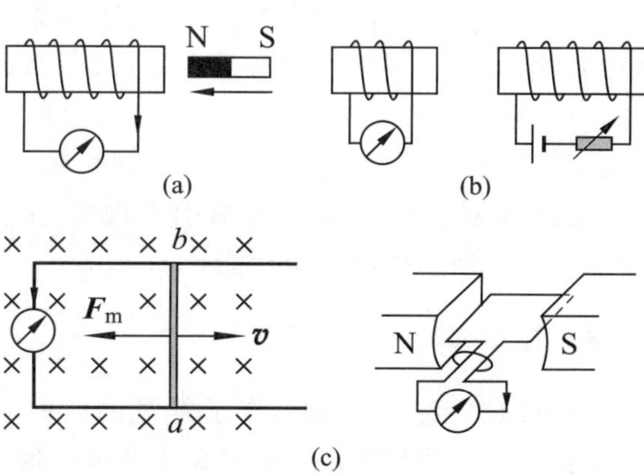

图 13.1

13.1.2　楞次定律

1834 年，楞次(H. Lenz)在大量实验的基础上，提出了判断感应电流方向的方法：**闭合导体回路中感应电流的方向，总是使得它所激发的磁场去阻碍引起感应电流的磁通量的变化**. 这个结论称为楞次定律. 楞次定律还可表述为：**感应电流的效果总是反抗引起感应电流的原因**.

跳环式楞次定律演示

对比式楞次定律演示

例如，在图 13.2 所示的磁铁与闭合导体回路发生相对运动的实验中，图 13.2(a)表示线圈 A 中的感应电流是由磁铁移近时穿过线圈的磁通量(实线表示)增加而产生的. 按照楞次定律，感应电流所产生的磁场方向(虚线表示)应和外磁场的方向相反，以阻碍外磁场磁通量的增加. 根据感应电流磁感线的方向，按右手螺旋定则即得图示的感应电流方向. 如果感应电流是因磁铁离开线圈使磁通量减少而引起的，由楞次定律判断，感应电流的方向将与磁铁移近时相反，如图 13.2(b)所示.

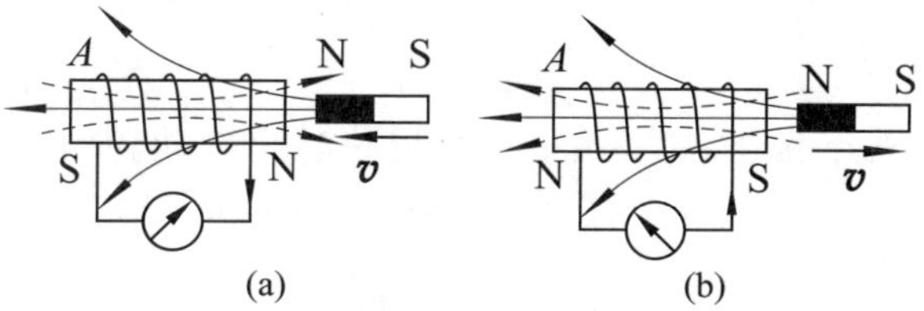

图 13.2

又如图 13.1(c)所示的导线在磁场中运动的实验，当导线 ab 右移时，穿过回路的磁通量增加，感应电流产生的磁场的方向就与原磁场方向相反，其磁感线由纸面向外. 根据右手螺旋定则，可知感应电流的方向是逆时针的.

应该注意的是，感应电流所产生的磁场阻碍的是磁通量的变化，而不是磁通量本身. 另外，阻碍也并不意味着抵消.

楞次定律可用能量守恒的观点予以解释. 在上述例子中，如果磁铁靠近或远离线圈，线圈回路中就有感应电流产生，因而电路中就一定会消耗电能，放出焦耳热. 这些能量是从哪里来的呢？事实上，当图 13.2(a)的线圈中有感应电流流过时,它就相当于一个电磁铁.根据楞次定律,这时的线圈相当于右端为N极的电磁铁,它和磁铁的N极之间存在相互排斥力,所以当磁铁靠近线圈时,外力必须克服斥力做功.同样,如果磁铁N极远离线圈,则线圈中的感应电流方向相反,这时的线圈相当于右端为S极的电磁铁,它和磁铁N极之间的作用力为吸引力,磁铁作远离线圈运动时,必须克服引力做功.由此可见,在磁铁运动过程中外力所做的功就是回路中电流消耗能量的来源.

13.1.3 法拉第电磁感应定律

法拉第(M. Faraday)对电磁感应现象作了定量的研究.他分析了大量实验,得出如下结论:**当穿过闭合导体回路的磁通量发生变化时,回路中产生的感应电动势的大小与磁通量对时间的变化率成正比.** 在SI中,这一规律可表示为

$$\mathscr{E}_{\mathrm{i}} = \left|\frac{\mathrm{d}\Phi}{\mathrm{d}t}\right|$$

将上述结论和楞次定律结合起来,得到既反映电动势大小又反映电动势方向的电磁感应定律.为此,先规定回路的绕行正方向,并根据这个方向按右手螺旋定则确定回路所围曲面的法线 $\boldsymbol{n}$ 的正方向.若磁感线沿 $\boldsymbol{n}$ 方向穿过曲面,则磁通量 Φ 为正.这时,若回路中磁通量增加,即 $\mathrm{d}\Phi>0$,如图13.3(a)所示,则由楞次定律,感应电流的磁通量应为负值,以阻碍原磁通量的增加,其磁感线只能逆 $\boldsymbol{n}$ 方向穿过曲面.按右手螺旋定则,感应电流应沿回路的负方向流动,即与规定的回路正方向相反,所以感应电动势 $\mathscr{E}_{\mathrm{i}}<0$.若回路中磁通量减少,即 $\mathrm{d}\Phi<0$,如图13.3(b)所示,则由楞次定律,感应电流的磁通量应为正值,以阻碍原磁通量的减少,其磁感线沿 $\boldsymbol{n}$ 方向穿过曲面.按右手螺旋定则,感应电流应沿回路正方向流动,所以感应电动势 $\mathscr{E}_{\mathrm{i}}>0$.如果在规定了回路的正方向以后,磁感线逆 $\boldsymbol{n}$ 方向穿过曲面,则 Φ 为负.这种情况的讨论留给读者,结论是相同的,即不论回路的磁通量如何变化,感应电动势的符号与 $\mathrm{d}\Phi$ 的符号相反.因此,电磁感应的规律可写成

$$\mathscr{E}_{\mathrm{i}} = -\frac{\mathrm{d}\Phi}{\mathrm{d}t} \tag{13.1}$$

上式称为法拉第电磁感应定律.式中负号反映感应电动势的方向,是楞次定律的数学表示.

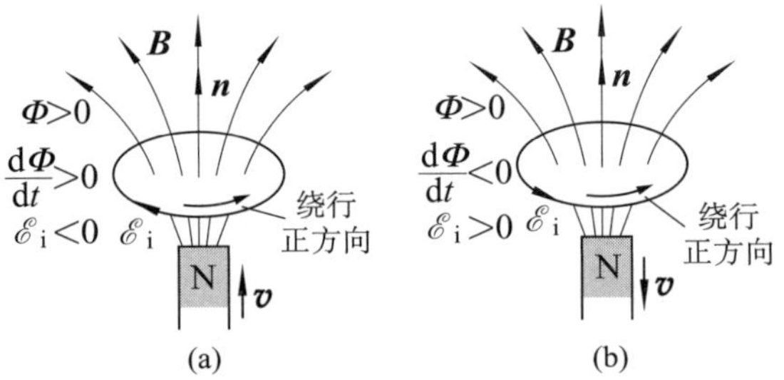

图 13.3

若闭合回路是 N 匝密绕线圈,则当磁通量发生变化时,其总电动势为

$$\mathscr{E}_{\mathrm{i}} = -N\frac{\mathrm{d}\Phi}{\mathrm{d}t} = -\frac{\mathrm{d}\Psi}{\mathrm{d}t} \tag{13.2}$$

式中 $\Psi = N\Phi$ 称为线圈的**磁通链数**(简称磁链)或全磁通,表示通过 N 匝密绕线圈的总磁通量.

13.1.4　感应电流和感应电量

设闭合导体回路中的总电阻为 R,由全电路欧姆定律,回路中的**感应电流**为

$$I_i = \frac{\mathscr{E}_i}{R} = -\frac{1}{R}\frac{d\Phi}{dt} \tag{13.3}$$

上式中的负号和式(13.1)中的负号具有相同的意义.

设在时刻 t_1 到 t_2 时间内,通过闭合导体回路的磁通量由 Φ_1 变为 Φ_2,那么,对式(13.3)积分,就可以求得在这段时间内通过回路导体任一截面的总电量 q_i. 该电量称为**感应电量**,即

$$q_i = \int_{t_1}^{t_2} I_i dt = -\frac{1}{R}\int_{\Phi_1}^{\Phi_2} d\Phi = \frac{1}{R}(\Phi_1 - \Phi_2) \tag{13.4}$$

上式表明,在一段时间 Δt 内,通过回路导体截面的感应电量 q_i 和这段时间内通过回路所围面积的磁通量的变化量成正比,而和磁通量的变化率无关. 如果测出在某段时间内通过回路导体任一截面的感应电量 q_i,而且回路电阻 R 为已知,则可求得在这段时间内通过回路所围面积的磁通量的变化量. 常用的磁通计就是根据这个原理设计制成的.

例 13.1　矩形框导体的一边 ab 可以平行滑动,长为 l. 整个矩形回路放在磁感强度大小为 B、方向与其平面垂直的均匀磁场中,如图 13.4 所示. 若导线 ab 以恒定的速率 v 向右运动,求闭合回路的感应电动势.

解　以固定边的位置为坐标原点,向右为 Ox 轴正方向. 设 t 时刻 ab 边的坐标为 x,取顺时针方向为 $baOdb$ 回路的绕行正方向,则 t 时刻穿过回路的磁通量为

$$\Phi = BS = Blx$$

当导线匀速向右移动时,穿过回路的磁通量将发生变化,回路的感应电动势为

$$\mathscr{E}_i = -\frac{d\Phi}{dt} = -Bl\frac{dx}{dt} = -Blv$$

负号表示感应电动势的方向与回路的正方向相反,即沿回路的逆时针方向.

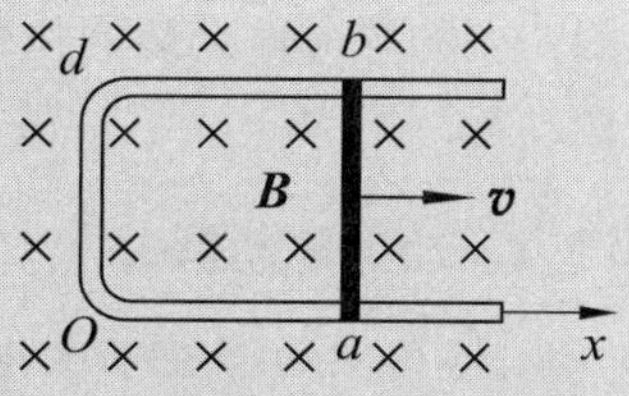

图 13.4

也可由 $\left|\frac{d\Phi}{dt}\right|$ 算出感应电动势的大小,再根据楞次定律判断其方向.

例 13.2　图 13.5 所示是一空心的密绕螺绕环示意图,设其单位长度上匝数为 $n=50\ \text{cm}^{-1}$,横截面积为 $S=20\ \text{cm}^2$,其上套一线圈 A,共有匝数 $N=5$. 线圈 A 与一电流计联成闭合回路,回路电阻为 $R=5\ \Omega$. 如果螺绕环中的电流 I 按 $0.2\ \text{A}\cdot\text{s}^{-1}$ 的变化率增加,试求线圈 A 中的感应电动势和感应电流.

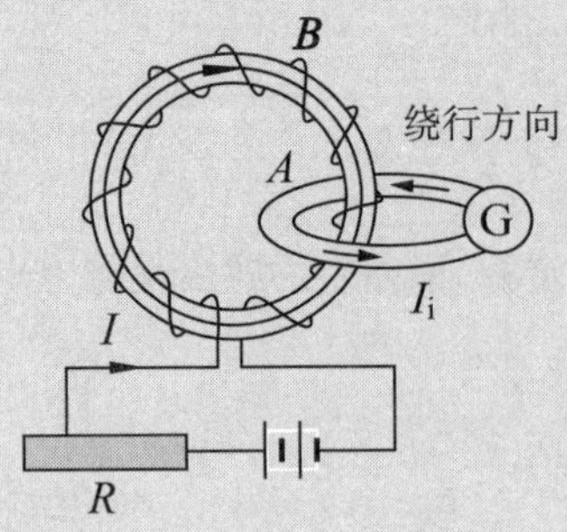

图 13.5

解 设线圈 A 所围回路绕行正方向如图所示. 环形螺线管内部的磁感强度大小为

$$B = \mu_0 nI$$

方向如图. 因为磁场完全集中于环内, 所以穿过线圈 A 的磁通链数为

$$\Psi = N\Phi = -NBS = -\mu_0 nISN$$

由此求得线圈 A 中的感应电动势的大小为

$$\mathscr{E}_i = -\frac{d\Psi}{dt} = \mu_0 nSN\frac{dI}{dt}$$

即

$$\mathscr{E}_i = 4\pi\times10^{-7}\ \text{Wb}\cdot\text{A}^{-1}\cdot\text{m}^{-1}\times50\times10^2\ \text{m}^{-1}\times20\times10^{-4}\ \text{m}^2 \times5\times0.2\ \text{A}\cdot\text{s}^{-1} = 1.26\times10^{-5}\ \text{V}$$

回路的电阻 $R=5\ \Omega$, 所以感应电流为

$$I_i = \frac{\mathscr{E}_i}{R} = \frac{1.26\times10^{-5}\ \text{V}}{5\ \Omega} = 2.5\times10^{-6}\ \text{A}$$

可见当螺绕环中电流增大时, 线圈 A 中感应电动势和感应电流的方向与图中绕行方向一致, 与螺绕环中电流的环绕方向相反, 如图 13.5 所示.

13.2 感应电动势

上一节我们曾指出, 不论什么原因, 只要穿过回路中的磁通量发生变化, 回路中就要产生感应电动势. 欲使回路中磁通量发生变化, 不外乎两种方式: 一种是磁场不变化, 而导体在磁场中运动; 另一种是导体不动, 而磁场变化. 由前一种原因产生的感应电动势叫作**动生电动势**; 由后一种原因产生的感应电动势则叫**感生电动势**.

13.2.1 动生电动势

1. 洛伦兹力产生动生电动势

如图 13.6 所示, 恒定磁场中有一段导线 ab 正以速度 $\boldsymbol{v}$ 运动, 导线中的自由电子也随导线运动, 因而受洛伦兹力 $\boldsymbol{f}$ 的作用. 由于电子受到导线表面的约束, 所以在洛伦兹力作用下, 电子只能沿导线从 b 端向 a 端运动, 使 b 端积累正电荷, a 端积累负电荷, 从而在导线内产生静电场. 当作用于电子上的静电场力与洛伦兹力相平衡时, a、b 两端便有了恒定的电势差. 这时若用另一导线将 a、b 两端连接起来构成闭合导体回路, 在回路中就会出现感应电流, a、b 两端因电荷流动而减少的电荷会在洛伦兹力作用下不断地得到补充. 可见, 在磁场中运动的导线起着一个电源的作用, 产生电动势的非静电力就是洛伦兹力.

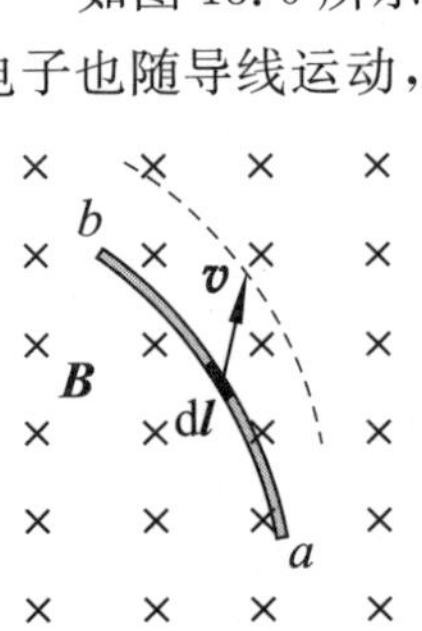

图 13.6

设导线元 d$\boldsymbol{l}$(方向为 $a\to b$)以 $\boldsymbol{v}$ 相对磁场运动时，导线元所在回路中电子相对导线的漂移速度为 $\boldsymbol{u}$，则 d$\boldsymbol{l}$ 上电子相对磁场的速度为 $\boldsymbol{u}+\boldsymbol{v}$，于是电子所受的洛伦兹力为

$$\boldsymbol{f} = -e(\boldsymbol{u}+\boldsymbol{v})\times\boldsymbol{B} \tag{13.5}$$

若以 $\boldsymbol{E}_{\mathrm{k}}$ 表示非静电场强，则有

$$\boldsymbol{E}_{\mathrm{k}} = \frac{\boldsymbol{f}}{-e} = (\boldsymbol{u}+\boldsymbol{v})\times\boldsymbol{B}$$

根据电动势的定义，导线元 d$\boldsymbol{l}$ 上的电动势为

$$\mathrm{d}\mathscr{E}_{\mathrm{i}} = \boldsymbol{E}_{\mathrm{k}}\cdot\mathrm{d}\boldsymbol{l} = [(\boldsymbol{u}+\boldsymbol{v})\times\boldsymbol{B}]\cdot\mathrm{d}\boldsymbol{l} = (\boldsymbol{u}\times\boldsymbol{B})\cdot\mathrm{d}\boldsymbol{l}+(\boldsymbol{v}\times\boldsymbol{B})\cdot\mathrm{d}\boldsymbol{l}$$

由于矢积 $\boldsymbol{u}\times\boldsymbol{B}\perp\boldsymbol{u}$，而 $\mathrm{d}\boldsymbol{l}/\!/\boldsymbol{u}$，所以

$$(\boldsymbol{u}\times\boldsymbol{B})\cdot\mathrm{d}\boldsymbol{l} = 0$$

因此

$$\mathrm{d}\mathscr{E}_{\mathrm{i}} = (\boldsymbol{v}\times\boldsymbol{B})\cdot\mathrm{d}\boldsymbol{l}$$

于是导线 ab 上的动生电动势为

$$\mathscr{E}_{\mathrm{i}} = \int_a^b \mathrm{d}\mathscr{E}_{\mathrm{i}} = \int_a^b (\boldsymbol{v}\times\boldsymbol{B})\cdot\mathrm{d}\boldsymbol{l} \tag{13.6}$$

式(13.6)是一段导体在恒定磁场中运动时所产生的动生电动势的一般计算式.

因为 $\boldsymbol{v}\times\boldsymbol{B}$ 是正电荷的受力方向，所以，当矢积 $\boldsymbol{v}\times\boldsymbol{B}$ 与 d$\boldsymbol{l}$ 成锐角时，$\mathscr{E}_{\mathrm{i}}$ 为正；成钝角时，$\mathscr{E}_{\mathrm{i}}$ 为负. 因此，由式(13.6)算出的电动势有正负之分，$\mathscr{E}_{\mathrm{i}}$ 为正时，表示电动势方向顺着 d$\boldsymbol{l}$ 的方向(a 端为负极，b 端为正极)；$\mathscr{E}_{\mathrm{i}}$ 为负时，则表示电动势的方向逆着 d$\boldsymbol{l}$ 的方向.

一个特例是直导线在均匀磁场 $\boldsymbol{B}$ 中的运动，并且其运动速度 $\boldsymbol{v}\perp\boldsymbol{B}$，如图 13.7所示. 设导线 ab 长为 l，与 $\boldsymbol{v}$ 的夹角为 θ，由式(13.6)可得

$$\mathscr{E}_{\mathrm{i}} = vBl\cos\left(\frac{\pi}{2}-\theta\right) = vBl\sin\theta = vBl_{\perp} \tag{13.7}$$

式中 $l_{\perp}$ 是导线 ab 在垂直于 $\boldsymbol{v}$ 方向的投影. 显然，在上述条件下，如果 $\boldsymbol{v}$ 与导线垂直，则有

$$\mathscr{E}_{\mathrm{i}} = vBl$$

这是中学物理中熟知的公式.

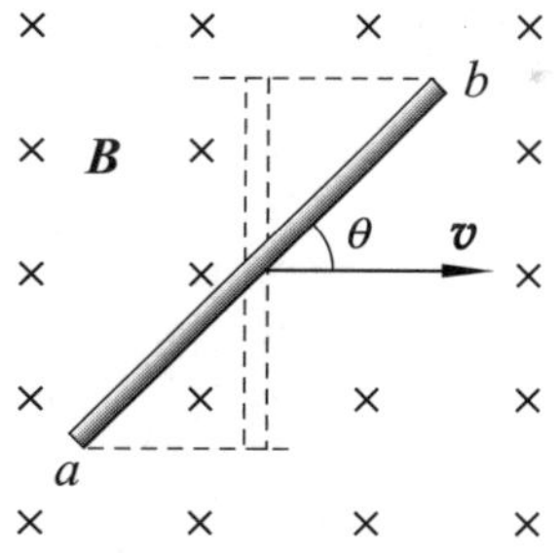

图 13.7

对于导体回路，式(13.6)应改写为

$$\mathscr{E}_{\mathrm{i}} = \oint_L (\boldsymbol{v}\times\boldsymbol{B})\cdot\mathrm{d}\boldsymbol{l} \tag{13.8}$$

若整个导体回路 L 都在磁场中运动，则上式就是回路中产生的总的动生电动势. 事实上，由 $\mathrm{d}\mathscr{E}_{\mathrm{i}} = (\boldsymbol{v}\times\boldsymbol{B})\cdot\mathrm{d}\boldsymbol{l}$ 可知，在 $\boldsymbol{v}/\!/\boldsymbol{B}$ 或 $\mathrm{d}\boldsymbol{l}/\!/\boldsymbol{B}$ 的那部分导体中都不产生电动势. 换句话说，只有在切割磁感线的那部分导体中才产生动生电动势，因此上式积分只需在这些导体上进行.

2. 动生电动势产生过程中的能量转换

在图 13.8 所示的闭合导体回路中，当导体棒 ab 运动而产生电动势时，在回路中就会有感应电流产生. 电流流动时，感应电动势要做功. 其做功的能量从

哪里来？考察导体棒运动时所受的力就可得出答案.设电路中感应电流为 I，则感应电动势做功的功率为

$$P = I\mathscr{E}_i = IBlv$$

通电导体棒 ab 在磁场中所受安培力的大小 $F_m=IlB$,方向向左.为了使导体棒匀速向右运动,必须有外力 $\boldsymbol{F}_{外}$ 与 $\boldsymbol{F}_m$ 平衡,它们大小相等,方向相反.因此,外力的功率为

$$P_{外} = F_{外}v = IlBv$$

这正好等于感应电动势做功的功率.由此可知,电路中感应电动势提供的电能是由外力做功所消耗的机械能转换而来的,这正是发电机的能量转换过程.

现在我们再来分析洛伦兹力做功的问题.由上面的讨论得知,洛伦兹力是产生动生电动势的原因,也就是说,洛伦兹力沿导线对电荷做功.这岂不与前述洛伦兹力对运动电荷不做功的结论相矛盾？事实上,由式(13.5)可知,电子所受的洛伦兹力 $\boldsymbol{f}$ 包括两个分力,不妨写为

$$\boldsymbol{f}_1 = -e\boldsymbol{v}\times\boldsymbol{B}$$

$$\boldsymbol{f}_2 = -e\boldsymbol{u}\times\boldsymbol{B}$$

如图 13.9 所示,图中 $\mathbf{V}=\boldsymbol{u}+\boldsymbol{v}$. $\boldsymbol{f}_1$ 作为产生动生电动势的非静电力对电子做正功,而大量自由电子因定向运动受到的力 $\boldsymbol{f}_2$(宏观上表现为安培力)则因其方向与导线运动方向相反而做负功.故洛伦兹力做功的功率为

$$P = (\boldsymbol{f}_1+\boldsymbol{f}_2)\cdot(\boldsymbol{u}+\boldsymbol{v}) = f_1u - f_2v = evBu - euBv = 0$$

结果表明,洛伦兹力 $\boldsymbol{f}$ 做功为零,或者说,$\boldsymbol{f}_1$ 和 $\boldsymbol{f}_2$ 两者做功的代数和为零.因此,洛伦兹力的作用并不提供能量,而只是传递能量.即外力克服 $\boldsymbol{f}_2$ 所做的功,通过 $\boldsymbol{f}_1$ 转化为感应电流的能量.

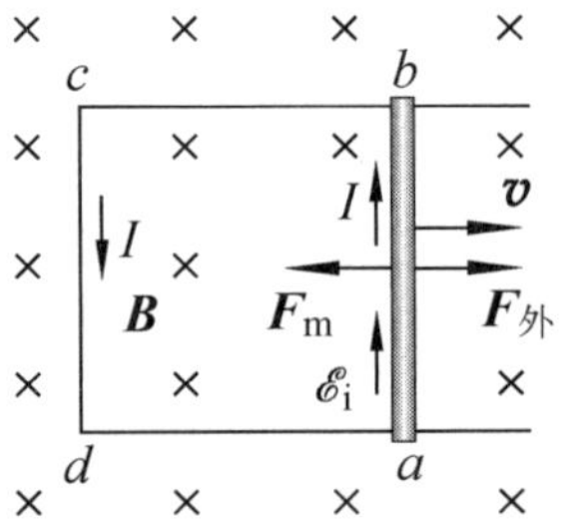

图 13.8

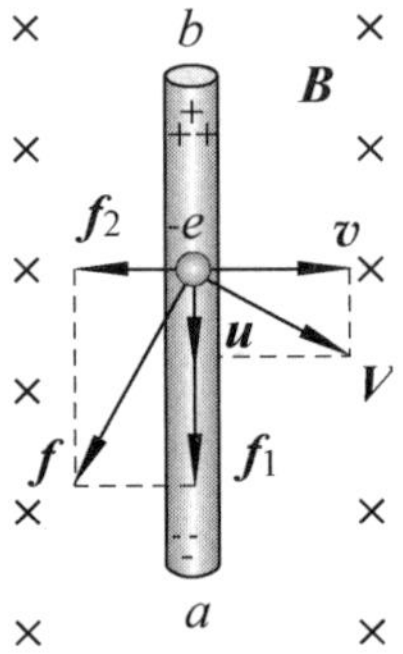

图 13.9

3. 动生电动势的计算

计算动生电动势一般有以下两种方法：

(1) 对于导体回路,可应用公式

$$\mathscr{E}_i = \oint_L (\boldsymbol{v}\times\boldsymbol{B})\cdot d\boldsymbol{l} \quad 或 \quad \mathscr{E}_i = -\frac{d\Phi}{dt}$$

(2) 对于不成回路的导体,可应用公式

$$\mathscr{E}_i = \int_a^b d\mathscr{E}_i = \int_a^b (\boldsymbol{v}\times\boldsymbol{B})\cdot d\boldsymbol{l}$$

或者设想一个合理的回路以便用法拉第电磁感应定律计算.

注意:在应用式(13.6)计算动生电动势时,必须先假设回路 L 的正方向或积分路径 $a\to b$ 的方向,所取 $\mathrm{d}\boldsymbol{l}$ 的方向即与假设方向一致.当计算出的 $\mathscr{E}_{\mathrm{i}}>0$ 时,表示 $\mathscr{E}_{\mathrm{i}}$ 的方向与假设方向一致,$\mathscr{E}_{\mathrm{i}}<0$ 则相反.

例 13.3　长为 L 的铜棒在磁感强度为 $\boldsymbol{B}$ 的均匀磁场中,以角速度 ω 在与磁场方向垂直的平面内绕棒的一端 O 匀速转动,如图 13.10 所示.求棒中的动生电动势.

解　设 L 的正方向为 $O\to A$,在铜棒上距 O 点 l 处取线元 $\mathrm{d}\boldsymbol{l}$,其方向沿 O 指向 A,其运动速度的大小为 $v=\omega l$.显然 $\boldsymbol{v}$、$\boldsymbol{B}$、$\mathrm{d}\boldsymbol{l}$ 相互垂直,所以 $\mathrm{d}\boldsymbol{l}$ 上的动生电动势为

$$\mathrm{d}\mathscr{E}_{\mathrm{i}}=(\boldsymbol{v}\times\boldsymbol{B})\cdot\mathrm{d}\boldsymbol{l}=-vB\,\mathrm{d}l$$

由此可得金属棒上总电动势为

$$\mathscr{E}_{\mathrm{i}}=\int_L\mathrm{d}\mathscr{E}_{\mathrm{i}}=-\int_0^L vB\,\mathrm{d}l=-\int_0^L B\omega l\,\mathrm{d}l=-\frac{1}{2}B\omega L^2$$

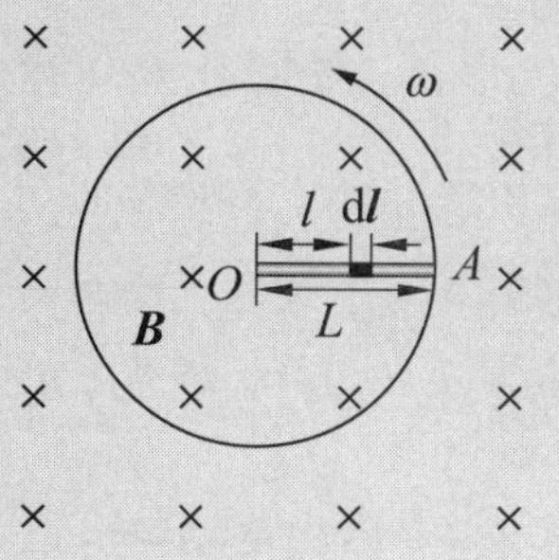

图 13.10

因为 $\mathscr{E}_{\mathrm{i}}<0$,所以 $\mathscr{E}_{\mathrm{i}}$ 的方向为 $A\to O$,即 O 点电势较高.事实上由 $\boldsymbol{v}\times\boldsymbol{B}$ 的指向即可判断 O 点电势较高.

如果这个问题中的铜棒换成半径为 L 的铜圆盘,结果如何,请读者思考.

例 13.4　直导线 ab 以速率 v 沿平行于长直载流导线的方向运动,ab 与直导线共面,且与它垂直,如图 13.11(a)所示.设直导线中的电流强度为 I,导线 ab 长为 L,a 端到直导线的距离为 d,求导线 ab 中的动生电动势,并判断哪一端电势较高.

解　(1)应用动生电动势定义式求解.

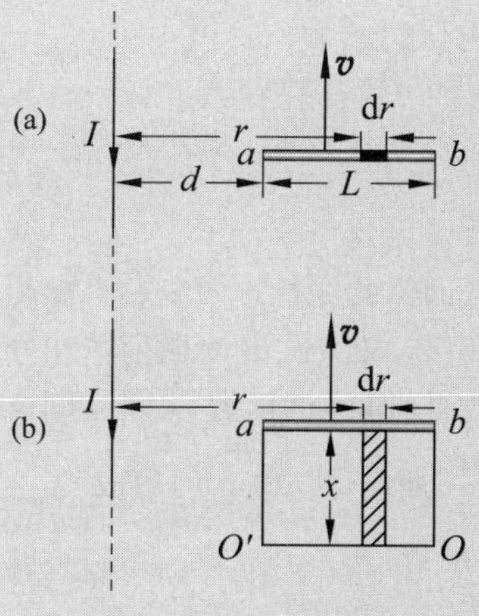

图 13.11

在导线 ab 所在的区域,长直载流导线在距其 r 处的磁感强度 $\boldsymbol{B}$ 的大小为

$$B=\frac{\mu_0 I}{2\pi r}$$

$\boldsymbol{B}$ 的方向垂直纸面向外.

设 L 的正方向为 $a\to b$,在导线 ab 上距载流导线 r 处取一线元 $\mathrm{d}\boldsymbol{r}$,方向向右.因 $\boldsymbol{v}\times\boldsymbol{B}$ 方向也向右,所以该线元中产生的电动势为

$$\mathrm{d}\mathscr{E}_{\mathrm{i}}=(\boldsymbol{v}\times\boldsymbol{B})\cdot\mathrm{d}\boldsymbol{r}=vB\,\mathrm{d}r=\frac{\mu_0 Iv}{2\pi r}\mathrm{d}r$$

故导线 ab 中的总电动势为

$$\mathscr{E}_{ab}=\int_a^b\mathrm{d}\mathscr{E}_{\mathrm{i}}=\int_d^{d+L}\frac{\mu_0 Iv}{2\pi r}\mathrm{d}r=\frac{\mu_0 Iv}{2\pi}\ln\frac{d+L}{d}$$

由于 $\mathscr{E}_{ab}>0$,表明电动势的方向由 a 指向 b,b 端电势较高.

(2) 应用电磁感应定律求解.

假想一个U形导体框与 ab 组成一个闭合回路，先算出回路的感应电动势. 由于U形框架不动，不产生动生电动势，因而，回路的感应电动势就是导线 ab 在磁场中运动时所产生的动生电动势.

设某时刻导线 ab 到U形框底边的距离为 x，如图 13.11(b)所示. 取顺时针方向为回路的正方向，则该时刻通过回路 $abOO'a$ 的磁通量为

$$\Phi = \int_S \boldsymbol{B}\cdot \mathrm{d}\boldsymbol{S} = \int_d^{d+L} -\frac{\mu_0 I}{2\pi r}x\,\mathrm{d}r = -\frac{\mu_0 I x}{2\pi}\ln\frac{d+L}{d}$$

导线 ab 上的动生电动势为

$$\mathscr{E}_{ab} = -\frac{\mathrm{d}\Phi}{\mathrm{d}t} = \frac{\mu_0 I}{2\pi}\ln\left(\frac{d+L}{d}\right)\frac{\mathrm{d}x}{\mathrm{d}t} = \frac{\mu_0 I v}{2\pi}\ln\frac{d+L}{d}$$

$\mathscr{E}_{ab}>0$ 表示电动势的方向与所选回路正方向相同，即沿顺时针方向. 因此，在导线 ab 上，电动势由 a 指向 b，b 端电势较高. 这与解法(1)的结果是一致的.

13.2.2 感生电动势

1. 感生电动势

如前所述，若导体回路不动，因磁场变化引起磁通量改变而产生的感应电动势叫作感生电动势. 产生感生电动势的非静电力显然不是洛伦兹力. 实验表明，在导体回路、变化磁场和周围环境诸因素中，感生电动势的出现只和磁场的变化有关. 麦克斯韦首先分析了这种情况，认为变化的磁场会在它的周围空间激发一种场，这种场对静止电荷有作用力，因此，本质上是电场. 这种电场称为**感生电场**. 正是这种感生电场提供的非静电力，驱使导体中的电子定向运动，产生感生电动势，并在导体回路中形成感应电流.

以 $\boldsymbol{E}_{\mathrm{i}}$ 表示感生电场的场强，根据电动势的定义及电磁感应定律，则有

$$\mathscr{E}_{\mathrm{i}} = \oint_L \boldsymbol{E}_{\mathrm{i}}\cdot \mathrm{d}\boldsymbol{l} = -\frac{\mathrm{d}\Phi}{\mathrm{d}t} \tag{13.9}$$

又有

$$\frac{\mathrm{d}\Phi}{\mathrm{d}t} = \frac{\mathrm{d}}{\mathrm{d}t}\int_S \boldsymbol{B}\cdot \mathrm{d}\boldsymbol{S}$$

式中 S 是回路 L 围成的曲面，S 的正法线方向与 L 回路的绕行方向成右手螺旋关系. 因回路不动，磁通量的变化仅由磁场 $\boldsymbol{B}$ 的变化引起，故上式 $\boldsymbol{B}$ 对曲面的积分和对时间的求导可以互换顺序. 同时，考虑到 $\boldsymbol{B}$ 一般既是时间 t 的函数，又是空间位置的函数，在回路位置不变的情况下，应该用 $\frac{\partial \boldsymbol{B}}{\partial t}$ 代替 $\frac{\mathrm{d}\boldsymbol{B}}{\mathrm{d}t}$，所以，式(13.9)可写成

$$\mathscr{E}_{\mathrm{i}} = \oint_L \boldsymbol{E}_{\mathrm{i}}\cdot \mathrm{d}\boldsymbol{l} = -\int_S \frac{\partial \boldsymbol{B}}{\partial t}\cdot \mathrm{d}\boldsymbol{S} \tag{13.10}$$

2. 感生电场

式(13.10)说明了感生电场与激发它的变化磁场之间的内在联系，也揭示了感生电场的一些性质. 我们知道静电场的环流 $\oint_L \boldsymbol{E}\cdot \mathrm{d}\boldsymbol{l} = 0$，表明静电场是保

守场，并因此引入电势的概念. 然而，在一般情况下，感生电场的环流$\oint_L \boldsymbol{E}_{\mathrm{i}} \cdot \mathrm{d}\boldsymbol{l}$并不为零(等于回路的感生电动势)，从而表明感生电场不是保守场，不能引入电势的概念. 从电场线的特征来说，静电场的电场线总是由正电荷出发到负电荷终止，而感生电场的电场线却始终是闭合的. 正因为如此，感生电场亦称为**涡旋电场**. 式中负号表明，当$\frac{\partial \boldsymbol{B}}{\partial t}$沿 S 面的正法线方向时，$\oint_L \boldsymbol{E}_{\mathrm{i}} \cdot \mathrm{d}\boldsymbol{l} < 0$，表明 $\boldsymbol{E}_{\mathrm{i}}$ 的电场线逆着 L 回路的方向绕行，即 $\boldsymbol{E}_{\mathrm{i}}$ 的电场线与$\frac{\partial \boldsymbol{B}}{\partial t}$的方向成**左手螺旋关系**，如图 13.12所示. 将式(13.10) 与磁场的安培环路定理相比较，形式上只相差一负号，正说明这一点.

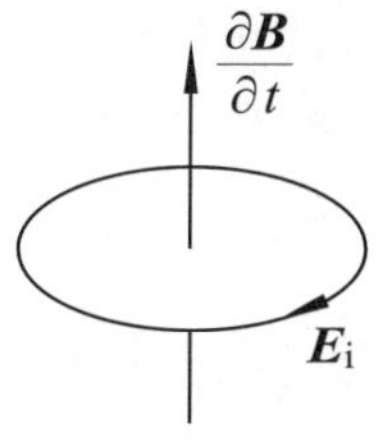

图 13.12

综上所述，自然界中存在着两种不同方式激发的电场：由静止电荷激发的静电场 $\boldsymbol{E}$ 和由变化磁场激发的涡旋电场 $\boldsymbol{E}_{\mathrm{i}}$. 它们虽然有本质差别，但也存在共同之处，即对处于电场中的电荷都施加作用力.

由于涡旋电场线是闭合的，所以对闭合曲面来讲，涡旋电场通量为零.

涡旋电场是由麦克斯韦作为假说提出的，但它的存在及其性质已为近代科学实验所证实.

应该指出，由法拉第建立的电磁感应定律是针对导体回路的，而麦克斯韦的假说却更具普遍意义，即使空间不存在导体，变化的磁场也要在空间产生感生电场，只是不会形成电流罢了.

感生电场的计算一般比较困难. 下面仅就一些特殊情况，说明其计算方法.

例 13.5　如图 13.13(a)所示，在半径为 R 的圆柱形区域内存在着垂直于纸面向里的均匀磁场 $\boldsymbol{B}$，当 B 以 $\mathrm{d}B/\mathrm{d}t$ 的恒定速率增强时，求空间各处感生电场的场强 $\boldsymbol{E}_{\mathrm{i}}$ 和同心圆回路的感生电动势.

解　由磁场分布的对称性和感生电场线的闭合性可知，感生电场线是一些以圆柱轴线为轴的同心圆，圆上各点场强的大小相等，方向沿圆的切线方向.

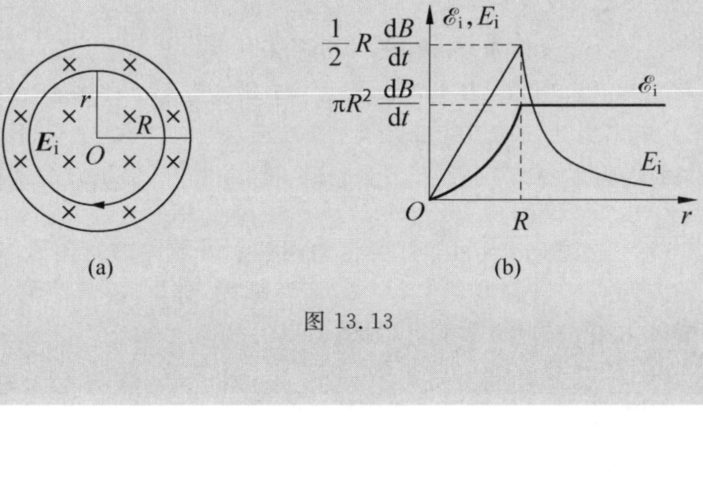

图 13.13

取一根电场线为计算回路 L,并取顺时针方向为其正方向,如图 13.13(a)所示.依题意 $\mathrm{d}\boldsymbol{B}/\mathrm{d}t$ 的方向与 $\boldsymbol{B}$ 的方向相同,因此与回路所围平面的正法线方向相同.设感生电场的场强 $\boldsymbol{E}_\mathrm{i}$ 的方向和回路的正向相同,于是由式(13.9)有

$$\oint_L \boldsymbol{E}_\mathrm{i}\cdot\mathrm{d}\boldsymbol{l} = 2\pi r E_\mathrm{i} = -\frac{\mathrm{d}}{\mathrm{d}t}\int_S B\,\mathrm{d}S$$

因为圆柱形区域内的磁场是均匀的,所以有

$$2\pi r E_\mathrm{i} = -\frac{\mathrm{d}}{\mathrm{d}t}(BS) = -\frac{\mathrm{d}B}{\mathrm{d}t}\cdot S$$

当圆形回路半径 $r<R$ 时,上式变为

$$2\pi r E_\mathrm{i} = -\frac{\mathrm{d}B}{\mathrm{d}t}\pi r^2$$

得

$$E_\mathrm{i} = -\frac{1}{2}r\frac{\mathrm{d}B}{\mathrm{d}t}$$

式中负号表示感生电场的方向与所设方向相反,即为逆时针方向.回路的感生电动势为

$$\mathscr{E}_\mathrm{i} = \oint_L \boldsymbol{E}_\mathrm{i}\cdot\mathrm{d}\boldsymbol{l} = 2\pi r E_\mathrm{i} = -\pi r^2\frac{\mathrm{d}B}{\mathrm{d}t}$$

回路的感生电动势亦可由电磁感应定律算出,即

$$\mathscr{E}_\mathrm{i} = -\frac{\mathrm{d}\Phi}{\mathrm{d}t} = -\frac{\mathrm{d}}{\mathrm{d}t}(BS) = -\pi r^2\frac{\mathrm{d}B}{\mathrm{d}t}$$

可见圆柱形区域内圆形回路上的 $\mathscr{E}_\mathrm{i}$ 与 r^2 成正比,其方向也是逆时针的.

当 $r>R$ 时,同理有

$$2\pi r E_\mathrm{i} = -\frac{\mathrm{d}B}{\mathrm{d}t}\pi R^2$$

$$E_\mathrm{i} = -\frac{1}{2}\frac{R^2}{r}\frac{\mathrm{d}B}{\mathrm{d}t}$$

相应地感生电动势为

$$\mathscr{E}_\mathrm{i} = \oint_L \boldsymbol{E}_\mathrm{i}\cdot\mathrm{d}\boldsymbol{l} = 2\pi r E_\mathrm{i} = -\pi R^2\frac{\mathrm{d}B}{\mathrm{d}t}$$

可见,圆柱形区域外 $\mathscr{E}_\mathrm{i}$ 为一常量,与 r 无关.$\boldsymbol{E}_\mathrm{i}$、$\mathscr{E}_\mathrm{i}$ 的方向也都沿圆形回路逆时针方向.

$E_\mathrm{i}(r)$和 $\mathscr{E}_\mathrm{i}(r)$的关系曲线,如图 13.13(b)所示.

上述计算结果表明,E_i 与 $\mathrm{d}\boldsymbol{B}/\mathrm{d}t$ 有关,与 $\boldsymbol{B}$ 本身无直接关系.而且,场中某点的 E_i 并不只由该点的 $\mathrm{d}\boldsymbol{B}/\mathrm{d}t$ 决定.如在圆柱外($r>R$)空间,B 和 $\mathrm{d}\boldsymbol{B}/\mathrm{d}t$ 都等于零,但 E_i 却不为零.

例 13.6 在上题以 $\mathrm{d}B/\mathrm{d}t>0$ 变化的圆柱形区域内的均匀磁场中,沿与磁场垂直的方向有一长为 $L(L<2R)$的金属细棒,如图 13.14 所示.求棒中感生电动势的大小,并判断两端电势的高低.

解　(1) 应用电动势的定义求解.

由上题结果,感生电场的电场线是一系列以圆柱轴线为轴的同心圆,方向为逆时针.设 $a\to b$ 为正方向,在棒上任取一线元 $\mathrm{d}\boldsymbol{l}$,如图 13.14所示,该线元处的感生电场强度的大小为

$$|E_\mathrm{i}|=\frac{1}{2}r\frac{\mathrm{d}B}{\mathrm{d}t}$$

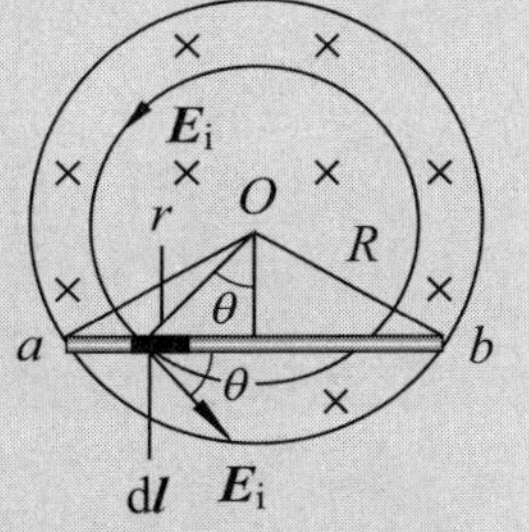

图 13.14

方向如图.因此线元 $\mathrm{d}\boldsymbol{l}$ 上感生电动势为

$$\mathrm{d}\mathscr{E}_\mathrm{i}=\boldsymbol{E}_\mathrm{i}\cdot\mathrm{d}\boldsymbol{l}=|\boldsymbol{E}_\mathrm{i}||\mathrm{d}\boldsymbol{l}|\cos\theta=\frac{1}{2}r\frac{\mathrm{d}B}{\mathrm{d}t}\cos\theta\mathrm{d}l$$

由图中几何关系,有

$$r\cos\theta=\sqrt{R^2-(L/2)^2}$$

所以棒中的感生电动势为

$$\mathscr{E}_{ab}=\int_0^L\frac{1}{2}r\frac{\mathrm{d}B}{\mathrm{d}t}\cos\theta\mathrm{d}l=\frac{1}{2}\frac{\mathrm{d}B}{\mathrm{d}t}\sqrt{R^2-\left(\frac{L}{2}\right)^2}\int_0^L\mathrm{d}l=\frac{L}{2}\frac{\mathrm{d}B}{\mathrm{d}t}\sqrt{R^2-\frac{L^2}{4}}$$

由于 $\mathscr{E}_{ab}>0$,所以 b 端电势较高.

(2) 应用电磁感应定律求解.

如图,作连线 Oa 和 Ob,组成一个假想的 $OabO$ 三角形回路,以顺时针方向为回路正方向.因磁场均匀,故任一 t 时刻穿过回路的磁通量为

$$\Phi=BS=B\cdot\frac{L}{2}\sqrt{R^2-\left(\frac{L}{2}\right)^2}$$

根据电磁感应定律,t 时刻回路的感应电动势为

$$\mathscr{E}_\mathrm{i}=-\frac{\mathrm{d}\Phi}{\mathrm{d}t}=-\frac{L}{2}\frac{\mathrm{d}B}{\mathrm{d}t}\sqrt{R^2-\left(\frac{L}{2}\right)^2}$$

该回路由 Ob、ba 和 aO 三段导线组成,故可写成

$$\mathscr{E}_\mathrm{i}=\oint_L\boldsymbol{E}_\mathrm{i}\cdot\mathrm{d}\boldsymbol{l}=\int_O^b\boldsymbol{E}_\mathrm{i}\cdot\mathrm{d}\boldsymbol{l}+\int_b^a\boldsymbol{E}_\mathrm{i}\cdot\mathrm{d}\boldsymbol{l}+\int_a^O\boldsymbol{E}_\mathrm{i}\cdot\mathrm{d}\boldsymbol{l}$$

由于在 Ob 和 aO 段上,$\boldsymbol{E}_\mathrm{i}\perp\mathrm{d}\boldsymbol{l}$,因此这两段的电动势为零.于是有

$$\mathscr{E}_\mathrm{i}=\int_b^a\boldsymbol{E}_\mathrm{i}\cdot\mathrm{d}\boldsymbol{l}=-\mathscr{E}_{ab}=-\frac{L}{2}\frac{\mathrm{d}B}{\mathrm{d}t}\sqrt{R^2-\frac{L^2}{4}}$$

因 $\mathscr{E}_\mathrm{i}<0$,$\mathscr{E}_\mathrm{i}$ 的方向与回路正方向相反,故知 b 端电势较高,与上面的结果一致.

例 13.7　如图 13.15 所示,磁场 $\boldsymbol{B}$ 中有一弯成 θ 角的金属架 COD,导体细棒 $MN\perp OD$,并以恒定速度 $\boldsymbol{v}$ 向右滑动.设 $t=0$ 时,细棒位置 $x_S=0$.试就下列情况求框架内的感应电动势 $\mathscr{E}_\mathrm{i}$.(1) $\boldsymbol{B}$ 为均匀场,方向垂直纸面向外;(2) $\boldsymbol{B}$ 为非均匀交变磁场,$B=kx\cos\omega t$,其中 k 和 ω 为正值常量.

解　设框架回路绕行正方向为逆时针方向,即 $O\to N\to M\to O$.

(1) 设任一 t 时刻,细棒运动到 x_S 处,则该时刻,穿过框架回路的磁通量为

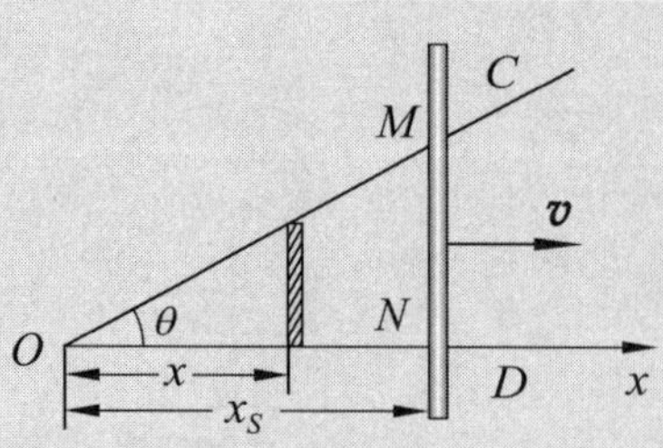

图 13.15

$$\Phi = BS = B\cdot\frac{x_S}{2}\cdot x_S\tan\theta = \frac{1}{2}x_S^2 B\tan\theta$$

根据法拉第电磁感应定律有

$$\mathscr{E}_i = -\frac{d\Phi}{dt} = -x_S\frac{dx_S}{dt}B\tan\theta$$

代入 $x_S = vt$, $dx_S/dt = v$,可得 t 时刻框架回路内的感应电动势为

$$\mathscr{E}_i = -v^2 tB\tan\theta$$

“—”号表明回路中感应电动势的方向为顺时针方向(MN 上电动势为 M 指向 N).

(2) 磁场非均匀,且随 t 变化.如图 13.15 所示,仍假设 t 时刻细棒运动到 x_S 处,在距 O 点 x 处作一宽为 dx 的面元 dS,则在时刻 t,穿过 dS 的磁通量为

$$d\Phi = BdS = Bx\tan\theta\cdot dx = kx\cos\omega t\cdot x\tan\theta dx = kx^2\cos\omega t\cdot\tan\theta dx$$

此时刻细棒 MN 位于 x_S 处,穿过框架回路的磁通量为

$$\Phi = \int d\Phi = \int_0^{x_S} k\cos\omega t\cdot\tan\theta\cdot x^2 dx = \frac{1}{3}kx_S^3\cos\omega t\cdot\tan\theta$$

根据法拉第电磁感应定律,t 时刻框架回路中的感应电动势为

$$\mathscr{E}_i = -\frac{d\Phi}{dt} = kv^3\tan\theta\left(\frac{1}{3}\omega t^3\sin\omega t - t^2\cos\omega t\right)$$

若 $\mathscr{E}_i > 0$,则电动势方向为逆时针方向;若 $\mathscr{E}_i < 0$,则为顺时针方向.

13.2.3 关于感应电动势相对性的说明

感应电动势分为动生和感生两种,在一定程度上只有相对的意义.例如,图 13.16(a)所示的情形,若在相对线圈静止的参考系中观察,看到的是磁场变化引起的感生电动势;而在随磁棒一起运动的参考系中观察,则是由于线圈在磁场中运动产生的动生电动势.可见,由于运动的相对性,有时在一个参考系中,感应电动势是动生的,而在另一个参考系中看来,就变成感生的了.这就是说,在某些情况下,可以通过坐标变换把感应电动势从一种类型变成另一种类型.然而,还应该看到,由坐标变换消除两种感应电动势的界限并非总是可能

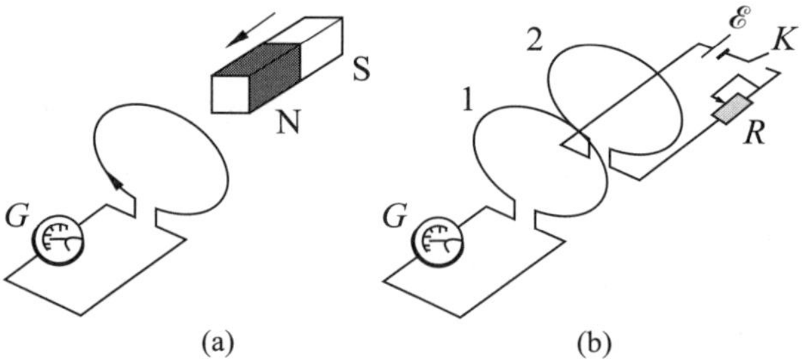

图 13.16

的. 例如,在图 13.16(b)中,通过改变线圈 2 中的电流在线圈 1 中产生的感生电动势,就无法通过坐标变换归为动生电动势.

13.3　自感和互感

电磁感应定律指出,当穿过一个回路的磁通量发生变化时,回路中就有感应电动势产生. 在大多数情况下,磁通量的变化是由电流变化引起的. 回路自身电流的变化可以引起穿过它的磁通量的变化,邻近回路电流的变化也可以引起穿过它的磁通量的变化. 本节对这两种情况分别进行讨论,由于铁磁质的磁性十分复杂,在以下讨论中如不加说明,均假定空间不存在铁磁质.

13.3.1　自感

1. 自感电动势和自感系数

因回路中电流变化而在自身回路中产生感应电动势的现象叫作自感现象,这种感应电动势叫作**自感电动势**.

自感现象可以通过实验观察到. 在图 13.17 所示的电路中,A、B 为两个相同的灯泡,L 为线圈,电阻 R 可调,以确保两个支路的电阻相等. 在开关 K 合上的瞬间,尽管两灯泡同时与电源相连,却发现灯泡 B 比灯泡 A 后达到稳定的相同亮度. 这是由于灯泡 B 与线圈串联,当流过它的电流"从无到有"增加时,穿过线圈的磁通量也随之增加. 根据楞次定律,线圈中的自感电动势要阻碍电流的增加,从而使灯泡 B 亮得缓慢些.

图 13.18 的电路可用来观察电路断开时的自感现象. G 是一个中间指零的电流计. 设灯泡 A 的电阻远大于线圈 L 的电阻,在接通电源较长时间后,$I_1 > I_2$. 在断开电源的瞬间,会看到电流计指针反向偏转,灯泡 A 发出短暂强光,然后才逐渐熄灭. 这是因为,在断开电源时,线圈 L 中的磁通量突然减少,根据电磁感应定律,线圈中将激起较大的自感电动势,阻碍电流的减小,力图维持原方向电流 I_1 不变. 但由于开关 K 已断开,只能在两个支路间形成电流回路,流过灯泡 A 的电流与原来 I_2 的方向相反,强度也较 I_2 大得多,从而发出短暂的强光.

图 13.17

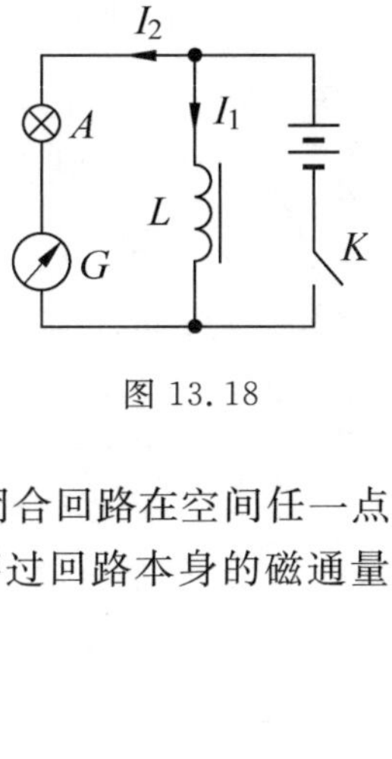

图 13.18

根据毕奥-萨伐尔定律,任何一个给定的闭合回路在空间任一点产生的磁感强度的大小都与回路的电流 I 成正比. 因此,穿过回路本身的磁通量也与 I 成正

比,若选电流方向为回路绕行正方向,则可写为

$$\Phi = LI \tag{13.11}$$

式中 L 叫作回路的**自感系数**,简称**自感**,它由回路的大小、形状、匝数以及周围磁介质的性质决定.如果这些因素不发生变化,则 L 为一常量.

根据电磁感应定律,回路中的自感电动势为

$$\mathscr{E}_L = -\frac{\mathrm{d}\Phi}{\mathrm{d}t} = -L\frac{\mathrm{d}I}{\mathrm{d}t} - I\frac{\mathrm{d}L}{\mathrm{d}t}$$

若 L 保持不变,则有

$$\mathscr{E}_L = -L\frac{\mathrm{d}I}{\mathrm{d}t} \tag{13.12}$$

若回路由 N 匝相同的线圈串联而成,且穿过每匝的磁通量都等于 Φ,则穿过回路的磁通链数 Ψ 也和电流 I 成正比,即

$$\Psi = N\Phi = LI$$

当 L 不变时,仍有

$$\mathscr{E}_L = -\frac{\mathrm{d}\Psi}{\mathrm{d}t} = -L\frac{\mathrm{d}I}{\mathrm{d}t}$$

不过这里的 L 是 N 匝线圈回路的自感系数.

由式(13.11)和式(13.12)可以分别得到

$$L = \frac{\Phi}{I} \tag{13.13}$$

$$L = -\frac{\mathscr{E}_L}{\mathrm{d}I/\mathrm{d}t} \tag{13.14}$$

以上两式表明,回路的自感系数 L 在量值上等于通过单位电流时穿过自身回路的磁通量,也等于电流的时间变化率为一个单位时,回路中自感电动势的大小.

需要指出,式(13.14)是由 $\Phi=LI$ 在 L 不变的情况下得到的.因此,只有在 L 不变的条件下它们才是等价的.自感系数一般不易计算,常由实验测定.根据式(13.14),只要测出回路的自感电动势 $\mathscr{E}_L$ 和 $\mathrm{d}I/\mathrm{d}t$ 就可算出回路的自感.在存在铁磁质的情况下,由于磁导率 μ 可变,故 L 还可能是电流 I 的函数.

在 SI 中,自感的单位为亨利,符号为 H,$1\ \mathrm{H}=1\ \mathrm{Wb\cdot A^{-1}}$.自感的常用单位还有毫亨(mH)和微亨($\mu$H),它们的关系是

$$1\ \mathrm{H} = 10^3\ \mathrm{mH} = 10^6\ \mu\mathrm{H}$$

2. 电磁惯性

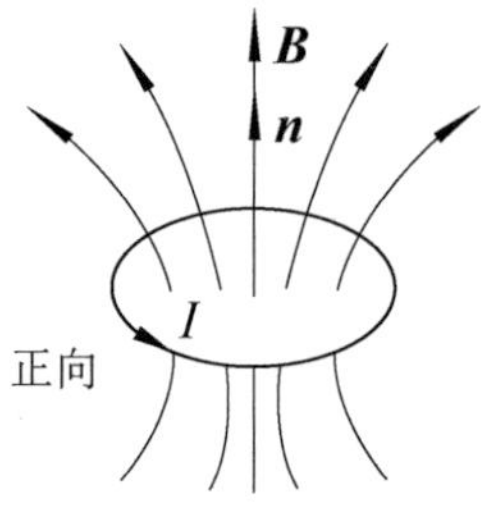

图 13.19

自感作为一种电磁感应现象,当然也遵从楞次定律.$\mathscr{E}_L=-L\dfrac{\mathrm{d}I}{\mathrm{d}t}$中的负号正是表示了楞次定律的内容.事实上,由于选定了电流的方向为回路的绕行正方向,如图 13.19 所示,$\mathscr{E}_L=-L\mathrm{d}I/\mathrm{d}t$ 中的负号表明,当 I 增大时,$\mathscr{E}_L<0$,即 $\mathscr{E}_L$ 与原电流方向相反;当 I 减小时,$\mathscr{E}_L>0$,即 $\mathscr{E}_L$ 与原电流方向相同.显然,自感电动势总是阻碍回路中电流的变化.而且,由 $\mathscr{E}_L=-L\mathrm{d}I/\mathrm{d}t$ 还

可以看到，L 越大，在同样的电流变化条件下 $\mathscr{E}_L$ 就越大，即阻碍作用越强，回路电流越不容易改变. 可见，自感总是企图使回路电流保持不变，这一性质与力学中物体的惯性有些相似，故称为**电磁惯性**. L 就是回路电磁惯性的量度.

自感作用有其有利的一面. 利用自感维持原有电路状态的特性，可以用来稳定电路中的电流，制作高频扼流圈等. 但是，自感作用也有其不利的一面，例如，具有很大自感系数的电路断开时，因电路中的电流变化很快，能产生很大的自感电动势，以致可能击穿线圈的绝缘层，或者在断开的间隙中产生强电弧，烧坏开关. 特别是在大功率的电机、大电流的电力系统中尤为严重. 因此，在实用中应该采取适当的措施，消除自感作用的不利影响.

例 13.8　一长为 l 的空心密绕直螺线管，其横截面半径为 $R(l\gg R)$，共绕有 N 匝. 求自感系数.

解　设螺线管通有电流 I，忽略漏磁和边缘效应，可以认为管内磁场均匀分布，磁感强度为

$$B=\mu_0 nI=\mu_0\frac{N}{l}I$$

磁链为

$$\Psi=N\Phi=NBS=\mu_0\frac{N^2}{l}I\pi R^2$$

由自感系数的定义可得

$$L=\frac{\Psi}{I}=\mu_0\frac{N^2}{l}\pi R^2=\mu_0\left(\frac{N}{l}\right)^2\pi R^2 l=\mu_0 n^2 V$$

式中 $n=N/l$ 为螺线管单位长度上的匝数，$V=\pi R^2 l$ 为螺线管的体积.

不难看出，如果将一根导线对折后再平行密绕成螺线管，则可消除管内磁场，也就消除了自感.

例 13.9　两个厚度可略的同轴圆筒状导体组成的"无限长"电缆，其间充满了磁导率为 μ 的磁介质，内、外圆筒的半径分别为 R_1 和 R_2，均匀流过大小相等方向相反的电流 I，如图 13.20 所示. 求单位长度电缆的自感系数.

解　根据安培环路定理，在内圆筒之内和外圆筒之外的空间，磁感强度都为零，而在两圆筒之间距轴线 r 处磁感强度的大小为

$$B=\frac{\mu}{2\pi r}I$$

方向与内筒电流成右手螺旋关系.

电缆的电流回路是电缆纵截面在两圆筒上截出的平行往返回路. 考虑长为 l 的回路部分，穿过距轴线 $r\sim r+\mathrm{d}r$ 微小截面的磁通量为

$$\mathrm{d}\Phi=\boldsymbol{B}\cdot\mathrm{d}\boldsymbol{S}=Bl\,\mathrm{d}r=\frac{\mu}{2\pi}Il\frac{\mathrm{d}r}{r}$$

总磁通量为

$$\Phi=\int\mathrm{d}\Phi=\int_{R_1}^{R_2}\frac{\mu}{2\pi}Il\frac{\mathrm{d}r}{r}=\frac{\mu}{2\pi}Il\ln\frac{R_2}{R_1}$$

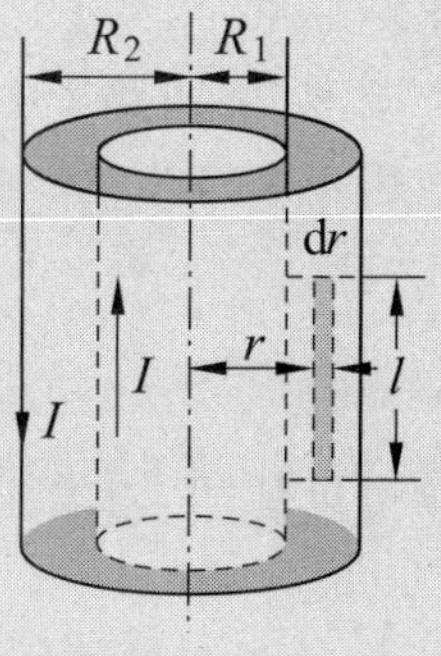

图 13.20

由 $\Phi=LI$，可得长为 l 的电缆的自感系数为

$$L=\frac{\Phi}{I}=\frac{\mu}{2\pi}l\ln\frac{R_2}{R_1}$$

于是，单位长度电缆的自感系数为 $\frac{\mu}{2\pi}\ln\frac{R_2}{R_1}$.

由于 L 均匀分布于整个电缆，所以叫作**分布电感**. 对于一般尺寸的电缆，计算结果表明，分布电感比较小. 电流变化的频率较低时(如一般的电力传输)，分布电感引起的自感电动势常可以忽略不计. 但是，当电流变化的频率很高时，如通信、微波和计算机技术中涉及的高频信号，由于 $\mathrm{d}I/\mathrm{d}t$ 很大，可以产生不可忽视的自感电动势，以致干扰信号的正常传输.

13.3.2 互感

一个回路中电流变化在另一个回路中产生感应电动势的现象，叫作互感现象，这种感应电动势叫作**互感电动势**. 工程和实验室中经常用的变压器、感应圈等，都是根据这一原理制成的.

设有两个邻近的载流导线回路 1 和 2，分别通有电流 I_1 和 I_2，如图 13.21 所示. 用 Φ_{21} 表示回路 1 中电流 I_1 产生的磁场穿过回路 2 的磁通量. 根据毕奥-萨伐尔定律，在 I_1 产生的磁场中，任一点的磁感强度都与 I_1 成正比，因此，穿过回路 2 的磁通量 Φ_{21} 也必然和 I_1 成正比，若取回路 2 绕行正方向与 I_1 一致，写成等式为

$$\Phi_{21}=M_{21}I_1$$

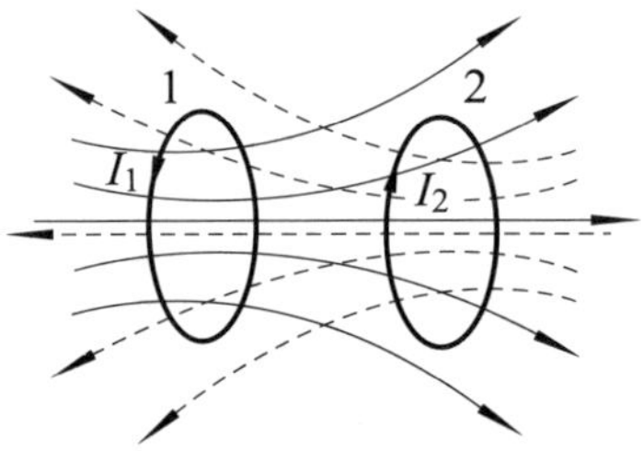

图 13.21

式中比例系数 M_{21} 叫作回路 1 对回路 2 的**互感系数**，简称**互感**. 它和两回路的大小、形状、匝数、相对位置及周围磁介质的分布有关. 如果这些因素不变，M_{21} 就是一个常量. 当 I_1 发生变化时，回路 2 中产生的感应电动势为

$$\mathscr{E}_{21}=-\frac{\mathrm{d}\Phi_{21}}{\mathrm{d}t}=-M_{21}\frac{\mathrm{d}I_1}{\mathrm{d}t}$$

上式中的"－"说明互感电动势的效果是阻碍产生互感电动势的电流的变化.

同理，由回路 2 中电流 I_2 产生的磁场穿过回路 1 的磁通量 Φ_{12} 和因 I_2 变化在回路 1 中产生的感应电动势 $\mathscr{E}_{12}$ 分别为

$$\Phi_{12}=M_{12}I_2$$

$$\mathscr{E}_{12}=-\frac{\mathrm{d}\Phi_{12}}{\mathrm{d}t}=-M_{12}\frac{\mathrm{d}I_2}{\mathrm{d}t}$$

可以证明，对给定的一对导体回路，有

$$M_{12}=M_{21}=M$$

M 叫作这两个导体回路的互感系数，简称互感. 这样，便有

$$\begin{cases}\Phi_{12}=MI_2\\ \Phi_{21}=MI_1\end{cases}\tag{13.15}$$

$$\begin{cases} \mathscr{E}_{12} = -M\dfrac{\mathrm{d}I_2}{\mathrm{d}t} \\ \mathscr{E}_{21} = -M\dfrac{\mathrm{d}I_1}{\mathrm{d}t} \end{cases} \tag{13.16}$$

由这两组式子可以看出，互感在量值上等于一个回路通以一个单位电流时穿过另一个回路的磁通量，也等于一个回路电流的时间变化率为一个单位时，在另一回路中激起的感应电动势. 如果回路不是单匝线圈，式中相应的磁通量应为磁通链数. 和讨论自感的情况类似，仅当 M 为常量时，式(13.15)和式(13.16)才是等价的.

互感系数是描述两个回路之间相互影响、耦合程度或互感能力的物理量. M 的值越大，两回路之间的互感作用就越强. 互感系数和自感系数具有相同的单位，也是亨利.

一般说来，回路 1 的电流产生的磁场通过自身回路的磁通量 Φ_{11} 与它通过回路 2 的磁通量 Φ_{21} 是不相等的. 通常 $\Phi_{21} \leqslant \Phi_{11}$，等号表示回路自身的磁通量全部通过另一个回路，这种情况称为无漏磁. 据此，Φ_{21} 和 Φ_{11} 之间的关系可表示为

$$\Phi_{21} = K_1\Phi_{11} \qquad (0 \leqslant K_1 \leqslant 1)$$

同理

$$\Phi_{12} = K_2\Phi_{22} \qquad (0 \leqslant K_2 \leqslant 1)$$

因为

$$\Phi_{21} = MI_1, \quad \Phi_{12} = MI_2$$

又有

$$\Phi_{11} = L_1I_1, \quad \Phi_{22} = L_2I_2$$

可得

$$M = \sqrt{K_1K_2} \cdot \sqrt{L_1L_2} = K\sqrt{L_1L_2} \quad (0 \leqslant K \leqslant 1)$$

式中 $K=\sqrt{K_1K_2}$，称为回路 1 和回路 2 之间的**耦合系数**. 显然，仅当无漏磁时，$K=1$. 在这种情况下，$M=\sqrt{L_1L_2}$，而在一般情况下，$M<\sqrt{L_1L_2}$.

需要指出的是，在一般情况下，当所讨论的回路附近有其他回路存在时，应该同时考虑自感和互感这两个因素. 当一种效应较之另一种效应占明显优势时，才可近似地作为单一的自感或互感问题处理.

例 13.10　一长直导线与一单匝矩形回路共面，如图 13.22所示. 设线圈的长和宽分别为 a 和 b，长边与直导线平行，近距为 d，求互感系数.

解　长直导线可看作是在无限远处闭合的回路的一部分. 由于 $M_{12}=M_{21}=M$，为方便起见，我们计算长直导线对矩形回路的互感. 设长直导线中的电流为 I，其周围空间磁场为

$$B = \frac{\mu_0 I}{2\pi r}$$

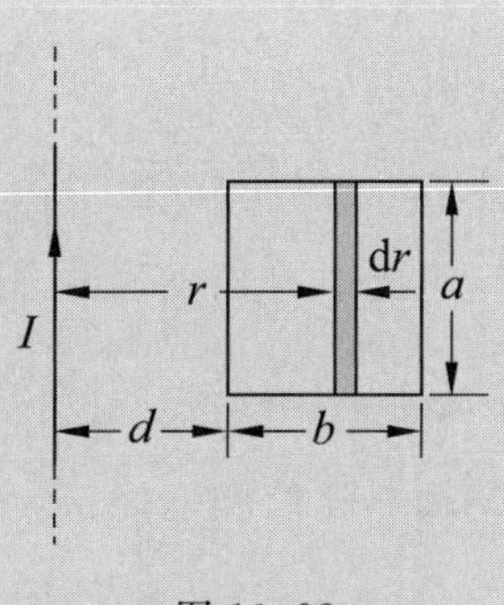

图 13.22

因此通过矩形回路的磁通量为

$$\Phi=\int_S \boldsymbol{B}\cdot \mathrm{d}\boldsymbol{S}=\int_S B\,\mathrm{d}S=\int_d^{d+b}\frac{\mu_0 I}{2\pi r}a\,\mathrm{d}r=\frac{\mu_0 Ia}{2\pi}\ln\frac{d+b}{d}$$

互感系数为

$$M=\frac{\Phi}{I}=\frac{\mu_0 a}{2\pi}\ln\frac{d+b}{d}$$

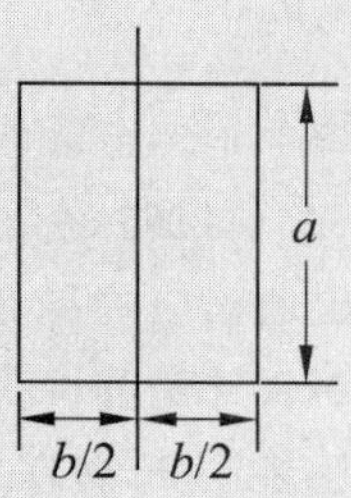

图 13.23

若本题中的矩形线圈以直导线为对称轴放置，如图 13.23 所示，容易算出 $M=0$. 这是消除直导线与矩形线圈互感的方法之一. 不难看出，只要使回路 1 中电流产生的磁通量不通过回路 2，或使通过回路 2 的磁通量代数和为零，就可以消除互感. 反之亦然.

13.4 磁场能量

13.4.1 自感储能

我们知道，一个充电的电容器具有能量. 实验表明，一个通电的线圈也具有能量. 在前面讨论的图 13.18 所示的电路中，在断开电源后，灯泡 A 还能发出短暂强光，然后才逐渐熄灭. 这能量从何而来？电源已不再供给电路能量，灯泡发光所需的能量只能来自通电的线圈. 通电线圈之所以具有能量，是因为在建立线圈电流的过程中，总是伴随着自感现象的发生，电源必须克服自感电动势做功. 根据能量守恒与转化定律，这个功应转化为通电线圈所具有的能量.

将自感为 L 的线圈接通电源，在线圈中的电流由零增加到稳定值的过程中，假定某时刻线圈中的电流为 i，自感电动势 $\mathscr{E}_L=-L\mathrm{d}i/\mathrm{d}t$，那么，在 $\mathrm{d}t$ 时间内，电源克服自感电动势所做的元功为

$$\mathrm{d}A=-\mathscr{E}_L i\,\mathrm{d}t=Li\,\mathrm{d}i$$

线圈中电流从零增大到 I 的过程中，电源克服自感电动势所做的总功为

$$A=\int\mathrm{d}A=\int_0^I Li\,\mathrm{d}i=\frac{1}{2}LI^2$$

这个功就等于通电线圈电流为 I 时储存的能量，用 W_m 表示，有

$$W_\mathrm{m}=\frac{1}{2}LI^2 \tag{13.17}$$

上式表明，自感线圈中储存的能量与自感系数及通过的电流有关.

对比电容器储存电能的公式 $W_\mathrm{e}=\dfrac{Q^2}{2C}$，可知电容器是储存电能的器件，而自感线圈是储存磁能的器件.

13.4.2 磁能和磁能密度

我们知道，线圈通电后，其周围将建立起磁场. 电源克服自感电动势做功的过程，就是磁场逐步建立的过程. 当线圈电流变化时，磁场强弱也随之变化. 因此可以说，通电线圈的能量就是磁场的能量，简称**磁能**. 既然式(13.17)就是通

电线圈中磁场能量的表达式，那么用磁场的场量如何表示这一能量呢？

由例 13.8 的讨论可知，通电螺线管内磁感强度和螺线管的自感系数分别为

$$B = \mu n I$$

$$L = \mu n^2 V$$

将它们代入式(13.17)中，则有

$$W_{\mathrm{m}} = \frac{1}{2}\mu n^2 V\left(\frac{B}{\mu n}\right)^2 = \frac{B^2}{2\mu}V$$

式中 V 为所讨论的螺线管的体积. 上式表明，磁场能量不仅和磁感强度的大小有关，还和磁场占有的体积有关. 也就是说，磁能定域于磁场的整个体积之中.

我们把单位体积磁场的能量称为**磁能密度**，用 w_{m} 表示. 由于一个长直通电螺线管的磁场基本限制在管内，且管内磁场近乎均匀，因此有

$$w_{\mathrm{m}} = \frac{W_{\mathrm{m}}}{V} = \frac{B^2}{2\mu}$$

利用 $H=B/\mu$，上式还可写成

$$w_{\mathrm{m}} = \frac{1}{2}BH = \frac{1}{2}\mu H^2 \tag{13.18}$$

需要指出，式(13.18)虽然是从特例导出的，但可以证明，在任何磁场中任一点的磁能密度都可用上式表示. 因此，磁场储存的总能量为

$$W_{\mathrm{m}} = \int_V w_{\mathrm{m}}\mathrm{d}V = \int_V \frac{1}{2}BH\,\mathrm{d}V \tag{13.19}$$

上式积分应遍及所讨论的磁场分布的空间.

例 13.11 求例 13.9 中同轴电缆单位长度内的磁能.

解 根据安培环路定理，在内外圆筒之间的空间内，距轴线 r 处的磁场强度大小为

$$H = \frac{I}{2\pi r}$$

而在其余空间 $H=0$.

根据磁场分布的对称性，取一个与电缆同轴的薄圆筒状体积元 $\mathrm{d}V$，它由半径为 r 和 $r+\mathrm{d}r$、长为 l 的两个圆柱面围成，则 $\mathrm{d}V=2\pi rl\mathrm{d}r$. 该体积元中的磁能密度和磁能为

$$w_{\mathrm{m}} = \frac{1}{2}\mu H^2 = \frac{\mu I^2}{8\pi^2 r^2}$$

$$\mathrm{d}W_{\mathrm{m}} = w_{\mathrm{m}}\mathrm{d}V = \frac{\mu I^2}{8\pi^2 r^2}2\pi rl\,\mathrm{d}r$$

因此，长为 l 的一段电缆的总磁能为

$$W_{l\mathrm{m}} = \int \mathrm{d}W_{\mathrm{m}} = \int_{R_1}^{R_2}\frac{\mu I^2}{4\pi}\frac{\mathrm{d}r}{r} = \frac{\mu I^2}{4\pi}\ln\frac{R_2}{R_1}$$

单位长度电缆内的磁能为

$$W_{\mathrm{m}} = \frac{W_{\mathrm{m}}}{l} = \frac{\mu I^2}{4\pi}\ln\frac{R_2}{R_1}$$

由磁能与自感的关系式(13.17),即得单位长度电缆的自感系数

$$L=\frac{2W_{\mathrm{m}}}{I^2}=\frac{\mu}{2\pi}\ln\frac{R_2}{R_1}$$

结果与例 13.9 相同. 这是计算 L 的很重要的一种方法.

13.5 电磁感应的应用

电磁感应现象在工程技术、电磁测量和科学研究等方面,有着极为广泛的应用. 这里仅举几例简要说明电磁感应在高新科学技术中的应用.

13.5.1 电子感应加速器

电子感应加速器是一种利用变化磁场产生的感生电场对电子进行加速,以获得高速电子束的装置. 电子感应加速器的主要部分如图 13.24 所示. 圆形电磁铁两极间有一环形真空室,在频率为每秒数十至数百周的强交变电流的激励下,在环形真空室内产生交变磁场,从而产生感生电场,其电场线为一系列同心圆. 由电子枪注入其中的电子,在洛伦兹力作用下作圆周运动,同时在圆周上被涡旋电场加速. 如磁场按一定的规律增强,电子就会在速度不断增加的过程中,仍然绕一稳定的圆形轨道运动.

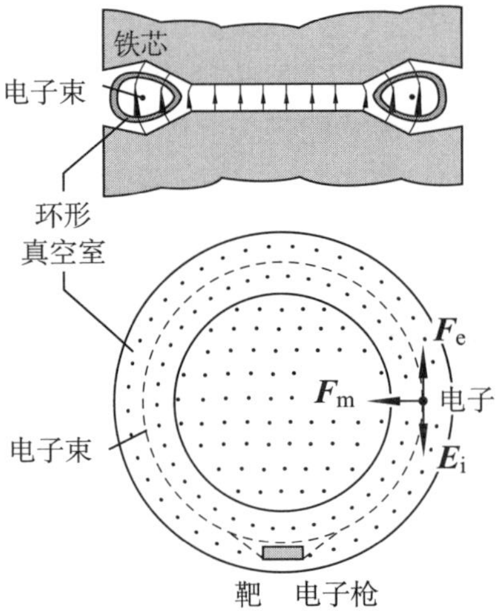

图 13.24

由于磁场和电场都是交变的,因此在电流变化的一个周期内,只有当电场的方向与电子绕行方向相反时,电子才能得到加速. 电场方向一变,电子反而要减速. 所以在每次电子束注入并得到加速后,一定要在电场方向变化之前把电子束引出使用. 因为电子注入真空室的初速度相当大,在电场未改变方向之前,电子已绕行数十万圈并一直受到电场加速,故能获得相当高能量的电子. 目前采用的电子感应加速器,小的可将电子加速到数十万 eV,大的可达数百万 eV.

利用电子感应加速器得到的高能电子束轰击靶,可产生硬 X 射线及人工 γ 射线,用于研究某些核反应和制备一些放射性同位素. 此外,由于电子感应加速器结构较简单,造价较低,因此在工业及医疗等方面还常用来做无损探伤、射线治疗等.

13.5.2 涡流及其应用

当大块导体,特别是金属导体处在变化的磁场中时,由于通过金属块的磁通量发生变化,因此在金属块中产生感应电动势,从而产生电流. 这些电流在金属内部形成一个个闭合回路,故称作涡电流,又叫**涡流**.

1. 高频感应炉

涡流热效应

如果在一个圆柱形的金属导体上绕以线圈，当线圈中通以交变电流时，导体将处在交变磁场中. 由于圆柱形金属导体可以看成套在一起的一层一层的圆筒，每层圆筒都相当于一个回路，因此在交变磁场的激发下，每一层都会产生交变的感生电动势（或涡旋电场）. 导体中的载流子在涡旋电场的作用下，形成环形感应电流，这就是**涡流**. 因为整块金属导体的电阻很小，所以涡流很大，能产生大量的焦耳热. 这就是感应加热的原理.

涡流产生的热量还与交流电的频率有关. 我们知道，感应电动势的大小与磁通量随时间的变化率成正比，因此，涡流与交流电的频率成正比. 在涡流产生的磁场可以忽略的条件下，根据焦耳-楞次定律，电流产生的热量与电流的平方成正比，所以涡流产生的热量也与交流电频率的平方成正比. 工厂中冶炼合金时常用的高频感应炉，就是利用金属块中产生的涡流所放出的热量使金属块熔化的，如图 13.25所示. 这种方法具有加热速度快、易控制、材料不受沾污等优点.

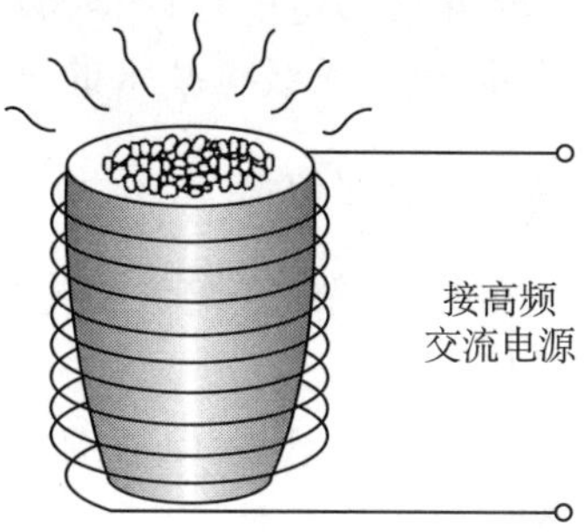

图 13.25

涡流的热效应应用很广. 除上述应用以外，还可以用来进行表面淬火、焊接；在半导体材料和器件的制备中也常用到.

2. 阻尼摆

阻尼摆和非阻尼摆

金属导体在非均匀磁场中运动时也会产生涡流. 如图 13.26 所示，由一块厚铜片做成的摆锤，可以在电磁铁两极的间隙中摆动. 电磁铁的线圈没有通电时，摆锤可以自由摆动；电磁铁的线圈通电后，摆锤的摆动就会很快停止下来，好像是在某种黏性很大的液体中运动似的，这种现象叫作**电磁阻尼**. 电磁阻尼的原理，就是导体在非均匀磁场中运动时产生涡流，根据楞次定律，涡流的方向总是使其产生的磁场阻碍产生涡流的原因，即阻碍导体和磁场的相对运动.

图 13.26

在一些电磁仪表中，常利用电磁阻尼使摆动的指针迅速地停止在平衡位置. 电度表中的制动铝盘，也利用了电磁阻尼效应；电气火车的电磁制动器等也都是根据电磁阻尼的原理设计的.

事物总是一分为二的，在有些情况下涡流是有害的. 例如，变压器和电机中的铁芯由于处在交流电的变化磁场中，因而铁芯内部要产生涡流，使铁芯发热. 这不仅浪费了电能，而且由于不断发热，导致铁芯温度升高，使得导线间绝缘材料性能下降. 温度过高时，绝缘材料会被烧坏，损坏变压器或电机，造成事故. 因此，对变压器、电机这类设备，应当尽量减少涡流. 为此，一般电机和变压器中的铁芯都不是整块的铁，而是用一片片彼此绝缘的硅钢片叠合而成.减少涡流的另一措施是选择电阻率较高的材料做铁芯.电机、变压器的铁芯用硅钢片而不用铁片的原因之一,就是硅钢片的电阻率比铁大得多.对于高频器件,如收音机中的磁性天线、中频变压器等,由于线圈中电流变化的频率很高,为了减少涡流损耗,均采用电阻率很高的半导体磁性材料(铁氧体)作磁芯.

13.6 麦克斯韦电磁场理论简介

到现在为止,我们已经学习了静电场、恒定磁场以及电磁感应的一系列重要规律.本节是电磁理论的总结,介绍麦克斯韦方程组.

麦克斯韦电磁理论是物理学中最伟大的成就之一,它奠定了经典电动力学的基础,也为无线电技术的进一步发展开辟了广阔前景.

13.6.1 位移电流

在13.2节,介绍了变化的磁场能产生涡旋电场,那么,变化的电场能否产生磁场呢?

我们知道,恒定电流的磁场遵从安培环路定理,即

$$\oint_L \boldsymbol{H}\cdot \mathrm{d}\boldsymbol{l} = \sum_{L内} I_i$$

等式右边是穿过以 L 为边界的任意曲面的传导电流的代数和.如图13.27(a)所示,闭合回路 L 环绕着电流 I,该电流通过以 L 为边线的平面 S_1,也同样通过以 L 为边线的口袋形曲面 S_2.由于恒定电流是闭合的,所以对于确定的闭合回路,安培环路定理与曲面 S 的形状无关.

现在我们考察图13.27(b)所示的含有电容器的电路.由于电容器的充放电,电路中的电流不再恒定.在这种情况下,安培环路定理是否还成立呢?容易看出,对于 S_1 面,$\oint_L \boldsymbol{H}\cdot \mathrm{d}\boldsymbol{l} \neq 0$;而对于 S_2 面,却有 $\oint_L \boldsymbol{H}\cdot \mathrm{d}\boldsymbol{l} = 0$.显然,两者是互相矛盾的.为了克服这一矛盾,修正安培环路定理,麦克斯韦于1864年提出了一个重要的假设——**位移电流**.在实验证实了电磁波的存在后,为位移电流的假设提供了最有力的证据.

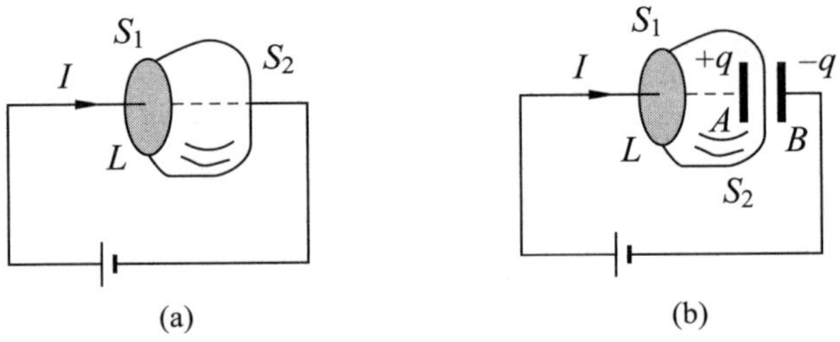

图 13.27

在图13.27(b)的充放电电路中,无论是充电,还是放电,导体中的传导电

流都在极板处中断并导致回路中传导电流不连续.虽然电容器极板间没有传导电流,但其间却存在变化的电场.设某一时刻电容器 A 板的带电量为 $+q$,面电荷密度为 σ;B 板的带电量为 $-q$,面电荷密度为 $-\sigma$,则极板间电位移矢量的大小为

$$D = \sigma = \frac{q}{S}$$

极板间的电位移通量为

$$\Phi_D = DS = q$$

由于在充放电的非恒定过程中,q、D 和 Φ_D 都随时间 t 变化,因而有

$$\frac{\mathrm{d}D}{\mathrm{d}t} = \frac{\mathrm{d}\sigma}{\mathrm{d}t}, \quad \frac{\mathrm{d}\Phi_D}{\mathrm{d}t} = \frac{\mathrm{d}D}{\mathrm{d}t}\cdot S = \frac{\mathrm{d}q}{\mathrm{d}t}$$

根据电荷守恒定律,电容器极板上自由电荷随时间的变化率应等于导线中的传导电流 I,即

$$\frac{\mathrm{d}q}{\mathrm{d}t} = I$$

所以,极板间电位移通量随时间的变化率和传导电流 I 在量值上相等,即

$$\frac{\mathrm{d}\Phi_D}{\mathrm{d}t} = I$$

根据以上分析,虽然极板间的传导电流为零,但在任何时刻,极板间电位移 D 的时间变化率 $\mathrm{d}D/\mathrm{d}t$ 和电位移通量 Φ_D 的时间变化率 $\mathrm{d}\Phi_D/\mathrm{d}t$ 都分别等于传导电流密度 j 和传导电流 I.

再看方向.由于电容器充电时,电容器两极板间的电场增强,因此 $\mathrm{d}\boldsymbol{D}/\mathrm{d}t$ 的方向与 $\boldsymbol{D}$ 的方向相同,也与导线中传导电流的方向相同;电容器放电时,两极板间的电场减弱,故 $\mathrm{d}\boldsymbol{D}/\mathrm{d}t$ 与 $\boldsymbol{D}$ 的方向相反,但仍和导线中传导电流的方向一致.

麦克斯韦提出位移电流的假设,并定义:电场中某一点**位移电流密度** $\boldsymbol{j}_D$ 等于该点电位移矢量对时间的变化率;通过电场中某一截面的**位移电流** I_D 等于通过该截面的电位移通量 Φ_D 随时间的变化率.即

$$\boldsymbol{j}_D = \frac{\partial \boldsymbol{D}}{\partial t}, \quad I_D = \frac{\mathrm{d}\Phi_D}{\mathrm{d}t} \tag{13.20}$$

式中应用了偏导数是考虑到电位移 $\boldsymbol{D}$ 不一定只是 t 的函数.

可见,引入位移电流以后,在电容器极板处中断了的传导电流 I,被间隙中的位移电流 I_D 所接替,从而使电路中的电流保持连续性.

传导电流和位移电流之和称为全电流,记为 I_S,即

$$I_S = I + I_D \tag{13.21}$$

由以上讨论可知,引入位移电流以后,使得全电流在电流非恒定情况下也保持连续.因此,在电流非恒定情况下,安培环路定理应推广为

$$\oint_L \boldsymbol{H}\cdot\mathrm{d}\boldsymbol{l} = I + I_D = I_S \tag{13.22a}$$

或

$$\oint_L \boldsymbol{H}\cdot\mathrm{d}\boldsymbol{l} = \int_S \left(\boldsymbol{j} + \frac{\partial \boldsymbol{D}}{\partial t}\right)\cdot\mathrm{d}\boldsymbol{S} \tag{13.22b}$$

上式称为**全电流安培环路定理**.它表明,位移电流和传导电流一样,能在其周围

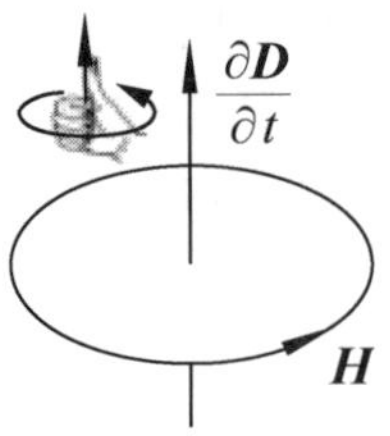

图 13.28

空间产生磁场. 磁场强度 $\boldsymbol{H}$ 沿任意闭合回路的环流等于通过此回路所围曲面的全电流. 不难看出,位移电流所激发的有旋磁场,与回路 L 中的 $\frac{\partial \boldsymbol{D}}{\partial t}$ 也成右手螺旋关系,如图 13.28所示.

应当指出,位移电流本质上就是变化着的电场,并没有真实的电荷在空间运动. 我们之所以称之为电流,仅仅是因为其磁效应与传导电流等效. 显然,形成位移电流不需要导体,因此它不产生焦耳热.

另外,由于位移电流激发的磁场磁感线是闭合的,所以对闭合曲面来讲,其通量为零.

例 13.12 极板半径 $R=0.2\ \mathrm{m}$ 的圆形平行板电容器,某一时刻正以 $I=10\ \mathrm{A}$的电流充电. 求此时在距极板轴线 $r_1=0.1\ \mathrm{m}$ 处和 $r_2=0.3\ \mathrm{m}$ 处的磁感强度(忽略边缘效应).

解 如图 13.29(a)所示. 由于两极板间的电场对圆形平板具有轴对称性,因此磁场的分布也具有轴对称性,磁感线都是垂直于电场而圆心在圆板中心轴线上的同心圆,其绕向与$\frac{\partial \boldsymbol{D}}{\partial t}$的方向成右手螺旋关系;同一圆周上磁场强度 $\boldsymbol{H}$ 的大小处处相等.

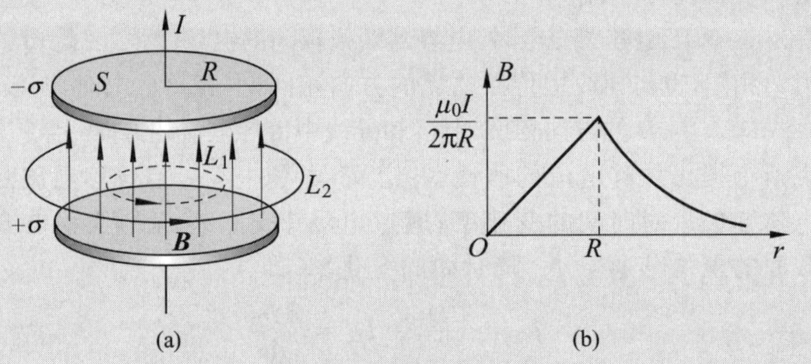

图 13.29

在和极板间电场垂直的平面上取半径为 $r_1(<R)$ 的圆周作为积分回路 L_1,方向与磁感线方向一致. 磁场强度的环流为

$$\oint_{L_1} \boldsymbol{H}_1 \cdot \mathrm{d}\boldsymbol{l} = H_1 \cdot 2\pi r_1 = I_D \qquad ①$$

式中 I_D 为回路 L_1所包围的位移电流. 因极板间电场均匀,且 $D=\sigma=\frac{q}{\pi R^2}$,故有

$$I_D = j_D S_1 = \frac{\mathrm{d}D}{\mathrm{d}t} S_1 = \frac{1}{\pi R^2}\frac{\mathrm{d}q}{\mathrm{d}t}\pi r_1^2 \qquad ②$$

式中 S_1 为回路 L_1 所围圆的面积. 将式②代入式①,得

$$H_1 = \frac{I_D}{2\pi r_1} = \frac{Ir_1}{2\pi R^2}$$

由此得

$$B_1 = \mu_0 H_1 = \frac{\mu_0 I r_1}{2\pi R^2} = \frac{4\pi \times 10^{-7}\ \mathrm{N \cdot A^{-2}} \times 10\ \mathrm{A} \times 0.1\ \mathrm{m}}{2\pi \times (0.2\ \mathrm{m})^2} = 5 \times 10^{-6}\ \mathrm{T}$$

再取半径为 $r_2(>R)$的圆周作为积分回路 L_2，注意到极板外 $D=0$，则回路 L_2 所包围的位移电流 I'_D 为

$$I'_D = j_D \cdot \pi R^2 = \frac{\mathrm{d}q}{\mathrm{d}t} = I$$

因此有

$$B_2 = \mu_0 H_2 = \frac{\mu_0 I'_D}{2\pi r_2} = \frac{\mu_0 I}{2\pi r_2} = \frac{4\pi \times 10^{-7}\ \mathrm{N \cdot A^{-2}} \times 10\ \mathrm{A}}{2\pi \times 0.3\ \mathrm{m}} = 6.7 \times 10^{-6}\ \mathrm{T}$$

磁场方向如图 13.29(a)中所示. 图 13.29(b)画出了极板间磁感强度的大小随 r(场点到中心轴距离)变化的关系.

位移电流的引入直接揭示了“变化的电场激发磁场”的实质，体现了电场和磁场的内在联系和依存关系，反映了自然现象的对称性. 感生电场假说定律说明变化的磁场能激发涡旋电场，位移电流的论点说明变化的电场能激发涡旋磁场，两种变化的场永远相互联系着，形成统一的电磁场. 无线电波的发现及其广泛的实际应用已证明涡旋电场、位移电流的概念的正确性，它们是麦克斯韦电磁场理论的重要基础.

13.6.2　麦克斯韦方程组

回顾我们学过的静电场和恒定磁场的基本性质和规律，有如下四条重要定理.

(1) 静电场的高斯定理

$$\oint_S \boldsymbol{D}^{(1)} \cdot \mathrm{d}\boldsymbol{S} = q \tag{13.23}$$

它表明静电场是有源场，电荷是产生电场的源.

(2) 静电场的环路定理

$$\oint_L \boldsymbol{E}^{(1)} \cdot \mathrm{d}\boldsymbol{l} = 0 \tag{13.24}$$

它表明静电场是保守(无旋、有势)场.

(3) 恒定磁场的高斯定理

$$\oint_S \boldsymbol{B}^{(1)} \cdot \mathrm{d}\boldsymbol{S} = 0 \tag{13.25}$$

它表明恒定磁场是无源场.

(4) 恒定磁场的环路定理

$$\oint_L \boldsymbol{H}^{(1)} \cdot \mathrm{d}\boldsymbol{l} = I \tag{13.26}$$

它表明恒定磁场是非保守(有旋)场. 上面四个方程中 $\boldsymbol{D}^{(1)}$、$\boldsymbol{E}^{(1)}$、$\boldsymbol{B}^{(1)}$ 和 $\boldsymbol{H}^{(1)}$ 各量分别表示由静止电荷和恒定电流产生的场，q 为高斯面 S 内自由电荷的代数

和，I 为穿过闭合回路 L 的传导电流的代数和.

此外，还有磁场变化时的规律，即法拉第电磁感应定律

$$\mathscr{E}_{\mathrm{i}}=-\frac{\mathrm{d}\Phi_B}{\mathrm{d}t}=-\frac{\mathrm{d}}{\mathrm{d}t}\int_S \boldsymbol{B}\cdot\mathrm{d}\boldsymbol{S}$$

这些规律是在不同的实验条件下得到的，它们的适用范围各不相同.

为了获得普遍情况下相互协调一致的电磁规律，麦克斯韦全面考察了这些规律，提出了“位移电流”和“涡旋电场”的假设，揭示了电场和磁场的内在联系，即变化的电场能产生磁场，变化的磁场能产生电场，变化的电场和变化的磁场总是互相联系在一起，形成统一的电磁场. 麦克斯韦归纳出描述统一电磁场的一组方程.

麦克斯韦认为，在一般情况下，电场既包括自由电荷产生的静电场，也包括变化磁场产生的涡旋电场，总电场是两种电场的矢量和. 同样，磁场既包括传导电流产生的磁场，也包括位移电流产生的磁场，总磁场是两种磁场的矢量和. 我们以上标(2)标记涡旋电场和位移电流产生的磁场，则有

$$\boldsymbol{E}=\boldsymbol{E}^{(1)}+\boldsymbol{E}^{(2)},\quad \boldsymbol{D}=\boldsymbol{D}^{(1)}+\boldsymbol{D}^{(2)}$$
$$\boldsymbol{B}=\boldsymbol{B}^{(1)}+\boldsymbol{B}^{(2)},\quad \boldsymbol{H}=\boldsymbol{H}^{(1)}+\boldsymbol{H}^{(2)}$$

其中涡旋电场的环流和变化磁场的关系可表示为

$$\oint_L \boldsymbol{E}^{(2)}\cdot\mathrm{d}\boldsymbol{l}=-\frac{\mathrm{d}\Phi_B}{\mathrm{d}t}=-\int_S \frac{\partial \boldsymbol{B}}{\partial t}\cdot\mathrm{d}\boldsymbol{S} \tag{13.27}$$

位移电流在其周围空间产生磁场，该磁场的环流为

$$\oint_L \boldsymbol{H}^{(2)}\cdot\mathrm{d}\boldsymbol{l}=I_D=\int_S \frac{\partial \boldsymbol{D}}{\partial t}\cdot\mathrm{d}\boldsymbol{S} \tag{13.28}$$

另外，由于涡旋电场的电场线和位移电流产生的磁场的磁感线均是闭合的，它们对闭合曲面的通量没有贡献，即 $\oint_S \boldsymbol{E}^{(2)}\cdot\mathrm{d}\boldsymbol{S}=0$，$\oint_S \boldsymbol{B}^{(2)}\cdot\mathrm{d}\boldsymbol{S}=0$，这样就得到了一般情况下电磁场必须满足的麦克斯韦方程组的积分形式

$$\begin{cases}\oint_S \boldsymbol{D}\cdot\mathrm{d}\boldsymbol{S}=q=\int_V \rho\,\mathrm{d}V\\ \oint_L \boldsymbol{E}\cdot\mathrm{d}\boldsymbol{l}=-\int_S \frac{\partial \boldsymbol{B}}{\partial t}\cdot\mathrm{d}\boldsymbol{S}\\ \oint_S \boldsymbol{B}\cdot\mathrm{d}\boldsymbol{S}=0\\ \oint_L \boldsymbol{H}\cdot\mathrm{d}\boldsymbol{l}=I+I_D=\int_S\left(\boldsymbol{j}+\frac{\partial \boldsymbol{D}}{\partial t}\right)\cdot\mathrm{d}\boldsymbol{S}\end{cases} \tag{13.29}$$

式中 ρ 为自由电荷密度，$\boldsymbol{j}$ 为传导电流密度.

为了能够描述电磁场中各点的情况，我们不加证明地给出麦克斯韦方程组的微分形式

$$\begin{cases}\nabla\cdot\boldsymbol{D}=\rho\\ \nabla\times\boldsymbol{E}=-\frac{\partial \boldsymbol{B}}{\partial t}\\ \nabla\cdot\boldsymbol{B}=0\\ \nabla\times\boldsymbol{H}=\boldsymbol{j}+\frac{\partial \boldsymbol{D}}{\partial t}\end{cases} \tag{13.30}$$

式中 $\boldsymbol{D}$ 和 $\boldsymbol{E}$、$\boldsymbol{B}$ 和 $\boldsymbol{H}$、$\boldsymbol{j}$ 和 $\boldsymbol{E}$ 不是彼此独立的，都与介质的性质有关. 对于各向同性介质有如下关系式：

$$\begin{cases} \boldsymbol{D} = \varepsilon \boldsymbol{E} = \varepsilon_0 \varepsilon_r \boldsymbol{E} \\ \boldsymbol{B} = \mu \boldsymbol{H} = \mu_0 \mu_r \boldsymbol{H} \\ \boldsymbol{j} = \gamma \boldsymbol{E} \end{cases} \tag{13.31}$$

我们知道，静止电荷和恒定电流所产生的场的场量只是空间坐标的函数，而与时间 t 无关. 但是，在一般情况下，方程组(13.29)中各场量都是空间坐标和时间的函数，因此，它比式(13.23)～式(13.26)具有更为丰富的意义. 应用麦克斯韦方程组，再加上 $\boldsymbol{E}$ 和 $\boldsymbol{H}$ 所满足的边界条件以及初始条件，便可确定空间某一点在某一时刻的电磁场.

不难看出，当存在随时间变化的电场或磁场时，由于变化的电场、磁场互相激发，并以有限的速度在空间由近及远地传播出去，离场源一定距离处的场并不由该时刻场源的情况决定，而是由此时刻之前的某一时刻场源的情况决定，所以即使场源消失，电磁场还可以继续存在. 有场的地方就有能量，这就证明了场是能量的携带者，能量定域于场中. 这是**场的物质性**的最有力的证明. 麦克斯韦方程组完整、系统地反映了电场和磁场的本质及其内在的联系，它们的关系可用图 13.30 表示. 自然界的特征之一是具有对称性，麦克斯韦方程组正是反映了电磁场具有明显的对称性.

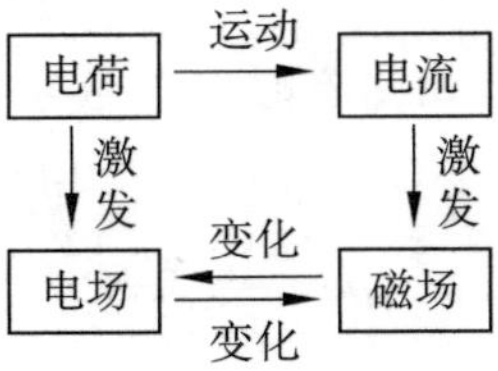

图 13.30

需要指出，麦克斯韦电磁理论是从宏观电磁理论总结出来的，可以应用在各种宏观电磁现象中. 将之推广到高速运动领域，它仍然是正确的，可用来研究高速运动电荷的电磁场及一般辐射问题. 然而，在分子原子等微观过程中的电磁现象，需要用更普遍的量子电动力学来解决，宏观电磁场理论可看成是量子电动力学在一定条件下的近似.

内容提要

1. 法拉第电磁感应定律

感应电动势：$\mathscr{E}_{\mathrm{i}}=-\dfrac{\mathrm{d}\Phi}{\mathrm{d}t}$，$\mathscr{E}_{\mathrm{i}}=-N\dfrac{\mathrm{d}\Phi}{\mathrm{d}t}=-\dfrac{\mathrm{d}\Psi}{\mathrm{d}t}$.

感应电流：$I_{\mathrm{i}}=\dfrac{\mathscr{E}_{\mathrm{i}}}{R}=-\dfrac{1}{R}\dfrac{\mathrm{d}\Phi}{\mathrm{d}t}$.

感应电量：$q_{\mathrm{i}}=\int_{t_1}^{t_2}I_i\mathrm{d}t=\dfrac{1}{R}(\Phi_1-\Phi_2)$.

2. 动生电动势(非静电力是洛伦兹力)

$$\mathscr{E}_{\mathrm{i}}=\int_a^b(\boldsymbol{v}\times\boldsymbol{B})\cdot\mathrm{d}\boldsymbol{l},\quad \mathscr{E}_{\mathrm{i}}=\oint_L(\boldsymbol{v}\times\boldsymbol{B})\cdot\mathrm{d}\boldsymbol{l}=-\frac{\mathrm{d}\Phi}{\mathrm{d}t}$$

3. 感生电动势(非静电力是涡旋电场力)

$$\mathscr{E}_{\mathrm{i}}=\int_a^b\boldsymbol{E}_{\mathrm{i}}\cdot\mathrm{d}\boldsymbol{l},\quad \mathscr{E}_{\mathrm{i}}=\oint_L\boldsymbol{E}_{\mathrm{i}}\cdot\mathrm{d}\boldsymbol{l}=-\frac{\mathrm{d}\Phi}{\mathrm{d}t}$$

4. 自感和互感

$$L=\frac{\Phi}{I},\quad \mathscr{E}_L=-L\frac{\mathrm{d}I}{\mathrm{d}t}\quad(L\text{ 不变})$$

$$M=\frac{\Phi_{21}}{I_1}=\frac{\Phi_{12}}{I_2},\quad \mathscr{E}_{21}=-M\frac{\mathrm{d}I_1}{\mathrm{d}t},\quad \mathscr{E}_{12}=-M\frac{\mathrm{d}I_2}{\mathrm{d}t}\quad(M\text{ 不变})$$

$$M\leqslant\sqrt{L_1L_2}\quad(\text{无漏磁时取等号})$$

5. 磁能密度　磁场能量

$$w_{\mathrm{m}}=\frac{1}{2}BH=\frac{1}{2}\mu H^2=\frac{1}{2\mu}B^2$$

$$W_{\mathrm{m}}=\int_V w_{\mathrm{m}}\mathrm{d}V,\quad W_{\mathrm{m}}=\frac{1}{2}LI^2$$

6. 麦克斯韦方程组

1) 麦克斯韦的两个假设——涡旋电场和位移电流

位移电流密度和强度：$\boldsymbol{j}_D=\dfrac{\partial\boldsymbol{D}}{\partial t}$，$I_D=\dfrac{\mathrm{d}\Phi_D}{\mathrm{d}t}$.

2) 麦克斯韦方程组的积分形式

$$\oint_S\boldsymbol{D}\cdot\mathrm{d}\boldsymbol{S}=\int_V\rho\mathrm{d}V\quad(\text{电场的高斯定理})$$

$$\oint_L\boldsymbol{E}\cdot\mathrm{d}\boldsymbol{l}=-\int_S\frac{\partial\boldsymbol{B}}{\partial t}\cdot\mathrm{d}\boldsymbol{S}\quad(\text{电场的环路定理})$$

$$\oint_S\boldsymbol{B}\cdot\mathrm{d}\boldsymbol{S}=0\quad(\text{磁场的高斯定理})$$

$$\oint_L\boldsymbol{H}\cdot\mathrm{d}\boldsymbol{l}=I+I_D=\int_S\left(\boldsymbol{j}+\frac{\partial\boldsymbol{D}}{\partial t}\right)\cdot\mathrm{d}\boldsymbol{S}\quad(\text{全电流的安培环路定理})$$

习　题

(一)选择题和填空题

13.1　尺寸相同的铁环和铜环所包围的面积中有相同变化率的磁通量,两环中感应电动势 $\mathscr{E}$ 和感应电流 I 的关系为[　]

(A) $\mathscr{E}_{铁} \neq \mathscr{E}_{铜}, I_{铁} \neq I_{铜}$.　　(B) $\mathscr{E}_{铁} = \mathscr{E}_{铜}, I_{铁} = I_{铜}$.

(C) $\mathscr{E}_{铁} \neq \mathscr{E}_{铜}, I_{铁} = I_{铜}$.　　(D) $\mathscr{E}_{铁} = \mathscr{E}_{铜}, I_{铁} \neq I_{铜}$.

13.2　圆柱形空间内有磁感应强度为 $\boldsymbol{B}$ 的均匀磁场,$\boldsymbol{B}$ 的大小以速率 $\mathrm{d}B/\mathrm{d}t$ 变化. 在磁场中有 C、D 两点,其间可放置直导线和弯曲导线,如图所示,则[　]

(A) 电动势只在直导线中产生.

(B) 电动势只在弯曲导线中产生.

(C) 直导线中的电动势等于弯曲导线中的电动势.

(D) 直导线中的电动势小于弯曲导线中的电动势.

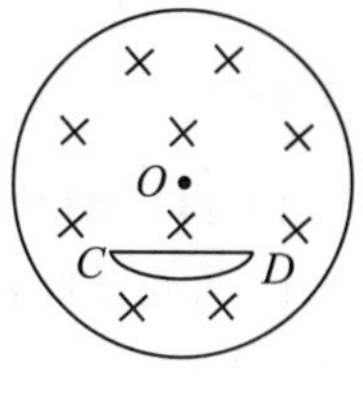

题 13.2 图

提示　在圆柱形空间内的感生电场是涡旋场,电场线是与圆柱同轴的同心圆.

13.3　在感应电场中电磁感应定律可以写成 $\oint_L \boldsymbol{E}_{\mathrm{k}} \cdot \mathrm{d}\boldsymbol{l} = -\dfrac{\mathrm{d}\Phi}{\mathrm{d}t}$,式中 $\boldsymbol{E}_{\mathrm{k}}$ 为感应电场的电场强度. 此式表明[　]

(A) 闭合曲线 l 上 $\boldsymbol{E}_{\mathrm{k}}$ 处处相等.

(B) 感应电场是保守场.

(C) 感应电场的电力线不是闭合曲线.

(D) 在感应电场中不能像对静电场那样引入电势的概念.

13.4　将条形磁铁插入与冲击电流计串联的金属环中时,有 $q = 2.0 \times 10^{-5}$ C 的电荷通过电流计,若连接电流计的电路总电阻 $R = 25\ \Omega$,则穿过金属环的磁通量变化 $\Delta\Phi$ 为________.

13.5　长为 l 的单层密绕管,共绕有 N 匝导线,其自感为 L. 若换用直径比原来导线直径大一倍的导线密绕,自感为原来的________.

13.6　两个共轴圆线圈,半径分别为 R 和 r,匝数分别为 N_1 和 N_2,相距为 l,设 r 很小,且小线圈所在处磁场可以视为均匀,则线圈的互感系数为________.

(二)问答题和计算题

13.7　灵敏电流计的线圈处于永久磁铁的磁场中,通入电流,线圈就发生偏转. 切断电流后线圈在回复原来位置前总要来回摆动好多次. 这时如果用导线把线圈的两个接头短路,则摆动很快停止. 这是什么缘故?

13.8　有两个金属环,一个的半径略小于另一个. 为了得到最大互感,你把两环面对面放置还是一环套在另一环中? 如何套?

13.9　若通过某线圈各匝的磁通量相同,则线圈的自感可由 $L = N\Phi/I$ 计算. 如果通过各匝的磁通量不一样,L 应当如何计算?

13.10　什么叫位移电流? 它和传导电流有何异同?

13.11　如图所示,一长直导线与边长为 l_1 和 l_2 的矩形导线框共面,且与它的一边平行,线框以恒定速率 v 沿与长直导线垂直的方向向右运动. (1)若长直导线中的电流为 I,求线框与直导线相距 x 时穿过线框的磁通量、线框中感应电动势的大小和方向;(2)若长直导线中通以交变电流 $I = I_0 \sin\omega t$,求任意位置任意时刻线框中的感应电动势.

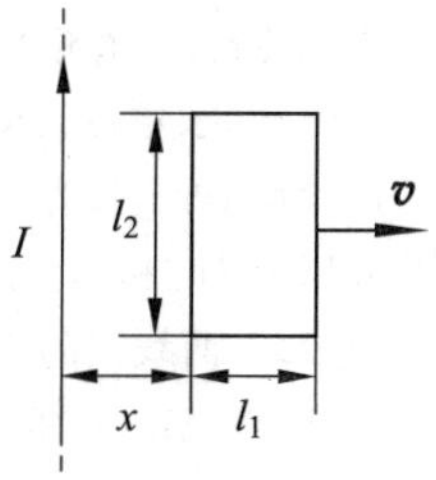

题 13.11 图

13.12 如图所示，一电路中电池的电动势 $\mathscr{E}=1.5\ \mathrm{V}$，与一电阻 $R=5.0\ \Omega$ 串联，导线的电阻可以略去不计. 电路平面与磁场垂直，$B=0.10\ \mathrm{T}$，MN 为一可滑动导线，长 $l=0.50\ \mathrm{m}$. 当 MN 以 $v=10\ \mathrm{m\cdot s^{-1}}$ 的速度向右移动时，求电路中电流的大小.

13.13 如图所示，水平放置的导体棒 ab 绕竖直轴旋转，角速度为 ω，棒两端离转轴的距离分别为 l_1 和 l_2 ($l_1<l_2$). 已知该处的磁场在竖直方向的分量为 B，求导体 a、b 两端的电势差. 哪端的电势较高？

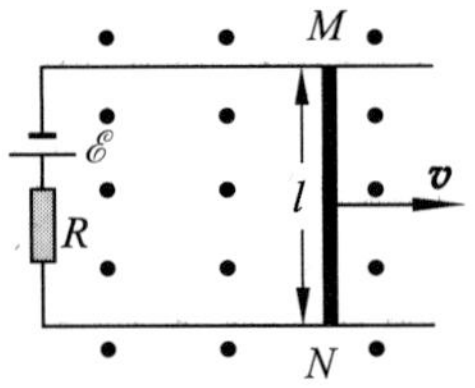

题 13.12 图

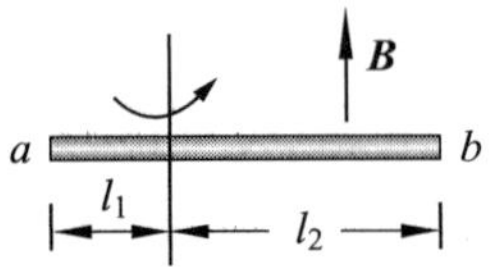

题 13.13 图

13.14 法拉第圆盘发电机是一个在磁场中转动的导体圆盘. 设圆盘的半径为 R，它的轴线与均匀外磁场 $\boldsymbol{B}$ 平行，圆盘以角速度 ω 绕轴线旋转，如图所示. (1)求圆盘边缘与中心的电势差；(2)当 $R=15\ \mathrm{cm}$，$B=0.60\ \mathrm{T}$，$\omega=30\ \mathrm{r\cdot s^{-1}}$(转/秒)时，电势差为多少？(3)盘边缘与中心哪处电势高？当盘改变转动方向时，电势高低的位置是否也反过来？

13.15 如图所示，导体可沿倾斜的金属框架无摩擦地下滑. 回路总电阻为 R，导体长为 l，框架倾角为 θ，竖直方向磁场的磁感强度 B 以及导体质量 m 均已知，求导体下滑达到的稳定速度.

13.16 图中所示的是一限定在圆柱体内的均匀磁场，磁感强度为 B，圆柱半径为 R. B 以 $0.010\ \mathrm{T\cdot s^{-1}}$ 的恒定速率减小. 把电子分别放在 a、b、c 点时，它们获得的加速度各是多少？假定 $r=0.05\ \mathrm{m}$，b 在圆柱轴线上.

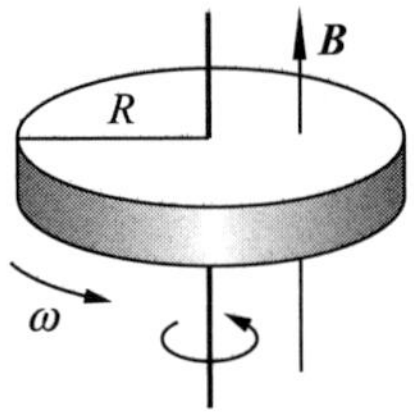

题 13.14 图

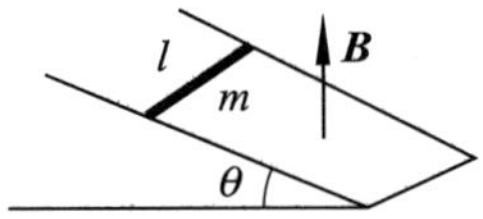

题 13.15 图

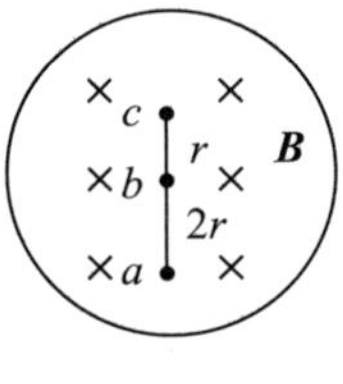

题 13.16 图

13.17 电子感应加速器中的磁场在直径为 0.50 m 的圆柱形区域内是均匀的，磁场的变化率为 $1.0\times10^{-2}\ \mathrm{T\cdot s^{-1}}$，在此圆柱外部磁场为零. 试计算距轴线 0.10 m、0.50 m、1.00 m 处的感生电场强度.

13.18 一电子在加速器中沿半径为 1.00 m 的轨道作圆周运动，如它每转一周动能增加 700 eV，试计算轨道内磁场的变化率.

13.19 一横截面为 S 的螺绕环，尺寸如图所示，共绕有 N 匝，求它的自感系数.

13.20 两根半径为 r_0、轴线相距为 d 的平行长直导线，通有等值反向的电流，组成一两线式传输线. 忽略导线内部的磁场，求长为 l 的一对导线的自感；若 $r_0=2.0\ \mathrm{mm}$，$d=20.0\ \mathrm{cm}$，求单位长度传输线上的分布电感.

13.21 两个长为 l 的共轴套装的长直密绕螺线管，半径分别为 R_1 和 R_2 ($R_1<R_2$)，匝数分别为 N_1 和 N_2，试分别计算它们的互感系数 M_{12} 和 M_{21}，并验证 $M_{12}=M_{21}$.

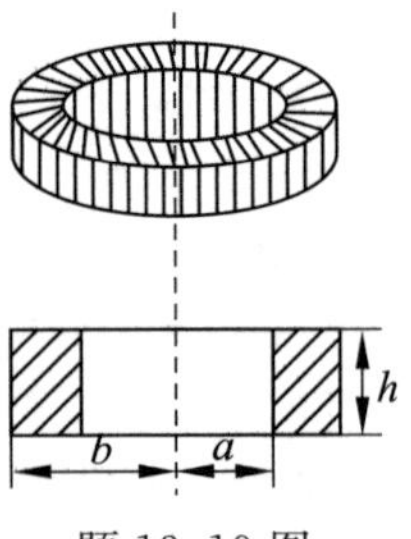

题 13.19 图

13.22 两线圈的自感分别为 $L_1=5.0\ \mathrm{mH}$，$L_2=3.0\ \mathrm{mH}$，当它们顺接串联时，总自感 $L=11.0\ \mathrm{mH}$. (1)求它们之间的互感系数；(2)设两线圈的形状和位置都不改变，求它们反接后的总自感.

13.23　如图所示，求长直导线和与其共面的等边三角形线圈之间的互感系数. 设三角形高为 h，平行于直导线的一边到直导线的距离为 b.

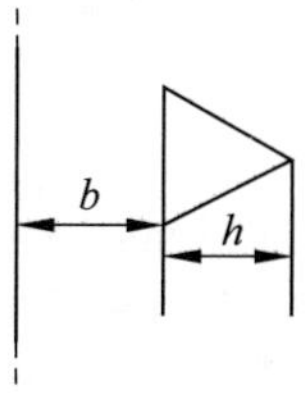

题 13.23 图

13.24　一同轴导线由很长的两个同轴薄圆筒构成，内筒半径为 1.0 mm，外筒半径为 7.0 mm，有 100 A 的电流由外筒流去，内筒流回. 两筒间介质的相对磁导率 $\mu_r=1$. 求：(1) 介质中的磁能密度；(2) 单位长度(1 m)同轴线储存的磁能.

13.25　半径为 R 的圆柱形长直导体，均匀流过电流 I，求单位长度导体内储存的磁能.

13.26　在玻尔氢原子模型中，电子绕原子核作圆周运动，最小轨道半径 $r=5.3\times10^{-11}$ m，频率 $\nu=6.8\times10^{15}$ $\mathrm{r\cdot s^{-1}}$(周/秒)，求轨道中心的磁能密度.

13.27　有一线圈，电感 $L=2.0$ H，电阻 $R=10$ Ω. 现将它突然接到电动势 $\mathscr{E}=100$ V、内阻可略的电池组上，求：(1) 线圈的稳定电流；(2) 任意时刻线圈中的电流和电流随时间的变化率.

13.28　半径为 r 的小导线圆环置于半径为 R 的大导线圆环的中心，二者在同一平面内，且 $r\ll R$. 若小导线圆环中通有电流 $I=I_0\sin\omega t$，求任意时刻大导线圆环中的感应电动势.

13.29　(1) 证明平行板电容器两极板之间的位移电流可写成 $I_D=C\dfrac{dU}{dt}$；(2) 要在 1 μF 的电容器内产生 1A 的位移电流，则加在电容器上的电压变化率应有多大？

13.30　半径 $R=0.10$ m 的两块圆板，构成平行板电容器，放在真空中. 今对电容器匀速充电，使两板间电场变化率为 $\dfrac{dE}{dt}=1.0\times10^{13}$ $\mathrm{V\cdot m^{-1}\cdot s^{-1}}$. 求板间位移电流，并计算电容器内离两板中心连线 $r(r<R)$ 处以及 $r=R$ 处的磁感强度.

阅读材料 8

电　磁　炮

电磁炮是利用电磁力代替传统火药高速发射弹丸的一种新概念动能武器. 与传统的火炮相比，电磁炮不仅具有高初速(弹丸初速可与火箭匹敌)、射弹质量范围大、能源简易的优点，而且无声响、无烟尘、易操作、生存力强. 这使它在战略和战术领域都有着广阔的应用前景. 可望用于反卫星、反导弹、反装甲和战术防空等.

按发射方式，电磁炮可分为以下三类.

1. 导轨炮

导轨炮又称为轨道炮. 简单的轨道炮实质上就是一台单匝直流直线电动机. 如图 13.31 所示，两条与高功率脉冲电源相连接的直导轨和位于导轨之间的电枢(推动弹丸)构成导体回路，开关 S 一闭合，就有强大的电流从一导轨流经电枢后再从另一导轨流回，电流产生强磁场，通有电流的电枢在电磁力作用下被加速，它推动弹丸以超高速飞出炮口. 这就是轨道炮的发射原理.

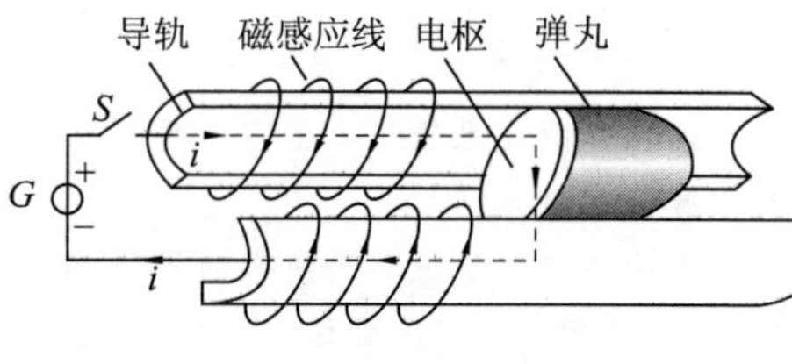

图 13.31

电枢由导电物质构成，可以是固态金属块，也可以是等离子体，或者是两者组成的混合体，电枢起滑动开关和电短路作用. 由于电枢运动时需与导轨保持良好的电接触，所以在超高速(>3 $\mathrm{km\cdot s^{-1}}$)时采用等离子态电枢. 根据任务不同，弹丸可以选择不同的形状和材料. 金属导轨必须是良导体，具有好的机械强度和刚性，并且耐烧蚀和磨损. 导轨的作用是在传导大电流的同时引导电枢和弹丸运动. 高功率脉冲电源提供脉冲电压和电流，电源 G 通过开关 S 与导轨连接.

如电枢电流密度为 $\boldsymbol{J}$，则作用在电枢上的电磁力的大小和方向取决于 $\boldsymbol{J}\times\boldsymbol{B}$；因电枢电流密度 J 和磁感强度 B 均正比于电流 i，所以弹丸受到的加速力正比于 i^2. 由此可见，要想获得弹丸的高速度，必须供给轨道强大的电流.通常该电流的数值在兆安级,相应的电流的脉冲宽度在毫秒数量级.

在强脉冲电流的作用下,导轨炮中弹丸的加速度可达重力加速度的几十万倍.因此,导轨炮只需要较短的导轨就能够获得很高的速度.其优点是结构简单,适用范围广.例如可用于天基战略反导:发射质量为 1～10 g 的弹丸,能使其速度达到 20 $km \cdot s^{-1}$ 以上,以拦截战略导弹;也可用于地面战术武器,反装甲和防空等.但是,导轨炮也存在缺点,一是效率低,一般约 10%;二是大电流对导轨的烧蚀严重,影响其使用寿命.为此,近些年来又出现了一些改进型的电磁轨道炮,例如,有的轨道炮为了减小电流,在轨道炮的外面与轨道并行走向绕多匝线圈以增强磁场,称为加强型轨道炮;有的轨道炮采用分段储能、供电或多级串联使用以提高效率等.

据报道,中国工程院院士马伟明和他的团队已成功验证了一款电磁轨道炮,能以超过 2 $km \cdot s^{-1}$ 的速度连续发射 120 发炮弹,射程达 200 km.这项技术的成功,意味着我国在电磁轨道炮的工程应用领域取得重要突破.

2. 线圈炮

线圈炮是一种基于直线电动机原理工作、用脉冲或交变电流产生磁场以驱动弹体的发射装置.

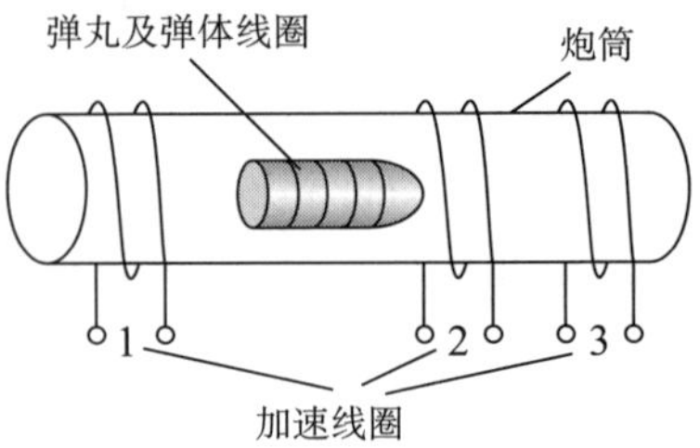

图 13.32

如图 13.32 所示,炮筒上固定有若干个线圈,称为驱动线圈,依次向这些线圈,如线圈 1,加脉冲或交变电流,则在弹丸的弹体线圈中产生感应电流.根据电磁感应定律,感应电流和驱动线圈 1 的电流方向相反,因此驱动线圈 1 中电流产生的磁场对弹体线圈即弹丸施以斥力.在该力作用下,弹丸得以加速,从线圈 1、2 之间进入线圈 2、3 之间.当弹丸离开线圈 1、2 之间进入线圈 2、3 之间时,驱动线圈 2 接通,弹丸又一次受斥力作用,从而再次被加速.如此继续下去,弹丸终因受一系列驱动线圈电流磁场的驱动而获得很高的发射速度.显然,驱动线圈与弹体线圈之间的相互作用,相当于两个磁体间的相互作用,既可以相斥也可以相吸,既可使弹丸加速也可使弹丸减速.因此,在上述过程中,必须保证驱动线圈产生的磁场与弹体线圈的运动位置精确同步.

线圈炮除具有电磁炮的特点外,还有三个特别的优点:一是炮膛中存在磁悬浮力,弹体线圈在加速过程中可不与驱动线圈接触,相应的与炮管的接触摩擦不存在;二是线圈炮的效率高,理论值可达 100%;三是适合发射较大质量的载荷,特别适合作远程炮、反坦克炮、航天发射器、飞机弹射器等.目前,正在研制的主要有电刷换向线圈炮、同步感应线圈炮、异步感应线圈炮等.

与美国等发达国家相比,我国在电磁线圈炮技术领域的研发起步虽晚,但进展迅速.据报道,2023 年,马伟明院士团队成功解决了大口径高磁密线圈设计和制造技术、紧凑型脉冲电源技术等多个难题,所研制的新型电磁线圈炮在测试中表现出色,能够将一枚重达 124 kg 的弹丸在极短的时间(不到 0.05 s)内加速至 700 $km \cdot h^{-1}$,即 200 $m \cdot s^{-1}$.这一速度超过了海平面声速的一半,刷新了全球线圈炮最大炮口动能的世界纪录.这一突破标志着我国在电磁发射技术领域迈出了重要一步.

3. 重接炮

重接炮综合了轨道炮和线圈炮的优点,是一种多级加速的无接触电磁发射装置.在结构上有新颖之处,没有炮管,但要求弹丸在进入重接炮之前应有一定的初速度.目前,实验室制作尚未完成,仍处于理论探索阶段.

重接炮实质上也是一种感应型线圈炮,它与线圈炮的区别在于:驱动线圈排列方式和极性与一般的线圈炮不同;其次,重接炮的弹丸没有弹丸线圈,而是使用抗磁性良好的实心弹丸;还有,重接炮是利用所谓的磁感应线"重接"工作.

板状弹丸单级重接炮由上下两个长方形同轴线圈组成,其间有一间隙,发射体为一长方体,可穿过两线圈的间隙作加速运动.如图 13.33 所示.当弹丸尚未进入线圈间隙时,不接通电源,此时线圈内没有磁场.弹丸以一初速度进入到重接炮,当到达两线圈间隙并达到图 A_1 状态时,即弹丸面积刚遮住线圈横截面口径时,弹丸与线圈的耦合范围最大,此时线圈与电源接通,电流上升,在弹丸中感生的涡流有排除和隔断磁场的作用,或者说弹丸割断了磁感应线,强迫它们沿上下线圈各成回路.当电流达到峰值后断开电源,线圈电流以线圈回路的时间常数保持着磁能(电流). 当弹丸前进到其尾部与线圈口径左侧拉开缝隙时,如图 A_2 状态时,磁隔断状态被打破,被板状弹丸"截断"的磁感应线在缝隙中"重接"、伸展,使原来弯曲的磁感应线有机会重接、拉紧和变直,像弹弓皮条复原那样作用于弹丸后缘使其向前运动,如图 A_3 状态. 此时存储在线圈中的磁能转变为弹丸的动能,这是弹丸后缘受到重接磁感应线强有力加速所致. 弹丸离开线圈后,一级加速完毕,可进入下一级再加速,如图 13.33 中 B.

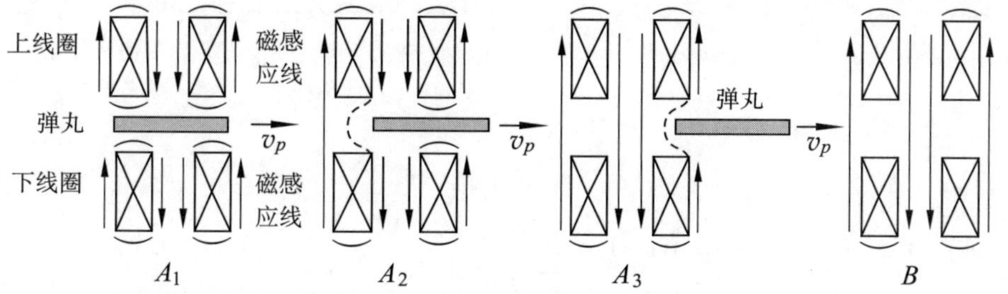

图 13.33

从形式上看,重接炮是以磁感应线"重接"工作的. 从本质上看,重接炮的工作原理是:变化的磁场对弹丸感生涡流,弹丸尾部涡流与重接的磁场相互作用产生电磁力而作用于弹丸.

重接炮中,每单位长度传给弹丸的能量比其他电磁炮多,效率较高,有更大的稳定性. 重接炮综合了线圈炮能发射大质量弹丸和轨道炮能发射超高速弹丸的优点,可赋予弹丸更高的加速力峰值,被认为是未来天基超高速电磁炮的结构形式.

习题参考答案及模拟测试

第1章

1.1 (C)、(D)； **1.2** (B)； **1.3** (B)； **1.4** (C)

1.5 8 m,10 m； **1.6** 23 $\mathrm{m\cdot s^{-1}}$； **1.7** $-g/2$, $2\sqrt{3}v^2/(3g)$； **1.8** B, $A^2/R+4\pi B$

1.10 最高点，最高点

1.11 (1) $\boldsymbol{r}=(t^2\boldsymbol{i}+\frac{1}{4}t^4\boldsymbol{j})$ m； (2) 30.6 $\mathrm{m\cdot s^{-1}}$，78°41′；28.1 $\mathrm{m\cdot s^{-2}}$，85°54′

1.12 (1) $\boldsymbol{v}=-a\omega\sin(\omega t)\boldsymbol{i}+b\omega\cos(\omega t)\boldsymbol{j}$； (2) $x^2/a^2+y^2/b^2=1$； (3) $\boldsymbol{a}=-\omega^2\boldsymbol{r}$

1.13 (1) 18.0 $\mathrm{m\cdot s^{-1}}$，123°42′； (2) 72.1 $\mathrm{m/s^2}$，−33°41′

1.14 $\boldsymbol{v}=\left(125\boldsymbol{i}+\frac{625}{3}\boldsymbol{j}\right)$ $\mathrm{m\cdot s^{-1}}$，$\boldsymbol{r}=\left(\frac{625}{3}\boldsymbol{i}+\frac{3125}{12}\boldsymbol{j}\right)$ m

1.15 $v=v_0\mathrm{e}^{-kt}$，$x=x_0+\frac{v_0}{k}(1-\mathrm{e}^{-kt})$

1.16 $-\sqrt{2k\left(\frac{1}{x}-\frac{1}{x_0}\right)}$ $(x_0<0,x<0)$

1.17 $v_B=\sqrt{3}v$，方向向上

1.18 (1) 2 s； (2) 4 m

1.19 (1) $y=x\tan\theta-\frac{g}{2v_0^2\cos^2\theta}x^2$； (2) $\frac{v_0^2\sin^2\theta}{2g}$； (3) $\frac{v_0^2\sin2\theta}{g}$，45°，$\frac{v_0^2}{g}$

1.20 (1) 1.86 s，16.1 m； (2) 16.1 $\mathrm{m\cdot s^{-1}}$，−57°30′

1.22 0.2 $\mathrm{m\cdot s^{-2}}$，0.36 $\mathrm{m\cdot s^{-2}}$

1.23 (1) $\boldsymbol{a}=-b\boldsymbol{\tau}+\frac{(v_0-bt)^2}{R}\boldsymbol{n}$； (2) $\frac{v_0}{b}$； (3) $\frac{v_0^2}{4\pi Rb}$

1.24 69.8 $\mathrm{m\cdot s^{-1}}$

1.25 (1) 30°，70 min； (2) 90°，60.6 min，2000 m

1.26 $v_{AB}=916.5$ $\mathrm{km\cdot h^{-1}}$，西偏南 40°54′

第2章

2.1 (D)； **2.2** (B)； **2.3** (C)； **2.4** (B)

2.5 $\frac{F}{M+m}$，$\frac{MF}{M+m}$； **2.6** $\boldsymbol{r}=\frac{2}{3}t^3\boldsymbol{i}+2t\boldsymbol{j}$； **2.7** $\frac{F_0}{mk}$，$\sqrt{\frac{2F_0}{mk}}$

2.8 $T_1/T_2=1/\cos^2\theta$

2.9 $a=(1-\sin\theta-\mu\cos\theta)g/2=0.75$ $\mathrm{m\cdot s^{-2}}$，$T=m(g-a)=1.8$ N

2.10 $\mu=\tan\theta$

2.11 (1) $T=77.3$ N，$N'=N=68.5$ N； (2) $a\geqslant17.0$ $\mathrm{m\cdot s^{-2}}$

2.12 (1) $\omega=3.77$ $\mathrm{rad\cdot s^{-1}}$； (2) $T_2=11$ N

2.13 (1) $m_C=15$ kg； (2) $a=1.96$ $\mathrm{m\cdot s^{-2}}$

2.14 1.03 $\mathrm{m\cdot s^{-1}}\leqslant v\leqslant 2.19$ $\mathrm{m\cdot s^{-1}}$

2.15 (1) $F=mk^2x$; (2) $\Delta t=\dfrac{1}{k}\ln\dfrac{x_2}{x_1}$

2.16 $|v_{\max}|=2.67\,\mathrm{m\cdot s^{-1}}$

2.17 $a_1=\dfrac{\sin\theta-\mu_s\cos\theta}{\cos\theta+\mu_s\sin\theta}g$, $a_2=\dfrac{\sin\theta+\mu_s\cos\theta}{\cos\theta-\mu_s\sin\theta}g$

2.18 (1) $9.8\,\mathrm{m\cdot s^{-2}}$; (2) 0.98 N

2.19 $F=\lambda(xg+v^2)$

2.20 $y=\left(\tan\alpha+\dfrac{mg}{kv_0\cos\alpha}\right)x+\dfrac{m^2g}{k^2}\ln\left(1-\dfrac{k}{mv_0\cos\alpha}x\right)$

2.21 $T_B=T_A\mathrm{e}^{-\mu_s\theta_0}$，$\theta_0$ 为缆绳$\overset{\frown}{AB}$的包角

第 3 章

3.1 (B); **3.2** (D); **3.3** (E)

3.4 $mgl/50$; **3.5** $\sqrt{2gl-k(l-l_0)^2/m}$; **3.6** $5\sqrt{17}$; **3.7** $G\dfrac{Mm}{6R}$，$-G\dfrac{Mm}{3R}$

3.8 (1) $A_F=4.00\times10^3$ J，$A_N=0$，$A_G=-1.96\times10^2$ J，$A_f=-1.70\times10^2$ J;
(2) $P_F=1.82\times10^4$ W，$P_N=0$，$P_G=-8.91\times10^2$ W，$P_f=-7.71\times10^2$ W;
(3) $A=3.63\times10^3$ J

3.9 $m^2g^2/(2k)$

3.10 $mgl/2$

3.11 882 J

3.12 (1) 162 J; (2) 162 J; (3) 324 W

3.13 2.66×10^5 J，2.66×10^5 J

3.14 $v=\sqrt{\dfrac{4gR}{\pi}\left(\sin\alpha+\dfrac{\alpha^2}{2}\right)}$

3.15 (1) $\sqrt{2gl\sin\theta}$; (2) $\dfrac{mg\sin\theta+\sqrt{m^2g^2\sin^2\theta+2kmgl\sin\theta}}{k}$; (3) $\sqrt{2gl\sin\theta+mg^2\sin^2\theta/k}$

3.16 (1) -3.6 J，-16 J; (2) 0.27; (3) $3.13\,\mathrm{m\cdot s^{-1}}$，$(8.49\boldsymbol{\tau}+9.80\boldsymbol{n})\,\mathrm{m\cdot s^{-2}}$，29.4 N

3.17 $x\geqslant\dfrac{3+2\cos\theta}{5}l$

3.18 (1) $2.2\,\mathrm{m\cdot s^{-1}}$，1.96 N; (2) $v_C=\sqrt{gl(2\cos\theta-1)}$，$\boldsymbol{a}=g\sin\theta\,\boldsymbol{\tau}+(2\cos\theta-1)\boldsymbol{n}$
$T=(3\cos\theta-1)mg$; (3) $8.49\,\mathrm{m\cdot s^{-2}}$，0.49 N

3.19 $(m_1+m_2)g$

3.20 (1) 连线与小球所在位置竖直方向夹角 $\theta=60°$，$1.57\,\mathrm{m\cdot s^{-1}}$; (2) $y=\sqrt{3}x-8x^2$

3.21 $mgR^2/(x^2+y^2+z^2)$

3.22 $t=\dfrac{2}{3\sqrt{2GM}}R^{3/2}(n^{3/2}-1)$

第 4 章

4.1 (C); **4.2** (B); **4.3** (B)

4.4 $(1+\sqrt{2})m\sqrt{gy_0}$，$mv_0/2$; **4.5** $ntmg+nm\sqrt{2gh}$; **4.6** $\dfrac{mg}{\cos\theta}$，$\sin\theta\sqrt{\dfrac{gl}{\cos\theta}}$，0;

$2\pi mg\sqrt{\dfrac{l\cos\theta}{g}}$，竖直向下；$2\pi mg\sqrt{\dfrac{l\cos\theta}{g}}$，竖直向上.

4.7 (1) $\Delta\boldsymbol{p}=mv(\boldsymbol{i}+\boldsymbol{j})$; (2) $2mv\,\boldsymbol{j}$; (3) $mv(-\boldsymbol{i}+\boldsymbol{j})$; (4) 0

4.8 (1) $(7.33\times10^{-3}\,\boldsymbol{i}+61.0\times10^{-3}\boldsymbol{j})$ N·s； (2) $(0.733\boldsymbol{i}+6.10\boldsymbol{j})$ N

4.9 (2) $I=6$ N·s, $\bar{F}=15$ N； (3) 3 m·s^{-1}

4.10 (1) 68 N·s； (2) 6.86 s； (3) 40 m·s^{-1}

4.11 (1)16 N·s； (2)176 J

4.12 $l=\dfrac{mg}{k}+\sqrt{\dfrac{m^2g^2}{k^2}+\dfrac{2m^2gh}{k(m+M)}}$

4.13 300 m·s^{-1}，向西

4.14 $9E_k/2$，原炮弹飞行方向

4.15 $M/(M+m)$

4.16 $2M\sqrt{5gl}/m$

4.17 $mv_0/(m+M)$，水平向右

4.18 $N'=(M+m\cos^2\theta+\mu m\sin\theta\cos\theta)g$，$f'=mg(\sin\theta\cos\theta-\mu\cos^2\theta)$

4.19 $k=1$，$mv_0^2/2$

4.20 (1) 0.857 m·s^{-1}； (2) 143 N

4.21 (1) $\dfrac{x_0}{4}\sqrt{\dfrac{3k}{m}}$； (2) $\dfrac{x_0}{2}$

4.22 (1) 1.8×10^3 N； (2) 6 m·s^{-1}，22 m·s^{-1}

4.23 $3mgl/L$

4.24 船移动 1 m，人移动 3 m.

第 5 章

5.1 (C)； **5.2** (C)； **5.3** (A)； **5.4** (C)

5.5 0.15，1.26； **5.6** $\dfrac{3}{2}\sqrt{\dfrac{g\cos\theta}{L}}$； **5.7** $mgv_0t\boldsymbol{k}$，$\dfrac{1}{2}mgv_0t^2\boldsymbol{k}$

5.11 (1) $3ma^2$，$9ma^2$，$12ma^2$； (2) $9ma^2/2$； (3) $3ma^2$

5.12 (1) $Mb^2/12$，$Ma^2/12$； (2) $M(a^2+b^2)/12$

5.13 4.95×10^2 rad·s^{-1}

5.14 (1) 2.45 m； (2) 39.2 N

5.15 (1) $\dfrac{m_2-\mu m_1\cos\theta-m_1\sin\theta}{m_1+m_2+m/2}g$

(2) $\dfrac{(m_2+m/2)(\mu\cos\theta+\sin\theta)+m_2}{m_1+m_2+m/2}m_1g$，$\dfrac{m_1(1+\mu\cos\theta+\sin\theta)+m/2}{m_1+m_2+m/2}m_2g$

5.16 $\dfrac{Rg(m_1R-m_2r)}{J_1+J_2+m_1R^2+m_3r^2}$，$\dfrac{rg(m_1R-m_2r)}{J_1+J_2+m_1R^2+m_3r^2}$

$\dfrac{J_1+J_2+m_2r^2+m_2rR}{J_1+J_2+m_1R^2+m_2r^2}m_1g$，$\dfrac{J_1+J_2+m_1R^2+m_1rR}{J_1+J_2+m_1R^2+m_2r^2}m_2g$

5.17 $\dfrac{2(M_1r_2-M_2r_1)}{(m_1+m_2)r_1^2r_2}$，$\dfrac{2(M_1r_2-M_2r_1)}{(m_1+m_2)r_2^2r_1}$

5.18 $2J/(k\omega_0)$

5.19 $\sqrt{3}l/3$

5.20 $\cos\theta=1-\dfrac{(M/3+9m/16)l\omega_0^2}{(M+3m/2)g}=-0.0744$，$\theta=94°16'$

5.21 $\sqrt{\dfrac{4mgx\sin\theta-2kx^2}{2m+M}}$

5.22 $4m/(3ka^2b\omega_0)$

5.23 (1) $3g\cos\theta/(2l)$; (2) $m_1 gl/2, m_1 l\sqrt{3gl}/3$; (3) $\sqrt{3gl}$; (4) $\sqrt{m_1 gl/k}$

5.24 (1) $2\omega_0 r_0$; (2) $3mr_0^2\omega_0^2/2$

5.25 $v=\sqrt{v_0^2\left(\frac{m}{m+M}\right)^2-\frac{k(L-L_0)^2}{m+M}}$; $\theta=\arcsin\dfrac{mL_0 v_0/(m+M)}{L\sqrt{v_0^2\left(\frac{m}{m+M}\right)^2-\frac{k(L-L_0)^2}{m+M}}}$

5.26 $\Delta t=J_0/\left(\frac{\mathrm{d}m}{\mathrm{d}t}r^2\right)=5\ \mathrm{s}$

5.27 $\dfrac{J_0\omega_0}{J_0+mR^2}$, $\sqrt{2gR+\dfrac{J_0\omega_0^2R^2}{J_0+mR^2}}$, $\omega_C=\omega_0$, $v_C=\sqrt{4gR}$

第 6 章

6.1 (B); **6.2** (C); **6.3** (C)

6.4 $1.04\ \mathrm{kg\cdot s^{-3}}$; **6.5** $6.59\times10^{-26}\ \mathrm{kg}$; **6.6** $1000\ \mathrm{m\cdot s^{-1}}$; $\sqrt{2}\times1000\ \mathrm{m\cdot s^{-1}}$

6.8 $n=9.5$ 天

6.9 $p=1.88\times10^4\ \mathrm{Pa}$

6.10 (1) $\Delta p=2p_1$; (2) $\Delta\bar{\varepsilon}_k=3.11\times10^{-21}\ \mathrm{J}$

6.12 $T=300\ \mathrm{K}$

6.14 总平动动能 $E_1=4.99\times10^3\ \mathrm{J}$；总转动动能 $E_2=3.32\times10^3\ \mathrm{J}$

6.16 (1) $\Delta T=6.4\ \mathrm{K}$; (2) $\Delta p=6.64\times10^4\ \mathrm{Pa}$; (3) $\Delta E=2.0\times10^3\ \mathrm{J}$; (4) $\Delta\bar{\varepsilon}_k=1.32\times10^{-22}\ \mathrm{J}$

6.18 (1) $a=2N/(3v_0)$; (2) $N'=N/3$; (3) $\bar{v}=11v_0/9$

6.19 $v_p=395\ \mathrm{m\cdot s^{-1}}$, $\bar{v}=446\ \mathrm{m\cdot s^{-1}}$, $\sqrt{\overline{v^2}}=483\ \mathrm{m\cdot s^{-1}}$

6.20 $v_{\mathrm{p}}=390\ \mathrm{m\cdot s^{-1}}$

6.21 $\Delta N_1/\Delta N_2=0.27$

6.22 $H=1956\ \mathrm{m}$

6.23 $p=6.08\ \mathrm{Pa}$

6.24 $n=3.22\times10^{17}\ \mathrm{m^{-3}}$, $\bar{\lambda}=7.8\ \mathrm{m}$

6.25 $\bar{z}=5.84\times10^9\ \mathrm{s^{-1}}$

6.26 $\Delta t=4V/(\bar{v}S)$

第 7 章

7.1 (A); **7.2** (D); **7.3** (B)

7.4 $7.48\times10^3\ \mathrm{J}$, $7.48\times10^3\ \mathrm{J}$; **7.5** 等压，等压，等压; **7.6** $w=\dfrac{1}{\eta}-1$

7.7 (1) 不相等；(2) 不相等.

7.8 (1) $A=a^2(1/V_1-1/V_2)$; (2) $T_1/T_2=V_2/V_1$

7.9 623 J, 623 J, 0; 623 J, 1039 J, 416 J

7.10 (1) 266 J; (2) −308 J

7.11 $C_V=c+ap-a^2T/b$; $C_p=c+2ap$

7.14 (1) $3.14\times10^3\ \mathrm{J}$, $3.14\times10^3\ \mathrm{J}$; (2) $2.27\times10^3\ \mathrm{J}$, $2.27\times10^3\ \mathrm{J}$

7.15 $E_1/E_2=1.22$

7.16 (1) $2.02\times10^3\ \mathrm{J}$; (2) $1.29\times10^4\ \mathrm{J}$

7.17 $A=R[T_1+T_3-2(T_1T_3)^{1/2}]$

7.18 (1) A→B 吸热，B→C 放热; (2) $\dfrac{M}{\mu}RT_1V_1^{\gamma-1}/V_2^{\gamma}$, V_2, $\left(\dfrac{V_1}{V_2}\right)^{\gamma-1}T_1$; (3) 不是卡诺循环;

(4) $\eta=1-\left[1-\left(\frac{V_1}{V_2}\right)^{\gamma-1}\right]\Big/\left[(\gamma-1)\ln\frac{V_2}{V_1}\right]$

7.19 (1) A：6.72 K，139 J； B：6.72 K，196 J； (2) A：11.5 K，335 J；B：0，0

7.21 93.3 K

7.22 (1) 320 K； (2) 20%

7.23 18%

7.24 1.25×10^4 J

7.26 (1) (2) (3) 都不可能发生，(4) 可能发生

7.27 $1.31\times10^3\ \mathrm{J\cdot K^{-1}}$

7.28 $1.22\times10^3\ \mathrm{J\cdot K^{-1}}$

7.29 (1) $p_A=13.7$ Pa，$V_A=41.1\ \mathrm{m^3}$；初态→A 态：$Q_1=1215$ J，A 态→末态：$Q_2=-580.3$ J；(2) $T_{\max}=721$ K

第 8 章

8.1 (B)； **8.2** (B)； **8.3** (D)

8.4 $\frac{\lambda}{4\pi\varepsilon_0}\ln\frac{3}{4}$，0； **8.5** 1.5×10^6 V； **8.6** $(-8-24xy)\boldsymbol{i}+(-12x^2+40y)\boldsymbol{j}$ (SI)

8.12 $\sqrt{3}q/3$

8.13 (1) $\frac{qq'r\boldsymbol{j}}{2\pi\varepsilon_0(r^2+a^2)^{3/2}}$； (2) $r=\sqrt{2}a/2$ 处； (3) q' 与 q 同号时，q' 沿垂直平分线做加速运动，趋向无限远处； q' 与 q 异号时，q' 以 O 点为中心在垂直平分线上做周期性振动，振幅为 r

8.14 (1) $q=\pm2.4\times10^{-8}$ C； (2) $-1.4\times10^{-3}\ \mathrm{m\cdot s^{-1}}$

8.15 (1) $6.75\times10^2\ \mathrm{V\cdot m^{-1}}$，$x$ 轴正方向； (2) $1.50\times10^3\ \mathrm{V\cdot m^{-1}}$，$y$ 轴正方向

8.16 (1) $\frac{a\lambda}{2\pi\varepsilon_0 x(x-a)}$； (2) $\frac{\lambda^2}{2\pi\varepsilon_0 a}$

8.17 $0.72\ \mathrm{V\cdot m^{-1}}$

8.18 $\frac{\sigma r}{2\varepsilon_0(r^2+R^2)^{1/2}}$

8.19 (1) $q/(6\varepsilon_0)$； (2) 三面为零，三面为 $q/(24\varepsilon_0)$； (3) 相同均为 q/ε_0，相同均为零；

(4) $\frac{q}{2\varepsilon_0}\left(1-\frac{x}{\sqrt{x^2+R^2}}\right)=\frac{q}{2\varepsilon_0}(1-\cos\alpha)$

8.20 (1) 0； (2) $2.25\times10^3\ \mathrm{V\cdot m^{-1}}$； (3) $9.0\times10^2\ \mathrm{V\cdot m^{-1}}$

8.21 0； $\frac{\lambda}{2\pi\varepsilon_0 r}$； 0

8.22 $\frac{\rho r}{2\varepsilon_0}$ $(r<R)$； $\frac{\rho R^2}{2\varepsilon_0 r}$ $(r>R)$

8.23 $\frac{\rho x}{\varepsilon_0}$； $\frac{\rho}{2\varepsilon_0}D$

8.24 (1) $\frac{kb^2}{4\varepsilon_0}$(板外两侧)； (2) $\frac{k}{2\varepsilon_0}\left(x^2-\frac{b^2}{2}\right)$；(3) $\frac{b}{\sqrt{2}}$

8.25 $\frac{\rho}{3\varepsilon_0}\boldsymbol{a}$， $\boldsymbol{a}$ 为从带电球体中心到空腔中心的矢量

8.26 (1) $1.04\ \mathrm{N\cdot m^2\cdot C^{-1}}$； (2) 9.20×10^{-12} C

8.27 (1) -1.5×10^{-5} J； (2) $1.0\times10^5\ \mathrm{N\cdot C^{-1}}$

8.28 (1) $\frac{q}{6\pi\varepsilon_0 l}$； (2) $\frac{q}{6\pi\varepsilon_0 l}$

8.29 $4U/b$

8.30 (1) $2.14\times10^{7}\ \mathrm{V\cdot m^{-1}}$; (2) $1.36\times10^{4}\ \mathrm{V\cdot m^{-1}}$

8.31 900 V, 450 V

8.32 (1) 2.50×10^{3} V; (2) 4.3×10^{3} V

8.33 (1) 1.49×10^{4} V; (2) 1.86×10^{4} V

8.34 (1) $\frac{\sigma}{2\varepsilon_0}\left(\sqrt{x^2+R^2}-x\right)$; (2) $\frac{\sigma}{2\varepsilon_0}\left(1-\frac{x}{\sqrt{x^2+R^2}}\right)$; (3) 4.5×10^{4} V, $4.5\times10^{5}\ \mathrm{V\cdot m^{-1}}$

第 9 章

9.1 (D); **9.2** (C); **9.3** (B); **9.4** (B)

9.5 $-rq/R$; **9.6** 2∶1；1∶2

9.10 0, $\frac{q}{4\pi\varepsilon_0 r^2}\boldsymbol{r}^0$, 0; $\frac{q}{4\pi\varepsilon_0}\left(\frac{1}{R_1}-\frac{1}{R_2}\right)$, $\frac{q}{4\pi\varepsilon_0}\left(\frac{1}{r}-\frac{1}{R_2}\right)$, 0

9.11 $\frac{q}{4\pi\varepsilon_0 d^2}$,由球心指向点电荷

9.12 (1) $-q$, $+q$; $\frac{q}{4\pi\varepsilon_0}\left(\frac{1}{R_1}-\frac{1}{R_2}+\frac{1}{R_3}\right)$ $(r\leqslant R_1)$, $\frac{q}{4\pi\varepsilon_0}\left(\frac{1}{r}-\frac{1}{R_2}+\frac{1}{R_3}\right)$ $(R_1\leqslant r\leqslant R_2)$

$\frac{q}{4\pi\varepsilon_0 R_3}$ $(R_2\leqslant r\leqslant R_3)$, $\frac{q}{4\pi\varepsilon_0 r}$ $(r\geqslant R_3)$

(2) $-q$, 0; $\frac{q}{4\pi\varepsilon_0}\left(\frac{1}{R_1}-\frac{1}{R_2}\right)$ $(r\leqslant R_1)$, $\frac{q}{4\pi\varepsilon_0}\left(\frac{1}{r}-\frac{1}{R_2}\right)$ $(R_1\leqslant r\leqslant R_2)$

0 $(R_2\leqslant r\leqslant R_3)$, 0 $(r\geqslant R_3)$

(3) $\frac{R_1R_2q}{R_2R_3-R_1R_3+R_1R_2}$, $\frac{(R_1-R_2)q}{4\pi\varepsilon_0(R_2R_3-R_1R_3+R_1R_2)}$

9.13 0, $\frac{q}{2\varepsilon_0 S}$, 0, $-\frac{q}{2\varepsilon_0 S}x$

9.14 (1) -1.0×10^{-7} C, -2.0×10^{-7} C; (2) 2.3×10^{3} V

9.15 17.7 pF; $5.31\times10^{-7}\ \mathrm{C\cdot m^{-2}}$; $6.0\times10^{4}\ \mathrm{V\cdot m^{-1}}$

9.16 $\pi\varepsilon_0/\ln(b/a)$

9.17 $\frac{4\pi\varepsilon_0\varepsilon_r R_1R_2}{R_2+(\varepsilon_r-1)R_1}$

9.18 $\varepsilon_0 S/d$

9.19 $\frac{3\varepsilon_0\varepsilon_r S}{(2\varepsilon_r+1)d}$; 无影响

9.20 $\frac{\varepsilon_0\varepsilon_{r1}\varepsilon_{r2}S}{\varepsilon_{r1}d_2+\varepsilon_{r2}d_1}$; $\frac{2\varepsilon_0\varepsilon_{r1}\varepsilon_{r2}S}{(\varepsilon_{r1}+\varepsilon_{r2})d}$

9.21 $\frac{1+\varepsilon_r}{2}\cdot\frac{4\pi\varepsilon_0R_1R_2}{R_2-R_1}$

9.22 $\varepsilon_{r1}R_1E_{m1}=\varepsilon_{r2}R_2E_{m2}$

9.23 不会，会.

9.24 (1) 0, 0$(r<R)$; $\frac{Q}{4\pi\varepsilon_0 r^2}\boldsymbol{r}^0$, $\frac{Q}{4\pi r^2}\boldsymbol{r}^0(R<r<a)$

$\frac{Q}{4\pi\varepsilon_0\varepsilon_r r^2}\boldsymbol{r}^0$, $\frac{Q}{4\pi r^2}\boldsymbol{r}^0(a<r<b)$; $\frac{Q}{4\pi\varepsilon_0 r^2}\boldsymbol{r}^0$, $\frac{Q}{4\pi r^2}\boldsymbol{r}^0(r>b)$

(2) $\frac{(\varepsilon_r-1)Q}{4\pi\varepsilon_r r^2}\boldsymbol{r}^0$; $-\frac{(\varepsilon_r-1)Q}{4\pi\varepsilon_r a^2}$; $\frac{(\varepsilon_r-1)Q}{4\pi\varepsilon_r b^2}$

(3) 电场线不连续,电位移线连续

(4) $\frac{4\pi\varepsilon_0\varepsilon_r abR}{\varepsilon_r b(a-R)+R(b-a)}$

9.25 (1) $D=\rho_0\left(\frac{r}{3}-\frac{r^2}{4R}\right)$, $E=\frac{\rho_0}{\varepsilon_0\varepsilon_r}\left(\frac{r}{3}-\frac{r^2}{4R}\right)$; (2) $\frac{2R}{3}$

9.26 (1) 1.0×10^3 V, 5.0×10^{-6} J; (2) 5.0×10^{-6} J; (3) $q^2/(2\varepsilon_0 S)=5.6\times10^{-3}$ N

9.27 (1) 不相等; (2) 相等,不相等; (3) 不相等; (4) $\varepsilon_0(\varepsilon_{r1}+\varepsilon_{r2})S/(2d)$

9.28 $\varepsilon_0 SU^2(d_2-d_1)/(2d_1d_2)$

9.29 $\frac{Qd}{\varepsilon_0 S}$, $\frac{Q^2 d}{2\varepsilon_0 S}$; $\frac{Qd}{2\varepsilon_0 S}$, $\frac{Q^2 d}{8\varepsilon_0 S}$

9.30 $x\sqrt{\frac{2mg}{\varepsilon_0 S}}$

9.31 $-q^2/(4C)$

9.32 $\frac{q^2}{8\pi\varepsilon_0}\left(\frac{1}{R_1}-\frac{1}{R_2}\right)$

9.33 (1) $-\boldsymbol{p}\cdot\boldsymbol{E}$; (2) 0°, $-pE$; 180°, pE

9.34 $\frac{3q^2}{20\pi\varepsilon_0 R}$

第 10 章

10.1 (B); **10.2** (C)

10.3 1∶1, 4∶1, 2∶1; **10.4** $\frac{\pi Ud^2}{4\rho Le}$, $\frac{U}{n\rho Le}$; **10.5** $\frac{k^2r^2}{\gamma}$, $\frac{\pi lk^2R^4}{2\gamma}$

10.6 (1)相同; (2)不同; (3)不相同; (4)不相等

10.8 (1)γ_2/γ_1; (2)$\frac{IL_1}{\gamma_1 S}$, $\frac{IL_2}{\gamma_2 S}$

10.9 4.0×10^{-22} N

10.10 $\frac{\rho}{2\pi r_0}$

10.11 (1) 2.2×10^{-5} Ω; (2) 2.3×10^3 A, 1.4×10^6 A·m^{-2}; (3) 2.5×10^{-2} V·m^{-1};
(4) 1.0×10^{-4} m·s^{-1}

10.12 (1)$\frac{R\mathscr{E}}{R+r}$; (2)$\frac{R\mathscr{E}^2}{(R+r)^2}$; (3)$R=r$; (4)$\frac{R}{R+r}$

10.13 (1)1.1×10^5 Ω; (2)9.1×10^{-4} A

10.14 (a)0, $\mathscr{E}$; (b)$\frac{\mathscr{E}}{R+r}$, 0

10.15 无变化

10.16 (1)10 V; (2)1.0 V; (3)9.62 V

10.17 (1)$\frac{R_2\mathscr{E}}{R_1R_2+R_1R_3+R_2R_3}$; (2)不变

10.18 2.0 A, 3.0 A, 1.0 A; 2.0×10^{-6} C, 3.0×10^{-6} C

第 11 章

11.1 (A); **11.2** (C); **11.3** (C)

11.4 $\frac{\mu_0 I}{4a}$; **11.5** $-\pi R^2 c$; **11.6** $\frac{\mu_0 ih}{2\pi R}$; **11.7** $\frac{B_0 Ba^3}{\mu_0\sqrt{\pi}}$

11.11 (1)$\frac{\mu_0 Ia}{\pi(a^2+x^2)}$; (2)$x=0$

11.12 1.73×10^{-4} T,方向垂直纸面向里

11.13 $0,\ 0,\ \frac{\mu_0 I}{8\pi^2 r}\theta(2\pi-\theta),-\frac{\mu_0 I}{8\pi^2 r}\theta(2\pi-\theta),0$

11.14 (1)$\frac{\mu_0 I}{2R}+\frac{\mu_0 R^2 I}{2(R^2+l^2)^{3/2}}$，方向向右； (2)$\frac{\mu_0 IR^2}{2[R^2+(l/2+x)^2]^{3/2}}+\frac{\mu_0 IR^2}{2[R^2+(l/2-x)^2]^{3/2}}$

11.15 6.1×10^{-4} T，5.6×10^{-4} T，方向均向右

11.16 6.37×10^{-5} T，方向垂直于电流方向向左

11.17 $\frac{1}{2}\mu_0 jd$

11.18 $\frac{\mu_0 NI}{4R}$

11.19 (1)$\frac{q\omega}{R^2}r^3\mathrm{d}r$； (2)$\frac{\mu_0 q\omega}{2\pi R}$

11.20 2.2×10^{-6} Wb

11.23 $\frac{\mu_0 I}{4\pi}$

11.24 (1)0； (2)$\frac{\mu_0 I}{2\pi r}$； (3)$\frac{\mu_0 I}{2\pi r}(1-\frac{r^2-b^2}{c^2-b^2})$； (4)0

11.25 $\frac{1}{4}\mu_0 jR$，方向垂直 OP 向下

11.26 7.2×10^{-4}N，方向向左

11.27 9.2×10^{-5} N，方向垂直 ab 向上； 3.6×10^{-6} N·m，方向垂直纸面向外

11.28 0.35 N，5.0×10^{5} N·m^{-2}，0

11.30 $IBl^2\cos\alpha$

11.31 $\frac{\mu_0 I^2}{2\pi}\ln\frac{L-R}{R}$

11.32 (1) 7.85×10^{-2}N·m，方向向上； (2)7.85×10^{-2} J

11.33 (1)7.6×10^{6}m·s^{-1}； (2)68.3°或 111.7°

11.34 (1) 三种； (2)E/B

11.35 vBd，P 板是正极

11.36 (1)$envbl$； (2)evB，方向在纸面内向下； (3)vB，vBl，上端

第 12 章

12.1 (B)

12.2 铁磁质、顺磁质、抗磁质； **12.3** 矫顽力小，容易退磁

12.5 3.3×10^{8} A·m^{-1}，3.3×10^{8} A·m^{-1}

12.6 (1) 2×10^{-2} T； (2)32 A·m^{-1}； (3)4.77×10^{3} A
(4)6.25×10^{-4} H·m^{-1}，498，497； (5)1.59×10^{4} A·m^{-1}

12.7 $\frac{Ir}{2\pi R^2}$，$\frac{\mu Ir}{2\pi R^2}$，$\frac{I}{2\pi r}$，$\frac{\mu_0 I}{2\pi r}$

12.8 $\frac{\mu_0 Ir}{2\pi R_1^2}$，$\frac{\mu I}{2\pi r}$

12.9 $\frac{\mu_0 I}{2\pi r}\cdot\frac{R_3^2-r^2}{R_3^2-R_2^2}$

12.10 $\frac{\mu_1 Ir}{2\pi R_1^2}$，$\frac{\mu_2 I}{2\pi r}$，0

第 13 章

13.1 (D)； **13.2** (D)；**13.3** (D)

13.4 $5\times10^{-4}\ \mathrm{Wb}$； **13.5** 1/4； **13.6** $\dfrac{N_1N_2\mu_0\pi R^2r^2}{2(R^2+l^2)^{3/2}}$

13.11 (1) $\dfrac{\mu_0l_2vI}{2\pi}\left(\dfrac{1}{x}-\dfrac{1}{x+l_1}\right)$，顺时针绕向；

(2) $-\dfrac{\mu_0l_2I_0}{2\pi}\left[v\left(\dfrac{1}{x+l_1}-\dfrac{1}{x}\right)\sin\omega t+\omega\cos\omega t\ln\dfrac{x+l_1}{x}\right]$

13.12 0.2 A

13.13 $\dfrac{1}{2}\omega B(l_2^2-l_1^2)$，$b$ 端电势较高

13.14 (1) $\dfrac{1}{2}\omega BR^2$； (2)1.3 V； (3) 盘边缘电势高，盘反转时中心电势高

13.15 $\dfrac{mgR\sin\theta}{B^2l^2\cos^2\theta}$

13.16 $8.8\times10^7\ \mathrm{m\cdot s^{-2}}$，0，$4.4\times10^7\ \mathrm{m\cdot s^{-2}}$

13.17 $5\times10^{-4}\ \mathrm{V\cdot m^{-1}}$，$6.25\times10^{-4}\ \mathrm{V\cdot m^{-1}}$，$3.13\times10^{-4}\ \mathrm{V\cdot m^{-1}}$

13.18 $223\ \mathrm{T\cdot s^{-1}}$

13.19 $\dfrac{\mu_0N^2h}{2\pi}\ln\dfrac{b}{a}$

13.20 $\dfrac{\mu_0l}{\pi}\ln\dfrac{d-r_0}{r_0}$，$1.8\times10^{-6}\ \mathrm{H\cdot m^{-1}}$

13.21 $\mu_0\pi R_1^2\dfrac{N_1N_2}{l}$

13.22 (1)1.5 mH； (2)5.0 mH

13.23 $\dfrac{\sqrt{3}\mu_0}{3\pi}\left[(b+h)\ln\dfrac{b+h}{b}-h\right]$

13.24 (1) $\dfrac{\mu_0I^2}{8\pi^2r^2}$；(2)$1.9\times10^{-3}\ \mathrm{J\cdot m^{-1}}$

13.25 $\dfrac{\mu I^2}{16\pi}$

13.26 $6.6\times10^7\ \mathrm{J\cdot m^{-3}}$

13.27 (1)10 A； (2)$10(1-\mathrm{e}^{-5t})$ A，$50\mathrm{e}^{-5t}\ \mathrm{A\cdot s^{-1}}$

13.28 $-\dfrac{\mu_0I_0\omega\pi r^2}{2R}\cos\omega t$

13.29 (2)$1.0\times10^6\ \mathrm{V\cdot s^{-1}}$

13.30 2.78 A，$\dfrac{\mu_0\varepsilon_0}{2}\cdot\dfrac{\mathrm{d}E}{\mathrm{d}t}r$，$5.56\times10^{-6}$ T

说 明 以上给出了本书上册 1～13 章全部选择、填空和计算题的参考答案，未给出问答和证明题的答案．如果需要，可在本书配套教辅《〈大学物理(第五版)〉学习指导与题解》中查阅．

模拟测试

力学专题测试

电磁学专题测试

热学专题测试

光学专题测试

近代物理专题测试

附　　录

附录Ⅰ　物理量的名称、符号和单位(SI)一览表

（表中所列为本书常用物理量的名称、符号和单位）

物理量名称	物理量符号	单位名称	单位符号
长度	l,L	米	m
面积	S	平方米	m^2
体积,容积	V	立方米	m^3
时间	t	秒	s
角	$\alpha,\beta,\gamma,\theta,\varphi$ 等	弧度	rad
角速度	ω	弧度每秒	$rad\cdot s^{-1}$
角加速度	β	弧度每二次方秒	$rad\cdot s^{-2}$
速度	v,u	米每秒	$m\cdot s^{-1}$
加速度	a	米每二次方秒	$m\cdot s^{-2}$
周期	T	秒	s
转速	n	每秒	s^{-1}
频率	ν	赫[兹]	Hz ($1Hz=1s^{-1}$)
角频率	ω	弧度每秒	$rad\cdot s^{-1}$
波长	λ	米	m
振幅	A	米	m
质量	m,M	千克	kg
(体)质量密度	ρ	千克每立方米	$kg\cdot m^{-3}$
面质量密度	σ	千克每平方米	$kg\cdot m^{-2}$
线质量密度	λ	千克每米	$kg\cdot m^{-1}$
动量	p	千克米每秒	$kg\cdot m\cdot s^{-1}$
冲量	I	牛[顿]秒	$N\cdot s$ ($1\ N\cdot s=1\ kg\cdot m\cdot s^{-1}$)
角动量(动量矩)	L	千克二次方米每秒	$kg\cdot m^2\cdot s^{-1}$
转动惯量	J	千克二次方米	$kg\cdot m^2$
力	F,f	牛[顿]	N
力矩	M	牛[顿]米	$N\cdot m$
压强	p	帕[斯卡]	$N\cdot m^{-2}$, Pa
相[位]	φ	弧度	rad
功	A	焦[耳]	J
能[量]	E,W	焦[耳]	J
动能	E_k	焦[耳]	J
功率	P	瓦[特]	$J\cdot s^{-1}$,W
热力学温度	T	开[尔文]	K
摄氏温度	t	摄氏度	℃
热量	Q	焦[耳]	J, $N\cdot m$
导热系数	κ	瓦[特]每米开[尔文]	$W\cdot m^{-1}\cdot K^{-1}$

续表

物理量名称	物理量符号	单位名称	单位符号
比热容	c	焦[耳]每千克开[尔文]	$J \cdot kg^{-1} \cdot K^{-1}$
摩尔质量	μ	千克每摩尔	$kg \cdot mol^{-1}$
定压摩尔热容	C_p	焦[耳]每摩[尔]开[尔文]	$J \cdot mol^{-1} \cdot K^{-1}$
定容摩尔热容	C_V	焦[耳]每摩[尔]开[尔文]	$J \cdot mol^{-1} \cdot K^{-1}$
内能	E	焦[耳]	J
熵	S	焦[耳]每开[尔文]	$J \cdot K^{-1}$
平均自由程	$\bar{\lambda}$	米	m
扩散系数	D	二次方米每秒	$m^2 \cdot s^{-1}$
电量	Q, q	库[仑]	C
电流	I, i	安[培]	A
(体)电荷密度	ρ	库[仑]每立方米	$C \cdot m^{-3}$
面电荷密度	σ	库[仑]每平方米	$C \cdot m^{-2}$
线电荷密度	λ	库[仑]每米	$C \cdot m^{-1}$
电场强度	E	伏[特]每米	$V \cdot m^{-1}$
电势(电位)	U, V	伏[特]	V
电势差(电位差),电压	$U_{12}, U_1 - U_2$	伏[特]	V
电动势	$\mathscr{E}$	伏[特]	V
电位移	D	库[仑]每平方米	$C \cdot m^{-2}$
电位移通量	Ψ, Φ	库[仑]	C
电容	C	法[拉]	F $(1F = 1C \cdot V^{-1})$
电容率	ε	法[拉]每米	$F \cdot m^{-1}$
相对电容率	ε_r		
电[偶极]矩	p, p_e	库[仑]米	$C \cdot m$
电流密度	j	安[培]每平方米	$A \cdot m^{-2}$
磁场强度	H	安[培]每米	$A \cdot m^{-1}$
磁感应强度	B	特[斯拉]	T $(1\ T = 1\ Wb \cdot m^{-2})$
磁通量	Φ	韦[伯]	Wb $(1\ Wb = 1\ V \cdot s)$
自感	L	亨[利]	H $(1\ H = 1\ Wb \cdot A^{-1})$
互感	M, M_{12}	亨[利]	H $(1\ H = 1\ Wb \cdot A^{-1})$
磁导率	μ	亨[利]每米	$H \cdot m^{-1}$
相对磁导率	μ_r		
磁矩	p_m	安[培]平方米	$A \cdot m^2$
电磁能密度	w, w_e, w_m	焦[耳]每立方米	$J \cdot m^{-3}$
坡印亭矢量	S	瓦[特]每平方米	$W \cdot m^{-2}$
[直流]电阻	R	欧[姆]	Ω $(1\ \Omega = 1\ V \cdot A^{-1})$
电阻率	ρ	欧[姆]米	$\Omega \cdot m$
光强	I	瓦[特]每平方米	$W \cdot m^{-2}$
折射率	n		
发光强度	I	坎[德拉]	cd
辐[射]出[射]度	M	瓦[特]每平方米	$W \cdot m^{-2}$

附录Ⅱ　基本物理常量表

物理量	符号	数值	单位
真空光速	c	299792458	$m \cdot s^{-1}$
真空磁导率	μ_0	$4\pi \times 10^{-7}$	$H \cdot m^{-1}$
真空电容率	ε_0	$8.8541878128(13)\cdots \times 10^{-12}$	$F \cdot m^{-1}$
万有引力常量	G	$6.67430(15) \times 10^{-11}$	$m^3 \cdot kg^{-1} \cdot s^{-2}$
普朗克常量	h	$6.6260715 \times 10^{-34}$	$J \cdot s$
里德伯常量	R	$1.0973731568160(21) \times 10^7$	m^{-1}
基本电荷	e	$1.602176634 \times 10^{-19}$	C
康普顿波长	λ_c	$2.42631058(22) \times 10^{-12}$	m
电子质量	m_e	$9.1093837015(28) \times 10^{-31}$	kg
质子质量	m_p	$1.67262192369(51) \times 10^{-27}$	kg
中子质量	m_n	$1.6749286(10) \times 10^{-27}$	kg
阿伏伽德罗常量	N_A	$6.02214076 \times 10^{23}$	mol^{-1}
原子质量单位 $1\ u = \frac{1}{12}m(^{12}C)$	u	$1.66053906660(50) \times 10^{-27}$	kg
普适气体常量	R	8.314462618	$J \cdot mol^{-1} \cdot K^{-1}$
玻尔兹曼常量	k	1.380649×10^{-23}	$J \cdot K^{-1}$
斯特藩-玻尔兹曼常量	σ	$5.670374419 \times 10^{-8}$	$W \cdot m^{-2} \cdot K^{-4}$

附录Ⅲ　有关地球和太阳的一些常用数据表

星体	质量	平均半径	平均轨道速度	表面温度
地球	5.98×10^{24} kg	6.37×10^6 m	$29.8\ km \cdot s^{-1}$	
太阳	1.99×10^{30} kg	6.96×10^8 m		5770 K
地球与太阳间的平均距离		1.50×10^{11} m		

附录Ⅳ 物理学名词中英文对照表

（按汉语拼音字母顺序排列）

A

阿伏伽德罗常量 Avogadro's number
安[培] ampere
安培假说 Ampère's hypothesis
安培定律 Ampère's law
安培环路定理 Ampère's circuital theorem
安培力 Ampère's force

B

饱和磁化强度 saturation magnetization
饱和电流 saturation current
保守力 conservative force
保守系 conservative system
毕奥-萨伐尔定律 Biot-Savart law
比热容比 specific heat capacity ratio
比重 specific gravity, specific weight
标量 scalar
标准状态 standard state
并联 connection in parallel
玻尔兹曼常量 Boltzmann constant
玻尔兹曼分布律 Boltzmann distribution law
泊松公式 Poisson formula
不可逆过程 irreversible process

C

参考系 reference frame
参考圆 circle of reference
场 field
场源电荷 source charge
超导[电]性 superconductivity
超导隧道效应 superconductive tunnel effect
超导态 superconducting state
超导体 superconductor
冲量矩 moment of impulse
冲量 impulse
初始条件 initial condition
初速[度] initial velocity
传导电流 conduction current
串联 connection in series
磁饱和 magnetic saturation
磁场 magnetic field
磁场叠加原理 superposition principle of magnetic field
磁场能量 energy of magnetic field
磁场能量密度 energy density of magnetic field
磁场强度 magnetic field strength
磁畴 magnetic domain
磁导率 permeability
磁感[应]强度 magnetic induction
磁感[应]线 magnetic induction line
磁化 magnetization
磁化电流 magnetization current
磁化率 magnetic susceptibility
磁化强度 magnetization
磁化曲线 magnetization curve
磁介质 magnetic medium
磁矩 magnetic moment
磁聚焦 magnetic focusing
磁力 magnetic force
磁链 magnetic flux linkage
磁偏转 magnetic deflection
磁通计 fluxmeter
磁通量 magnetic flux
磁透镜 magnetic lens
磁悬浮 magnetic levitation
磁学 magnetism
磁针 magnetic needle
磁滞 magnetic hysteresis
磁滞回线 magnetic hysteresis loop
磁滞损耗 magnetic hysteresis loss

D

D 的高斯定理 Gauss's theorem for D
带电粒子 charged particle
单位矢量 unit vector
单位制 system of units
弹道 ballistic curve
导出单位 derived unit
导体 conductor
等概率假设 postulate of equal a priori probabilities
等熵过程 isentropic process

等势面　equipotential surface
等容过程　isochoric process
等温过程　isothermal process
等压过程　isobaric process
第二类永动机　perpetual-motion machine of the second kind
第一类永动机　perpetual-motion machine of the first kind
点电荷　point charge
电场叠加原理　superposition principle of electric field
电场能量密度　energy density of electric field
电场能量　energy of electric field
电场强度　electric field intensity
电场线　electric field line
电场　electric field
电磁场　electromagnetic field
电磁感应　electromagnetic induction
电磁学　electromagnetism
电磁阻尼　electromagnetic damping
电导　conductance
电导率　conductivity
电动势　electromotive force, emf
电风　electric wind
电感　inductance
电荷量子化　charge quantization
电荷守恒定律　law of conservation of charge
电荷　electric charge
电极　electrode
电介质的极化　polarization of dielectrics
电介质　dielectric
电量　electric quantity
电流　electric current
电流强度　current strength
电流的连续性方程　equation of continuity of electric current
电流密度　current density
电流线　line of current
电流元　current element
电路　electric circuit
电[偶极]矩　electric [dipole] moment
电偶极子　electric dipole
电容率　permittivity
电容器的能量　energy stored in capacitors
电容器　capacitor
电容　capacitance
电势差　electric potential difference
电势叠加原理　superposition principle of electric potential
电势能　electric potential energy
电势　electric potential
电通量　electric flux
电位移　electric displacement
电源　power source, power supply
电子感应加速器　betatron
电子束　electron beam
电阻　resistance
电阻率　resistivity
定容摩尔热容　molar heat capacity at constant volume
定压摩尔热容　molar heat capacity at constant pressure
定轴转动　fixed-axis rotation
动力学　dynamics
动量定理　theorem of momentum
动量守恒定律　law of conservation of momentum
动量　momentum
动能定理　theorem of kinetic energy
动能　kinetic energy
动生电动势　motional electromotive force
端[电]压　terminal voltage
短路　short circuit
多方过程　polytropic process

E

额定电压　rated voltage

F

法[拉]　farad
法拉第　Faraday
法拉第电磁感应定律　Faraday's law of electromagnetic induction
法向加速度　normal acceleration
反冲　recoil
反作用力　reactive force
范德格拉夫起电机　van de Graaff generator
范德瓦耳斯方程　van der Waals equation
方均根速率　root-mean-square speed
方向性　directionality
放电　discharge
非保守力　nonconservative force

非惯性系 non-inertial system
非静电力 nonelectrostatic force
非完全弹性碰撞 imperfect elastic collision
分布 distribution
分子磁矩 molecular magnetic moment
分子电流 molecular current
浮力 buoyancy force
负载 load

G

感生电场 induced electric field
感生电动势 induced electromotive force
感应电动势 induction electromotive force
感应电流 induction current
刚体定轴转动定律 law of rotation of a rigid body about a fixed axis
刚体 rigid body
高斯定理 Gauss's theorem
高斯面 Gaussian surface
高温超导体 high temperature superconductor
隔能板 insulation plate
功 work
功率 power
惯性定律 law of inertia
惯性离心力 inertial centrifugal force
惯性力 inertial force
惯性系 inertial system
惯性质量 inertial mass
惯性 inertia
归一[化]条件 normalization condition
轨道 orbit, trajectory
国际单位制 SI, Le Système International d'Unités (法)
国际温标 international temperature scale
过程的方向 direction of process
过程量 quantity of process

H

耗散力 dissipative force
合力 resultant force
恒力 constant force
宏观量 macroscopic quantity
胡克定律 Hooke's law
互感系数 mutual inductance
互感[应] mutual induction
互感磁能 magnetic energy of mutual induction
互感电动势 electromotive force of mutual induction
滑动摩擦力 force of sliding friction
滑动摩擦系数 coefficient of sliding friction
滑动摩擦 sliding friction
恢复系数 coefficient of restitution
回路 circuit, loop
回路电压方程 loop voltage equation
回旋半径 cyclotron radius
回旋共振频率 cyclotron resonance frequency
回旋加速器 cyclotron
火箭 rocket
霍尔系数 Hall coefficient
霍尔效应 Hall effect

J

伽利略变换 Galilean transformation
击穿 breakdown
基尔霍夫方程组 Kirchhoff's equations
机械功 mechanical work
机械能守恒定律 law of conservation of mechanical energy
机械能 mechanical energy
基本单位 fundamental unit
基本量 fundamental quantity
极化电荷 polarization charge
极化 polarization
极限速度 limiting velocity
加速度计 accelerometer
加速度 acceleration
加速运动 accelerated motion
尖端放电 point discharge
角动量定理 theorem of angular momentum
角动量守恒定律 law of conservation of angular momentum
角动量 angular momentum
角加速度 angular acceleration
角频率 angular frequency
角速度 angular velocity
角位移 angular displacement
焦耳定律 Joule's law
焦耳热 Joule heat
接触电势差 contact potential difference
接触力 contact force
节点 node
节点电流方程 node current equation
介电常量 dielectric constant

进动	precession
经典金属电子论	classical electron theory of metal
经典力学	classical mechanics
径矢	radius vector
静电场的环路定理	circuital theorem of electrostatic field
静电感应	electrostatic induction
静电能	electrostatic energy
静电平衡	electrostatic equilibrium
静电屏蔽	electrostatic shielding
静力学	statics
绝对零度	absolute zero
绝对速度	absolute velocity
绝对温标	absolute temperature scale
绝热过程	adiabatic process
绝热自由膨胀	adiabatic free expansion
绝缘体	insulator

K

卡诺定理	Carnot's theorem
卡诺循环	Carnot cycle
开尔文表述	Kelvin statement
开路	open circuit
抗磁性	diamagnetism
抗磁质	diamagnetic substance
科里奥利加速度	Coriolis acceleration
可逆过程	reversible process
克劳修斯表述	Clausius statement
库仑定律	Coulomb's law
库仑力	Coulomb force
扩散	diffusion

L

楞次定律	Lenz's law
离心力	centrifugal force
理想气体温标	ideal gas thermometric scale
理想气体状态方程	ideal gas equation of state
理想气体	ideal gas
力场	force field
力的叠加原理	superposition principle of forces
力矩	moment of force
力学	mechanics
力学系[统]	mechanical system
力	force
连续性原理	principle of continuity
良导体	good conductor
量纲分析	dimensional analysis
量纲	dimension
临界磁场	critical magnetic field
路程[路径]	path
螺绕环	torus
螺线管	solenoid
螺旋运动	helical motion

M

迈耶公式	Mayer formula
麦克斯韦	Maxwell
麦克斯韦方程组	Maxwell's equations
麦克斯韦速率分布函数	Maxwell speed distribution function
麦克斯韦速率分布律	Maxwell speed distribution law
麦克斯韦妖	Maxwell's demon
密度	density
面电荷密度	surface charge density
摩擦力	friction force
摩尔热容	molar heat capacity
末速度	final velocity

N

内力	internal force
内摩擦	internal friction
内能	internal energy
内阻	internal resistance
能量均分定理	equipartition theorem
能量守恒定律	law of conservation of energy
能流密度	energy flux density
黏[性]力	viscous force
黏度	viscosity
牛顿第二定律	Newton's second law
牛顿第三定律	Newton's third law
牛顿第一定律	Newton's first law
牛顿运动定律	Newton's law of motion

O

欧姆	Ohm
欧姆定律	Ohm's law
欧姆定律的微分形式	differential form of Ohm's law

P

抛体 projectile
抛体运动 projectile motion
碰撞 collision
平动 translation
平衡态 equilibrium state
平均加速度 average acceleration
平均碰撞频率 mean collision frequency
平均平动动能 average translational kinetic energy
平均速度 average velocity
平均速率 average speed, mean speed
平均自由程 mean free path
平行轴定理 parallel axis theorem
坡印亭矢量 Poynting vector
普适气体常量 universal gas constant

Q

起始磁化曲线 initial magnetization curve
气体分子动理论 kinetic theory of gases
切向加速度 tangential acceleration
球对称性 spherical symmetry
趋肤效应 skin effect
曲线运动 curvilinear motion
取向极化 orientation polarization

R

热传导 heat conduction
热功当量 mechanical equivalent of heat
热机效率 efficiency of heat engine
热机 heat engine
热库 heat reservoir
热力学第二定律 second law of thermodynamics
热力学第零定律 zeroth law of thermodynamics
热力学第一定律 first law of thermodynamics
热力学温标 thermodynamic scale of temperature
热力学系统 thermodynamic system
热量 heat
热平衡 thermal equilibrium
热容[量] heat capacity
热源 heat source
软磁材料 soft magnetic material

S

熵增加原理 principle of entropy increase
熵 entropy
射程 range
射高 height
摄氏温标 Celsius thermometric scale
剩磁 residual magnetism
时间间隔 time interval
势 potential
势函数 potential function
势能 potential energy
输运过程 transport process
束缚电荷 bound charge
顺磁性 paramagnetism
顺磁质 paramagnetic medium
瞬时加速度矢量 rector of instantaneous acceleration
瞬时加速度 instantaneous acceleration
瞬时速度 instantaneous velocity
瞬时速率 instantaneous speed
速度分解 decomposition of velocity
速度合成 composition of velocities
速度梯度 velocity gradient
速度 velocity
速率 speed

T

弹[性]力 elastic force
弹性模量 modulus of elasticity
弹性碰撞 elastic collision
弹性势能 elastic potential energy
态函数 state function
体电荷密度 volume charge density
铁磁性 ferromagnetism
铁磁质 ferromagnetic material
统计规律性 statistical regularity
统计平均 statistical average
退磁 demagnetization
陀螺 top
陀螺仪 gyroscope

W

外界 surrounding

外力矩　external moment of force
外力　external force
完全非弹性碰撞　perfect inelastic collision
万有引力定律　law of universal gravitation
微观量　microscopic quantity
微观模型　microscopic model
微观状态数　number of microscopic state
位移极化　displacement polarization
位移　displacement
位置矢量　position vector
温标　temperature scale
温度梯度　temperature gradient
温度　temperature
稳定平衡　stable equilibrium
涡[电]流　eddy current
涡流损耗　eddy current loss
涡旋电场　vortex electric field
无极分子　non polar molecule
无序度　degree of disorder
物质　matter

X

吸引　attraction
吸引力　attractive force
线电荷密度　linear charge density
线圈　coil
相[位]差　phase difference
相对磁导率　relative permeability
相对电容率　relative permittvity
相对加速度　relative acceleration
相对速度　relative velocity
相对运动　relative motion
向心加速度　centripetal acceleration
向心力　centripetal force
效率　efficiency
斜碰　oblique impact
信息熵　information entropy
形变　deformation
循环过程　cyclic process
循环　cycle

Y

压强　pressure
压缩比　compression ratio
引力　gravitation
引力常量　gravitational constant
引力场　gravitational field
引力势　gravitational potential
引力质量　gravitational mass
应力　stress
硬磁材料　hard magnetic material
有极分子　polar molecule
有效直径　effective diameter
有旋电场　curl electric field
右手定则　right-hand rule
右手螺旋定则　right-handed screw rule
宇称不守恒　parity nonconservation
宇称　parity
宇宙速度　cosmic velocity
元功　elementary work
圆周运动　circular motion
匀变速直线运动　uniform accelerated rectilinear motion
匀速运动　uniform motion
运动学方程　kinematics equation
运动学　kinematics
运流电流　convection current

Z

载流线圈的磁矩　magnetic moment of a current carrying coil
张力　tension
真空　vacuum
真空磁导率　permeability of vacuum
真空电容率　permittivity of vacuum
正碰　direct impact
直角坐标系　rectangular coordinates
直流　direct current
直线运动　rectilinear motion
制冷机　refrigerating machine
制冷系数　coefficient of refrigerating performance
质点系　system of particles
质点运动学　particle kinematics
质点　particle
质量　mass
质心　center of mass

重力场	gravity field
重力加速度	gravitational acceleration
重力势能	gravitational potential energy
重力	gravity
重量	weight
转动惯量	moment of inertia
转动	rotation
状态方程	equation of state
状态量	quantity of state
准静态过程	quasi-static process
自感[系数]	self-inductance
自感[应]	self-induction
自感磁能	magnetic energy of self-induction
自感电动势	electromotive force of self-induction
自能	self-energy
自由程	free path
自由电荷	free charge
自由电子	free electron
自由度	degree of freedom
最概然速率	most probable speed
左手定则	left-hand rule
作用力	acting force
坐标系	coordinate system